Java Web 整合开发实战

——基于Struts 2+Hibernate+Spring

贾蓓　镇明敏　杜磊　等编著

清华大学出版社

北　京

内 容 简 介

本书详细介绍了 Java Web 开发中的三大开发框架 Struts、Hibernate 与 Spring 的整合使用。本书内容由浅入深，循序渐进，理论讲解与实践相结合，并列举了大量典型应用实例帮助读者理解开发过程中的重点和难点知识，同时提供了详尽的项目开发和部署步骤。**本书附带 1 张 DVD 光盘，内容为本书配套教学视频及示例源程序，另外还附赠了大量的 Java Web 典型模块与项目案例源程序及教学视频。**

本书共 21 章，分 5 篇。第 1 篇为 Java Web 开发基础，介绍了 Web 工作机制、Java Web 开发环境的搭建、JSP 技术等；第 2 篇为表现层框架 Struts 技术，介绍了 Struts 2 的工作原理、核心文件、数据校验与国际化、标签库、拦截器等；第 3 篇为持久层框架 Hibernate 技术，介绍了 Hibernate 的工作原理、核心文件、核心接口及相关插件的使用方法；第 4 篇为业务层框架 Spring 技术，介绍了 Spring 的工作机制、Spring 的 Ioc 原理、数据校验与国际化、Spring MVC 框架及标签库等；第 5 篇为 SSH 框架整合开发实战，介绍了 SSH 框架的集成方式，并通过用户管理系统和酒店预订系统展示三大框架整合开发的完整流程。

本书适合想系统学习 Java Web 开发技术的人员阅读，也适合相关程序员和 Web 开发爱好者作为案头必备的参考书。另外，本书还适合作为 Java Web 开发的培训教材使用。

图书在版编目（CIP）数据

Java Web 整合开发实战——基于 Struts 2+ Hibernate+Spring / 贾蓓，镇明敏，杜磊等编著. —北京：清华大学出版社，2013.7（2019.3 重印）
ISBN 978-7-302-31271-0

Ⅰ. ①J… Ⅱ. ①贾… ②镇… ③杜… Ⅲ. ①JAVA 语言 – 程序设计 ②软件工具 – 程序设计 Ⅳ. ①TP312②TP311.56

中国版本图书馆 CIP 数据核字（2013）第 008348 号

责任编辑：夏兆彦
封面设计：欧振旭
责任校对：徐俊伟
责任印制：丛怀宇

出版发行：清华大学出版社
网 址：http://www.tup.com.cn，http://www.wqbook.com
地 址：北京清华大学学研大厦 A 座 邮 编：100084
社 总 机：010-62770175 邮 购：010-62786544
投稿与读者服务：010-62776969，c-service@tup.tsinghua.edu.cn
质 量 反 馈：010-62772015，zhiliang@tup.tsinghua.edu.cn
印 刷 者：清华大学印刷厂
装 订 者：三河市铭诚印务有限公司
经 销：全国新华书店
开 本：185mm×260mm（附光盘 1 张） 印 张：41.25 字 数：1030 千字
版 次：2013 年 7 月第 1 版 印 次：2019 年 3 月第13 次印刷
定 价：79.80 元

产品编号：049839-01

前　言

Java Web 开发技术是当今最为流行的 Web 开发技术之一，在软件开发领域占据了重要的地位。但是由于开发技术众多，很多人会感到无从下手、不知从何学起，以及如何将这些技术更好地应用到实战中去。为了帮助读者更好、更快速地掌握 Java Web 开发技术，尤其是 Java Web 开发中最常用到的三大框架（Struts 2、Hibernate 与 Spring）技术，我们花费大量时间写作了本书，把 Java Web 的三大框架技术做了详细的归纳和总结，用最简单易懂的实例进行讲解。相信读者阅读完本书，可以系统地掌握 Java Web 的相关技术，尤其是三大框架的整合开发，从而极大地提升 Java Web 开发水平，能够胜任相关的开发工作。

本书着重介绍了 Java Web 开发的三大框架的具体使用和整合开发流程，并给出了大量的开发实例和几个项目案例，让读者体验实际的 Web 开发过程。本书讲解时对 Java Web 三大框架的部署和开发过程的每个步骤都做了详细的阐述，并辅以图表形象地说明，使读者按照书中的操作步骤就可以循序渐进地掌握各项技术的基本使用方法。

本书不但适合刚接触 Java Web 开发的初学者，同样也适合需要进一步提高实际项目开发水平的读者阅读。另外，本书配备了大量的多媒体教学视频，以帮助读者更好地掌握 Java Web 开发技术。

本书特色

1．内容全面，针对性强

本书首先对 Java Web 开发的基础知识做了必要交代，然后全面、有针对性地介绍了 Java Web 开发中最重要的三大框架 Struts、Hibernate 和 Spring 的整合使用，可使读者能够完整地掌握三大框架的基本知识及部署方法。

2．讲解细致，环环相扣

本书对 Java Web 开发中所涉及的各个知识点及开发步骤都进行了详尽、细致的讲解，语言表述清晰、准确，而且注意了各个技术之间的关联，讲解时环环相扣，逐步深入，读者学习起来没有障碍。

3．列举大量实例，帮助读者理解

本书注重实战，在讲解各项技术的相关概念及知识点时都辅以相应的实例，通过实例向读者演示实际的操作方法，加深读者对相关技术的理解，从而能够熟练、灵活地运用这些技术。

4．提供真实项目案例，增强实战效果

本书提供了一个 Struts 项目案例和两个 SSH 整合开发项目案例，用以帮助读者系统地理解实际项目开发中三大框架的具体部署和整合开发流程，从而提高读者的实战开发水平。

5．提供丰富的教学资源

本书配书光盘中提供了本书重点内容的配套教学视频，另外还提供了书中涉及的所有实例的源程序和数据文件，以方便读者学习，提高学习效率。另外，光盘中还附赠了大量的 Java Web 典型模块与项目开发源程序及教学视频。

本书主要内容

本书共 21 章，分为 5 篇，各篇对应的章节和具体内容介绍如下：

第1篇　Java Web开发基础（第1~3章）

本篇重点介绍了 Web 的工作机制、搭建 Java Web 开发环境、JSP 技术等内容。

第2篇　表现层框架Struts技术（第4~10章）

本篇重点介绍了 MVC 的基本概念、Struts 2 的工作原理、Struts 2 的核心文件、数据校验与国际化、标签库、拦截器等内容。

第3篇　持久层框架Hibernate技术（第11~14章）

本篇重点介绍了 Hibernate 的工作原理、核心文件、核心接口及相关插件的使用方法。

第4篇　业务层框架Spring技术（第15~19章）

本篇重点介绍了 Spring 的工作机制、Spring 的 Ioc 原理、数据校验与国际化、Spring MVC 框架及标签库等内容。

第5篇　SSH框架整合开发实战（第20、21章）

本篇重点介绍了 Java Web 的三大框架的集成方式，并通过用户管理系统和酒店预订系统这两个典型应用系统，向读者展示了三大框架整合开发的完整流程。

本书光盘内容

- 本书重点内容的配套教学视频；
- 本书实例与项目案例源代码；
- 附赠的 Java Web 开发模块源代码及教学视频；
- 附赠的 Java Web 项目案例源代码及教学视频。

本书读者对象

本书内容全面，可读性强，适合阅读的人员有：

- 从未接触过 Java Web 开发技术的初学者；
- 有一定 Java Web 开发基础，希望进一步深入学习的读者；
- 需要全面学习 SSH 三大框架的人员；
- 广大 Web 开发人员；
- Java 程序员；
- J2EE 开发工程师；
- 希望提高系统设计水平的人员；
- 专业培训机构的学员；
- 软件开发项目经理；
- 需要一本案头必备参考手册的人员；
- 其他编程爱好者。

阅读本书的建议

- 从未接触过 Java Web 开发的初学者，学习时应从第 1 章开始顺次学习，不要跳跃，弄懂基本开发原理，一步步打好开发基础。
- 有一定 Java Web 开发基础，但对 Java Web 开发的三大框架并不熟悉的读者，可以跳过本书第 1 篇的基础知识，直接顺次学习后面的框架技术和项目实战。
- 已经工作过一段时间，也做过一些小项目的程序员，可以将本书作为案头参考书，随用随查，或者有针对性地根据自己的需要详细阅读某一篇内容。
- 想往系统构架与项目经理方向发展的读者，可以精读本书的三大框架部分和项目实战的相关内容，全面了解三大框架的整合流程及其在项目开发中的部署。
- 关于配套教学视频的使用，建议读者首先阅读书中的内容，然后再结合教学视频进行学习，效果更佳。

本书作者

本书由贾蓓、镇明敏、杜磊主笔编写。其他参与编写的人员有武冬、郅晓娜、孙美芹、卫丽行、尹翠翠、蔡继文、陈晓宇、迟剑、邓薇、郭利魁、金贞姬、李敬才、李萍、刘敬、陈慧、刘艳飞、吕博、全哲、佘勇、宋学江、王浩、王康、王楠、杨宗芳、张严虎、周玉、张平、张靖波、周芳。在此一并表示感谢！

感谢各位读者的支持，若您在阅读本书的过程中有任何疑问，请发电子邮件和我们联系。E-mail：bookservice2008@163.com。

编著者

本书知识体系导读

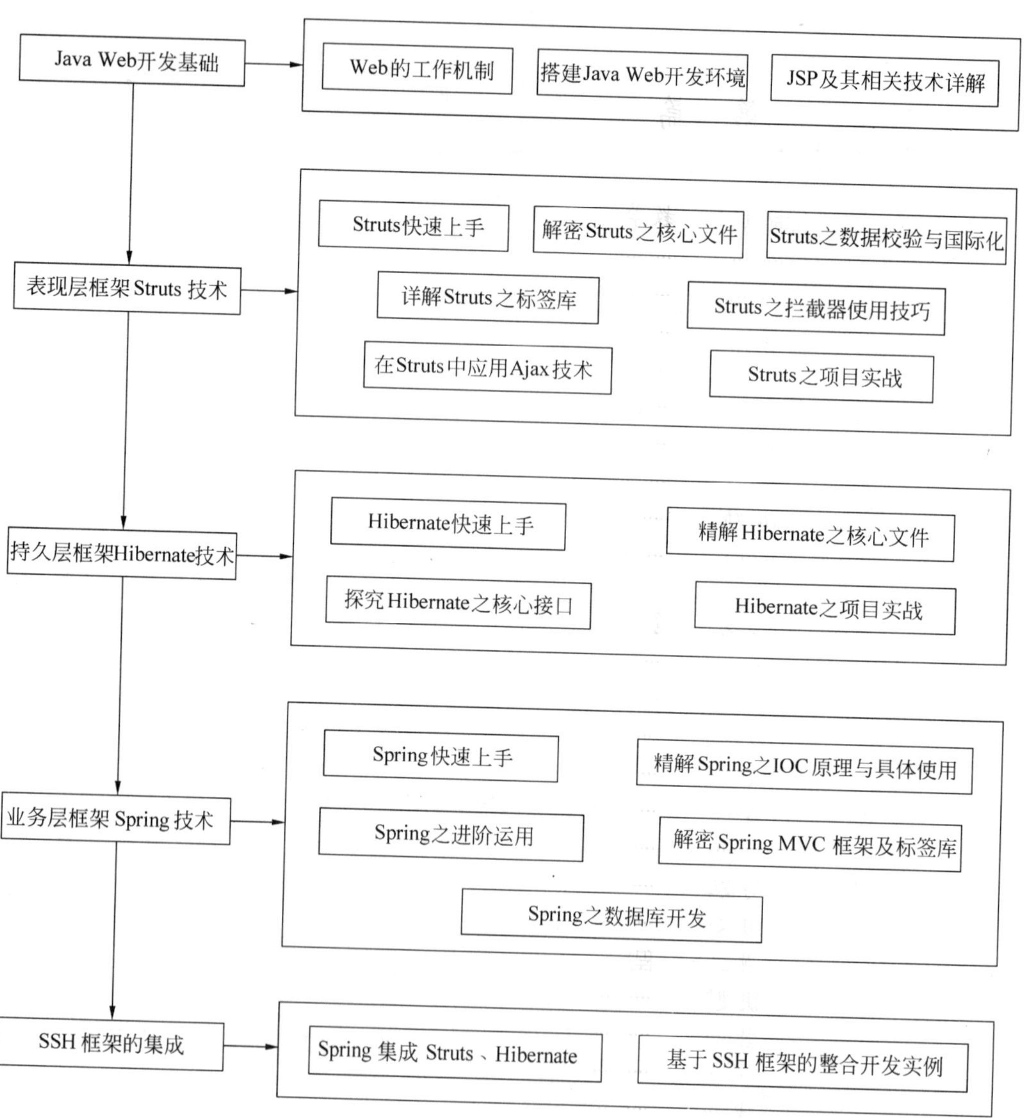

Java Web开发基础
Web的工作机制
搭建Java Web开发环境
JSP及其相关技术详解
表现层框架Struts技术
Struts快速上手
解密Struts之核心文件
Struts之数据校验与国际化
详解Struts之标签库
Struts之拦截器使用技巧
在Struts中应用Ajax技术
Struts之项目实战
持久层框架Hibernate技术
Hibernate快速上手
精解Hibernate之核心文件
探究Hibernate之核心接口
Hibernate之项目实战
业务层框架Spring技术
Spring快速上手
精解Spring之IOC原理与具体使用
Spring之进阶运用
解密Spring MVC框架及标签库
Spring之数据库开发
SSH框架的集成
Spring集成Struts、Hibernate
基于SSH框架的整合开发实例

目　　录

第 1 篇　Java Web 开发基础

第 2 篇　表现层框架 Struts 技术

第 4 篇 业务层框架 Spring 技术

第 1 篇　Java Web 开发基础

第 1 章　Web 的工作机制

本章对 Web 的工作机制进行了介绍，是基础性内容，侧重介绍了与 Java Web 开发密切相关的必备知识，理解并掌握这些内容有助于后续内容的学习。本章的主要内容如下：

- ❑ Web 的概念。
- ❑ C/S 与 B/S 两种软件体系结构。
- ❑ 理解 HTTP 协议。

1.1　理解 Web 的概念

万维网是 WWW（World Wide Web）的中译名，简称为 Web。

万维网并不是某种特殊的计算机网络，而是一个大规模的、联机式的信息储藏所。Web 使用“链接”的访问方式就可以非常方便地从因特网上的一个站点访问到另一个站点，从而获取到丰富的信息资源。由于万维网的出现，才使得 Internet 在全球范围内得到了普及，而万维网的推广使用也成为了计算机网络发展过程中的一个重要的里程碑。

本节着重讨论与万维网相关的基本概念及其三个标准。

1.1.1　Web 的定义

在万维网出现以前，用户如果查询信息时不仅需要记住信息的详细地址，还要记住各种网络命令，操作起来非常麻烦。有了万维网，就可以利用链接从 Internet 上的一个站点方便快捷地访问到另一个站点。查看万维网上的信息被称为“浏览”。

万维网是一个由许多超文本文档链接起来而形成的系统。系统中有用的事物被称为“资源”，资源通过“统一资源标识符”（URI）来标识，并通过超文本传输协议（Hypertext Transfer Protocol）传送给用户，而用户则可以通过点击链接的方式来获取这些资源。

万维网和互联网是两个不同的概念，事实上，互联网是万维网运行的手段和媒介，万维网只有通过互联网才能提供相关的服务。

1.1.2　Web 的三个核心标准

万维网的核心标准有三个，分别是 URL、HTTP 和 HTML。20 世纪 80 年代末，在欧洲粒子物理实验室（CERN：European Laboratory for Particle Physics）工作的 Tim Berners-Lee（人称 WWW 之父）通过研究发现：人们的视觉处理是以页为基础的。据此，他得出了一个结论：电子资料应该以页的方式进行呈现。以此结论为基础，他使用超文本为中心来组织网络上的资料，同时提出了建立、存取与浏览网页的方法；建立了超文本标记语言（HTML：Hyper Markup language）；设计了超文本传输协议（HTTP：Hypertext Transport Protocol），用来获取超链接文件；使用统一资源定位器（URL：Uniform Resource Locator）来定位网络文件、站点或服务器。

1．统一资源定位符（URL）

统一资源定位符（Universal Resource Locator），其英文缩写为 URL。我们在浏览器的地址栏中输入的网站地址就是 URL，每个网页都有一个 Internet 地址。

统一资源定位符为描述 Internet 上的网页以及其他资源地址提供了一种标识方法。Internet 上的每个网页都有一个唯一的名称标识，该标识被称为 URL 地址。

URL 相当于一个文件名在网络范围内的扩展，有了 URL 便可以实现对资源的定位。只要能够对资源进行定位，系统就可以对资源进行各种各样的操作，如存取、更新、替换和查找其属性等。

说明：这里提到的“资源”指的是 Internet 上可以访问的任何对象，如文件目录、文件、文档、图像、声音等，以及与 Internet 相连的任何形式的数据。

URL 由协议类型、主机名和路径及文件名三部分组成。

下面列出了 URL 中常见的定位和标识的服务或文件：

- http：文件位于 Web 服务器上。
- file：特定主机的文件名。
- ftp：文件在 FTP 服务器上。
- gopher：文件在 gopher 服务器上。
- wais：文件在 wais 服务器上。
- news：文件在 Usenet 服务器上。
- telnet：连接到支持 Telnet 远程登录的服务器上。
- https：使用安全套接字层传送的超文本传输协议。
- mailto：电子邮件地址。
- ldap：轻型目录访问协议搜索。

2．超文本传输协议（HTTP）

1990 年，科学家制定了能够快速查找超文本文档的协议，这就是 HTTP 协议。经过多年的使用和发展，HTTP 得到了不断的完善和扩展。

当我们在浏览器的地址栏中输入一个 URL 或者单击网页中的一个超链接时，便确定了要浏览的地址。浏览器会通过超文本传输协议（即 HTTP）从 Web 服务器上将站点的网页代码提取出来，并翻译成网页返回给我们。

HTTP（HyperText Transfer Protocol）是一种通信协议，它规定了客户端（浏览器）与服务器之间信息交互的方式。因此，只有客户机和服务器都支持 HTTP，才能在万维网上发送和接受信息。

HTTP 可以使浏览器的使用更加高效，并减少网络传输。它不仅保证了计算机正确快速地传输超文本文档，还可以确定具体传输文档中的哪些部分以及优先传输哪些部分等。

HTTP 的主要特点如下：

- 支持客户/服务器模式。
- 简单快速。当客户向服务器发送请求时，只需要传送请求的方法和路径即可。由于 HTTP 协议简单，因而 HTTP 服务器中的程序规模较小，通信速度更快。
- HTTP 允许传输任意类型的数据对象。
- 无连接。每次连接时只处理一个请求，当服务器处理完客户请求且收到客户的应答后就会断开连接。这样可以节省传输时间。
- 无状态协议。HTTP 协议是无状态协议，它对于事务处理没有记忆功能。如果后面的处理需要使用前面的信息，则需要重传。

3. 超文本标记语言（HTML）

HTML（Hyper Markup language）是一种制作 Web 网页的标准语言。有了 HTML，使用不同字处理软件的计算机之间就可以无障碍地交流。

在 HTML 之前，ISO 在 1986 年提出了 SGML 标准，SGML 的功能非常全面，但使用非常复杂，这使得它并没有成为通用的万维网标准。而 HTML 的简单实用使得它迅速成为万维网的重要标准。

HTML 不是一种程序设计语言，而是一种标记语言。标记也常称为标签，指的就是对浏览器中的各元素进行标识的意思。HTML 使用标签来标记网页中的各个部分，通过这些标签，浏览器就可以获知网页中的各个部分应该如何显示，如显示的字体、字号、颜色等。

HTML 中的超链接功能，将网页链接起来，而网页与网页的链接就构成了网站，最终网站与网站的链接就构成了多姿多彩的万维网。

1.2　C/S 与 B/S 两种软件体系结构

对开发人员来说，在项目开发过程中针对不同项目选择恰当的软件体系结构非常重要。适当的软件体系结构与软件的安全性、可维护性等密切相关。目前两种流行的软件体系结构是 C/S 体系结构和 B/S 体系结构，C/S 和 B/S 是当今世界开发模式技术架构的两大主流技术。下面对这两种结构进行系统和深入的剖析。

1. 客户机/服务器模式

在 TCP/IP 的网络应用中，两个进程间通信所采用的主要模式是客户机/服务器（Client/Server）模式。

客户机和服务器都是独立的计算机。客户机是面向最终用户的应用程序或一些接口设备，它是服务的消耗者，可以向其他应用程序提出请求，再将所得信息向最终用户显示出来。可以简单地将客户机理解为那些用于访问服务器资料的计算机。服务器是一台连入网络的计算机，它负责向其他计算机提供各种网络服务。服务器是某一项服务的提供者，为客户的请求提供服务，它包含着数据库和一些通信设备，并负责它们的维护和管理。而连接客户机与服务器的则是网络协议、应用接口等。

客户机和服务器之间的这种协同工作的方式就称为 C/S 结构。

客户机/服务器模式的工作原理如图 1.1 所示。

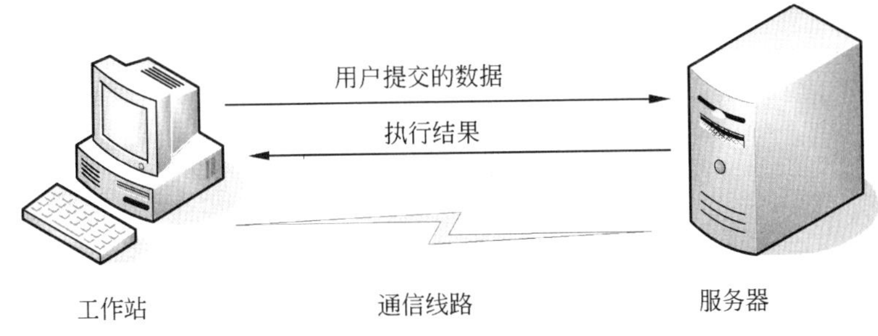

图 1.1　客户机/服务器模式的工作原理图

这种模式具有以下特点：

- 可实现资源共享。在 C/S 结构中，客户机与服务器之间是一对多的关系。用户除了可以存取在服务器和本地工作站中的资源以外，还可以实现对其他工作站中资源的访问，实现了资源的共享。
- 可快速地完成信息处理。C/S 结构中采用的是基于点对点的运行环境，当一个请求提出时，可以在所有的服务器之间均衡地分配该请求的负载，多个服务器之间可实现并行，提高了请求的响应速度和处理效率。
- 可以有效地保护原有的硬、软件资源。当在系统中添加新硬件时，并不会削弱系统的能力，且客户机和服务器可以实现单独升级，系统的可扩充性强。在不同环境下的软件和数据都可以在 C/S 中通过集成保留下来，并可实现对多个异构数据源的访问，有更高的灵活性。
- 管理更加科学化、专业化。可以采用分层管理和专业化管理结合的方式来管理系统中的资源。

2. 浏览器/服务器模式

浏览器/服务器（Browser/Server）模式形成的 B/S 结构是随着 Internet 技术兴起而出现的一种网络结构模式。这种模式将系统逻辑功能的大部分实现集中到服务器上，客户端只实现极少的事务逻辑，系统的开发和维护都更加简洁。B/S 结构利用了不断发展的浏览器技术，并结合了浏览器的多种脚本语言，如 VBScript、JavaScript 等，以及 ActiveX 技术，使用通用的浏览器就实现了原本需要复杂的软件才可以实现的强大功能，有效地节约了开发成本。因此，B/S 结构是一种全新的软件系统构造技术，且已经成为现今应用软件中首选的体系结构。在 Web 服务器上采用的就是 B/S 结构。

浏览器/服务器模式的工作原理如图 1.2 所示。

在 B/S 结构中，客户端运行浏览器软件。任何应用系统都必须有一个供用户操作的界面，即用户界面。而 B/S 结构中，浏览器就充当了用户与服务器交流的窗口。浏览器的主要作用有：

- 为用户提供数据输入的接口。
- 发送用户数据（用户请求）给服务器。
- 接收从服务器返回的响应，该响应使用浏览器能识别的代码来表示，如 HTML 代码、JavaScript 代码等。

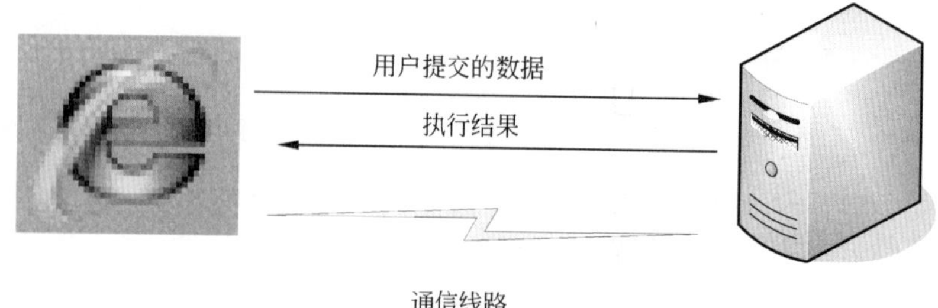

图 1.2　浏览器/服务器模式的工作原理图

- ❑ 解释、执行响应代码，并在浏览器窗口中显示相应的结果。

Web 浏览器以 HTML 文档的形式向 Web 服务器提交请求。HTTP 的请求一般是 GET 或 POST 命令，这两个命令将在 1.3.1 小节中介绍。浏览器提交的请求会通过 HTTP 协议传送给服务器，服务器接收到这个请求后，进行相应的处理，如访问相关的数据库服务器等，然后将处理后的结果通过 HTTP 返回给服务器，最终在浏览器上显示出所请求的页面。

3．C/S结构与B/S结构的区别

C/S 结构与 B/S 结构的主要区别如下：

- ❑ 硬件环境方面。C/S 结构是建立在局域网基础上的，而 B/S 结构是建立在广域网的基础之上的。
- ❑ 软件重用性方面。C/S 程序的软件重用性没有 B/S 程序中软件的重用性好。
- ❑ 系统维护方面。C/S 结构的系统升级困难，必须整体考量，要实现升级可能需要重新实现一个系统。B/S 结构中可以仅更换个别构件，实现系统的无缝升级，降低系统维护的开销，升级简单。
- ❑ 用户接口方面。B/S 结构使用浏览器作为展示界面，因此有更加丰富的表现方式，而 C/S 结构表现方法有限。
- ❑ 处理问题方面。C/S 结构与操作系统相关，B/S 结构可以面向不同的用户群，地域上可以是分散的，与操作系统平台的关系较小。

1.3　理解 HTTP 协议

超文本传输协议（HyperText Transfer Protocol）简称为 HTTP，是互联网上应用最广泛的一种网络协议。它允许将 HTML 文档从 Web 服务器传送到 Web 浏览器。在 Web 浏览器和 Web 服务器之间的通信，必须按照一定的格式并遵循一定的规则，这些格式和规则就构成了 HTTP。从 HTTP 的角度看，Web 浏览器就是一个 HTTP 客户，在 Web 服务器收到 HTTP 客户的请求后，经过一些处理，再将所请求的文件返回给 Web 浏览器。

HTTP 是通用的、无状态的、面向对象的协议。到目前为止，HTTP 的版本有三个，分别是 HTTP 1.0、HTTP 1.1 和 HTTP-NG。

HTTP 的消息分为请求消息和响应消息两种，将在 1.3.2 小节和 1.3.3 小节中分别介绍这两种消息格式。

1.3.1　解析 HTTP 协议 URL

统一资源定位符 URL 用来标识万维网上的各种资源，如文档、图像、声音等，它使用抽象的方法来识别资源的位置，并定位资源。URL 由三部分组成：协议类型、主机名和路径及文件名。

HTTP 的 URL 的一般格式为：http://host[":"port][path]

由于 URL 有多种资源访问方式，因此，上述格式中的 http 表示此处要使用 HTTP 协议来定位网络资源；host 表示合法的 Internet 主机域名，也可直接使用主机的 IP 地址；port 用来指定端口号，默认情况下，HTTP 的端口号为 80，通常可以省略；path 指定请求资源的路径，由零个或多个"/"符号间隔的字符串组成，表示主机上的一个目录或文件地址，此项可省，若省略该项，则 URL 会指向 Internet 上的某个主页。

例如，想要到万维网联盟（World Wide Web Consortium）W3C 中查询信息，则可以先进入 W3C 的主页，其对应的 URL 为：http://www.w3.org。

对照前面的 URL 格式，这里只给出了主机名，省略了端口号和 URI，因此使用 HTTP 的默认端口号 80，而该 URL 则指向了 W3C 的主页，我们可以通过主页中提供的不同超链接来查找感兴趣的信息。

URL "http://192.168.0225:8080/abc/index.jsp" 则表示访问 IP 地址 192.168.0.25 的主机中/abc/目录下的 index.jsp 文件，端口号为 8080。

注意： 使用 Windows 系统的主机不区分 URL 的大小写，而使用 Unix 或 Linux 系统的主机则区分大小写。

1.3.2　解析 HTTP 协议请求

HTTP 协议的请求主要由三部分组成：请求行、请求报头和请求体。其中某些请求报头和请求体的内容是可选的，请求报头和请求体之间需要用空行隔开。

1．请求行

请求行只包含三个内容：方法（Method）、请求资源的 URI（Request-URI）和 HTTP 版本（HTTP-Version），其格式可以表示为：

```
Method  Request-URI  HTTP-Version  CRLF
```

其中，CRLF 表示回车和换行。

所谓的"方法"可以理解为操作或命令。HTTP 1.1 中规定了请求方法可以在以下 14 种方法中选择：

- GET：请求读取由 Request-URI 所标识的资源。此方法的 URL 参数传递的数量是有限的，一般在 1KB 以下。

- ❑ POST：请求服务器接受在 Request-URI 所标识的资源后附加新数据。传递的参数的数量比 GET 大的多，一般没有限制。
- ❑ HEAD：请求获取由 Request-URI 所标识的资源的响应消息报头。
- ❑ PUT：请求服务器保存一个资源，该资源使用 Request-URI 来标识，既可以是新资源也可以是已存在的资源。
- ❑ DELETE：请求服务器删除请求行中 Request-URI 所标识的资源。
- ❑ OPTIONS：请求客户端查询服务器的性能，或者查询与资源相关的选项和需求。
- ❑ TRACE：请求服务器回送收到的请求信息，用来进行测试和诊断。
- ❑ PATCH：与 PUT 相似，但其实体中包含一个表，表中说明与该 Request-URI 所标识的原资源的内容区别。
- ❑ MOVE：请求服务器将 Request-URI 所标识的资源移动到另一个网络地址。
- ❑ COPY：请求服务器将 Request-URI 所标识的资源复制至另一个网络地址。
- ❑ LINK：请求服务器建立链接关系。
- ❑ UNLINK：断开一个或多个链接关系。
- ❑ WRAPPED：允许客户端发送一个或多个经过封装的请求。
- ❑ Extension-method：在不改动协议的条件下允许增加一些新方法。

2. 请求报头

请求报头包含客户端传递请求的附加信息及客户端的自身信息。常用的请求报头有 Accept 和 User-Agent。Accept 用于指定客户端所接受的信息类型，常有多个 Accept 行，例如：

Accept: text/html

Accept: image/gif

表明客户端可接收图像和 HTML 文件或文本文件。

User-Agent 用于将发送请求的客户端信息，如客户端的操作系统名称和版本信息、浏览器的名称和版本信息等告知服务器。

其他常用的请求报头说明如下：

- ❑ Accept：用于指定客户端所支持的信息类型。
- ❑ Accept-Charset：指定客户端可以接受的字符集，如 ISO-8859-1、GB2312 等。如果未设置这个域，则表示可以接收任何字符集。
- ❑ Accept-Encoding：指定客户端可接受的编码。
- ❑ Accept-Language：指定客户端可接受的自然语言，如果该域未设置，则表示客户端可接受各种语言。
- ❑ Host：指定被请求资源所在的主机和端口号，缺省端口号为 80。
- ❑ Connection：指定请求结束后是保持链接（keep-alive）还是关闭链接（close）。

HTTP 请求举例：

```
GET /index.html HTTP/1.1
Accept: text/plain                     /*纯 ASCII 码文本文件*/
Accept: text/html                      /*HTML 文本文件*/
User-Agent:Mozilla/4.5(WinNT)          /*指定用户代理*/
```

```
/*空行*/
```

对 HTTP 请求代码说明如下：

- 上面代码就是一个 HTTP 请求消息，这个消息是使用 ASCII 文本书写的。
- 该请求消息一共包含 5 行，每行都以一个回车符和一个换行符来结束。特别是最后一行之后还有一个空行，即最后一行后面还跟着一个额外的回车符和换行符。
- 代码中第一行是请求行，后面三行是请求报头，在消息头之后有一个空行。
- 该 HTTP 请求说明浏览器使用 GET 方法请求文档/index.html。浏览器则只允许接收纯 ASCII 码文本文件和 HTML 文本文件。
- User-Agent 头部指定用户代理，即产生当前请求的浏览器类型，此处使用的浏览器为 Mozilla/4.5（Netscape）。

需要注意的是，使用 GET 方法的 HTTP 请求中不能包含实体内容，而使用 POST、PUT 和 DELETE 方法的 HTTP 请求中可以包含实体内容。

可以使用简化的 HTTP 请求和 HTTP 响应，此时，它们都不包含消息头。

3. GET方法与POST方法

已经看到，HTTP 协议中包含了多种方法，但最常用的是 GET 和 POST 方法。注意使用 GET 方法和 POST 方法来传递参数时的不同。

GET 方法是最简单的 HTTP 方法，它的主要任务就是向服务器请求一个资源并把资源发送回来。这个资源可以是一个 HTML 页面，也可以是一个 JPEG 图像，还可以是一个 PDF 文档等等。GET 方法的关键就是要从服务器获得一些资源。

POST 方法不仅可以向服务器请求某个资源，同时还可以向服务器发送一些表单数据。

使用 GET 方法时在 URL 地址后面常常可以附加一些参数，下面是一个使用 GET 方法的请求行：

```
GET http://www.java123.org/servlet?param1=abc&param2=def HTTP/1.1
```

对 GET 方法说明如下：

- GET 方法中对总的字符数是有限制的，这取决去具体的服务器。如果用户在地址栏中键入的文本太长，可能会导致 GET 方法无法正常工作。
- 用 GET 方法发送的数据会追加到 URL 的后面，而且在浏览器的地址栏中会显示出这些数据，因此一些比较隐私的或敏感的数据不建议使用 GET 方法来发送。
- 在 GET 方法中，参数会追加到请求 URL 后面，且以“？”开头。各个参数之间使用“&”进行分隔。

使用 POST 方法发送数据的示例如下：

```
POST /index.html HTTP/1.1                /*请求行*/
HOST:www.javait.com                      /*存放所请求对象的主机*/
User-Agent:Mozilla/4.5(WinNT)            /*指定用户代理*/
Accept: text/html                        /*HTML 文本文件*/
Accept-language:zh-cn                    /*指定可接受的语言*/
Content-Length: 22
Connection: keep-alive
param1=abc&param2=def                    /*提交的参数*/
```

上面的 POST 方法将参数放到消息体中，因此不再像 GET 方法一样受到地址栏中文本太长的限制，而且这些参数并不会直接显示在地址栏上。

使用 GET 方法传递参数时其数据量是有限的，一般不超过 1KB。而使用 POST 方法其传递的数据量是没有限制的，但是需要将请求报头 Content-Type 设置为 application/x-www-form-urlencoded，将 Content-Length 设置为实体内容的长度。

1.3.3　解析 HTTP 协议响应

在接受到一个请求后，服务器会返回一个 HTTP 响应。HTTP 响应由三部分构成，即状态行、响应报头和响应正文。

1. 状态行

状态行由 HTTP 版本（HTTP-Version）、状态码（Status-Code）以及解释状态码的简单短语（Reason-phrase）三部分构成，其格式如下：

```
HTTP-Version Status-Code Reason-phrase CRLF
```

状态码由三位数字组成，共有 5 大类 33 种，其第一个数字指定了响应类别，取值为 1～5，后面两位没有具体的规定。

- 1xx：指示信息，如请求收到了或正在处理。
- 2xx：成功。
- 3xx：重定向。
- 4xx：客户端错误，如请求中含有错误的语法或不能正常完成。
- 5xx：服务器端错误，如服务器失效而无法完成请求。

例如：

- 200　OK　成功
- 304　Not Modified　未修改
- 400　Bad Request　错误请求
- 404　Not Found　未找到

典型的响应状态码解释如下：

- 200：表示请求成功，成功返回了请求的资源。
- 302/307：表示临时重定向，此时被请求的文档已经临时移动到其他位置，该文档新的 URL 将在 Location 响应报头中给出。
- 401：表示浏览器访问的是一个受到密码保护的页面。
- 403：表示服务器收到请求，但拒绝提供服务。
- 404：表示找不到资源，即服务器上不存在浏览器请求的资源。
- 500：表示内部服务器错误，即服务器端的 CGI、ASP、JSP 等程序发生了错误。
- 503：表示服务器暂时性超载，不能处理当前的请求。

状态行举例：

```
HTTP 1.0 200 OK
```

这是 Web 服务器应答的第一行，列出服务器正在运行的 HTTP 版本号和应答代码。代码“200 OK”表示请求完成。

2. 响应报头

有了响应报头服务器就可以传递不能放在状态行中的附加响应信息，以及服务器的信息和对 Request-URI 所标识的资源进行下一步访问的信息。

常见的响应报头如下：

- Allow：指出服务器所支持的请求方法，如 GET、POST 等方法。
- Content-Encoding：指定文档的编码方法。
- Content-Length：指定响应中数据的字节长度。
- Content-Type：指定回送数据的 MIME 类型。
- Date：指定发送 HTTP 消息的日期。
- Last-Modified：指定返回数据的最后修改时间。
- Location：重定向请求者到一个新的 URI 地址。
- Refresh：指定浏览器定时刷新的时间。
- Expires：指定浏览器缓存数据的时间。
- Server：指定服务器名称，包含了处理请求的服务器使用的软件产品信息，与 User-Agent 请求报头相对应。

3. 响应正文

响应正文是指服务器所返回的资源内容，如 HTML 页面。响应报头和响应正文之间必须使用空行来分隔。

一个典型的 HTTP 响应示例如下：

```
HTTP/1.1 200 OK                               /*状态行*/
Connection: close                             /*连接状态*/
Date: Wed, 19 Nov 2011 02:20:45 GMT           /*日期*/
Server: Apache/2.0.54 (Unix)                  /*服务器*/
Content-Length:397                            /*指定数据包含的字节长度*/
Content-Type: text/html                       /*指定返回数据的 MIME 类型*/
/*空行*/
<html>
<body>
/*数据*/
</body>
</html>
```

1.4 本 章 小 结

本章介绍了 Web 的工作机制，主要内容包括 Web 的定义及三种形式，B/S 结构的浏览器与服务器工作机制以及 HTTP 协议。通过本章的学习，读者能够了解浏览器与服务器之间是如何通过 HTTP 协议进行通信的，并了解 HTTP 协议的请求和响应的构成。

第 2 章　搭建 Java Web 开发环境

在进行 Java Web 开发之前，先要把整个开发环境搭建好。要成功搭建一个 Java Web 的开发环境需要做很多准备工作，通常需要安装如下组件：

- JDK。
- Eclipse，流行的 Java 开发工具，配合第三方插件，可以更快捷地开发 Web 应用。
- Web 容器，本书选择 Tomcat 服务器。
- 数据库，本书选择开源的 MySQL 数据库。

2.1　JDK 的下载与安装

本节将介绍 JDK 下载与安装的详细步骤，并对安装好的 JDK 进行部署和测试，为后续开发工作做好准备。

2.1.1　JDK 简介

JDK 是 Java Development Kit 的缩写，中文称为 Java 开发工具包，由 SUN 公司提供。它为 Java 程序开发提供了编译和运行环境，所有 Java 程序的编写都依赖于它。使用 JDK 可以将 Java 程序编译为字节码文件，即.class 文件。

JDK 有三个版本，分别是：

- J2SE：标准版，主要用于开发桌面应用程序。
- J2EE：企业版，主要用来开发企业级应用程序，如电子商务网站、ERP 系统等。
- J2ME：微缩版，主要用来开发移动设备、嵌入式设备上的 Java 应用程序。

JDK 安装后各个文件夹下包含的具体内容为：

- bin：开发工具，包含了开发、执行、调试 Java 程序所使用的工具和实用程序以及开发工具所需要的类库和支持文件。
- jre：运行环境，实现了 Java 运行环境。是运行 Java 程序所必须的环境。JRE 包含了 Java 虚拟机 JavaTM Virtual Machine (JVM)、Java 核心类库和支持文件。如果只运行 Java 程序，则只需要安装 JRE。如果要开发 Java 程序，则需要安装 JDK。JDK 中已经包含了 JRE。
- demo：演示程序，包含 Java Swing 和 Java 基础类使用的演示程序。
- sample：示例代码，包含 Java API 的示例源程序。
- include：头文件，它支持使用 Java 本地接口和 Java 虚拟机调试接口的本地代码编程。

- src：构成 Java 核心 API 的所有类的源文件，包含了 java.*、javax.*和某些 org.*包中类的源文件，不包含 com.sun.*包中类的源文件。

2.1.2　JDK 下载安装

JDK 的官方下载地址为：http://www.oracle.com。下面以下载 JDK7 Update 1 为例介绍 JDK 下载及安装的方法，具体步骤如下：

（1）在浏览器的地址栏中输入网址 http://www.oracle.com，便进入 Oracle 官网主界面。在 Oracle 官网页面中单击导航菜单中的 Downloads 导航，从列表中选择 Java for Developers 超链接，如图 2.1 所示。

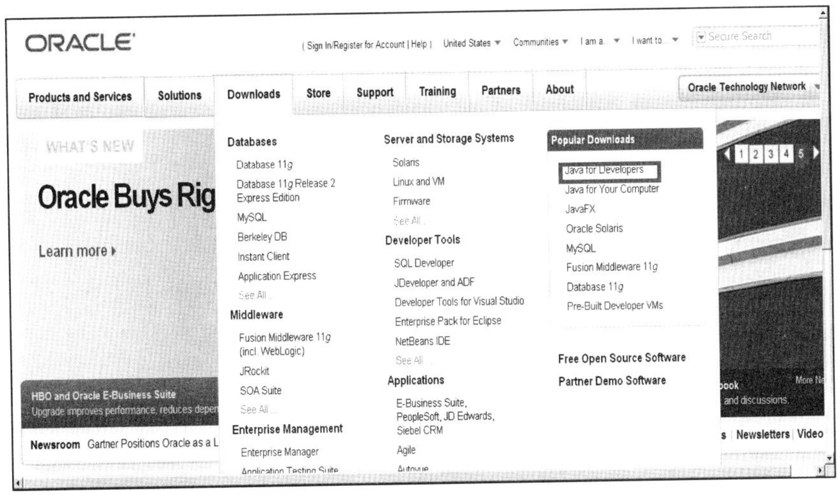

图 2.1　Oracle 官网页面

（2）之后即可跳转到图 2.2 所示的下载页面。由图中可知，JDK 当前的最新版本为 1.7。单击 Java Platform(JDK) 7u1，进入 JDK7 Update1 的下载页面，如图 2.3 所示。

图 2.2　JDK 下载页面

（3）在图 2.3 的页面中列出了 JDK 在不同操作系统和硬件平台上的安装链接，用户可根据情况进行选择。这里首先选中 Accept License Agreement 单选按钮，然后单击产品列表中的 jdk-7u1-windows-i586.exe 进行下载。

Java SE Development Kit 7u1

You must accept the Oracle Binary Code License Agreement for Java SE to download this software.

Accept License Agreement　Decline License Agreement

Product / File Description	File Size	Download
Linux x86	77.27 MB	jdk-7u1-linux-i586.rpm
Linux x86	92.17 MB	jdk-7u1-linux-i586.tar.gz
Linux x64	77.91 MB	jdk-7u1-linux-x64.rpm
Linux x64	90.57 MB	jdk-7u1-linux-x64.tar.gz
Solaris x86	154.78 MB	jdk-7u1-solaris-i586.tar.Z
Solaris x86	94.75 MB	jdk-7u1-solaris-i586.tar.gz
Solaris SPARC	157.81 MB	jdk-7u1-solaris-sparc.tar.Z
Solaris SPARC	99.48 MB	jdk-7u1-solaris-sparc.tar.gz
Solaris SPARC 64-bit	16.27 MB	jdk-7u1-solaris-sparcv9.tar.Z
Solaris SPARC 64-bit	12.37 MB	jdk-7u1-solaris-sparcv9.tar.gz
Solaris x64	14.68 MB	jdk-7u1-solaris-x64.tar.Z
Solaris x64	9.38 MB	jdk-7u1-solaris-x64.tar.gz
Windows x86	79.46 MB	jdk-7u1-windows-i586.exe
Windows x64	80.24 MB	jdk-7u1-windows-x64.exe

图 2.3　JDK 下载链接列表

（4）JDK 下载完毕后，开始安装。双击 jdk-7-windows-i586.exe 文件，出现安装向导窗口。直接单击“下一步”按钮，弹出“自定义安装”对话框，如图 2.4 所示。

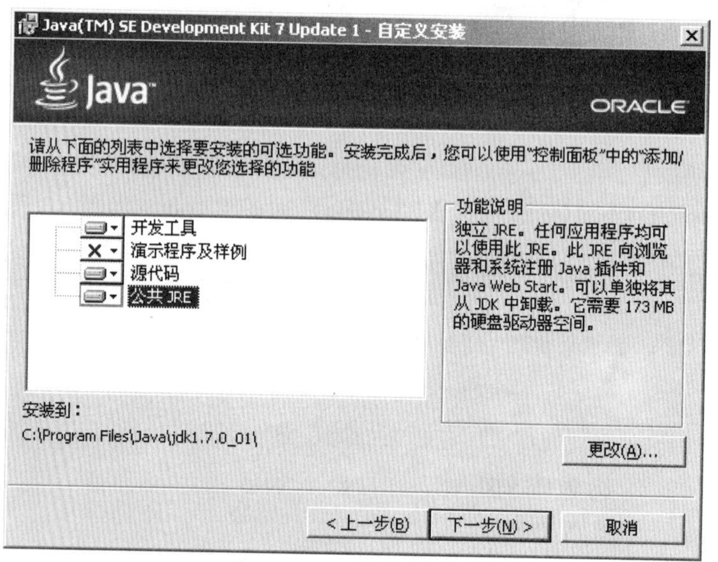

图 2.4　“自定义安装”对话框

在“自定义安装”对话框中有 4 个选项，其中“开发工具”为必选项，“演示程序及样例”、“源代码”和“公共 JRE” 3 项可根据需要选择是否安装相应功能。单击“更改”按钮，可以改变默认的 JDK 安装路径，此处采用默认安装位置。

（5）单击“下一步”按钮，进行安装，此时显示安装进度对话框。在安装过程中将打开设置 JRE 安装路径对话框，在该对话框中可以更改 JRE 安装路径。此处采用默认设置，单击“下一步”按钮继续安装。

（6）安装结束后，弹出“安装完成”对话框，在该对话框中单击“完成”按钮，就成功地将 JDK 安装到系统中了。

2.1.3　JDK 部署测试

JDK 成功安装后，要进行 JDK 环境变量的配置。在 JDK 中需要配置三个环境变量，分别是：JAVA_HOME、CLASSPATH 和 PATH（不区分大小写），其中 CLASSPATH 和 PATH 是必须进行配置的，而 JAVA_HOME 是可选的。

（1）右击我的电脑，在弹出的快捷菜单中选择“属性”选项，弹出“系统属性”对话框。在该对话框中选择“高级”选项卡，如图 2.5 所示。

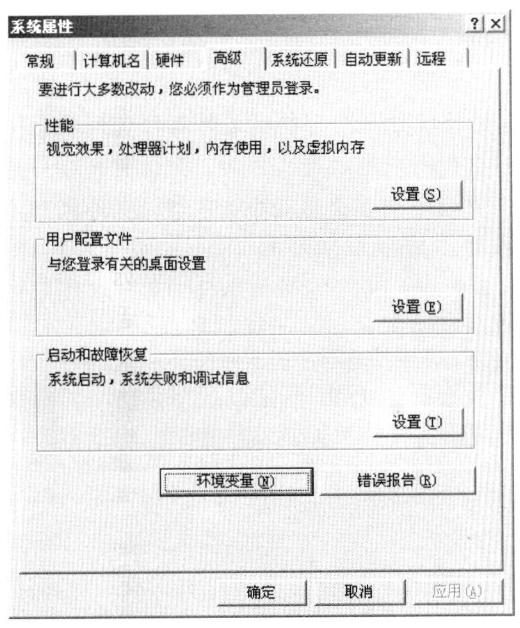

图 2.5　“系统属性”对话框

（2）单击“环境变量”按钮，打开“环境变量”对话框，在该对话框中可以配置用户变量和系统变量，如图 2.6 所示。

注意： 用户变量和系统变量的区别是用户变量只对 Windows 当前登录用户可用，而系统变量则对所有用户起作用。

（3）在“系统变量”栏中单击“新建”按钮，弹出“新建系统变量”对话框。在“变量名”文本框中填写 JAVA_HOME，在“变量值”文本框中填写 JDK 的安装路径。该变量的含义就是指 Java 的安装路径。由于 2.1.2 小节中安装 JDK 时采用的是默认路径，故此处填写 C:\Program Files\Java\jdk1.7.0_01，若用户自己指定了其他安装路径，则此处就填写用户指定的安装路径。单击“确定”按钮，完成 JAVA_HOME 的配置，如图 2.7 所示。

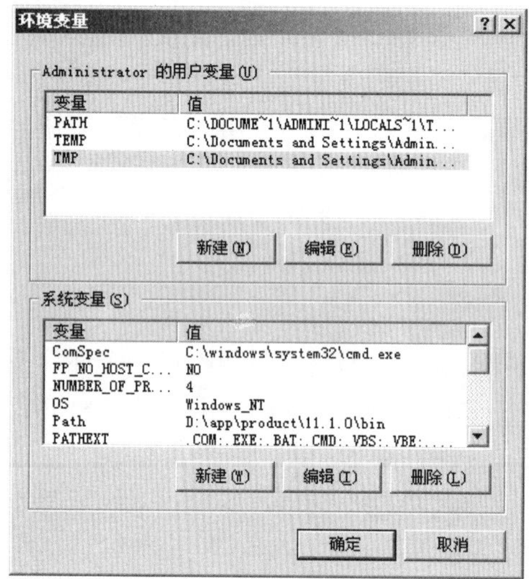

图 2.6 “环境变量”对话框

图 2.7 “新建系统变量”对话框

说明： PATH 环境变量的值就是一个可执行文件路径的列表，提供系统寻找和执行应用程序的路径。当执行一个可执行文件时，系统首先在当前路径下寻找，如果找不到，则到 PATH 中指定的各个路径中去寻找，直到找到为止。若 PATH 中的路径也找不到，则报错。Java 的编译器（javac.exe）和解释器（java.exe）都在其安装路径下的 bin 目录中，为了在任何路径下都可以使用它们编译执行 Java 程序，应该将它们所在的路径添加到 PATH 变量中。

（4）在系统变量中查看是否有 Path 变量，若不存在，则需要新建，若存在，则选中 Path 变量，单击“编辑”按钮，打开“编辑系统变量”对话框。在该对话框的“变量值”文本框的开始位置添加：

```
%JAVA_HOME%\bin;
```

其中的%JAVA_HOME%代表环境变量 JAVA_HOME 的当前值。因此，上面代码所代表的路径为：　C:\Program Files\Java\jdk1.7.0_01\bin。

（5）单击“确定”按钮，完成 PATH 环境变量的配置，返回到“环境变量”对话框。

说明： CLASSPATH 环境变量

CLASSPATH 环境变量指定了 Java 程序编译或运行时所用到的类的搜索列表。Java 虚拟机查找类的过程不同于 Windows 查找可执行命令(.exe，.bat 或.cmd 文件以及.dll 动态链接库)的过程。它不在当前路径下寻找，只到 CLASSPATH 指定的路径列表中去寻找，所以在设定环境变量 CLASSPATH 时一定要将当前路径包含进来。

（6）在“系统变量”选项区域中新建 CLASSPATH 系统变量，并设置其值为：

```
.;%JAVA_HOME%lib\dt.jar;%JAVA_HOME%\lib\tools.jar
```

变量值中的“.”代表当前路径，表示让 Java 虚拟机先到当前路径下去查找要使用的类；当前路径指 Java 虚拟机运行时的当前工作目录。

将上面路径中的环境变量 JAVA_HOME 用其值替换，则上面的路径就变为：

```
.; C:\Program Files\Java\jdk1.7.0_01\lib\dt.jar; C:\Program Files\Java\
jdk1.7.0_01\lib\tools.jar
```

已经看到，JAVA_HOME 的值就是 JDK 安装路径的值。这样，当以后需要使用 JDK 路径时，就可以采用%JAVA_HOME%的方式引用，方便而简单。而且，一旦 JDK 路径发生更改，则只需修改 JAVA_HOME 的值即可，其他引用 JAVA_HOME 的位置不需改变。

（7）至此，JDK 的环境变量就配置完成了，下面要测试一下 JDK 能否正常运行。

打开“开始”菜单，选择“运行”命令，在“运行”窗口中输入“cmd”命令，然后按 Enter 键，进入 DOS 环境中。在命令提示符后输入“java –version”，按 Enter 键，屏幕上会显示 JDK 的版本信息，如图 2.8 所示。这表示 JDK 已成功配置，否则需要返回前面的步骤检查是否存在问题。

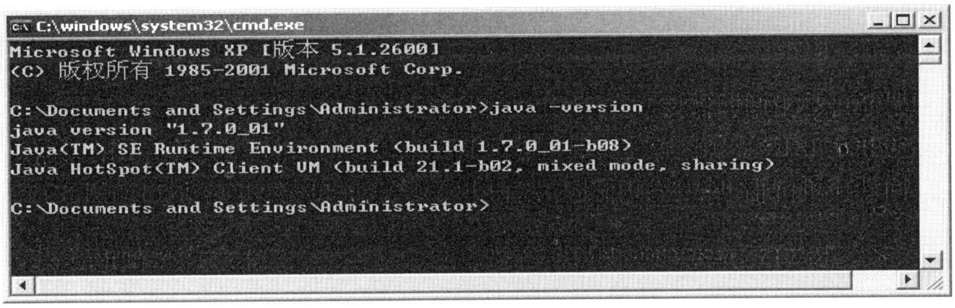

```
C:\windows\system32\cmd.exe
Microsoft Windows XP [版本 5.1.2600]
(C) 版权所有 1985-2001 Microsoft Corp.

C:\Documents and Settings\Administrator>java -version
java version "1.7.0_01"
Java(TM) SE Runtime Environment (build 1.7.0_01-b08)
Java HotSpot(TM) Client VM (build 21.1-b02, mixed mode, sharing)

C:\Documents and Settings\Administrator>
```

图 2.8　测试 JDK 能否正常运行

2.2　Eclipse 的下载与安装

通过 Eclipse 开发平台，可以方便地进行 Java Web 程序的开发。本节将详细介绍 Eclipse 的下载与安装过程，并对安装过程中出现的一些常见问题进行讲解。接着使用安装好的 Eclipse 来编写一个简单的 Java 程序并进行测试，最后介绍 Eclipse 中的常用快捷键。

2.2.1　Eclipse 简介

Eclipse 是一个开放源码的、基于 Java 的、可扩展的开发平台。是目前最流行的集成开发环境，使用它可以高效地完成 Java 程序的开发。

Eclipse 是一个免费的 IDE，并不仅限于 Java 开发，还支持多种编程语言。它本身只是一个框架，通过添加相应的插件组件来构建开发环境。

2.2.2　Eclipse 下载与安装

可以从 Eclipse 官网 http://www.eclipse.org/下载 Eclipse 的最新版本。目前，Eclipse 的最新版是 3.7.1。下面介绍下载 Eclipse 3.7.1 的详细步骤：

（1）进入 Eclipse 官网 http://www.eclipse.org/，单击 Downloads 超链接，进入 Eclipse 下载页面，如图 2.9 所示。该页面中包括了适用于不同应用的开发包，如对 Java EE 提供支持的开发包 Eclipse IDE for Java EE Developers，对 C/C++提供支持的开发包 Eclipse IDE for C/C++ Developers 。

图 2.9　Eclipse 下载页面

（2）在图 2.9 中找到 Eclipse IDE for Java EE Developers，根据硬件及操作系统环境的不同选择右侧的 Windows 32 Bit 或 Windows 64 Bit 超链接，进入对应的 Eclipse IDE 下载页面。

（3）下载后的文件名称为 eclipse-jee-indigo-SR1-win32.zip。对该压缩包进行解压，解压后的文件可放在任选的目录中，此处选择放在 D 盘的 eclipse 文件夹下。至此，Eclipse 便已成功安装到系统中。

2.2.3　Eclipse 集成 JDK

如 2.2.2 小节所述，将 Eclipse 安装到文件夹 D:\eclipse 中，双击其中的 eclipse.exe 文件就可以启动 Eclipse。如果启动 Eclipse 时报错，弹出如图 2.10 所示对话框，这是由于缺少 JRE 所致。Eclipse 中带有自己的编译器，因此，只要安装 JRE 就能使用 Eclipse 了。

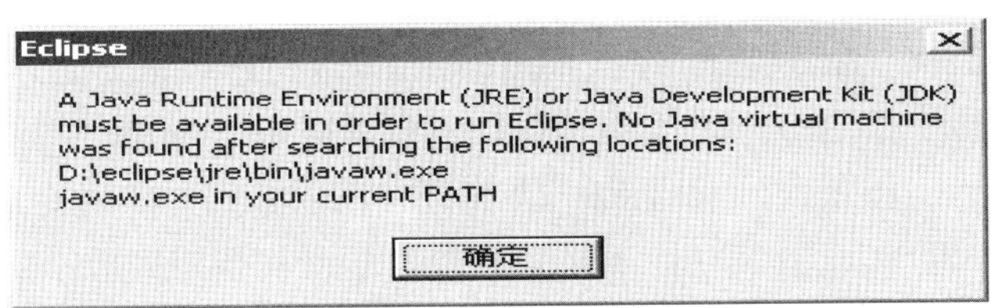

图 2.10　Eclipse 启动问题

说明：Eclipse 启动时寻找 JRE 的顺序

（1）先到 Eclipse 安装目录下的 eclipse.ini 文件中查找。如果 eclipse.ini 中配置了-vm 参数，则使用这个参数中所指定的 JRE 启动 Eclipse。

（2）如果 eclipse.ini 文件中未配置-vm 参数，则到 Eclipse 安装目录下查找是否包含有 jre 文件夹，如果有，则使用该 JRE 启动 Eclipse。

（3）如果前两种方式都找不到，再从环境变量 PATH 所指定的路径中查找，如果还找不到就报错。

为了解决这个问题，可以将 JDK 安装目录下的 jre 子目录复制到 Eclipse 的安装目录下。还可以修改 eclipse.ini 文件，添加-vm 参数，指定要运行的虚拟机地址，具体为：-vm c:\Program Files\Java\jdk1.6.0_22\bin\javaw.exe。如果在启动 Eclipse 之前已经安装好 JDK 并配置好环境变量，则 Eclipse 可以通过环境变量 PATH 自动与 JRE 关联，并正常启动。此处，将目录 C:\Program Files\Java\jdk1.6.0_22 中的 jre 文件夹复制到 D:\eclipse 下，则 Eclipse 可以正常启动了。

第一次启动 Eclipse 时，会弹出 Workspace Launcher 对话框，要求设置工作空间以存放项目文档，读者可自行设置自己的工作空间，这里将工作空间设置在 Eclipse 根目录的 workspace 目录下，同时选中 Use this as the default and do not ask again 复选框，这样就保证下次启动时不再显示设置工作空间对话框，如图 2.11 所示。

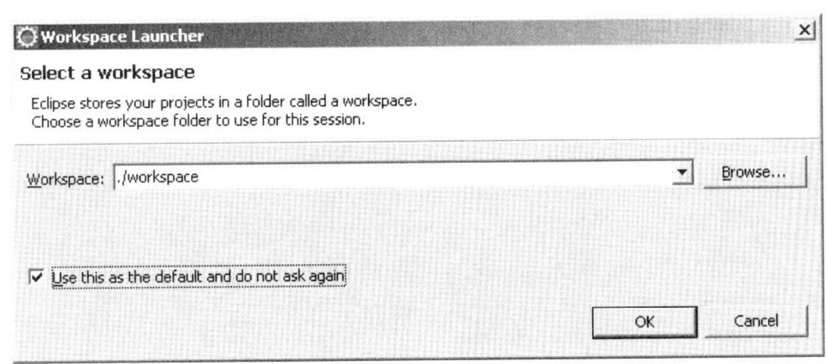

图 2.11　Workspace Launcher 对话框

如果系统中安装了多个 JRE，想在 Eclipse 中指定使用某个 JRE，则可以如下设置：

（1）在 Eclipse 的菜单栏中选择 Window 选项，单击 Perferences 菜单项，弹出 Preferences 窗口。

（2）在左侧的列表中选择 Java 节点下的 Installed JREs 选项；在右侧的 Installed JREs 选项区域中单击 Add 按钮进行添加新的 JRE。如图 2.12 所示右侧列表中为已安装的 JRE，它是我们在启动 Eclipse 时复制过来的 jdk1.6.0_22 中的 JRE。

(3)单击图 2.12 中的 Add 按钮，弹出 Add JRE 窗口，在 Add JRE 窗口中单击 Directory…按钮，在弹出的窗口中指定 JRE 的安装路径，也可以在 JRE home 中输入 JRE 安装路径。此处，通过 Directory…按钮找到 jdk1.6.0_23 的 JRE 的安装路径。确定后，JRE home、JRE name 及 JRE system libraries 就自动添加进来。单击 Finish 按钮完成添加，如图 2.13 所示。

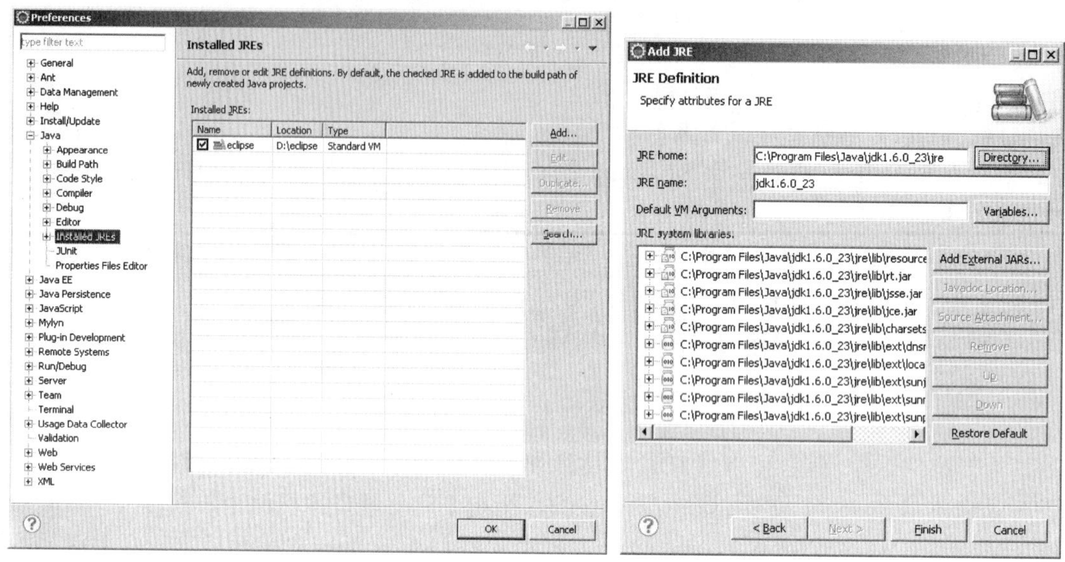

图 2.12　Preferences 窗口　　　　图 2.13　添加 JRE

(4）同样还可以把 jre7 添加进来，添加 jre7 之后的 Preferences 窗口如图 2.14 所示，此处在 Installed JREs 选项区域下选择新添加的 jre7 作为 Eclipse 启动的 JRE，读者也可根据自己的需要进行不同的选择。单击 OK 按钮退出。

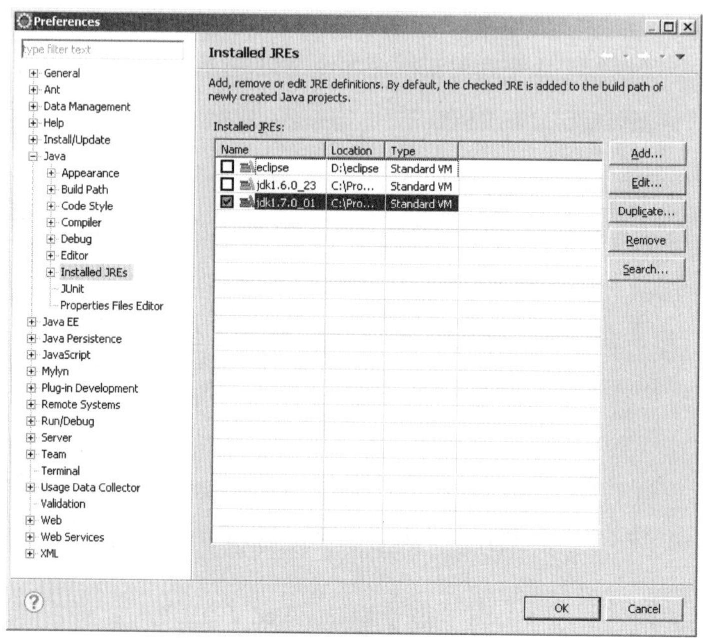

图 2.14　选择已安装的 JRE

2.2.4　使用 Eclipse 测试 Java 程序

Eclipse 安装完成后，就可以使用它来编写 Java 程序并测试。下面通过一个具体的实例介绍使用 Eclipse 测试 Java 程序的具体步骤。

【例 2-1】 使用 Eclipse 测试 Java 程序。

（1）启动 Eclipse 后，从菜单栏中选择 File | new | project 命令，在弹出的 New Project 向导中选择 Java | Java Project 命令，单击 Next 按钮，即可打开 New Java Project（新建 Java 项目）对话框，如图 2.15 所示。

（2）在 New Java Project 对话框中输入项目名称 MyFirstProject，在 JRE 选项区域选择 Use default JRE(currently ′ jdk1.7.0′)单选按钮，其他采用默认设置。

（3）单击 Finish 按钮，新项目创建完成。此时会弹出一个对话框，如图 2.16 所示，该对话框询问是否要进行透视图的切换。单击 Yes 按钮，则打开 Java 透视图。

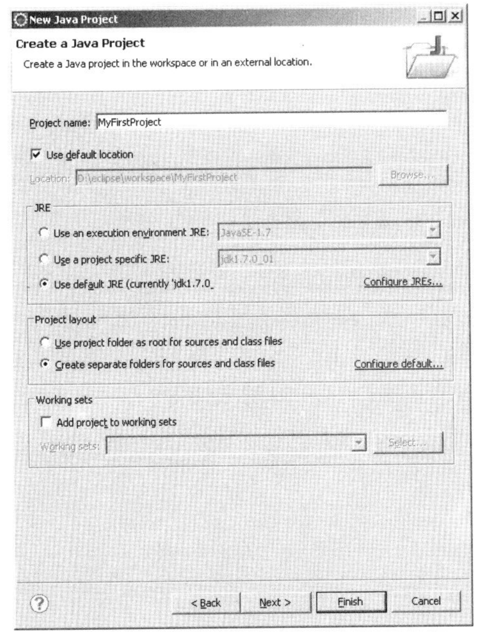

图 2.15　New Java Project 对话框

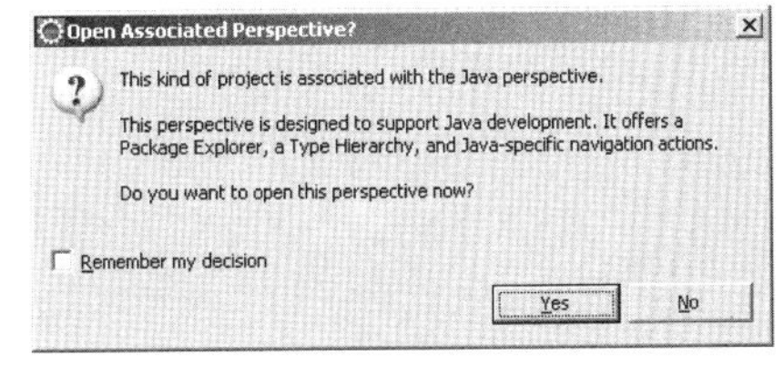

图 2.16　是否切换透视图对话框

（4）此时在 Eclipse 平台左侧的 Package Explorer（包资源管理器）中将显示项目 MyFirstProject 及其包含的包和 JRE System Library。

（5）在菜单栏中选择 File | New | Class 命令或在项目上右击，在弹出的快捷菜单中选择 New | Class，弹出 New Java Class（新建类）对话框。

（6）在 Package 文本框中输入包名，此处输入 mypackage。在 Name 文本框中输入类名 HelloWorld，单击 Finish 按钮完成类创建，如图 2.17 所示。

（7）新建类后 Eclipse 会自动打开代码编辑器，在打开的代码编辑器中输入如下代码：

```
package mypackage;
//定义 HelloWorld 类
public class HelloWorld{
```

```
    public static void main(String[] args){
        System.out.println("Hello World!");      //打印
    }
}
```

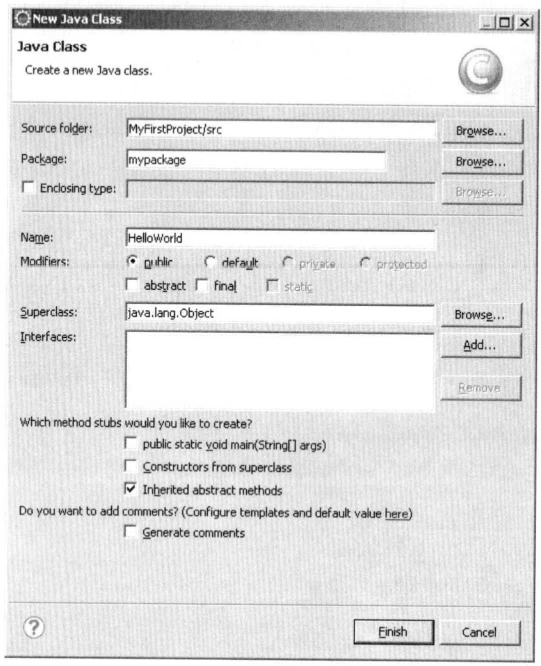

图 2.17　New Class 对话框

（8）单击菜单栏上的“Save（保存）”按钮，接着单击“Run（运行）”按钮，在控制台 Console 中可以看到打印输出的结果“Hello World！”，如图 2.18 所示。

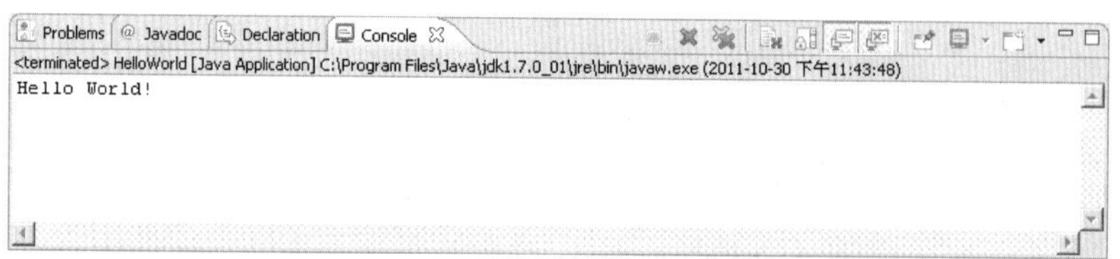

图 2.18　控制台显示结果

至此，就完成了使用 Eclipse 编写测试 Java 程序的整个过程。

2.2.5　Eclipse 常用快捷键

使用 Eclipse 的快捷键，能极大地提高程序的开发效率。Eclipse 提供了许多快捷键，查看其快捷键的方式如下：

（1）在 Eclipse 的菜单栏中选择 Window|Preferences，则打开“Preferences（首选项）”窗口。

（2）在该窗口左侧单击“General（常规）”节点，选中 Editors 子节点下的 keys 节点，则显示如图 2.19 所示的界面。

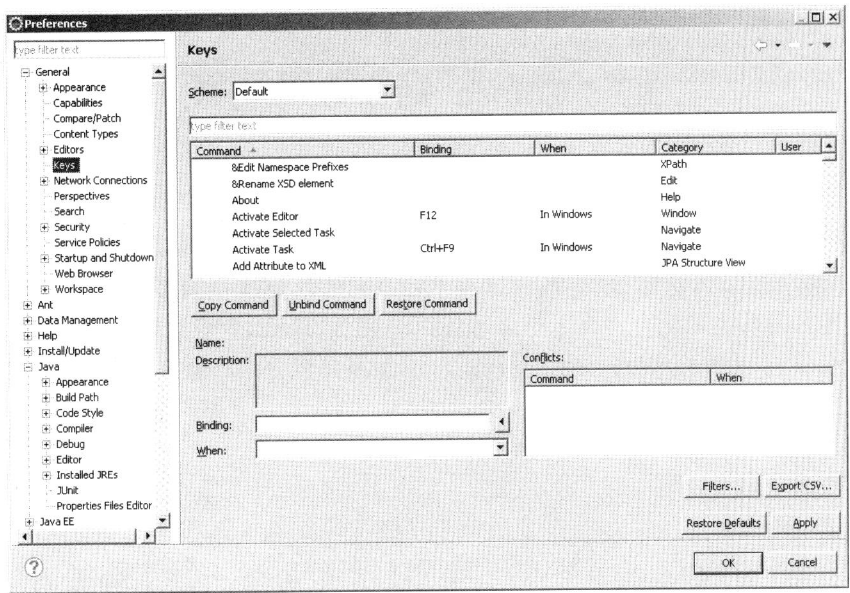

图 2.19 “快捷键”界面

（3）在图 2.19 所示的 Keys 列表中，显示了 Eclipse 中提供的命令及其相应的快捷键，可以查看、修改 Eclipse 的快捷键。

下面给出了 Eclipse 3.7.1 中提供的常用快捷键及其功能，如表 2.1 所示。

表 2.1　Eclipse 3.7.1 中的常用快捷键

快　捷　键	功　　能	快　捷　键	功　　能
F3	打开声明	Ctrl+N	新建
F4	打开类型层次结构	Ctrl+V	粘贴
F5	单步跳入	Ctrl+X	剪切
F6	单步跳过	Ctrl+Z	撤销
F7	单步返回	Ctrl+F4	关闭
F8	继续	Ctrl+Shift+F6	上一个编辑器
F11	调试上次启动	Ctrl+Shift+B	添加/去除断点
F12	激活编辑器	Ctrl+Shift+F	格式化
Alt+-	显示系统菜单	Ctrl+Shift+K	查找上一个
Alt+←	后退历史记录	Ctrl+Shift+S	全部保存
Alt+→	前进历史记录	Ctrl+Shift+W	切换编辑器
Alt+/	内容辅助	Ctrl+Shift+F4	全部关闭
Ctrl+/	注释	Ctrl+Shift+F6	上一个编辑器
Ctrl+\	取消注释	Ctrl+Shift+F7	上一个视图
Ctrl+A	全部选中	Ctrl+Shift+F8	上一个透视图
Ctrl+C	复制	Alt+Shift+↓	恢复上一个选择
Ctrl+F	查找并替换	Alt+Shift+↑	选择封装元素
Ctrl+J	增量查找	Alt+Shift+M	抽取方法
Ctrl+H	打开搜索对话框	Alt+Shift+R	重命名
Ctrl+K	查找下一个	Alt+Shift+J	添加 Javadoc 注释
Ctrl+L	转至行		

2.3　Tomcat 的下载与安装

为了使用户可以通过浏览器来访问 Web 项目，还需要使用 Web 服务器来运行和发布项目。开发 Web 应用时使用的是与 Servlet 兼容的 Web 服务器，常用的有 IBM WebSphere 服务器、Apache Tomcat 服务器等。Tomcat 是一个基于 Java 的开放源码 Web 应用容器，由于它具有占用系统资源少、易于扩展等优点，使得 Tomcat 受到广大程序员的喜爱。本书使用 Tomcat 作为开发 Web 应用的服务器，下面将具体介绍下载和安装 Tomcat 服务器的方法。

2.3.1　Tomcat 简介

Tomcat 是 Apache Jakarta 项目中的一个子项目，由 Apache 组织、Sun 公司和其他参与人共同开发完成。Tomcat 技术先进，简单易用，稳定性好，而且是开源的免费软件，因此广受 Java Web 学习者和开发者的喜爱，已成为当前比较流行的轻量级 Web 应用服务器。

Tomcat 是完全使用 Java 语言开发实现的，因此它是平台无关的，可以在任何一个装有 JVM 的操作系统之上运行。Tomcat 最新发布的版本是 Tomcat 7.0.23，本书采用的也是该版本。

2.3.2　Tomcat 的下载

可以从 Tomcat 官网 http://tomcat.apache.org/下载 Tomcat 的最新版本。下面介绍下载 Tomcat 7.0.23 的详细步骤。

（1）进入 Tomcat 官网 http://tomcat.apache.org/，如图 2.20 所示。

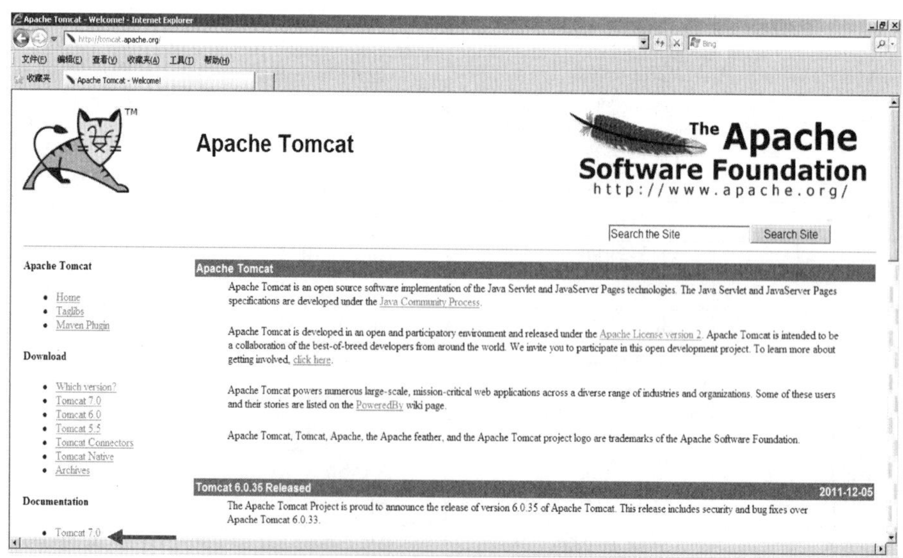

图 2.20　Tomcat 官网首页

(2)在官网首页左侧的 Download 列表中列出了 Tomcat 服务器各种版本的下载超链接。单击 Tomcat 7.0，进入 Tomcat 7.0 版本的下载页面中。在该页面中找到 Tomcat 7.0.23 版本的下载超链接所在位置，如图 2.21 所示。

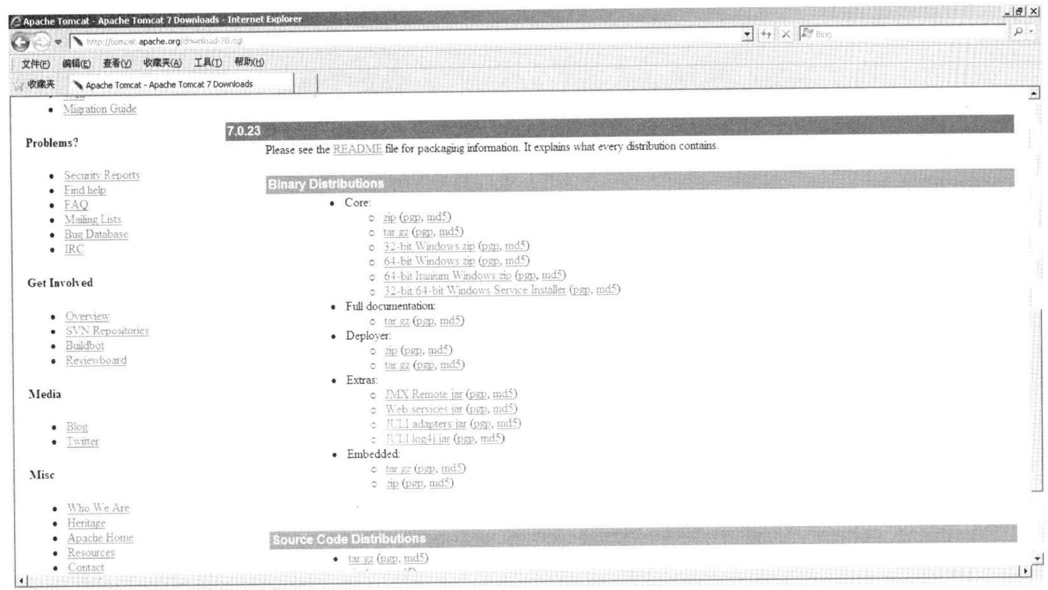

图 2.21　Tomcat 7.0.23 下载页面

(3) 图 2.21 中的 Core 节点下包含了 Tomcat 7.0.23 服务器在不同平台下的安装文件，此处选择 32-bit Windows zip(pgp,md5)超链接。单击该超链接即可将 Tomcat 7.0.23 的安装文件下载到本地计算机中。

注意：这里下载的是 Tomcat 的免安装版。在软件开发过程中建议下载使用免安装版，安装版一般在实际部署中使用。

2.3.3　Tomcat 安装配置

本小节将主要介绍 Tomcat 的安装及配置方法。

1. Tomcat安装

(1) 将下载得到的 zip 格式压缩包进行解压，解压后在 tomcat 目录下可得到如下的文件结构：

- bin：存放启动与关闭 Tomcat 的脚本文件。
- conf：存放 Tomcat 的各种配置文件，其中最主要的两个配置文件是 server.xml 和 web.xml。
- lib：存放 Tomcat 服务器运行时所需要的各种 JAR 文件。
- logs：存放 Tomcat 每次运行后产生的日志文件。
- temp：存放 Web 应用运行过程中生成的临时文件。

- ❑ webapps：存放应用程序示例；当发布 Web 应用时，默认将要发布的 Web 应用也存放在此目录下。
- ❑ work：存放由 JSP 生成的 Servlet 源文件和字节码文件，由 Tomcat 自动生成。

注意：对应每一个 Java Web 应用程序，都会有一个 WEB-INF 目录，在该目录下也可以建立 lib 子目录，该 lib 子目录中存放的是当前 Web 应用程序所需要的各种 JAR 文件，这些 JAR 文件只能被当前的 Web 应用所访问。而 Tomcat 目录下的 lib 文件夹中存放的是支持 Tomcat 服务器运行的核心类库，Tomcat 服务器以及所有的 Web 应用都可以访问这些 JAR 文件。注意不要混淆。

（2）配置环境变量。运行 Tomcat 只需要配置好环境变量 JAVA_HOME 即可。由于 2.1.3 小节已经对该环境变量的配置方法进行过讲解，因此此处不再赘述。

（3）启动 Tomcat。双击 Tomcat 目录下的 bin 文件夹中的 startup.bat 脚本文件即可启动 Tomcat。Tomcat 启动之后，打开浏览器，在浏览器地址栏中输入 http://localhost:8080，然后按 Enter 键，如果浏览器中出现如图 2.22 所示的 Tomcat 默认主页，则表示 Tomcat 已成功安装。

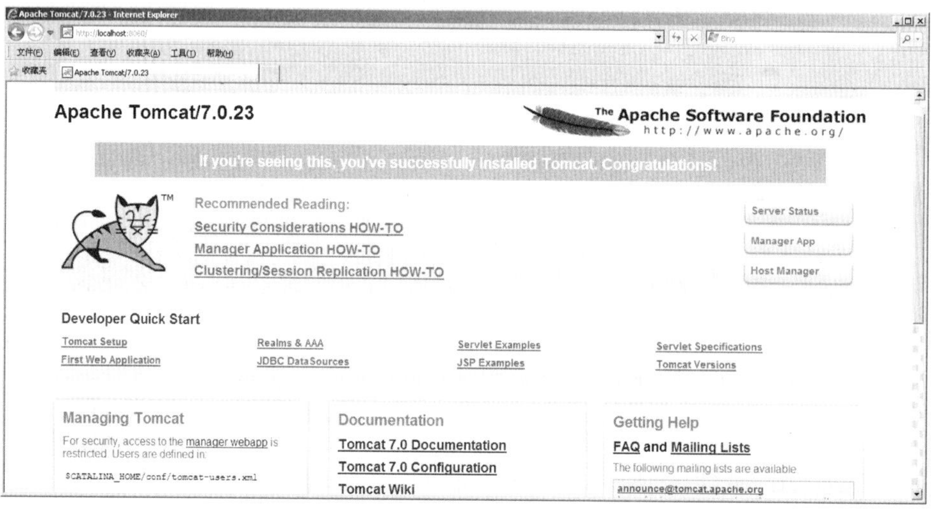

图 2.22　Tomcat 成功安装界面

说明：执行 bin 文件夹中的 shutdown.bat 脚本文件可以终止 Tomcat 服务器运行。

2. Tomcat配置

Tomcat 为用户提供了一些配置文件来帮助用户完成自己的配置，Tomcat 的配置文件都位于 conf 目录下，这些文件主要是基于 XML 的。对 Tomcat 的配置一般基于如下两个配置文件。

- ❑ server.xml：Tomcat 的全局配置文件，是配置的核心文件。
- ❑ web.xml：在 Tomcat 中配置不同的关系环境。

下面详细介绍如何利用这些配置文件来解决常见的配置问题。

Tomcat 服务器是由一系列可配置组件构成的，其核心组件是 Servlet 容器，该容器是所有其他 Tomcat 组件的顶层容器。Tomcat 的组件可以在 server.xml 文件中进行配置，每个 Tomcat 组件在 server.xml 文件中都对应了一种配置元素。

（1）修改 Tomcat 服务器的端口号。

Tomcat 的端口号可以根据需要进行修改，但是要注意不能与已有程序的端口号冲突。可以在 server.xml 中设置端口号。打开 server.xml 文件，在 server.xml 找到如下代码：

```
<Connector port="8080" protocol="HTTP/1.1"
        connectionTimeout="20000"
        redirectPort="8443" />
```

代码说明：

- 代码中使用了 Connector 元素，Connector 表示一个到用户的连接。
- 代码中有加粗的部分用来提供 Web 服务的端口号，Tomcat 默认的端口号为 8080，可以将 8080 修改为任意的端口号，如 8011，但要保证 8011 端口没有被其他应用所占用。此时访问 Tomcat 默认主页的地址变为 http://localhost:8011。注意端口号的变化。

此外，还可以同时分配两个端口号使得 Tomcat 可以同时使用两个端口提供服务。只需在 server.xml 中再添加一个 Connector 元素即可，此处我们再添加一个 8000 端口，代码如下：

```
<!--指定 8080 端口-->
<Connector port="8080" protocol="HTTP/1.1"
    connectionTimeout="20000"
    redirectPort="8443" />
<!--指定 8000 端口 -->
<Connector port="8000"   protocol="HTTP/1.1"
    connectionTimeout="20000"
    redirectPort="8443" />
```

将端口号 8000 添加到 server.xml 文件后，启动 Tomcat，打开浏览器，在浏览器地址栏中输入 http://localhost:8080 或 http://localhost:8000，然后按 Enter 键，如果浏览器中都能显示 Tomcat 的默认主页，则表示已经成功为 Tomcat 添加了一个新的端口号。

（2）添加一个用户。

在 Tomcat 6.0.30 版本以前，Tomcat 管理员角色只有 manager，而从 Tomcat 7.0 开始将 manager 角色细化为 manager-gui、manager-script、manager-jmx 和 manager-status 四个角色，它们具有不同的权限。

- manager-gui：允许访问 HTML 图形用户界面（GUI）和状态页面。
- manager-script：允许访问文本接口和状态页面。
- manager-jmx：允许访问 JMX 代理和状态页面。
- manager-status：仅允许访问状态页面。

因此，可根据实际需要设定相应的角色。对于开发人员，一般可设置其用户角色为 manager-gui，用户名和密码则需要另行设置。

使用 conf 文件夹下的用户配置文件 tomcat-users.xml 可以对用户的用户名、密码和角色进行设置。tomcat-users.xml 文件中包含了 Tomcat 服务器的所有注册用户信息，可以在该文件中通过增加用户（user）并为其指定合适的角色（role），来赋予用户访问管理员应用的能力。例如：

```
<tomcat-users>
<role rolename="manager-gui" />
<user username="manager" password="tomcat" roles="manager-gui" />
</tomcat-users>
```

上面配置文件中粗体字部分表示增加了一个新用户，其用户名为 manager，密码为 tomcat，角色为 manager-gui。重启 tomcat，在浏览器中输入 http://localhost:8080/manager/，会弹出如图 2.23 所示的登录对话框，在该对话框中输入上面的用户名和密码即可进入图 2.24 所示的管理界面。

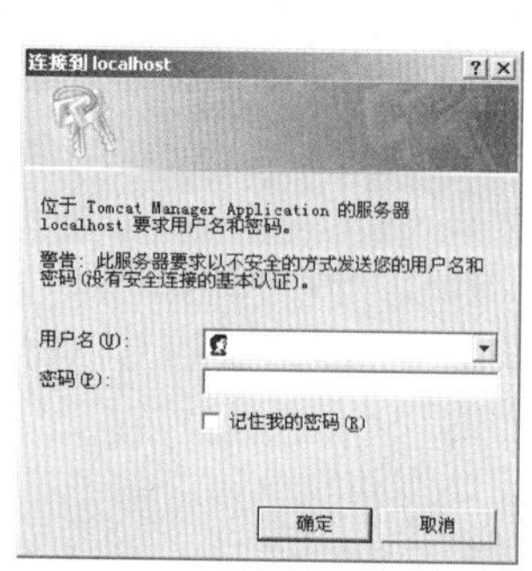

图 2.23　登录对话框

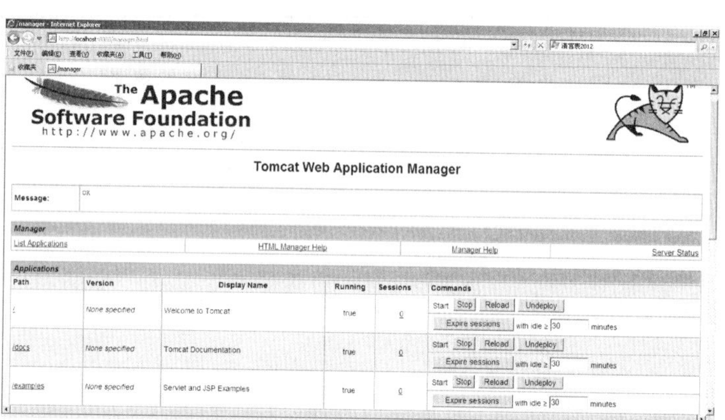

图 2.24　管理界面

2.3.4　部署 Web 应用

要想在浏览器中运行 Web 应用程序，首先要告诉 Tomcat 服务器 Web 应用程序所在的具体位置。Tomcat 在默认情况下会查找安装目录下的 webapps 文件夹下的 Web 应用程序，开发人员也可以自己添加 Tomcat 的查找目录。这就引出了在 Tomcat 中部署 Web 应用的 3 种方法，下面对这 3 种方法进行详细介绍。

1．直接放到webapps目录下

由于 Tomcat 安装目录下的 webapps 目录是其默认的应用目录，当 Tomcat 启动时，会默认加载该目录下所有的应用。因此，可以直接将 Web 应用文件夹复制到 webapps 目录下，这样，Tomcat 启动时就可以自动加载该应用。也可以将 Web 应用打成一个 war 包放到 webapps 目录下，tomcat 会自动解开这个 war 包，并在 webapps 下生成一个同名文件夹。

2．修改server.xml文件进行部署

在 Tomcat 安装目录下的 conf 文件夹中，找到 server.xml 文件。打开 server.xml 文件，找到其 host 元素。在</Host>前面添加 Context 元素。例如，要部署 D 盘下的 Web 应用 myapp，代码如下：

```
<Context path="/hello" docBase="D:/myapp" debug="0" reloadable="true">
</Context>
```

代码说明：

- path 是虚拟路径，或称为上下文路径，用来设置要发布的 Web 项目的名称，用于浏览器访问的 URL 中。
- docBase 是该 Web 应用的物理路径，即 Web 应用程序在本地磁盘中的实际路径。可以是绝对路径也可以是相对路径，使用时要注意斜杠的方向。
- debug 是日志记录的调试信息记录等级。reloadable 是为了方便开发人员而设置的，当这个属性为 true 时，Tomcat 将检测应用程序的/WEB-INF/lib 和/WEB-INF/classes 目录的变化，以决定是否自动重新载入变化后的程序。

说明： 虚拟路径和物理路径

虚拟路径 path，表明 tomcat 的访问路径为 http://localhost:<port>/[path]。若 path 为空，即 path=“ ”，则访问路径为 http://localhost:8080/；若 path 被设置为某一个名字(该名字可随便命名)则访问时就使用该名字进行访问，如上面代码中 path=“hello”，则访问路径为 http://localhost:8080/hello。

物理路径 docBase 既可以是绝对路径，也可以是相对路径。当它为相对路径时，指的是相对 Host 元素的 appBase 属性而言的，该属性值为一个目录，它的意义为 appBase 指代的目录下面所有的子目录将被自动部署为 Web 应用，其下所有的.war 文件将被自动解压并部署为 Web 应用。Host 元素的 appBase 属性值默认为 Tomcat 安装目录下的 webapps 目录，也可根据需要修改其为自己的实际开发目录。若 docBase=“/”，此时为相对路径，则表示 Web 应用位于 webapps 目录下。上面代码中 docBase=“D:/myapp”，则表示 Web 应用位于 D 盘的 myapp 目录下。docBase 为绝对路径时，与 appBase 所指代的目录没有任何关系。

最后，保存对 server.xml 文件所做的更改，并重启 Tomcat，就可以使用路径 http://localhost:8080/hello 直接访问到 D 盘下的 myapp 应用了。

3．创建配置文件进行部署

进入 Tomcat 安装目录下的 conf 目录，找到 Catalina 文件夹，再进入 Catalina\localhost 目录。在 localhost 文件夹中新建一个包含 Context 元素的配置文件，该文件是一个 XML 文件，名字可以任意取，文件名即为 Web 应用的虚拟路径名，此处取名为 hello.xml。

编辑新建的 XML 文件，文件中 Context 元素的各属性含义同方法 2，文件内容如下：

```
<Context docBase="D:/myapp"  reloadable="true" debug="0" reloadable=
"true">
</Context>
```

注意： localhost 文件夹中的 hello.xml 文件的文件名即作为 Context 元素中 path 属性的值，此时在 Context 元素中将 path 属性设置为其他值均无效，因此可以去掉 path 属性。

保存 XML 文件，启动 Tomcat，则会将 D 盘下的 myapp 文件夹部署为 Web 应用。该应用的 URL 地址为 http://localhost:8080/hello，这样，以后就可以通过 http://localhost:8080/hello 访问 D 盘下的 Web 应用 myapp 了。

2.3.5　在 Eclipse 中配置 Tomcat

在使用 Eclipse 开发 Web 项目时，首先要在 Eclipse 中配置 Web 服务器，然后就可以将在 Eclipse 中创建的 Web 项目直接部署到 Web 服务器中去。下面就以 Tomcat 服务器为例介绍在 Eclipse 中配置服务器的过程，具体步骤如下。

（1）在 Eclipse 的菜单栏中选择 Window，单击 Perferences 菜单项，弹出 Perferences 窗口。

（2）在左侧的列表中选择 Server 节点下的 Runtime Environments 选项，单击 Add 按钮将弹出 New Server Runtime Environment 对话框，如图 2.25 所示。

（3）在中间列表框的 Apache 节点下选择需要配置的服务器，此处选择 Apache Tomcat v7.0 选项。单击 Next 按钮，进入图 2.26 所示的对话框设置 Tomcat 的安装路径。

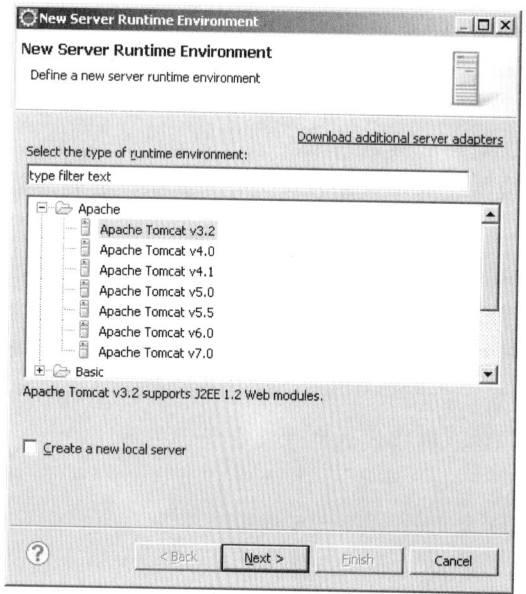

图 2.25　New Server Runtime Environment 对话框

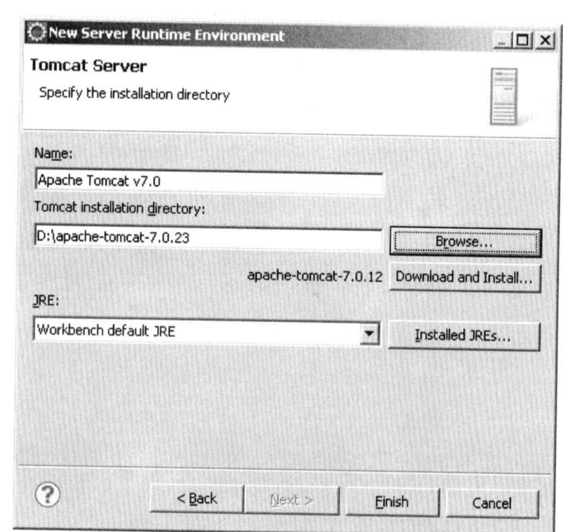

图 2.26　设置 Tomcat 安装路径

（4）在图 2.26 所示对话框中单击 Browse...按钮，在弹出的对话框中选择 Tomcat 的安装路径，此处选择版本为 Tomcat 7.0.23。单击 Installed JREs 节点，可选择服务器运行时所需的 JRE 环境，如图 2.27 所示。都设置好后，单击 Finish 按钮返回 Preferences 窗口。在 Preferences 窗口中单击 OK 按钮完成配置。

（5）在 Eclipse 工作台下方的 Servers 视图中右击（如果 servers 视图未打开，可以通过在菜单栏上选择 Window| Show Views| servers 选项将其打开），在弹出的快捷菜单中选择 New| Server 选项，弹出 New Server 对话框，如图 2.28 所示。

（6）在图 2.28 中间列表框的 Apache 节点下选择 Apache Tomcat v7.0 选项，单击 Next 按钮，弹出图 2.29 所示的对话框。在左侧列表框选择要添加到 Tomcat 服务器中的项目，单击 Add 按钮，则选中的项目就添加到 Tomcat 中了。

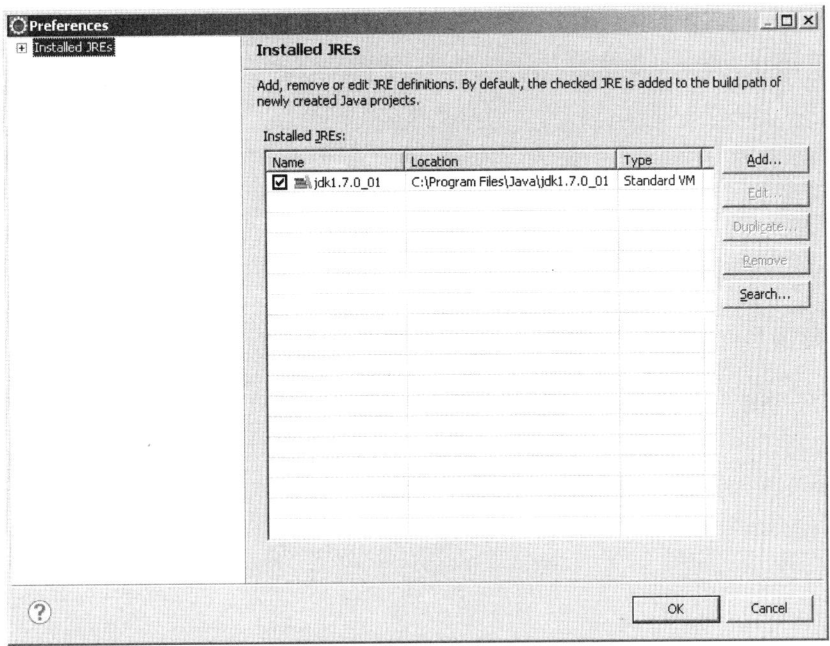

图 2.27　选择 JRE

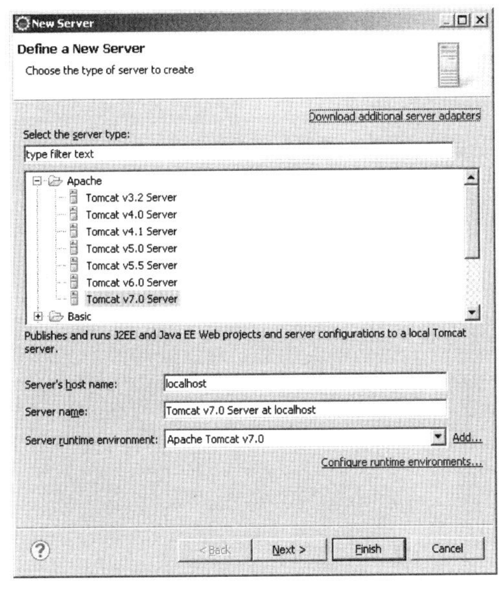

图 2.28　New Server 对话框

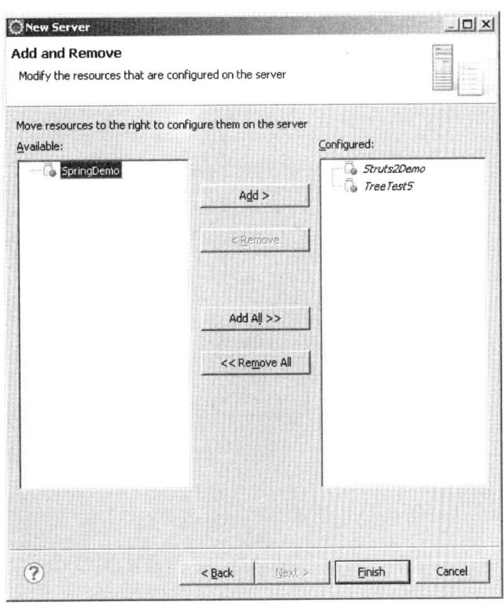

图 2.29　添加 Web 项目到 Tomcat

（7）都设置完成后就可以在 Servers 视图窗口看到配置好的 Tomcat 服务器以及添加到 Tomcat 中的项目，如图 2.30 所示。

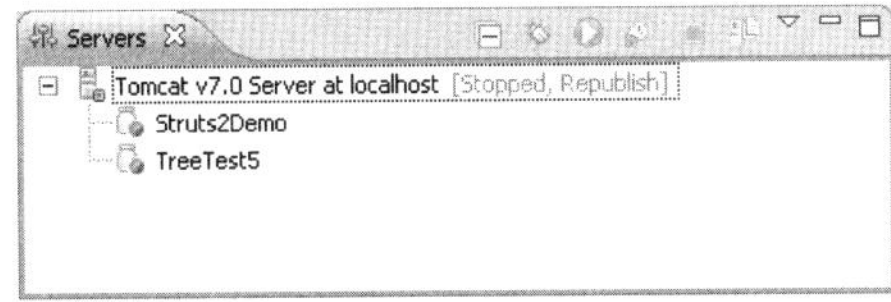

图 2.30　Servers 视图窗口

2.3.6　使用 Eclipse 测试 Java Web 程序

本小节通过一个 Web 应用实例，向读者介绍使用 Eclipse 开发 Web 程序的完整过程。Web 应用的开发一般包括项目建立、建立 JSP 文件、配置 Web 服务器和发布项目 4 个步骤。

【例 2-2】 使用 Eclipse 开发 Web 程序。

1. 新建项目

（1）单击 File 菜单，将光标移到 New 菜单项上，在出现的子菜单中选择 Dynamic Web Project 菜单项，弹出 New Dynamic Web Project 对话框，如图 2.31 所示。在 Project Name 文本框中输入项目名称，此处将项目命名为 MyProject。在 Target Runtime 下拉列表框中可以选择 Eclipse 中已配置好的服务器，这里选择上一小节配置的 Apache Tomcat v7.0 服务器。选定 Target Runtime 后，Eclipse 会自动设定与服务器匹配的 Dynamic web module version 和 configuration 选项，其他采用默认设置。

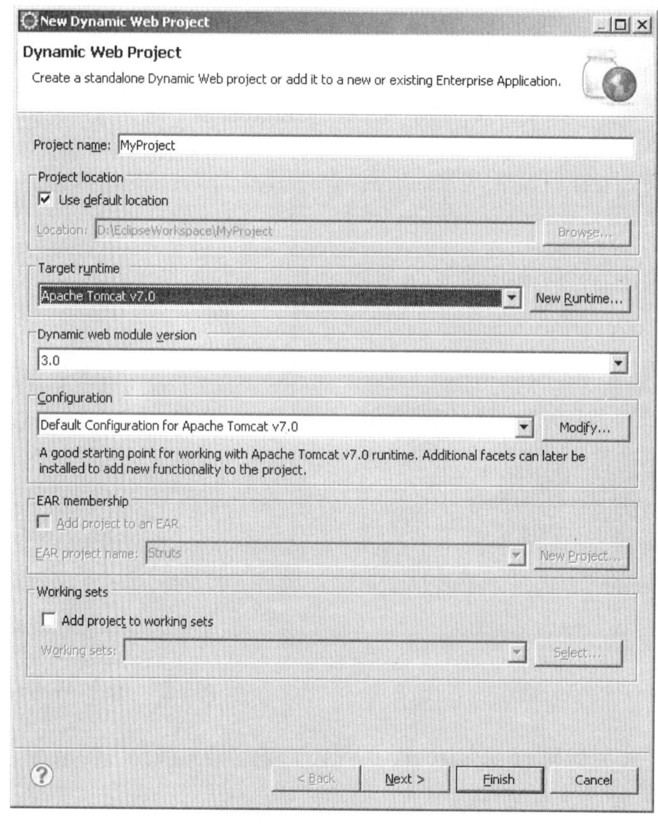

图 2.31　新建 Web 项目对话框

（2）单击 Next 按钮，将打开如图 2.32 所示的对话框，在该对话框中可将 Default output folder 文本框的值修改为 WebRoot\WEB-INF\classes，这样 Eclipse 会把编译好的文件自动部署到 WEB-INF 目录下的 classes 目录中，也可以采用默认值。

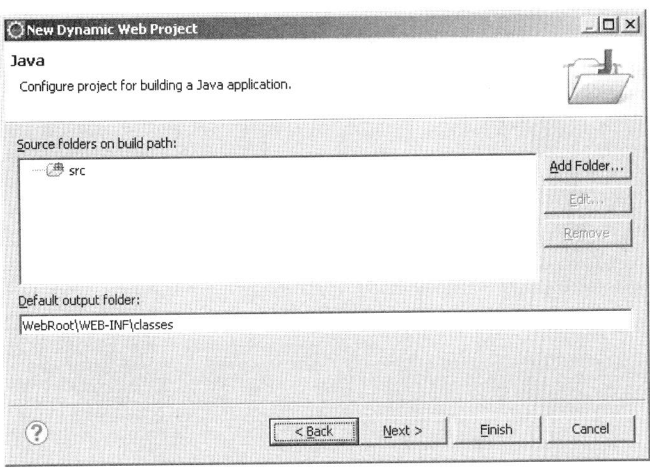

图 2.32　配置 Java 应用对话框

（3）单击 Next 按钮，打开如图 2.33 所示的对话框。在该对话框中将 Content directory 文本框的值改为 WebRoot，并勾选 Generate web.xml deployment descriptor 单选按钮。

说明：如果上一步未修改 Default output folder 文本框的值为 WebRoot\WEB-INF\classes，则 Content directory 也可不做修改，采用默认值 WebContent 即可。

（4）单击 Finish 按钮完成项目建立。此时在 Eclipse 工作台左侧的 Project Explorer 视图中，可看到新建立的 MyProject，展开各项目节点，可查看其目录结构，如图 2.34 所示。

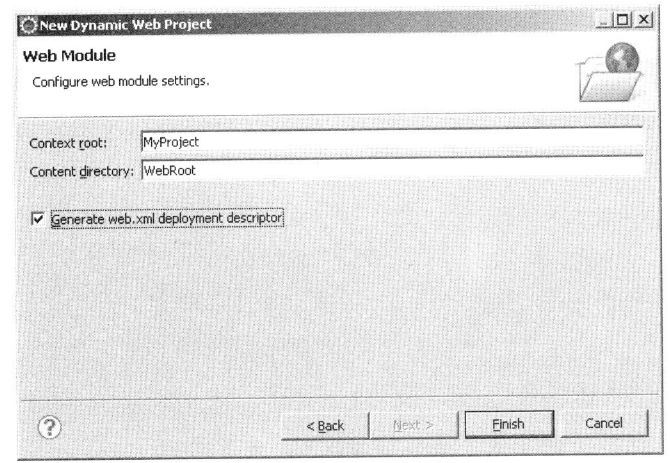

图 2.33　配置 Web Module 对话框

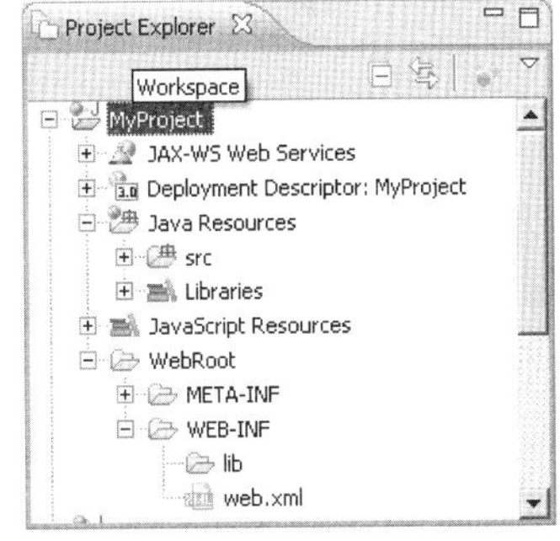

图 2.34　MyProject 项目目录结构

2. 创建JSP文件

（1）在 Eclipse 的 Project Explorer 视图中选中刚创建的 MyProject 项目下的 WebRoot 节点，右击该节点，在弹出的快捷菜单中选择 New| JSP File，打开如图 2.35 所示的 New JSP File 对话框。在 File name 文本框中添加文件名，此处为 index.jsp，其他设置不变。

（2）单击 Next 按钮弹出如图 2.36 所示的对话框，在该对话框中可以对编辑 JSP 文件时使用的模板进行选择，此处采用 New JSP File(html)模板。

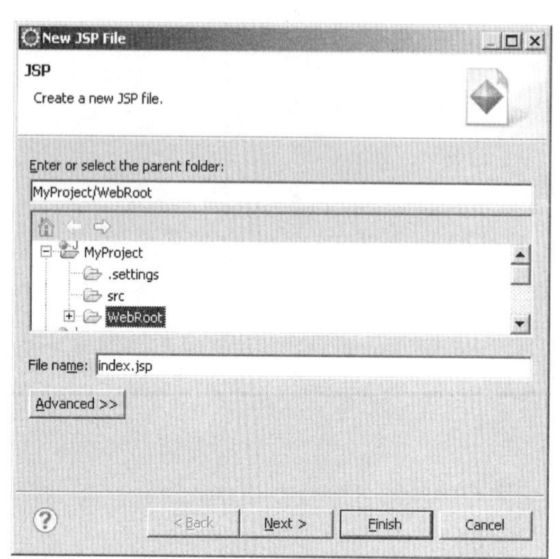

图 2.35　新建 JSP 文件对话框

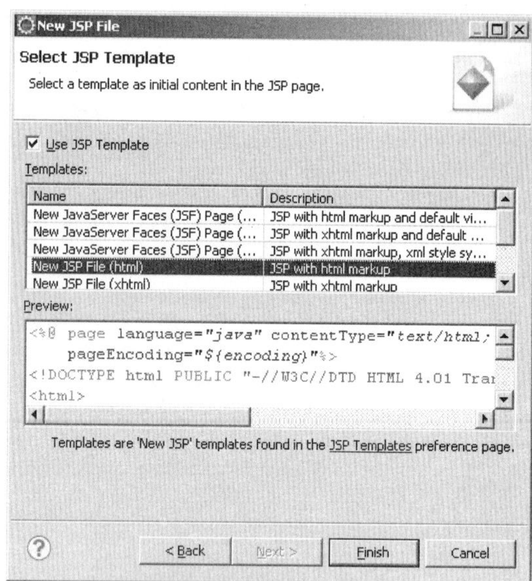

图 2.36　选择 JSP 模板对话框

（3）单击 Finish 按钮完成 JSP 页面的建立。创建 JSP 页面后，在 MyProject 项目的 WebRoot 节点下会新增一个 index.jsp 节点，同时会在 Eclipse 右侧的编辑窗口打开 JSP 文件编辑器。其中已经按创建 JSP 文件时选定的模板给出了一些 JSP 代码，我们只需要在此基础上进行添加和修改即可。

（4）将 index.jsp 中的代码略作修改，如下：

```
<%@ page language="java" contentType="text/html; charset=ISO-8859-1"
pageEncoding="ISO-8859-1"%>
<!--定义文档类型-->
<!DOCTYPE html PUBLIC "-//W3C//DTD HTML 4.01 Transitional//EN"
"http://www.w3.org/TR/html4/loose.dtd">
<html>              <!--定义整个 HTML 文档-->
<head>              <!--定义 HTML 文档头-->
    <meta http-equiv="Content-Type" content="text/html;  charset=ISO-
    8859-1">
    <title>WebProject</title>  <!--定义 HTML 文档标题-->
</head>
<body>              <!--定义 HTML 文档主体-->
    This is my first web project!
</body>
</html>
```

保存修改后的页面，至此，就在 MyProject 项目下创建了一个 JSP 页面。

3．配置Web服务器

在 2.3.5 小节中已经详细介绍过在 Eclipse 中配置 Tomcat 服务器的过程，此处不再赘述。

4．发布项目

（1）在 Project Explorer 视图中选中 MyProject 项目，单击工具栏 ▶▾ 按钮中的三角标

志，在弹出的下拉菜单中选择 Run As| Run on Server 命令，打开 Run On Server 对话框，如图 2.37 所示。勾选 Always use this server when running this project 单选按钮。

（2）单击 Next 按钮，进入图 2.38 所示的对话框，在其中可以选择要将哪些项目部署到 Tomcat 中，单击 Add 按钮可以将要部署的项目移到右侧，对不想部署的项目可以单击 Remove 按钮从右侧列表中移除。

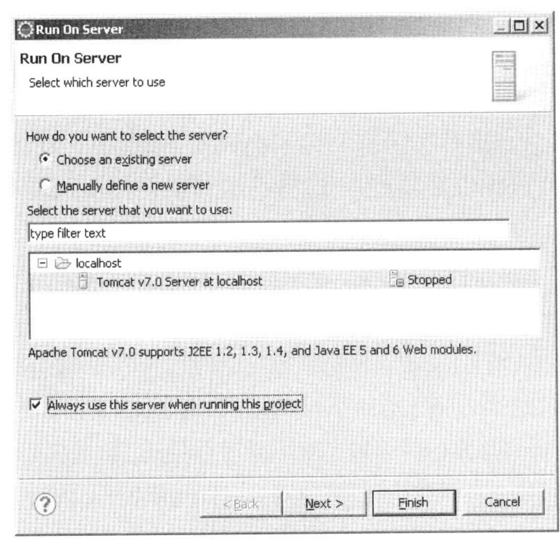

图 2.37　运行项目对话框

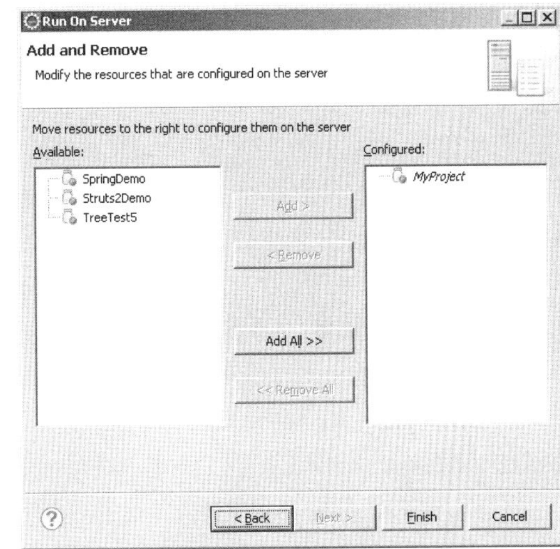

图 2.38　添加 Web 项目到 Tomcat

（3）单击 Finish 按钮，完成项目部署。下面通过 Tomcat 运行该项目，运行后的显示效果如图 2.39 所示。

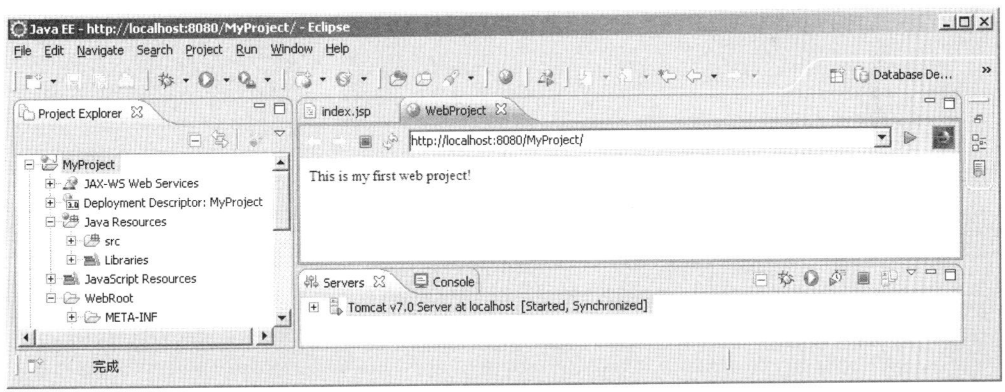

图 2.39　运行 MyProject 项目

2.4　MySQL 的下载与安装

在进行实际的项目开发过程中，数据库是必不可少的。常见的数据库管理系统很多，如 Oracle、Microsoft SQL Server、MySQL 等。本书使用 MySQL 作为数据库管理系统，本节就来介绍 MySQL 下载与安装的详细过程。

2.4.1　MySQL 简介

MySQL 是一个小型关系数据库管理系统，也是最著名的开放源码数据库管理系统，它使用结构化查询语言 SQL 进行数据库的管理。MySQL 由 MySQLAB 研发、发布和支持，后被 SUN 公司收购，它使用 C 和 C++编写，能工作于不同的平台之上。

MySQL 因其速度快、体积小和可靠性而引起广泛关注，而其开放源码的特点，更是许多中小型网站选择 MySQL 作为后台数据库的重要原因。

与大型的关系型数据库如 Oracle、SQL Sever 和 DB2 等相比，MySQL 规模小，功能有限，但对于中小企业和个人学习使用来说，其提供的功能已经足够。本书就使用 MySQL 数据库作为后台数据库管理系统。

2.4.2　MySQL 的下载

可以在官网下载 MySQL，MySQL 的最新稳定版是 5.5.20。下面介绍下载 MySQL5.5.20 的详细步骤：

（1）在官网下载 MySQL 首先要进行注册，注册的网址为：http://www.mysql.com/register/，如图 2.40 所示。在图 2.40 中填入个人信息提交后即完成注册。

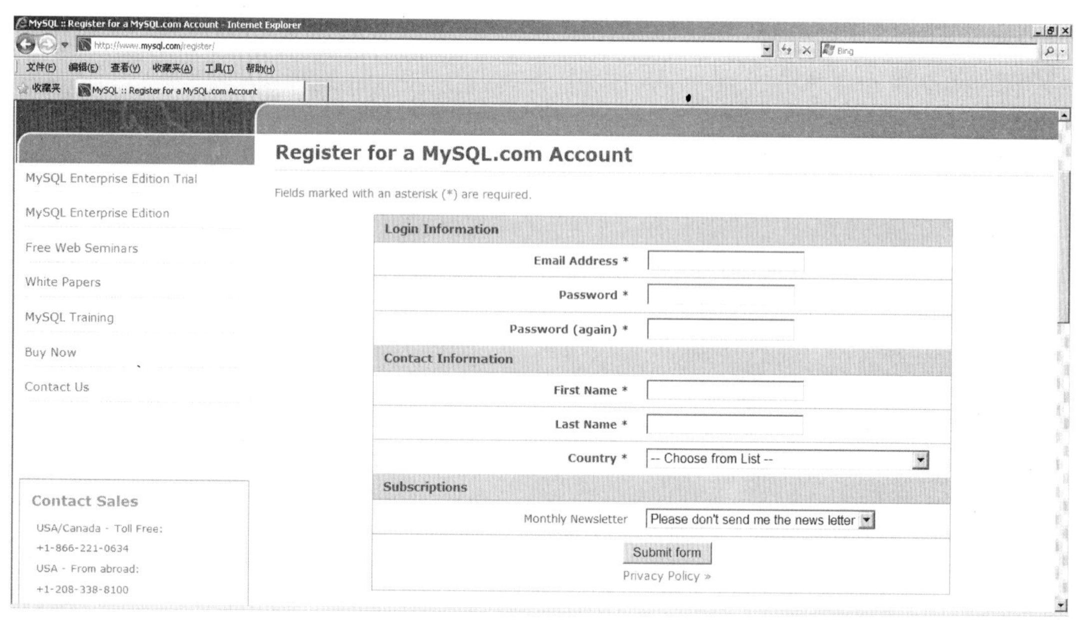

图 2.40　注册 MySQL 账户

（2）在浏览器的地址栏中输入 http://dev.mysql.com/downloads/，进入 MySQL 官方下载页面，如图 2.41 所示。

（3）选择官网页面中的 MySQL Community Server 超链接，或者在右侧 New Releases 列表中选择 MySQL Community Server 5.5 超链接，都可以进入 MySQL Community Server 5.5.20 的下载页面，如图 2.42 所示。此处选择 Windows 平台，在该平台下可以根据不同的

操作系统选择不同的安装包。

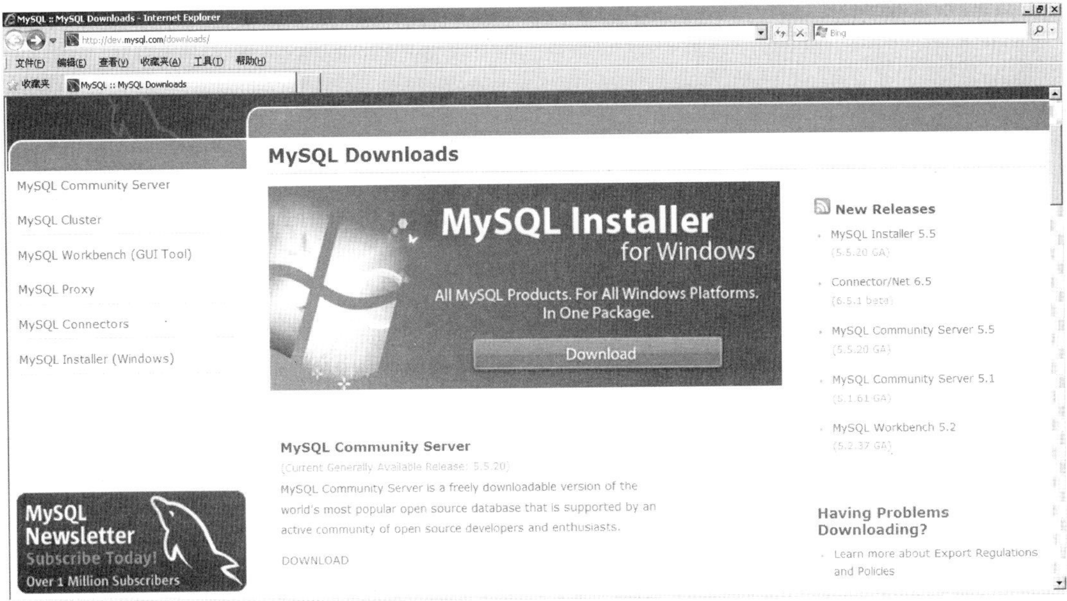

图 2.41　MySQL 官网页面

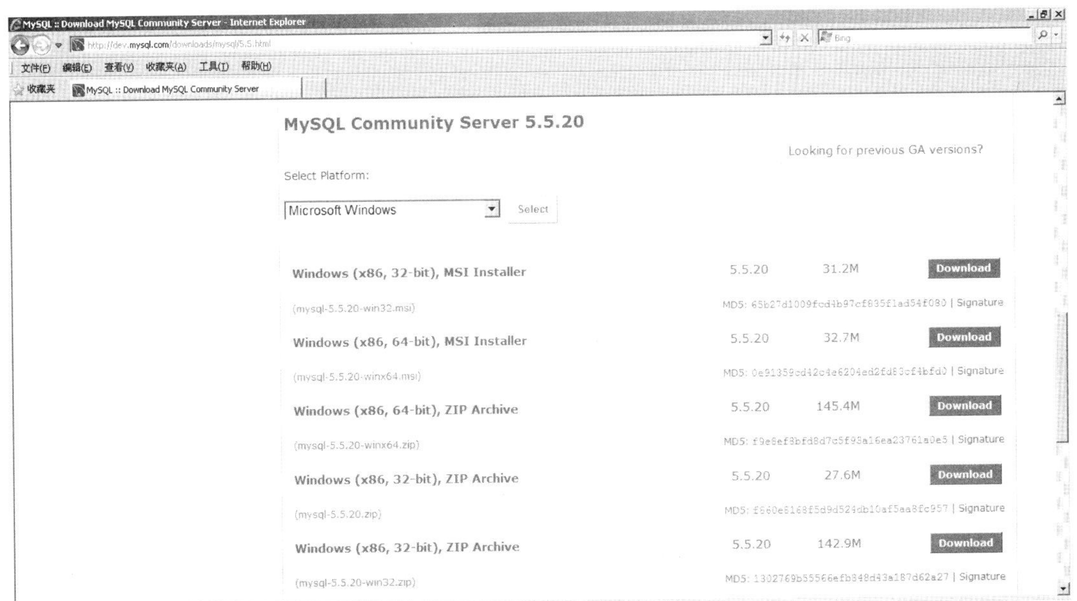

图 2.42　MySQL Community Server 5.5.20 的下载页面

（4）在 Windows 平台下共有 5 个安装包，各个安装包的说明如下：

- Windows (x86, 32-bit), MSI Installer （mysql-5.5.20-win32.msi）：是完整的 32 位 Windows 的 msi 安装程序。
- Windows (x86, 64-bit), MSI Installer（mysql-5.5.20-win64.msi）：是完整的 64 位

Windows 的 msi 安装程序。

- ❑ Windows (x86, 64-bit), ZIP Archive（mysql-5.5.20-win64.msi）：是 MySQL 的 64 位二进制安装包，解压后即可使用，是已编译好的 Windows 64 位的 MySQL 安装包。
- ❑ Windows (x86, 32-bit), ZIP Archive（mysql-5.5.20.zip）：是 Windows 源文件，需要编译，其对应的 Linux 源文件为 mysql-5.5.20.tar.zip。
- ❑ Windows (x86, 32-bit), ZIP Archive（mysql-5.5.20-win32.zip）：是 MySQL 的 32 位二进制安装包，解压后即可使用，是已编译好的 Windows 32 位的 MySQL 安装包。

此处选择 mysql-5.5.20-win32.msi 进行下载。单击其右侧对应的 Download 按钮，进入图 2.43 所示的页面选择下载镜像，从选定的服务器进行下载即可。

图 2.43　mysql-5.5.20-win32.msi 下载镜像选择页面

2.4.3　MySQL 的安装

下面以上一小节下载的 mysql-5.5.20-win32.msi 安装文件为例，讲解 MySQL 的安装步骤。

（1）双击 mysql-5.5.20-win32.msi 安装文件，出现安装向导界面，单击 Next 按钮进入如图 2.44 所示的界面。

（2）勾选 I accept the terms in the License Agreement 选项，单击 Next 按钮进入图 2.45 所示的界面。

（3）在图 2.45 中选择 MySQL 的安装类型。MySQL 的安装类型有 3 种，分别为 Typical（典型安装）、Complete（完全安装）和 Custom（用户自定义安装），此处选择 Custom，进入图 2.46 所示的对话框。

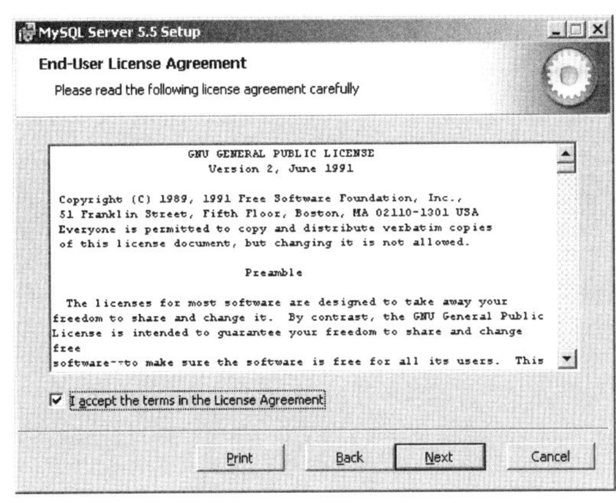

图 2.44　最终用户许可协议界面

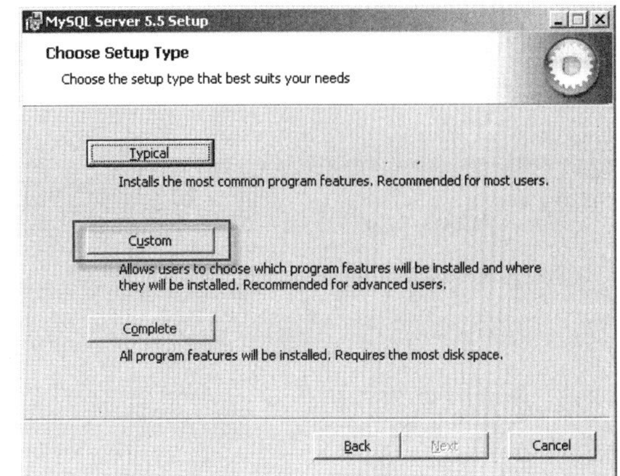

图 2.45　选择安装类型界面

（4）选中 MySQL Server，然后单击 Browse...按钮，在弹出的对话框中重新指定程序的安装目录，此处选择目录为 D:\Program Files\MySQL\MySQL Server 5.5\，如图 2.47 所示。单击 OK 按钮，返回图 2.46 所示的对话框。

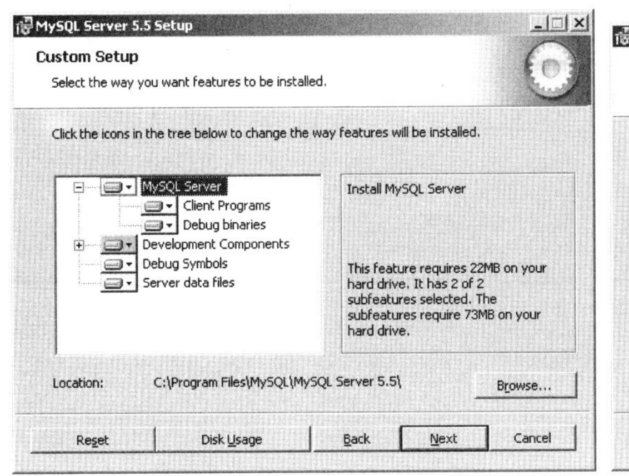

图 2.46　自定义安装对话框

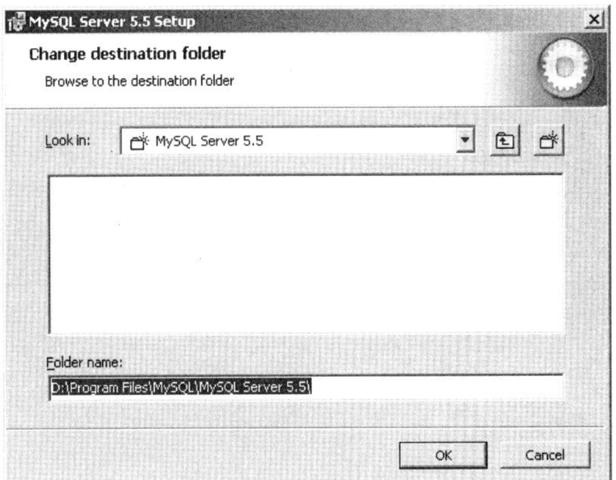

图 2.47　修改程序安装路径

注意： 为了避免重装系统时破坏数据库，因此通常将数据库程序安装在非系统盘中。此处同样推荐将数据文件也放在非系统盘中。

（5）在图 2.46 中选中 Server data files，单击 Browse...按钮，在弹出的对话框中重新指定数据文件的安装目录，此处选择目录为 D: \MySQL\MySQL Server 5.5\，单击 OK 按钮，返回图 2.46 所示对话框。注意此时数据文件的存放路径已变为图 2.48 所示路径。单击 Next 按钮，弹出图 2.49 所示的对话框。

（6）单击 Install 按钮开始安装程序。

（7）对安装过程中出现的页面直接单击 Next 按钮即可。最后出现图 2.50 所示的界面，表示 MySQL 已经安装完毕。勾选 Launch the MySQL Instance Configuration Wizard 选项，然后单击 Finish 按钮退出安装同时启动 MySQL 配置向导。

（8）在 MySQL 配置向导的启动界面，单击 Next 按钮进入如图 2.51 所示的界面选择配置方式。有两种配置方式，分别是 Detailed Configuration（详细配置）和 Standard Configuration（标准配置），此处选择 Detailed Configuration。

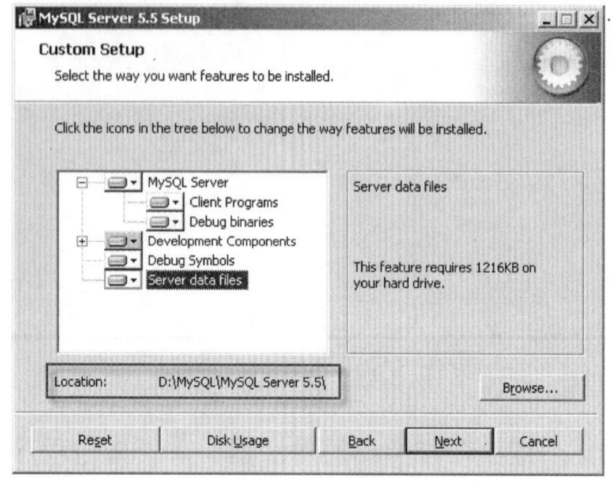

图 2.48　修改路径后的自定义安装对话框

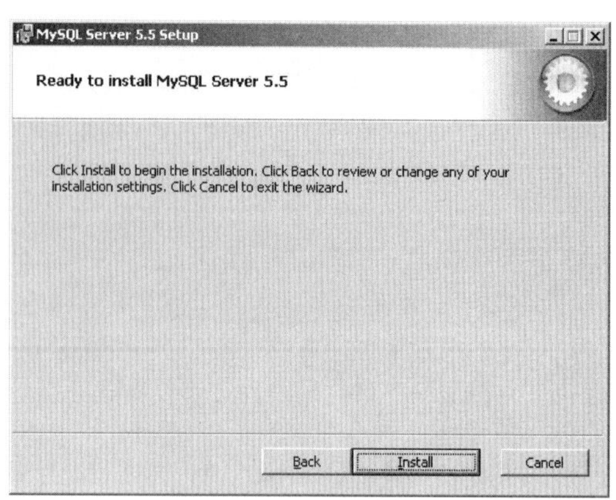

图 2.49　准备安装程序对话框

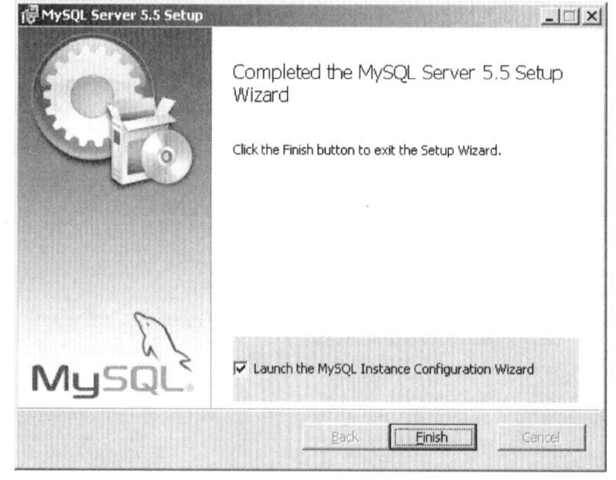

图 2.50　结束安装对话框

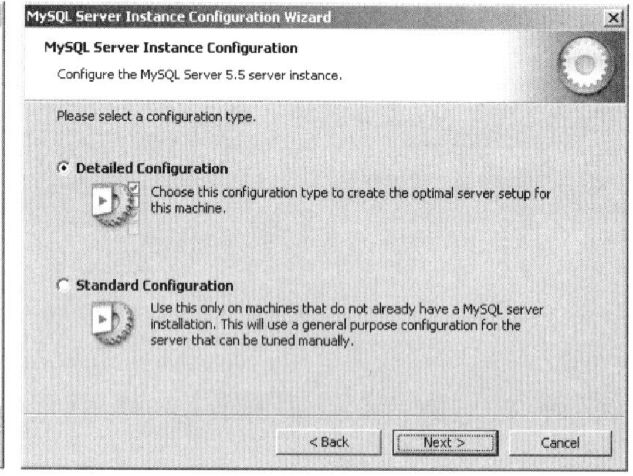

图 2.51　选择配置方式对话框

（9）单击 Next 按钮，进入图 2.52 所示的对话框，在该对话框中根据自己的需求选择服务器模式。共有 3 种模式，分别是 Developer Machine（开发模式，MySQL 仅占用很少内存）、Server Machine（服务器模式，MySQL 会占用较多内存）和 Dedicated MySQL Server Machine（专有的 MySQL 服务器模式，MySQL 将占用所有可用的内存），此处选择 Developer Machine 单选按钮。

（10）单击 Next 按钮，进入图 2.53 所示的对话框，在该对话框中选择服务器用途。共有 3 种用途可供选择，分别是 Multifunctional Database（多功能型数据库：通用数据库，一般在开发过程中使用）、Transactional Database Only（事务处理型数据库：对应用服务器和事务网络应用程序进行了优化，适用于对数据库经常更新，但很少查询的情况）、Non-Transactional Database Only（非事务处理型数据库：适用于经常查询数据库，而不做更新的情况，如用作监控、分析程序等）。此处选择 MultifunctionalDatabase 单选按钮。

（11）单击 Next 按钮，进入图 2.54 所示的对话框，在其中配置 InnoDB 表空间。如果想改变 InnoDB 的表空间文件存放位置，可以从驱动器下拉列表中选择驱动器，并在该驱动器下选择一个新路径，此处采用默认值。

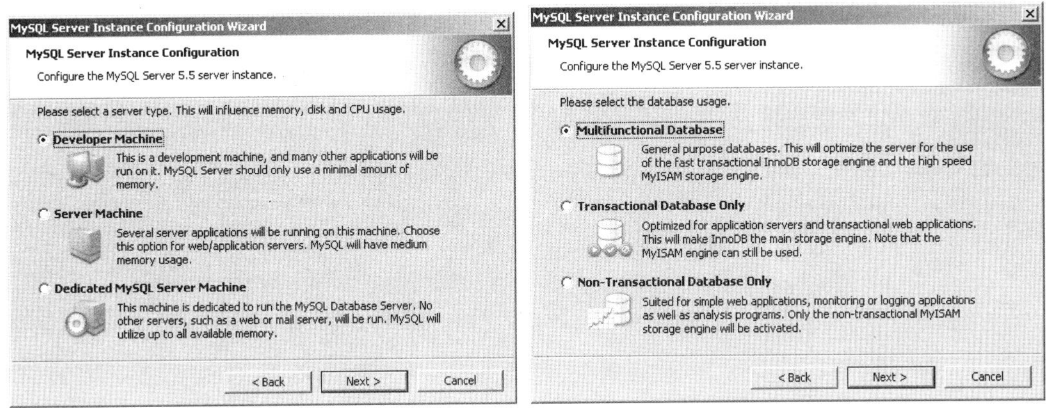

图 2.52　选择服务器模式对话框　　　　图 2.53　选择服务器用途对话框

（12）单击 Next 按钮，进入图 2.55 所示的对话框，在其中配置对服务器的并发连接数目。Decision Support(DSS)/OLAP 适用于不需要大量并发连接的数据库应用，最大连接数为 100；Online Transaction Processing(OLTP)适用于大量并发连接频繁出现的情况，最大连接数为 500；Manual Setting 可以手动设置服务器并发连接的最大数目，此处选择 Decision Support(DSS)/OLAP。

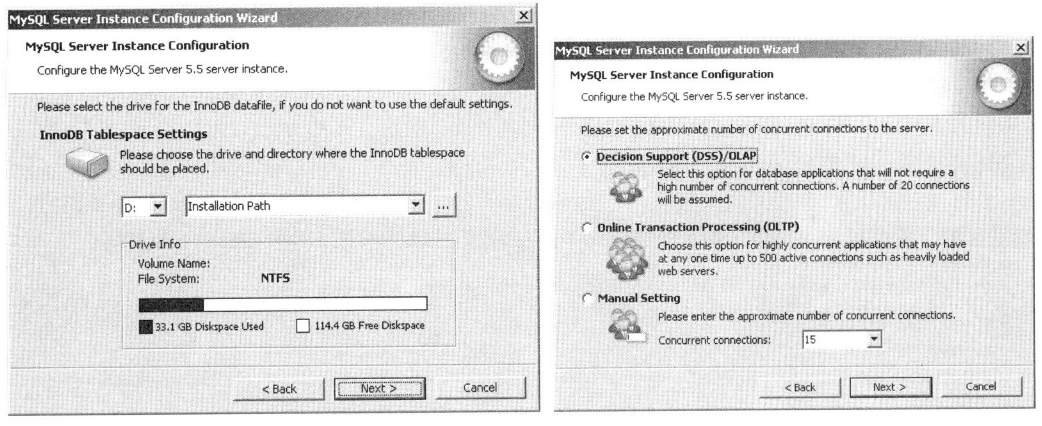

图 2.54　配置 InnoDB 表空间对话框　　　　图 2.55　设置服务器并发连接数目对话框

（13）单击 Next 按钮，进入图 2.56 所示的对话框，在其中设置 MySQL 的网络选项。Enable TCP/IP Networking（启用 TCP/IP 网络）选项可以启用或禁用 TCP/IP 连接。如果不启用，则只能在本机上访问 MySQL 数据库，如果启用，则首先勾选该选项。然后设置 MySQL 服务器的端口号，默认端口号为 3306，若该端口被占用，则可以在下拉列表框中选择新的端口号或直接输入新端口号。此处勾选该选项。Enable Strict Mode（启用严格模式）选项表示执行 SQL 语句时要进行严格检查，不允许出现任何细微的语法错误，此处勾选该选项。

（14）单击 Next 按钮，进入图 2.57 所示的对话框，在该对话框中选择 MySQL 的默认字符集。此处勾选 Manual Selected Default Character Set/Collation（手动选择默认字符集）选项，并在 Character Set 右侧的下拉列表框中选择 utf8。

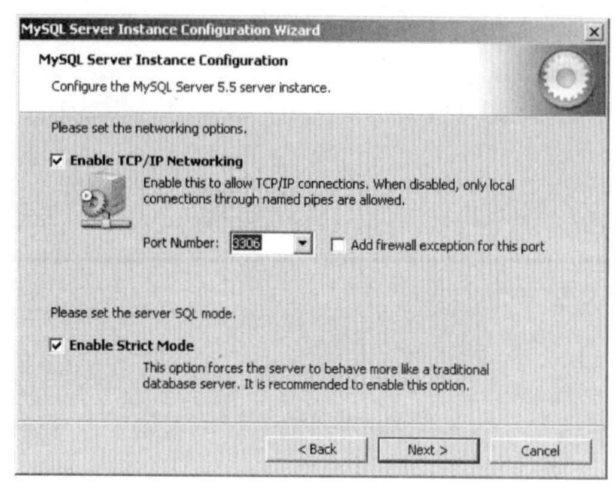

图 2.56　设置网络选项对话框

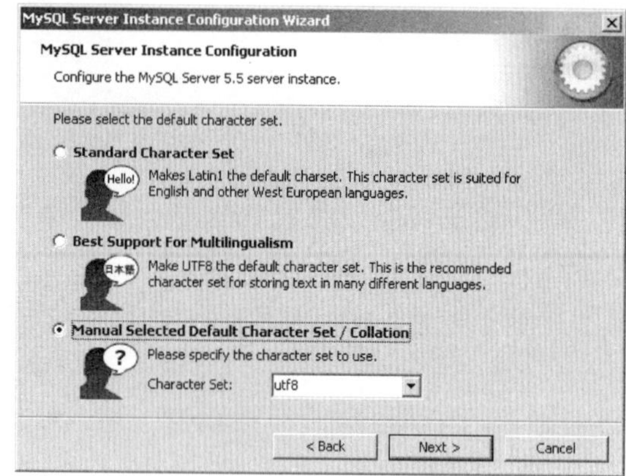

图 2.57　选择默认字符集对话框

（15）单击 Next 按钮，进入图 2.58 所示的对话框，在该对话框中设置 Windows 选项。Install As Windows Service 选项选择是否将 MySQL 安装为 Windows 服务。此处勾选该选项。在 Service name 后面的下拉列表框中可选择或自己输入 MySQL 服务名。此处采用默认值。Include Bin Directory in Windows PATH 选项选择是否将 MySQL 的 bin 目录添加到 Windows 的 PATH 变量中。若添加到 PATH 中，就可以直接使用 MySQL 的 bin 目录下的文件，而无需再指定目录名。此处勾选该选项。

（16）单击 Next 按钮，进入图 2.59 所示的对话框，在该对话框中进行安全设置。可以修改默认的 root 用户的密码，该密码默认为空。勾选 Enable root access from remote machines 选项则使得 root 用户可以从其他机器上远程访问数据库。此处设置 root 用户密码并勾选 Enable root access from remote machines 选项。

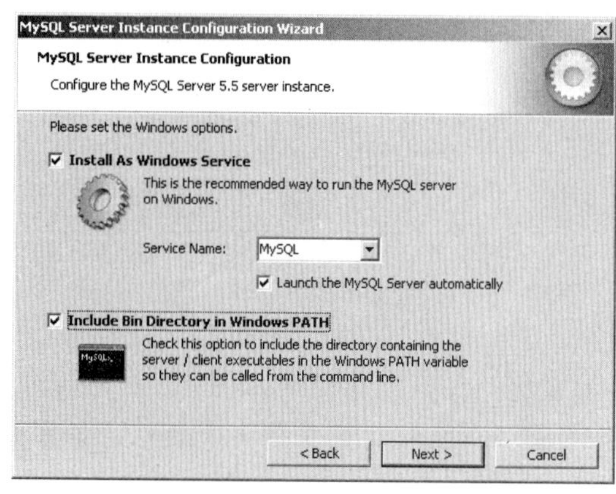

图 2.58　设置 Windows 选项对话框

图 2.59　设置安全选项对话框

（17）单击 Next 按钮，进入图 2.60 所示的对话框。单击 Execute 按钮，开始配置。

（18）配置结束后，单击 Finish 按钮退出配置。

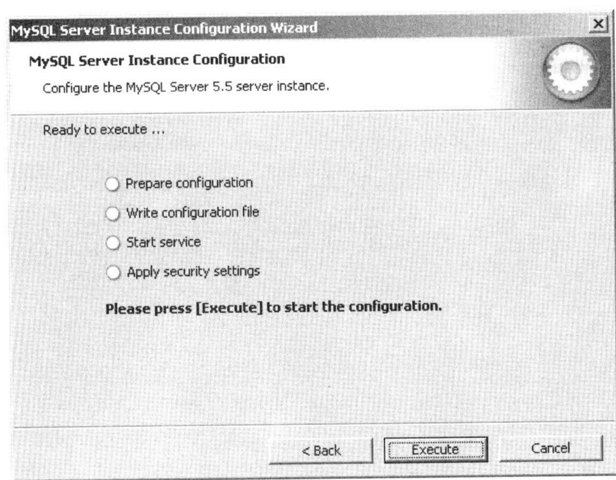

图 2.60　准备执行对话框

2.5　使用 JDBC 连接 MySQL 数据库

在项目开发过程中，数据库的支持是不可缺少的，因此如何与数据库建立安全有效的连接就变得非常重要。JDBC 是数据库连接技术的简称，通过 JDBC，用户便可以访问各种各样的数据库。

前面我们介绍了 MySQL 的下载和安装过程，本节将详细讲述使用 JDBC 连接 MySQL 数据库的完整流程。

2.5.1　JDBC 简介

Java 数据库连接（Java Database connectivity）简称为 JDBC，是 Java 程序与数据库系统通信的标准 API，它包含一组用 Java 语言编写的类和接口。

通过 JDBC 可以方便地向各种关系数据库发送 SQL 语句。也就是说，开发人员不需要为访问不同的数据库而编写不同的应用程序，而只需使用 JDBC 编写一个通用程序就可以向不同的数据库发送 SQL 调用。由于 Java 的平台无关性，使用 Java 编写的应用程序可以运行在任何支持 Java 语言的平台上，而无须针对不同平台编写不同的应用程序。将 Java 和 JDBC 结合起来操作数据库可以真正实现“一次编写，处处运行”。

2.5.2　下载 MySQL JDBC 驱动

MySQL 官方网站提供的 JDBC 驱动程序是 Connector/J，目前的最新版本是 5.1.18。Connector/J 的下载地址是 http://www.mysql.com/downloads/connector/j/。在浏览器地址栏输

入该网址就可以进入 Connector/J 5.1.18 的下载页面，如图 2.61 所示。

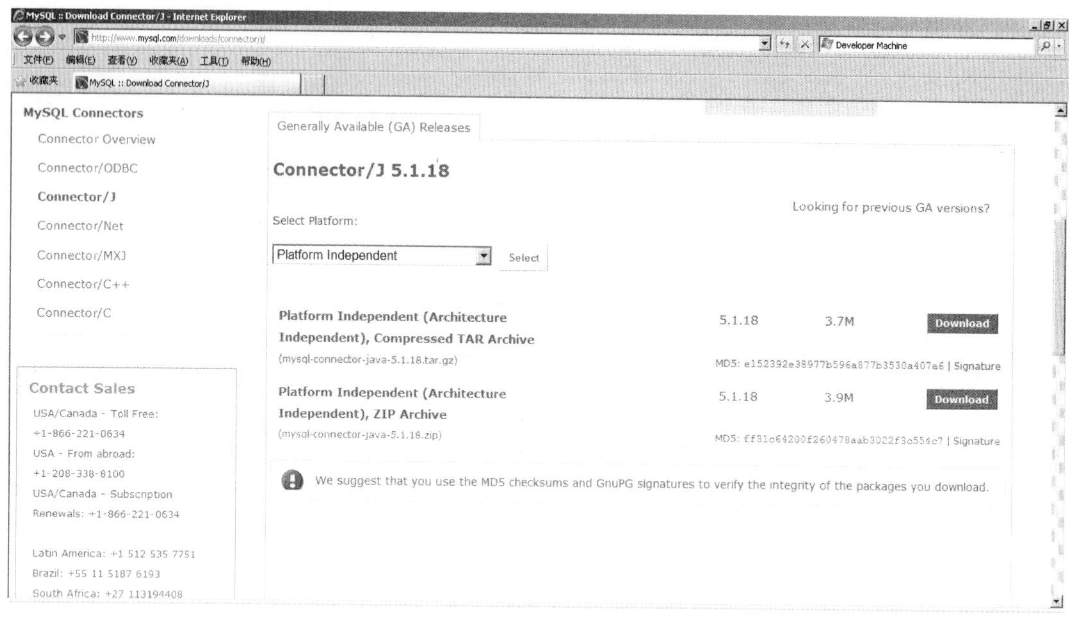

图 2.61　Connector/J 5.1.18 下载页面

Windows 平台下载 mysql-connector-java-5.1.18.zip 文件，Linux 平台下载 mysql-connector-java-5.1.18.tar.gz 文件。解压缩下载得到的压缩文件，在其中找到 mysql-connector-java-5.1.18-bin.jar 包，JDBC 通过这个 JAR 包才能正确地连接到 MySQL 数据库。

2.5.3　Java 程序连接 MySQL 数据库

假设有 book 表，其属性有两个，分别为 bookid 和 name，类型都为 String，下面使用 book 表讲述 JDBC。连接数据库的一般步骤。

（1）调用 Class.forName()方法加载相应的数据库驱动程序。

加载 MySQL 的驱动程序的语句如下：

```
Class.forName("com.mysql.jdbc.Driver");
```

（2）定义要连接数据库的地址 URL，要注意不同数据库的连接地址不同。地址 URL 的格式为：jdbc:<子协议>:<子名称>。

假设要连接的数据库为 MySQL 数据库，则语句如下：

```
String mysqlURL="jdbc:mysql://host:port/dbName";  //dbName 是数据库名
```

（3）使用适当的驱动程序类建立与数据库的连接。调用 DriverManager 对象的 getConnection()方法，获得一个 Connection 对象，它表示一个打开的连接。

```
Connection conn=DriverManager.getConnection(URL,"数据库用户名","密码");
```

（4）创建语句对象。

使用 Connection 接口的 createStatement 方法创建一个 Statement 语句对象，该对象用于传递简单的不带参数的 SQL 语句给数据库管理系统来执行。

```
Statement stmt=conn.createStatement();
```

使用 Connection 接口的 prepareStatement 方法创建一个 PreparedStatement 语句对象，该对象用于传送带有一个或多个输入参数的 SQL 语句。例如：

```
PreparedStatement psm=conn.prepareStatement("INSERT INTO book(bookid,name)
VALUES(?,?)");
```

使用 Connection 接口的 prepareCall 方法创建一个 CallableStatement 语句对象，该对象用于调用存储过程。例如：

```
CallableStatement csm=conn.prepareCall("{call validate(?,?)}");
```

其中，validate 是存储过程名。

（5）执行语句。

Statement 接口提供了 3 个方法执行 SQL 语句，分别是 executeQuery、executeUpdate 和 execute。

executeQuery 方法用于执行 SELECT 查询语句，并返回单个结果集，保存在 ResultSet 对象中。例如：

```
String sql="SELECT * FROM book";
ResultSet rs=stmt. executeQuery(sql);
```

executeUpdate 方法用于执行 SQL DML 语句，即 INSERT、UPDATE 和 DELETE 语句，此时返回 SQL 语句执行时操作的数据表中受影响的行数，返回值是一个整数。executeUpdate 方法还可用于执行 SQL DDL 语句，如 CREATE TABLE、DROP TABLE 等，此时返回值为 0。例如：

```
String sql="DELETE FROM book WHERE bookid="+"'12' ";
int n=stmt.executeUpdate(sql);
```

execute 方法既可以执行查询语句，也可以执行更新语句，常用于动态处理类型未知的 SQL 语句。

（6）对返回的结果集 ResultSet 对象进行处理。

ResultSet 对象包含了 SQL 语句的执行结果，它使用一组 get 方法实现对结果行中每列数据的访问。使用 next 方法用于移动到 ResultSet 的下一行，使其成为当前行。例如，下面代码用来显示结果集中所有记录的前两列：

```
String sql="SELECT * FROM book";
ResultSet rs=stmt. executeQuery(sql);
//对结果集进行迭代
while(rs.next()){
   bookid=rs.getString(1);
   name=rs.getString(2);
   System.out.println(bookid+","+name);
}
```

（7）关闭连接。操作完成后要关闭所有 JDBC 对象，以释放资源。包括：关闭结果集、关闭语句对象和连接对象。

归纳起来，使用 JDBC 访问 MySQL 数据库的一般代码如下：

```
String dbDriver = " com.mysql.jdbc.Driver ";          //声明 MySQL 数据库驱动
String url = " jdbc:mysql://host:port/dbName";        //声明数据源
Connection conn = null;                               //声明与数据库的连接
Statement stmt = null;                                //声明执行 SQL 语句
ResultSet rs = null;                                  //声明结果集
...
Class.forName(dbDriver);                              //加载数据库驱动
conn = DriverManager.getConnection(url, "数据库用户名","密码");//连接数据库
stmt = conn.createStatement();                        //创建 Statement 对象
rs = stmt.executeQuery("SELECT * FROM tablename"); //执行查询语句
while(rs.next())
{
...
}
//关闭连接
rs.close();
stmt.close();
conn.close();
```

2.6　本 章 小 结

本章详细讲述了搭建 Java Web 环境所需的各种软件的下载及安装方法，以及通过 JDBC 连接 MySQL 数据库的一般步骤。学习过本章的内容后，读者应该自己动手实践，去搭建完整的 Java Web 应用开发环境，为后面的三大框架的学习做好充分的准备。

第 3 章　JSP 及其相关技术

本章主要介绍了三部分内容：JSP、JavaBean 和 Servlet，其中重点介绍了 JSP 技术。

本章的内容是读者深入学习 Java Web 开发的基础，希望读者能够在理解的基础上做到融会贯通，为后面三大框架的学习打下坚实的基础。本章的主要内容如下：

- JSP 的使用。该部分的主要内容包括什么是 JSP，JSP 具有哪些特点、JSP 的运行机制、脚本元素、指令元素、动作元素和内置对象。
- JavaBean 的使用。该部分的主要内容包括什么是 JavaBean、如何定义 JavaBean 以及 JavaBean 属性的设置。
- Servlet 的使用。该部分的主要内容包括 Servlet 的生命周期、Servlet 的常用类及接口。

3.1　JSP 的使用

JSP 指的是 Java Server Pages，它是由 SUN 公司在 1996 年 6 月发布的用于开发动态 Web 应用的一项技术。JSP 是基于 Java Servlet 的 Web 开发技术，由于其所具有的简单易学和跨平台等的特性，使其在各种动态 Web 程序设计语言中脱颖而出，它具有一套完整的语法规范，目前已经成为了 Web 开发中的主流选择，广泛应用于各个领域中。本节将对 JSP 技术做一简单介绍。

3.1.1　JSP 的技术特点

HTML 语言适用于网页中静态内容的显示，而在开发基于 Web 的应用程序时，页面的内容往往会包括动态内容的展示以及与客户的交互，仅仅使用预先定义好的文字已经不能满足要求了。而 JSP 通过在使用 HTML 编写的静态网页中添加一些专有标签以及脚本程序就可以实现网页中动态内容的显示，它具有如下特点。

- 能够在任何 Web 或应用程序服务器上运行。

JSP 可以适用于所有平台，这正是它优于 ASP 的地方。当从一个应用平台移植到另一个平台时，JSP 和 JavaBean 的代码并不需要重新编译，这是因为 Java 的字节码是与平台无关的。

著名的 Apache 服务器也提供了对 JSP 的支持，而由于 Apache 服务器在 NT、Unix 和 Linux 上的广泛应用，也使得 JSP 拥有了更为广泛的运行平台。

- 将程序逻辑和页面显示相分离。

在使用 JSP 技术开发 Web 应用时可以将界面的开发与应用程序的开发分离开。Web

开发人员使用 HTML 来设计界面，使用 JSP 标签和脚本来生成页面上的动态内容。在服务器端，JSP 引擎负责解释 JSP 标签和脚本程序，生成所请求内容，并将结果以 HTML 页面的形式返回到浏览器。

JSP 技术使开发人员之间的分工更加明确，界面开发人员对页面内容的修改不会影响程序逻辑，而程序逻辑发生变动时也不会影响页面内容。

❑ 采用标签简化页面开发。

JSP 中对许多功能进行了封装，这些功能都是在与 JSP 相关的 XML 标签中进行动态内容生成时所必需的。使用 JSP 的标签可以执行访问和实例化 JavaBeans 组件、设置或检索组件属性以及下载 Applet 等功能。

❑ 组件可重用。

绝大多数 JSP 页面都依赖于可重用的、跨平台的组件（JavaBeans 或者 Enterprise JavaBeans）来执行应用程序中所要求的复杂的处理。开发人员在开发过程中能够共享和交换那些执行普通操作的组件，并将这些组件提供给更多的用户所使用。

基于组件的方法加速了项目的总体开发过程，提高了应用程序的开发效率。

3.1.2　JSP 的运行机制

在本小节中简单介绍 JSP 的运行机制。JSP 运行机制如图 3.1 所示。

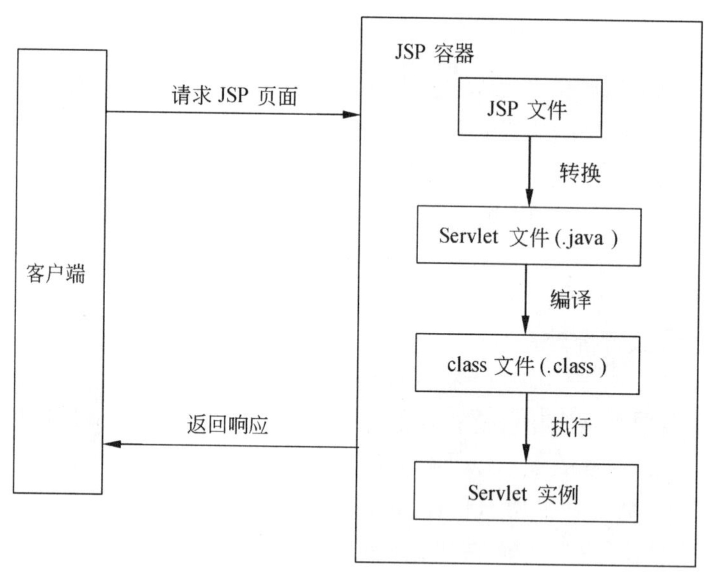

图 3.1　JSP 运行机制图

首先需要明确的是：当一个 JSP 文件第一次被请求时，JSP 容器会先把该 JSP 文件转换成一个 Servlet。

JSP 的运行过程为：

（1）JSP 容器先将该 JSP 文件转换成一个 Java 源文件（Java Servlet 源程序），在转换过程中如果发现 JSP 文件中存在任何语法错误，则中断转换过程，并向服务端和客户端返回出错信息。

（2）如果转换成功，则JSP容器使用javac将生成的Java源文件编译成相应的字节码文件*.class。该.class文件就是一个Servlet，Servlet容器会像处理其他的Servlet一样来处理它。

（3）由Servlet容器加载转换后的Servlet类（.class文件），创建一个该Servlet（JSP页面的转换结果）的实例，并执行Servlet的jspInit()方法，jspInit()方法在Servlet的整个生命周期中只会被执行一次。

（4）执行_jspService()方法来处理客户端的请求。对于每一个请求，JSP容器都会创建一个新的线程来处理它。如果有多个客户端同时请求该JSP文件，则JSP容器也会创建多个线程，使得每个客户端请求都对应一个线程。JSP运行过程中采用的这种多线程的执行方式可以极大地降低对系统资源的需求，提高系统的并发量和响应时间。要注意的是，第（3）步中生成的Servlet是常驻内存的，所以响应速度也是非常快的。

（5）如果.jsp文件被修改了，则服务器将根据设置决定是否对该文件重新编译，如果需要重新编译，则使用重新编译后的结果取代内存中常驻的Servlet，并继续上述处理过程。

（6）虽然JSP效率很高，但在第一次调用时往往由于需要转换和编译过程而产生一些轻微的延迟。此外，由于系统资源不足等原因，JSP容器会以某种不确定的方式将Servlet从内存中移去。当这种情况发生时会首先调用jspDestroy()方法。

（7）接着Servlet实例便被加入“垃圾收集”处理。

（8）当请求处理完成后，响应对象由JSP容器接收，并将HTML格式的响应信息发送回客户端。

说明： 可在jspInit()中进行一些初始化工作，如建立与数据库的连接，或建立网络连接，从配置文件中取一些参数等，在jspDestory()中释放相应的资源。

public void jspInit()方法：该方法在JSP页面初始化时被调用，用于完成初始化工作，类似于Servlet中的init()方法。

public void jspDestroy()方法：该方法在JSP页面将被销毁时调用，用来完成JSP的清除工作，类似于Servlet中的destroy()方法。

public void _jspService(javax.servlet.http.HttpServletRequest request, javax.servlet.http.HttpServlet Response response)方法：该方法对应JSP页面的主体body部分，由JSP容器自动生成，页面设计人员不能提供该方法的实现。

3.1.3 编写JSP文件

本小节将编写并运行一个简单的JSP文件，使读者对JSP文件有一个初步的认识。

【例3-1】 本示例编写一个简单的JSP文件，并与HTML文件的显示效果进行对比。

下面的代码就是一个简单的JSP文件，可以看到它的内容与普通的HTML文件是完全一样的，唯一的区别就是它的文件名后缀是jsp，而不是html。

```
<html>
    <head>
        <title>JSP</title>
    </head>
    <body>
```

```
        <center>My First JSP</center>
    </body>
</html>
```

如果将上述内容保存为 HTML 文件，设文件名为 myjsp.html，则双击打开该文件时（默认打开方式是 Internet Explorer），显示效果如图 3.2 所示。

如果将上面的内容保存为 JSP 文件，即 myjsp.jsp，则必须通过发布到 Tomcat 中的某个 Web 应用才能查看显示效果。如将 myjsp.jsp 复制到<TOMCAT_HOME>\webapps\jsptest 目录下，然后在浏览器地址栏中输入地址 http://localhost:8080/jsptest/myjsp.jsp，此时可以看到其显示效果如图 3.3 所示。

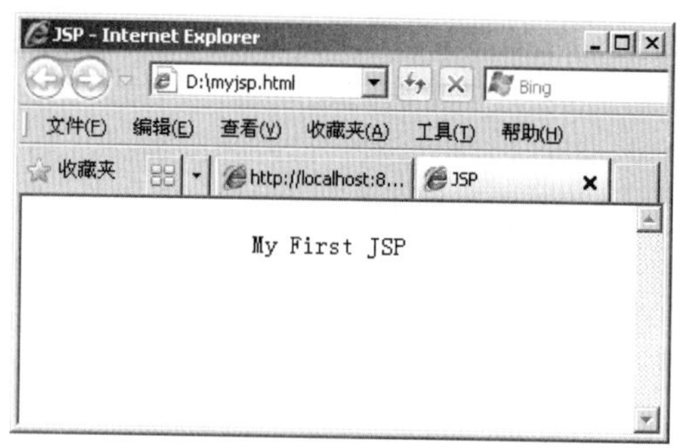

图 3.2　myjsp.html 文件显示效果

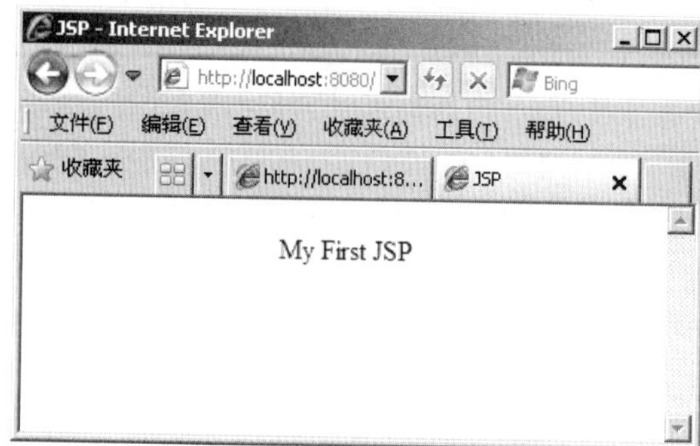

图 3.3　myjsp.jsp 文件显示效果

从这个例子可以看出，HTML 语言中的元素都可以被 JSP 容器所解析。

实际上，JSP 只是在原有的 HTML 文件中加入了一些具有 Java 特点的代码，这些代码具有其独有的特点，称为 JSP 的语法元素。

3.2　JSP 基本语法

在传统的 HTML 页面文件中嵌入脚本语言和 JSP 标签就构成了一个 JSP 页面文件。一个 JSP 页面可由 5 种元素组合而成：

- ❑ HTML 页面内容。
- ❑ JSP 注释。
- ❑ JSP 指令。
- ❑ JSP 脚本元素。
- ❑ JSP 动作元素。

HTML 页面内容此处不做详细介绍，本节重点讲述 JSP 注释、JSP 指令、JSP 脚本元素以及 JSP 动作元素。

3.2.1　JSP 注释

JSP 中的注释有两种，一种是可以在客户端显示的注释，称为 HTML 注释，一种是发送到服务器端，在客户端不能显示的注释，称为 JSP 注释。

HTML 注释以<!--开始，以-->结束，中间包含的内容即为注释部分。其形式为：

```
<!--注释内容-->
```

JSP 注释以<%--开始，以--%>结束，中间包含的内容即为注释部分。其形式为：

```
<%--注释内容--%>
```

由于在 JSP 标签<% %>中包含的是符合 Java 语法规则的 Java 代码，所以其中可以出现 Java 形式的注释。

HTML 注释示例：

```
<!--这是一段 HTML 注释，该注释不会在浏览器中显示-->
<p>这是一段普通的段落。</p>
```

JSP 注释示例：

```
<html>
    <head>
        <title>JSPComments</title>
    </head>
    <body>
        <%--声明变量--%>
        <%! int num=1; %>
        <%--JSP 脚本元素，打印变量 num 的值--%>
        <%
            out.println("num="+num);
        %>
    </body>
</html>
```

在浏览器中浏览该页面，并查看页面源代码，页面中显示的源代码如下：

```
<html>
    <head>
        <title>JSPComments</title>
    </head>
    <body>
        num=1
    </body>
</html>
```

在 JSP 脚本元素中还可以使用 Java 注释，该注释同样不会在 HTML 源代码中显示。

```
<html>
    <head>
        <title>JSPComments</title>
    </head>
    <body>
        <%!
            int num=1;                              //声明变量 num
        %>
        <%
            out.println("num="+num);                //打印变量 num 的值
        %>
    </body>
</html>
```

在浏览器中浏览该页面，并查看页面源代码，页面中显示的源代码如下：

```
<html>
    <head>
        <title>JSPComments</title>
    </head>
    <body>
        num=1
    </body>
</html>
```

3.2.2　JSP 指令

JSP 指令用来向 JSP 引擎提供编译信息。可以设置全局变量，如声明类、要实现的方法和输出内容的类型等。一般的，JSP 指令在整个页面范围内有效，且并不向客户端产生任何输出。所有的 JSP 指令都只在当前的整个页面中有效。JSP 指令语法格式为：

```
<%@指令标记 [属性="值" 属性="值"]%>
```

JSP 指令有 3 类，分别为：

- ❑ page 指令。
- ❑ include 指令。
- ❑ taglib 指令。

1．page指令

page 指令称为页面指令，用来定义 JSP 页面的全局属性，该配置会作用于整个 JSP 页面。page 指令用来指定所使用的脚本语言、导入指定的类及软件包等。

page 指令的语法格式为：

```
<%@ page 属性 1="属性值 1" 属性 2="属性值 2"……%>
```

page 指令共包含 13 个属性，分别如下所示：

- ❑ language：声明所使用脚本语言的种类。目前只有 java 一种，所以该属性也可以不声明。
- ❑ extends：指定 JSP 页面产生的 Servlet 继承的父类。
- ❑ import：指定所导入的包。java.lang.*、javax.servlet.*、javax.servlet.jsp.*和 javax.servlet.http.*几个包在程序编译时已经被导入，因此不需要再特别声明。
- ❑ session：指定 JSP 页面中是否可以使用 Session 对象。
- ❑ buffer：指定输出缓冲区的大小，默认值为 8KB。
- ❑ autoFlush：指定当输出缓冲区即将溢出时，是否需要强制输出缓冲区内容。
- ❑ isThreadSafe：指定 JSP 文件是否支持多线程。
- ❑ info：设置 JSP 页面的相关信息。可以使用 servlet.getServletInfo()方法获取到 JSP 页面中的文本信息。
- ❑ ErrorPage：指定错误处理页面。当 JSP 页面运行时出错时，会自动调用该指令所指定的错误处理页面。
- ❑ isErrorPage：指定 JSP 文件能否进行异常处理。

- contentType：指定 JSP 页面的编码方式和 JSP 页面响应的 MIME 类型。默认的 MIME 类型为 text/html，默认的字符集类型为 charset= ISO-8859-1。
- pageEncoding：指定页面编码格式。
- isELIgnored：指定 JSP 文件是否支持 EL 表达式。

下面是几个使用 page 指令的示例。

page 指令示例 1：

```
<%@ page contentType="text/html;charset=GB2312"  import="java.util.*" %>
```

上面代码使用了 page 指令的 contentType 属性和 import 属性。

还可以为 page 指令的 import 属性指定多个值，这些值之间需要使用逗号进行分隔。但要注意的是 page 指令中只能给 import 属性指定多个值，而其他属性只能指定一个值。

page 指令示例 2：

```
<%@ page import="java.util.*" ,"java.io.*" ,  "java.awt.*" %>
```

page 指令示例 3：

```
<%@ page contentType="text/html;charset=GB2312" %>
<%@ page import="java.util.*" %>
<%@ page import="java.util.*", "java.awt.*" %>
```

page 指令对整个页面都有效，而与其书写的位置无关，但习惯上常把 page 指令写在 JSP 页面的最前面。

2. include指令

include 指令是文件加载指令，用于在 JSP 文件中插入一个包含文本或代码的文件。它把文件插入后与原来的 JSP 文件合并成一个新的 JSP 页面。还需要注意的是，如果被插入的文件发生了变化，则包含这个文件的 JSP 文件需要被重新编译。

include 指令的语法格式为：

```
<%@ include file="被包含文件的地址"%>
```

include 指令只有一个 file 属性，该属性用来指定插入到 JSP 页面目前位置的文件资源。注意插入文件的路径，一般不使用“/”开头，而使用相对路径。

被插入的文件可以是一个文本文件、一个 HTML 文件或一个 JSP 文件，但要保证被插入的文件必须是可访问的。

【例 3-2】 本示例分别示范使用 include 指令在 JSP 中插入文本文件、HTML 文件和 JSP 文件的方法。

新建 includetest 项目，在该项目中分别测试 include 指令包含 3 种文件的显示效果。

（1）包含文本文件，此时需要在 file 属性中指定被包含的文本文件地址即可。

下面的代码是一个 JSP 文件，名为 myjsp1.jsp，在其中使用 include 指令包含了一个文本文件 a.txt。

myjsp1.jsp 文件内容如下：

```
<%@ page contentType="text/html;charset=GB2312" %>
<html>
```

```
    <head>
        <title>include txt file</title>
    </head>
    <body>
        <%@ include file="a.txt"%> <!--使用 include 指令包含文本文件 a.txt-->
    </body>
</html>
```

a.txt 文件内容如下：

```
Hello txt!
```

在浏览器的地址栏中输入 http://localhost:8080/includetest/myjsp1.jsp，打开页面如图 3.4 所示。由图 3.4 可见，页面中显示的正是 a.txt 文件中的内容。

（2）包含 HTML 文件。

下面代码是一个 JSP 文件，名为 myjsp2.jsp，在其中使用 include 指令包含了一个 HTML 文件 a.html。

myjsp2.jsp 文件内容如下：

```
<%@ page contentType="text/html;charset=GB2312" %>
<html>
    <head>
        <title>include html file</title>
    </head>
    <body>
        <%@ include file="a.html"%>      <!--使用 include 指令包含 HTML 文件-->
    </body>
</html>
```

a.html 文件内容如下：

```
<h1>Hello html !</h1>
```

在浏览器的地址栏中输入 http://localhost:8080/includetest/myjsp2.jsp，打开页面如图 3.5 所示。由图 3.5 可见，页面中显示的正是 a.html 文件中的内容。

图 3.4　myjsp1.jsp 执行结果

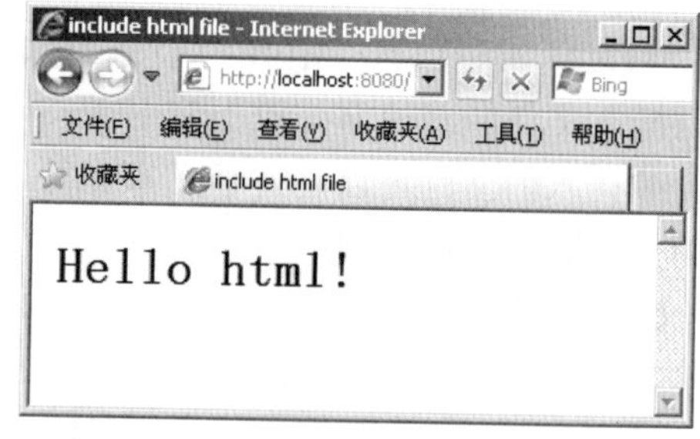

图 3.5　myjsp2.jsp 执行结果

（3）包含 JSP 文件。

下面代码是一个 JSP 文件，名为 myjsp3.jsp，在其中使用 include 指令包含了一个 JSP 文件 a.jsp。

myjsp3.jsp 文件内容如下：

```
<%@ page contentType="text/html;charset=GB2312" %>
<html>
    <head>
        <title>include jsp file</title>
    </head>
    <body>
        <%@ include file="a.jsp"%>      <!--使用 include 指令包含 JSP 文件-->
    </body>
</html>
```

在 a.jsp 文件中使用了 JSP 中的 out 对象来输出字符串“Hello JSP!”，out 对象在后续内容中会做详细介绍，读者在此处不必深究。

a.jsp 文件内容如下：

```
<%@ page contentType="text/html;charset=GB2312" %>
    <!-- 使用 out 对象输出-->
    <%
        out.print("Hello JSP !");
    %>
```

在浏览器的地址栏中输入 http://localhost:8080/includetest/myjsp3.jsp，打开页面如图 3.6 所示。由图 3.6 可见，页面中显示的正是 a.jsp 文件中的内容。

图 3.6　myjsp3.jsp 执行结果

3. taglib指令

taglib 指令用来引用标签库并设置标签库的前缀。这个指令允许 JSP 页面使用用户自定义的标签，它也可以为标签库命名，标签在这个库中定义。

taglib 指令的语法格式为：

```
<%@ taglib uri="tagLibraryURI" prefix="tagPrefix"%>
```

taglib 指令包含了两个属性，一个是 uri，一个是 prefix。其中，uri 属性用来指定标签文件或标签库的存放位置，prefix 属性则用来指定该标签库所使用的前缀。

```
<%@ page contentType="text/html;charset=GB2312" %>
<%--声明要引用的标签库--%>
<%@ taglib prefix="c" uri=http://java.sun.com/jsp/jstl/core %>
<html>
    <head>
        <title>taglib 指令</title>
    </head>
    <body>
        <%--使用 JSTL 标签输出--%>
        <c:out value="taglib example! ">
    </body>
</html>
```

3.2.3　JSP 脚本元素

脚本元素是 JSP 中使用最频繁的元素，通过 JSP 脚本可以将 Java 代码嵌入到 HTML 页面中。所有可执行的 Java 代码，都可以通过 JSP 脚本来执行。

JSP 脚本元素主要包含如下 3 种类型：

- ❑ JSP 声明语句。
- ❑ JSP 表达式。
- ❑ JSP Scriptlets。

本小节详细介绍 JSP 脚本元素的语法格式及使用方法。

1. JSP声明语句

JSP 声明语句用于声明变量和方法。JSP 声明语句的语法格式为：

```
<%! 变量或方法定义 %>
```

使用 JSP 声明语句声明变量时需要在“<%!”和“%>”标记之间放置 Java 变量的声明语句。变量的类型可以是 Java 语言中所提供的任意数据类型。使用 JSP 声明语句声明的变量将来会转换成 Servlet 类中的成员变量，这些变量在整个 JSP 页面内都有效，因此也被称为 JSP 页面的成员变量。

下面代码中使用声明语句声明了不同类型的变量：

```
<%! int a=1, b;
    String str1=null, str2="JSP";
    Date date;
%>
```

使用 JSP 声明语句声明方法时只需将方法定义放置在“<%!”和“%>”标记之间即可。

在 JSP 声明语句中声明的方法在整个 JSP 页面内有效，但是该方法内定义的变量只在该方法内有效。当声明的方法被调用时，会为方法内的变量分配内存，而调用结束后立刻释放变量所占的内存。

使用 JSP 声明语言声明的方法将来会转换成 Servlet 类中的成员方法。当方法被调用时，方法内定义的变量被分配内存，调用完毕即可释放所占的内存。

【例 3-3】 JSP 声明语句示例。

新建 jsptest 项目，在该项目中对 JSP 的声明语句进行测试。下面是一个 JSP 表达式的示例文件，文件名为 jspstatement.jsp。

```
<%@ page language="java" contentType="text/html; charset=gb2312"%>
<!DOCTYPE html PUBLIC "-//W3C//DTD HTML 4.01 Transitional//EN">
<html>
<head>
<title>JSP test</title>
</head>
<!-- JSP 声明语句 -->
<%!
    public int a;                   //声明整型变量 a
    //声明方法 printStr
    public String printStr()
    {
        return "JSP method";
    }
%>
<body>
<%
    out.println("a="+a);            //输出 a 值
```

```
    a++;                        //a 自增
%>
<br>
<%
    out.println(printStr());    //调用 printStr()方法，输出其返回值
%>
</body>
</html>
```

在浏览器地址栏中输入 http://localhost:8080/jsptest/jspstatement.jsp，打开如图 3.7 所示页面，在该页面中可以正常输出变量 a 的值。而且每刷新一次，a 值都会增 1，同时也正常执行了 printStr 方法，打印出了字符串“JSP method”，如图 3.8 所示。

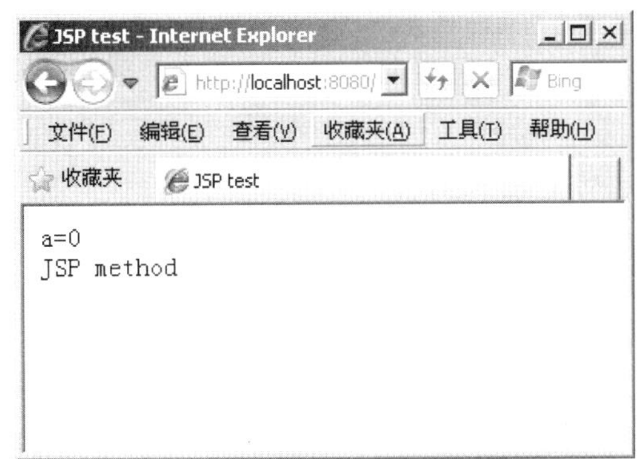

图 3.7　jspstatement.jsp 执行结果

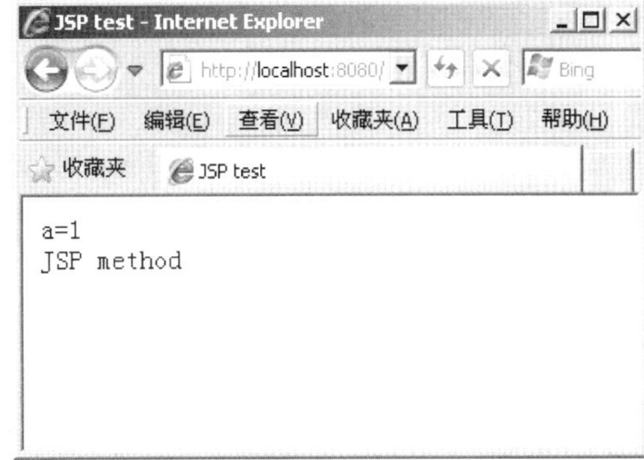

图 3.8　刷新 jspstatement.jsp 后的结果

实际上，JSP 页面最终会编译成 Servlet 类，而在容器中只会存在一个 Servlet 类的实例。在 JSP 中声明的变量是成员变量，它只在创建 Servlet 实例时被初始化一次，此后，该变量的值将一直被保存，直到该 Servlet 实例被销毁掉。

2. JSP表达式

在 JSP 中可以在“<%=”和“%>”标记之间插入一个表达式，这个表达式必须能够求值，并且计算结果会以字符串形式发送到客户端显示出来。JSP 表达式的值会作为 HTML 页面的内容。

注意： “<%=”和“%>”标记之间插入的是表达式，不能插入语句。“<%=”是一个完整的符号，“<%”和“=”之间不应有空格。

如果表达式的值是一个字符串，则该表达式的值会直接在页面上显示处理，否则会先将表达式的值转换为字符串，再在页面上显示。

JSP 表达式的语法格式为：

```
<%= 表达式 %>
```

【例 3-4】 JSP 表达式示例。

在 jsptest 项目中新建 JSP 页面，文件名为 jspexpression.jsp。jspexpression.jsp 文件如下：

```
<%@ page language="java" contentType="text/html; charset=gb2312"%>
<!DOCTYPE html PUBLIC "-//W3C//DTD HTML 4.01 Transitional//EN">
<html>
```

```
<head>
    <title>JSP test</title>
</head>
<body>
    <%!
        String str="JSP expression";    //声明变量 str
    %>
    <!-- JSP 表达式-->
    <%=str%>
</body>
</html>
```

在浏览器地址栏中输入 http://localhost:8080/jsptest/jspexpression.jsp，将打开如图 3.9 所示的页面。

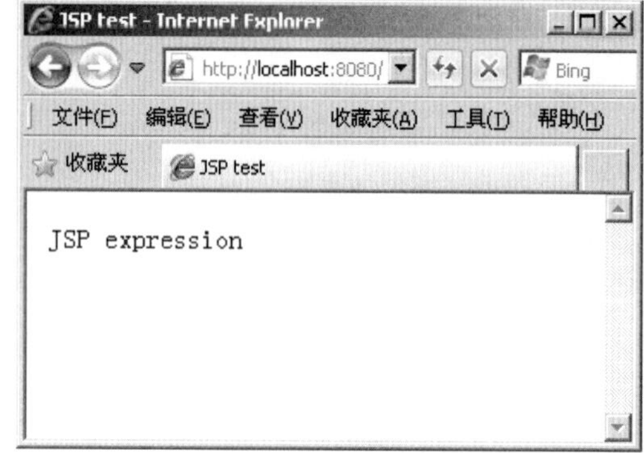

图 3.9　jspexpression.jsp 执行结果

3. JSP Scriptlet

JSP Scriptlet 是一段 Java 代码段。当需要使用 Java 实现一些复杂操作或控制时，JSP 表达式往往不能满足要求，此时就需要用到 JSP Scriptlet。

在 JSP Scriptlet 中声明的变量是 JSP 页面的局部变量，调用 JSP Scriptlet 时，会为局部变量分配内存空间，调用结束后，释放局部变量占有的内存空间。

JSP Scriptlet 的语法格式为：

```
<% Java 代码%>
```

JSP Scriptlet 中可以包含变量、方法、表达式等内容。

【例 3-5】 JSP Scriptlet 示例。

在 jsptest 项目中新建 JSP 页面，文件名为 jspscriptlet.jsp。jspscriptlet.jsp 文件如下：

```
<%@ page language="java" contentType="text/html; charset=gb2312"%>
<!DOCTYPE html PUBLIC "-//W3C//DTD HTML 4.01 Transitional//EN">
<html>
<head>
<title>JSP test</title>
</head>
<body>
<%
    String str="JSP scriptlet";        //声明字符串
    out.println(str);                  //输出字符串的值
%>
</body>
</html>
```

在浏览器地址栏中输入 http://localhost:8080/jsptest/jspscriptlet.jsp，将打开如图 3.10 所示的页面。

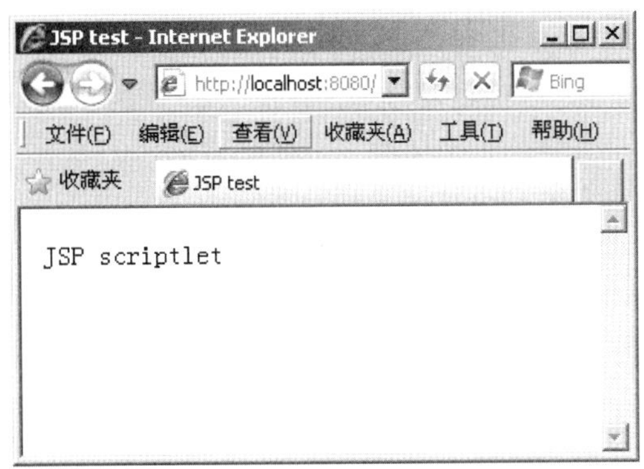

图 3.10　jspscriptlet.jsp 执行结果

3.3　JSP 动作元素

JSP 动作元素用来控制 JSP 的行为，执行一些常用的 JSP 页面动作。通过动作元素可以实现使用多行 Java 代码能够实现的效果，如动态插入文件、重用 JavaBean 组件、自定义标签等。

JSP 中的动作元素主要包含下面 7 个：

- <jsp:include>。
- <jsp:forward>。
- <jsp:param>。
- <jsp:plugin>。
- <jsp:useBean>。
- <jsp:setProperty>。
- <jsp:getProperty>。

<jsp:useBean>、<jsp:setProperty>和<jsp:getProperty>标签用在与 JavaBeans 的连接中。JavaBeans 是软件构件——Java 类——它可以在 JSP 中封装 Java 代码并从内容中分离出逻辑表达。下面依次介绍这些动作元素。

3.3.1　<jsp:include>动作元素

<jsp:include>动作元素提供了一种在 JSP 中包含页面的方式，既可以包含静态文件，也可以包含动态文件。

所谓的 JSP 页面动态包含某个文件，指的是当 JSP 页面运行时才会载入该文件，并不是简单地将被包含文件与 JSP 页面合并成一个新的 JSP 页面。如果被包含文件是文本文件，则运行时只需将该文件内容发送到客户端，由客户端显示出来即可；如果被包含的文件本身也是 JSP 文件，则 JSP 编译器要先执行该文件，再将执行结果发送到客户端并显示出来。

而我们在 3.2.2 小节中介绍的 include 指令则只是简单地将文件内容加入到 JSP 页面中，从而将两个文件合并成一个文件，被包含的文件不会被 JSP 编译器执行。

注意：<jsp:include>动作元素与 include 指令的区别

include 动作元素是在执行时对所包含文件进行处理的，JSP 页面与它所包含的文件在逻辑上和语法上都是独立的。当被包含的文件内容发生变化时，JSP 页面运行时可以看到所包含文件变化后的显示结果。

include 指令包含的文件是静态文件，如果被包含的文件内容发生变化，则 JSP 页面运行时看到的仍然是变化前文件的内容。如果希望在 JSP 页面中看到被包含文件变化后的内容，则需要重新保存该 JSP 页面，然后再访问它。由于此时已重新将 JSP 页面转译成 Java 文件，因此再访问时就可看到变化后的文件内容了。

在编写 include 动作元素<jsp:include>时还要注意，“jsp”、“：”和“include”三者之间不要有空格。<jsp:include>的语法格式为：

```
<jsp:include page="relative URL" flush="true|false" />
```

从<jsp:include>的语法格式可以看到，<jsp:include>动作元素包含两个属性：page 和 flush。

- page 属性：指定被包含文件的 URL 地址，是一个相对路径。
- flush 属性：指定当缓冲区满时，是否将其清空。其默认值为 false。

【例 3-6】 在该例中分别对<jsp:include>包含静态文件和动态文件的情况进行说明。

（1）使用<jsp:include>包含文本文件，设文本文件名为 hello.txt，JSP 文件名为 jspinclude1.jsp，jspinclude1.jsp 文件如下：

```
%@ page language="java" contentType="text/html; charset=gb2312"%>
<!DOCTYPE html PUBLIC "-//W3C//DTD HTML 4.01 Transitional//EN">
<html>
<head>
<title>JSP include test</title>
</head>
<body>
    <!--使用 jsp:include 动作元素导入静态文本文件-->
    <jsp:include page="hello.txt"></jsp:include>
</body>
</html>
```

hello.txt 文件如下：

```
JSP include 动作元素测试
```

在浏览器地址栏中输入 http://localhost:8080/jsptest/jspaction/jspinclude1.jsp，打开如图 3.11 所示页面。

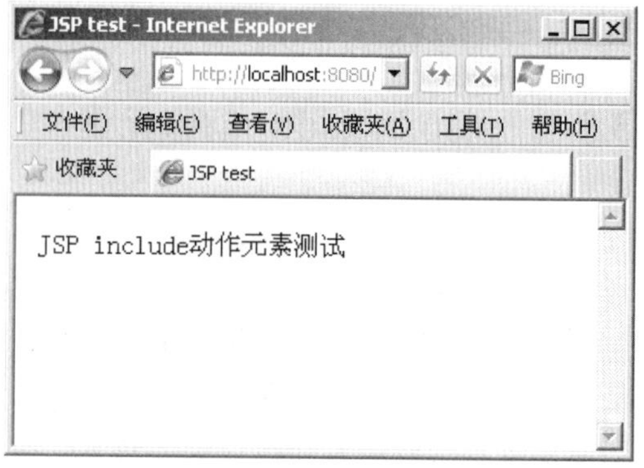

图 3.11　jspinclude1.jsp 执行结果

（2）使用<jsp:include>包含动态文件，设被包含的文件名为 hello.jsp，原 JSP 文件名为 jspinclude2.jsp，jspinclude2.jsp 文件如下：

```
<%@ page language="java" conten-
tType="text/html; charset=gb2312"%>
<!DOCTYPE html PUBLIC "-//W3C//DTD
HTML 4.01 Transitional//EN">
<html>
```

```
<head>
<title>JSP include test</title>
</head>
<body>
    <!--使用 jsp:include 动作元素导入 JSP 文件-->
    <jsp:include page="hello.jsp"></jsp:include>
</body>
</html>
```

hello.jsp 文件如下：

```
<%@ page language="java" contentType="text/html; charset=gb2312"%>
    <%@ page import="java.util.*"%><!-- 使用 page 指令指定导入的包-->
    <%= (new Date()).toString()%>       <!-- JSP 表达式-->
```

在浏览器地址栏中输入 http://localhost:8080/jsptest/jspaction/jspinclude2.jsp，打开如图 3.12 所示页面。

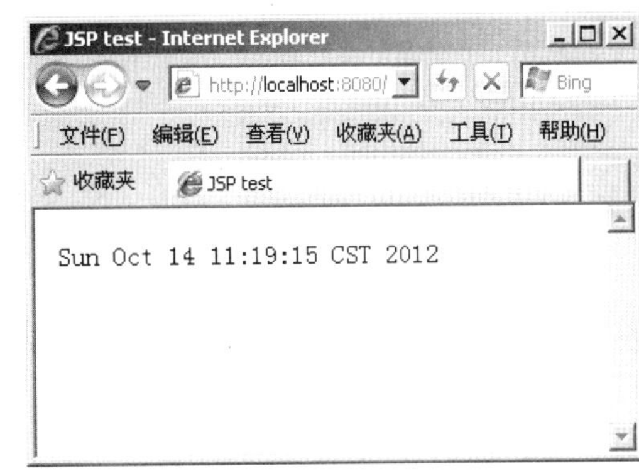

图 3.12　jspinclude2.jsp 执行结果

3.3.2　<jsp:forward>动作元素

<jsp:forward>是一种用于页面重定向的动作元素，它的作用是停止当前 JSP 页面的执行，而将客户端请求转交给另一个 JSP 页面。要注意转发与重定向的区别，转发是在服务器端进行的，不会引起客户端的二次请求，因此浏览器的地址栏不会发生任何变化，效率也比重定向要高。

<jsp:forward>的语法格式为：

```
<jsp:forward page="转向页面的 URL 地址"/>
```

<jsp:forward>动作元素只包含一个 pange 属性，该属性用来指定转向页面的 URL 地址。

【例 3-7】　本例示范<jsp:forward>动作元素的使用，文件名为 jspforward.jsp。

```
<%@ page language="java" contentType="text/html; charset=gb2312"%>
<!DOCTYPE html PUBLIC "-//W3C//DTD HTML 4.01 Transitional//EN">
<html>
<head>
<title>JSP forward test</title>
</head>
<body>
    <%
        System.out.println("跳转前");          //输出
    %>
    <jsp:forward page="forward.jsp"></jsp:forward>
    <!--使用 jsp:forward 动作元素指定转向的 JSP 文件-->
    <%
        System.out.println("跳转后");          //输出
    %>
</body>
</html>
```

在 jspforward.jsp 文件中设置要转向的页面为 forward.jsp，代码如下：

```
<%@ page language="java" contentType="text/html; charset=gb2312"%>
<!DOCTYPE html PUBLIC "-//W3C//DTD HTML 4.01 Transitional//EN">
<html>
<head>
<title>页面 forward.jsp</title>
</head>
<body>
    该页面为从 jspforward.jsp 转向的页面
</body>
</html>
```

在浏览器地址栏中输入 http://localhost:8080/jsptest/jspaction/jspforward.jsp，打开如图 3.13 所示页面。

控制台上显示结果如图 3.14 所示。

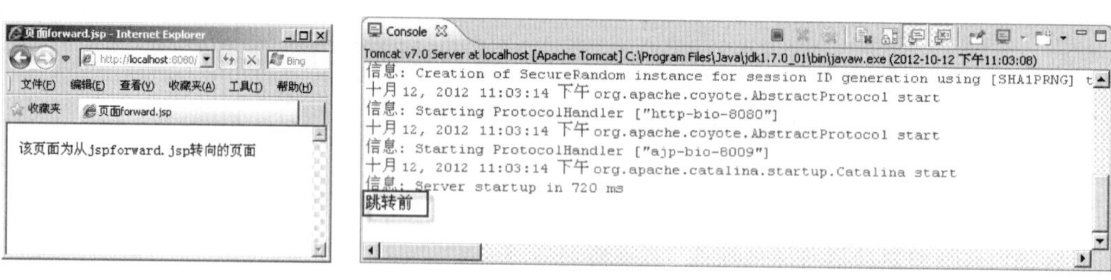

图 3.13　jspforward.jsp 执行结果　　　　图 3.14　控制台显示结果

由 jspforward.jsp 文件的显示结果可以看到，在包含<jsp:forward>动作元素的 JSP 文件中，在<jsp:forward>之前的代码能够被执行，当执行到<jsp:forward>时会转向新页面，浏览器中显示的是新页面的执行效果，原 JSP 文件中位于<jsp:forward>之后的那些代码不再被执行。

3.3.3　<jsp:param>动作元素

<jsp:param>是一种提供参数的附属动作元素，它以“名-值”对的形式为其他动作元素提供附加信息，一般与<jsp:include>、<jsp:forward>以及 3.3.4 小节要介绍的<jsp:plugin>联合使用。<jsp:param>的语法格式为：

```
<jsp:param name= "参数名字" value= "指定给 param 的参数值">
```

1．与<jsp:include>动作元素一起使用

当<jsp:param>与<jsp:include>动作元素一起使用时，可以将<jsp:param>中提供的参数值传递到<jsp:include>要加载的文件中去，因此当<jsp:include>动作元素结合<jsp:param>使用时，可以在加载文件的过程中同时向该文件提供信息。

【例 3-8】 本例使用了<jsp:param>动作元素结合<jsp:include>动作元素一起完成累加求和并显示的功能。在该例中包含了两个 JSP 文件：sum.jsp 和 jspparam1.jsp，其中，在 jspparam1.jsp 文件中使用<jsp:include>动作元素包含了 sum.jsp 文件。

当 sum.jsp 文件被加载时可以获取到 param 标签中 number 的值，获取方法是由 JSP 的内置对象 request 调用 getParameter 方法完成的，有关内置对象的知识在本章后续内容中会

作出介绍，此处读者只要明确使用 request 的 getParameter 方法可以获取到<jsp:param>中提供的参数值即可。

sum.jsp 文件如下：

```
<%@ page contentType="text/html;charset=GB2312" %>
<html>
<body>
   <%  String str=request.getParameter("number");  //获取要累加的次数
        int n=Integer.parseInt(str);           //将字符串解析为带符号整数
        int sum=0;                             //存放累加和
        //求累加和
        for(int i=1;i<=n;i++)
        {
        sum=sum+i;
        }
    %>
<p>
  从 1 到<%=n%>的累加和是：
<br>
  <%=sum%>
</body>
</html>
```

jspparam1.jsp 文件如下：

```
<%@ page contentType="text/html;charset=GB2312" %>
<html>
<body>
<p>加载文件显示效果：
    <!--使用 jsp:include 动作元素导入动态文件，使用 jsp:param 动作元素传递参数-->
    <jsp:include page="sum.jsp">
        <jsp:param name="number" value="300" />
    </jsp:include>
</body>
</html>
```

在浏览器地址栏中输入 http://localhost:8080/jsptest/jspaction/jspparam1.jsp，显示结果如图 3.15 所示。

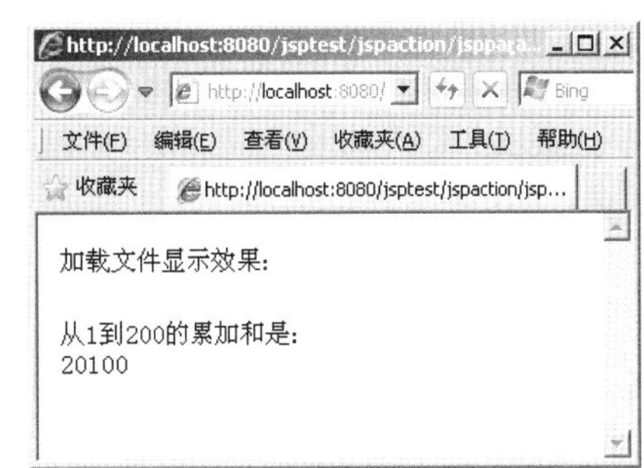

图 3.15　jspparam1.jsp 执行结果

2. 与<jsp:forward>动作元素一起使用

当<jsp:param>与<jsp:forward>动作元素一起使用时，可以实现在跳转页面的同时向转向的页面传递参数的功能。

【例 3-9】 本例是一个使用<jsp:param>动作元素结合<jsp:include>动作元素的示例，实现了从一个 JSP 页面跳转到另一个 JSP 页面，同时传递参数的功能。示例中包含两个 JSP 文件，一个是用来设置跳转并进行参数传递的文件 jspparam2.jsp，一个是转向的 JSP 页面 userinfo.jsp。

jspparam2.jsp 内容如下：

```
<%@ page contentType="text/html;charset=GB2312" %>
<html>
```

```
<body>
<P>转向 userInfo:
   <!--使用 jsp:forward 动作元素转向另一个 JSP 页面，使用 jsp:param 动作元素传递参数
   -->
   <jsp:forward page="userinfo.jsp">
     <jsp:param name="username" value="jack"/>
     <jsp:param name="age" value="27"/>
   </jsp:forward>
</body>
</html>
```

userinfo.jsp 文件如下：

```
<%@ page contentType="text/html;charset=GB2312" %>
<html>
<head>
    <title>用户信息</title>
</head>
<body>
    <P>用户信息如下:
    <br>
   <%  String username=request.getParameter("username");   //获取用户名
        String age=request.getParameter("age");     //获取用户年龄
   %>
    <!-- 输出参数值 -->
    <%="用户名为: "+username%>
    <br>
    <%="用户年龄为: "+age%>
</body>
</html>
```

在浏览器地址栏中输入 http://localhost:8080/jsptest/jspaction/jspparam2.jsp，显示结果如图 3.16 所示。

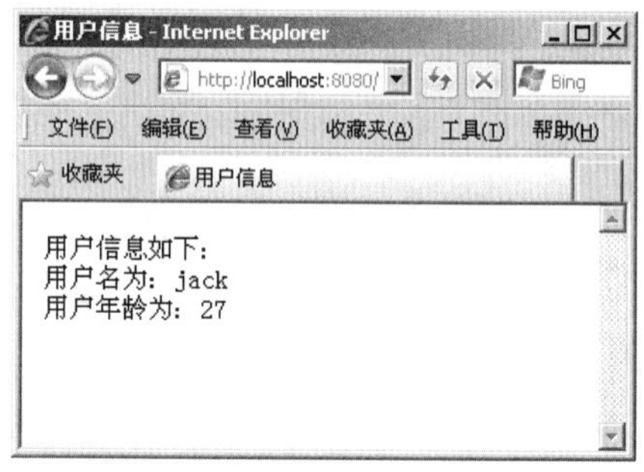

图 3.16　jspparam2.jsp 执行结果

3.3.4　<jsp:plugin>动作元素

<jsp:plugin>动作元素可以将服务器端的 JavaBean 或 Applet 下载到客户端执行。<jsp:plugin>的语法格式为：

```
<jsp: plugin type = "bean|applet"
code = "classFileName"
codeBase = "classFileURL"
[name = "instanceName"]
[archive = "URLToArchive,…"]
[align = "bottom|top|left|right|middle"]
[height = "displayPixels"]
[width = "displayPixels"]
[hspace = "leftRightPixels"]
[vspace = "topBottomPixels"]
[jreversion = "jreVersionNumber|1.2"]
[nspluginurl = "URLToPlugin"]
[iepluginurl = "URLToPlugin"]>
[<jsp:params>
[<jsp:param name = "parameterName" value = "{parameterValue | <%=
```

```
expression%>}"/>]
…
</jsp:params>]
[<jsp:fallback>文本信息</jsp:fallback>]
</jsp:plugin>
```

其各个属性的说明如下：

- type：指定插件类型，是 Bean 还是 Applet。
- code：指定执行的 Java 类名，必须以扩展名.class 结尾。
- codebase：指定被执行的 Java 类所在的目录。
- name：指定 Bean 或 Applet 的名称。
- archive：指定在 Bean 或 Applet 执行前要预先加载的类的列表。
- align：指定 Bean 或 Applet 在显示时的对齐方式。
- height：指定 Bean 或 Applet 显示时的高度。
- width：指定 Bean 或 Applet 显示时的宽度。
- hspace：指定 Bean 或 Applet 显示时距屏幕左右的距离，单位为像素。
- vspace：指定 Bean 或 Applet 显示时距屏幕上下的距离，单位为像素。
- jreversion：运行程序所需的 jre 版本。
- nspluginurl：指定使用 Netscape Navigator 浏览器的用户能够使用的 jre 下载地址。
- iepluginurl：指定使用 IE 浏览器的用户能够使用的 jre 下载地址。
- <jsp:params>：用来给 Bean 或 Applet 传递参数，结合<jsp: param>使用。
- <jsp:fallback>：指定当浏览器不能正常启动 Bean 或 Applet 时，会显示该动作元素中提供的错误提示信息。

3.3.5　<jsp:useBean>、<jsp:setProperty>、<jsp:getProperty>动作元素

<jsp:useBean>、<jsp:setProperty>和<jsp:getProperty>这 3 个元素都是与 JavaBean 相关的，因此本小节统一对它们进行说明。

1．<jsp:useBean>动作元素

<jsp:useBean>动作元素用来装载一个将在 JSP 页面中使用的 JavaBean。这个功能非常有用，它充分发挥了 Java 组件重用的优势，同时也提高了 JSP 使用的方便性。

<jsp:useBean>的语法格式为：

```
<jsp:useBean id="beanInstanceName" class="classname" scope="page | request
| session | application"/>
```

其各个属性说明如下：

- id：指定 JavaBean 的实例名。
- class ：指定 JavaBean 的全限定类名。
- scope：指定引入的 JavaBean 实例的作用域。默认为当前页。

该属性包含 4 个值，含义说明如下：

- page：表示该 JavaBean 实例在当前页面有效。
- request：表示该 JavaBean 实例在本次请求有效。

- session：表示该 JavaBean 实例在本次 session 内有效。
- application：表示该 JavaBean 实例在本应用内一直有效。

<jsp:useBean>动作元素中常常包含有<jsp:setProperty>动作元素，通过<jsp:setProperty>动作元素来设置 Bean 的属性值。

2．<jsp:setProperty>动作元素

获取到 Bean 实例之后，便可以利用<jsp:setProperty>动作元素来设置或修改 Bean 中的属性值。<jsp:setProperty>动作元素的语法格式为：

```
<jsp:setProperty name="beanInstanceName" property="propertyName"
value="value"/>
```

其各个属性说明如下：

- name：指定要进行设置的 JavaBean 的实例名。
- property：指定需要设置的 JavaBean 实例中的属性名。
- value：指定要将 property 中指定的属性设置为该属性值。

<jsp:setProperty>动作元素通过 Bean 中提供的 setter 方法来设置 Bean 中的属性值，可以设置一个属性值，也可以设置多个属性值。需要注意的是，在使用<jsp:setProperty>之前必须要使用<jsp:useBean>先声明 Bean，同时它们所使用的 Bean 实例名也应该相匹配。

3．<jsp:getProperty>动作元素

<jsp:getProperty>动作元素用来提取指定 Bean 属性的值，并将其转换成字符串，然后输出。<jsp:getProperty>动作元素的语法格式为：

```
<jsp:getProperty name="beanInstanceName" property="propertyName" />
```

其各个属性说明如下：

- name：指定要输出的 JavaBean 的实例名。
- property：指定需要输出的 JavaBean 实例中的属性名。

<jsp:getProperty>元素可以获取 Bean 的属性值，并可以将其使用或显示在 JSP 页面中。在使用<jsp:getProperty>之前，必须用<jsp:useBean>创建它。

【例 3-10】 本示例演示<jsp:useBean>、<jsp:setProperty>和<jsp:getProperty>3 个动作元素的使用方法。

jspbean.jsp 内容如下：

```
<%@ page contentType="text/html;charset=GB2312" %>
<html>
<head>
    <title>JavaBean test</title>
</head>
<body>
<P>输出用户信息：
    <br>
    <jsp:useBean id="user" class="jsp.User" scope="page"/>
                            <!--创建 jsp.User 的实例，实例名为 user-->
    <jsp:setProperty name="user" property="username" value="jack"/>
```

```
                              <!--设置 user 的 username 属性-->
    <jsp:setProperty name="user" property="age" value="27"/>
                              <!--设置 user 的 age 属性-->
    用户名：<jsp:getProperty name="user" property="username"/>
                              <!--输出 user 的 username 属性-->
    <br>
    年龄：<jsp:getProperty name="user" property="age"/>
                              <!--输出 user 的 age 属性-->
</body>
</html>
```

在 jspbean.jsp 文件中，我们首先使用<jsp:useBean>动作元素在页面上初始化了一个 User 类的实例。接着使用<jsp:setProperty>动作元素来设置该实例中的属性值，分别设置了 username 属性和 age 属性的值。最后使用<jsp:getProperty>动作元素从实例中获取 username 和 age 属性的值并输出。

下面是 User 类的定义：

```
package jsp;
public class User{
    private String username;         //用户名
    private int age;                 //年龄
    //username 属性对应的 getter 方法
    public String getUsername() {
        return username;
    }
    //username 属性对应的 setter 方法
    public void setUsername(String username) {
        this.username = username;
    }
    //age 属性对应的 getter 方法
    public int getAge() {
        return age;
    }
    //age 属性对应的 setter 方法
    public void setAge(int age) {
        this.age = age;
    }
}
```

在 User 类中定义了 username 和 age 两个属性，同时定义了它们各自的 getter 和 setter 方法。实际上，在 User 类中即使没有定义 username 和 age 属性也是完全可以的，并不会影响最后页面的显示结果，但一定要保证 User 类中包含所要操作属性的 getters 和 setters 方法，如这里的 getUsername()、setUsername()方法和 getAge()、setAge()方法。因为在 JSP 页面中使用<jsp:setProperty>和<jsp:getProperty>动作元素时，根本上是通过调用属性的 setter 和 getter 方法来完成赋值和取值的操作的。

在浏览器地址栏中输入 http://localhost:8080/jsptest/jspaction/jspbean.jsp，显示结果如图

3.17 所示。

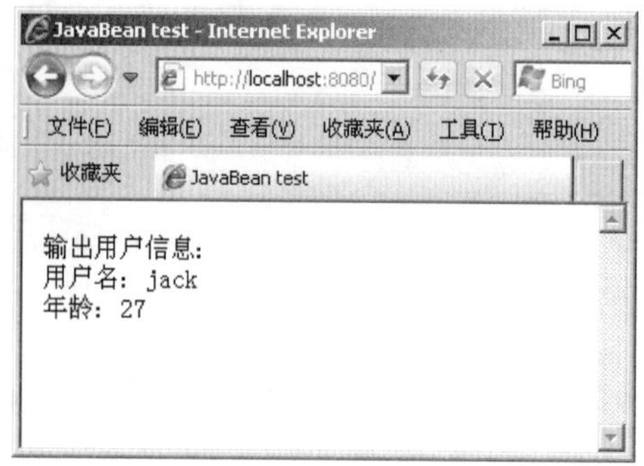

图 3.17　jspbean.jsp 执行结果

3.4　JSP 内置对象

为了简化 Web 应用程序的开发，在 JSP 中定义了一些由 JSP 容器实现和管理的内置对象，这些对象可以直接在 JSP 页面中使用，而不需要 JSP 页面编写者对它们进行实例化。

JSP 2.0 规范中定义了 9 种内置对象，这 9 个内置对象都是 Servlet API 接口的实例，由 JSP 规范对它们进行了默认初始化，因此，在 JSP 中它们已经是对象了，可以直接拿来使用。这 9 种内置对象的名称、相对应的类和作用域如表 3.1 所示。本节将通过示例来详细介绍这 9 种内置对象。

表 3.1　JSP内置对象

内置对象名称	相对应的类	作用域
request	javax.servlet.ServletRequest	request
response	javax.servlet.ServletResponse	page
pageContext	javax.servlet.jsp.pageContext	session
session	javax.servlet.http.HttpSession	page
application	javax.servlet.ServletContext	application
out	javax.servlet.jsp.JspWriter	page
config	javax.servlet.ServletConfig	page
page	java.lang.Object	page
exception	java.lang.Throwable	page

在开始介绍 JSP 的内置对象之前，先讲解 JSP 中属性范围的知识。在 JSP 中提供了 4 种属性的作用范围，分别是 page、request、session 和 application。对这几个作用范围的说明如下：

- page 范围：指所设置的属性仅在当前页面内有效。使用 pageContext 的 setAttribute()方法可以设置属性值，使用 pageContext 的 getAttribute()方法可以获得属性值。
- request 范围：指属性仅在一次请求的范围内有效。使用 request 的 setAttribute()方法可以设置属性值，使用 request 的 getAttribute()方法可以获得属性值。

- session 范围：指的是属性仅在浏览器与服务器进行一次会话的范围内有效，当和服务器断开连接后，属性就会失效。使用 session 的 setAttribute()方法可以设置属性值，使用 session 的 getAttribute()方法可以获得属性值。
- application 范围：指属性在整个 Web 应用中都有效，直到服务器停止后才失效。使用 application 的 setAttribute()方法可以设置属性值，使用 session 的 getAttribute()方法可以获得属性值。

3.4.1　request 对象

request 对象用于获取客户端信息，例如我们在表单中填写的信息等。实际上，JSP 容器会将客户端的请求信息封装在 request 对象中。在客户端发出请求时会创建 request 对象，在请求结束后，则会销毁 request 对象。

request 对象中包含的主要方法如下：

- Object getAttribute(String name)：获取指定的属性值。
- void setAttribute(String name, Object value)：将指定属性的值设置为 value。
- String getParameter(String name)：获取请求参数名为 name 的参数值。
- Enumeration getParameterNames()：获取所有请求参数的名字集合。
- String[] getParameterValues(String name)：获得 name 请求参数的参数值。
- Map getParameterMap()：获取所有请求参数名和请求参数值所组成的 Map 对象。
- void setCharacterEncoding(String encoding)：设定编码格式。

通常在应用中用的最多的就是客户端请求的参数名称和参数值。在 request 对象中提供了一系列的方法用来获取客户端的请求参数，这些方法包括 getParameter、getParameterNames、getParameterValues 和 getParameterMap。

【例 3-11】 通过本示例来讲解获取客户端请求参数的方法。在本例中包含两个文件，一个是用户的表单页面，用来传递参数，文件名为 requestform.jsp；另一个文件中使用了 request 对象来获取请求参数，其文件名为 requestobject.jsp。

requestform.jsp 内容如下：

```
<%@ page contentType="text/html;charset=GB2312" %>
<html>
<head>
    <title>表单页</title>
</head>
<body>
    <!-- 使用 form 标签创建表单-->
    <form action="requestobject.jsp" method="post">
        <p>用户名：<input type="text" name="username"/></p><!--定义单行文本
        输入字段-->
        <p>年龄：     <input type="text" name="age"/></p>
        <!--定义单行文本输入字段-->
        <input type="submit" value="提交"/>
        <!--定义提交按钮，该按钮可将表单数据发送到服务器-->
    </form>
</body>
</html>
```

requestobject.jsp 内容如下：

```
<%@ page contentType="text/html;charset=GB2312" %>
<html>
<head>
    <title>request object test</title>
</head>
<body>
   <!--获取表单域的值-->
   <%
        String username=request.getParameter("username");//获取用户名
        String strage=request.getParameter("age");
                                                     //获取用户年龄，此时为 String 类型
        int age=Integer.parseInt(strage);   //将字符串解析为整数
   %>
   <!--下面输出表单域的值-->
     用户名：<%=username%><br>
     年龄：<%=age%>
</body>
</html>
```

在浏览器地址栏中输入 http://localhost:8080/jsptest/builtinObject/requestform.jsp，结果如图 3.18 所示。

在表单页的各个输入域内输入对应值，再单击“提交”按钮，页面提交到 requestobject.jsp，在该页面中会显示出客户端提交的参数值，如图 3.19 所示。

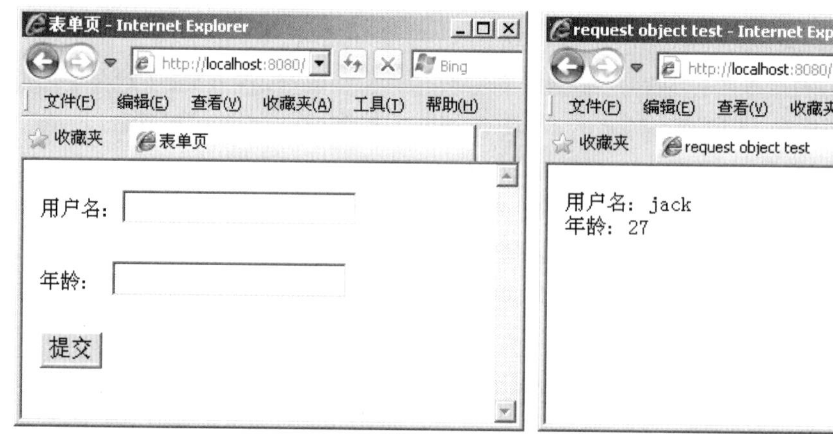

图 3.18　requestform.jsp 执行结果

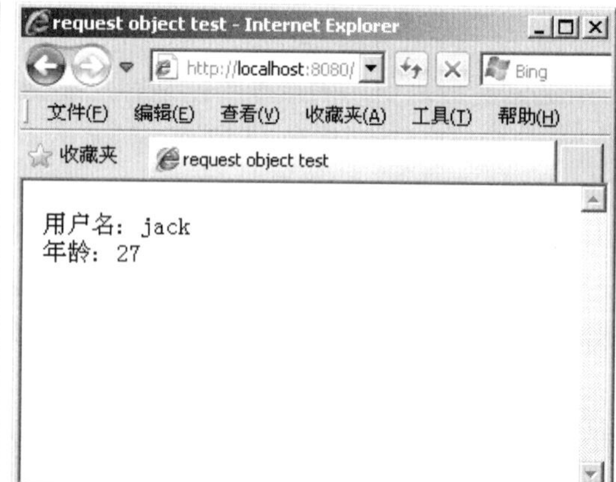

图 3.19　显示提交参数

还有一点需要说明，如果 request 对象的 getParameter()方法接收的 username 参数值为中文，则页面不能正常显示。如在用户名文本框中输入中文名字“王五”，再单击“提交”按钮，此时显示如图 3.20 所示。

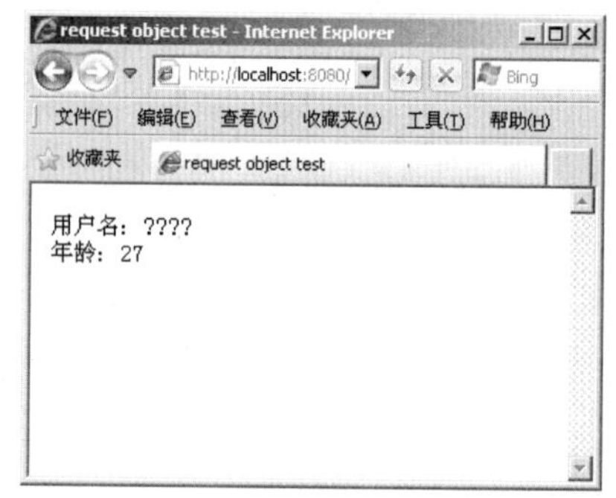

图 3.20　中文显示乱码

当利用 request.getParameter 得到 Form 元素的时候，默认的情况下其字符编码为 ISO-8859-1，有时这种编码不能正确地显示汉字。

要解决该问题，需要使用 request 对象的 setCharacter-

Encoding()方法来设置编码格式。对 requestobject.jsp 进行修改，在其中加入 setCharacterEncoding()方法，修改后的代码如下：

```
<%@ page contentType="text/html;charset=GB2312" %>
<html>
<head>
    <title>request object test</title>
</head>
<body>
  <!--获取表单域的值-->
  <%
        request. setCharacterEncoding("gb2312");    //设置编码格式
        String username=request.getParameter("username");  //获取用户名
        String strage=request.getParameter("age");
                                                //获取用户年龄，此时为 String 类型
        int age=Integer.parseInt(strage);   //将字符串解析为整数
  %>
  <!--下面输出表单域的值-->
    用户名：<%=username%><br>
    年龄：<%=age%>
</body>
</html>
```

此时，在用户名文本框中输入中文名字，再单击“提交”按钮就可以正常显示了，如图 3.21 所示。

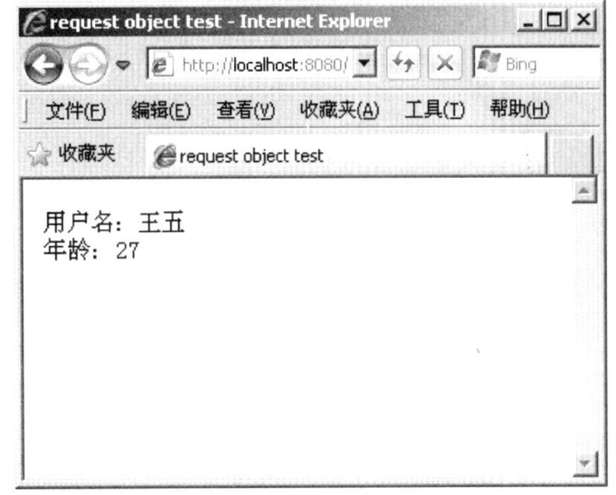

图 3.21　正常显示中文字符

在 requestobject.jsp 中使用了 request. getParameter(“paramName”);方法来获取单个请求参数的参数值，还可以使用 request 对象的 getParameterNames()方法获得从客户端传递过来的所有参数的参数名。即：

```
Enumeration params = request.
getParameterNames();
```

此时要注意的是，获取到的所有参数值是保存在集合中的，读取时需要对集合进行操作。

我们新建一个 requestobject2.jsp 文件，在其中使用 getParameterNames()方法来一次获得所有参数名。

requestobject2.jsp 文件如下：

```
<%@page contentType="text/html;charset=GB2312"%>
<%@page import="java.util.*"%>
<%
String param = "";
request.setCharacterEncoding("gb2312");
Enumeration params = request.getParameterNames(); //获取所有参数值
//循环输出所有参数值
while(params.hasMoreElements())
{
        param = (String)params.nextElement();      //设置编码格式
```

```
        out.println("ParamName:   " + param + "<br>"); //打印参数名
        out.println("ParamValues: " + request.getParameter(param) + "<br>");
                                                           //打印参数值
}
%>
```

在 requestform.jsp 中将其 form 元素的 action 设置为 requestobject2.jsp，在浏览器中运行 requestform.jsp，此时，显示结果如图 3.22 所示。

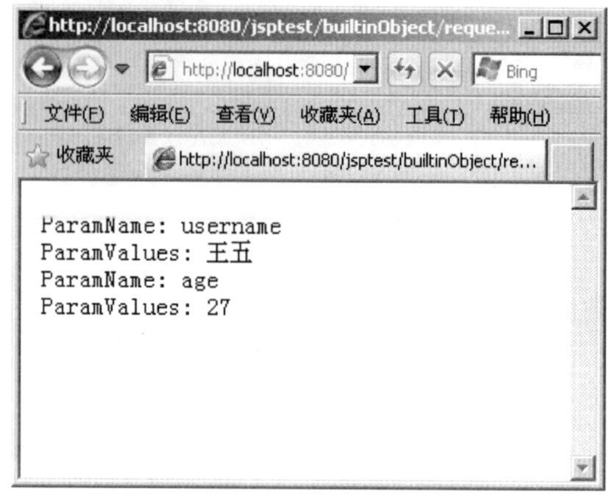

图 3.22　显示提交参数

3.4.2　response 对象

response 对象包含了从 JSP 页面返回客户端的所有信息，其作用域是它所在的页面。response 对象是 javax.servlet.ServletResponse 类的一个实例，它封装由 JSP 产生的响应，并返回客户端以响应请求。它被作为_jspService()方法的一个参数而由引擎传递给 JSP，在这里 JSP 要改动它。

response 对象经常用于设置 HTTP 标题、添加 cookie、设置响应内容的类型和状态、发送 HTTP 重定向和编码 URL。

response 对象的常用方法如下：

- void addCookie(Cookie cookie)：添加一个 Cookie 对象，用于在客户端保存特定的信息。
- void addHeader(String name,String value)：添加 HTTP 头信息，该 Header 信息将被发送到客户端。
- void containsHeader(String name)：用于判断指定名字的 HTTP 文件头是否存在。
- void sendError(int)：向客户端发送错误的状态码。
- void sendRedirect(String url)：重定向 JSP 文件。
- void setContentType(String contentType)：设置 MIME 类型与编码方式。

response 的一个主要应用是重定向。可以通过 response 的 sendRedirect(String url)方法实现重定向。

在某些情况下，当响应客户时，需要将客户重新引导至另一个页面。例如，如果客户输入的表单信息不完整，就应该再次被引导到该表单的输入页面。

【例 3-12】 示范如何使用 response 对象进行重定向。在本例中共有两个文件：responseform.jsp 和 responseobject.jsp，其中 responseform.jsp 是表单页面，用于用户信息的输入。在 responseobject.jsp 页面中对输入信息进行判断，不为空则打印出用户名，否则当用户名为空时，使用 sendRedirect(String url)方法重定向回原表单页面再次进行输入。

responseform.jsp 文件如下：

```
<%@ page contentType="text/html;charset=GB2312" %>
<html>
<head>
```

```
    <title>表单页</title>
</head>
<body>
    <!-- 使用 form 标签创建表单-->
    <form action="responseobject.jsp" method="post">
        用户：
        <input type="text" name="username">    <!--定义单行文本输入字段-->
        <br />
        国家：
        <input type="text" name="country"> <!--定义单行文本输入字段-->
        <input type="submit" value="提交"/> <!--定义提交按钮，该按钮可将表单数
        据发送到服务器-->
    </form>
</body>
</html>
```

responseobject.jsp 文件如下：

```
<%@ page contentType="text/html;charset=GB2312" %>
<html>
<head>
    <title>response object test</title>
</head>
<body>
   <!--获取表单域的值-->
   <%
        String str=null;
        str=request.getParameter("username");
        //判断用户名输入文本框是否为 nulll
        if(str==null)
          {
            str="";
          }
        //使用 ISO-8859-1 字符集将 str 解码为字节序列，并将结果存储到字节数组中
        byte b[]=str.getBytes("ISO-8859-1");
        str=new String(b);                //将字节数组重组为字符串
        if(str.equals(""))
        {
            response.sendRedirect("responseform.jsp");
                                          //使用 sendRedirect 方法实现重定向
        }
        else
        {
            out.println("欢迎您来到本网页!");
            out.println(str);
        }
    %>
 </body>
 </html>
```

responseobject.jsp 文件中对中文请求参数值的处理提供了一种方法。在获取中文请求参数值后先将其转换成字节，并保存在字节数组中，此处为字节数组 b。接着将字节数组重新组合成字符串。

在浏览器地址栏中输入 http://localhost:8080/jsptest/builtinObject/responseform.jsp，结果如图 3.23 所示。

在表单的输入域中填入用户名和所在国家之后的状态如图 3.24 所示。

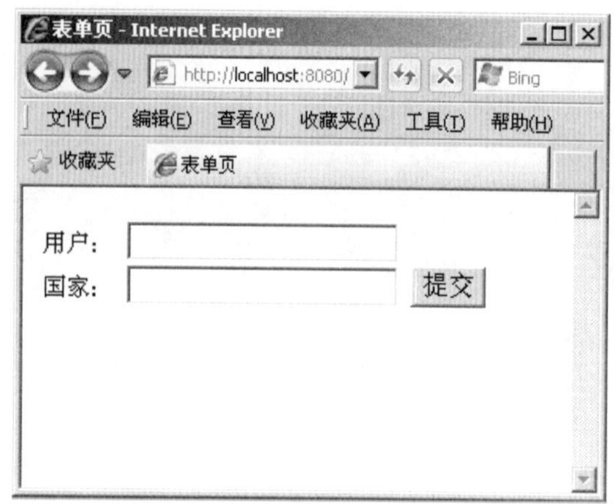

图 3.23　responseform.jsp 执行结果

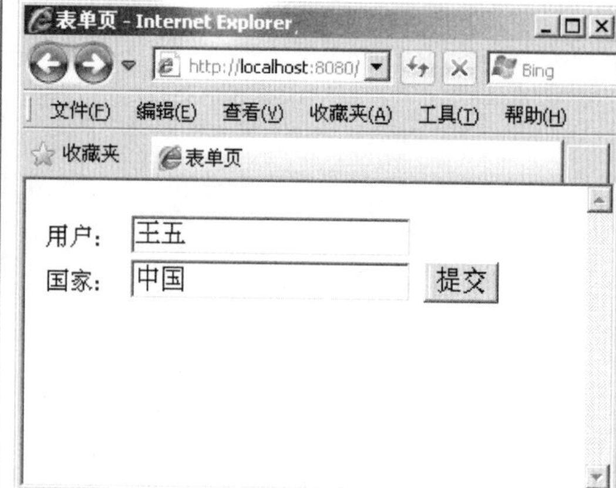

图 3.24　填入用户信息

单击“提交”按钮，因为两个输入域都不为空，因此页面跳转到 responseobject.jsp，在该页面中对用户名进行判断，若不为空，则显示效果如图 3.25 所示。

若在 responseobject.jsp 页面中经过判断发现用户名输入为空，则将重定向到原表单输入页面。

需要说明的是，response 对象实现的重定向和<jsp:forward>动作元素的最大区别在于<jsp:forward>只能在本网站内跳转，而 response.sendRedirect 则可以跳转到任何一个地址的页面。

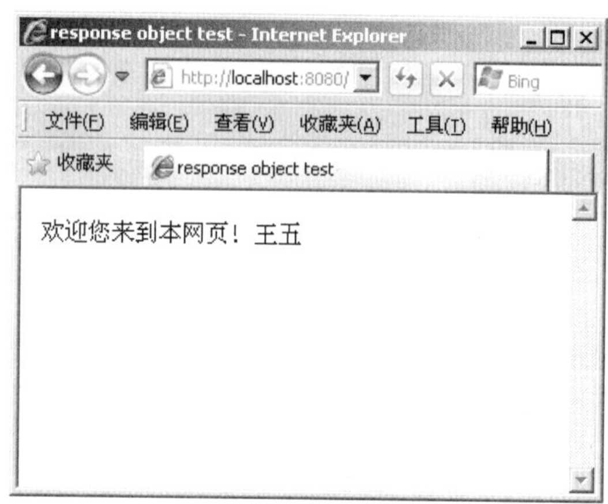

图 3.25　跳转页面

3.4.3　out 对象

out 内置对象是一个缓冲的输出流，用来向客户端返回信息。它是 javax.servlet.jsp.JspWriter 的一个实例。由于向客户端输出时要先进行连接，所以总是采用缓冲输出的方式，因此 out 是缓冲输出流。

out 对象的常用方法如下：

- public abstract void clear() throws java.io.IOException：清除缓冲区中的内容，但不把数据输出到客户端。
- public abstract void clearBuffer() throws java.io.IOException：清除缓冲区中的内容，同时将数据输出到客户端。
- public abstract void close() throws java.io.IOException：关闭缓冲区并输出缓冲区中的数据。
- public abstract void flush() throws java.io.IOException：输出缓冲区里的数据。
- public int getBufferSize()：获取缓冲区的大小。

- public abstract int getRemaining()：获取剩余缓冲区的大小。
- public boolean isAutoFlush()：缓冲区是否进行自动清除。
- public abstract void newLine() throws java.io.IOException：输出一个换行符。
- public abstract void print(String str) throws java.io.IOException：向客户端输出数据。
- public abstract void println(String str) throws java.io.IOException：向客户端输出数据并换行。

out 对象的典型应用就是向客户端输出数据。下面通过具体示例演示 out 对象的用法。

【例 3-13】 out 对象举例。本示例使用 out 对象向客户端输出字符串“Hello World”。

outobject1.jsp 文件内容如下：

```
<%@ page contentType="text/html;charset=GB2312" %>
<html>
<head>
    <title>out object test</title>
</head>
<body>
    <!--使用 out 对象输出-->
    <%
        out.print("Hello World");          //不换行
        out.println("Hello World");        //换行
    %>
</body>
</html>
```

在浏览器地址栏中输入 http://localhost:8080/jsptest/builtinObject/outobject1.jsp，显示结果如图 3.26 所示。

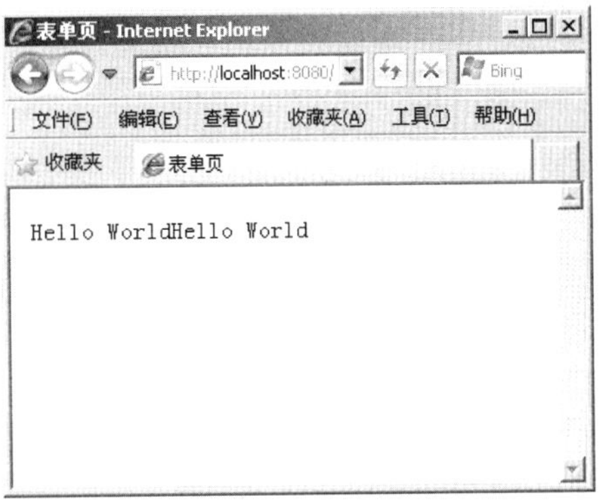

图 3.26　outobject1.jsp 执行结果

【例 3-14】 out 对象举例。本示例使用 out 对象获取缓冲区大小。

outobject2.jsp 内容如下：

```
<%@ page contentType="text/html;charset=
GB2312" %>
<html>
<head>
    <title>out object test</title>
</head>
<body>
    <!--使用 out 获取缓冲区信息-->
    <%
        int allbuf=out.getBufferSize();               //获取缓冲区的大小
        int remainbuf=out.getRemaining();             //获取剩余缓冲区的大小
        int usedbuf=allbuf-remainbuf;                 //已用缓冲区
        out.println("已用缓冲区大小为："+usedbuf);     //输出已用缓冲区大小
    %>
</body>
</html>
```

在浏览器地址栏中输入 http://localhost:8080/jsptest/builtinObject/outobject2.jsp，显示结果如图 3.27 所示。

3.4.4　session 对象

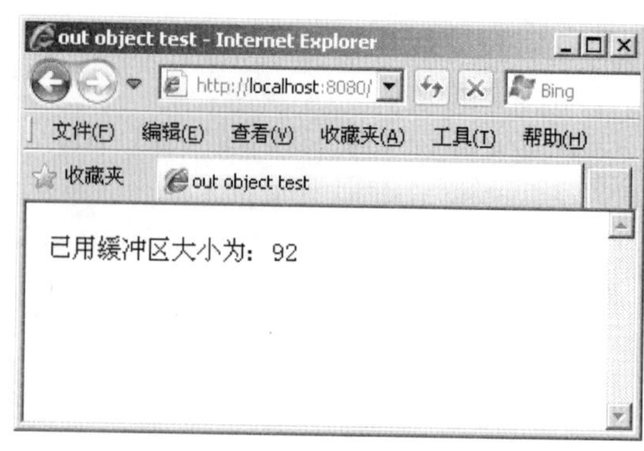

图 3.27　outobject2.jsp 执行结果

session 对象是会话对象，用来记录每个客户端的访问状态。

我们已经知道，HTTP 协议是一种无状态协议。一个客户向服务器发出请求（request），然后服务器返回响应（response），此后连接就被关闭了，在服务器中不会保留与本次连接有关的信息。因此，当下次客户再与服务器建立连接时，服务器中已经没有之前的连接信息了，因而无法判断本次连接与以前的连接是否都是属于同一客户，在这种情况下，便可以采用会话（session）来记录连接的信息。

所谓会话指的是从一个客户打开浏览器与服务器建立连接，到这个客户关闭浏览器与服务器断开连接的过程。

当一个客户访问服务器时，可能会在这个服务器的多个页面之间反复连接、不断刷新一个页面或向一个页面提交信息等，有了 session 对象，服务器就可以知道这是同一个客户完成的动作。

session 对象的常用方法如下：

- Object getAttribute(String name)：获取 session 范围内 name 属性的值。
- void setAttribute(String name , Object value) ：设置 session 范围内 name 属性的属性值为 value，并存储在 session 对象中。

session 对象的结构类似于散列表，通过调用 setAttribute 方法，可以将参数 Object 指定的对象 obj 添加到 session 对象中，并为添加的对象指定一个索引关键字，如果添加的两个对象的关键字相同，则先添加的对象被清除。

- void removeAttribute(String name)：删除 Session 范围内 name 属性的值。
- Enumeration getAttributeNames()：获取所有 session 对象中存放的属性名称。
- long getCreationTime()：返回 session 被创建的时间。
- String getId()：返回 session 创建时由 JSP 容器所设定的唯一标识。
- long getLastAccessedTime()：返回用户最后一次通过 session 发送请求的时间，单位为毫秒。
- int getMaxInactiveInterval()：返回 session 的失效时间，即两次请求间间隔多长时间该 session 就被取消，单位为秒。
- boolean isNew()：判断是否为新的 session。
- void invalidate()：清空 session 的内容。

与 session 对象相关的操作中最重要的就是关于属性的操作，与属性操作相关的方法主要有：setAttribute()、getAttribute()和 removeAttribute()。

【例 3-15】 使用 session 对象实现一个简单的邮件管理功能。该示例由 3 个文件组成：maillogin.jsp、mailcheck.jsp 和 maillogout.jsp。

在 login.jsp 文件中提供了一个登录界面，要求用户输入用户名，并且显示出当前的 session ID。login.jsp 文件内容如下：

```
<%@ page contentType="text/html;charset=GB2312" %>
<html>
<head>
    <title>用户登录</title>
</head>
<body>
<%
    String name="";
    //判断是否为新的 session
    if(!session.isNew()){
        name=(String)session.getAttribute("username");
                                        //获取 session 中的 username 属性值
        if(name==null)
            name="";
    }
%>
<p>欢迎光临！</p>
<p>Session ID:<%=session.getId()%></p>      <!--获取 session 的标识-->
    <!--使用 form 标签创建表单-->
    <form action="check.jsp" method="post">
        <p>用户名：<input type="text" name="username" value=<%=name%>></p>
        <input type="submit" value="提交"/> <!--定义提交按钮，该按钮可将表单数
        据发送到服务器-->
    </form>
</body>
</html>
```

check.jsp 文件从 request 中读取用户名，并将用户名作为属性保存在 session 中，还可以返回新邮件的数目，此处仅简单地提供了一个固定的邮件数目。在 check.jsp 还提供了到 login.jsp 和 logout.jsp 的链接。

check.jsp 内容如下：

```
<%@ page contentType="text/html;charset=GB2312" %>
<html>
<head>
    <title>进入邮箱</title>
</head>
<body>
<%
    String name=null;
    name=request.getParameter("username");//获取 request 中的 username 属性值
    if(name!=null)
        session.setAttribute("username",name); //设置 session 的属性值
%>
<a href="login.jsp">登陆</a>    <!--链接到 login.jsp 页面-->
<a href="logout.jsp">注销</a>    <!--链接到 logout.jsp 页面-->
<p>当前用户为：<%=name %></p>
<p>邮箱中共有 50 封邮件</p>
</body>
</html>
```

logout.jsp 文件中调用了 invalidate()方法来结束当前 Session，并提供到 login.jsp 的链接。

logout.jsp 内容如下：

```
<%@ page contentType="text/html;charset=GB2312" %>
<html>
```

```
<head>
    <title>注销页面</title>
</head>
<body>
<%
    String name=(String)session.getAttribute("username");
                                            //获取 session 中的 username 属性值
    session.invalidate();                   //清空 session
%>
<%=name %>,再见!
<p>
<p>
<a href="login.jsp">重新登陆</a>       <!--链接到 login.jsp 页面-->
</body>
</html>
```

在浏览器地址栏中输入 http://localhost:8080/jsptest/builtinObject/session/login.jsp，显示结果如图 3.28 所示。

在用户名文本框中填写用户名，然后单击“提交”按钮，进入到用户的个人邮箱中，如图 3.29 所示。

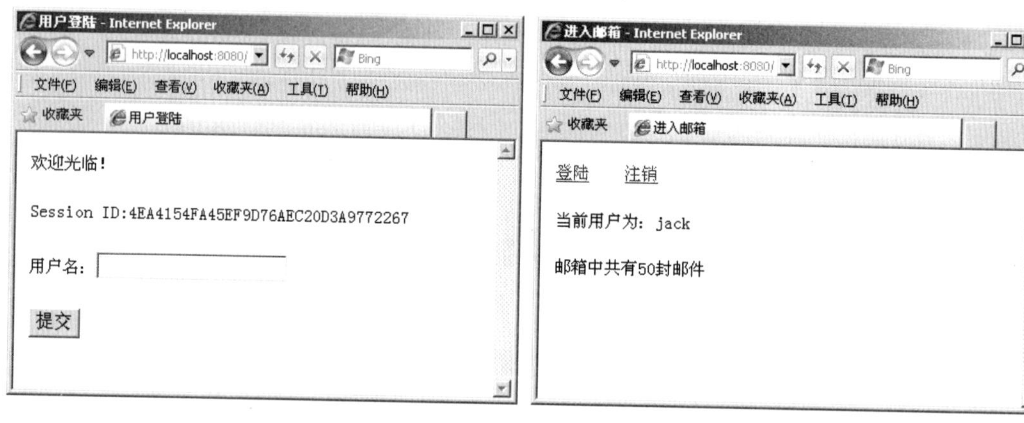

图 3.28　login.jsp 执行结果　　　　图 3.29　进入邮箱

在用户邮箱页面中单击“登陆”按钮，可重新返回到登陆页面，单击“注销”按钮，进入到注销页面，如图 3.30 所示。

3.4.5　application 对象

application 对象用于获取和设置 Servlet 的相关信息，它的生命周期是从服务器启动直到服务器关闭为止，即一旦创建一个 application 对象，该对象将会一直存在，直到服务器关闭。application 中封装了 JSP 所在的 Web 应用中的信息。

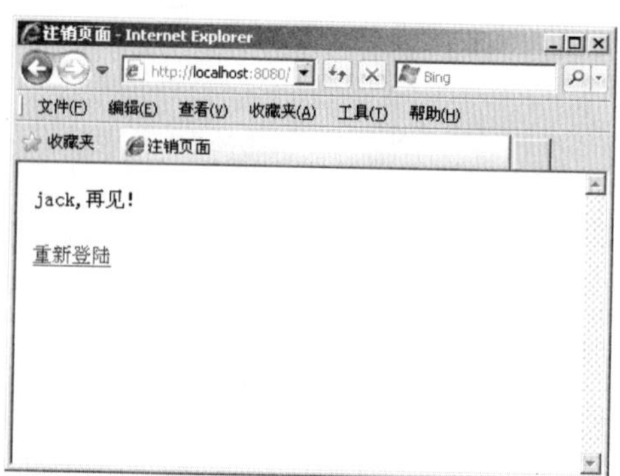

图 3.30　注销页面

application 对象的常用方法如下：

- void setAttribute(String name, Object value)：以键值对的方式，将一个对象的值存放到 application 中。

- Object getAttribute(String name)：根据属性名获取 application 中存放的值。

【例 3-16】 使用 application 对象统计网页的访问量。

applicationobject.jsp 内容如下：

```
<%@ page contentType="text/html;charset=GB2312" %>
<html>
<head>
    <title>application object test</title>
</head>
<body>
<%
    String count=(String)application.getAttribute("count");    //获取属性
    if(count==null)
    {
        count="1";
    }
    else
    {
        count=Integer.parseInt(count)+1+"";
    }
    application.setAttribute("count",count);              //设置 count 属性
%>
<%="<h1>到目前为止，访问该网站的人数为："+count+"</h1><br>" %>
</body>
</html>
```

在浏览器地址栏中输入 http://localhost:8080/jsptest/builtinObject/applicationobject.jsp，显示结果如图 3.31 所示。

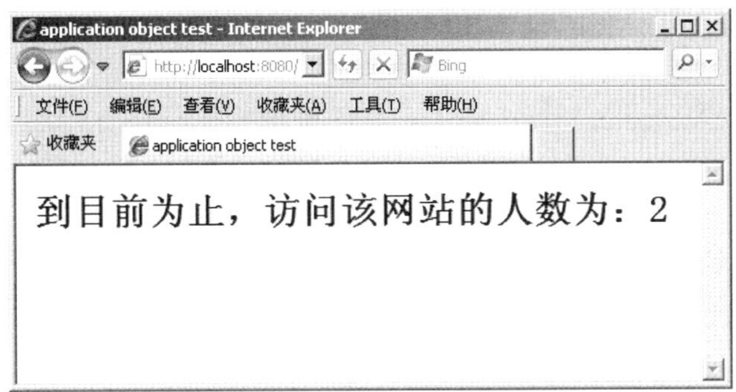

图 3.31　applicationobject.jsp 执行结果

3.4.6　pageContext 对象

pageContext 对象是一个比较特殊的对象，使用它不仅可以设置 page 范围内的属性，还可以设置其他范围内的属性。通过 pageContext 还可以访问本页面中的所有其他对象，如前面介绍的 request、response、out 等对象。由于 request、response 等对象本身已经提供给我们一些方法，可以直接调用这些方法来完成特定的操作，因此在实际 JSP 开发过程中 pageContext 对象使用的并不多。

pageContext 对象的常用方法如下：

- ServletRequest getRequest()：获得当前页面中的 request 对象。
- ServletRequest getResponse()：获得当前页面中的 response 对象。
- HttpSession getSession()：获得当前页面中的 session 对象。
- ServletContext getServletContext()：获得当前页面中的 application 对象。
- ServletConfig getServletConfig()：获得当前页面中的 config 对象。
- Object getPage()：返回当前页面中的 page 对象。
- JspWrite getOut()：返回当前页面中的 out 对象。
- Exception getException()：返回当前页面中的 exception 对象。
- ServletConfig getServletConfig()：返回当前页面中的 config 对象。
- Object getAttribute(String name)：获取 page 范围内的 name 属性值。
- Object getAttribute(String name, int scope)：获取指定范围内的 name 属性值。scope 取值可能取值为：
  - PageContext.PAGE_SCOPE：page 范围。
  - PageContext.REQUEST_SCOPE：request 范围。
  - PageContext.SESSION_SCOPE：session 范围。
  - PageContext.APPLICATION_SCOPE：application 范围。
- Enumeration getAttributeNamesInScope(int scope)：获得指定范围内的所有属性名。
- int getAttributeScope(String name)：返回属性 name 的作用范围。
- void setAttribute(String name, Object obj)：设置 page 范围内的 name 属性。
- void setAttribute(String name, Object obj, int scope)：设置指定范围内的 name 属性。
- Object findAttribute(String name)：寻找 name 属性并返回该属性，如果找不到则返回 null。
- void removeAttribute(String name)：删除属性名为 name 的属性。
- void removeAttribute(String name, int scope)：删除指定的某个作用范围内名称为 name 的属性。

【例 3-17】 使用 pageContext 对象获取不同范围内的属性。

pagecontextobject.jsp 内容如下：

```
<%@ page contentType="text/html;charset=GB2312" %>
<html>
<head>
    <title>pageContext object test</title>
</head>
<body>
<%
    pageContext.setAttribute("attributename","page_scope");
                                                //设置 page 范围内的属性
    request.setAttribute("attributename","request_scope");
                                                //设置 request 范围内的属性
    session.setAttribute("attributename","session_scope");
                                                //设置 session 范围内的属性
    application.setAttribute("attributename","application_scope");
                                                //设置 application 范围内的属性
    //获得 page 范围的属性
    String str1=(String)pageContext.getAttribute("attributename",
    pageContext.PAGE_SCOPE);
```

```
    //获得 request 范围的属性
    String str2=(String)pageContext.getAttribute("attributename",
    pageContext.REQUEST_SCOPE);
    //获得 session 范围的属性
    String str3=(String)pageContext.getAttribute("attributename",
    pageContext.SESSION_SCOPE);
    //获得 application 范围的属性
    String str4=(String)pageContext.getAttribute("attributename",
    pageContext.APPLICATION_SCOPE);
%>
attributename 在不同范围的属性值
<br>
<%="page 范围："+str1 %><br>
<%="request 范围："+str2 %><br>
<%="session 范围："+str3 %><br>
<%="application 范围："+str4 %><br>
</body>
</html>
```

在浏览器地址栏中输入 http://localhost:8080/jsptest/builtinObject/pagecontextobject.jsp，显示结果如图 3.32 所示。

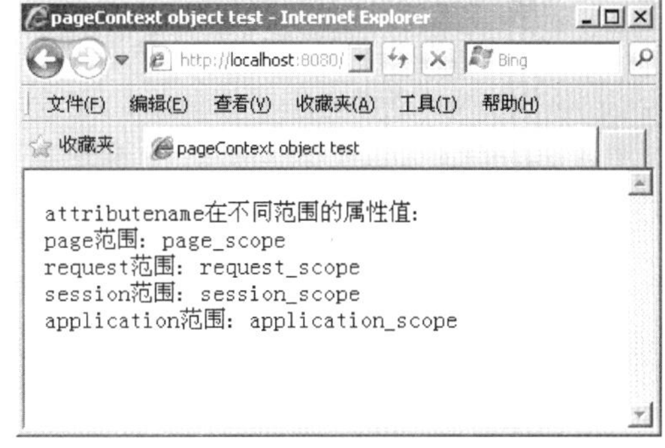

图 3.32　pagecontextobject.jsp 执行结果

3.4.7　page 对象

page 对象指的是当前的 JSP 页面本身，它是 java.lang.Object 类的对象，通过 page 对象可以方便地调用 Servlet 类中定义的方法。page 对象在实际开发过程中并不经常使用。

page 对象的常用方法如下：

- class getClass()：返回当前 Object 的类。
- int hashCode()：返回当前 Object 的哈希码。
- String toString()：将此 Object 对象转换成字符串。
- boolean equals(Object ob)：比较此 Object 对象是否与指定的 Object 对象相等。
- void copy(Object ob)：将此 Object 对象复制到指定的 Object 对象中。

3.4.8　config 对象

config 对象是 ServletConfig 类的一个实例，在 Servlet 初始化时，可以通过 config 向 Servlet 传递信息。所传递的信息可以是属性名和属性值构成的名值对，也可以是通过 ServletContext 对象传递的服务器的相关信息。

在 JSP 开发中 config 对象用的不多，只有在编写 Servlet 时，当需要重载 Servlet 的 init() 方法时才会用到 config 对象。

config 对象的常用方法如下：

- String getServletName()：获得 Servlet 名称。
- ServletContext getServletContext()：获得一个包含服务器相关信息的 ServletContext

对象。

- String getInitParameter(String name)：获得 Servlet 初始化参数的值。
- Enumeration getInitParameterNames()：获得 Servlet 初始化所需要的所有参数名，返回类型是枚举型。

3.4.9 exception 对象

exception 对象是 java.lang.Throwable 类的对象，用来处理页面的错误和异常。在使用 JSP 进行开发时，习惯的做法是在一个页面中使用 page 指令的 errorPage 属性，让该属性指向一个专门用于异常处理的页面。如果在 JSP 页面中有未捕获的异常，则会生成 exception 对象，然后将该 exception 对象传送到 page 指令中设置的异常处理页面中，在异常处理页面中对 exception 对象进行处理。在异常处理页面中需要将其 page 指令的 isErrorPage 属性设置为 true 才可以使用 exception 对象。

exception 对象的常用方法如下：

- String getMessage()：返回 exception 对象的异常信息。
- Sting getLocalizedMessage()：返回本地化语言的异常错误。
- void printStackTrace()：打印异常的栈反向跟踪轨迹。
- String toString()：返回关于异常的简单描述。

【例 3-18】 使用 exception 对象处理异常。

（1）创建名称为 exceptiontest.jsp 的页面，在其中编写发生异常的代码。需要注意的是，在该页面的 page 指令中设置了 errorPage 属性，它指向一个异常处理页面。

exceptiontest.jsp 内容如下：

```
<%@ page contentType="text/html;charset=GB2312" errorPage=
"exceptionobject.jsp"%>
<html>
<head>
    <title>pageContext object test</title>
</head>
<body>
    发生错误的位置！<br>
    <%
        int a=5;
        int b=0;
    %>
    输出结果=<%=(a/b)%>  <!--产生异常-->
</body>
</html>
```

（2）创建名称为 exceptionobject.jsp 的页面，在其中获取从 exceptiontest.jsp 页面中传递过来的 exception 对象。注意应在其 page 指令中将 isErrorPage 属性设置为 true。

exceptionobject.jsp 内容如下：

```
<%@ page contentType="text/html;charset=GB2312" isErrorPage="true"%>
<%@ page import="java.io.PrintStream"%>
<html>
<head>
    <title>exception object test</title>
```

```
</head>
<body>
    <%=exception.getMessage() %><br>    <!--返回 exception 对象的异常信息-->
    <!--打印异常的栈反向跟踪轨迹-->
    <%
        exception.printStackTrace(new java.io.PrintWriter(out));
    %>
</body>
</html>
```

（3）在浏览器地址栏中输入 http://localhost:8080/jsptest/builtinObject/exceptiontest.jsp，显示结果如图 3.33 所示。

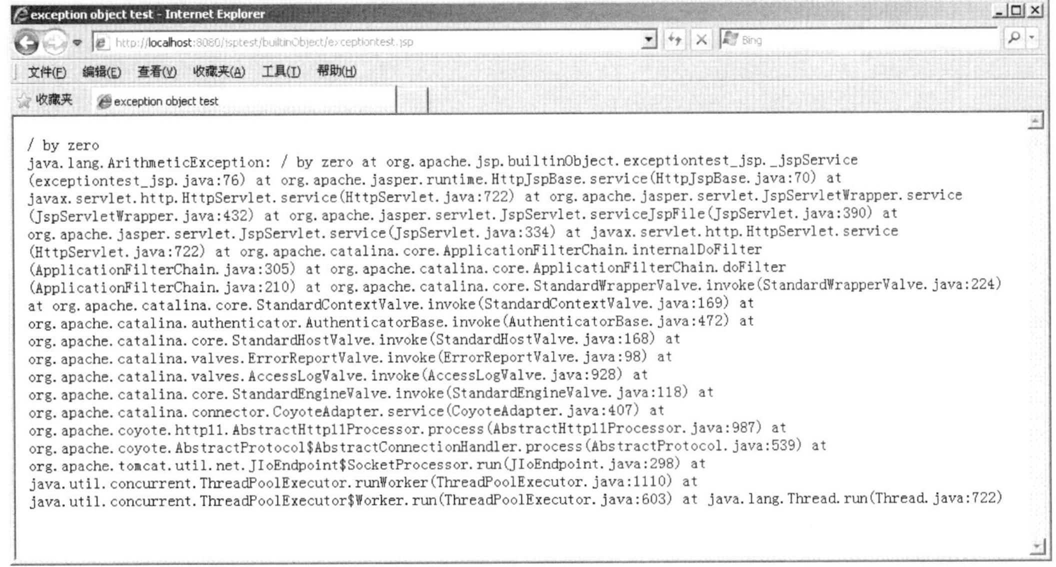

图 3.33　exceptiontest.jsp 执行结果

3.5　JavaBean 的使用

JavaBean 是用 Java 语言描述的软件组件模型，类似于 Microsoft 中 COM 组件的概念。JSP 搭配 JavaBean 的组合已经成为了常见的 JSP 程序标准，广泛应用于各类 JSP 应用程序中。

对于编程人员来说，使用 JavaBean 可以实现代码的重复利用，因此极大地简化了程序的设计过程。在 JSP 中 JavaBean 分为两种：可视化的 JavaBean 和非可视化的 JavaBean。

随着 JSP 的产生和发展，JavaBean 也从传统的可视化领域中的应用更多地应用到非可视化领域，且其在服务器端的应用中表现出了非常明显的优势。非可视化 JavaBean 指的是没有 GUI 界面的 JavaBean，在实际开发中常用来封装业务逻辑和进行数据库的相关操作，如连接数据库、数据处理等。使用非可视化的 JavaBean 更好地实现了业务逻辑和表现层之间的分离，降低了它们之间的耦合度。在 JSP 中只使用非可视化的 JavaBean。

3.5.1 定义 JavaBean

JavaBean 是一种特殊的 Java 类，它具有如下的几个语法特征：

- JavaBean 是一个 public 类，即 JavaBean 的类访问权限必须是 public 的。
- JavaBean 应该包含一个无参的构造方法。
- JavaBean 中属性的获取和设置需要使用标准格式定义的 getXxx()方法和 setXxx()方法。对于 boolean 类型的成员变量，即布尔类型的属性，可以使用 isXxx()方法来代替 get Xxx()和 set Xxx()方法。

下面根据 JavaBean 的语法特征来创建一个 JavaBean。

```
public class MyJavaBean {
    //JavaBean 的属性
    private String FirstProperty;
    private String SecondProperty;
    //无参构造方法
    public MyJavaBean() { }
    //FirstProperty 属性的 getter 和 setter 方法
    public String getFirstProperty() {
    return FirstProperty;
    }
    public void setFirstProperty(String FirstProperty) {
    this.FirstProperty = FirstProperty;
    }
    //SecondProperty 属性的 getter 和 setter 方法
    public String getSecondProperty() {
    return SecondProperty;
    }
    public void setSecondProperty(String SecondProperty) {
    this.SecondProperty = SecondProperty;
    }
}
```

上面的代码创建了一个类名为 MyJavaBean 的类，该类的访问权限为 public。类中定义了一个无参的构造方法 MyJavaBean()。类中还定义了两个 private 的属性 FirstProperty 和 SecondProperty，并分别为它们添加了相应的 getter 方法（getXxx()方法）和 setter 方法（setXxx()方法）用以获取和设置这两个属性的值。显然，MyJavaBean 类符合 JavaBean 的语法特征，它是一个 JavaBean。

3.5.2 设置 JavaBean 的属性

在 JSP 中可以调用 JavaBean，JSP 中提供了 3 个标准的动作指令：<jsp:useBean>、<jsp:setProperty>以及<jsp:getProperty>，这 3 个动作指令我们在 3.3.5 小节中已经介绍过，此处仅对<jsp:setProperty>再做一说明。

我们已经知道，<jsp:setProperty>动作元素来设置或修改 Bean 中的属性值。在 JSP 中调用它时有如下几种形式：

（1）<jsp:setProperty name="myBean" property="*"/>

property="*"表示从 request 对象中将所有与 JavaBean 属性名字相同的请求参数传递给

相应属性的 setter 方法。myBean 是 JavaBean 实例名。

（2）<jsp:setProperty name="myBean" property="id"/>

该形式表示使用 request 对象中的一个参数值来设置 JavaBean 实例中的一个属性值。其中，property 指定了 Bean 的属性名，该属性名应该和 request 请求参数的名字保持相同。此处表示将 request 对象中的参数 id 传入到 JavaBean 实例 myBean 中。

（3）<jsp:setProperty name="myBean" property="id" param="personid"/>

该形式表示将 request 对象中的参数 personid 传入到 JavaBean 实例 myBean 的属性 id 中。其中 param 指定使用哪个请求参数来作为 Bean 属性的值。要说明的是，此时 param 指定的 Bean 属性和 request 参数的名字可以不相同。

（4）<jsp:setProperty name="myBean" property="id" value="123"/>

该形式表示向 JavaBean 实例 myBean 的属性 id 中传入指定的值。其中 value 用来指定传入 Bean 中属性的值。

注意：param 属性表示页面请求中的参数名称，value 属性则表示赋给 Bean 属性 property 的具体值。在<jsp:setProperty>中不能同时使用 param 属性和 value 属性。

3.5.3　JavaBean 的存在范围

在前面讲解 JSP 时曾提到过 JSP 属性有 4 种存储范围，分别是 page、request、session 和 application。在 JavaBean 中也可以设置其存在范围，它的意义与属性的存储范围相同。

- page 范围：page 范围表示每个 JavaBean 对象只属于当前的 JSP 页面，只在当前页面中有效。
- request 范围：request 范围表示每个 JavaBean 对象只在一次请求中有效。如果页面发生了跳转，则该属性会失效。
- session 范围：session 范围是指每个 JavaBean 对象都寄存于 session 中，即在浏览器与服务器的一次会话范围内有效，和服务器断开连接后，该 JavaBean 对象就失效了。
- application 范围：application 范围表示每个 JavaBean 对象都存在于 application 中，也就是在整个服务器范围内都有效，当服务器停止时，该 JavaBean 对象失效。

3.5.4　JavaBean 综合实例

掌握了 JavaBean 的基础知识后，本小节就来看几个具体的 JavaBean 实例。

【例 3-19】 使用 JavaBean 来实现一个简单的计数器。

在本例中实现一个简单的计数功能，每次请求都使计数器增 1。包含的文件有两个，一个是 counter.java，它是一个 JavaBean，用来提供计数功能，还有一个 JSP 文件 counter.jsp，用来显示计数值。

counter.java 内容如下：

```
package count;
public class counter {
```

```
    int count=0;            //count 属性，记录请求次数
    //无参构造方法
    public counter(){}
    //count 属性的 getter 和 setter 方法
    public int getCount() {
        count++;            //每次请求使 count 增 1
        return count;
    }
    public void setCount(int count) {
        this.count = count;
    }
}
```

counter.jsp 内容如下：

```
<%@ page language="java" contentType="text/html; charset=gb2312"%>
<!DOCTYPE html PUBLIC "-//W3C//DTD HTML 4.01 Transitional//EN">
<html>
<head>
<title>counter test</title>
</head>
<body>
    <!--指定 JavaBean 实例，其相应的生存范围及全限定类名-->
    <jsp:useBean id="countbean" scope="application" class="count.
    counter"/>
<!--使用 jsp:getProperty 动作指令获得 count 属性值-->
    the number of requests is:
    <jsp:getProperty name="countbean" property="count"/><br>
</body>
</html>
```

运行程序，多次刷新浏览器，在页面上可以显示请求次数，如图 3.34 所示。

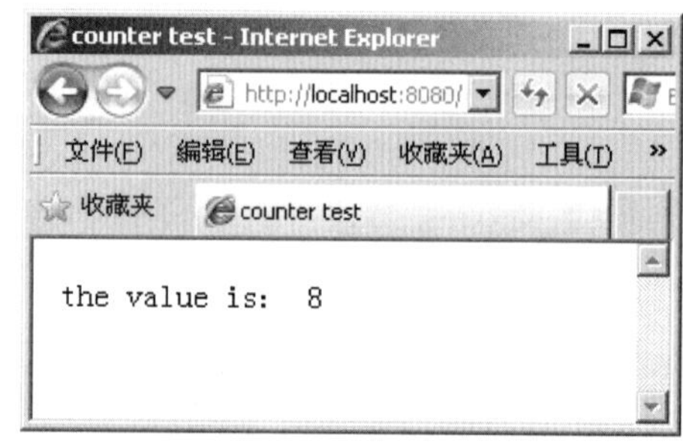

图 3.34　显示计数值

【例 3-20】使用 JavaBean 来实现用户登录功能。

在本例中实现了用户登录功能，用户输入用户名和密码后，单击“提交”按钮，则页面跳转到“用户信息”页面，在该页面上显示用户的登录信息。

该例包含的文件有 3 个，一个 JavaBean，两个 JSP 文件。JavaBean：User.java；JSP：login.jsp、javabeandemo.jsp。其中 User.java 是一个 JavaBean，定义了用户名与登录密码两个属性及相关的方法；login.jsp 文件定义了用户登录界面；javabeandemo.jsp 文件则用来显示提交后的用户信息。

User.java 文件如下：

```
package javabean;
public class User {
    private String username;        //用户名
    private String password;        //用户密码
    //username 属性的 getter 和 setter 方法
    public String getUsername() {
        return username;
    }
    public void setUsername(String username) {
        this.username = username;
```

```
    }
    //password 属性的 getter 和 setter 方法
    public String getPassword() {
        return password;
    }
    public void setPassword(String password) {
        this.password = password;
    }
}
```

注意：在 User.java 文件中没有定义构造方法，此时编译器会自动为我们添加一个无参的构造方法，在 JavaBean 中也可以直接利用编译器自动添加无参构造方法。

login.jsp 文件如下：

```
<%@ page contentType="text/html;charset=GB2312" %>
<html>
<head>
    <title>登录页面</title>
</head>
<body>
    <!--使用 form 标签创建表单-->
    <form action="javabeandemo.jsp" method="post">
        用户名:
        <input type="text" name="username"> <!--定义单行文本输入字段，输入用户
        名-->
        <br/>
        密  码:
        <input type="password" name="password"> <!--创建密码域，输入用户密码-->
        <input type="submit" value="提交"/> <!--定义提交按钮，该按钮可将表单数
        据发送到服务器-->
    </form>
</body>
</html>
```

javabeandemo.jsp 文件如下：

```
<%@ page language="java" contentType="text/html; charset=gb2312"%>
<!DOCTYPE html PUBLIC "-//W3C//DTD HTML 4.01 Transitional//EN">
<html>
<head>
<title>用户信息</title>
</head>
<body>
    <!--指定 JavaBean 实例，其相应的生存范围及全限定类名-->
    <jsp:useBean id="userbean" scope="page" class="javabean.User"/>
    <!--使用 jsp:setProperty 动作指令设置 username 属性值-->
    <jsp:setProperty name="userbean" property="username" param=
    "username"/>
    <!--使用 jsp:setProperty 动作指令设置 password 属性值-->
    <jsp:setProperty name="userbean" property="password" param=
    "password"/>
    <!--使用 jsp:getProperty 动作指令获得 username 属性值-->
    用户名:
    <jsp:getProperty name="userbean" property="username"/><br>
    <!--使用 jsp:getProperty 动作指令获得 password 属性值-->
    密  码:
```

```
    <jsp:getProperty name="userbean" property="password"/>
    <!--
    使用 out.println()来显示 username 和 password 的值
    <%
        out.println("用户名: "+userbean.getUsername()+ "<br>" );
        out.println("密码: "+userbean.getPassword());
    %>
    -->
</body>
</html>
```

在 javabeandemo.jsp 中，先使用<jsp:useBean>指定了 JavaBean 实例，并指明其生存范围为 page 范围，即在当前页有效；接着使用<jsp:setProperty>来设置 Bean 中的属性值，这里分别设置了 username 属性和 password 属性；最后使用<jsp:getProperty>获得 uscrnamc 和 password 属性的值。

需要说明的是，在显示 username 和 password 属性的值时，除了可以使用<jsp:getProperty>标签指令以外，还可以使用 out.println()方法。即：

```
out.println("用户名: "+userbean.getUsername()+ "<br>" );
out.println("密码: "+userbean.getPassword());
```

在浏览器中访问 login.jsp，结果如图 3.35 所示。

在登录页面上填写用户名和密码，此处填写用户名为 jack，密码为 javabean，填写完成后单击“提交”按钮，则页面跳转到 javabeandemo.jsp 页面，如图 3.36 所示，在该页面上显示出刚才填写的用户信息。

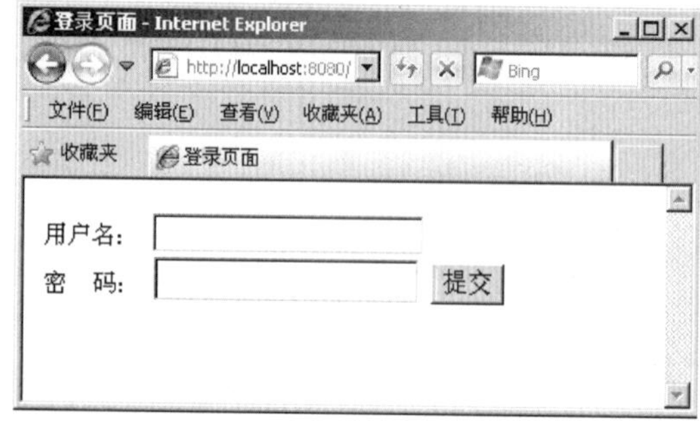

图 3.35　login.jsp 执行结果

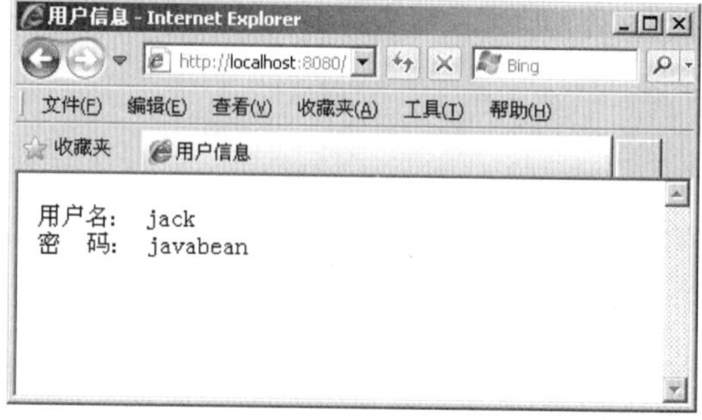

图 3.36　显示用户信息

3.6　Servlet 的使用

Servlet 是在 JSP 之前推出的，它是一种应用于服务器端的 Java 程序，可以生成动态的 Web 页面。

事实上，JSP 在运行前还需要被编译成 Servlet，因此虽然 JSP 具备了 Servlet 的几乎全部优点，仍然有必要对 Servlet 的相关知识进行讲解。通过 Servlet 内容的学习也可以加深对 JSP 内容的理解。

3.6.1　Servlet 简介

Servlet 运行在服务器端，是由 Web 服务器负责加载的，是独立于平台和协议的 Java 应用程序。JSP 改变了 Servlet 提供 HTTP 服务时的编程方式。但是内部机制上，每一个 JSP 都被处理成一个 Servlet。

Servlet 并不限制所使用的协议，但使用最多的协议是 HTTP 协议。HTTP 协议的特点是每次连接只完成一个请求，其处理过程为：建立连接、发送请求、提供服务、发送响应，最后关闭连接。

Servlet 具有跨平台、可移植性强等优点，但并没有被广泛的使用，这主要是因为 Servlet 的编写需要全面掌握 Java 程序设计技巧，而且它将页面的显示和功能处理都混杂在一起，不利于系统开发过程的分工和后期的维护。但 Servlet 为 JSP 的产生和发展打下了坚实的基础，JSP 正是通过转译成 Servlet 才能够顺利执行的，因此，了解 Servlet 的基础知识仍然是整个 Java Web 学习过程中必不可少的一环。

3.6.2　Servlet 的生命周期

Servlet 运行在 Servlet 容器中，由容器来管理其生命周期。Servlet 的生命周期主要包含 4 个过程：

（1）加载和实例化。

加载和实例化 Servlet 是由 Servlet 容器来实现的。加载 Servlet 之后，容器会通过 Java 的反射机制来创建 Servlet 的实例。

（2）初始化。

在 Servlet 的实例创建后，容器会调用 Servlet 的 init()方法来初始化该 Servlet 对象。初始化的目的是让 Servlet 对象在处理客户端请求前先完成一些初始化工作。对于每个 Servlet 实例，只会调用一次 init()方法。

（3）执行。

当客户端请求到来后，Servlet 容器首先针对该请求创建 ServletRequest 和 ServletResponse 两个对象，然后 Servlet 容器会自动调用 Servlet 的 service()方法来响应客户端请求，同时把 ServletRequest 和 ServletResponse 两个对象传给 service()方法。通过 ServletRequest 对象，Servlet 实例可以获得客户端的请求信息，处理完请求后，则将响应信息放置在 ServletResponse 对象中。最后销毁 ServletRequest 和 ServletResponse 对象。

注意：在 service()方法调用前，init()方法必须已经成功执行。

（4）清理。

当 Servlet 实例需要从服务中移除时，容器会调用 destroy()方法，让该实例释放掉它所使用的资源，并将实例中的数据保存到持久的存储设备中。之后，Servlet 实例便会被 Java 的垃圾回收器所回收。

在 Servlet 的整个生命周期中，其初始化和销毁都只发生一次，service()方法的执行次数取决于 Servlet 被客户端所访问的次数。

下面对 Servlet 生命周期中的 3 个重要方法做个说明。

（1）init()方法

该方法在 javax.servlet.Servlet 接口中定义。创建 Servlet 实例时会调用 init()方法，在 init()方法中完成类似于构造方法的初始化功能，其参数为 ServletConfig 的实例。init()方法结束后，Servlet 就可以接受客户端请求。

在 Servlet 的整个生命周期中，只执行一次 init()方法。

（2）service()方法

该方法用来响应客户端发出的请求。service()方法使用 ServletRequest 接口和 ServletResponse 接口的对象作为参数，其中，ServletRequest 对象用来处理请求，ServletResponse 对象用来发送响应。

service()方法执行时会检查 HTTP 请求的类型，并相应地调用 doGet()、doPost()等方法。因此，通常的做法是，不使用 service()方法，而直接使用 doGet()、doPost()等方法来处理请求。

Service()方法的语法形式如下：

```
public void service(ServletRequest request, ServletResponse response)
throws ServletException,IOException
```

其中，request 是 ServletRequest 接口的对象，它作为参数用来接收和存储客户端请求，response 是 ServletResponse 接口的对象，它包含了 Servlet 作出的响应。

（3）destroy()方法

当不再需要 Servlet 实例或重新装入时，destroy()方法被调用。使用 destroy()方法可以释放掉所有在 init 方法中申请的资源。一个 Servlet 实例一旦终止，就不允许再次被调用，只能等待被卸载。

destroy()方法通常用来执行一些清理任务，在 destroy()方法中一般安排释放资源的代码。

3.6.3　Servlet 的常用类和接口

Servlet API 包含在两个包中，分别是 javax.servlet 和 javax.servlet.http。在 Servlet 架构中，Servlet 接口是所有类型的 Servlet 类必须实现的接口，而最典型的 Servlet 类则是 HttpServlet 类。下面介绍 Servlet 中的常用接口和类。

1. Servlet接口

Servlet 接口是所有 Servlet 都必须直接或间接实现的接口。

Servlet 接口包含的主要方法如下：

- void init(ServletConfig config)：初始化 Servlet。
- ServletConfig getServletConfig()：获得 Servlet 的相关配置信息，该方法会返回一个指向 ServletConfig 的引用。
- java.lang.String getServletInfo()：获得 Servlet 开发者定义的信息。
- void service(ServletRequest req, ServletResponse res)：该方法用于响应客户端请求。
- void destroy()：清理方法，用于释放资源等。

2. GenericServlet抽象类

有两个 Servlet 类：GenericServlet 和 HttpServlet 类，它们提供了两种基本的 Servlet，分别为 Servlet 方法提供了一种默认的实现模式。

一般的，我们编写的 Servlet 类总是从这两种 Servlet 中继承。

GenericServlet 实现了 Servlet 接口，它是一个抽象类，其包含的 service()方法是一个抽象方法。GenericServlet 的派生类必须实现 service()方法。

3. HttpServlet抽象类

HttpServlet 是所有基于 Web 的 Servlet 类的根类。HttpServlet 类重写了 Service 方法，并针对客户端的不同请求类型提供了几个不同的方法，如 doGet()方法、doPost()方法。

HttpServlet 包含的主要方法如下：

- void doPost(HttpServletRequest request, HttpServletResponse response) throws ServletException, java.io.IOException：该方法用于处理和响应 HTTP GET 请求。
- void doGet(HttpServletRequest request, HttpServletResponse response) throws ServletException, java.io.IOException：该方法用于处理和响应 HTTP POST 请求。

除了 doGet()方法和 doPost()方法以外，其他类型的 HTTP 请求如 PUT、DELETE 等也有对应的处理方法。编写 HttpServlet 类的关键就是要对 doGet()、doPost()等方法进行重写，以实现对客户端请求的响应。要注意的是，不要重写 Service()方法，否则会有问题。

4. ServletRequest接口和ServletResponse接口

在 3.6.2 小节中介绍 Servlet 生命周期时曾经提到过 ServletRequest。当客户请求到来时，Servlet 容器会创建一个 ServletRequest 对象用来封装请求数据，同时创建一个 ServletResponse 对象，用来封装响应数据。随后，这两个对象将作为 servic()方法的参数被传递 Servlet，Servlet 可以利用 ServletRequest 对象获取客户端的请求数据，利用 ServletResponse 对象发送最后的响应数据。

ServletRequest 接口和 ServletResponse 接口都在 javax.servlet 包中定义。

ServletRequest 包含的主要方法如下：

- Object getAttribute(String name)：返回属性名为 name 的属性值，如果该属性不存在，则返回 null。
- Enumeration getAttributeNames()：返回请求中所有属性的名字，如果请求中没有任何属性，则返回一个空枚举集合。
- void removeAttribute(String name)：从请求中移除 name 属性。
- void setAttribute(String name, Object obj)：在请求中保存属性名为 name 的属性。
- String getCharacterEncoding()：返回请求正文所使用的字符编码名称。如果未指定字符编码，则该方法返回 null。
- int getContentLength()：返回请求正文的长度，以字节为单位。如果长度未知，则该方法返回–1。
- String getContentType()：返回请求正文的 MIME 类型。如果类型未知，则该方法返回 null。

- ServletInputStream getInputStream()：返回一个输入流，使用该输入流可以以二进制的方式来读取请求正文。

🔔说明：javax.servlet.ServletInputStream 是一个抽象类，继承自 java.io.InputStream。

- String getParameter(String name)：返回请求中 name 参数的值。如果 name 参数包含多个值，则该方法将返回参数值列表中的第一个参数值。若在请求中未找到该参数，则方法返回 null。
- Enumeration getParameterNames()：返回请求中包含的所有参数的名字。如果请求中没有参数，则该方法会返回一个空的枚举集合。
- String [] getParameterValues(String name)：返回请求中 name 参数的所有值。如果在请求中不存在 name 参数，则该方法返回 null。

ServletResponse 包含的主要方法如下：

- ServletOutputStream getOutputStream()：返回一个 ServletOutputStream 对象，用来发送对客户端的响应。
- PrintWriter getWriter()：返回 PrintWriter 类的对象，用来将字符文本发送到客户端。
- void setContentLength(int length)：设置响应数据的长度。
- void setBufferSize(int size)：设置发送到客户端的数据缓冲区大小。

5．HttpServletRequest接口

ServletRequest 接口表示 Servlet 的请求，HttpServletRequest 是它的子接口。HttpServletRequest 接口代表了客户端的 HTTP 请求。

HttpServletRequest 包含的主要方法如下：

- Cookie[] getCookies()：返回由服务器存放在客户端的 Cookie 数组，常常使用 Cookie 来区分不同的客户。
- HttpSession getSession()：获取当前的 HTTP 会话对象。
- HttpSession getSession(boolean create)：获取当前的 HTTP 会话对象，若不存在则自动创建一个新会话。

6．HttpServletResponse接口

ServletResponse 接口表示 Servlet 的响应，而 HttpServletResponse 接口是它的子接口。HttpServletResponse 接口表示对客户端的 HTTP 响应。

HttpServletResponse 接口包含的主要方法如下：

- public void addCookie(Cookie cookie)：向响应的头部加入一个 Cookie。
- void setStatus(int status)：将响应状态码设定为指定值，只用于不产生错误的响应。

7．HttpSession接口

HttpSession 对象由 Servlet 容器负责创建，在 HttpSession 对象中可以存放客户状态信息。Servlet 会为 HttpSession 分配一个唯一标识符，即 Session ID。Session ID 作为 Cookie 保存在客户的浏览器中，每当客户发出 HTTP 请求时，Servlet 容器就可以从 HttpRequest 对象中读取到 Session ID，再根据 Session ID 找到相应的 HttpSession 对象，进而获取客户

的状态信息。

HttpSession 接口包含的主要方法如下：

- String getId()：返回 Session 的 ID。
- void invalidate()：使当前的 Session 失效，Servlet 容器会释放掉 HttpSession 对象所占用的资源。
- void setAttribute(String name,Object value)：将名值对(name, value)属性保存在 HttpSession 对象中。
- Object getAttribut(String name)：根据 name 参数返回保存在 HttpSession 对象中的属性值。
- Enumeration getAttributeNames()：返回当前 HttpSession 对象中所有的属性名。
- isNew()：判断该 Session 是否是新创建的，如果是新创建的 Session，则返回 true，否则返回 false。

3.6.4 Servlet 示例

【例 3-21】 本示例在网页上输出字符串“Hello Servlet！”。

（1）在 Eclipse 中新建项目，项目名称为 ServletDemo。

（2）新建包 servlet，在其中创建 Servlet，并命名为 HelloServlet。HelloServlet.java 文件内容如下所示。

```
package servlet;
import java.io.IOException;
import javax.servlet.ServletException;
import javax.servlet.ServletResponse;
import javax.servlet.http.HttpServlet;
import javax.servlet.http.HttpServletRequest;
import javax.servlet.http.HttpServletResponse;
import java.io.PrintWriter;
//Servlet 实现类 HelloServlet
public class HelloServlet extends HttpServlet {
    private static final long serialVersionUID = 1L;
     //构造方法
public HelloServlet() {
        super();
    }
    //重写 HttpServlet 的 doGet 方法
    protected void doGet(HttpServletRequest request, HttpServletResponse
    response)
        throws ServletException, IOException
    {
        PrintWriter out=response.getWriter();   //获得输出流 out
        out.println("Hello Servlet!");           //在网页上输出
        out.close();                             //关闭输出流
    }
}
```

由上面的代码可见，在 HelloServlet 中重写了 HttpServlet 的 doGet 方法。在 doGet 方法中，Servlet 通过 ServletResponse 对象来产生 HTTP 响应结果的正文部分。在 ServletResponse 接口中提供了两个输出流：PrintWriter 和 ServletOutputStream。其中，

PrintWriter 用于输出字符串数据，而 ServletOutputStream 用于输出字节数据。

使用 PrintWriter 输出的示例代码如下：

```
PrintWriter out=response.getWriter();  //获得输出流 out
out.println("text data!");             //在网页上输出字符串数据
```

ServletResponse 的 getWriter()方法可以返回一个 PrintWriter 对象，Servlet 通过 PrintWriter 可以输出字符串形式的正文数据。此时，可以将文本数据打印到一个字符流中。

使用 ServletOutputStream 输出的示例代码如下：

```
ServletOutputStream out=response.getOutputStream();
                              //获得 ServletOutputStream 对象
out.write(ByteArray);         //输出二进制数据
```

ServletResponse 的 getOutputStream()方法可以返回一个 ServletOutputStream 对象，Servlet 通过 ServletOutputStream 便可以输出二进制的正文数据。

（3）想通过网页访问到 HelloServlet，则必须进行部署。在 web.xml 文件中部署该 Servlet，代码如下。

```
<?xml version="1.0" encoding="UTF-8"?>
<web-app xmlns:xsi="http://www.w3.org/2001/XMLSchema-instance" xmlns=
"http://java.sun.com/xml/ns/javaee"
xmlns:web="http://java.sun.com/xml/ns/javaee/web-app_2_5.xsd"
xsi:schemaLocation="http://java.sun.com/xml/ns/javaee
http://java.sun.com/xml/ns/javaee/web-app_3_0.xsd" id="WebApp_ID"
version="3.0">
  <display-name>ServletDemo</display-name>
  <!-- 配置 Servlet 信息 -->
  <servlet>
    <servlet-name>hello</servlet-name> <!-- 定义 Servlet 名字 -->
    <servlet-class>servlet.HelloServlet</servlet-class>
                                       <!-- 指定 Servlet 的完全限定名 -->
  </servlet>
  <!-- 配置映射路径 -->
<servlet-mapping>
    <!-- 必须与前面 servlet-name 中定义的 Servlet 名字保持一致 -->
    <servlet-name>hello</servlet-name>
    <url-pattern>/hello</url-pattern>  <!-- 指定 Servlet 访问路径 -->
  </servlet-mapping>
</web-app>
```

（4）运行程序，在浏览器地址栏中输入 http://localhost:8080/ServletDemo/hello，此时显示结果如图 3.37 所示，在所示的页面中打印出字符串“Hello Servlet !”。

图 3.37　运行结果

【例 3-22】 本例示范通过 doPost 方法处理 POST 方法提交的表单。

（1）在 Eclipse 中新建项目，项目名称为 ServletDemo2。

（2）新建 JSP 文件，命名为 userform.jsp，该文件用来提交用户的参数信息。

userform.jsp 文件如下：

```
<%@ page contentType="text/html;charset=GB2312" %>
<html>
<head>
    <title>登录页面</title>
</head>
<body>
    <!--使用 form 标签创建表单-->
    <form action="login" method="post"><!--action="login"是在 web.xml 文件
    中部署时形成的-->
        用户名：
        <input type="text" name="username"> <!--定义单行文本输入字段，输入用户
        名-->
        <input type="submit" value="提交"/> <!--定义提交按钮，该按钮可将表单数
        据发送到服务器-->
    </form>
</body>
</html>
```

（3）新建包 servlet，在其中创建 Servlet，并命名为 UserServlet。UserServlet.java 文件内容如下所示。

```
package servlet;
import java.io.IOException;
import java.io.PrintWriter;
import javax.servlet.ServletException;
import javax.servlet.http.HttpServlet;
import javax.servlet.http.HttpServletRequest;
import javax.servlet.http.HttpServletResponse;
//Servlet 实现类 UserServlet
public class UserServlet extends HttpServlet {
    private static final long serialVersionUID = 1L;
    //构造方法
    public UserServlet() {
       super();
    }
    //重写 HttpServlet 的 doPost 方法
    protected void doPost(HttpServletRequest request, HttpServletResponse
    response)
        throws ServletException, IOException {
            response.setContentType("text/html;charset=GB2312");
                                                //设置输出内容的格式和编码格式
            PrintWriter out=response.getWriter();  //获得输出流 out
            request.setCharacterEncoding("GB2312");//设置接收参数的编码格式
            String username=request.getParameter("username");
                                                //获取 username 参数
            //在网页上输出
            out.println("<html>");
            out.println("<body>");
            out.println("用户名："+username+"<br>");
            out.println("<body>");
            out.println("<html>");
            out.close();                        //关闭输出流
    }
```

```
}
```

（4）在 web.xml 文件中部署该 Servlet，代码如下。

```
<?xml version="1.0" encoding="UTF-8"?>
<web-app xmlns:xsi="http://www.w3.org/2001/XMLSchema-instance" xmlns=
"http://java.sun.com/xml/ns/javaee"
xmlns:web="http://java.sun.com/xml/ns/javaee/web-app_2_5.xsd"
xsi:schemaLocation="http://java.sun.com/xml/ns/javaee
http://java.sun.com/xml/ns/javaee/web-app_3_0.xsd" id="WebApp_ID"
version="3.0">
  <display-name>ServletDemo2</display-name>
  <!-- 配置 Servlet 信息 -->
  <servlet>
    <servlet-name>userlogin</servlet-name>      <!-- 定义 Servlet 名字 -->
    <servlet-class>servlet.UserServlet</servlet-class> <!-- 指定 Servlet 的
    完全限定名 -->
  </servlet>
  <!-- 配置映射路径 -->
  <servlet-mapping>
    <!-- 必须与前面 servlet-name 中定义的 Servlet 名字保持一致 -->
    <servlet-name>userlogin</servlet-name>
    <url-pattern>/login</url-pattern>       <!-- 指定 Servlet 访问路径 -->
  </servlet-mapping>
</web-app>
```

（5）运行程序，在浏览器地址栏中输入 http://localhost:8080/ServletDemo2/userform.jsp，此时显示如图 3.38 所示页面，在该页面中输入用户名“张三”并单击“提交”按钮，显示如图 3.39 所示的页面。

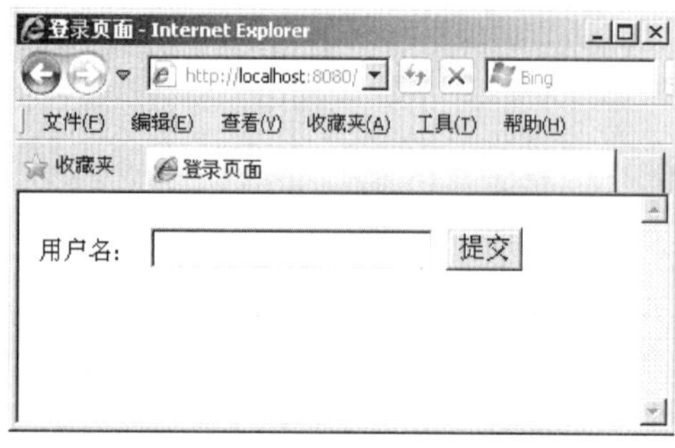

图 3.38　userform.jsp 执行结果

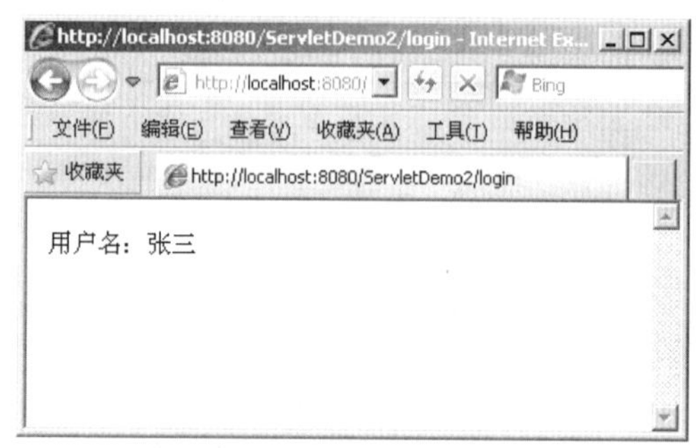

图 3.39　显示用户信息

3.7　本章小结

本章主要包含三部分内容：JSP、JavaBean 和 Servlet。

在 JSP 部分首先介绍了什么是 JSP，JSP 具有哪些特点及其运行机制和脚本元素。接着，详细介绍了 JSP 的指令元素，包括 page 指令、include 指令和 taglib 指令。JSP 的动作元素用来控制 JSP 的行为，在 JSP 部分还介绍了常用的 7 个动作元素。最后详细讲述了 JSP 的 9 个内置对象。

本章第二个主要内容是 JavaBean。通过 JavaBean 相关内容的学习，读者首先应该搞清楚什么是 JavaBean，在此基础上能够自己定义一个 JavaBean，并学会使用动作指令获取以及设置 JavaBean 的属性。

Servlet 开发也是 Java Web 开发中的一个重要组成部分。本章详细介绍了 Servlet 的生命周期和 Servlet 的常用类以及接口，最后通过两个 Servlet 示例来加深读者对 Servlet 部分知识的理解和掌握。

本章的内容是读者深入学习 Java Web 开发的基础，从第 4 章开始，我们将开始介绍如何使用 Java Web 三大框架来进行实际的项目开发。

第 2 篇　表现层框架 Struts 技术

第 4 章　Struts 快速上手

从本章开始我们将详细介绍 J2EE 三大框架中经典的 MVC 框架——Struts 2。在介绍 Struts 2 之前，先介绍 MVC 原理，接着介绍了 Struts 2 的工作原理、Struts 2 中体现出的 MVC 思想以及它的技术优势。

在本章的 4.2 节将会介绍使用 Struts 2 开发时需要做的一些准备工作，包括 Struts 2 开发包的下载，在 Eclipse 中安装 Struts 2 等内容。最后我们通过开发实例来全面了解使用 Struts 2 框架进行开发的完整过程，本章的主要内容如下：

- MVC 概述。
- Struts 的工作原理。
- Struts 开发准备。
- Struts 开发实例。

4.1　Struts 开发基础

学习任何技术，熟练掌握其基础都是非常有必要的，正如荀子有言“不积跬步，无以至千里；不积小流，无以成江海”。对于 MVC 框架而言，Struts 可以说是一个非常出色的框架，它得到了广大程序开发人员的认可。本章将从 MVC 概念入手，在理解 MVC 结构的基础上感受到 Struts 的强大作用；然后具体介绍 Struts 的原理及其开发优势。在有一定理论基础后，开始学习 Tomcat 服务器及其插件和 Struts 的下载、安装和配置方法。最后通过实例详解 Struts 框架进行开发的全过程。

4.1.1　MVC 的基本概念

随着应用系统的逐渐增大，系统的业务逻辑复杂度都将以几何级数的方式增长。在这种情况下，如果采取传统的开发方法，将系统的所有处理逻辑都放在 JSP 页面中，那将是程序员的噩梦；无论我们要进行什么样的改变，都必须打开那些丑陋的 JSP 脚本进行修改。而 MVC 思想的出现给程序员带来了福音。

MVC 思想是将系统的各个组件进行分类，不同的组件扮演不同的角色。然后将系统中的组件分隔到不同的层中，这些组件将被严格限制在其所在层内。同层中的组件应该保持内聚性，且大致处于同一抽象级别，而各层之间则以松散耦合的方式组合在一起，从而保证了良好的封装性。

MVC 将一个应用的输入、处理和输出流程按照 Model（模型）、View（视图）和 Controller（控制器）三部分进行分离，这样一个应用就可以划分成模型层、视图层和控制层 3 个层。

这 3 层之间以最少的耦合来协同工作，从而提高了应用系统的可扩展性和可维护性。对于程序员来说，可以更加高效和灵活地完成代码编写。

在经典的 MVC 模式中事件由控制器处理，控制器根据事件的类型改变模型或视图；具体一点就是，视图与模型成多对一的关系，模型数据或状态的改变都会导致视图的变化。

1．模型层

模型层代表的是企业数据和其对应的业务逻辑，它控制着对数据的处理和更新。通常，模型和现实世界对数据的处理非常相似，这就要求程序开发人员对模型的设计与现实世界应基本相近。业务处理的过程对于视图层和控制层来说是黑箱操作，模型层接受视图层（通过控制层传送到）的请求数据，并返回最终的处理结果，以更新视图层。

2．视图层

视图层实际上是模型层中的各个模型的具体表现形式。它通过模型得到企业数据，然后再根据需要来显示它们。虽然视图层对数据不做处理，而是将数据直接传送给控制层，但它必须保持着与模型层的数据模型的一致性，即当模型层的数据发生变化时，视图层必须随之变化。为了达到这个目标，常常采用软件设计模式中的观察者模式，即视图层中的视图对模型层中的对应模型进行注册，这样一旦模型数据发生改变，就会通知视图层进行相应的改变。

另外，对于早期的 Web 应用程序来说，HTML 元素构成了视图界面的主要部分。在新式的 Web 应用中，HTML 依旧在视图中扮演着重要的角色。但是随着 Web 应用技术的发展，用户对视觉上的要求不断提高，一些新技术如 Adobe flash 和 Siverlight 等不断地涌现，给 Web 界面的设计与实现带来了一个百花齐放的局面。

3．控制层

控制层在 MVC 结构中连接模型层和视图层，起到了纽带的作用。它将视图层的交互信息进行过滤等处理后，再传送到模型层相应的业务逻辑处理程序进行处理。

在 Web 应用中，视图层首先向控制层发送信息，通常是 GET 或 POST 请求，控制层接收到请求后，并不进行业务处理，而是把请求信息传递给模型，告知模型应该做什么处理。接着，模型接收请求数据，并产生最终的处理结果。模型层对应的动作包括业务处理和模型状态的改变。最后根据模型层产生的结果，控制层给用户（浏览器）回应相应的视图。MVC 三层之间的关系如图 4.1 所示。

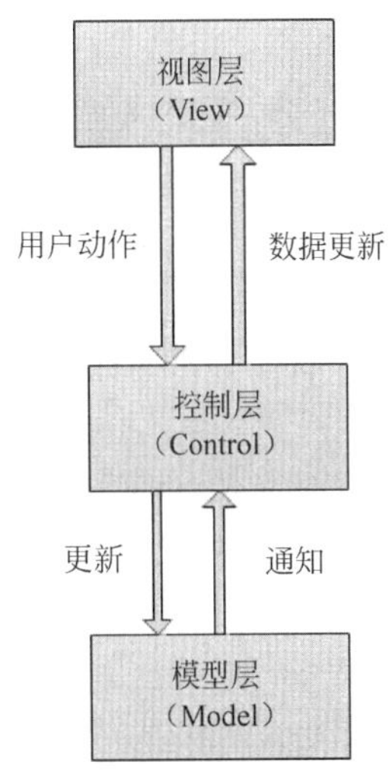

图 4.1　MVC 各层间关系

4．MVC特点

总的来说，MVC 有如下特点：

- 低耦合性。架构分为三层，降低了层与层之间的耦合，提高了程序的可扩展性，有助于程序员灵活地进行编码。

- 一个模型可以对应多个视图。按照 MVC 设计模式，一个模型对应多个视图，可以提高代码的可维护性，一旦模型发生变化，方便维护。
- 模型返回的数据与显示逻辑分离。模型数据可以应用任何的显示技术，各层只负责自己的任务，而不用去管其他层的任务。
- 有利于工程化管理。MVC 将不同的模型和不同的视图组合在一起进行管理，层与层之间分离，每一层都有各自的特色，代码可复用，降低了软件开发周期。

4.1.2　Struts 的工作原理

在 4.1.1 小节中，主要介绍了 MVC 思想的概念及其特点，在本小节中将主要讲述 Struts 的工作原理。

1．Struts概述

到目前为止，Struts 框架拥有两个主要的版本，分别是 Struts 1.x 和 Struts 2.x 版本，它们都是遵循 MVC 思想的开源框架。

Struts 1 是真正意义上的 MVC 模式，发布后受到了广大程序开发人员的认可。性能高效、松耦合、低侵入永远是开发人员追求的理想状态，而 Struts1 在这些方面又恰恰存在着不足之处。在这种情况下，全新的 Struts 2 框架应运而生，它弥补了 Struts 1 框架中存在的缺陷和不足，并且还提供了更加灵活与强大的功能。

要注意的是，Struts 2 框架并不是 Struts 1 的升级版，而是一个全新的框架，在体系结构上与 Struts 1 也存在着较大的差距。它将 Struts 技术与 WebWork 技术完美地结合起来，拥有非常广泛的使用前景。WebWork 是在 2002 年发布的一个开源 Web 框架，与 Struts 1 相比，其功能更加灵活。

2．Struts 2工作流程

Struts 2 是一个全新的开发框架，它对 Java Web 开发的影响可以说是无比深远的。如图 4.2 所示为 Struts 2 的体系结构图。

具体来说，Struts 2 框架处理一个用户请求大致可分为如下几个步骤：

（1）用户发出一个 HttpServletRequest 请求。

（2）这个请求经过一系列的过滤器 Filter 来传送。如果 Struts 2 与 Site Mesh 插件以及其他框架进行了集成，则请求首先要经过可选的 ActionContextCleanUp 过滤器。

（3）调用 FilterDispatcher。FilterDispatcher 是控制器的核心，它通过询问 ActionMapper 来确定该请求是否需要调用某个 Action。如果需要调用某个 Action，则 FilterDispatcher 就把请求转交给 ActionProxy 处理。

（4）ActionProxy 通过配置管理器 Configuration Manager 询问框架的配置文件 struts.xml，从而找到需要调用的 Action 类。

（5）ActionProxy 创建一个 ActionInvocation 的实例，该实例使用命名模式来调用。在 Action 执行的前后，ActionInvocation 实例根据配置文件加载与 Action 相关的所有拦截器 Interceptor。

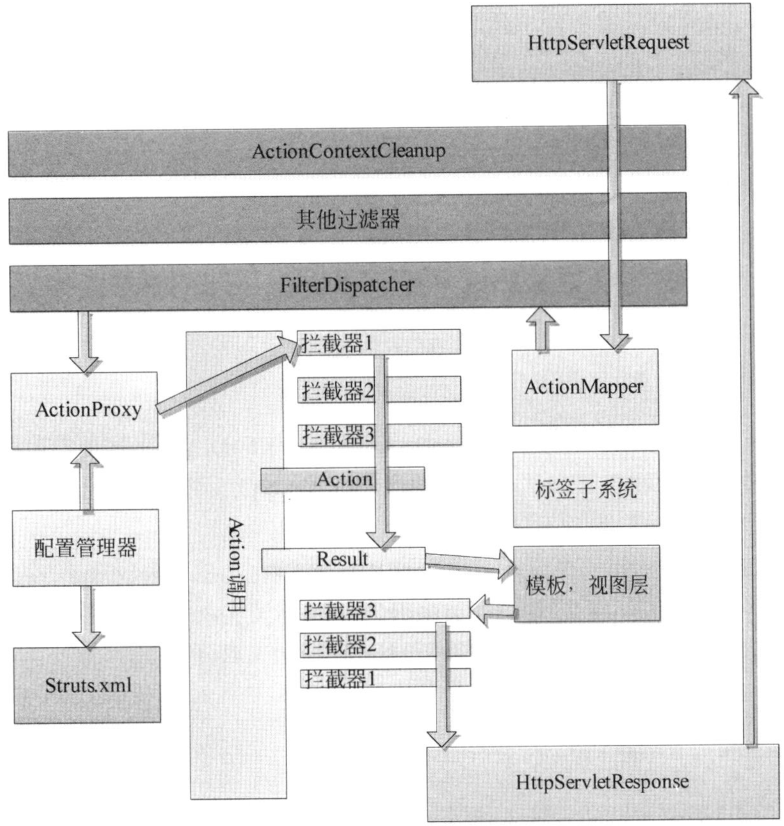

图 4.2　Struts 2 体系结构图

（6）一旦 Action 执行完毕，ActionInvocation 实例根据 struts.xml 文件中的配置找到相对应的返回结果。返回结果通常是一个 JSP 或者 FreeMarker 的模板。

（7）最后，HttpServletResponse 响应通过 web.xml 文件中配置的过滤器返回。

4.1.3　从 Struts 2 的角度理解 MVC

在 Struts 2 中，模型层对应业务逻辑组件，它通常用于实现业务逻辑及与底层数据库的交互等。视图层对应视图组件，通常是指 JSP 页面，但也适用于其他视图显示技术，如 Velocity 或者 Excel 文档。控制层对应系统核心控制器和业务逻辑控制器。系统核心控制器为 Struts 2 框架提供的 FilterDispatcher，它是一个起过滤作用的类，能根据请求自动调用相应的 Action。而业务逻辑控制器是指开发人员自行定义的一系列 Action，在 Action 中负责调用相应的业务逻辑组件来完成处理。

由于 Struts 2 的架构本身就是来自于 MVC 思想，所以在 Struts 的架构中能够找到 MVC 的影子。

从 MVC 的角度看，可以对 Struts 2 的工作流程做出如下描述：

（1）浏览器发出请求。

（2）控制层中的核心控制器 FilterDispatcher 根据请求调用相应的 Action。

（3）Struts 2 的拦截器链（即一系列拦截器）自动对请求调用一些通用的控制逻辑，如数据校验、对数据的封装和文件上传等功能。

（4）回调 Action 中的 execute()方法（Action 对象的默认方法），并在方法体内调用业务逻辑组件，即自定义的 Javabean 等来处理请求，如数据的查询处理等。

（5）execute()方法返回后会产生一个输出。

（6）该输出经过拦截器链自动处理，这和开始的拦截器链处理是相反的过程。

（7）控制层最后将数据返还并更新视图层。

由此，可以看到 Struts 2 和 MVC 是相对应的，Struts 2 中 FilterDispatcher 对应着 MVC 中的控制层，Action 对应着模型层，产生的结果 Result 对应视图层。

1．FilterDispatcher——控制层

用户请求首先到达 Struts 2 中的 FilterDispatcher。FilterDispatcher 负责根据用户提交的 URL 和 struts.xml 中的配置，来选择合适的动作（Action），让这个 Action 来处理用户的请求。

FilterDispatcher 其实是一个过滤器 Filter（Servlet 规范中的一种 web 组件），它是 Struts 2 核心包里已经做好的类，不需要程序员去开发，只需要在项目的 web.xml 文件中配置一下即可。FilterDispatcher 体现了 J2EE 核心设计模式中的前端控制器模式。

2．Action——模型层

Action 负责把用户请求中的参数组装成合适的数据模型，并调用相应的业务逻辑进行真正的功能处理，然后产生下一个视图展示所需要的数据。最后得到下一个视图所需要的信息，并传递给控制层中的拦截器链。

3．Result——视图层

视图层主要用来与用户进行交互，它将从控制层得到的数据通过适合的展示方式展现给用户，让用户与之交互更加简洁简单。在 Struts 2 中，除了大众熟悉的 JSP 方式，还有 freemarker、velocity 等各种优秀的展示方式。

由上述的分析可以看到，Struts 2 框架实现了 MVC 的设计思想，使得系统各组件之间的耦合降低，提高了程序的高度扩展性和可维护性。

4.1.4　Struts 2 的开发优势

Struts 是对 MVC 思想的具体实现，具有非常好的开发优势，它较低的软件开发周期及高可维护性，都深深地吸引了众多的程序开发人员。

随着时代的发展，各种开发工具层出不穷，程序开发人员对开发工具的需求也越来越灵活、多变。Struts 2 融合了许多优秀 Web 框架的优点，并对缺点进行了改进，使得 Struts 2 在开发中具有更大的优势。

下面将使用 Struts 2 进行 Java Web 开发的一些优点罗列出来，供读者参考：

- ❑ 通过简单、集中的配置来调度动作类，使得配置和修改都非常容易。
- ❑ 提供简单、统一的表达式语言来访问所有可供访问的数据。
- ❑ 提供内存式的数据中心，所有可供访问的数据都集中存放在内存中，所以在调用

中不需要将数据传来传去，只要去这个内存数据中心访问即可。

- Struts 2 提供标准的、强大的验证框架和国际化框架，而且与 Struts 2 的其他特性紧密结合。
- 强大的标签，使用标签可以有效地减少页面代码。
- 良好的 Ajax 支持。增加了有效的、灵活的 Ajax 标签，就像普通的标准 Struts 标签一样。
- 简单的插件。只需简单地放入一个 jar 包，任何人都可以扩展 Struts 2 框架，而不需要什么特殊的配置。这使得 Struts 2 不再是一个封闭的框架，任何人都可以为其添砖加瓦，可以通过实现 Struts 2 的某些特殊的可扩展点，比如自定义拦截器、自定义结果类型、自定义标签等，来为 Struts 2 定制需要的功能，而且还可以快速地发布给别人使用，就像 Eclipse 的插件机制一样，简单易用。
- 明确的错误报告。Struts 2 的异常简单而明了，直接指出错误的地方。
- 智能的默认设置，不需要程序员另外进行繁琐的设置。很多框架对象都有一个默认的值，不用再进行设置，使用其默认设置就可以完成大多数程序开发所需要的功能。

4.2　Struts 开发准备

本书主要介绍 Struts 的 2.x 版本，即 Struts 2。使用 Struts 开发之前，读者需要先做一些准备工作。本节中先讨论 Tomcat 及其插件的下载、安装和配置，然后部署 Struts 2 的开发环境。部署 Struts 2 的开发环境时要先下载 Struts 2 开发包，然后将 Struts 2 的类库引入到项目中。为了简化项目开发，还可以使用 Struts 2 的相关插件来辅助开发。下面就介绍使用 Struts 2 开发时需要做的一些准备工作。

4.2.1　Tomcat 服务器基本知识

在学习开发 Java Web 项目时，Tomcat 服务器是学习的基础。由于掌握 Tomcat 服务器的相关知识是很关键的一环，因此本小节我们具体介绍 Tomcat 的相关知识。

1. Web服务器

在 Java Web 开发中，所有 Web 程序都需要 Web 服务器的支持，即所开发的 Web 项目必须放到 Web 服务器中才能运行，Web 项目无法脱离 Web 服务器而独立运行。由于 Web 项目是放到 Web 服务器中运行的，因而也常常将 Web 服务器称为 Web 容器。

在 Java Web 开发中，有各种各样的 Web 容器，常用的 Web 容器就是大家比较熟悉的 Tomcat 服务器。

可以说，Tomcat 容器是目前最为流行的 Web 服务器，任何一个 Web 项目开发者都必定知道它。它是 Apache-Jakarta 开源项目中的一个子项目，是一个小型的轻量级的支持 JSP 和 servlet 技术的 Web 服务器。Tomcat 已经成为程序员学习 Java Web 应用的首选，下面几节将会具体介绍 Tomcat 服务器的安装及配置。

实际上，除了 Tomcat 服务器外，还有很多优秀的 Web 服务器容器供广大程序员选择，如 JBoss 服务器、BEA 公司支持的 WebLogic 服务器、IBM 公司支持开发的 Websphere 服务器等等，都是不错的选择，如读者感兴趣，可以自己尝试着使用。

Web 服务器的种类繁多，各有侧重，但异曲同工，工作原理都是相同的，下面就来介绍 Web 服务器的工作原理。

2. Web服务器工作原理

Java Web 应用是基于 B/S（浏览器 / 服务器）结构的应用，浏览器的功能非常单一，只能够解析 HTML 代码、CSS 代码、JS 代码等，不能够解析 Java Web 应用程序，如 JSP。所以，需要将 Web 应用程序部署到 Web 应用服务器，由 Web 服务器来解析处理。

其具体工作流程为：

- ❑ 浏览器发送 HTTP 请求，可能是一个 URL 地址，如 http：//www.baidu.com。
- ❑ Web 服务器根据地址解析 Web 程序，解析过程中可能做出一些业务逻辑的处理。
- ❑ 最后，将解析后得到的页面返回给浏览器。

具体工作流程如图 4.3 所示。

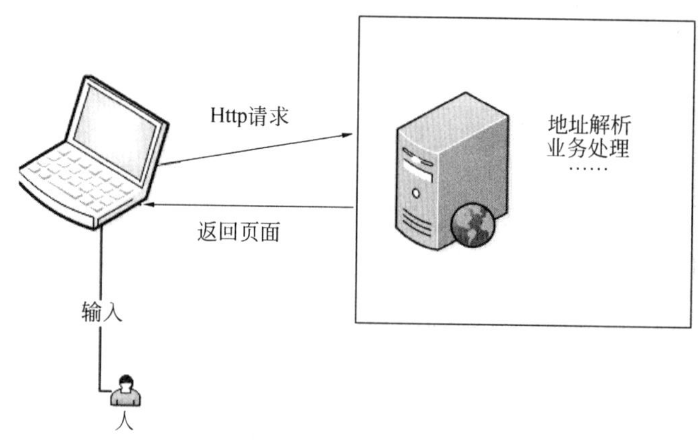

图 4.3　Web 服务器工作流程

理解了 Web 服务器的工作原理以后，下面就具体介绍 Tomcat 服务器的安装配置。

4.2.2　下载并安装 Tomcat 服务器

目前，Tomcat 服务器的最高版本是 Tomcat 7.0.23，本书采用的正是该版本的 Tomcat 服务器，可以登录 Tomcat 官网 http://tomcat.apache.org 下载需要的版本。Tomcat 的下载及安装步骤如下：

（1）登录站点 http://tomcat.apache.org，在左侧菜单的 Download 下单击 Archives 链接，进入远程服务器文件夹列表页面，在其中单击 tomcat-7 链接，如图 4.4 所示。

（2）之后进入 Tomcat 7.x 版本的子目录页面，单击 bin 链接，如图 4.5 所示。

（3）此时进入 Tomcat 7.x 系列下载页面，然后单击 apche-tomcat-7.0.23.zip 链接，开始下载 Tomcat 7.0.23 开发包，如图 4.6 所示。

archive.apache.org

This site contains the historical archive of old software releases.

For current releases, please visit the mirrors.

Name	Last modified	Size	Description
Parent Directory		-	
maven-plugin/	2012-02-01 21:58	-	
tomcat-3/	2007-07-24 02:31	-	
tomcat-4/	2010-02-26 09:24	-	
tomcat-5/	2012-01-23 17:07	-	
tomcat-6/	2012-01-23 17:08	-	
tomcat-7/	2012-04-04 17:27	-	
tomcat-connectors/	2012-01-24 11:06	-	

Apache/2.4.1 (Unix) OpenSSL/1.0.0g Server at archive.apache.org Port 80

图 4.4　下载文件夹列表

archive.apache.org

This site contains the historical archive of old software releases.

For current releases, please visit the mirrors.

Name	Last modified	Size	Description
Parent Directory		-	
bin/	2011-11-20 21:06	-	
src/	2011-11-20 21:10	-	
KEYS	2011-11-20 19:40	29K	
RELEASE-NOTES	2011-11-20 19:40	8.8K	

图 4.5　Tomcat 7.x 子目录页面

apache-tomcat-7.0.23-deployer.tar.gz.md5	2011-11-20 19:38	70
apache-tomcat-7.0.23-deployer.zip	2011-11-20 19:38	1.8M
apache-tomcat-7.0.23-deployer.zip.asc	2011-11-20 20:36	850
apache-tomcat-7.0.23-deployer.zip.md5	2011-11-20 19:38	67
apache-tomcat-7.0.23-fulldocs.tar.gz	2011-11-20 19:39	4.5M
apache-tomcat-7.0.23-fulldocs.tar.gz.asc	2011-11-20 20:36	850
apache-tomcat-7.0.23-fulldocs.tar.gz.md5	2011-11-20 19:39	70
apache-tomcat-7.0.23-windows-i64.zip	2011-11-20 19:38	8.5M
apache-tomcat-7.0.23-windows-i64.zip.asc	2011-11-20 20:36	850
apache-tomcat-7.0.23-windows-i64.zip.md5	2011-11-20 19:38	70
apache-tomcat-7.0.23-windows-x64.zip	2011-11-20 19:38	8.1M
apache-tomcat-7.0.23-windows-x64.zip.asc	2011-11-20 20:36	850
apache-tomcat-7.0.23-windows-x64.zip.md5	2011-11-20 19:38	70
apache-tomcat-7.0.23-windows-x86.zip	2011-11-20 19:38	8.0M
apache-tomcat-7.0.23-windows-x86.zip.asc	2011-11-20 20:36	850
apache-tomcat-7.0.23-windows-x86.zip.md5	2011-11-20 19:38	70
apache-tomcat-7.0.23.exe	2011-11-20 19:38	7.8M
apache-tomcat-7.0.23.exe.asc	2011-11-20 20:36	850
apache-tomcat-7.0.23.exe.md5	2011-11-20 19:38	58
apache-tomcat-7.0.23.tar.gz	2011-11-20 19:38	7.1M
apache-tomcat-7.0.23.tar.gz.asc	2011-11-20 20:36	850

图 4.6　Tomcat 7.x 系列下载

（4）下载完成后，将其解压到自定义的文件夹，具体安装细节详见 2.3.3 小节。

4.2.3　在 Eclipse 中部署 Tomcat

在 4.2.2 小节中 Tomcat 服务器下载并安装好后，就可以在 Eclipse 中部署 Tomcat，将 Eclipse 和 Tomcat 完美地结合在一起。

在 Eclipse 中部署 Tomcat 及其插件步骤如下：

（1）在 Eclipse 中，选择 Window|Preferences 命令，打开 Eclipse 的 Preferences 对话框，

如图 4.7 所示。

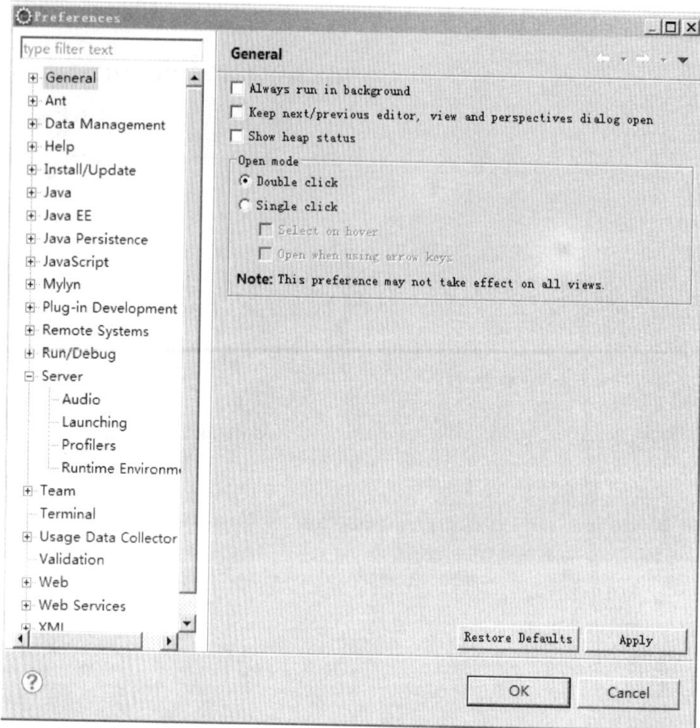

图 4.7　Preferences 对话框

（2）在 Eclipse 的 Preferences 对话框中，依次单击 Server|Runtime Environments 节点选项，如图 4.8 所示。

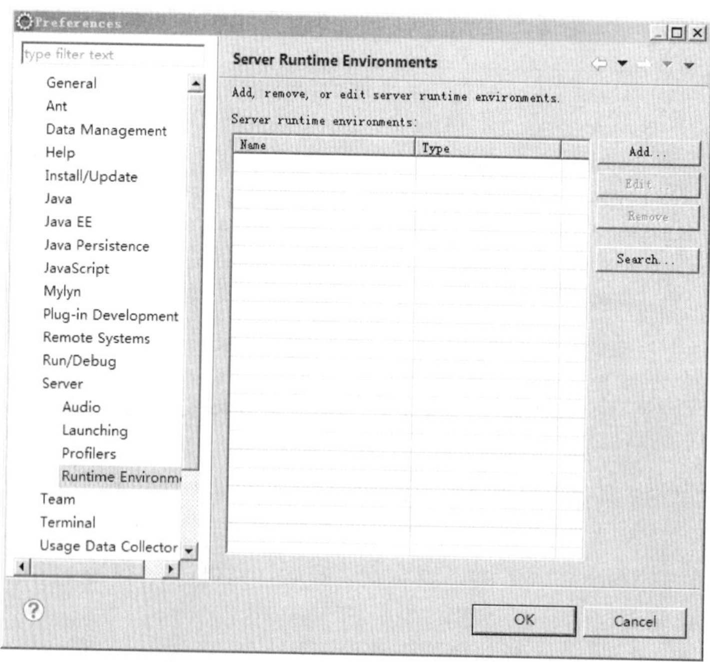

图 4.8　Server Runtime Environments 节点

（3）单击图 4.8 中右侧的 Add…按钮添加 Tomcat 服务器，弹出 New Server Runtime Environment 窗口，如图 4.9 所示。

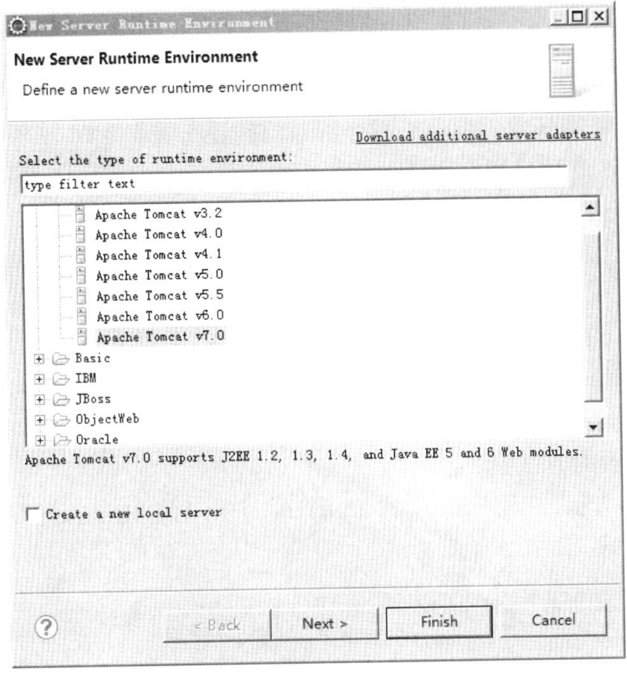

图 4.9　添加服务器环境对话框

（4）在图 4.9 所示的窗口中，选择 Apache|Apache Tomcat v7.0 选项，单击 Next 按钮，将打开指定 Tomcat 安装目录的窗口，如图 4.10 所示。

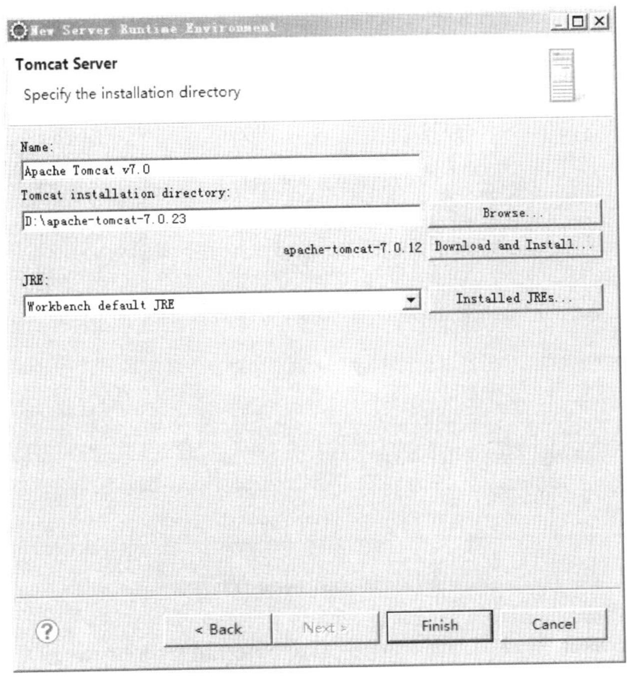

图 4.10　配置 Tomcat Server

（5）单击图 4.10 所示页面的 Tomcat installation directory 对应的 Browse 按钮，将提示选择 Tomcat 的安装目录。此时，需指定 Tomcat 的安装目录，如图 4.11 所示。

（6）指定完 Tomcat 目录后，单击 Finish 按钮，完成 Tomcat 服务器的配置。

在完成 Eclipse 和 Tomcat 服务器的集成之后，已经可以进行 Web 项目的开发，但是有两个细节问题还应该注意：为开发 Web 项目指定浏览器和指定 Eclipse 中 JSP 页面的编码方式。下面进行这两方面的设置。

图 4.11　Tomcat 安装目录

1. 为Eclipse指定浏览器

默认情况下，Eclipse 使用它自带的浏览器，但是在开发过程中，使用 Eclipse 自带的浏览器不太方便，所以通常指定一个外部浏览器。

（1）指定浏览器的方法是：单击 Eclipse 菜单中 Window|Preferences 选项，打开 Eclipse 的 Preferences 窗口，再依次打开 General|Web Browser 窗口，如图 4.12 所示。

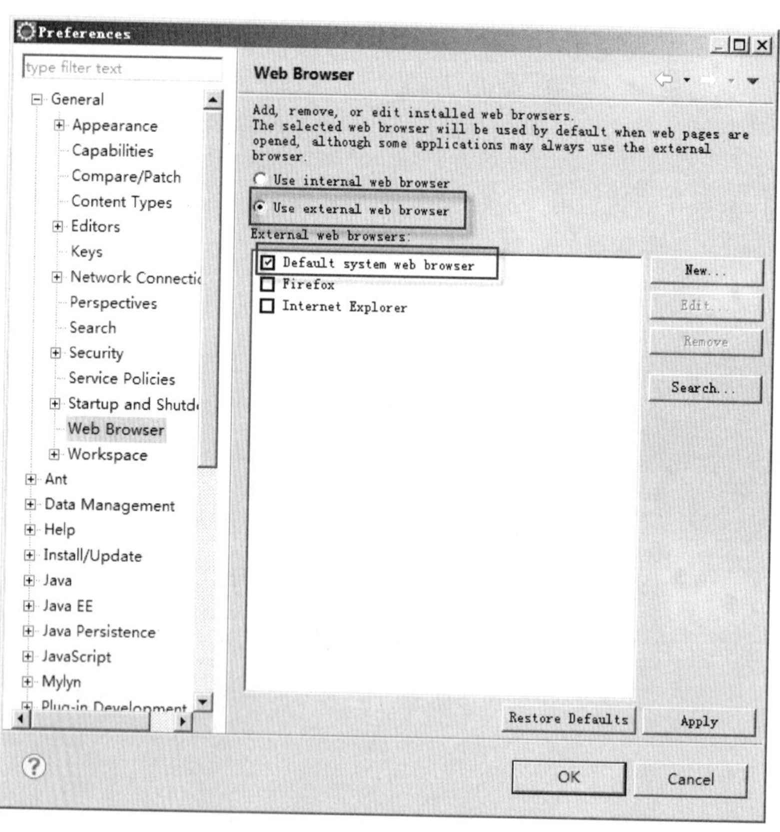

图 4.12　Web Browser 对话框

（2）在 Web Browser 窗口中，单击选中 Use external web browser 单选按钮，然后勾选 Default system web browser 选项，最后单击 OK 按钮，完成配置。

注意： 当选择 Default system web browser 选项时，实际上选择的浏览器是在操作系统中设置的默认浏览器。也可以根据开发需求选择浏览器，在图 4.12 中单击 New...按钮，然后添加需要的浏览器。

2. 指定JSP页面的编码方式

默认情况下，在 Eclipse 中创建的 JSP 页面是 ISO-8859-1 的编码方式。此编码方式不支持中文字符集，编写中文会出现乱码现象，所以需要指定一个支持中文的字符集。指定 JSP 页面的编码方式的方法是：

（1）选择 Eclipse 菜单中的 Window|Preferences 选项，依次展开 Web|JSP Files 选项，如图 4.13 所示。

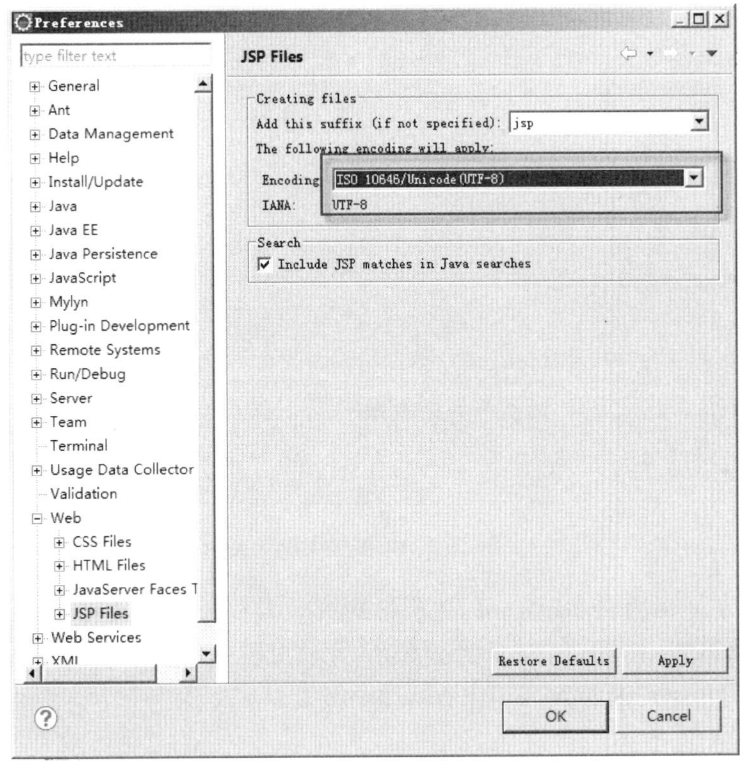

图 4.13　JSP 编码设置

（2）在 JSP Files 窗口的 Encoding 下拉列表框中选择 ISO 10646/Unicode（UTF-8）选项，将 JSP 页面编码设置为 UTF-8，最后单击 OK 按钮完成设置。

4.2.4　在 Eclipse 中测试 Tomcat

在 4.2.3 小节中介绍了 Eclipse 中 Tomcat 的配置部署，这一小节中通过创建一个 Java Web 项目来测试配置部署是否正确。

下面创建一个 Java Web 项目并将其部署到 Tomcat 服务器中运行：

（1）启动 Eclipse，进入 Eclipse 的开发界面。

（2）依次打开 Eclipse 菜单中 File|New 选项，然后在弹出的选项中选择 Dynamic Web Project 选项，打开 New Dynamic Web Project 对话框，如图 4.14 所示。

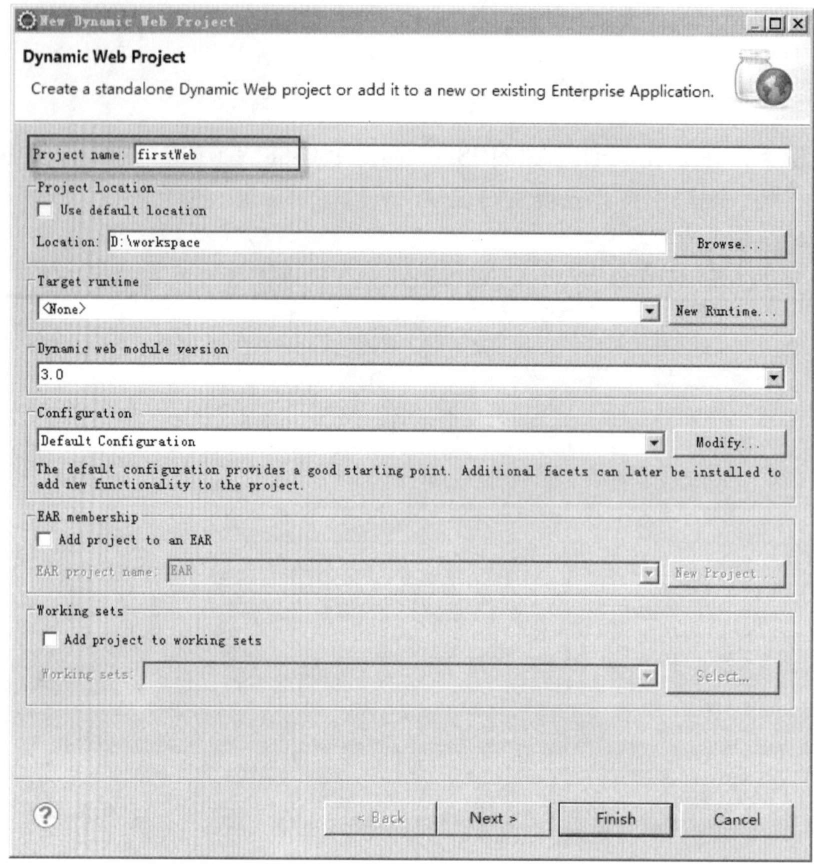

图 4.14　新建工程

（3）在图 4.14 中的 Project name 文本框中输入项目名称 firstWeb，单击 Finish 按钮，项目创建成功。此时可以在 Eclipse 左侧的 Project Explorer 窗口中看到已经创建的项目 firstWeb，如图 4.15 所示。

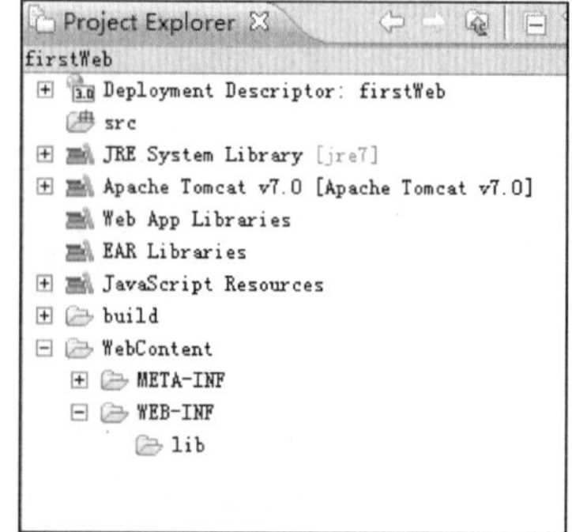

图 4.15　firstWeb 工程

（4）在 Eclipse 的 Project Explorer 窗口中，选中 firstWeb 节点下的 WebContent 节点，并右击，在弹出的快捷菜单中选择 New|Other 命令，打开 Select a wizard 对话框，如图 4.16 所示。

（5）在 Select a wizard 对话框的 Wizards 文本框中输入 jsp，之后在下面的列表框中选择 JSP File，单击 Next 按钮，打开 New JSP File 对话框。在该对话框的 File name 文本框中输入文件名 index.jsp，其他选择默认，如图 4.17 所示。

（6）单击 Finish 按钮，Eclipse 打开 index.jsp 页面的代码窗口，在此页面编写输出“Hello，World！”的代码如下：

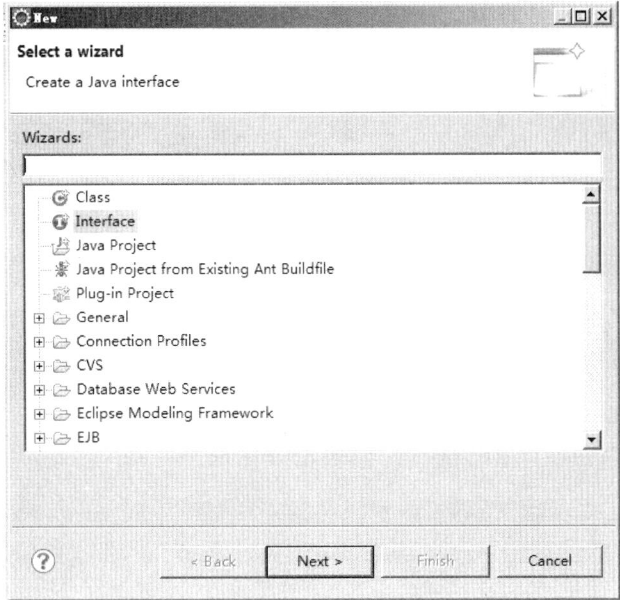

图 4.16　Select a wizard 对话框

图 4.17　新建 JSP 文件

```
<%@ page language="java" contentType="text/html; charset=UTF-8"
   pageEncoding="UTF-8"%>
<!DOCTYPE  html  PUBLIC  "-//W3C//DTD  HTML  4.01  Transitional//EN"
"http://www.w3.org/TR/html4/loose.dtd">
<html>                                              <!--定义 HTML 网页-->
<head>                                              <!--定义文件头-->
```

```
<meta   http-equiv="Content-Type"   content="text/html;   charset=UTF-8">
    <!--定义文件信息-->
<title>Insert title here</title>          <!--定义网页名字，在网页标题栏显示-->
</head>
<body>                                    <!--定义文件体页-->
<center>                                  <!--对文本进行水平居中处理-->
Hello,World!
</center>
</body>
</html>
```

（7）在 Eclipse 左侧 Project Explorer 窗口中选择 firstWeb 节点，如图 4.15 所示。然后右击 firstWeb 节点，在弹出的快捷菜单中选择 Run As|Run on Server，打开 Run on Server 对话框。在该对话框中，选择 Tomcat v7.0 Server 复选框，并勾选 Always use this server when running this project 复选框，其他默认，如图 4.18 所示。

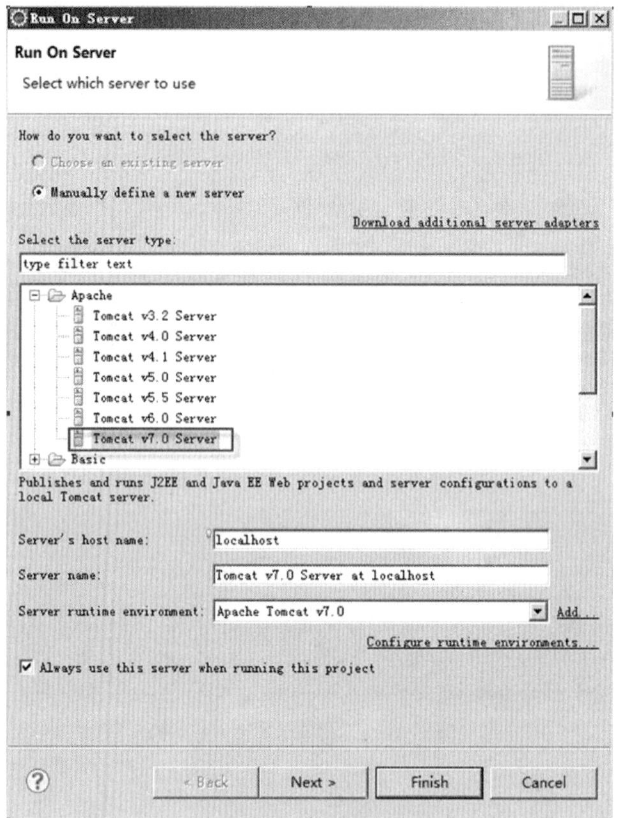

图 4.18　Run on Server 对话框

（8）单击 Finish 按钮，即可通过 Tomcat 运行该项目，运行后的效果如图 4.19 所示。

4.2.5　下载 Struts 开发包

在 4.2.4 小节中，通过具体创建项目介绍了开发 Java Web 项目的流程，下面来介绍如何下载 Struts 2 开发包以及如何部署 Struts 开发环境。

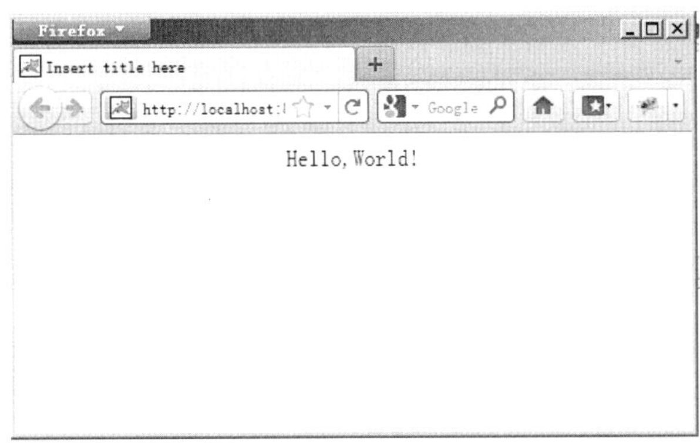

图 4.19　运行效果

笔者采用的 Struts 2 开发包的版本是 Struts 2.2.3.1，读者可以登录 http://archive.apache.org/dist/struts/source/去下载需要的版本。

Struts 2.2.3.1 的下载流程如下：

登录 http://archive.apache.org/dist/struts/source/，可以看到 Struts 2 系列的下载页面，如图 4.20 所示。

单击 struts-2.2.3.1-src.zip，下载 Struts 2.2.3.1。下载成功后，将压缩包解压到自定义的文件夹下。

这样，所需要的 Struts 2.2.3.1 就下载成功了。解压后可以看到 Struts 2.2.3.1 的目录和文件，如图 4.21 所示。而其中 lib 文件夹下的所有 jar 包就是开发 Struts 项目所必须的。

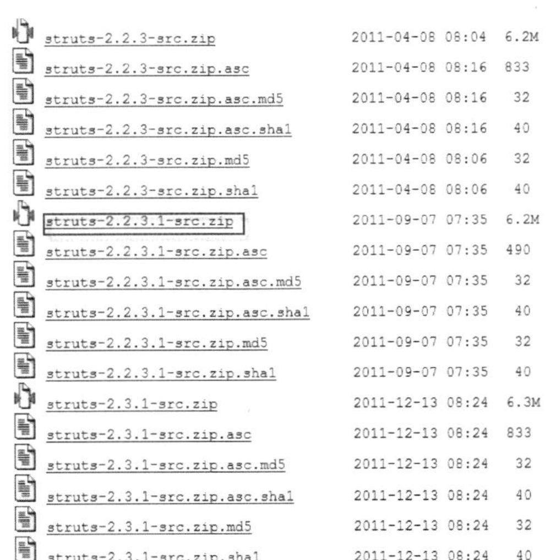

图 4.20　Struts 2 下载

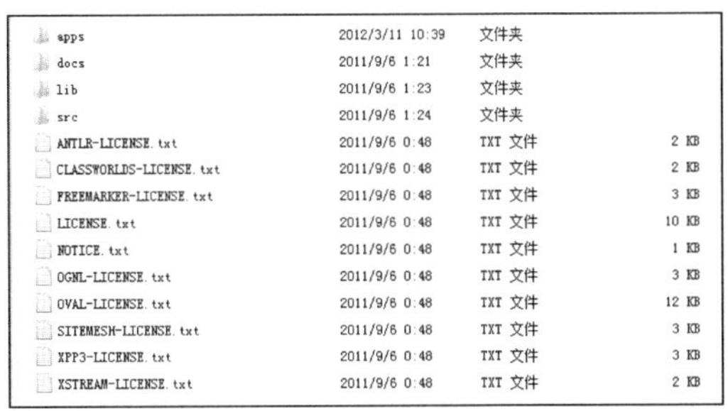

图 4.21　Struts 2.2.3.1 目录

4.3　Struts 开发实例

实践是检验真理的唯一标准，在 4.1 和 4.2 节介绍了基础理论知识和开发工具的准备，在本节将演示实例开发的全过程，让读者对 Struts 项目有一个更深刻的了解。

4.3.1　创建 Struts 工程 StrutsDemo

首先，创建一个工程 StrutsDemo。打开 Eclipse，依次单击 Eclipse 菜单中的 File|New 选项，然后在弹出的选项菜单中单击 Dynamic Web Project，弹出 New Dynamic Web Project 对话框，在 Project name 文本框输入“StrutsDemo”，如图 4.22 所示。

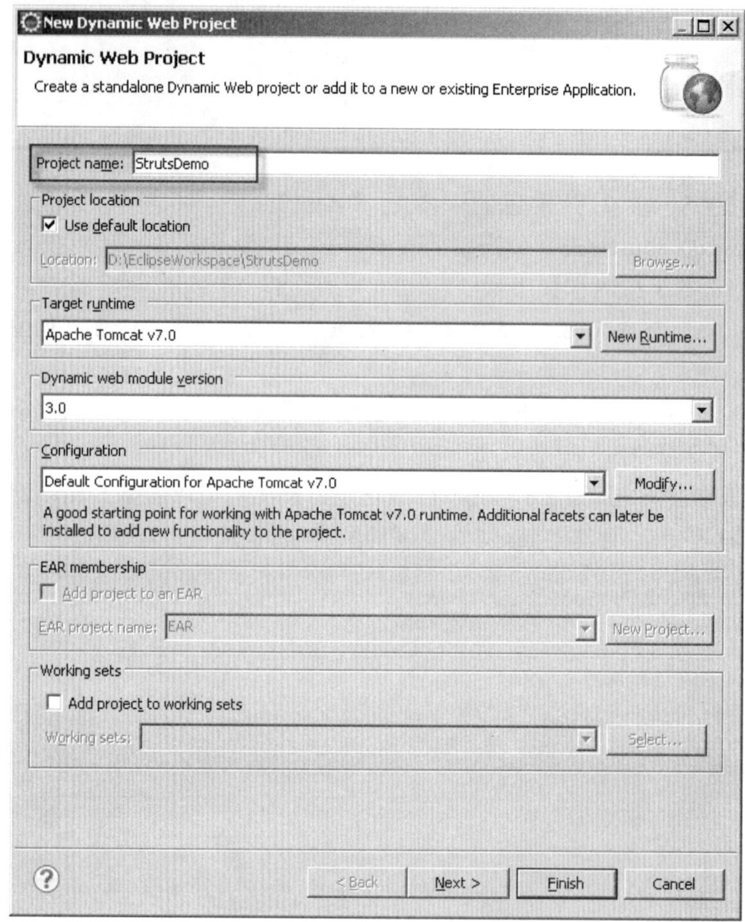

图 4.22　创建工程 StrutsDemo

4.3.2　在 Eclipse 中部署 Struts 开发包

在 Eclipse 中部署 Struts 开发包的步骤如下：

（1）在 4.2.5 小节中下载了 Struts 包，现在将其部署到 Eclipse 项目中去。将 Struts 2.2.3.1 压缩包解压后得到的 lib 文件夹打开，得到 Struts 开发中可能用到的所有 jar 包，如图 4.23 所示。选择开发所需要的开发包，复制到自定义路径下，如图 4.24 所示。

（2）打开 4.3.1 小节中创建的 StrutsDemo 工程，复制图 4.24 中所有的 jar 包并粘贴到 lib 文件夹中。如图 4.25 所示。

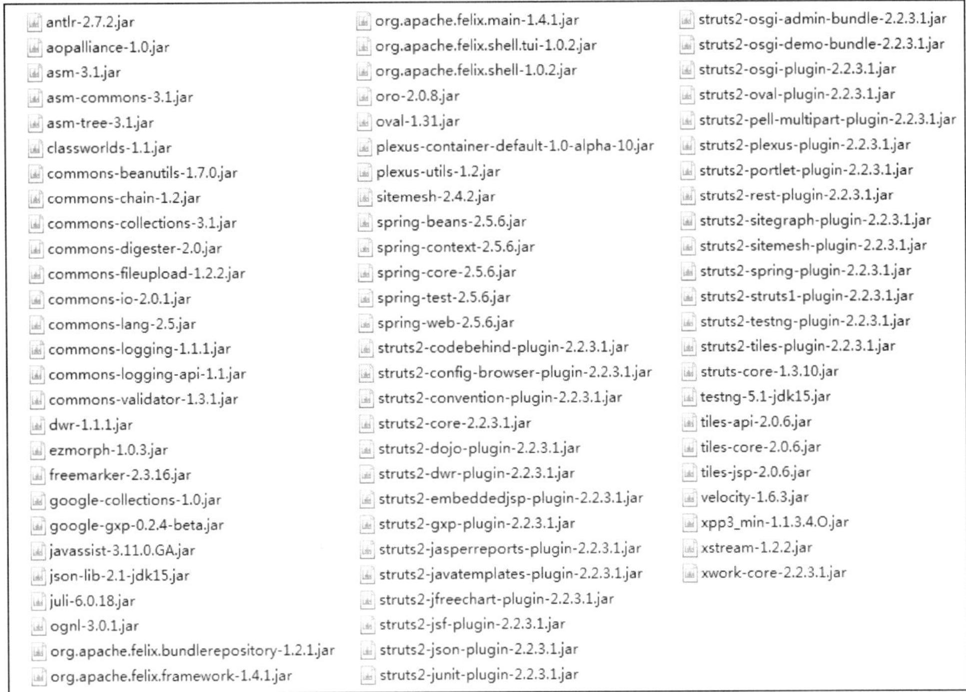

图 4.23　Struts 2 所有的 jar 包

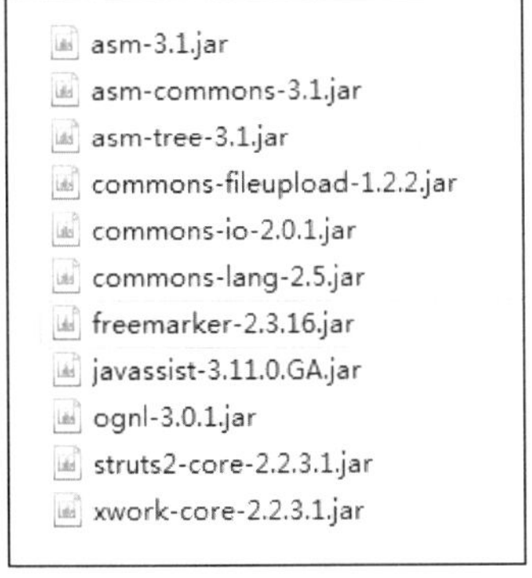

图 4.24　开发所需包

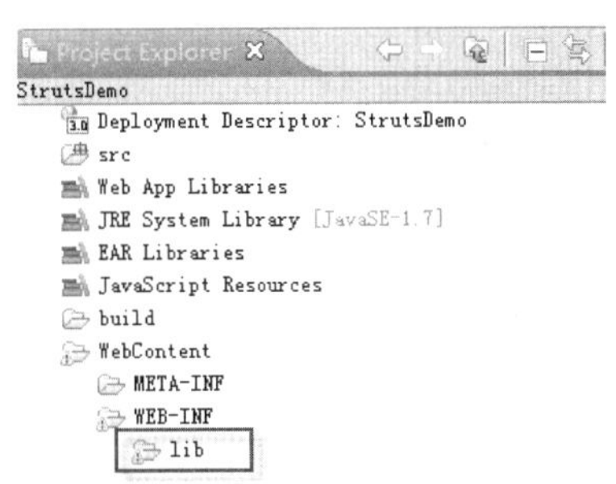

图 4.25　StrutsDemo 工程

4.3.3　编写工程配置文件 web.xml

部署 Struts 开发包后，下面开始编写工程配置文件，具体步骤如下：

（1）在 WEB-INF 文件夹中创建 web.xml 文件。选中图 4.25 中 StrutsDemo 工程下的 WEB-INF 节点，右击，在弹出的快捷菜单中依次选择 New|Other 命令，打开 New 对话框，在 Wizards 文本框中输入“xml”，如图 4.26 所示。

（2）在图 4.26 中选择 XML File 点，单击 Next 按钮，打开 New XML File 对话框，如图 4.27 所示。

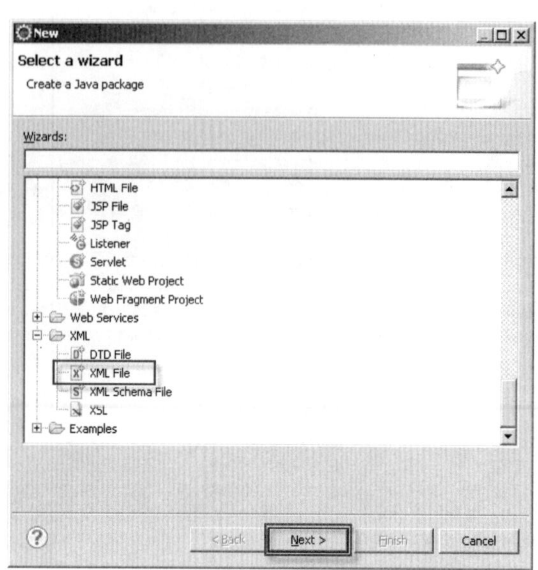

图 4.26　New 对话框

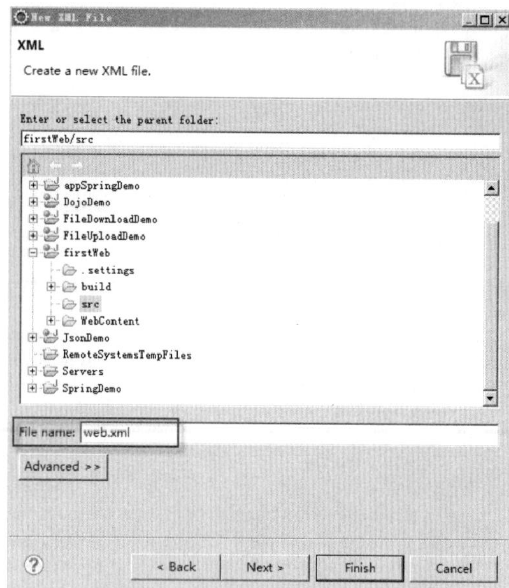

图 4.27　New XML File 对话框

（3）在图 4.27 所示中的 File name 文本框中输入文件名 web.xml，单击 Finish 按钮，web.xml 文件创建成功。

（4）打开 web.xml，输入具体配置信息，如下所示。

```
<?xml version="1.0" encoding="UTF-8"?>
<web-app xmlns:xsi="http://www.w3.org/2001/XMLSchema-instance" xmlns=
"http://java.sun.com/xml/ns/j2ee"
xmlns:javaee="http://java.sun.com/xml/ns/javaee"
xmlns:web="http://java.sun.com/xml/ns/javaee/web-app_2_5.xsd"
xsi:schemaLocation="http://java.sun.com/xml/ns/j2ee
http://java.sun.com/xml/ns/j2ee/web-app_2_4.xsd" id="WebApp_9" version=
"2.4">
  <filter>
    <!-- Filter 名称 -->
    <filter-name>struts2</filter-name>
    <!--Filter 入口 -->
    <filter-class>org.apache.struts2.dispatcher.ng.filter.StrutsPrepar-
    eAndExecuteFilter</filter-class>
  </filter>
  <filter-mapping>
    <!-- Filter 名称 -->
    <filter-name>struts2</filter-name>
    <!-- 截获的所有 URL-->
    <url-pattern>/*</url-pattern>
  </filter-mapping>
   <welcome-file-list>
    <!-- 开始页面 -->
    <welcome-file>index.jsp</welcome-file>
  </welcome-file-list>
</web-app>
```

至此，web.xml 工程配置文件编写完成。

4.3.4　添加 struts.properties 文件

下面添加 Struts 2 中的一个重要配置文件 struts.properties，具体步骤如下：

（1）选中图 4.25 中 StrutsDemo 工程下的 src 节点，右击，在弹出的快捷菜单中依次选择 New|Other 命令，打开 New 对话框，在 Wizards 文本框中输入“file”，如图 4.28 所示。

（2）在图 4.28 中选择 File 节点，单击 Next 按钮，打开 New File 对话框，如图 4.29 所示。

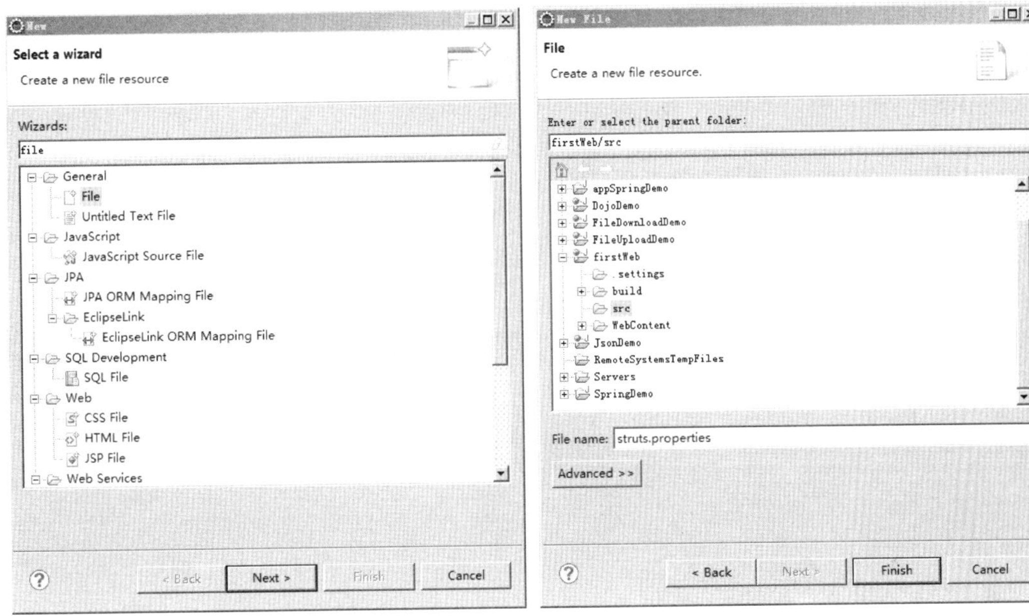

图 4.28　New 对话框　　图 4.29　New File 对话框

（3）在图 4.29 中的 File name 文本框中输入“struts.properties”，单击 Finish 按钮，struts.properties 文件创建成功。

（4）打开 struts.properties，输入代码如下：

```
<struts.i18n.encoding value="UTF-8"/>        <!--设置常量-->
```

4.3.5　编写 struts.xml 控制器文件

现在开始创建 struts.xml 文件。如在 4.3.3 小节创建 web.xml 文件一样，在 src 文件夹下创建 struts.xml 文件。打开 struts.xml 文件，输入如下代码：

```
<?xml version="1.0" encoding="UTF-8" ?>
<!DOCTYPE struts PUBLIC
   "-//Apache Software Foundation//DTD Struts Configuration 2.0//EN"
   "http://struts.apache.org/dtds/struts-2.0.dtd">
<!--指定 struts.xml 文件的根元素-->
<struts>
```

```
    <!--配置包，包名为 default，该包继承了 Struts 2 框架的默认包 struts-default-->
  <package name="default" namespace="/" extends="struts-default">
  <!--定义名为 hello 的 Action，该 Action 的处理类为 com.action.TestAction，并映射
  到 success.jsp 页面-->
<action name="hello" class="com.action.TestAction">
            <result>/success.jsp</result>
        </action>
    </package>
</struts>
```

4.3.6　开发前端页面 index.jsp 和 success.jsp

在图 4.25 所示的 StrutsDemo 工程下的 WebContent 节点下创建文件 index.jsp 和 success.jsp。

在 index.jsp 中输入如下代码。

```
<%@ page language="java" contentType="text/html; charset=UTF-8"
    pageEncoding="UTF-8"%>
<%@ taglib prefix="s" uri="/struts-tags"%>
<!DOCTYPE  html  PUBLIC  "-//W3C//DTD  HTML  4.01  Transitional//EN"
"http://www.w3.org/TR/html4/loose.dtd">
<html>
<head>
<meta http-equiv="Content-Type" content="text/html; charset=UTF-8">
<title>Insert title here</title>
</head>
<body>
<!--a 标签-->
<s:a action="hello">hello</s:a>
</body>
</html>
```

在 success.jsp 中输入以下代码。

```
<%@ page language="java" contentType="text/html; charset=UTF-8"
    pageEncoding="UTF-8"%>
   <%@ taglib prefix="s" uri="/struts-tags"%>
<!DOCTYPE html PUBLIC "-//W3C//DTD HTML 4.01 Transitional//EN"
"http://www.w3.org/TR/html4/loose.dtd">
<html>
<head>
<meta http-equiv="Content-Type" content="text/html; charset=UTF-8">
<title>Insert title here</title>
</head>
<body>
    <!--输出 helo 值-->
<s:property value="helo"/>
</body>
</html>
```

4.3.7　开发后台 Struts 处理程序 TestAction.java

下面介绍后台处理程序 TestAction.java 的创建过程，步骤如下：

（1）在 StrutsDemo 工程下的 src 节点下创建包 com.action，然后在该包下面创建 TestAction.java 文件，如图 4.30 所示。

（2）打开 TestAction.java，输入如下代码。

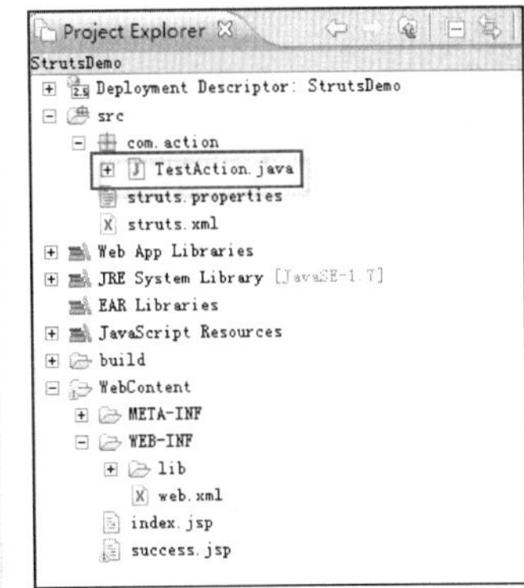

图 4.30　创建 TestAction.java

```
package com.action;
import com.opensymphony.xwork2.ActionSupport;
public class TestAction extends ActionSupport{
private static final long serialVersionUID=1L;
//Action 属性
private String helo;
//getter 方法
public String getHelo() {
    return helo;
}
//setter 方法
public void setHelo(String helo) {
    this.helo = helo;
}
//重载 execute () 方法
public String execute() throws Exception {
    helo="hello,world";
    return SUCCESS;
    }
}
```

4.3.8　运行测试 StrutsDemo 工程

从 4.3.1～4.3.7 这几小节中，创建好了 StrutsDemo 工程，下面来测试看是否成功。

选择图 4.30 中的 StrutsDemo 节点，右击，在弹出的快捷菜单中依次选择 Run As|Run on Server 命令，打开 Run on Server 对话框，最后单击 Finish 按钮，如图 4.31 所示。

运行结果如图 4.32 和图 4.33 所示。

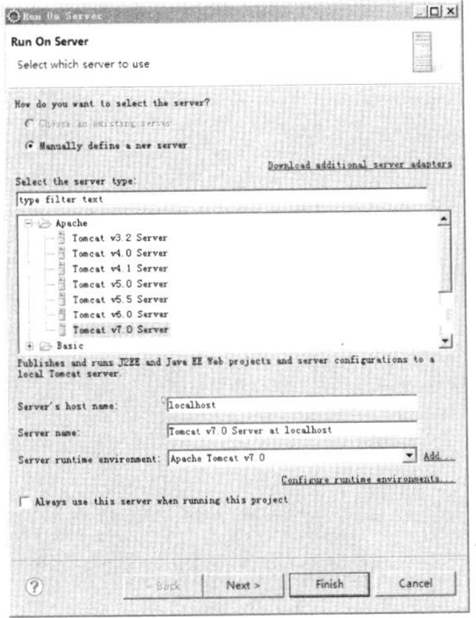

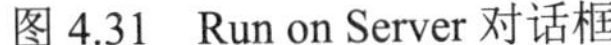

图 4.31　Run on Server 对话框

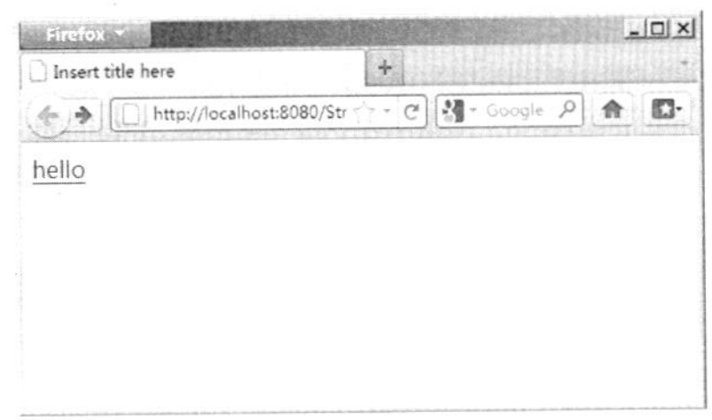

图 4.32　运行结果（一）

4.3.9　解说 StrutsDemo 工程

在 4.3.1～4.3.8 这 8 小节中，笔者创建并测试运行了 StrutsDemo 工程，下面来具体介绍 StrutsDemo 工程。

（1）首先，在 4.3.2 小节中导入了开发 Struts 项目所需的 jar 包，这些包都是开发所必须的。

注意，这些包只是开发所需要的一部分，Struts 2 提供了更多的功能在其他的一些包里面，读者可以根据需要查阅资料学习。

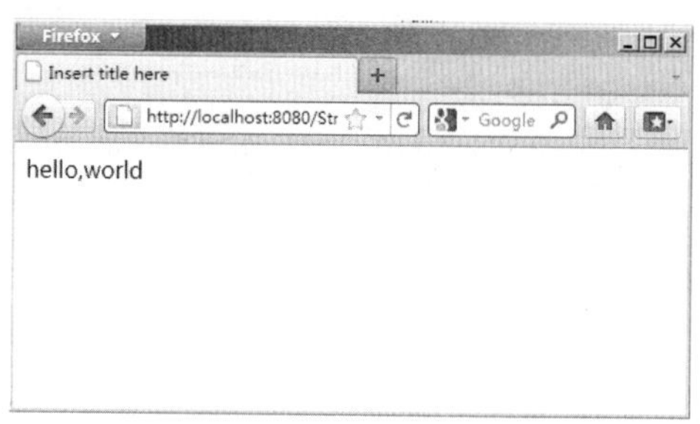

图 4.33　运行结果（二）

（2）在 Struts 框架中，web.xml、struts.xml 和 struts.properties 这些文件都是存放 Struts 2 开发的配置信息的配置文件。

在 4.3.3 小节创建的 web.xml 文件中，配置了 Struts 2 的核心 Filter 以及进入 Web 页面后的首页 index.jsp。

在 4.3.4 小节创建的 struts.properties 文件中，配置了 Web 页面的默认编码集。

在 4.3.5 小节创建的 struts.xml 文件中，配置了 Action 和对应请求之间的对应关系，即名为 hello 的 Action 所对应的返回页面是 success.jsp。

（3）关于 index.jsp 和 success.jsp，属于视图层（View），二者利用 Struts 2 的标签库来表示信息。

（4）在 4.3.7 小节创建的 TestAction.java 文件，新建了一个类 TestAction，这个类即 Action“hello”所对应的类，即所有访问名为 hello 的 Action 都将会把信息转到这个类来处理。Struts 2 的 Action 类通常都继承 ActionSupport 基类。

在 StrutsDemo 工程中，用户单击 index.jsp 链接，发送 HTTP 请求，服务器端接收到 HTTP 请求后，调用 web.xml 文件中配置的过滤器的具体方法，通过一系列的内部处理机制，它判断出这个 HTTP 请求和 TestAction 类所对应的 Action 对象相匹配，最后调用 TestAction 对象中的 execute()方法，处理后返回相应的值 SUCCESS，然后 Sruts 2 通过这个值可查找到对应的的页面即 success.jsp，最后返回给浏览器。

4.4　本 章 小 结

本章介绍了 Struts 2 框架的基础知识，关于 MVC 思想，Web 服务器的应用，以及 Struts 2 项目开发的一个实践，通过这些，让读者对 Struts 2 有了一个初步的了解。学习本章，读者应该重点理解 MVC 思想的基本概念，Tomcat 服务器的应用，Struts 2 项目开发的基本流程。下面对本章的一些重点知识进行回顾。

（1）MVC 思想

MVC 思想是现在软件开发的一个主流思想，Struts 2 框架的架构就是 MVC 思想的实现。MVC 思想将软件开发的繁冗复杂变得更为简洁，各层之间各司其职，耦合度低，极大地简化了程序员的工作，也对软件的可维护性起到了极大简化的作用。

（2）Tomcat 服务器

Tomcat 服务器是当前最流行的 Web 服务器之一，也是大多数程序员入门 Java Web 必学必用的一个服务器。学习 Tomcat 服务器，要掌握它的配置过程以及开发使用时它所起到的作用。

（3）Struts 2 开发流程

Struts 2 框架极大地简化了程序员的工作，只需简单的配置即可开发 Java Web 程序。

第 5 章　解密 Struts 之核心文件

在第 4 章中简单介绍了 Java Web 开发的三大框架之一的 Struts 2 框架的一些基本概念及其开发的流程。在 Struts 2 项目开发中，有一个重要的过程就是其配置文件的配置。

本章将介绍 Struts 核心配置文件的具体作用及其配置方式，然后介绍 Struts 2 框架中的另一种文件——Action 类文件，本章的主要内容如下：

- 配置文件 web.xml。
- 配置文件 struts.properties。
- 配置文件 struts.xml。
- Action 类文件。

5.1　Struts 配置文件之 web.xml

本节介绍 Struts 2 框架中的 web.xml 配置文件，先介绍该文件的主要作用，然后对该文件中的关键元素进行分析。web.xml 文件中包含了大量的标签元素，这些元素都对应着各自不同的功能。web.xml 文件中的元素种类繁多，但读者不需要记住所有的，只需要掌握一些常用的标签元素即可。

5.1.1　web.xml 的主要作用

不管是基于 MVC 框架的 struts 2 框架，还是基于 Servlet 的纯 JSP 工程，只要开发者想要开发 Java Web 的程序，就不得不学习 web.xml 文件的相关知识。所以，web.xml 是 Struts 2 框架中一个非常重要的配置文件，对 Web 应用中一些初始信息进行了配置。Struts 2 框架要先依赖于过滤器 FilterDispatcher 来截获 Web 程序的 HTTP 请求，再做进一步的处理。这就必须在 web.xml 文件中来配置 FilterDispatcher 过滤器。

web.xml 除了用来配置过滤器外，还可以用来配置<session-config>会话时间、欢迎页、错误页、监听器、控制器等等。

web.xml 文件中含有一系列标签元素，这些标签元素代表了不同的功能，读者需要掌握其中一些基本的用法。

web.xml 文件中可以包含哪些元素是由其对应的 Schema 文件来定义的。因此，必须在每个 web.xml 文件的根元素 web-app 中指定其 Schema 文件的版本。web.xml 的 Schema 文件由 Sun 公司定义。

```
<?xml version="1.0" encoding="UTF-8"?>
<web-app id="WebApp_9" version="2.4" xmlns="http://java.sun.com/
```

```
   xml/ns/j2ee"
03 xmlns:xsi="http://www.w3.org/2001/XMLSchema-instance"
04 xsi:schemaLocation="http://java.sun.com/xml/ns/j2ee
   http://java.sun.com/xml/ns/j2ee/web-app_2_4.xsd">
05 ...
06 </web-app>
```

在上面代码的第 1 行定义了 XML 文件的版本和编码方式，接着在<web-app></web-app>标签中（即第 2～6 行）指明了 Schema 文件的来源。当需要添加其他标签时，应该将其加入到<web-app></web-app>标签之间（即第 5 行省略部分）。

5.1.2　web.xml 关键元素分析

下面对 web.xml 中的常用元素做一下介绍。

1．welcome-file-list 和welcome-file元素

在访问一个网站时，用户看到的第一个页面就是欢迎页面。通常，欢迎页面都在 web.xml 中指定，但在一个 Web 工程中 web.xml 并不是必须存在的。随着 Web 应用的功能越来越复杂，web.xml 逐渐变得日益重要，因此，一般在 Eclipse 中创建动态 Web 工程时都让其为我们自动生成一个 web.xml 文件。

如果在访问 Web 应用时，只指定了一个根名，而没有指定具体的页面或 Action，那么 Tomcat 就会查看 web.xml 中是否指定了欢迎页面，如果指定了，则访问此欢迎页面；否则，Tomcat 默认会去查找 index.html 和 index.jsp 页面；如果这两个页面也不存在，就会报错。

在 web.xml 文件中， welcome-file-list 和 welcome-file 元素就是用来指定欢迎页面的，welcome-file-list 元素可以包含多个 welcome-file 元素，每个 welcome-file 元素指定一个欢迎页面。如下代码所示：

```
<welcome-file-list>
    <!--欢迎页面-->
    <welcome-file>a.jsp</welcome-file>
    <welcome-file>b.jsp</welcome-file>
</welcome-file-list>
```

在上面代码中，Tomcat 会按顺序来查找欢迎页面，即如果 Web 应用中存在 a.jsp，则它就是欢迎页面，否则继续查找 b.jsp。

2．filter和filter-mapping元素

filter 元素用于声明一个过滤器，使用该元素可以同时拦截多个请求的 URL。filter-mapping 元素用来指定与过滤器关联的 URL，代码如下：

```
<!--定义 Filter-->
<filter>
    <filter-name>struts2</filter-name> <!--指定 Filter 的名字，不能为空-->
    <!--指定 Filter 的实现类，此处使用的是 Struts2 提供的过滤器类-->
    <filter-class>org.apache.struts2.dispatcher.ng.filter.StrutsPrepareA
    ndExecuteFilter</filter-class>
</filter>
<!--定义 Filter 所拦截的 URL 地址-->
```

```
<filter-mapping>
    <filter-name>struts2</filter-name> <!--Filter 的名字，该名字必须是 filter
    元素中已声明过的过滤器名字-->
    <url-pattern>/*</url-pattern>        <!--定义 Filter 负责拦截的 URL 地址-->
</filter-mapping>
```

上面代码中<url-pattern></url-pattern>标签中的“/*”表明该过滤器可以拦截所有的 HTTP 请求。

3. error-page元素

虽然 Struts 框架提供了通用的错误处理机制，但是并不能保证对所有错误和异常都能进行处理。如果 Struts 框架不能处理某种错误，就会把它抛给 Web 容器来处理。默认情况下，Web 容器会将原始的错误信息返回给用户浏览器，如 HTTP404 错误。如果不希望用户看到原始的错误信息，就可以在 web.xml 文件的 error-page 元素中进行配置。还可以通过配置 error-page 元素来捕获 Java 异常，此时需要设置 exception-type 子元素来指定 Java 异常类。

error-page 元素用来指定错误处理页面。可以通过配置错误码元素 error-code 以避免用户直接看到原始错误信息。还可以配置异常类型元素 exception-type 来指定 Java 中的异常类，代码如下：

```
<!--配置异常页-->
<error-page>
    <error-code>404</error-code>          <!--指定错误代码-->
    <location>/error.jsp</location> <!--如果发生 HTTP404 错误，则返回 location
    子元素中指定的文件-->
</error-page>
<!--下面代码段和上面代码段效果一样-->
<!--配置 error-page 元素用于捕获 Java 异常-->
<error-page>
    <exception-type>java.lang.Exception<exception-type><!--指定 Java 异常类-->
    <location>/error.jsp<location>
</error-page>
```

4. listener元素

该元素用来注册监听器类，并使用子元素 listener-class 指定监听程序的完整限定类名，下面的代码设置了监听器，用于初始化 Spring 框架：

```
<!--监听器 -->
<listener>
    <listener-class>org.springframework.web.context.ContextLoaderListener
    </listener-class>
</listener>
```

5. session-config元素

该元素用来指定会话过期时间，下面代码表示会话时间超过 30 分钟，session 对象里面存放的值会自动失效：

```
<!--会话时间配置 -->
<session-config>
```

```
<session-timeout>30</session-timeout>
</session-config>
```

通常，该元素用在需要记录用户登录状态的时间的应用中，将用户登录的关键信息放入 session 对象中。如果用户登录的时间超过配置的时间，该信息就会丢失，这样用户就需要重新登录。因此，使用该元素可以保证用户的登录安全。

6．init-param元素

该元素用来定义参数，在 web.xml 中可以有多个 init-param 元素。下面的代码使用 init-param 元素设置了常量：

```
<!--配置常量 -->
<init-param>
    <param-name> struts.i18n.encoding </param-name>
    <param-value> UTF-8</param-value>
</init-param>
```

【例 5-1】 本例说明 web.xml 配置文件的使用方式。

（1）首先在 Eclipse 中创建一个新工程 ErrorPage，将 Struts 2 框架所需的支持库添加到 WEB-INF 目录下的 lib 文件夹中。在 WEB-INF 目录下创建 web.xml 文件，打开 web.xml 并写入如下代码：

```
<?xml version="1.0" encoding="UTF-8"?>
<web-app                    id="WebApp_9"                    version="2.4"
xmlns="http://java.sun.com/xml/ns/j2ee"
xmlns:xsi="http://www.w3.org/2001/XMLSchema-instance"
xsi:schemaLocation="http://java.sun.com/xml/ns/j2ee
http://java.sun.com/xml/ns/j2ee/web-app_2_4.xsd">
    <!--定义 Filter-->
    <filter>
        <filter-name>struts2</filter-name> <!--指定 Filter 的名字,不能为空-->
            <!--指定 Filter 的实现类，此处使用的是 Struts 2 提供的过滤器类-->
            <filter-class>org.apache.struts2.dispatcher.ng.filter.
            StrutsPrepareAndExecuteFilter</filter-class>
    </filter>
    <!--定义 Filter 所拦截的 URL 地址-->
    <filter-mapping>
        <!--Filter 的名字，该名字必须是 filter 元素中已声明过的过滤器名字-->
        <filter-name>struts2</filter-name>
            <url-pattern>/*</url-pattern>  <!--定义Filter负责拦截的URL地址-->
    </filter-mapping>
    <!--欢迎页面-->
   <welcome-file-list>
       <welcome-file>index.jsp</welcome-file>
   </welcome-file-list>
   <!--错误 404 页面-->
   <error-page>
        <error-code>404</error-code>
        <location>/error.jsp</location>
    </error-page>
</web-app>
```

（2）在 WebContent 目录下创建 index.jsp、error.jsp 文件，分别打开并编写代码，核心代码如下。

index.jsp 核心代码：

```
<body>
    <!--a 标签-->
    <s:a action="hello">hello</s:a>
</body>
```

error.jsp 核心代码：

```
<body>
    <!--控制文本水平居中-->
    <center>
        <h4>the page you request is not existing!</h4>
    </center>
</body>
```

（3）运行程序，结果如图 5.1 所示，单击链接后，出现如图 5.2 所示的页面。

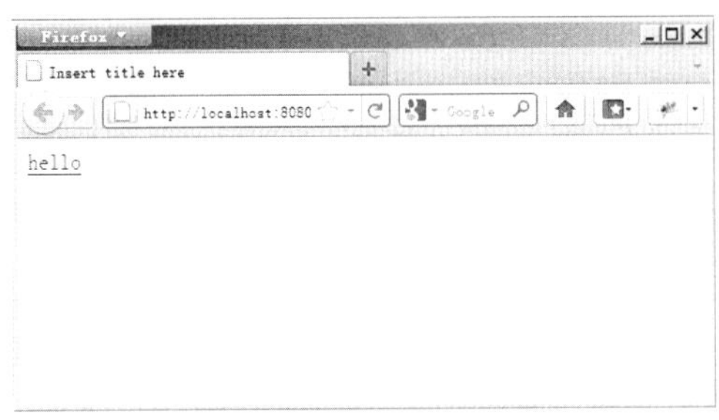

图 5.1 例 5-1 运行结果

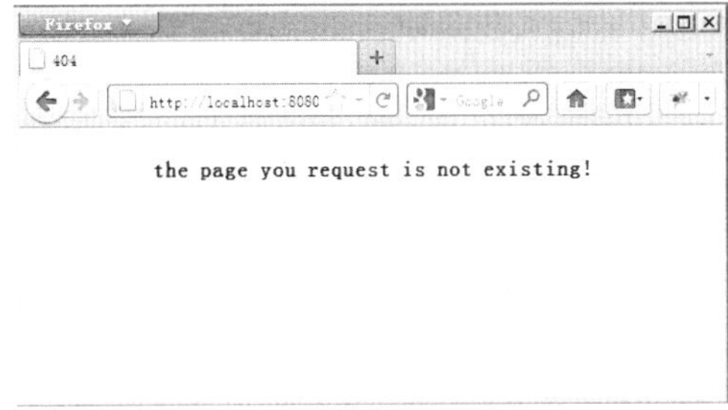

图 5.2 单击链接后

在这个例子中，由于没有配置 struts.xml 等文件，单击链接时会发生错误，其错误码是 404，根据 web.xml 文件中的配置，会转到 error.jsp 页面。读者需要注意的是，当 Web 应用程序运行过程中出错时，会有对应的 HTTP 状态码与出现的错误相匹配，Web 服务器根据状态码就会返回相应的页面。此处由于在 web.xml 中配置了 404 错误的错误处理页面为 error.jsp，所以会转到 error.jsp；否则，会转到 Web 服务器定义的 404 页面。404 错误码表示用户访问的页面不存在，除此以外还有其他一些常用的 HTTP 状态码如下所示：

- 200：服务器成功返回网页。
- 404：请求的网页不存在。
- 503：服务不可用。
- 403：Forbidden（禁止），服务器拒绝请求。
- 408：Request Timeout（请求超时），服务器等候请求时发生超时。
- 413：Request Entity Too Large（请求实体过大），服务器无法处理请求，因为请求实体过大，超出服务器的处理能力。
- 414：Request-URI Too Long（请求的 URI 过长），请求的 URI（通常为网址）过长，服务器无法处理。
- 415：Unsupported Media Type（不支持的媒体类型），请求的格式不受请求页面的支持。
- 416：Requested Range Not Satisfiable（请求范围不符合要求），如果页面无法提供请求的范围，则服务器会返回此状态代码。

- 417：Expectation Failed（未满足期望值），服务器未满足“期望”请求标头字段的要求。
- 500：Internal Server Error（服务器内部错误），服务器遇到错误，无法完成请求。
- 501：Not Implemented（尚未实施），服务器不具备完成请求的功能。例如，服务器无法识别请求方法时可能会返回此代码。
- 502：Bad Gateway（错误网关），服务器作为网关或代理，从上游服务器收到无效响应。
- 503：Service Unavailable（服务不可用），服务器目前无法使用（由于超载或停机维护）。通常，这只是暂时状态。
- 504：Gateway Timeout（网关超时），服务器作为网关或代理，但是没有及时从上游服务器收到请求。
- 505：HTTP Version Not Supported（HTTP 版本不受支持），服务器不支持请求中所用的 HTTP 协议版本。

5.2　Struts 配置文件之 struts.properties

在 5.1 节介绍了 Struts 2 框架中的一个配置文件 web.xml，本节将介绍 Struts 2 中的 struts.properties 配置文件。先介绍 struts.properties 文件的主要作用，然后对文件中的关键元素进行详细分析。在 Struts 工程的开发中，需要用到大量的属性，这些属性大多在默认的配置文件中已经配置好，但根据用户需求的不同，开发的要求也不同，可能需要更改这些属性值，改变这些属性值的方法就是在 struts.properties 文件中来配置即可。

5.2.1　struts.properties 的主要作用

struts.properties 是 Struts 2 框架中一个重要的配置文件，程序员可以通过它来管理 Struts 2 框架中定义的大量常量。struts.properties 文件是一个标准的 properties 文件，其格式是 key-value 对，即每个 key 对应一个 value，key 表示的是 Struts 2 框架中的常量，而 value 则是其常量值。

struts.properties 文件必须放到 Web 应用下的类加载路径下才能使用，即 WEB-INF/classes 路径下。在 Eclipse 中，由于编译时，Eclipse 会自动将 src 路径下的 struts.properties 文件编译后放到 WEB-INF / classes 路径下，所以，通常直接将其放到 src 路径下就可以了。

前面说过，struts.properties 是一个 key-value 文件，所以其格式比较简单，下面是 struts.properties 文件的代码片段：

```
### 设置默认编码集为 UTF-8 格式
struts.i18n.encoding=UTF-8
###  设置使用开发模式
struts.devMode=true
###  设置默认的 local 为 en_US
struts.locale=en_US
```

5.2.2　struts.properties 关键元素分析

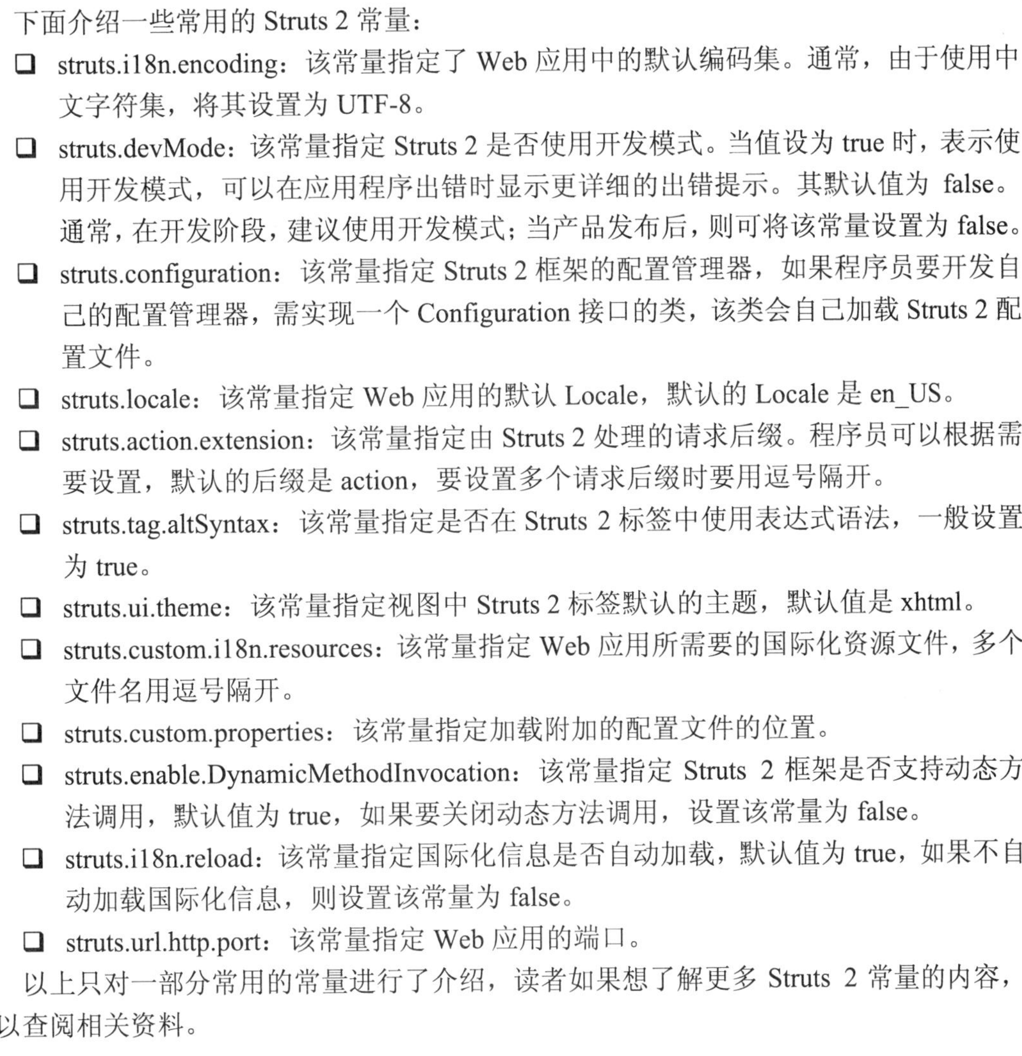

下面介绍一些常用的 Struts 2 常量：

- struts.i18n.encoding：该常量指定了 Web 应用中的默认编码集。通常，由于使用中文字符集，将其设置为 UTF-8。
- struts.devMode：该常量指定 Struts 2 是否使用开发模式。当值设为 true 时，表示使用开发模式，可以在应用程序出错时显示更详细的出错提示。其默认值为 false。通常，在开发阶段，建议使用开发模式；当产品发布后，则可将该常量设置为 false。
- struts.configuration：该常量指定 Struts 2 框架的配置管理器，如果程序员要开发自己的配置管理器，需实现一个 Configuration 接口的类，该类会自己加载 Struts 2 配置文件。
- struts.locale：该常量指定 Web 应用的默认 Locale，默认的 Locale 是 en_US。
- struts.action.extension：该常量指定由 Struts 2 处理的请求后缀。程序员可以根据需要设置，默认的后缀是 action，要设置多个请求后缀时要用逗号隔开。
- struts.tag.altSyntax：该常量指定是否在 Struts 2 标签中使用表达式语法，一般设置为 true。
- struts.ui.theme：该常量指定视图中 Struts 2 标签默认的主题，默认值是 xhtml。
- struts.custom.i18n.resources：该常量指定 Web 应用所需要的国际化资源文件，多个文件名用逗号隔开。
- struts.custom.properties：该常量指定加载附加的配置文件的位置。
- struts.enable.DynamicMethodInvocation：该常量指定 Struts 2 框架是否支持动态方法调用，默认值为 true，如果要关闭动态方法调用，设置该常量为 false。
- struts.i18n.reload：该常量指定国际化信息是否自动加载，默认值为 true，如果不自动加载国际化信息，则设置该常量为 false。
- struts.url.http.port：该常量指定 Web 应用的端口。

以上只对一部分常用的常量进行了介绍，读者如果想了解更多 Struts 2 常量的内容，可以查阅相关资料。

5.3　Struts 配置文件之 struts.xml

在 5.2 节中介绍了 struts.xml 配置文件，本节将介绍 Struts 2 框架中的 struts.xml 配置文件，先介绍 struts.xml 文件的主要作用，然后对该文件中的关键元素进行分析。实际上，在开发 Struts 项目的过程中，struts.xml 文件的使用频率和 web.xml 文件差不多，二者都在 Struts 项目中得到了广泛的运用。所以，struts.xml 文件是开发 Struts 项目所必须掌握的。

5.3.1　struts.xml 的主要作用

和 struts.properties 一样，struts.xml 也是 Struts 2 框架中一个重要的配置文件，其存放

路径和 struts.properties 一样，位于 WEB-INF/classes 路径下。struts.xml 文件主要用来配置 Action 和 HTTP 请求的对应关系，以及配置逻辑视图和物理视图资源的对应关系。但除了这些功能之外，struts.xml 文件还有一些额外的功能，如配置常量、导入其他配置文件等。

相比 struts.properties 文件格式，struts.xml 文件配置的格式复杂得多。下面的代码是 struts.xml 文件最基本的配置：

```
<!--必不可少的-->
<?xml version="1.0" encoding="UTF-8" ?>
<!DOCTYPE struts PUBLIC
    "-//Apache Software Foundation//DTD Struts Configuration 2.0//EN"
"http://struts.apache.org/dtds/struts-2.0.dtd">
<!--struts 根元素-->
<struts>
    <!--配置包 default，命名空间为“/”-->
        <package name="default" namespace="/" extends="struts-default">
            <!--配置名为 NN 的 Action，实现类为 XXXAction-->
            <action name="NN" class=" XXXAction">
                <result>/YY.jsp</result>        <!--返回 YY.jsp -->
            </action>
        </package>
</struts>
```

在上面代码中，<struts../>是根标签，所有其他的标签都放在<struts></struts>中间；package 元素定义了一个包，在 Struts 2 框架中，用包来组织 Action 和拦截器等，每个包都是零个或多个拦截器以及 Action 所组成的集合；action 元素定义了一个 Action 和其对应的类；result 元素定义了 Action 返回结果对应的 JSP 视图。

5.3.2　struts.xml 关键元素分析

下面对 struts.xml 的相关内容进行详细介绍。

1．几个重要的元素

（1）package 元素

package 元素用来配置包。在 Struts 2 框架中，包是一个独立的单位，通过 name 属性来唯一标识包。还可以通过指定 extends 属性让一个包继承另一个包，extends 属性值就是被继承包的 name 属性值，继承包可以从被继承包那里继承到拦截器、Action 等。

此外，Struts 2 还提供了 abstract 属性，表示该包是一个抽象包，抽象包中不能有 Action 的定义。

package 元素的属性如表 5.1 所示。

表 5.1　package元素属性

属性	说　明
name	这是一个必须属性，标识包的名字，以便在其他包中被引用
extends	可选属性，指定该包继承自其他包
namespace	可选属性，指定命名空间，标识此包下的 Action 的访问路径
abstract	可选属性，指定该包为抽象包

在表 5.1 中可以看到，package 元素有一个 namespace 属性，该属性可以指定包对应的命名空间。由于在一个 Web 应用中可能出现同名的 Action 并存的情况，为了避免命名冲突，只要使同名 Action 位于不同的 namespace 下就可以了。如果 package 元素没有指定 namespace 属性，则其下定义的所有 Action 都处于默认的命名空间下。

下面以一个示例来说明 package 命名空间属性的用法：

```
<!--配置名为 A 的包，继承了 struts-default，命名空间为默认的命名空间-->
<package name="A "  extends="struts-default">
    <action name="login" class="com.action.LoginAction">
        <result name="login_success">/login_success.jsp</result>
    </action>
</package>
<!--配置名为 B 的包，继承了 struts-default，命名空间为"/"-->
<package name="B" namespace="/" extends="struts-default">
    <action name="exit" class="com.action.Exit Action">
        <result name="exit_success">/exit_success.jsp</result>
    </action>
</package>
<!--配置名为 C 的包，继承了 struts-default，命名空间为"/info"-->
<package name="C" namespace="/info" extends="struts-default">
    <action name="stu" class="com.action.Stu Action">
        <result name="stu_info">/stu_info.jsp</result>
    </action>
</package>
```

在上面代码中，配置了两个包：A 和 B。对于包 A，由于没指定命名空间，则其命名空间为默认命名空间；对于包 B，其命名空间是根命名空间；对于包 C，其命名空间则是“/ info”。

当包指定命名空间后，该包所包含的 Action 处理的 URL 应该就是命名空间+Action 名。即包 A 下名为 login 的 Action 处理的 URL 是 http://localhost:8080/login.action；包 B 下名为 exit 的 Action 处理的 URL 是 http://localhost:8080/exit.action；包 C 下名为 stu 的 Action 处理的 URL 是 http://localhost:8080/info/stu.action，其中 8080 是笔者的 Tomcat 服务器的端口号。

对于 URL 中指定的 Action，Struts 2 是按一定的顺序来查找的。如果要访问/C/stu_info.action，Struts 2 框架首先查找/C 命名空间里名为 stu_info 的 Action，如果该命名空间里找到对应的 Action，则使用其对应的 Action 来处理请求；否则，Struts 2 框架到默认命名空间查找名为 stu_info 的 Action，如果找到，则使用其对应的 Action 来处理请求；如果两个命名空间里都找不到名为 stu_info 的 Action，则系统出现错误。

另外，读者有两个要注意的地方：第一，根命名空间和普通命名空间中的 Action 的查找是一样的，即如果有请求/stu_info.action，则先查找根命名空间下的 Action，如果不存在对应的 Action，则查找默认命名空间里的 Action。第二，对于多级别的命名空间，Struts 2 框架在最底层的命名空间里查找后，如果不存在相应的 Action，则会同样到默认命名空间里查找，而不是到上一级命名空间里查找。即如果请求为/A/A_Login/login.action 时，Struts 2 框架首先到/A/A_Login 的命名空间里查找名为 login 的 Action，如果找不到对应的 Action，则会到默认命名空间里查找，而不是到/A 的命名空间里查找。

（2）action 元素

Struts 2 框架通过 Action 对象来处理 HTTP 请求，该请求的 URL 地址对应的 Action 即配置在 action 元素中，如下代码所示：

```
<action name="userAction" class=" com.action.UserAction">
    <result>/user.jsp</result>
 </action>
```

action 元素除了有 name 和 class 属性外，还有 method 和 converter 属性，表 5.2 列出了 action 元素的各个属性。

表 5.2　action元素属性

属性	说　　明
name	这是一个必须属性，标识 Acton，指定了该 Action 所处理的请求的 URL
class	可选属性，指定 Action 对象对应的实现类
method	可选属性，指定请求 Action 时调用的方法
converter	可选属性，指定类型转换器的类

在配置 action 元素时，如果没有指定 class 属性值，则其默认值为类 com.opensymphony.xwork2.ActionSupport，该默认类会使用默认的处理方法 execute()来处理请求。实际上，execute()方法不会做任何处理而直接返回 success 值。

在配置 action 元素时，如果指定 method 属性值，则该 Action 可以调用 method 属性中指定的方法，而不是默认的 execute()法。

（3）result 元素

当调用 Action 方法处理结束返回后，下一步就是使用 result 元素来设置返回给浏览器的视图。配置 result 元素时常需指定 name 和 type 两个属性。name 属性对应从 Action 方法返回的值， success 为其默认值。type 属性指定结果类型，默认的类型是 dispatcher，Struts 2 支持的结果类型如表 5.3 所示。

表 5.3　Struts2 支持的结果类型

结果类型	说　　明
dispatcher	将请求 forward（转发）到指定的 JSP 页面
redirect	将请求重定向到指定的视图资源
chain	处理 Action 链
freemarker	指定使用 Freemarker 模板作为视图
httpheader	控制特殊的 HTTP 行为
redirect-action	直接跳转到其他 Action
stream	向浏览器返回一个 InputStream（一般用于文件下载）
velocity	指定使用 velocity 模板作为视图
xslt	用于 XML/XSLT 整合
plainText	显示某个页面的原始代码

读者需要注意的是 dispatcher 和 redirect 的区别，也就是转发和重定向的区别，重定向会丢失所有的请求参数，而且会丢失 Action 的处理结果。

此处先介绍 redirect 和 redirect-action 这两种结果类型，其他一些常用类型会在后续章节进行介绍。

① redirect 类型

redirect 结果类型与 dispatcher 结果类型刚好是相反的，初学者在使用时容易将它们混淆。dispatcher 结果类型表示将 HTTP 请求转发到指定的 JSP 资源，redirect 结果类型则是将请求重定向到 JSP 资源，而重定向的结果则会丢失所有的请求参数和 Action 的处理结果。

② redirect-action 类型

redirect-action 结果类型主要用于当一个 Action 处理结束后，将请求重定向到另一个 Action。它和 redirect 结果类型一样，会重新生成一个新请求，而且 Action 处理结果及请求的所有参数都会丢失，只是 redirect-action 结果类型生成的请求是一个 Action，而 redirect 结果类型生成的请求是一个 JSP 资源。

【例 5-2】 本例说明 redirect-action 结果类型的用法。

（a）在 Eclipse 创建一个 Java Web 项目，将 Struts 2 框架所需的支持库添加到 WEB-INF 目录下的 lib 文件夹中，然后在 WEB-INF 目录下添加 web.xml 文件，并在其中注册过滤器和欢迎页面。web.xml 文件代码如下所示：

```
<?xml version="1.0" encoding="UTF-8"?>
<web-app id="WebApp_9" version="2.4" xmlns="http://java.sun.com/
xml/ns/j2ee" xmlns:xsi="http://www.w3.org/2001/XMLSchema-instance" xsi:
schemaLocation="http://java.sun.com/xml/ns/j2ee
http://java.sun.com/xml/ns/j2ee/web-app_2_4.xsd">
    <!--定义 Filter-->
    <filter>
        <filter-name>struts2</filter-name> <!--指定 Filter 的名字,不能为空-->
            <!--指定 Filter 的实现类，此处使用的是 Struts 2 提供的过滤器类-->
            <filter-class>org.apache.struts2.dispatcher.ng.filter.
            StrutsPrepareAndExecuteFilter</filter-class>
    </filter>
    <!--定义 Filter 所拦截的 URL 地址-->
    <filter-mapping>
        <!--Filter 的名字，该名字必须是 filter 元素中已声明过的过滤器名字-->
        <filter-name>struts2</filter-name>
            <url-pattern>/*</url-pattern> <!--定义 Filter 负责拦截的 URL 地址-->
    </filter-mapping>
    <!--欢迎页面-->
    <welcome-file-list>
        <welcome-file>index.jsp</welcome-file>
    </welcome-file-list>
</web-app>
```

（b）在 src 目录下创建包 com.action，在该包下创建 LoginAction.java 和 UserAction.java 文件，这两个文件的代码如下所示。

LoginAction.java 代码如下：

```
package com.action;
import com.opensymphony.xwork2.ActionSupport;
public class LoginAction extends ActionSupport{
    private static final long serialVersionUID = 1L;
    //重载 execute()方法，返回 SUCCESS
    public String execute() throws Exception {
        return SUCCESS;
    }
    //redirect()方法，返回 ERROR
    public String redirect() throws Exception {
        return ERROR;
    }
}
```

UserAction.java 代码如下：

```
package com.action;
import com.opensymphony.xwork2.ActionSupport;
public class UserAction extends ActionSupport{
    private static final long serialVersionUID = 1L;
    //重载 execute()方法，返回 SUCCESS
    public String execute() throws Exception {
        // TODO Auto-generated method stub
        return SUCCESS;
    }
}
```

（c）在 src 目录下创建 struts.xml 文件，代码如下：

```
<?xml version="1.0" encoding="UTF-8" ?>
<!DOCTYPE struts PUBLIC
    "-//Apache Software Foundation//DTD Struts Configuration 2.0//EN"
    "http://struts.apache.org/dtds/struts-2.0.dtd">
<struts>
    <!--配置包 default，该包继承了 struts-default -->
    <package name="default" extends="struts-default">
    <!--配置名为 login 的 Action，实现类为 LoginAction -->
    <action name="login" class="com.action.LoginAction">
        <!--redirectAction 返回类型 -->
        <result type="redirectAction">
            <param name="actionName">userLogin</param>    <!--Action 名参数 ->
            <param name="namespace">/user</param>  <!--命名空间参数-->
        </result>
        <!--返回值为 error，redirectAction 类型，重定向到名为 error 的 Action-->
        <result name="error" type="redirectAction">error</result>
     </action>
     <!--配置名为 error 的 Action -->
     <action name="error">
        <result>/error.jsp</result>
    </action>
    </package>
    <!--配置名为 user 的包，命名空间为/user-->
    <package name="user" extends="struts-default" namespace="/user">
      <!--配置名为 userLogin 的 Action-->
      <action name="userLogin" class="com.action.UserAction">
          <result>/hello.jsp</result>
      </action>
    </package>
</struts>
```

（d）在 WebContent 目录下创建文件 index.jsp、hello.jsp 和 error.jsp，核心代码如下所示。

index.jsp 文件核心代码如下：

```
<body>
    <center>
        <s:a action="login">login</s:a><br/>
        <s:a action="login!redirect.action">redirect</s:a>
    </center>
</body>
```

hello.jsp 文件核心代码如下：

```
<body>
    <center>
        <h2>hello</h2>
    </center>
</body>
```

error.jsp 文件核心代码如下：

```
<body>
    <center>
        <h2>error</h2>
    </center>
</body>
```

（e）运行程序，结果如图 5.3 所示，单击 login 链接后，返回如图 5.4 所示的页面；单击 redirect 链接后，返回如图 5.5 所示的页面。

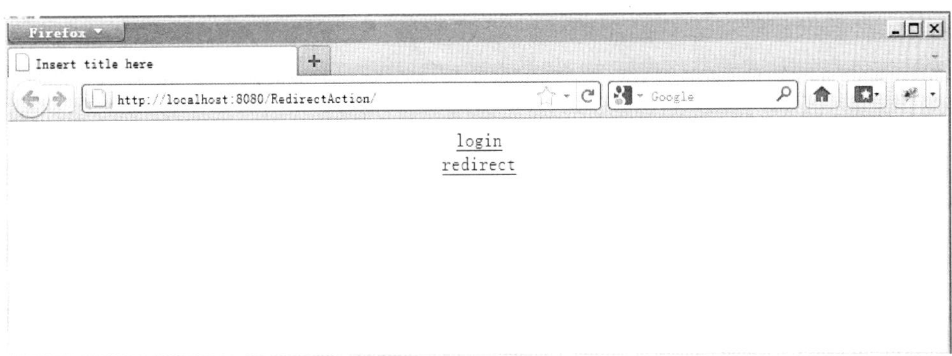

图 5.3　例 5-2 运行结果

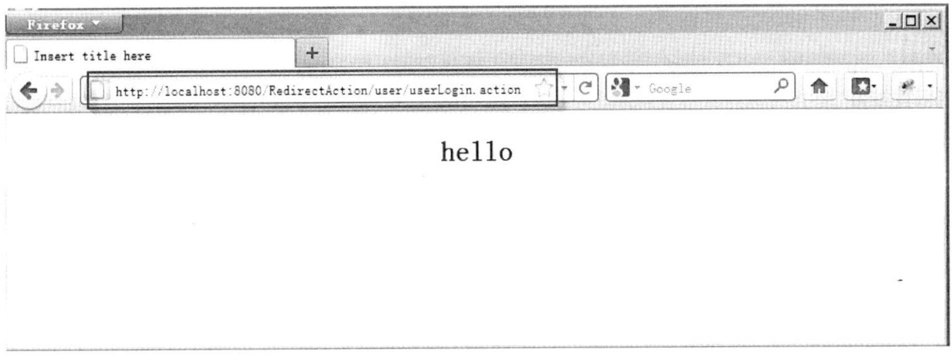

图 5.4　单击 login 链接后

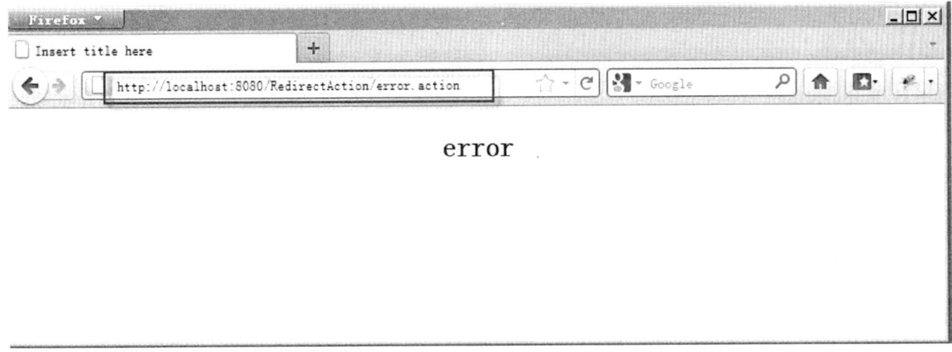

图 5.5　单击 redirect 链接后

在这个例子中，读者应该注意到 redirect 结果类型的运用有两种方式：一是直接在<result>标签后添加 Action 名称，二是运用<param>标签的方式来指定 Action。这两种方式都可以达到同样的效果，可以根据需要选用。

（4）include 元素

该元素用来在一个 struts.xml 配置文件中包含其他的配置文件。默认情况下，当查找 Action 时，Struts 2 框架只会加载 struts.xml 配置文件，但是当系统规模增大到一定的程度时，系统中的 Action 数量也会大大增加，这将会导致一个 struts.xml 配置文件中包含大量的 Action，显然不方便开发者进行编辑。通过<include../>标签，可以将 Action 以模块的方式来加以管理，即将存在相关性的 Action 放到同一个 xml 文件中，然后通过在 struts.xml 文件中配置<include../>标签来将它们组合在一起。使用 include 元素的 struts.xml 文件片段如下所示：

```
<struts>
    <include file="a.xml"/>
    <include file="b.xml"/>
    <include file="c.xml"/>
    <include file="d.xml"/>
</struts>
```

需要注意的是，这些模块化的 xml 文件也必须是标准的 Struts 2 配置文件，即必须包含头信息以及根元素等。通常，Struts 2 框架的所有配置文件都放在 WEB-INF/classes 路径下，由于 struts.xml 文件中配置了<include../>标签，则可以将其对应包含的文件信息加载进来。

（5）global-results 元素

该元素配置包中的全局结果，其代码示例如下所示。在该代码示例中配置了一个全局结果，这个全局结果的作用范围为包下面所有 Action。当一个 Action 处理用户请求后返回时，会首先在该 Action 本身的局部结果中进行搜索，如果局部结果中没有对应的结果，则会查找全局结果。

```
<struts>
<!--配置包 default，命名空间为“/”-->
<package name="default" namespace="/" extends="struts-default">
    <!--全局结果 -->
    <glabal-results>
      <result name="success">/SUCCESS.jsp</result>
    </global-result>
    <!--配置名为 user 的 Action -->
    <action name="user" class="com.action.UserAction">
       <result name="hello">/hello.jsp</result>        <!--返回 hello -->
   </action>
</package>
</struts>
```

（6）default-action-ref 元素

该元素用来配置默认的 Action，即如果 Struts 2 找不到对应的 Action 时，就会使用默认的 Action 来处理用户请求。

```
<!--默认 Action 为 defaultaction-->
<default-action-ref name="defaultaction"/>
<action name="defaultaction" class="com.action.XXXAction">
```

```
    <result ../>
    …
</action>
```

在以上代码中，default-action-ref 元素仅有一个 name 属性，该 name 属性指向一个 Action，这个 Action 将成为默认的 Action。

2. Action的动态调用（DMI）

在前面介绍的标签的使用中，Action 对象对 URL 请求的处理都是调用其默认的 execute()方法，对于单一的业务逻辑请求，这种方式或许适合。但是，在实际的项目开发中，业务请求的类型的方法是多种多样的，即对同一个 Action 可能有不同的请求，通过创建多个 Action 能够解决这个问题，但是会使程序更复杂，且要编写更多的代码。如果请求的方式有很多种，可以在 execute()方法中通过判断请求的业务逻辑类型来转发到相应的处理方法中，这也是一种解决方案。

Struts 2 提供了这种包含多个处理逻辑的 Action 处理方式，即 DMI（Dynamic Method Invocation，动态方法调用）。通过动态请求 Action 对象中的方法，可以实现对某一业务逻辑的处理。

DMI 处理方式是通过请求 Action 对象中的一个具体的方法来实现动态的操作。具体说就是，在请求 Action 的 URL 地址后加上请求方法字符串，与 Action 对象中的方法进行匹配。其中，Action 对象名称和方法之间用“!”隔开。即如果在 struts.xml 文件中配置了名为 user 的 Action，为了请求 change()方法，请求方式应表示为“/user!change.action”。

【例 5-3】 本例创建一个工程来说明 DMI 的使用。

（1）在 Eclipse 中创建一个 Java Web 项目 DMIDemo，将 Struts 2 框架所需的支持库添加到 WEB-INF 目录下的 lib 文件夹中，然后在 WEB-INF 目录下添加 web.xml 文件，并在其中注册过滤器和欢迎页面。web.xml 文件代码如下所示：

```
<?xml version="1.0" encoding="UTF-8"?>
<web-app id="WebApp_9" version="2.4" xmlns="http://java.sun.com/
xml/ns/j2ee"        xmlns:xsi="http://www.w3.org/2001/XMLSchema-instance"
xsi:schemaLocation="http://java.sun.com/xml/ns/j2ee
http://java.sun.com/xml/ns/j2ee/web-app_2_4.xsd">
    <!--定义 Filter-->
    <filter>
        <filter-name>struts2</filter-name> <!--指定Filter的名字,不能为空-->
            <!--指定 Filter 的实现类，此处使用的是 Struts 2 提供的过滤器类-->
        <filter-class>org.apache.struts2.dispatcher.ng.filter.
        StrutsPrepareAndExecuteFilter</filter-class>
    </filter>
    <!--定义 Filter 所拦截的 URL 地址-->
    <filter-mapping>
        <!--Filter 的名字，该名字必须是 filter 元素中已声明过的过滤器名字-->
        <filter-name>struts2</filter-name>
            <url-pattern>/*</url-pattern> <!--定义 Filter 负责拦截的 URL 地址-->
    </filter-mapping>
    <!--欢迎页面-->
    <welcome-file-list>
        <welcome-file>index.jsp</welcome-file>
    </welcome-file-list>
</web-app>
```

（2）在 src 目录下创建 com.action 包，并在该包中创建类 UserAction，其代码如下：

```
package com.action;
import com.opensymphony.xwork2.ActionSupport;
public class UserAction extends ActionSupport{
    private static final long serialVersionUID=1L;
    private String info;          //info 属性
    //info 属性的 getter 方法
    public String getInfo() {
    return info;
    }
    //info 属性的 setter 方法
    public void setInfo(String info) {
        this.info = info;
    }
    //重载 execute()方法
    public String execute() throws Exception {
        info="hello,world";
        return "hello";
    }
    //update()方法，更新 info 属性
    public String update()throws Exception{
      info="ok,updated";
      return "update";
   }
}
```

（3）在 WebContent 目录下创建 index.jsp、hello.jsp 和 update.jsp 文件。

index.jsp 文件：

```
<body>
    <center>
        <a href="user">hello</a><br>
        <a href="user!update.action">update</a>
    </center>
</body>
```

hello.jsp 文件：

```
<body>
  <center>
    <s:property value="info"/>
  </center>
</body>
```

update.jsp 文件：

```
<body>
    <center>
        <s:property value="info"/>
    </center>
</body>
```

（4）在 src 目录下创建 struts.xml 文件。

```
<?xml version="1.0" encoding="UTF-8" ?>
<!DOCTYPE struts PUBLIC
   "-//Apache Software Foundation//DTD Struts Configuration 2.0//EN"
   "http://struts.apache.org/dtds/struts-2.0.dtd">
<struts>
```

```
   <!--配置包 default，继承 struts-default-->
   <package name="default" namespace="/" extends="struts-default">
   <!--配置名为 login 的 Action，实现类为 com.action.UserAction -->
      <action name="user" class="com.action.UserAction">
         <result name="hello">/hello.jsp</result><!--返回 hello.jsp -->
         <result name="update">/update.jsp</result>  <!--返回 update.
         jsp-->
      </action>
   </package>
</struts>
```

（5）运行程序，结果如图 5.6、图 5.7 和图 5.8 所示。

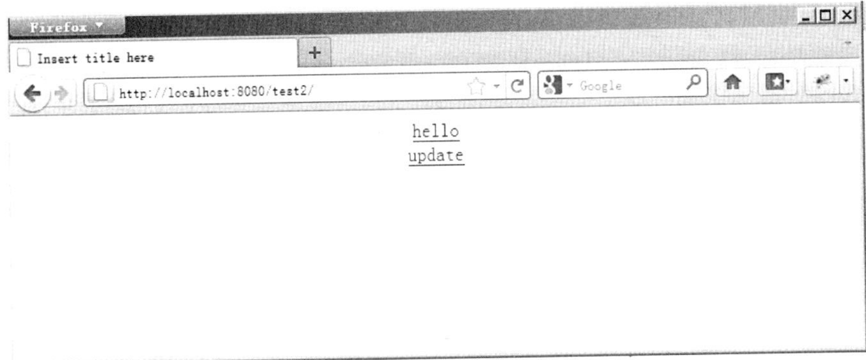

图 5.6　test2 工程

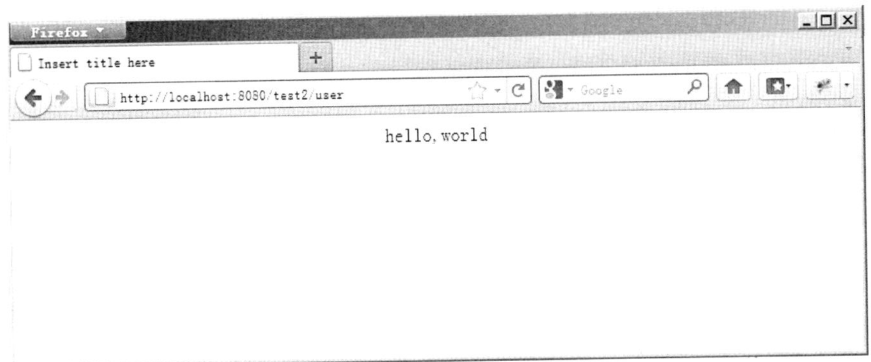

图 5.7　单击“hello”页面

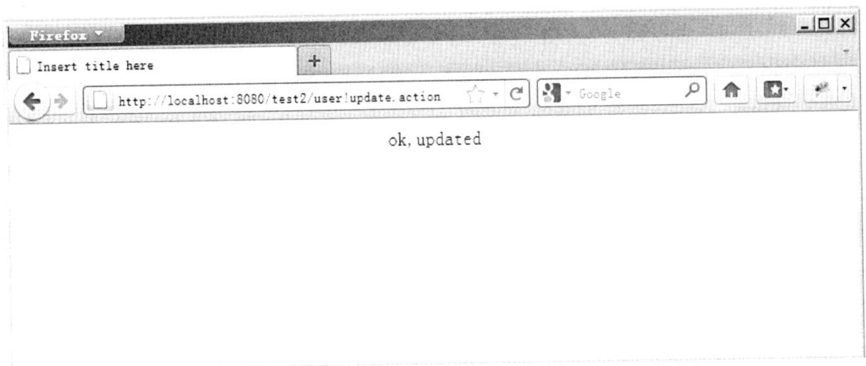

图 5.8　单击“update”页面

注意： 在单击 update 链接后，请求交给 update()方法进行处理，这时浏览器的地址栏变为 http://localhost:8080/test2/user!update.action。

由上例可以看到，Action 请求的处理方式并非一定要通过 execute()方法来处理，使用 DMI 方式常常更加方便灵活。实际上，在现实的项目开发中，可以将同模块的一些请求封装在同一个 Action 中，使用 DMI 方式来处理不同的请求。

3. 通配符

在实际的项目开发中，会出现多个 Action 定义的绝大部分都是相同的情况，这时就会产生大量冗余。对于这种情况，Struts 2 也给出了相应的解决方法，即使用通配符。这种配置方式可以通过一定的命名约定来配置 Action 对象，以达到简化定义的效果。

在 struts.xml 文件中，通配符主要指的是“*”、“**”和“\”。通配符“*”匹配 0 个或多个字符但不包含“/”；通配符“**”匹配 0 个或多个字符包含“/”；通配符“\”则是一个转义字符，即匹配字符“\”时，用“\\”来匹配。具体说明如表 5.4 所示。

表 5.4　通配符说明

通配符	说　明
*	匹配 0 个或多个字符除了“/”
**	匹配 0 个或多个字符包含“/”
\character	转义字符，“\\”匹配“\”；“*”匹配“*”

通配符“*”通常用在<action>标签的 name 属性中，而在 class、name 属性及 result 元素中使用{N}的形式来代表前面第 N 个*所匹配的字符串，{0}来代表 URL 请求的整个 Action 字符串。

下面举例来说明通配符的使用，示例代码如下：

```
<package name="login" extends="struts-default">
    <!--使用*通配符，第一个*表示调用方法，第二个*表示 Action -->
    < action name="*_*" class="com.coderdream.action.{2}Action"
    method="{1}">
        < result name="success">/{0}Suc.jsp </result>
    < /action>
</package>
```

在上面的代码中，当 URL 请求是/update_Login.action 时，<action>的 name 属性中第一个*匹配 update，第二个*匹配 Login，所以对应的会调用 LoginAction 类中的 update()方法。在结果映射中的记号是{0}，则该记号会被整个 URL 代替，所以返回页面是 update_LoginSuc.jsp。

读者需要注意的是 URL 请求时的匹配顺序，即当有多个 Action 能和 URL 请求匹配时，最后会调用哪个 Action。在 Struts 2 框架中，在查找匹配的 Action 时，首先会查找完全匹配的 Action，然后会按照匹配的 Action 在 struts.xml 文件中出现的顺序来匹配，即最前面的匹配的 Action 会被调用。例如，struts.xml 文件中配置了 3 个 Action，其 name 属性值分别是 XAction、*Action 和*，如果请求是 XAction，则不管 name 属性值是 XAction 的 Action 出现的前后顺序，都会调用该 Action 中对应的方法；如果请求 YAction，则会根据 name 属性值为*Action 和*的这两个 Action 出现的顺序，来决定最后调用的 Action。

在 Struts 2 框架应用中，通配符有一个常用的使用方式，如下代码所示：

```
<!--不管调用哪个 Action，默认返回名为 Action 名的 JSP-->
< action name="*_*">
    < result >{0}.jsp </result>
< /action>
```

上面代码中的 Action 没有指定 class 属性，则该 Action 会使用 ActionSupport 类来处理请求（后面会详细讲解），而该 Action 类会直接返回 success 字符串，则指定的 JSP 资源就是{0}.jsp 所代表的 JSP 资源。该 Action 的含义是不管请求哪个 Action，都会返回与该 Action 名字相同的 JSP 页面。通过这种方式，避免了用户直接访问系统的 JSP 页面，而必须通过 Struts 2 框架来处理请求。

4．常量配置

在 5.2 节介绍过使用 struts.properties 文件来配置常量，实际上，在 struts.xml 中也能配置常量，其配置方式如下代码所示：

```
<struts>
    <constant name="struts.i18n.encoding" value="UTF-8" />
    <!--配置默认编码集为 UTF-8 -->
</struts>
```

上面代码配置了常量 struts.i18n.encoding，指定其值为 UTF-8。struts.properties 文件能配置的常量都可以在 struts.xml 文件中用<constant>标签来配置。

常量除了通过 struts.xml 文件和 struts.properties 文件来配置以外，还可以通过 web.xml 文件来配置。下面代码使用了 web.xml 来配置常量：

```
<filter>
   <filter-name>struts2</filter-name>
   <filter-class>org.apache.struts2.dispatcher.ng.filter.
   StrutsPrepareAndExecuteFilter</filter-class>
   <!--配置默认编码集为 UTF-8 -->
   <init-param>
     <param-name>struts.i18n.encoding</param-name>
     <param-value>UTF-8</param-value>
   </init-param>
</filter>
```

上面的代码同样配置了常量 struts.i18n.encoding，指定其值为 UTF-8。读者需要注意的是，在 web.xml 文件中配置常量时，<init-param>标签必须放在<filter>标签下。

通常情况下，struts.properties、struts.xml 和 web.xml 这 3 个文件都可用来配置常量，但开发时一般的常量配置方式都是在 struts.xml 文件中来进行，而不是在 struts.properties 文件或是 web.xml 文件中。

在 Struts 2 框架中，常量不仅仅存在于 struts.properties、struts.xml 和 web.xml 这 3 个文件中，还存在于一些支持 Struts 2 框架的 jar 包中，如 struts-plugin.xml 文件以及 struts-default.xml 文件，这些文件中都可以进行常量配置。通常，Struts 2 框架加载常量的顺序如下：

（1）struts-default.xml：在 struts-core-2.2.3.1.jar 文件中。

（2）struts-plugin.xml：在 struts-Xxx-2.2.3.1.jar 等 Struts 2 插件 jar 文件中。

（3）struts.xml。

（4）struts.properties。

（5）web.xml。

在加载常量的过程中，如果同一个常量出现在多个文件中，则后者会覆盖前者的常量值。常量的配置方式是多种多样的，但是都需要指定其 name 和对应的 value。

5.4　Struts 之 Action 类文件

在前面介绍了 Struts 框架中的核心配置文件，而在 Struts 项目开发中和这些核心配置文件同样重要的文件就是 Action 类文件。如果说，struts.xml、struts.properties 和 web.xml 文件搭建起了 Struts 项目的结构，那么 Action 类文件就实现了具体的业务逻辑处理，Action 类文件才是真正实现业务逻辑的文件。

本节将详细介绍 Action 类文件的相关内容，包括 Action 类的构造所需要的基类或接口、Action 类方法的实现所需访问的数据对象以及异常处理的配置，并通过多个实例来讲解 Action 类的定义和具体使用方法。

5.4.1　Action 接口和 ActionSupport 基类

在 Struts 2 框架中 Action 是其主要的业务逻辑处理对象，Struts 2 框架通过自动调用 Action 类的方法来实现相应的事件处理。一般的，每个 Action 类都定义在一个单独的文件中，实现不同的业务逻辑处理可以通过向该 Action 类中添加不同的方法来实现。因此，Action 类文件是 Struts 2 框架中非常重要的文件。下面来介绍 Action 类的构造所需要的 ActionSupport 基类以及 Action 接口。

Struts 2 框架提供了一个 Action 接口，该接口定义了 Struts 2 的 Action 类的实现规范。

```
public interface Action{
    public static final String ERROR="error";
    public static final String SUCCESS="success";
    public static final String INPUT="input";
    public static final String LOGIN="login";
    public static final String NONE="now";
    public String execute() throws Exception;
}
```

由 Action 接口定义可以看到，该接口定义了 5 个字符串常量和一个 execute()方法。每个 Action 类都必须包含一个 execute()方法，该方法返回一个字符串。而接口中定义的 5 个常量用来统一 execute()方法返回的值。

实际上，ActionSupport 类实现了 Action 接口，它是一个默认的 Aciton 实现类，提供了很多默认方法，包括数据校验方法、获取国际化信息方法等。实际应用中，程序员定义的 Action 类都会继承 ActionSupport 类而不是实现 Action 接口，这可以大大简化程序员的编码过程。

值得一提的是，由于自定义的 Action 类继承了 ActionSupport 类，因此必须定义一个变量 serialVersionUID。这是因为 ActionSupport 类实现了 Serializable 接口，任何实现 Serializable 接口的类都必须声明变量 serialVersionUID，如下所示：

```
private static final long serialVersionUID=1L;
```

5.4.2　Action 与 Servlet API

Struts 2 框架中的 Action 与 Servlet 是完全松耦合的，这使得 Action 类更加方便进行测试。但对于 Web 应用来说，Servlet API 是不可忽略的。在 Java Web 应用中，HttpServletRequest、HttpSession 和 ServletContext 这 3 个接口是最经常访问的（这 3 个接口分别对应 JSP 内置对象中的 request、session 和 application）。在 Struts 2 框架中访问 Servlet API 有如下几种方法。

1. 通过ActionContext类访问

Strut 2 框架提供 ActionContext 类来访问 Servlet API，几个常用方法如下：

- void put(String key, Object value)：将 key-value 对放入 ActionContext 中，模拟 Servlet API 中的 HttpServletRequest 的 setAttribute()方法。
- Object get(Object key)：通过参数 key 来查找当前 ActionContext 中的值。
- Map getApplication()：返回一个 Application 级的 Map 对象。
- Static ActionContext getContext() ：获得当前线程的 ActionContext 对象。
- Map getParameters()：返回一个包含所有 HttpServletRequest 参数信息的 Map 对象。
- Map getSession()：返回一个 Map 类型的 HttpSession 对象。
- void put(Object key,Object value)：向当前 ActionContext 对象中存入名值对信息。
- void setApplication(Map application)：设置 Application 上下文。
- void setSession(Map session)：设置一个 Map 类型的 Session 值。

要访问 Servlet API，可以通过如下方式进行访问：

```
ActionContext context=ActionContext.getContext();
context.put("name", "tom");
context.getApplication().put("name", "tom");
context.getSession().put("namme", "tom");
```

在上面代码中，通过 ActionContext 类中的方法调用，分别在 request、application 和 session 中放入了("name", "tom")对。可以看到，通过 ActionContext 类，可以非常简单地访问 JSP 内置对象的属性。

【例 5-4】 本例示范如何通过 ActionContext 类来访问 Servlet API。

（1）在 Eclipse 创建一个 Java Web 项目 ActionContextDemo，将 Struts 2 框架所需的支持库添加到 WEB-INF 目录下的 lib 文件夹中，然后在 WEB-INF 目录下添加 web.xml 文件，并在其中注册过滤器和欢迎页面，代码如下所示：

```
<?xml version="1.0" encoding="UTF-8"?>
<web-app id="WebApp_9" version="2.4" xmlns="http://java.sun.com/
xml/ns/j2ee"        xmlns:xsi="http://www.w3.org/2001/XMLSchema-instance"
xsi:schemaLocation="http://java.sun.com/xml/ns/j2ee
http://java.sun.com/xml/ns/j2ee/web-app_2_4.xsd">
    <!--定义 Filter-->
```

```
    <filter>
        <filter-name>struts2</filter-name> <!--指定Filter的名字,不能为空-->
            <!--指定Filter的实现类，此处使用的是Struts 2提供的过滤器类-->
            <filter-class>org.apache.struts2.dispatcher.ng.filter.
            StrutsPrepareAndExecuteFilter</filter-class>
    </filter>
    <!--定义Filter所拦截的URL地址-->
    <filter-mapping>
        <!--Filter的名字，该名字必须是filter元素中已声明过的过滤器名字-->
        <filter-name>struts2</filter-name>
            <url-pattern>/*</url-pattern> <!--定义Filter负责拦截的URL地址-->
    </filter-mapping>
    <!--欢迎页面-->
    <welcome-file-list>
       <welcome-file>index.jsp</welcome-file>
    </welcome-file-list>
</web-app>
```

（2）在 src 目录下创建包 com.action，在该包下创建 UserAction.java 类文件，代码如下所示：

```
package com.action;
import com.opensymphony.xwork2.ActionContext;
import com.opensymphony.xwork2.ActionSupport;
public class UserAction extends ActionSupport{
    private static final long serialVersionUID = 1L;
    //重载execute()方法
    public String execute() throws Exception {
        ActionContext context=ActionContext.getContext();
                                                    //得到ActionContext实例
        //将(name,"request:tom")到ActionContext中
        context.put("name", "request:tom");
        //得到application并将(name,"application:tom")放入
        context.getApplication().put("name","application:tom");
        //得到session并将(name,"session:tom")放入
        context.getSession().put("name", "session:tom");
        return "hello";                             //返回hello
    }
}
```

（3）在 src 目录下创建 struts.xml 文件，代码如下所示：

```
<?xml version="1.0" encoding="UTF-8" ?>
<!DOCTYPE struts PUBLIC
    "-//Apache Software Foundation//DTD Struts Configuration 2.0//EN"
    "http://struts.apache.org/dtds/struts-2.0.dtd">
<struts>
    <!--配置包default，继承struts-default -->
    <package name="default" namespace="/" extends="struts-default">
    <!--配置名为 hello 的Action，实现类为UserAction-->
       <action name="hello" class="com.action.UserAction">
          <result name="hello" >/hello.jsp</result> <!--返回hello.jsp-->
       </action>
    </package>
</struts>
```

（4）在 WebContent 目录下创建 index.jsp 和 hello.jsp 文件。

index.jsp 文件核心代码：

```
<body>
    <center>
        <s:a action="hello">hello</s:a>
    </center>
</body>
```

hello.jsp 文件核心代码：

```
<body>
    <center>
        ${applicationScope.name}<br/>
        ${sessionScope.name}<br/>
        ${requestScope.name}
    </center>
</body>
```

（5）运行该程序，其结果如图 5.9 所示，单击链接后结果如图 5.10 所示。

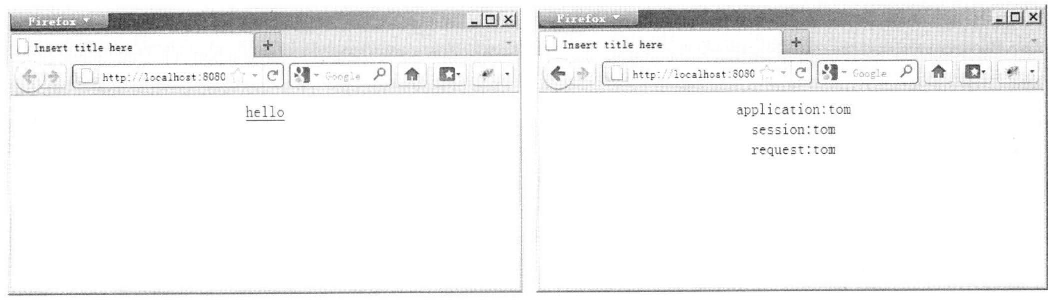

图 5.9　例 5-4 运行结果　　　　图 5.10　单击链接结果

由图 5.10 可以看到，在 Action 中放入的 name-value 对都被取出来了，这就证明 ActionContext 能够和 Servlet API 打交道。

2．通过特定接口访问

Struts 2 框架提供了 ActionContext 类来访问 Servlet API，虽然这种方法可以访问 Servlet API，但是无法直接访问到其实例。为了在 Action 中直接访问 Servlet API，可以通过下面几个接口来实现：

- ServletRequestAware：实现该接口后，可以直接访问 HttpServletRequest 实例。
- ServletResponseAware：实现该接口后，可以直接访问 HttpServletResponse 实例。
- ServletContextAware：实例该接口后，可以直接访问 ServletContext 实例。

下面举一个 ServletContextAware 接口的例子，来介绍如何在 Action 中访问 ServletContext 实例：

```
public class LoginAction implements Action, ServletContextAware{
    private ServletContext context;              //ServletContext 实例
    //setter 方法
    public void setServletContext(ServletContext ctx) {
          context=ctx;
    }
    public String execute() throws Exception {
        context.setAttribute("user", "jim");
                                  //将（“user”,"jim")放入 ActionContext 中
```

```
        return SUCCESS;
    }
}
```

在上面代码中，自定义的 LoginAction 类实现了 Action 和 ServletContextAware 接口。需要注意的是，LoginAction 类定义中必须实现 setServletContext()和 execute()方法。通过 setServletContext()方法，可以得到 ServletContext 的实例，这是在调用 execute()或其他自定义方法之前就调用的，然后在 execute()方法中，就可以访问 ServletContext 的属性内容。

通过 ServletContextAware 的例子，读者应该可以猜到其他类似接口的用法。实际上，如果一个 Action 实现了 ServletRequestAware 接口，则必须实现 setServletRequest()方法，通过它来访问 HttpServletRequest 对象；如果一个 Aciton 实现了 ServletResponseAware 接口，则必须实现 setServletResponse()方法，通过它来访问 HttpServletResponse 对象。

3．通过ServletActionContext访问

为了直接访问 Servlet API，Struts 2 框架还提供了 ServletActionContext 类，该类的几个常用方法如下：

- ❑ HttpServletResponse org.apache.struts2.ServletActionContext.getResponse()：获得 HttpServletResponse 对象。
- ❑ HttpServletRequest org.apache.struts2.ServletActionContext.getRequest()：获得 HttpServletRequest 对象。
- ❑ ServletContext org.apache.struts2.ServletActionContext.getServletContext()：获得 ServletContext 对象。

通过 ServletActionServlet 方法的调用，可以轻松获得相应的 JSP 内置对象，Action 能够更简单方便地访问 Servlet API。

5.4.3　ModelDriven 接口

用户在提交 HTTP 请求时，一般有两种方式，即 Get 方式和 Post 方式（当然还有其他方式，但不常用）。Get 方式用来获取查询相关信息，即向服务器索取数据，而 Post 方式则用来更新信息，即向服务器提交数据。

通常情况下，用 Get 方式向服务器查询信息时，其附带的信息较少，可以使用 Servlet API 来一一获取，但当用 Post 方式提交数据时，往往数据量大，如果仍然用 Servlet API 的方式来一一获取数据，代码就显得过于臃肿，而且会降低程序员的工作效率。这时候，Struts 2 框架的强大作用就显现出来了。Struts 2 框架提供了 ModelDriven 接口，对于实现了该接口的 Action 来说，只需定义相应的 Model，Struts 2 框架就会自动将用户提交的 HTTP 信息赋给相应的 Model。

ModelDriven 接口的使用方式如以下代码所示：

```
public class XxxAction extends ActionSupport implements ModelDriven
    <XXModel>{
    private static final long serialVersionUID = 1L;
    private XXModel x=new XXModel();          //创建要使用的对象实例
    //getter 方法，必须实现
    public XXModel getModel() {
```

```
        return x;
    }
    public String execute() throws Exception {
        return SUCCESS;
    }
}
```

上面代码中 XxxAction 类继承了 ModelDriven 接口，这样用户提交的关于 XXModel 类的信息，就会直接放入 x 对象中。读者需要注意的是 XXModel 对象必须实例化，且 getModel()方法必须重写。

【例 5-5】 本例示范 ModelDriven 接口的使用方式。

（1）使用 Eclipse 创建一个 Java Web 项目 ModelDrivenDemo，将 Struts 2 框架所需的支持库添加到 WEB-INF 目录下的 lib 文件夹中，然后在 WEB-INF 目录下添加 web.xml 文件，并在其中注册过滤器和欢迎页面。

```
<?xml version="1.0" encoding="UTF-8"?>
<web-app id="WebApp_9" version="2.4" xmlns="http://java.sun.com/
xml/ns/j2ee"        xmlns:xsi="http://www.w3.org/2001/XMLSchema-instance"
xsi:schemaLocation="http://java.sun.com/xml/ns/j2ee
http://java.sun.com/xml/ns/j2ee/web-app_2_4.xsd">
    <!--定义 Filter-->
    <filter>
        <filter-name>struts2</filter-name>      <!--指定 Filter 的名字-->
            <!--指定 Filter 的实现类，此处使用的是 Struts 2 提供的过滤器类-->
            <filter-class>org.apache.struts2.dispatcher.ng.filter.
            StrutsPrepareAndExecuteFilter</filter-class>
    </filter>
    <!--定义 Filter 所拦截的 URL 地址-->
    <filter-mapping>
        <!--Filter 的名字，该名字必须是 filter 元素中已声明过的过滤器名字-->
        <filter-name>struts2</filter-name>
            <url-pattern>/*</url-pattern> <!--定义 Filter 负责拦截的 URL 地址-->
    </filter-mapping>
    <!--欢迎页面-->
   <welcome-file-list>
      <welcome-file>index.jsp</welcome-file>
   </welcome-file-list>
</web-app>
```

（2）在 src 目录下创建 com.action 包，在该包下创建 LoginAction.java 文件。

```
package com.action;
import com.model.UserModel;
import com.opensymphony.xwork2.ActionContext;
import com.opensymphony.xwork2.ActionSupport;
import com.opensymphony.xwork2.ModelDriven;
public    class    LoginAction    extends    ActionSupport    implements
ModelDriven<UserModel>{
private static final long serialVersionUID = 1L;
    private UserModel user=new UserModel();     //创建 UserModel 实例
    //getter 方法，必须实现
    public UserModel getModel() {
        return user;
    }
    //重载 execute 方法
    public String execute() throws Exception {
```

```
        ActionContext context=ActionContext.getContext();
                                                    //得到 ActionContext 实例
        context.put("user", user); //将("user", user)放入 ActionContext 中
        return SUCCESS;
    }
}
```

（3）在 src 目录下创建 com.model 包，在该包下创建 UserModel.java 文件。

```
package com.model;
public class UserModel {
    private String name;          //name 属性
    private String age;           //age 属性
    private String address;       //address 属性
    private String telephone;     //telephone 属性
    //name 属性的 getter 和 setter 方法
    public String getName() {
        return name;
    }
    public void setName(String name) {
        this.name = name;
    }
    //age 属性的 getter 和 setter 方法
    public String getAge() {
        return age;
    }
    public void setAge(String age) {
        this.age = age;
    }
    //address 属性的 getter 和 setter 方法
    public String getAddress() {
        return address;
    }
    public void setAddress(String address) {
        this.address = address;
    }
    //telephone 属性的 getter 和 setter 方法
    public String getTelephone() {
        return telephone;
    }
    public void setTelephone(String telephone) {
        this.telephone = telephone;
    }
}
```

（4）在 src 目录下创建 struts.xml 文件。

```
<?xml version="1.0" encoding="UTF-8" ?>
<!DOCTYPE struts PUBLIC
   "-//Apache Software Foundation//DTD Struts Configuration 2.0//EN"
   "http://struts.apache.org/dtds/struts-2.0.dtd">
<struts>
    <!--配置 default 包-->
   <package name="default" namespace="/" extends="struts-default">
    <!--配置名为 user 的 Action，实现类为 com.action.LoginAction -->
      <action name="user" class="com.action.LoginAction">
         <result name="success" >/success.jsp</result>
                                    <!--返回 success.jsp-->
      </action>
```

```
    </package>
</struts>
```

（5）在 WebContent 目录下创建 index.jsp 和 success.jsp 文件。

index.jsp 文件核心代码：

```
<body>
<center>
  <!--定义表单-->
  <s:form action="user">
    <s:textfield label="Name" name="name" />    <!--定义文本框-->
    <s:textfield label="Age"  name="age" />
    <s:textfield  label="Telephone" name="telephone" />
    <s:textfield  label="Address" name="address" />
    <s:submit/>                                  <!--提交按钮-->
</s:form>
</center>
</body>
```

success.jsp 文件核心代码：

```
<body>
<center>
  <!--控制文本水平居中-->
  <s:property value="#user.name"/><br/>
  <s:property value="#user.age"/><br/>
  <s:property value="#user.telephone"/><br/>
  <s:property value="#user.address"/><br/>
</center>
</body>
```

（6）运行该程序，其结果如图 5.11 所示，输入信息，提交后显示如图 5.12 所示的页面。

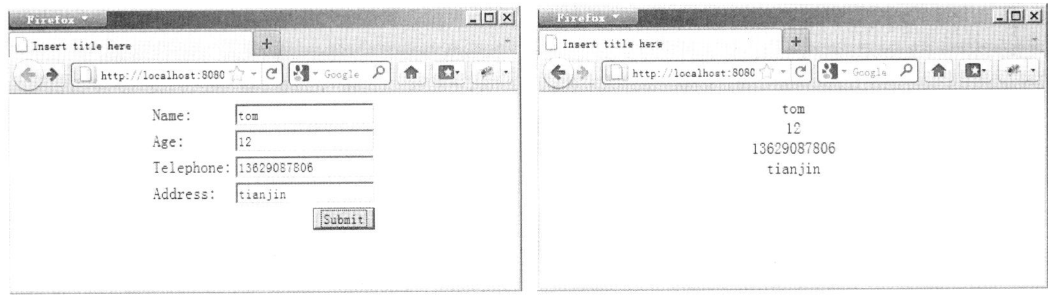

图 5.11　例 5-5 运行结果　　　　图 5.12　提交后

ModelDriven 是一个经常在开发中用到的接口，它大大简化了开发的时间，对于开发者来说，这是一个不可多得的福音。

5.4.4　异常处理

读者可能遇到这样的情况，在开发 Java Web 应用程序的时候，由于程序的开发不太完善，导致用户在使用的过程中出现程序崩溃的情况，结果是在浏览器上面显示一大堆用户无法看懂的东西。对于商业应用来说，这可能意味着成千上万的损失。Struts 2 框架的异常处理机制对于这种情况提供了有效的支持。Struts 2 框架的异常处理机制是十分成熟的，只需简单的配置就可以实现。

一般情况下，开发者希望实现这样的功能：当处理用户请求时，如果出现了异常，就会转入指定的错误视图资源；如果出现了另一种异常，则系统会转入另一个指定的错误视图资源。下面的代码就实现了这种功能：

```
public class XXXAction extends ActionSupport{
        private static final long serialVersionUID = 1L;
        //错误抛出异常
        public String execute() throws Exception {
    try {
            return SUCCESS;
        } catch (SQLException e) {
            e.printStackTrace();
            return ERROR;                   //SQL 异常，返回 ERROR
        } catch (InvalidInputException e) {
            e.printStackTrace();
            return ERROR;                   //InvalidInput 异常，返回 ERROR
        } catch(exception1  e1){
            return result1;                 //自定义异常 e1，返回 result1
        } catch(exception2  e2){
            return result2;                 //自定义异常 e2，返回 result2
        }
}
```

上面的代码虽然可以满足我们提出的要求，但实际上，这种实现方式并不实用。上述代码是通过 try-catch 方式来捕获异常的，当异常比较简单、种类较少时，这种方式是可行的。但在企业级应用中，由于系统的规模常常非常大，如果仍采用 try-catch 方式来捕获异常，将会降低代码的可维护性。

Struts 2 框架提供了自己的异常处理机制，只需在 struts.xml 文件中配置异常处理即可，而不需要在 Action 方法中来捕捉异常。

Struts 2 框架在 struts.xml 文件中配置异常通常有两种方式：全局异常配置和局部异常配置。分别通过<global-exception-mappings../>标签和<exception-mapping../>标签来配置。Struts 2 框架在 struts.xml 文件中配置异常的代码如下所示：

```
<struts>
    <package name="default">
        <!--全局结果-->
       <global-results>
           <result name="Exception">/Exception.jsp</result>
    <!--返回结果 Excetpion.jsp -->
           <result name="SQLException">/SQLException.jsp</result><!--返回
           结果 SQLExcetpion.jsp -->
       </global-results>
        <!--全局异常映射-->
       <global-exception-mappings>
            <!--SQL 异常映射-->
          <exception-mapping exception="java.sql.SQLException" result=
          "SQLException"/>
            <!--一般异常-->
          <exception-mapping exception="java.lang.Exception" result=
          "Exception"/>
       </global-exception-mappings>
```

```
        ...
        <action name="DataAccess" class="com.action.DataAccess">
            <exception-mapping exception="com.action.SecurityException"
            result="login"/>
            <result name="login" >/loginException.jsp </result>
            <result>/DataAccess.jsp</result>
        </action>
        ...
    </package>
</struts>
```

上面的 struts.xml 文件中配置了 3 个异常，其中 java.sql.SQLException 和 java.lang.Exception 是全局异常，com.action.SecurityException 是局部异常。异常的 result 属性指的是当 Action 出现该异常时，系统返回 result 属性值对应的名称。需要注意的是，全局异常会对所有的 Action 起作用，而局部异常只对其所在的 Action 其作用。

出现异常后，一般会在 JSP 页面中输出异常信息，通常使用下面两种方式来输出异常信息：

- <s:property value="exception.message"/>：输出异常对象信息。
- <s:property value="exceptionStack"/>：输出异常堆栈信息。

【例 5-6】 本例示范 Struts 2 框架异常处理的配置。

（1）在 Eclipse 中创建一个 Java Web 项目 ExceptionDemo，将 Struts 2 框架所需的支持库添加到 WEB-INF 目录下的 lib 文件夹中，然后在 WEB-INF 目录下添加 web.xml 文件，并在其中注册过滤器和欢迎页面。

```
<?xml version="1.0" encoding="UTF-8"?>
<web-app id="WebApp_9" version="2.4" xmlns="http://java.sun.com/xml/
ns/j2ee" xmlns:xsi="http://www.w3.org/2001/XMLSchema-instance" xsi:
schemaLocation="http://java.sun.com/xml/ns/j2ee
http://java.sun.com/xml/ns/j2ee/web-app_2_4.xsd">
    <!--定义 Filter-->
    <filter>
        <filter-name>struts2</filter-name> <!--指定Filter的名字,不能为空-->
            <!--指定 Filter 的实现类，此处使用的是 Struts 2 提供的过滤器类-->
            <filter-class>org.apache.struts2.dispatcher.ng.filter.
            StrutsPrepareAndExecuteFilter</filter-class>
    </filter>
    <!--定义 Filter 所拦截的 URL 地址-->
    <filter-mapping>
        <!--Filter 的名字，该名字必须是 filter 元素中已声明过的过滤器名字-->
        <filter-name>struts2</filter-name>
            <url-pattern>/*</url-pattern> <!--定义 Filter 负责拦截的 URL 地址-->
    </filter-mapping>
    <!--欢迎页面-->
   <welcome-file-list>
       <welcome-file>index.jsp</welcome-file>
   </welcome-file-list>
</web-app>
```

（2）在 src 目录下创建 com.action 包，在该包下创建 UserAction.java 和 SecurityException.java 文件，代码如下所示。

UserAction.java 文件代码如下：

```
package com.action;
```

```
import com.opensymphony.xwork2.ActionSupport;
public class UserAction extends ActionSupport{
    private static final long serialVersionUID = 1L;
    private String name;         //name 属性
    private String age;          //age 属性
    private String tel;          //tel 属性
    //name 属性的 getter、setter 方法
    public String getName() {
        return name;
    }
    public void setName(String name) {
        this.name = name;
    }
    //age 属性的 getter、setter 方法
    public String getAge() {
        return age;
    }
    public void setAge(String age) {
        this.age = age;
    }
    //tel 属性的 getter、setter 方法
    public String getTel() {
        return tel;
    }
    public void setTel(String tel) {
        this.tel = tel;
    }
    public String execute() throws Exception {
        //根据输入值进行检测是否符合要求
        if(!getName().equals("tom"))
        {
            throw new SecurityException("wrong name!!!!!!");

        }
        else if(!getAge().equals("20"))
        {
            throw new Exception("wrong age!!!!!");
        }
        else if(!getTel().equals("15202208200"))
        {
            throw new java.sql.SQLException();
        }
        else
        {
           return SUCCESS;
        }
    }
}
```

SecurityException.java 文件代码如下：

```
package com.action;
public class SecurityException extends Exception{
    private static final long serialVersionUID = 1L;
    //构造方法
    public SecurityException() {
        super();
   }
   private String message;  //属性 message，用于记录错误消息
   public SecurityException(String messa ge){
```

```
    this.message = message;
  }
  public String getMessage() {
     return message;
  }
}
```

（3）在 src 目录下创建文件 struts.xml。

```
<?xml version="1.0" encoding="UTF-8" ?>
<!DOCTYPE struts PUBLIC
   "-//Apache Software Foundation//DTD Struts Configuration 2.0//EN"
   "http://struts.apache.org/dtds/struts-2.0.dtd">
<struts>
   <!--配置包 default -->
   <package name="default" namespace="/" extends="struts-default">
      <!--全局结果 -->
      <global-results>
           <result name="Exception">/Exception.jsp</result>
                                    <!--返回 Exception.jsp -->
           <result name="SQLException">/SQLException.jsp</result>
                                    <!--返回 SQLException.jsp -->
      </global-results>
       <!--全局异常映射-->
      <global-exception-mappings>
         <!--Sql 异常-->
         <exception-mapping exception="java.sql.SQLException" result=
         "SQLException"/>
         <!--一般异常-->
         <exception-mapping exception="java.lang.Exception" result=
         "Exception"/>
      </global-exception-mappings>
      <!--配置名为 user 的 Action，实现类为 com.action.UserAction -->
      <action name="user" class="com.action.UserAction">
         <!--异常结果已设-->
         <exception-mapping exception="com.action.SecurityException"
         result="login"/>
          <result name="login" >/loginException.jsp </result>
    <!--返回结果 login-->
         <result>/success.jsp</result>    <!--返回结果 success-->
      </action>
   </package>
</struts>
```

（4）在 WebContent 目录下创建 index.jsp、Exception.jsp、SQLException.jsp、loginException.jsp 和 success.jsp 文件，代码如下所示，其中 Exception.jsp、SQLException.jsp 和 loginException.jsp 文件代码相同。

index.jsp 文件核心代码如下：

```
<body>
<center>
<!--定义表单-->
<s:form action="user">
  <s:textfield label="Name" name="name"/>          <!--定义文本框-->
  <s:textfield label="Age" name="age" />
  <s:textfield label="Tel" name="texl"/>
  <s:submit></s:submit>                              <!--提交按钮-->
</s:form>
```

```
</center>
</body>
```

Exception.jsp、SQLException.jsp、loginException.jsp 文件核心代码如下：

```
<body>
<center>
<h2>
    <s:property value="exception.message"/>
    <s:property value="exceptionStack"/>
</h2>
</center>
</body>
```

success.jsp 文件核心代码如下：

```
<body>
    <h2>
        success
    </h2>
</body>
```

（5）运行程序，其结果如图 5.13 所示，输入信息，若不符合 Action 中的处理要求，则产生如图 5.14 所示的结果，若符合要求，则进入 success.jsp 页面。

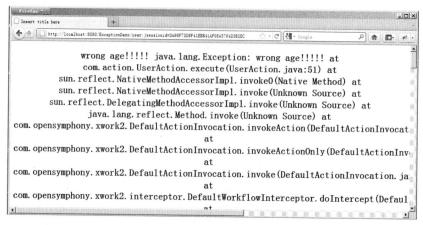

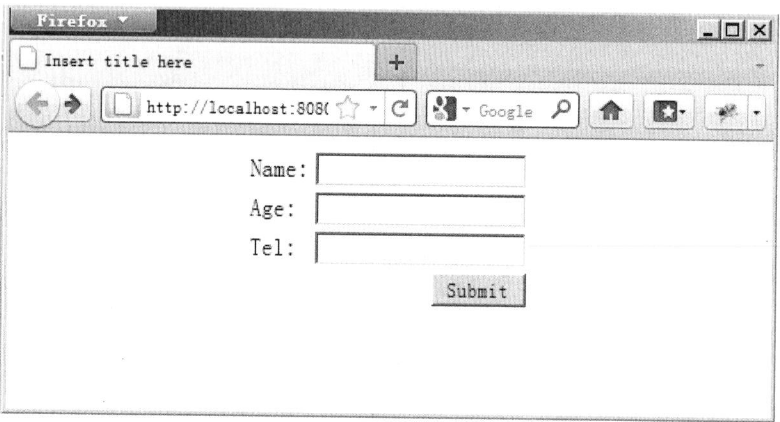

图 5.13　例 5-6 运行结果

```
wrong age!!!!! java.lang.Exception: wrong age!!!!! at
com.action.UserAction.execute(UserAction.java:51) at
sun.reflect.NativeMethodAccessorImpl.invoke0(Native Method) at
sun.reflect.NativeMethodAccessorImpl.invoke(Unknown Source) at
sun.reflect.DelegatingMethodAccessorImpl.invoke(Unknown Source) at
java.lang.reflect.Method.invoke(Unknown Source) at
com.opensymphony.xwork2.DefaultActionInvocation.invokeAction(DefaultActionInvocat
at
com.opensymphony.xwork2.DefaultActionInvocation.invokeActionOnly(DefaultActionInv
at
com.opensymphony.xwork2.DefaultActionInvocation.invoke(DefaultActionInvocation.ja
at
com.opensymphony.xwork2.interceptor.DefaultWorkflowInterceptor.doIntercept(Defaul
```

图 5.14　异常处理结果

5.5　本 章 小 结

本章主要介绍了 Struts 2 框架中核心配置文件的作用及其具体配置、Action 类文件的具体格式以及访问 servlet API 的几种方法。web.xml、struts.properties 以及 struts.xml 三大配置文件，构成了 Struts 2 框架的配置基础，其中 web.xml 文件主要是配置初始信息、过滤器等，struts.properties 主要进行常量的配置，而 struts.xml 则主要进行 Action 的配置。这三个核心配置文件都可以配置常量，如表 5.5 所示。

表 5.5　三大配置文件的常量配置方式

文件	代　码
web.xml	<init-param> <param-name> struts.i18n.encoding </param-name> <param-value> UTF-8</param-value> </init-param>
struts.properties	struts.i18n.encoding=UTF-8
struts.xml	<constant name="struts.i18n.encoding" value="UTF-8" />

1. web.xml

web.xml 文件是 Struts 2 框架中的一个重要配置文件，是不可缺少的。其最重要的就是过滤器的配置，这是其最常用的配置。

2. struts.properties

struts.properties 文件主要用来配置常量，由于常量可以在 web.xml 或 struts.xml 中配置，所以该文件有时可以略去不配置。实际上，Struts 2 框架按如下顺序来加载常量：

- struts-default.xml：在 struts-core-2.2.3.1.jar 文件中。
- struts-plugin.xml：在 struts-Xxx-2.2.3.1.jar 等 Struts 2 插件 jar 文件中。
- struts.xml。
- struts.properties。
- web.xml。

上述是 Struts 2 框架搜索常量的顺序，当同一个文件出现多个文件中时，后出现的常量值会覆盖前面的值。

3. struts.xml

struts.xml 文件是 Struts 2 框架中最核心的配置文件，是不可缺少的。读者应该注意其 Action、package、result 以及通配符等的配置方式。

4. Action类文件

Action 类是 Struts 2 框架中很重要的一个组成部分，具体的业务逻辑都是它来进行处理的。读者须注意在 Action 中访问 Servlet API 的方法以及 ModelDriven 接口的使用。

第 6 章　Struts 之数据校验与国际化

在第 5 章介绍了 Struts 2 框架的核心配置文件的配置及相关知识，本章将介绍 Struts 2 框架中类型转换、数据校验和国际化的知识。在用户发送 HTTP 请求时，往往携带一系列的参数，将这些参数转换成相应的指定类型的变量，就是类型转换的过程。数据校验指的是对用户输入的信息进行校验，排除错误的输入，以避免对系统产生毁灭性的影响；国际化是指系统能够供各种各样的用户来使用而不用修改系统内部代码，具体内容如下：

- ❑ 类型转换。
- ❑ 数据校验。
- ❑ 系统化。

6.1　类 型 转 换

对于 Struts 2 框架而言，它的所有处理过程可以看成一个黑盒子，输入的是 HTTP 请求及其参数，输出的是视图资源。由于 HTTP 请求参数都是字符串类型，因此在处理 HTTP 请求之前，必须先将 HTTP 请求参数转化成 Java 平台所能识别的类型，而这个过程一般是通过类型转换来完成的。通常情况下，类型转换过程不需要开发者来配置，Struts 2 框架提供的默认转换足以满足大多数转换过程的需要，当然，开发者也可以通过配置文件来配置自己定义的类型转换器。下面就来介绍类型转换的具体内容。

6.1.1　基本类型转换

Struts 2 框架的功能十分强大，它提供了开发者大多数需要用到的默认功能，它的默认设置节省了开发者很多时间，类型转换也一样，Struts 2 框架提供了一系列的基本类型转换器，可以在字符串类型和其他类型之间互相转换。这些类型转换器如下所示：

- ❑ String：字符串和字符串类型间的转换。
- ❑ boolean / Boolean：字符串和布尔类型之间的转换。
- ❑ char / Character：字符串和字符之间的转换。
- ❑ int / Integer, float / Float, long / Long, double / Double：字符串和整数之间的转换。
- ❑ dates：使用 HTTP 请求对应地域（Locale）的 SHORT 形式转换字符串和日期类型。
- ❑ arrays：每一个字符串内容可以被转换为不同的对象。
- ❑ collections：转换为 Collection 类型，默认为 ArrayList 类型，其中包含 String 类型。

除了这些基本的类型转换外，Struts 2 框架还提供了其他在特定环境下使用的类型转换器：Enumerations、BigDecimal 和 BigInteger。

对于开发者来说，使用这些内置的类型转换器来完成字符串和基本类型的类型转换是十分方便的，不需要手动的配置，就可以直接使用这些基本类型转换器。在前面的例子中，实际上已经使用过基本类型转换器，如在 Action 中定义属性时，在提交表单时的自动赋值等。基本类型转换器的用法非常简单，本小节主要介绍集合类型转换器的用法。

下面举例来说明集合类型转换器的用法。

【例 6-1】 本示例实现了将字符串转换为 ArrayList 类型的功能。

（1）在 Eclipse 中创建一个 Java Web 项目 ListDemo，将 Struts 2 框架所需的支持库添加到 WEB-INF 目录下的 lib 文件夹中，然后在 WEB-INF 目录下添加 web.xml 文件，并在其中注册过滤器和欢迎页面。

（2）在 src 目录下创建 com.action 和 com.model 包，在 com.action 包中创建 ListAction.java 文件，在 com.model 包下创建 User.java 文件，这两个文件的代码如下所示。

ListAction.java 文件：

```
package com.action;
import java.util.List;
import com.model.User;
import com.opensymphony.xwork2.ActionSupport;
public class ListAction extends ActionSupport{
    private static final long serialVersionUID = 1L;
    private List<User> users;                       //users 属性，为 List 类型
    //users 属性的 getter 方法
    public List<User> getUsers() {
        return users;
    }
    //users 属性的 setter 方法
    public void setUsers(List<User> users) {
        this.users = users;
    }
    //重载 execute()方法
    public String execute() throws Exception {
        for (User user : users) {
            System.out.println("Name:"+user.getName()+" Age:"+user.
            getAge()+" Tel:"+user.getTel());
        }
        return SUCCESS;
    }
}
```

User.java 文件：

```
package com.model;
public class User {
    private String name;            //name 属性
    private int age;                //age 属性
    private String tel;             //tel 属性
    //name 属性的 getter 和 setter 方法
    public String getName() {
     return name;
    }
    public void setName(String name) {
     this.name = name;
    }
    //age 属性的 getter 和 setter 方法
    public int getAge() {
```

```
        return age;
    }
    public void setAge(int age) {
        this.age = age;
    }
    //tel 属性的 getter 和 setter 方法
    public String getTel() {
        return tel;
    }
    public void setTel(String tel) {
        this.tel = tel;
    }
}
```

（3）在 src 目录下创建 struts.xml 文件。

```
<?xml version="1.0" encoding="UTF-8" ?>
<!DOCTYPE struts PUBLIC
    "-//Apache Software Foundation//DTD Struts Configuration 2.0//EN"
    "http://struts.apache.org/dtds/struts-2.0.dtd">
<struts>
    <!--配置包，包名为 default-->
    <package name="default" namespace="/" extends="struts-default">
        <!--配置 Action，其实现类为 com.action.ListAction -->
        <action name="list" class="com.action.ListAction">
            <result>/success.jsp</result><!-- listAction 返回 success.jsp 页
            面 -->
        </action>
    </package>
</struts>
```

（4）在 WebContent 目录下创建 index.jsp 和 success.jsp 文件，核心代码如下所示。
index.jsp 文件核心代码：

```
<body>
<center>
<s:form action="list"> <!--表单 -->
<!--定义表格 -->
<table >
<!--定义表格中的行 -->
<tr>
    <td></td>           <!--定义表格中的标准单元格 -->
    <td>first: </td>
    <td>second:</td>
  </tr>
  <tr>
    <td>Name:</td>          <!--定义表格中的标准单元格 -->
    <!--设置 list 元素-->
    <td><s:textfield name="users[0].name" theme="simple"/></td>
    <td><s:textfield name="users[1].name" theme="simple"/></td>
  </tr>
  <tr>
    <td>Age:</td>
    <td><s:textfield name="users[0].age" theme="simple"/></td>
    <td><s:textfield name="users[1].age" theme="simple"/></td>
  </tr>
  <tr>
    <td>Tel:</td>
    <td><s:textfield name="users[0].tel" theme="simple"/></td>
```

```
    <td><s:textfield name="users[1].tel" theme="simple"/></td>
  </tr>
  <tr>
    <td colspan="3">              <!--colspan 属性规定单元格可横跨的列数 -->
      <s:submit></s:submit>       <!--提交-->
    </td>
  </tr>
</table>
</s:form>
</center>
</body>
```

success.jsp 文件核心代码如下：

```
<body>
<center>
    <!--取出 list 中的元素，users[0]代表第一个元素，users[1]代表第二个元素-->
    Name:<s:property value="users[0].name"/>
    Age:<s:property value="users[0].age"/>
    Tel:<s:property value="users[0].tel"/><br/>
    Name:<s:property value="users[1].name"/>
    Age:<s:property value="users[1].age"/>
    Tel:<s:property value="users[1].tel"/>
</center>
</body>
```

（5）运行程序，其结果如图 6.1 所示，输入信息提交后显示如图 6.2 所示的页面。

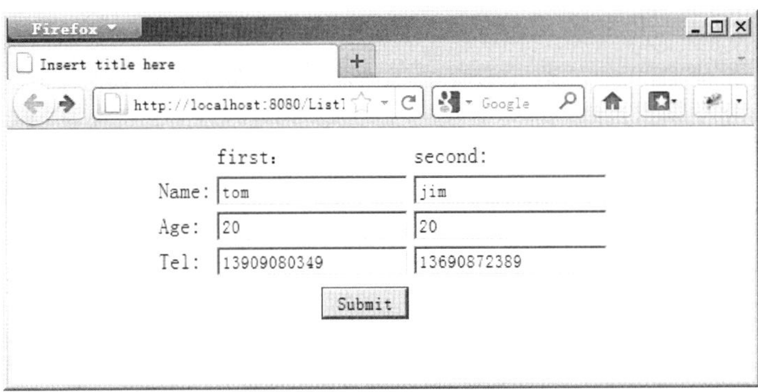

图 6.1　例 6-1 运行结果

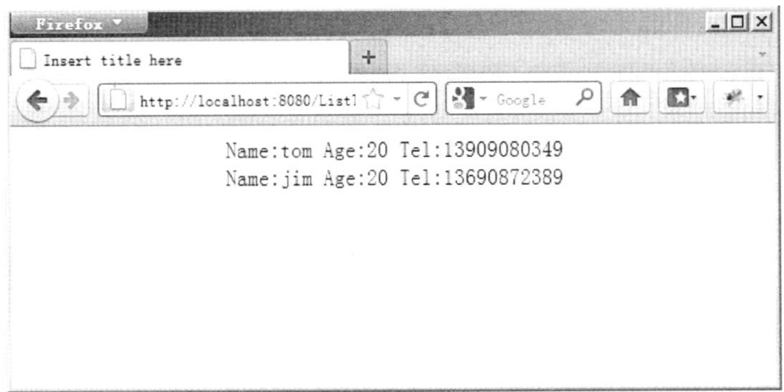

图 6.2　例 6-1 提交后的结果

在这个例子中，index.jsp 页面定义了要提交的表单，其表单域的 name 属性都被设置为“Action 属性名[index].属性名”的形式，其中 Action 属性名是 Action 类中包含的属性，在此例中即为 users，index 是 ArrayList 中的索引属性，属性名即 list 中元素对象的属性名。在提交表单后，Struts 2 框架会构造一个对应的集合实例，这里是 users，然后为这个实例来添加元素。最后在返回的视图中，通过<s:property>标签来访问 Action 的属性。在本例中，读者需要注意的是 index.jsp 文件中的要提交数据的 name 属性的定义以及 Action 中属性的定义。

除了 ArrayList 外，通常还会用到另一个集合 Map。Map 类型转换和 ArrayList 非常相似，将项目 ListDemo 中的 index.jsp 替换成如下所示的代码：

```
<body>
<center>
<s:form action="list"> <--form 标签-->
<!--创建一个表格 -->
<table >
<tr>
   <td></td>
   <td>first: </td>
   <td>second:</td>
</tr>
 <tr>
  <td>Name:</td>
     <!--提交 map 中元素对，users[first]为名为 first 的元素，设置 name 属性 -->
  <td><s:textfield name="users['first'].name" theme="simple"/></td>
     <!--提交 map 中元素对，users[second]为名为 second 的元素 ，设置 name 属性-->
  <td><s:textfield name="users['second'].name" theme="simple"/></td>
 </tr>
  <tr>
  <td>Age:</td>
     <!--设置 map 中元素的 age 属性 -->
<td><s:textfield name="users['first'].age" theme="simple"/></td>
    <td><s:textfield name="users['second'].age" theme="simple"/></td>
  </tr>
  <tr>
  <td>Tel:</td>
     <!--设置 map 中元素的 tel 属性 -->
    <td><s:textfield name="users['first'].tel" theme="simple"/></td>
    <td><s:textfield name="users['second'].tel" theme="simple"/></td>
  </tr>
  <tr>
   <td colspan="3">
      <s:submit></s:submit>      <!--提交 -->
   </td>
  </tr>
</table>
</s:form>
</center>
</body>
```

success.jsp 文件的代码替换成如下所示的代码：

```
<body>
<center>
    <!--访问 map 中元素对，users[first]为名为 first 的元素-->
    Name:<s:property value="users['first'].name"/> <!--访问 name 属性 -->
```

```
    Age:<s:property value="users['first'].age"/>   <!--访问 age 属性 -->
    Tel:<s:property value="users['first'].tel"/><br/><!--访问 tel 属性 -->
    Name:<s:property value="users['second'].name"/>  <!--访问 name 属性 -->
    Age:<s:property value="users['second'].age"/> <!--访问 age 属性 -->
    Tel:<s:property value="users['second'].tel"/> <!--访问 tel 属性 -->
</center>
</body>
```

ListAction.java 文件中代码替换成如下所示的代码：

```
package com.action;
import java.util.Map;
import com.model.User;
import com.opensymphony.xwork2.ActionSupport;
public class ListAction extends ActionSupport{
    private static final long serialVersionUID = 1L;
    private  Map<String, User> users;        //Map 类型 users 属性
    //users 属性的 getter 方法
    public Map<String, User> getUsers() {
        return users;
    }
    //users 属性的 setter 方法
    public void setUsers(Map<String, User> users) {
        this.users = users;
    }
    //重载 execute 方法
    public String execute() throws Exception {
        return SUCCESS;
    }
}
```

运行程序，即可得到和 ListDemo 相同的结果。项目详细代码见光盘第 6 章\6-1\MapDemo。

通过泛型，Struts 2 就可以掌握集合中元素的类型。ListDemo 项目中定义集合时就使用了泛型。而对于定义时未使用泛型的集合，Struts 2 则无法使用类型转换器来处理该集合。针对这种情况，Struts 2 框架中也提供了相应的处理方法。

在 ListDemo 项目中，修改 ListAction.java 如下：

```
package com.action;
import java.util.List;
import com.opensymphony.xwork2.ActionSupport;
public class ListAction extends ActionSupport{
    private static final long serialVersionUID = 1L;
    private List users;              //List 类型的 users 属性，没指定元素类型
    //users 属性的 getter 方法
    public List getUsers() {
        return users;
    }
    //users 属性的 setter 方法
    public void setUsers(List users) {
        this.users = users;
    }
    //重载 execute 方法
    public String execute() throws Exception {
        return SUCCESS;
    }
}
```

然后在包 com.action 下创建 ListAction-conversion.properties，打开编辑代码如下所示：

```
Element_users=com.model.User
```

运行后可以看到和原 ListDemo 项目效果一样。项目详细代码见光盘第 6 章\6-1\ListDemo2。

对集合而言，如果不使用泛型，则可以通过局部类型转换文件来指定集合元素的类型。局部类型转换文件要放入和 Action 类相同的路径下，且其命名方式为 ClassName-conversion.properties，其中 ClassName 值对应 Action 类名称，-conversion.properties 这一部分则是固定不变的。

在指定 List 集合元素的类型时，需要指定其集合实例名和集合元素类型，以 key-value 的方式添加在局部转换文件中即可。key-value 在局部转换文件中的格式如下：

```
Element_<ListName>=<ElementType>
```

其中，<ListName>部分用 List 集合的实例名进行替换，<ElementType>部分用集合元素类型替换。上面例子中为 users 实例的局部类型转换文件，通过该文件，Struts 即可获知 users 实例中元素的属性为 com.model.user 类型。

对于 Map 集合元素类型的指定，同样可以通过局部转换文件来指定，但 Map 集合须同时指定其 key 类型和 value 类型，因此，应该在局部类型转换文件中添加如下内容：

```
Key_<MapName>=<KeyType>
Element_<MapName>=<ValueType>
```

其中，<MapName>部分用 Map 类型的实例名替换，<KeyType>用 key 类型替换，<ValueType>用 value 类型替换。

下面通过修改 ListDemo 项目来说明 Map 局部类型转换文件的使用。

在 ListDemo 项目中，修改 ListAction.java 文件如下所示：

```
package com.action;
import java.util.Map;
import com.model.User;
import com.opensymphony.xwork2.ActionSupport;
public class ListAction extends ActionSupport{
    private static final long serialVersionUID = 1L;
    private Map users;                  //Map 类型 users 属性，不包含元素类型
    //users 属性的 getter 方法
    public Map getUsers() {
        return users;
    }
    //users 属性的 setter 方法
    public void setUsers(Map users) {
        this.users = users;
    }
    //重载 execute 方法
    public String execute() throws Exception {
        return SUCCESS;
    }
}
```

然后在包 com.action 下创建 ListAction-conversion.properties，打开编辑代码如下所示：

```
Element_users=com.model.User
```

```
Key_users=java.lang.String
```

运行后可以看到和原 ListDemo 项目效果一样。项目详细代码见光盘第 6 章\6-1\MapDemo2。

综上所述可以看到，要使用集合类型转换器，可以通过如下两种方式：

- 将集合指定为泛型方式。
- 在 Action 类的局部类型转换文件中指定集合元素类型。

6.1.2　自定义类型转换

一般来说，Struts 2 提供的类型转换器已经能够满足开发者大部分的需要，但对于一些复杂类型，开发者则需要自己来完成类型转换。例如要将一个字符串转换成一个对象，显然，仅依靠 Struts 2 是不能完成转换的，此时，转换必须由开发者负责完成。本小节将介绍自定义类型转换器的相关内容。

自定义类型转换需要两个步骤，首先需定义相应的类型转换器类，然后向 Struts 2 框架注册类型转换器。

1. 转换器类

Struts 2 框架提供了转换器类定义的方法，一般有两种方法来定义转换器类。

（1）继承 DefaultTypeConverter 类来定义转换器类。

继承 DefaultTypeConvertor 类来定义转换器类通常须重写其中的 convertValue()方法，定义转换器类的方法如下所示，该转换器类实现了字符串和 Line 类类型之间的转换。

```
public class LineConvertor extends DefaultTypeConverter{
public Object convertValue(Map<String, Object> context, Object value, Class
toType)
  {
    //字符串转向 Line 类类型
    if(toType==Line.class)
    {
        String[] params=(String[])value;            //请求参数为字符串数组
        String param=params[0];
        Line line=new Line();                        //创建 Line 实例
        StringBuilder temp=new StringBuilder(); //创建 StringBuilder 类型实例
        char ch;
        int j=0;
        //字符串正确形式为(x1,y1,x2,y2)，遍历 param 中的每个元素
        for(int index=0;index<param.length();index++)
        {

            ch=param.charAt(index);                 //访问 param 的元素
            //将数字提取出来
            if(ch!=','&&ch!='('&&ch!=')')
            {
               temp.append(ch);
            }else if(ch==','||ch==')')
            {
                //判断第几个数字
                switch (j) {
                //第一个数字
```

```
                case 0:
                {
                    line.setX1(Integer.parseInt(temp.toString()));
                                                    //设置第一个数字到 line 对象中
                    temp.delete(0,temp.length());  //清空 temp
                    break;
                }
                //第二个数字
                case 1:
                {
                    line.setY1(Integer.parseInt(temp.toString()));
                                                    //设置第二个数字到 line 对象中
                    temp.delete(0,temp.length());       //清空 temp
                    break;
                }
                //第三个数字
                case 2:
                {
                    line.setX2(Integer.parseInt(temp.toString()));
                                                    //设置第三个数字到 line 对象中
                    temp.delete(0,temp.length());       //清空 temp
                    break;
                }
                //第四个数字
                case 3:
                {
                    line.setY2(Integer.parseInt(temp.toString()));
                                                    //设置第四个数字到 line 对象中
                    temp.delete(0,temp.length());       //清空 temp
                    break;
                }
                default:
                    break;
                }
                j++;
            }
        }
        return (Object)line;                    //返回结果 Line 实例
    }
    //将对象转换为字符串
    else if(toType==String.class)
    {
        Line line=(Line)value;                  //强制转换为 Line 类型
        return (Object)("("+line.getX1()+","+line.getY1()+","+line.
        getX2()+","+line.getY2()+")");
    }
    return null;
  }
}
```

在上面所示的代码中，LineConvertor 类型转换器继承了 DefaultTypeConverter 类，然后重写了 convertValue()方法。convertValue()方法中 3 个参数的意义说明如下：

- context：类型转换环境中的上下文，通常该参数不使用。
- value：需要转换的值。
- ToType：转换后的目标类型。

由前面内容可知，自定义类型转换器可以将 HTTP 请求字符串参数转换为某种指定类型，实际上，类型转换器还可以用来将特定的类型值转换为字符串。例如在返回视图资源时，通常需要取 Action 中的某些属性值，并要求将这些类型值转化为对应的字符串，这种转换也是在转换器中来定义的。因此，自定义类型转换器应该可以完成双向的转换，一是将字符串转换成指定类型，二是将指定类型转换为字符串。

在 convertValue()方法中，可以通过判断 toType 的类型来判断转换的方向。当 toType 类型是某种指定转换类型而非字符串类型时，表明要将字符串转换成指定类型；当 toType 类型是字符串类型时，表明要将指定类型转换成字符串类型。

由于 convertValue()方法的返回值类型为 Object，因此，不管转换结束后返回的是指定类型值还是字符串值，都应将其强制转换成 Object 类型。

需要注意的是，在将字符串转换成某种指定类型时，参数 value 是一个字符串数组而不是字符串。这是因为用户在发送 HTTP 请求时，要转换的值可能是多个值，为了考虑通用情况，就将 value 设置成了字符串数组。

（2）继承 StrutsTypeConverter 类来定义转换器类。

继承 StrutsTypeConverter 类通常需要重写两个方法：convertFromString() 和 converToString()，转换器定义方法如下所示，该转换器类实现了字符串和 Line 类型之间的转换。

```
public class LineConvertor extends StrutsTypeConverter{
    //字符串转向指定类型
    public Object convertFromString(Map contenxt, String[] values, Class
    totype) {
        //请求参数为字符串数组
        String[] params=(String[])values;
        String param=params[0];
        Line line=new Line();                              //创建 Line 实例
        StringBuilder temp=new StringBuilder();
        char ch;
        int j=0;
        //字符串正确形式为(x1,y1,x2,y2)，遍历 param 中的每个元素
        for(int index=0;index<param.length();index++)
        {
            ch=param.charAt(index);                        //访问 param 的元素
            //将数字提取出来
            if(ch!=','&&ch!='('&&ch!=')')
            {
              temp.append(ch);
            }else if(ch==','||ch==')')
            {
                //判断第几个数字
                switch (j) {
                //第一个数字
                case 0:
                {
                    line.setX1(Integer.parseInt(temp.toString()));
                                                //设置第一个数字到 line 对象中
                    temp.delete(0,temp.length());  //清空 temp
                    break;
                }
                //第二个数字
                case 1:
                {
```

```
                    line.setY1(Integer.parseInt(temp.toString()));
                                                //设置第二个数字到 line 对象中

                    temp.delete(0,temp.length());           //清空 temp
                    break;
                }
                //第三个数字
                case 2:
                {
                    line.setX2(Integer.parseInt(temp.toString()));
                                                //设置第三个数字到 line 对象中
                    temp.delete(0,temp.length());  //清空 temp
                    break;
                }
                //第四个数字
                case 3:
                {
                    line.setY2(Integer.parseInt(temp.toString()));
                                                //设置第四个数字到 line 对象中
                    temp.delete(0,temp.length());       //清空 temp
                    break;
                }
                default:
                    break;
                }
                j++;
            }
        }
        return (Object)line;
    }
    //将对象转换为字符串
    public String convertToString(Map context, Object o) {

        Line line=(Line)o;                          //强制转换为 Line 类型
        return "("+line.getX1()+","+line.getY1()+","+line.getX2()+","
        +line.getY2()+")";
    }
}
```

上面所示的两个转换器实现了同样的类型转换功能。实际上，StrutsTypeConverter 类是 DefaultTypeConverter 类的子类，它简化了类型转换器的实现，开发者不再需要根据 toType 类型来判断转换方向。当需要将字符串转换成指定类型时，就重写 convertFromString()方法；反之，当需要将指定类型转换成字符串类型时，就重写 convertToString()方法。这种做法强调了转换方向，且更加方便开发者进行开发。

2. 类型转换器注册

定义好类型转换器之后，还应该告知 Struts 2 如何使用这些类型转换器，这就引出了类型转换器的注册问题。

类型转换器需要在 Web 应用中注册后才能在 Action 中使用，其注册方式一般有两种方式：局部类型转换和全局类型转换。局部类型转换主要指该类型转换只对某个特定的 Action 的属性起作用，全局类型转换指的是该类型转换对所有 Action 对应的类型的属性起作用。

局部类型转换方式通常在局部类型转换文件中配置，前面介绍过局部类型转换文件的命名方式以及使用局部类型文件来指定集合中的元素类型。在局部类型转换文件中配置局部类型转换器时，只需要添加如下所示的代码，即需要添加进行类型转换的属性和类型转换器的实现类。

```
#line 是 Action 属性，com.convertor.LineConvertor 是类型转换器的实现类
line=com.convertor.LineConvertor
```

全局类型转换器的注册一般在名为 xwork-conversion.properties 的全局类型转换文件中注册，全局类型转换文件的文件名是固定不变的，且该文件放置在 src 目录下。和局部类型转换器不同的是，全局类型转换器不对指定 Action 或其属性有效，而是对指定的类型有效，其注册方式是在全局类型转换文件中添加如下所示的代码，即需要添加类型转换的指定类和类型转换器的实现类。

```
# com.model.Line 是具体类，com.convertor.LineConvertor 是类型转换器的实现类
com.model.Line=com.convertor.LineConvertor
```

3. 实例演练

了解了类型转换器的知识后，下面通过一个例子来介绍其具体使用方法，该例子通过自定义转换器来实现字符串和 Line 类型之间的转换。

【例 6-2】 自定义转换器来实现字符串和 Line 类型之间的转换。

（1）在 Eclipse 中创建一个 Java Web 项目 LineTypeDemo，将 Struts 2 框架所需的支持库添加到 WEB-INF 目录下的 lib 文件夹中，然后在 WEB-INF 目录下添加 web.xml 文件，并在其中注册过滤器和欢迎页面。

（2）在 src 目录下创建包 com.action 和 com.convertor，在 com.action 包中创建文件 LineAction.java 和 LineAction-conversion.properties，分别打开编辑代码如下所示。

LineAction.java 文件代码如下：

```
package com.action;
import com.convertor.Line;
import com.opensymphony.xwork2.ActionSupport;
public class LineAction extends ActionSupport{
    private static final long serialVersionUID = 1L;
    private Line line;          //line 属性
    //line 属性的 getter 方法
    public Line getLine() {
        return line;
    }
    //line 属性的 setter 方法
    public void setLine(Line line) {
        this.line = line;
    }
    //重载 execute 方法
    public String execute() throws Exception {
    return SUCCESS;
  }
}
```

LineAction-conversion.properties 文件代码如下：

```
line=com.convertor.LineConvertor
```

（3）在 com.convertor 包下创建文件 LineConvertor.java 和 Line.java，分别打开编辑代码，其中 LineConvertor.java 文件的 LineConvertor 类如前面所示的两个转换器取其一即可，Line.java 文件代码如下所示。

```
package com.convertor;
public class Line {
  //线段类的端点坐标（x1,y1,x2,y2）
  private int x1;
  private int y1;
  private int x2;
  private int y2;
  public Line(){
  }
  //构造方法
  public Line(int x1, int y1, int x2, int y2)
  {
      this.x1=x1;
      this.y1=y1;
      this.x2=x2;
      this.y2=y2;
  }
 //x1 属性的 getter 和 setter 方法
 public int getX1() {
    return x1;
 }
 public void setX1(int x1) {
    this.x1 = x1;
 }
//y1 属性的 getter 和 setter 方法
 public int getY1() {
    return y1;
 }
 public void setY1(int y1) {
    this.y1 = y1;
 }
 //x2 属性的 getter 和 setter 方法
 public int getX2() {
    return x2;
 }
 public void setX2(int x2) {
    this.x2 = x2;
 }
 //y2 属性的 getter 和 setter 方法
 public int getY2() {
    return y2;
 }
 public void setY2(int y2) {
    this.y2 = y2;
 }
}
```

（4）在 src 目录下创建 struts.xml 文件，打开编辑代码如下：

```
<?xml version="1.0" encoding="UTF-8" ?>
<!DOCTYPE struts PUBLIC
   "-//Apache Software Foundation//DTD Struts Configuration 2.0//EN"
   "http://struts.apache.org/dtds/struts-2.0.dtd">
<struts>
   <!--创建包 default，命名空间为“/” --->
```

```
<package name="default" namespace="/" extends="struts-default">
    <!--配置名为 line 的 Action，实现类为 LineAction-->
    <action name="line" class="com.action.LineAction">
        <!--返回 success.jsp -->
        <result>/success.jsp</result>
    </action>
</package>
</struts>
```

（5）在 WebContent 目录下创建 index.jsp 和 success.jsp 文件，分别打开编辑代码如下所示。

index.jsp 文件核心代码如下：

```
<body>
<center>
<s:form action="line">
   <s:textfield name="line" label="Line input,please input (x1,y1,
   x2,y2)!"/>                          <!--定义文本框-->
   <s:submit></s:submit>               <!--提交-->
</s:form>
</center>
```

success.jsp 文件核心代码如下：

```
<body>
<center>
  <s:property value="line"/>
</center>
</body>
```

（6）运行程序，其结果如图 6.3 所示，按图 6.3 所示输入信息后提交，其结果如图 6.4 所示。

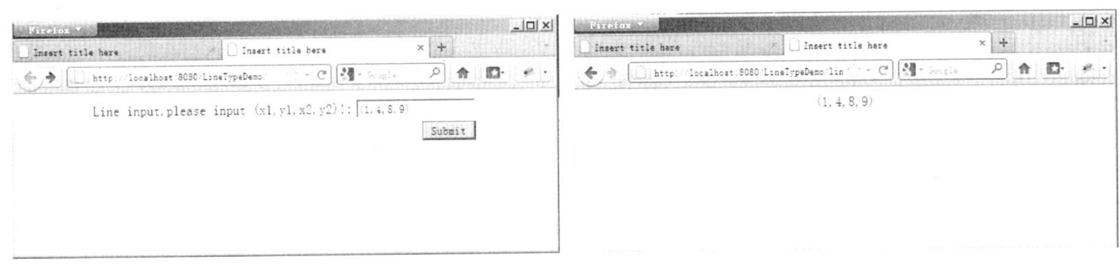

图 6.3　例 6-2 运行结果　　　　图 6.4　例 6-2 提交后的结果

6.2　数据校验的方法

在 Web 应用，输入校验是一个不可忽略的问题。由于网络的开放性，服务器端得到的信息数以亿万计，而这其中不仅包括正常的信息，也包括一些错误的或是某些用户的恶意输入信息。这些异常的信息有可能对系统造成无法想象的影响。因此，必须采取一些措施来保护系统免受这些错误信息或恶意信息的影响。通常，当用户的信息不符合要求时，程序会直接返回，提示用户再次输入正确的信息。而在这个过程中，识别并处理这些信息的过程就是数据校验。

一般来说，数据校验包含两个方面：客户端校验和服务器端校验。客户端校验指的是通过 JavaScript 代码检验用户的输入是否正确；服务器端校验指的是在服务器端的程序通过检查 HTTP 请求信息以校验输入是否正确。

具体来说，客户端校验只能简单地过滤用户输入，而大量的数据校验一般都是在服务器端校验时来完成，因此，在数据校验中，主要是服务器端校验。

服务器端校验的实现方式主要有两种：通过 Action 中的 validate 方法实现和使用 XWork 校验框架实现。

6.2.1　通过 Action 中的 validate()方法实现校验

Struts 2 中提供了一个 com.opensymphony.xwork2.Validateable 接口，在这个接口中只存在一个 validate()方法。如果有某个类实现了 Validateable 接口，Struts 2 就可以直接调用该类中的 validate()方法，因此，我们应该尽可能地把校验用户输入信息的代码编写在 validate()方法里。

ActionSupport 类就是实现了 Validateable 接口的一个类，因此，如果使用继承 ActionSupport 类的方式来定义 Action，则在该 Action 中就不需要直接实现 Validateable 接口了。

而 ActionSupport 类虽然实现了 Validateable 接口，但是对 Validateable 接口中的 validate()方法的实现却是一个空实现。因此，为了对用户输入的数据进行验证，需要在响应请求的 Action 中重写 validate()方法。validate()方法可用来进行数据的服务器端的初步校验，它在 execute()方法执行前被执行，仅当数据校验正确，才执行 execute()方法。如果校验出错，则将错误添加到 ActionSupport 类的 fieldErrors 域中，再在 JSP 文件中来输出。

如果定义的 Action 中存在多个逻辑处理方法，且不同的处理逻辑可能需要不同的校验规则，在这种情况下，validate()方法无法准确判断要进行校验的逻辑处理方法，则会对所有处理逻辑使用相同的校验规则进行数据校验。为了实现不同的校验逻辑，Struts 2 框架提供了一个 validateX()方法来准确校验 Action 中的某一个方法，其中 X 表示处理逻辑的方法名。

下面通过一个实例来说明 validate()方法及 validateX()方法的用法，该实例验证了输入的 age 值的大小，如果在 10～30 之间，则符合要求，否则返回错误页面。

【例 6-3】　演示 validate()方法及 validateX()方法的用法。

（1）在 Eclipse 中创建一个 Java Web 项目 ValidateDemo，将 Struts 2 框架所需的支持库添加到 WEB-INF 目录下的 lib 文件夹中，然后在 WEB-INF 目录下添加 web.xml 文件，并在其中注册过滤器和欢迎页面。

（2）在目录 src 下创建 com.action 包，在该包下创建 LoginAction.java 文件，打开该文件，编写代码如下：

```
package com.action;
import com.opensymphony.xwork2.ActionSupport;
public class LoginAction extends ActionSupport{
    private static final long serialVersionUID = 1L;
    private String name;                    //name 属性
    private int age;                        //age 属性
```

```
    private String tel;                        //tel 属性
    //name 属性的 getter 方法
    public String getName() {
        return name;
    }
    //name 属性的 setter 方法
    public void setName(String name) {
        this.name = name;
    }
    //age 属性的 getter 方法
    public int getAge() {
        return age;
    }
    //age 属性的 setter 方法
    public void setAge(int age) {
        this.age = age;
    }
    //tel 属性的 getter 方法
    public String getTel() {
        return tel;
    }
    //tel 属性的 setter 方法
    public void setTel(String tel) {
        this.tel = tel;
    }
    //重载 execute 方法
    public String execute() throws Exception {
        return "hello";
    }
    //log 方法，Action 调用的 method 方法
    public String log()throws Exception{
        System.out.println("log");
        return "hello";
    }
    //校验方法
    public void validate() {
        System.out.println("validate");
    }
    //log method 的校验方法
    public void validateLog(){
    System.out.println("validatelog");
    //age 值必须在 10～30 之间
    if(age<10||age>30)
    {
        addFieldError("age", "age must be from 10 to 30!");
    }
    }
}
```

（3）在 src 目录下创建 struts.xml 文件，打开该文件，编辑代码如下：

```
<?xml version="1.0" encoding="UTF-8" ?>
<!DOCTYPE struts PUBLIC
    "-//Apache Software Foundation//DTD Struts Configuration 2.0//EN"
    "http://struts.apache.org/dtds/struts-2.0.dtd">
<struts>
    <!--配置包-->
    <package name="default" namespace="/" extends="struts-default">
        <!--配置 Action，实现类为 com.action.LoginAction -->
```

```
        <action name="login" class="com.action.LoginAction">
            <result name="hello">/hello.jsp</result>
                                <!--返回 hello.jsp -->
            <result name="input">/validateLogin.jsp</result>
                                <!-- 校验出现问题，返回 validationLogin.jsp -->
        </action>
    </package>
</struts>
```

（4）在 WebContent 目录下创建文件 index.jsp、hello.jsp 和 validateLogin.jsp 文件，分别打开编辑代码如下所示。

index.jsp 文件核心代码如下：

```
<body>
<center>
<s:form action="login">
    <!--定义文本框-->
    <s:textfield name="name" label="Name"></s:textfield>
    <s:textfield name="age" label="Age"></s:textfield>
    <s:textfield name="tel" label="Telephone"></s:textfield>
    <s:submit method="log"></s:submit>                <!--提交按钮-->
</s:form>
</center>
</body>
```

hello.jsp 文件核心代码如下：

```
<body>
<center>
  <!--输出值-->
    Name:<s:property value="name"/><br/>
    Age:<s:property value="age"/><br/>
    Telephone:<s:property value="tel"/><br/>
  </center>
</body>
```

validateLogin.jsp 文件核心代码如下：

```
<body>
 <center>
  the your input
    <s:property value="age"/> that is wrong!<br/>  <!--输出值-->
    <s:fielderror />                               <!--输出错误提示信息-->
 </center>
</body>
```

（5）运行程序，其结果如图 6.5 所示。在文本框中输入姓名、年龄和电话号码后，单击 Submit 按钮可提交请求。由 validateLogin()代码可知，如果输入的年龄在 10～30 之间，会成功转到 hello.jsp 视图，如图 6.6 所示；否则，转到 validateLogin.jsp 视图，在该视图中显示错误信息，如图 6.7 所示。

在上例中需要注意的是 validate()方法和 validateLog()方法调用的顺序。这两个方法执行后都会输出相应信息，通过查看输出信息的先后顺序就可以看到方法的调用顺序，其输出结果如图 6.8 所示。

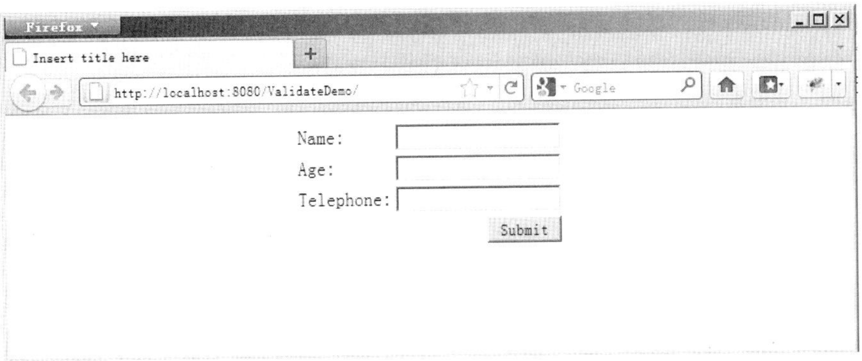

图 6.5　例 6-3 运行结果（一）

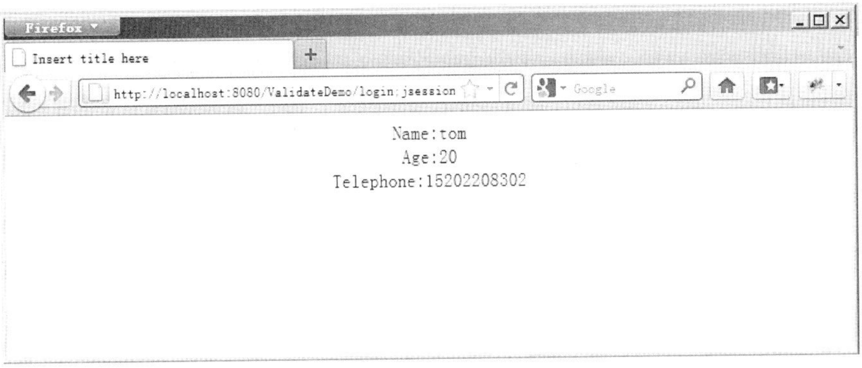

图 6.6　例 6-3 运行结果（二）

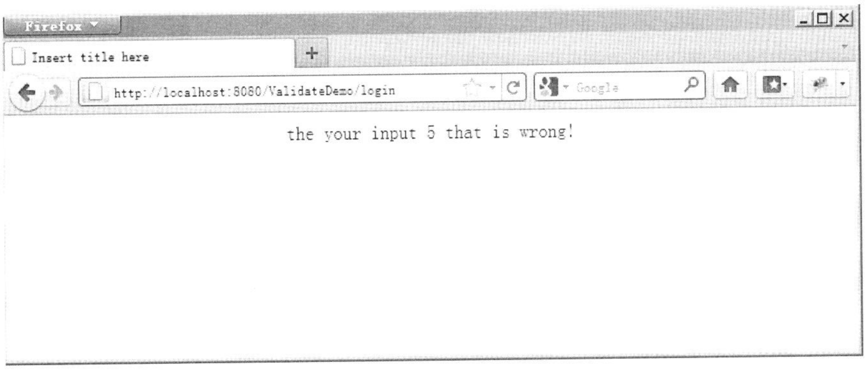

图 6.7　例 6-3 运行结果（三）

由图 6.8 可以看到，每次运行都是先输出 validatelog，这证明 validateLogin()方法先被调用。一般来说，在调用 Action 的某个业务逻辑处理方法前，会先查看该 Action 中有没有和该处理逻辑相对应的 validateX()方法，如果有就调用它；然后再查看 validate()方法，如果有则调用 validate()方法，这两个过程是互不影响的，也就是说不管怎么样，只要两个方法存在就会被调用。因此，如果一个 Action 有多个业务逻辑处理时，则应使用 validateX 的方式来进行数据校验。当然，这也不是绝对的，当一个 Action 的所有业务逻辑需要进行相同的数据校验时，就可以选用 validate

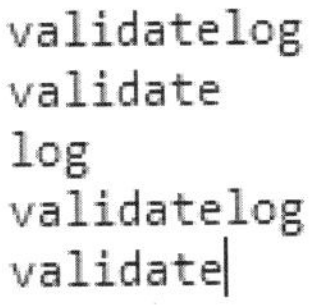

```
validatelog
validate
log
validatelog
validate
```

图 6.8　输出结果

方式。

在上例中，读者可能会发现，当校验出错时，使用了一个函数 addFieldError()。实际上，该函数的作用是将一个错误信息 key-value 对放入一个容器中，在 JSP 文件中通过 key 可将 value 取出来，这里用到了<s:property/>标签，后面章节中会详细介绍该标签。当校验完成后，由于发现了错误信息，Struts 2 框架就不会再调用业务逻辑处理了，而是转到 struts.xml 文件中找到该 Action 对应 name 属性为 input 的 result，进入该元素指向的视图资源，在本例中是 validateLogin.jsp。

6.2.2　通过 XWork 校验框架实现

使用 validate 方法校验时，如果 Web 应用中存在大量 Action 就需要多次重写 validate 方法，这使得代码非常繁琐。由于 Struts 2 的校验框架本质上是基于 XWork 的 validator 框架，因此可以使用 XWork 的 validator 框架来对 Struts 2 进行数据校验，以减少代码量。本小节就来介绍如何使用 XWork 的 validator 框架进行数据校验。

在介绍 XWork 校验框架前，先通过简单地修改 6.2.1 小节的 ValidateDemo 项目来介绍其基本的用法。

（1）将 LoginAction.java 文件中的 validate()方法和 validateLog()方法删除。

（2）在 com.action 包下创建验证文件 LoginAction-validation.xml，打开文件并编辑代码如下：

```
<!DOCTYPE validators PUBLIC "-//OpenSymphony Group//XWork Validator
1.0.2//EN"
"http://www.opensymphony.com/xwork/xwork-validator-1.0.2.dtd">
<validators>
    <!--age 域 -->
    <field name="age">
        <!--域类型为 int-->
        <field-validator type="int">
            <param name="min">10</param>          <!--最小值为 10 -->
            <param name="max">40</param>          <!--最大值为 40 -->
            <message>the age must be from 10 to 40!</message>
                                                   <!--输出信息-->
        </field-validator>
    </field>
    <!--name 域 -->
    <field name="name">
     <!--域类型为 requiredstring -->
        <field-validator type="requiredstring">
            <message>the age must be from 10 to 40!</message> <!--输出信息-->
        </field-validator>
    </field>
</validators>
```

（3）运行修改的程序可以发现，其实现的效果和修改前是一样的，这就说明了使用验证文件实现校验与在 Action 中重写 validate()方法或 validateX()方法的作用是相同的。项目详细代码参见光盘第 6 章\6-3\ValidateDemo2。

使用 XWork 的 validator 框架实现数据校验，只需编写一个简单的验证文件即可。下面来分别介绍验证文件的几个关键问题。

1. 命名规则

在使用验证文件时，要严格遵守其命名规则。校验文件的命名规则为：actionName-validation.xml，其中，actionName 是指需要校验的 Action 的类名，且该文件总是与 Action 类的 class 文件位于相同路径下。有了该校验文件后，就无需重写 Action 中的 validate 方法了，当用户请求提交后，系统会自动加载该文件完成对用户请求的校验。

当一个 Action 中有多个业务处理方法时，如果该 Action 对应的校验文件是以 actionName-validation.xml 方式来命名的，则每个业务处理方法都会使用相同的验证规则进行校验，即与 validate()方法的作用相同，这样显然无法对一个 Action 使用多种校验逻辑。

为了实现能够针对 Action 的某一特定业务处理来进行数据校验的功能，可以为 Action 中的某个特定的业务处理方法专门定义一个校验文件，该文件命名规则为：actionName-methodName-validation.xml，其中，actionName 是指需要校验的 Action 的类名，methodName 指 Action 中某个业务处理方法的方法名。

如果在应用中使用了 actionName- methodName -validation.xml 校验文件，则可以针对 Action 的某一特定业务处理来进行数据校验。但是，这需要在 struts.xml 文件中配置 Action 时指定其 method 属性。如果配置 Action 时，未指定 method 属性值，则校验时就针对其默认的 execute()方法进行校验。

读者需要注意的是，这两种命名方式的校验文件搜索顺序和调用 validate()或 validateX()方法的顺序是一样的，即先搜索 actionName-validation.xml 文件，然后再搜索 actionName-methodName -validation.xml 文件。

在 Struts 2 框架中，进行数据校验一般遵循如下步骤，流程图如图 6.9 所示。

- Struts 2 框架中的类型转换器对 HTTP 请求的数据进行数据类型转换，得到符合类型的值，比如前面例子中的 age 值被转换成 int 型。
- 使用 Struts 2 中的 XWork 校验框架进行校验，即根据 actionName-validation.xml 文件和 actionName- methodName -validation.xml 文件校验数据。
- 调用 validateX()方法来进行数据校验。
- 调用 validate()方法来进行数据校验。
- 如果数据校验发生错误，就会返回名为 input 的 result，进入指定的视图资源而不会调用本该被调用的业务逻辑处理方法；如果数据校验过程中未出现错误，则会调用相应 Action 中的业务逻辑处理方法。

2. 校验配置

Struts 2 框架提供了两种方式来配置校验文件，一种是字段校验配置方式，另一种是非字段校验配置方式。下面来分别介绍这两种方式。

（1）字段校验方式（Field-validator）

采用字段校验方式时，校验文件中将 field 元素作为基本的子元素。下面的代码就采用了字段校验方式：

```
<!DOCTYPE validators PUBLIC "-//OpenSymphony Group//XWork Validator
1.0.2//EN"
"http://www.opensymphony.com/xwork/xwork-validator-1.0.2.dtd">
<validators>
```

```
    <!--age 域-->
    <field name="age">
        <!--域类型为 int-->
        <field-validator type="int">
            <param name="min">10</param>           <!--最小值为 10 -->
            <param name="max">40</param>           <!--最大值为 40 -->
            <message>the age must be from 10 to 40!</message>
                                                   <!--输出信息-->
        </field-validator>
    </field>
    <!--name 域 -->
    <field name="name">
     <!--域类型为 requiredstring -->
        <field-validator type="requiredstring">
            <message>the age must be from 10 to 40!</message>
                                                   <!--输出信息-->
        </field-validator>
    </field>
</validators>
```

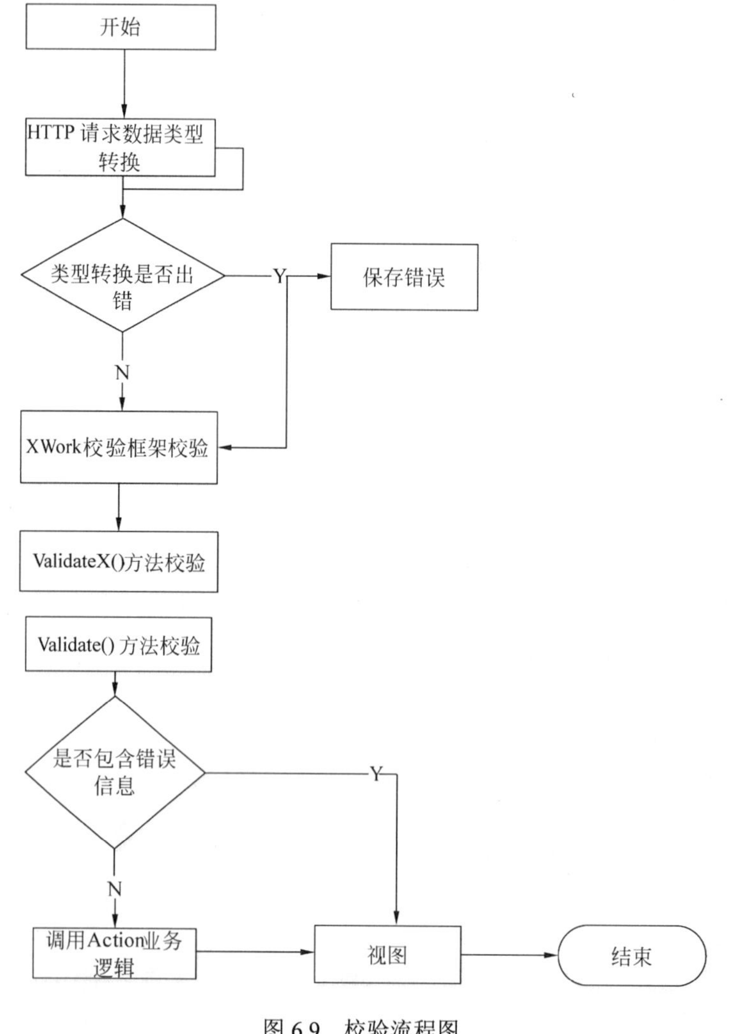

图 6.9　校验流程图

由上面所示代码可以看到，validators 元素是校验文件的根元素，它下面包含了两个 field 子元素。field 元素是校验文件的基本组成单位，它的 name 属性指定了被校验的字段。field 元素下面还可以包含多个 field-validator 子元素，该元素的 type 属性用来指定校验器的名称。每个 field-validator 元素都可以指定一个校验规则，且每个 field-validator 元素都必须包含一个 message 元素，用来指出校验出错后的提示信息。field-validator 元素还可以包含多个 param 子元素，该元素指定了校验过程中使用到的参数。

（2）非字段校验方式（Non-Field validator）

非字段校验方式指的是在配置时以校验器为基本单位的方式。它的基本组成单位是 validator 元素，每个 validator 元素指定一个校验规则。这种方式的基本配置如下所示：

```
<validators>
  <!--校验类型为 int-->
  <validator type="int">
     <param name="fieldName">age<param>      <!--校验域名为 age-->
     <param name="min">10</param>            <!--最小值为 10-->
     <param name="max">40</param>            <!--最大值为 40-->
     <message>the age must be from 10 to 40!</message> <!--输出信息-->
</validator>
<!--校验类型为 email-->
<validator type="email">
     <param name="fieldName">email_address</param>
                                             <!--校验域名为 emai_address-->
     <message>The email address you entered is not valid.</message>
     <!--输出信息-->
</validator>
</validators>
```

和字段校验方式一样，validators 为校验文件的根元素，它可以包含多个 validator 子元素。validator 子元素中的 type 属性指定了校验器的名字，type 属性值不同，validator 元素拥有的下一级子元素可以不相同。一般情况下，validator 元素应该包含子元素<param name="fieldName">以指定被校验的 Action 名。

上面介绍的两种校验方式都可以达到相同的校验效果，只是各自针对的对象不一样。字段校验方式主要针对字段或属性，使用这种方式在校验时对任何一个字段都能够返回一个明确的消息；而非字段校验方式则是将字段有效地组合在一起，这种方式不能对一个字段返回一个明确的消息。

3．校验器（validator）

Struts 2 框架提供了大量的校验器，通常情况下，使用这些校验器能够满足大部分应用的校验需求。需要注意的是，并不是所有的校验器都支持上面介绍的两种校验方式。下面就来介绍几个常用校验器的使用方法。

（1）required 校验器

该校验器要求指定的字段必须是非空的，其配置方法如下所示。第一段代码表示的是其字段校验配置方式，第二段代码表示其非字段校验配置方式。

required 字段校验方式：

```
<!--域名值-->
<field name="name">
    <!--域类型-->
    <field-validator type="required">
        <message>the name must not be null!</message>      <!--错误输出-->
 </field-validator>
</field>
```

required 非字段校验方式：

```
<!--校验类型-->
<validator type="required">
   <param name="fieldName">name<param>                         <!--域名-->
   <message> the name must not be null!</message>     <!--错误输出-->
</validator>
```

（2）requiredstring 校验器

该校验器要求字段值必须非空而且长度必须大于 0，其两种配置方式分别如下。

requiredstring 字段校验方式：

```
<!--域名-->
<field name="name">
  <field-validator type="requiredstring">                  <!--校验类型-->
       <message>the name is requred!</message>             <!--错误输出-->
  </field-validator>
</field>
```

requiredstring 非字段校验方式：

```
<!--校验类型-->
<validator type="requiredstring">
   <param name="fieldName">name<param>                     <!--域名->
   <message> the name is requred!</message>                <!--错误输出-->
</validator>
```

（3）int 校验器

该校验器表示整数校验器，可以指定字段的整数值必须在指定的范围内，读者须注意 min 和 max 参数。其两种配置方式分别如下所示。另外，long、short 和浮点数等校验器和 int 校验器类似。

int 字段校验方式：

```
<!--域名-->
<field name="age">
    <field-validator type="int">                           <!--校验类型-->
        <param name="min">10</param>                       <!--最小值-->
        <param name="max">40</param>                       <!--最大值-->
        <message>the age must be from 10 to 40!</message>  <!--错误输出-->
  </field-validator>
</field>
```

int 非字段校验方式：

```
<!--校验类型-->
<validator type="int">
    <param name="fieldName">age<param>                     <!--域名-->
```

```
    <param name="min">10</param>                     <!--最小值-->
    <param name="max">40</param>                     <!--最大值-->
    <message>the age must be from 10 to 40!</message> <!--错误输出-->
</validator>
```

（4）data 校验器

该校验器要求字段的日期在指定的范围内，其两种配置方式分别如下所示。读者要注意日期的表示方式。

data 字段校验方式：

```
<!--域名-->
<field name="birth">
    <field-validator type="data">                    <!--校验类型-->
        <param name="min">1990-01-01</param>         <!--最小值-->
        <param name="max">2012-3-1</param>           <!--最大值-->
        <!--错误输出，${min}和${max}值为上面的 1990-01-01 和 2012-3-1-->
        <message>the data must between ${min} and ${max}!</message>
    </field-validator>
</field>
```

data 非字段校验方式：

```
<!--校验类型-->
<validator type="data">
    <param name="fieldName">birth<param>             <!--域名-->
    <param name="min">1990-01-01</param>             <!--最小值-->
    <param name="max">2012-3-1</param>               <!--最大值-->
    <!--错误输出，${min}和${max}值为上面的 1990-01-01 和 2012-3-1-->
    <message> the data must between ${min} and ${max}!</message>
</validator>
```

（5）email 校验器

该校验器用来校验邮件地址是否合法，其两种配置方式分别如下所示。另外，url 校验器的配置方式和 email 配置方式类似。

email 字段校验方式：

```
<!--域名-->
<field name="mail">
    <field-validator type="email">                              <!--校验类型-->
        <message>the address must be valiable! </message>       <!--错误输出-->
    </field-validator>
</field>
```

email 非字段校验方式：

```
<!--校验类型-->
<validator type="email">
    <param name="fieldName">mail<param>                         <!--域名-->
        <message> the address must be valiable!</message>       <!--错误输出-->
</validator>
```

（6）stringlength 校验器

该校验器用来校验字段的长度必须在指定的范围内，否则校验失败，其两种配置方式分别如下所示。

stringlength 字段校验方式：

```
<!--域名-->
<field name="user">
    <field-validator type="stringlength">                                <!--校验类型-->
        <param name="minLength">4</param>                                <!--最短长度-->
        <param name="maxLength">20</param>                               <!--最长长度-->
        <message>the length must be between 4 and 20! </message>
    <!--错误输出-->
  </field-validator>
</field>
```

Stringlength 非字段校验方式：

```
<!--校验类型-->
<validator type="stringlength">
<param name="fieldName">user<param>                                     <!--域名-->
    <param name="minLength">4</param>                                   <!--最短长度-->
    <param name="maxLength">20</param>                                  <!--最长长度-->
<message> the length must be between 4 and 20! </message> <!--错误输出-->
</validator>
```

6.3　Struts 实现国际化的方法

随着时代的发展，开发出来的软件产品所面对的用户不再是单一的而是多元化的，需要面对来自世界各地的浏览者，因此，程序国际化是一个必然的发展趋势。Struts 2 为程序的国际化提供了很好的支持。Struts 2 的程序国际化支持是以 Java 程序国际化为基础的，其设计思想本质上是非常简单的。主要设计思想为：程序设计中凡是要输出国际化信息的部分，都不要在页面中直接输出，而是先输出到一个简短的 key 值，该 key 值在不同的语言环境下可以对应不同的字符串。当程序显示时，再根据不同的语言环境，加载 key 值对应的字符串。

本节主要介绍 Struts 2 框架实现国际化的方式、如何来编写国际化资源文件、国际化资源文件的加载以及信息的输出等内容。

6.3.1　编写国际化资源文件

Struts 2 框架实现国际化的方式是使用国际化资源文件，即通过加载国际化资源文件的方式来实现国际化的功能。对于现在的系统开发过程来说，系统往往工程量巨大，整个应用里会有大量的内容需要实现国际化，如果仅有一个国际化资源文件，显然是不够的。所以，国际化资源文件分为几种，包括包范围资源文件、类范围资源文件、临时资源文件以及全局资源文件。

下面来分别介绍这几种不同的国际化资源文件。

1．包范围资源文件

包范围资源文件指的是该资源文件只允许包下的 Action 访问，该文件会放在包的根路径下，文件名格式为 package_language_country.properties，其中 package 是固定不变的，language 和 country 指的是语言和国家，例如中文和英文国际化资源文件就是 package_zh_CN.properties 和 package_en_US.properties。

2. 类范围资源文件

类范围资源文件指的是该资源文件只能被指定类所对应的 Action 访问，该文件一般要放到 Action 类所在路径下，其命名格式是 ActionName_language_country.properties，其中 ActionName 指的是 Action 类名。

3. 全局范围资源文件

全局范围资源文件指的是该资源文件能被所有 Action 和 JSP 访问，该文件一般放到 src 目录下，其命名格式为 name.properties，其中，name 表示文件名，可以任意取值。全局范围资源文件的命名也可以采用 BaseName_language_country.properties 的格式，其中 BaseName 自定义。需要注意的是，全局范围资源文件的加载不是自动的，必须在 Struts 2 配置文件中加以指定，在常量 struts.custom.i18n.resources 中进行配置，而该常量的值即为全局范围资源文件的 BaseName。

如果系统要加载的全局范围资源文件为 globalMessage.properties 或 globalMessage_en_US.properties，则可在 struts.xml 文件中指定一行，如下所示：

```
<constant name="struts.custom.i18n.resources" value="globalMessage" />
```

也可在 struts.properties 文件中指定一行，如下所示：

```
struts.custom.i18n.resources=globalMessage
```

配置好 struts.custom.i18n.resources 常量后，系统会自动加载全局资源文件，以后 Struts 2 框架就可以在任何地方取出这些国际化资源中的信息了。

4. 临时资源文件

临时资源文件指的是该文件的使用需在 JSP 文件中指定，即只有在 JSP 文件中通过 Struts 2 标签指定该文件后，才能访问该文件信息，因此，临时资源文件可能只对应一个 JSP 页面。

国际化资源文件的后缀都是 properties，因此它们的内容格式都是 key-value 形式，在需要使用这些信息时，通过 key 值即可得到 value 值。下面来以 mess_en_US.properties 和 mess_zh_CN.properties 文件为范例，介绍其文件编写格式，如以下代码所示。

mess_en_US.properties 文件：

```
login=Login
error=Error
success=Success
```

mess_zh_CN.properties 文件：

```
login=登录
error=错误
success=成功
```

6.3.2　访问国际化资源文件

Struts 2 框架是一个开放型的框架，提供了多种方式来访问国际化资源文件，既可以通过 JSP 页面中的标签来访问国际化资源文件信息，也可以在 Action 类中进行访问。不管采用哪种方式，访问过程都非常简单。

Struts 2 提供了 3 种方式来访问国际化资源文件：

- 在 Action 类中要访问国际化消息，可以通过 ActionSupport 类的 getText()方法，该方法的 name 参数对应着国际化资源文件中的 key 值，根据 key 值可以进一步得到对应的 value 值。
- 在 JSP 页面中使用 Struts 2 框架的<s:text>标签来访问。指定<s:text>标签的 name 属性，该属性对应 key 值，根据 key 值就可以进一步得到其 value 值。需要注意的是对于临时资源文件的访问，<s:text>标签的使用需要借助<s:i18n>标签作为其父标签来指定该临时国际化资源文件。
- 在 JSP 页面中的表单元素中可以指定一个 key 属性，同样对应着国际化资源文件中的 key 值，依据 key 值最终就能得到对应的 value 值。

这 3 种访问方式都非常简单，仅仅需要少量的代码就可以访问到国际化资源文件，大大简化了开发者的工作。

下面举例来说明国际化资源文件的使用，该例子实现了通过用户的选择来改变界面语言。

【例 6-4】 演示国际化资源文件的使用。

（1）在 Eclipse 中创建一个 Java Web 项目 InternationalDemo，将 Struts 2 框架所需的支持库添加到 WEB-INF 目录下的 lib 文件夹中，然后在 WEB-INF 目录下添加 web.xml 文件，并在其中注册过滤器和欢迎页面。

（2）在目录 src 下创建 com.action 包，在该包下创建 LoginAction.java 文件，打开该文件，编写代码如下所示：

```
package com.action;
import com.opensymphony.xwork2.ActionSupport;
public class LoginAction extends ActionSupport{
    private static final long serialVersionUID = 1L;
    private String name;                    //name 属性
    private int age;                        //age 属性
    private String tel;                     //tel 属性
    //name 属性的 getter 方法
    public String getName() {
        return name;
    }
    //name 属性的 setter 方法
    public void setName(String name) {
        this.name = name;
    }
    //age 属性的 getter 方法
    public int getAge() {
        return age;
    }
```

```
    //age 属性的 setter 方法
    public void setAge(int age) {
        this.age = age;
    }
    //tel 属性的 getter 方法
    public String getTel() {
        return tel;
    }
    //tel 属性的 setter 方法
    public void setTel(String tel) {
        this.tel = tel;
    }
    //重载 execute 方法
    public String execute() throws Exception {
        return "hello";
    }
    //log 方法，Action 调用的 method 方法
    public String log()throws Exception{
                return "hello";
    }
}
```

（3）在 src 目录下创建 struts.xml 文件，打开后编写代码如下：

```
<?xml version="1.0" encoding="UTF-8" ?>
<!DOCTYPE struts PUBLIC
    "-//Apache Software Foundation//DTD Struts Configuration 2.0//EN"
    "http://struts.apache.org/dtds/struts-2.0.dtd">
    <struts>
    <!--配置包 -->
    <package name="default" namespace="/" extends="struts-default">
    <!--配置 Action，实现类为 com.action.LoginAction -->
    <action name="login" class="com.action.LoginAction">
            <result name="hello">/hello.jsp</result>
                                            <!--返回 hello.jsp -->
        </action>
    </package>
</struts>
```

（4）在 src 目录下创建 login_en_US.properties 和 login_zh_CH.properties 文件，分别打开编写代码如下所示。

login_en_US.porperties 文件：

```
### 设置 error 常量为 Error
error=Error
### 设置 success 常量为 Success
success=Success
### 设置 name 常量为 Name
name=Name
### 设置 tel 常量为 Tel
tel=Tel
### 设置 age 常量为 Age
age=Age
### 设置 welcome 常量为 Welocome to Login!
welcome=Welcome to Login!
```

login_zh_CN.properties 文件：

```
### 设置 error 常量为错误
error=\u9519\u8BEF
### 设置 success 常量为成功
success=\u6210\u529F
### 设置 name 常量为姓名
name=\u59D3\u540D
### 设置 tel 常量为电话号码
tel=\u7535\u59D3\u540D
### 设置 age 常量为年龄
age=\u5E74\u9F84
### 设置 welcome 常量为欢迎注册
welcome=\u6B22\u8FCE\u6CE8\u518C\uFF01
```

这里读者需要注意，由于编码问题，在输入汉字时，汉字会被转成对应的 ASII 码，如上所示，实际上该文件的内容为下面所示的内容。在编辑时，开发者可以先在记事本中编写好对应的代码，然后直接复制粘贴到 Eclipse 中。

```
erro=错误
success=成功
name=姓名
tel=电话号码
age=年龄
welcome=欢迎注册！
```

（5）在 WebContent 目录下创建文件 index.jsp 和 hello.jsp，打开编写代码如下。

index.jsp 文件核心代码：

```
<body>
<center>
<h3>
<s:text name="welcome" />
</h3>
<!--form 标签-->
<s:form action="login">
<!--定义文本框-->
     <s:textfield name="name" key="name"/>
     <s:textfield name="age" key="age"/>
     <s:textfield name="tel" key="tel"/>
<s:submit method="log"></s:submit>          <!--提交按钮-->
</s:form>
</center>
</body>
```

hello.jsp 文件核心代码：

```
<body>
  <center>
    <h3>
     <s:property  value="#hel"/>               <!--property 标签，输出值-->
    </h3>
  </center>
</body>
```

（6）运行程序，如图 6.10 所示。由图 6.10 可以看到，在 index.jsp 中通过<s:text>标签和表单方式读取了国际化资源文件中的信息。输入信息，提交后的结果如图 6.11 所示。

（7）修改浏览器语言和区域环境为中文，如图 6.12 所示。再运行程序，将会看到如图

6.13 所示的结果。提交后的结果如图 6.14 所示。

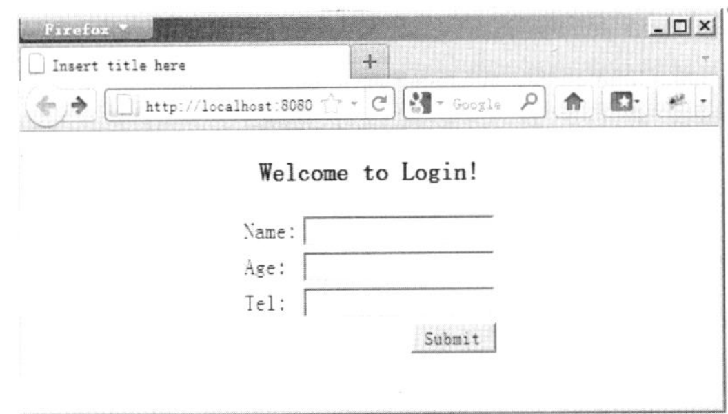

图 6.10　例 6-4 运行结果（一）

图 6.11　例 6-4 运行结果（二）

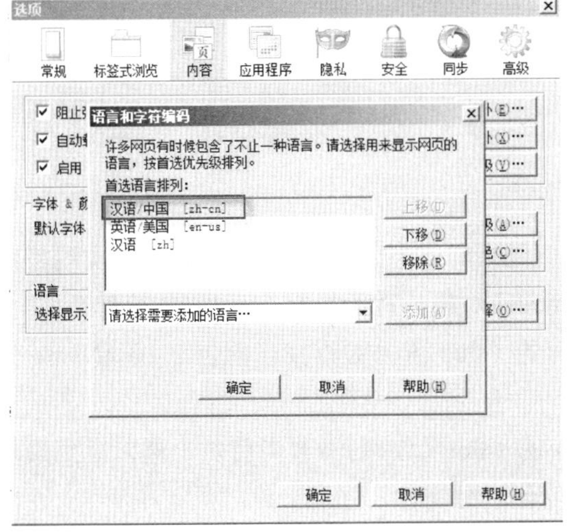

图 6.12　修改语言和区域环境

图 6.13　运行结果（一）

6.3.3　资源文件加载顺序

Struts 2 框架提供了多种方式来加载国际化资源文件，下面是国际化资源文件在不同情况下的加载顺序。

1．在Action中访问时的加载顺序

假设在 Action 类中有名为 LoginAction 的方法，该方法中调用了 getText("login")方法，则 Struts 2 框架会按照如下顺序来加载资源文件：

（1）首先加载类范围资源文件，即优先加载系统中保存在和 LoginAction 类文件相同路径下，且 baseName 为 LoginAction 的系列资源文件。

（2）如果在（1）中找不到 login 对应的 value，即找不到 key 对应的 value 值，且 LoginAction 有父类 ParentAction，则加载系统中保存在和 ParentAction 的类文件相同路径下，且 baseName 为 ParentAction 的系列资源文件。

（3）如果在（2）中找不到指定 login 对应的 value 值，且 LoginAction 有实现接口

ILoginAction，则加载系统中保存在和 IloginAction 的接口文件相同路径下，且 baseName 为 IloginAction 的系列资源文件。

图 6.14　运行结果（二）

（4）如果在（3）中找不到指定 login 对应的 value 值，且 LoginAction 有实现接口 ModelDriven，则对于 getModel()方法返回的 model 对象，重新执行第（1）步操作。

（5）如果在（4）中找不到指定 login 对应的 value 值，则查找当前包下 baseName 为 package 的包范围国际化资源文件。

（6）如果在（5）中找不到指定 login 对应的 value 值，则沿着当前包上溯，直到最顶层包来查找 baseName 为 package 的包范围国际化资源文件。

（7）如果在（6）中找不到指定 key 对应的 value 值，则查找 struts.custom.i18n.resources 常量指定 baseName 的全局国际化资源文件。

（8）如果经过上面的步骤一直找不到 key 对应的 value 值，将直接输出该 key 的字符串值。

其具体流程图如图 6.15 所示。

2．JSP文件中访问时的加载顺序

在 JSP 文件中访问国际化资源文件时其加载顺序有两种方式。

（1）对于使用<s:i18n.../>标签作为父标签的<s:text.../>标签或表单标签时，其加载顺序为：

- 将从<s:i18n.../>标签指定的国际化资源文件中加载指定 key 对应的 value 值。
- 如果在上一步中找不到指定 key 对应的 value 值，则查找 struts.custom.i18n.resources 常量中指定的 baseName 的全局范围国际化资源文件。
- 如果经过上面步骤一直找不到该 key 对应的消息，将直接输出该 key 的字符串值。

（2）如果<s:text.../>标签、表单标签没有使用<s:i18n.../>标签作为父标签，其加载顺序为：

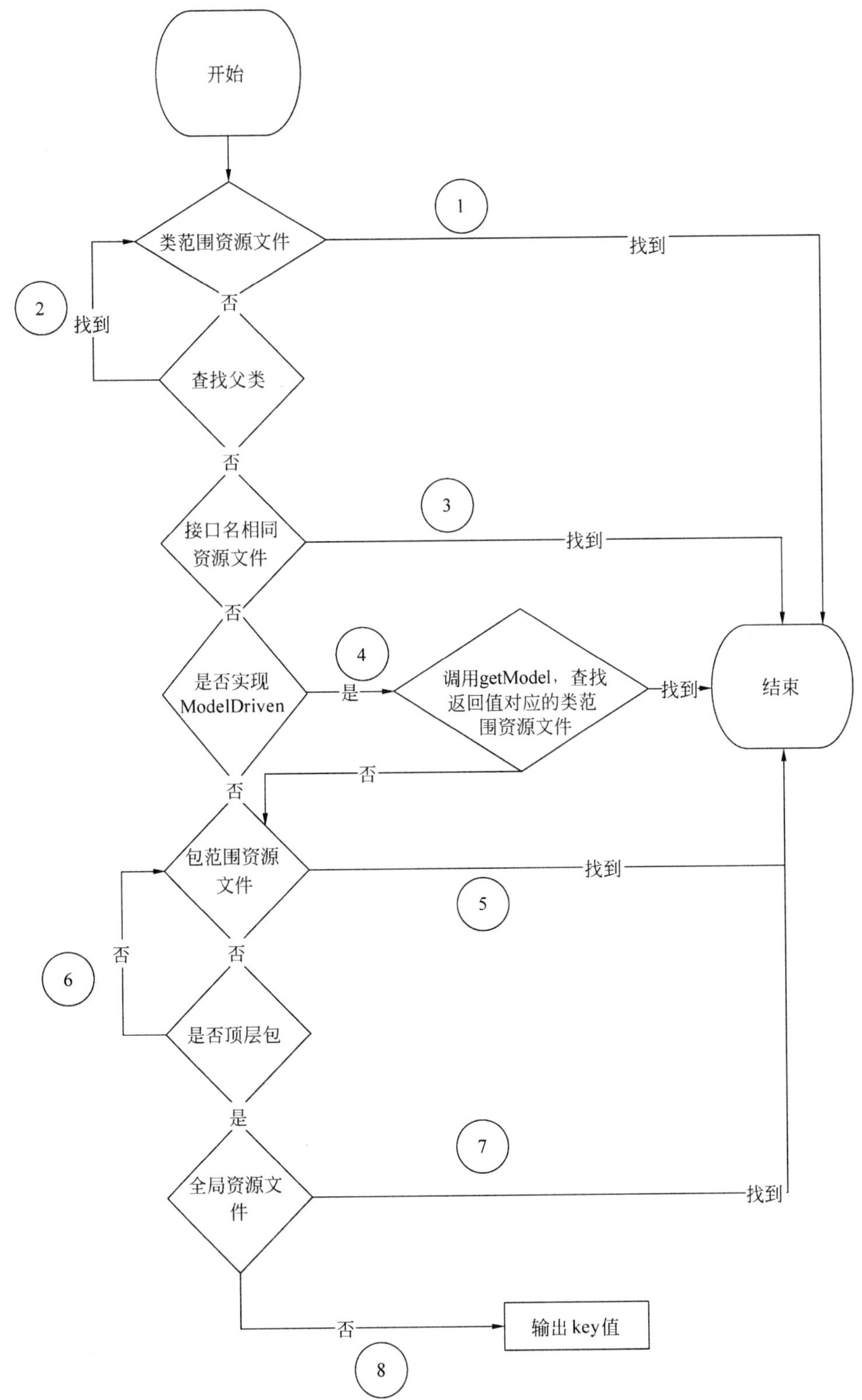
开始
类范围资源文件
1
找到
2
找到
否
查找父类
否
接口名相同
资源文件
3
找到
否
是否实现
ModelDriven
4
是
调用getModel，查找
返回值对应的类范
围资源文件
找到
结束
否
否
包范围资源
文件
找到
5
否
6
否
是否顶层包
是
全局资源文
件
7
找到
否
输出key值
8

图 6.15　流程图

直接加载 struts.custom.i18n.resources 常量指定 baseName 的全局范围国际化资源文件。如果找不到该 key 对应的 value 值，将直接输出该 key 的字符串值。

6.4　本章小结

本章主要介绍了类型转换、数据校验和国际化的相关内容，类型转换部分主要介绍了基本的类型转换器和自定义的类型转换器；数据校验部分的主要内容有数据校验的两种校验方式、在 Action 中直接调用 validate()或 validateX()方法来进行数据校验，以及使用 XWork 框架来进行校验；国际化主要介绍了配置文件及访问配置文件的方法。

- 类型转换：基本的类型转换器非常简单易用，读者要注意的是集合类型转换器的用法。自定义的类型转换器在开发的过程中运用较少，但读者应尽量掌握，主要是其类型转换器的定义和配置文件的配置。
- 数据校验：两种数据校验方式都能达到相同的目的，开发者可以根据自己的需要来选择，读者需要注意两种方式是如何进行配置的，以及在 XWork 配置文件中的两种语法结构。
- 国际化：程序国际化已成为现在开发中不可缺少的一部分，读者需注意国际化的几种配置文件方式、其所在路径，以及读取国际化资源文件的 4 种方式。

第 7 章　详解 Struts 之标签库

在第 6 章中介绍了 Struts 2 框架中的类型转换、数据校验以及系统国际化的相关知识，本章将介绍 Struts 2 框架的视图层中的标签库，首先介绍标签库的基本概念和作用，然后介绍其分类和用法，最后分别介绍其具体标签的用法，具体内容如下：

- Struts 2 标签基本知识。
- 控制标签的介绍。
- 数据标签的介绍。
- 表单标签的介绍。
- 非表单标签的介绍。

7.1　Struts 标签基本知识

前面介绍过，Struts 2 框架是 MVC 思想的实现，包括模型层、视图层和控制层，在 Java Web 中，视图层主要是 JSP 页面（还有 Velocity 和 FreeMarker 页面，本书不做介绍），而 JSP 页面中主要是各种标签的应用，除了基本的 HTML 标签外，Struts 2 提供了大量的标签来显示视图，下面将一一介绍这些丰富的标签。

7.1.1　Struts 标签概述

在早期 JSP 页面通过嵌入大量的 Java 脚本来进行数据输出，这么做的结果是，一个简单的 JSP 页面往往需要大量的代码才能完成，而且都放在同一个文件中，这不利于代码的可维护性，也降低了可读性，这对开发者来说，完全是一个折磨。随着技术的发展，逐渐采用标签库来进行 JSP 页面的开发，标签的使用使得 JSP 页面能够在很短的时间开发完成，而且代码容易读，大大方便了开发者，Struts 2 标签库就是这样发展起来的。Struts 2 标签主要用来显示视图，但也能用来和后台服务器进行交互，它大大简化了后台数据的输出，Struts 2 框架对整个标签库进行了分类，其分类如图 7.1 所示。

由图 7.1 可以看到，Struts 2 标签库主要包含两个方面：普通标签和 UI 标签。普通标签主要是在页面生成时来控制执行的流程，UI 标签则是以丰富而可复用的 HTML 文件来显示数据。

普通标签又分为控制标签（Control tags）和数据标签（Data tags），控制标签用来实现分支、循环等流程控制，数据标签用来输出后台的数据和完成其他数据访问功能。UI 标签又分为表单标签（Form tags）、非表单标签（Non-Form tags）和 Ajax 标签，表单标签主要用来生成 HTML 页面中的表单元素，非表单标签主要用来生成 HTML 的<div>标签及输出 Action 中封装的信息等。Ajax 标签主要用来提供 Ajax 技术支持，本章不做介绍，将在第 9 章做详细的介绍。

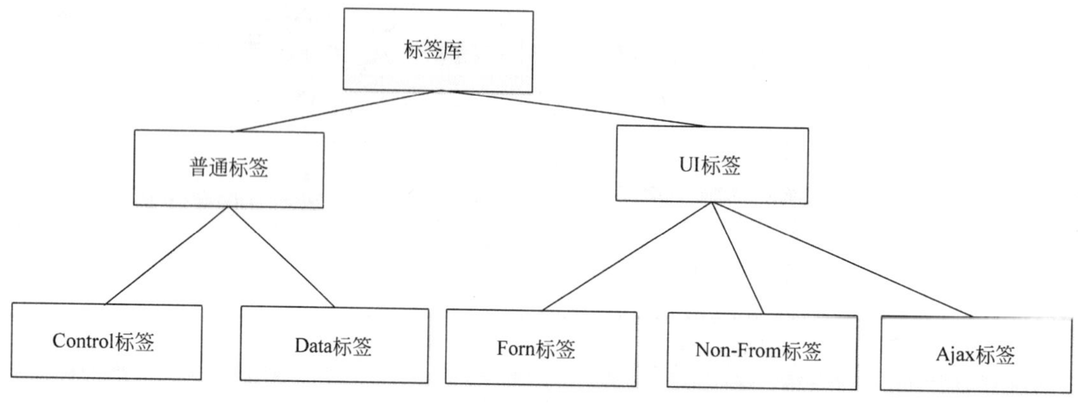

图 7.1　标签分类

根据 Struts 2 标签库的分类，所有 Struts 2 标签及其分类如表 7.1 所示。

表 7.1　标签库分类表

普通标签（Generic tags）		UI 标签		
控制标签（Control tags）	数据标签（Data tags）	表单标签（Form tags）	非表单标签（Non-Form tags）	Ajax 标签
if elseif else append generator iterator merge sort subset	a action bean date debug i18n include param property push set text url	checkbox checkboxlist combobox doubleselect head file form hidden inputtransferselect label optiontransferselect optgroup password radio reset select submit textarea textfield token updownselect	actionerror actionmessage component div fielderror	a autocompleter bind datetimepicker div head submit tabbedPanel textarea tree treenode

7.1.2　Struts 标签的使用

在 7.1.1 小节中介绍了 Struts 2 标签的基本知识，下面来介绍 Struts 2 标签的使用。要使用 Struts 2 标签，必须先在 JSP 文件导入 Struts 2 标签库，然后再在 JSP 文件中添加需要的标签。Struts 2 的具体使用过程中需要注意下面几个方面。

1．Struts 2标签库

Struts 2 标签库及其处理类被放在 struts2-core-2.2.3.1.jar 包中，读者如有兴趣，可以自己用 WinRAR 打开看看其代码文件。在使用 Struts 2 标签库时，一般在 JSP 文件中添加如下代码即可：

```
<%@ taglib prefix="s" uri="/struts-tags"%>
```

该代码中，uri 属性指的是 Struts 2 标签库的 URI，而 prefix 属性指的是该标签库的前缀。读者需要注意，在 JSP 文件中，对于所有的 Struts 2 标签库的使用都需要以“s”为前缀。当 Struts 2 框架发现某个标签是以“s”为前缀的，就认为这是 Struts 2 标签，然后搜索 Struts 2 标签库中处理该标签的方法。

2．OGNL

OGNL（Object Graph Navigation Language）是一种表达式语言，它通过简单的语法，就能获取对象的属性，通过 OGNL 的使用，能更简洁方便地访问后台数据，当然，OGNL 必须在 Struts 2 标签中使用。

在 OGNL 的使用中，需要访问到一系列的对象，这些对象都存放在 OGNL 的 context（上下文）中，context 是一个 Map 结构，存放了一系列的 key-value 对，实际上，它和 ActionContext 类是相对应的。

在 OGNL 的 context 中，有一个根对象为 ValueStack，该对象实际上是一个栈，但在 Struts 2 框架中只存放了一个对象，就是 action 对象。

实际上，在用户发送 HTTP 请求给 Struts 2 框架后，Struts 2 框架会创建 ActionContext、ValueStack 和对应的 action 对象，而该 action 对象会放入 ValueStack 对象中，ValueStack 对象则会放入 ActionContext 对象中。在 JSP 页面中访问 context 的数据时，都需要用“#”，但 ValueStack 是其根对象则不需要，因此，在访问 action 对象的属性时，不需要使用“#”。

OGNL 的 context 中还包括其他对象，如 request、session 和 application 等，如下所示：

- Parameters：用于访问 HTTP 请求参数。如：#parameters['id']或#parameters.id，相当于调用了 HttpServletRequest 对象的 getParameter()方法。
- Request：用于访问 HTTP 请求属性。如：#request['user']或#request.user，相当于调用了 HttpServletRequest 对象的 getAttribute()方法。
- Session：用于访问 session 属性。如：#session['user']或#session.user，相当于调用了 HttpSession 对象的 getAttribute()方法。
- Application：用于访问 application 属性。如：#application['user']或#application.user，相当于调用了 ServletContext 的 getAttribute()方法。
- Attr：如果 PageContext 可用，则访问 PageContext，否则依次搜索 request、session 和 application 对象。

现在通过一些简单例子来说明各种对象的访问方式。假如 Action 中有属性为 user，而 user 有属性为 name，则要访问 name 属性可以通过如下所示的代码的方式来访问：

```
<s:property value="user.name"/>
```

假设在 Action 中使用了以下代码在 context 中放入对象：

```
//在 context 中放入对象 name1
ActionContext.getContext().getSession().put("name1", "jim");
//在 context 中放入对象 name2
ActionContext.getContext().put("name2", "tom");
```

则要访问 name1 和 name2 所对应的对象，可用以下代码：

```
<!--访问 name1 所对应对象 -->
<s:property value="#session.name1"/> or
<s:property value="#session['name1']"/>
<!--访问 name2 对应对象-->
<s:property value="#name2"/>
```

在 JSP 数据访问中，很多时候需要对集合进行操作，OGNL 提供了集合对象的操作。

创造一个 List 类型集合的语法为{e1，e2，e3…}，如下所示的代码就创建了一个 List 类型集合，其包括 America、China 和 Russia3 个元素，然后选择了 Russia 作为默认。

```
<s:select label="Country" name="country" list="{'America','China','
Russia'}" value="%{'Russia'}" />
```

创造一个 Map 类型集合的语法为#{key1:value1,key2:value2}，如下所示的代码就创建了一个 Map 类型集合，包括两个 key-value 对：0-female 和 1-female。

```
<s:select label="Sex" name="sex" list="#{'0':'female', '1':'female'}" />
```

对于集合类型，OGNL 表达式可以使用 in 和 not in 两个元素符号。其中，in 表达式用来判断某个元素是否在指定的集合对象中；not in 判断某个元素是否不在指定的集合对象中。

in 表达式的使用如以下代码所示：

```
<s:if test="'A' in {'A','B'}">
   In
</s:if>
<s:else>
   Not in
</s:else>
```

not in 表达式的使用如以下代码所示：

```
<s:if test="'foo' not in {'foo','bar'}">
  Not in
</s:if>
<s:else>
  In
</s:else>
```

除了 in 和 not in 之外，OGNL 还允许使用某个规则获得集合对象的子集，常用的有以下 3 个相关操作符：

- ?：获得所有符合逻辑的元素。
- ^：获得符合逻辑的第一个元素。
- $：获得符合逻辑的最后一个元素。

例如，假如有一个名为 people 的集合，其每个元素包括 name 和 age 属性，要查找年龄大于 20 的人并将其名字输出，可用以下代码所示的方式：

```
s:iterator value="people.{?#this.age > 20}"  var="p">
<s:property value="p.name" />
</s:iterator>
```

7.2 解析 Struts 控制标签

控制标签属于 Struts 2 框架中的普通标签，主要用于流程的控制，来实现分支、循环等操作。另外，控制标签还可以完成对集合的合并、排序等操作，下面来具体介绍各个标签。

7.2.1 if/elseif/else 标签

if/elseif/else 这 3 个标签都是用来进行分支控制的，它们针对某一逻辑的多种条件进行处理，即如果满足某一条件，就进行某种处理，否则就进行另一种处理。

这 3 个标签可以组合使用，只有<s:if>标签可以单独使用，而<s:elseif>和<s:else>都必须与<s:if>标签结合使用，其使用格式如下所示：

```
<s:if test="表达式">
标签体
</s:if>
<s: elseif test="表达式">
标签体
</s:elseif>
<s: else >
标签体
</s:else>
```

读者需要注意<s:if>和<s:elseif>标签中的 test 属性，这个属性用来设置标签的判断条件，其值为 boolean 类型的条件表达式。

7.2.2 append 标签

append 标签用来将多个集合对象拼接成一个新的集合。通过这种方式的拼接，可以得到一个新的包含拼接之前的所有集合的集合。

使用<s:append>标签时，需要指定一个 var 属性或 id 属性（一般用 var 属性），二者用来确定新集合的名字。其使用时一般和<s:iterator>标签一起来使用，其使用方式如以下代码所示：

```
<s:append var="newList">
   <s:param value="{'HTML 入门','Java 基础','CSS 入门','JavaWeb 实战'}">
   </s:param>
   <s:param value="{'HIbernate 教程','Struts2 教程'}"></s:param>
</s:append>
<s:iterator value="%{#newList}" id="lst">
```

```
    <s:property  value="lst"/>
</s:iterator>
```

在上述代码片段中，用<s:append>标签将这两个 List 合并成了一个 List，最后用<s:iterator>标签将这个新 List 中的元素一一显示出来。

【例 7-1】 本示例通过项目 ControlTagDemo 来介绍<s:append>标签的使用。

（1）在 Eclipse 中创建一个 Java Web 项目 ControlTagDemo，将 Struts 2 框架所需的支持库添加到 WEB-INF 目录下的 lib 文件夹中，然后在 WEB-INF 目录下添加 web.xml 文件，并在其中注册过滤器和欢迎页面，代码如下：

```
<?xml version="1.0" encoding="UTF-8"?>
<web-app id="WebApp_9" version="2.4" xmlns="http://java.sun.com/
xml/ns/j2ee"      xmlns:xsi="http://www.w3.org/2001/XMLSchema-instance"
xsi:schemaLocation="http://java.sun.com/xml/ns/j2ee
http://java.sun.com/xml/ns/j2ee/web-app_2_4.xsd">
    <!--定义 Filter -->
    <filter>
        <!--指定 Filter 的名字，不能为空-->
        <filter-name>struts2</filter-name>
            <!--指定 Filter 的实现类，此处使用的是 Struts 2 提供的拦截器类-->
            <filter-class>org.apache.struts2.dispatcher.ng.filter.
            StrutsPrepareAndExecuteFilter</filter-class>
    </filter>
    <!--定义 Filter 所拦截的 URL 地址 -->
    <filter-mapping>
        <!--Filter 的名字，该名字必须是 filter 元素中已声明过的过滤器名字-->
        <filter-name>struts2</filter-name>
            <!--定义 Filter 负责拦截的 URL 地址-->
            <url-pattern>/*</url-pattern>
    </filter-mapping>
    <!--欢迎页面-->
   <welcome-file-list>
      <welcome-file>index.jsp</welcome-file>
   </welcome-file-list>
</web-app>
```

（2）在 src 目录下创建包 com.action，在该包下创建 UserAction.java 文件，打开该文件编辑代码如下：

```
package com.action ;
import java.util.ArrayList;
import java.util.List;
import com.opensymphony.xwork2.ActionSupport;
public class UserAction extends ActionSupport {
    private static final long serialVersionUID = 1L;
    //3 个 list 属性
    private List myList1;
    private List myList2;
    private List myList3;
    //属性的 getter 方法
    public List getMyList1() {
        return myList1;
    }
    public List getMyList2() {
        return myList2;
    }
```

```
    public List getMyList3() {
        return myList3;
    }
    //调用方法
    public String execute() throws Exception {
        myList1 = new ArrayList();        //新建 list 集合 myList1
        //添加元素到集合 mylist1
        myList1.add("1");
        myList1.add("2");
        myList1.add("3");
        myList2 = new ArrayList();        //新建 list 集合 myList2
        //添加元素到集合 mylist2
        myList2.add("a");
        myList2.add("b");
        myList2.add("c");
        myList3 = new ArrayList();        //新建 list 集合 myList3
        //添加元素到集合 mylist3 中
        myList3.add("A");
        myList3.add("B");
        myList3.add("C");
        return SUCCESS;                   //返回 success
    }
}
```

（3）在 src 目录下创建 struts.xml，打开编辑代码如下：

```
<?xml version="1.0" encoding="UTF-8" ?>
<!DOCTYPE struts PUBLIC
    "-//Apache Software Foundation//DTD Struts Configuration 2.0//EN"
    "http://struts.apache.org/dtds/struts-2.0.dtd">
<struts>
    <!--配置 default 包-->
    <package name="default" namespace="/" extends="struts-default">
        <!--配置名为 user 的 Action-->
        <action name="user" class="com.action.UserAction">
         <!--返回结果-->
            <result>/success.jsp</result>
        </action>
    </package>
</struts>
```

（4）在 WebContent 目录下创建 index.jsp 文件，打开编辑核心代码如下：

```
<body>
    <center>
        <s:a href="user.action">go to user Action</s:a>
                                                    <!--调用 action -->
    </center>
</body>
```

（5）在 WebContent 目录下创建 success.jsp 文件，打开编辑核心代码如下：

```
<body>
<center>
<!--使用 append 标签来拼接集合-->
<s:append var="myAppendIterator">
    <s:param value="%{myList1}" />
    <s:param value="%{myList2}" />
    <s:param value="%{myList3}" />
```

```
</s:append>
<!--遍历集合元素-->
<s:iterator value="%{#myAppendIterator}">
    <s:property />
</s:iterator>
</center>
</body>
```

（6）运行程序，其运行结果如图 7.2 所示，单击超链接后，如图 7.3 所示。

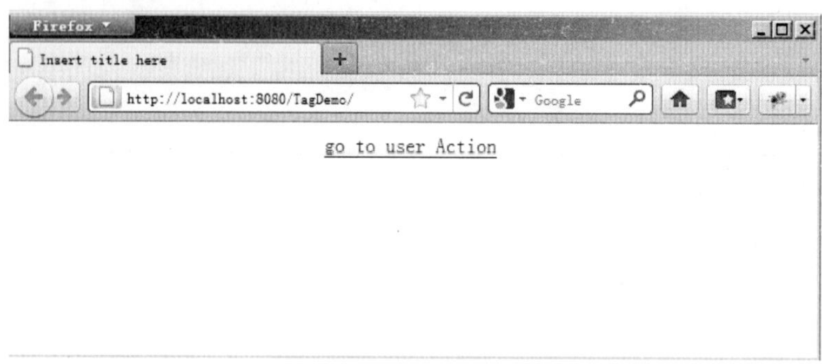

图 7.2　例 7-1 运行结果

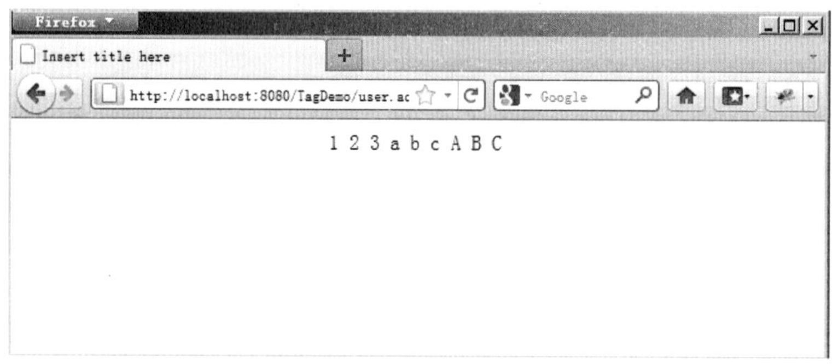

图 7.3　例 7-1 单击后

7.2.3　generator 标签

generator 标签用来将指定字符串按指定分隔符分割成多个子串，这些子串一般用<s:iterator>标签迭代显示出来，实际上，该标签将指定字符串转换成一个 List 集合，这个集合按照顺序 push 到 ValueStack 中，这样通过<s:iterator>标签就可以迭代访问到它们的值。generator 标签的属性及其说明如表 7.2 所示。

表 7.2　generator标签的属性及其说明

属性	是否必须	类　型	描　述
converter	否	转换器 Converter 对象	指定转换器
count	否	Integer	指定生成集合中元素个数
separator	是	String	指定字符串的分隔符
val	是	String	指定被解析的字符串
var	否	String	将生成的 Iterator 设置为 pageContext 范围的属性

【例 7-2】 本例示范了<s:generator>标签的使用方法。

```
<body>
  <center>
   <s:generator val="%{'aaa,bbb,ccc,ddd,eee'}" count="3" separator=",">
   <!--分隔集合-->
       <!--遍历集合-->
        <s:iterator>
            <s:property /><br/>
        </s:iterator>
   </s:generator>
</center>
</body>
```

上面代码中将字符串“aaa，bbb，ccc，ddd，eee”按照默认的分隔方式分隔成 List 集合，其元素分别为 aaa、bbb、ccc。注意其默认的分隔符为“，”。将上面代码替换【例 7-1】即 7.2.2 小节中的 ControlTagDemo 工程中 success.jsp 文件中的核心代码，运行后单击链接得到结果如图 7.4 所示。

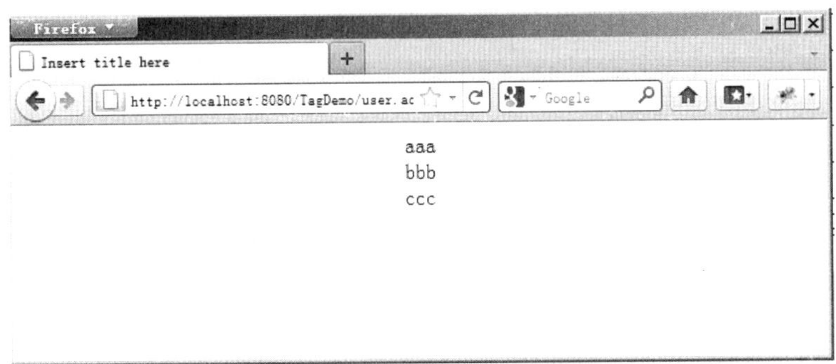

图 7.4　例 7-2 运行单击链接后的结果

7.2.4　iterator 标签

iterator 标签主要用来对集合数据进行迭代，根据条件遍历数组和集合类中的数据。其所包含的属性及说明如表 7.3 所示。

表 7.3　iterator标签的属性及其说明

属性	是否必须	默　认　值	类型	描　　述
begin	否	0	Integer	迭代数组或集合的起始位置
end	否	value 属性值的 size，假如 step 为负数则为 0	Integer	迭代数组或集合的结束位置
status	否	false	Boolean	迭代过程中的状态
step	否	1	Integer	指定每一次迭代后索引值增加的值
value	否	无	String	迭代数组或集合对象
var	否	无	String	将生成的 Iterator 设置为 page 范围的属性
id	否	无	String	不推荐使用

读者需要注意<s:iterator>标签中的 status 属性，通过该属性可以获取迭代过程中的状态信息，例如得到迭代过程中的元素数、当前索引值、索引值奇偶性等，具体获取信息及方法如表 7.4 所示，假设属性值设置为 st。

表 7.4　status获取状态信息

元素个数	st.count，返回值为 Integer 类型
是否为第一个元素	st.first，返回值为 boolean 类型
是否为最后一个元素	st.last，返回值为 boolean 类型
当前索引值	st.index，返回值为 Integer 类型
当前索引是否为偶数	st.even，返回值为 boolean 类型
当前索引是否为奇数	st.odd，返回值为 boolean 类型

【例 7-3】 本例示范了<s:iteritor>标签的使用方法。

```
<body>
<center>
 <table border="1px" cellpadding="0" cellspacing="0">
     <s:iterator var="name" value="{'HTML','Java','CSS','JavaWeb'}"
     status="st">                                   <!--遍历集合-->
        <!--判断奇偶,假如是奇数-->
        <s:if test="#st.odd">
            <tr style="background-color: red;">
                <td><s:property value="name" /></td>
            </tr>
        </s:if>
        <!--假如是偶数-->
        <s:else>
            <tr style="background-color: green;">
                <td><s:property value="name" /></td>
            </tr>
        </s:else>
    </s:iterator>
</table>
</center>
</body>
```

上面代码中用<s:iterator>遍历新创建的 List 集合，通过判断其所在索引的奇偶性来决定表格颜色。将上面代码替换【例 7-1】即 7.2.2 小节中的 ControlTagDemo 工程中 success.jsp 文件中的核心代码，运行后单击链接得到的结果如图 7.5 所示。

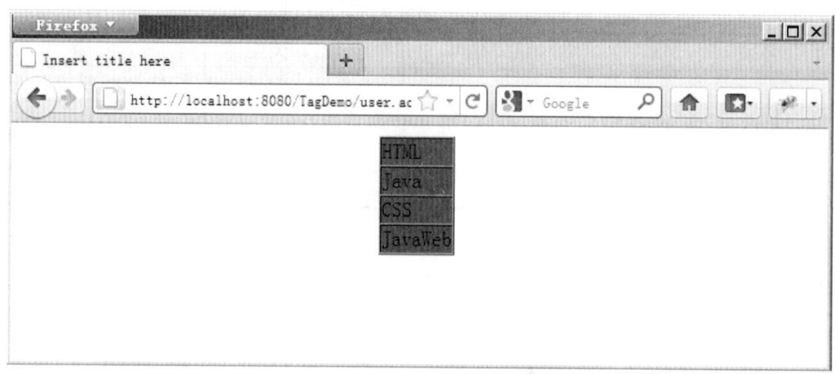

图 7.5　例 7-3 单击链接后的结果

7.2.5　merge 标签

merge 标签用来将多个集合拼接成同一个集合。看起来 merge 标签和 append 标签的用法似乎一样，实际上，二者的区别在于拼接的方式不一样，即多个集合拼接后的新集合的元素顺序不一样。

假如有两个集合：{'abc','def','ghi'} 、{'123','456','789'}。

通过 append 方式拼接，新集合的元素顺序为：

```
abc def ghi 123 456 789
```

通过 merge 方式拼接，新集合的元素顺序为：

```
abc 123 def 456 ghi 789
```

另外，merge 标签与 append 标签一样，有 var 属性，用于定义拼接后新集合的引用变量。

7.2.6　sort 标签

<s:sort>标签用于对指定的集合元素进行排序，在进行排序时，必须提供自己的排序规则，即自定义 Comparator，使其实现 java.util.Comparator 接口，在使用该 sort 标签时，其属性及说明如表 7.5 所示。

表 7.5　sort标签常用属性及描述

属　　性	是否必须	类型	描　　述
Comparator	是	java.util.Comparator	指定进行排序实例
id	否	String	不推荐使用，var 可代替
source	否	String	指定排序集合，如不指定为 ValueStack 栈顶集合
var	否	String	将生成的 Iterator 设置为 page 范围的属性

【例 7-4】 本例示范了<s:sort>标签的使用方法。

在进行排序时，必须自定义实现了 java.util.Comparator 接口的类，下面我们定义一个 ListComparator 类，该类实现了 java.util.Comparator 接口。

在 7.2.2 小节例 7-1 中 ControlTagDemo 工程的 com.action 包下创建 ListComparator.java 文件，ListComparator.java 文件内容如下：

```
package com.action;
import java.util.Comparator;
public class ListComparator implements Comparator<String>{
//实现接口方法
public int compare(String o1, String o2) {
    //比较字符串长短，如果 o1 长，返回 1；o2 长，则返回-1；否则返回 0
    if(o1.length()>o2.length())
        return 1;
```

```
    else if(o1.length()<o2.length())
        return -1;
    else
        return 0;
}
}
```

在上面代码中，ListComparator 类实现了接口 Comparator，并实现了该接口的 compare()方法，如果该方法返回值大于 0，则 o1 大于 o2；如果返回值小于 0，则 o1 小于 o2；否则，二者相等。

下面的 success.jsp 文件中使用了<s:sort>标签。

success.jsp：

```
<body>
<center>
 <!--创建 javabean 实例，得到对象 mycomparator-->
<s:bean var="mycomparator"  name="com.action.ListComparator"></s:bean>
<!--排序-->
<s:sort comparator="#mycomparator"  source="{'ccc','adds','bbbbbb'}">
    <!--遍历集合-->
<s:iterator>
<s:property />
</s:iterator>
</s:sort>
</center>
</body>
```

在上面代码中，将新创建集合中的元素进行排序，然后用<s:iterator>迭代标签将其中的元素按照顺序进行输出，读者需要注意的是，排序后的结果是按照升序排列的。

用上面的 success.jsp 文件替换 7.2.2 小节中例 7-1 的 ControlTagDemo 工程中 success.jsp 文件中的核心代码，运行后单击链接得到的结果如图 7.6 所示。

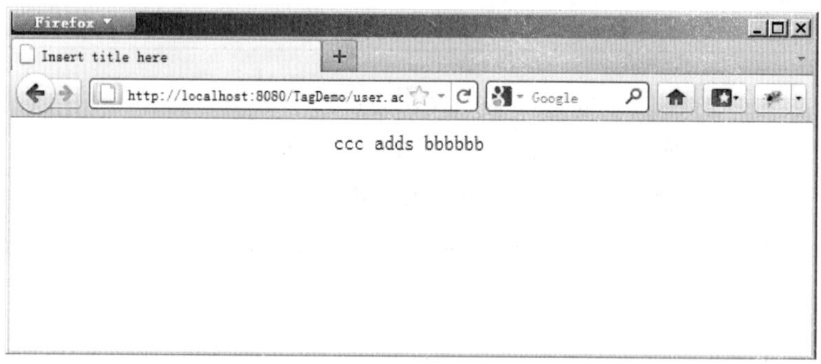

图 7.6　例 7-4 运行单击链接后得到的结果

7.2.7　subset 标签

subset 标签用来取出指定集合的子集，该标签实际上是 org.apache.struts2. util.Subset-

IteratorFilter 类实现的，<s:subset>标签的属性及其说明如表 7.6 所示。

表 7.6　subset标签常用属性及描述

属性	是否必须	类　型	描　述
count	否	Integer	指定子集中元素的个数
decider	否	org.apache.struts2.util.SubsetIteratorFilter.Decider	指定一个 decider 对象，该对象决定是否选择该元素
id	否	String	不推荐，var 代替
source	否	String	指定源集合
start	否	Integer	指定从第几个元素截取
var	否	String	将生成的 Iterator 设置为 pageContext 范围的属性

下面代码示范<s:subset>标签的使用方法：

```
<s:subset source="{'a','b', 'c','d', 'e'}"  start="1" count="4">
<s:iterator status="st">
  <s:property />
</s:iterator>
</s:subset>
```

上面代码用<s:subset>得到新建 List 集合中的子集合，然后用<s:iterator>标签输出里面的元素。除了可以使用 Struts 2 框架提供的默认 decider 类来处理截取集合，还可以自定义截取类来选择子集。

【例 7-5】 本例示范了<s:subset>标签的用法。

下面代码为自定义截取类，可以看到，该类必须实现 Decider 接口，重写 decide()方法。

```
package com.action;
import org.apache.struts2.util.SubsetIteratorFilter.Decider;
public class EvenDecider implements Decider{
    //实现 decide 方法
    public boolean decide(Object arg0) throws Exception {
        int i = ((Integer)arg0).intValue();          //强制转换为 int 类型
        return (((i % 2) == 0)?true:false);          //判断奇偶
    }
}
```

从上面代码可以看到，该截取方式决定如果元素为偶数，则返回 true，否则为 false。因此，该截取方式实际上为选取偶数为子集。

创建 success.jsp 文件，编辑其核心代码如下所示。该示例中其他文件可参照例 7-1 中的 ControlTagDemo 工程中相关文件。

```
<body>
    <center>
        <!--创建 javabean 实例，得到对象 mydecider -->
        <s:bean name="com.action.EvenDecider" var="mydecider"></s:bean>
        <s:subset source="{1,2,3,3,4}" decider="#mydecider">
                                            <!--取子集，并调用自定义类方法-->

            <!--遍历输出-->
            <s:iterator>
                <s:property />
            </s:iterator>
        </s:subset>
```

```
    </center>
</body>
```

运行程序，单击链接后得到的结果如图 7.7 所示。

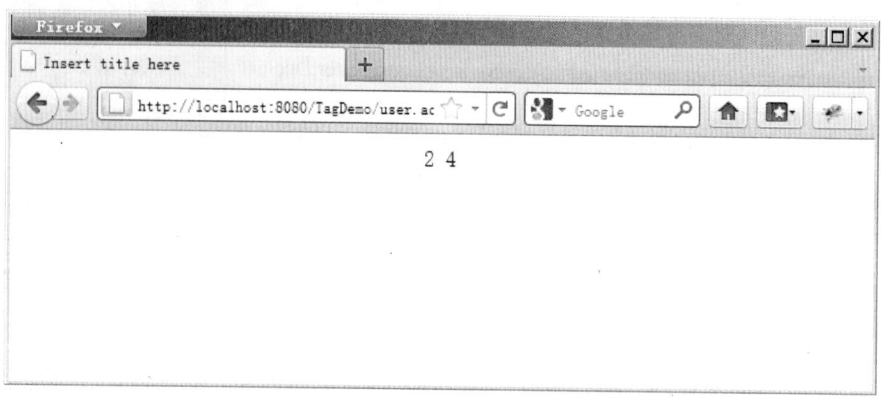

图 7.7　例 7-5 单击链接后得到的结果

7.3　解析 Struts 数据标签

在 7.2 节介绍了各种控制标签，下面将来介绍数据标签。数据标签主要用于各种数据访问相关的功能以及 Action 的调用等，下面将一一介绍各个标签。

7.3.1　a 标签

<s:a>标签用于构造 HTML 页面中的超链接，在网页中，该标签是最常用的几个标签之一，它的属性及相关说明如表 7.7 所示。

表 7.7　a标签常用属性及描述

属　性	是否必须	类　型	描　　述
action	否	String	指定超链接 Action 地址
href	否	String	超链接地址
namespace	否	String	指定 Action 地址
id	否	String	指定其 id
method	否	String	指定 Action 调用方法

a 标签的具体使用前面介绍较多，这里不再做介绍。

7.3.2　action 标签

<s:action>标签用来在 JSP 页面中调用 Action，其属性则可决定调用 Action 的 name 和 namespace，其常用属性及描述如表 7.8 所示。

表 7.8　action标签常用属性及描述

属　性	是否必须	类型	描　述
executeResult	否	Boolean	指定是否将处理结果页面显示在本页面，默认为 false
var	否	String	将指定 Action 放入 ValueStack 中
name	是	String	指定调用的 Action
flush	否	Boolean	输出结果是否刷新，默认为 true
ignoreContextParams	否	Boolean	指定该页面中的参数是否传入指定 Action，默认为 false
namespace	否	String	指定调用 Action 的命名空间

<s:action>标签可以从一个 JSP 页面来直接调用 Action，如果设置 executeResult 属性为 true，则可以直接得到调用 Action 返回的视图页面。

【例 7-6】 本示例介绍<s:action>标签的具体用法。

（1）在 Eclipse 中创建一个 Java Web 项目 DataTagDemo，将 Struts 2 框架所需的支持库添加到 WEB-INF 目录下的 lib 文件夹中，然后在 WEB-INF 目录下添加 web.xml 文件，并在其中注册过滤器和欢迎页面。代码如下：

```
<?xml version="1.0" encoding="UTF-8"?>
<web-app id="WebApp_9" version="2.4" xmlns="http://java.sun.com/
xml/ns/j2ee"      xmlns:xsi="http://www.w3.org/2001/XMLSchema-instance"
xsi:schemaLocation="http://java.sun.com/xml/ns/j2ee
http://java.sun.com/xml/ns/j2ee/web-app_2_4.xsd">
    <!--定义 Filter -->
    <filter>
        <!--指定 Filter 的名字，不能为空 -->
        <filter-name>struts2</filter-name>
            <!--指定 Filter 的实现类，此处使用的是 Struts 2 提供的拦截器类 -->
            <filter-class>org.apache.struts2.dispatcher.ng.filter.
            StrutsPrepareAndExecuteFilter</filter-class>
    </filter>
    <!--定义 Filter 所拦截的 URL 地址 -->
    <filter-mapping>
        <!--Filter 的名字，该名字必须是 filter 元素中已声明过的过滤器名字 -->
        <filter-name>struts2</filter-name>
            <!--定义 Filter 负责拦截的 URL 地址 -->
            <url-pattern>/*</url-pattern>
    </filter-mapping>
    <!--欢迎页面 -->
    <welcome-file-list>
       <welcome-file>index.jsp</welcome-file>
    </welcome-file-list>
</web-app>
```

（2）在 src 目录下创建包 com.action，在该包下创建 UserAction.java 文件，打开该文件编辑代码如下：

```
package com.action;
import com.opensymphony.xwork2.ActionContext;
import com.opensymphony.xwork2.ActionSupport;
public class UserAction extends ActionSupport{
    private static final long serialVersionUID = 1L;
    //重写 execute()方法
    public String execute() throws Exception {
        ActionContext.getContext().put("hello", "hello,world! ");
```

```
    //context 中放入 hello 对象
        return SUCCESS;                                    //返回 success
    }
}
```

（3）在 src 目录下创建 struts.xml，打开编辑代码如下：

```
<?xml version="1.0" encoding="UTF-8" ?>
<!DOCTYPE struts PUBLIC
   "-//Apache Software Foundation//DTD Struts Configuration 2.0//EN"
   "http://struts.apache.org/dtds/struts-2.0.dtd">
<struts>
    <!--配置 default 包 -->
    <package name="default" namespace="/" extends="struts-default">
    <!- 配置名为 user 的 Action -->
        <action name="user" class="com.action.UserAction">
            <result>/success.jsp</result>          <!--返回结果 -->
        </action>
    </package>
</struts>
```

（4）在 WebContent 目录下创建 index.jsp 文件，打开编辑核心代码如下：

```
<body>
<center>
<!--调用 action-->
<s:action name="user" executeResult="true" namespace="/"/>
</center>
</body>
```

（5）在 WebContent 目录下创建 success.jsp 文件，打开编辑核心代码如下：

```
<body>
    <center>
        <h3><s:property value="hello"/> </h3>  <!--输出 hello 对应的值->
    </center>
</body>
```

（6）运行程序，其运行结果如图 7.8 所示。

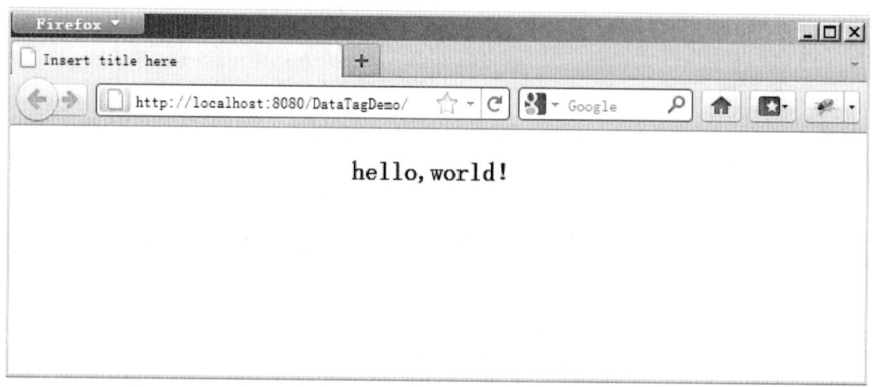

图 7.8　例 7-6 运行结果

由该例子可以看到，在 index.jsp 中直接调用了 Action，然后将返回的视图页面显示到当前的页面中去，读者需要注意的是 executeResult 属性值为 true。

7.3.3 bean 标签

<s:bean>标签用于创建一个 JavaBean 实例，通常，该标签和<s:param>标签结合起来一起使用，<s:bean>创建实例，<s:param>标签则为该实例传入指定属性。因此，指定 JavaBean 必须提供对应的 setter 方法，为了访问其属性，还可提供 getter 方法。

使用<s:bean>标签的常用属性及描述如表 7.9 所示。

表 7.9 bean标签常用属性及描述

属性	是否必须	类 型	描 述
name	是	String	指定 JavaBean 类
var	否	String	将 JavaBean 实例放入 Stack Context 中，设置其访问名称

在使用<s:bean>标签时，如果没有指定 var 属性，则该 JavaBean 实例只能在<s:bean>标签内访问。

【例 7-7】 本例示范了<s:bean>标签的用法。

（1）先定义一个 index.jsp 文件，在其中创建一个 com.model.User 实例，该实例能在<s:bean>标签中访问。index.jsp 文件的核心代码如下：

```
<body>
<center>
<!--创建 Javabean 实例-->
<s:bean name="com.model.User" var="usr">
    <s:param name="name" value="'tom'"/>
    <s:param name="age" value="20" />
    <!--判断实例属性 age-->
    <s:if test="#usr.age>10">
        <s:property value="#usr.name"/>
    </s:if>
</s:bean>
</center>
</body>
```

如果在<s:bean>标签中指定了 var 属性，则该 JavaBean 实例可在<s:bean>标签外访问到，如下所示：

```
<body>
<center>
<!--创建 Javabean 实例-->
<s:bean name="com.model.User" var="usr">
    <s:param name="name" value="'tom'"/>
    <s:param name="age" value="20" />
</s:bean>
<!--判断实例属性-->
<s:if test="#usr.age>10">
<s:property value="#usr.name"/>
    </s:if>
</center>
</body>
```

上面代码中，使用了 var 属性，指定 JavaBean 实例 usr，该实例放入 Stack Context 中，通过“#”符号即可访问该实例的属性。

（2）在 src 目录下创建包 com.model，在该包下创建文件 user.java，打开编辑代码如下：

```
package com.model;
public class User {
private String name;                    //name 属性
private int age;                        //age 属性
//name 属性的 getter 和 setter 方法
public String getName() {
    return name;
}
public void setName(String name) {
    this.name = name;
}
//age 属性的 getter 和 setter 方法
public int getAge() {
    return age;
}
public void setAge(int age) {
    this.age = age;
}
}
```

（3）项目其他文件可参考 7.3.2 小节中例 7-6 的 DataTagDemo 工程。运行程序，得到结果如图 7.9 所示。

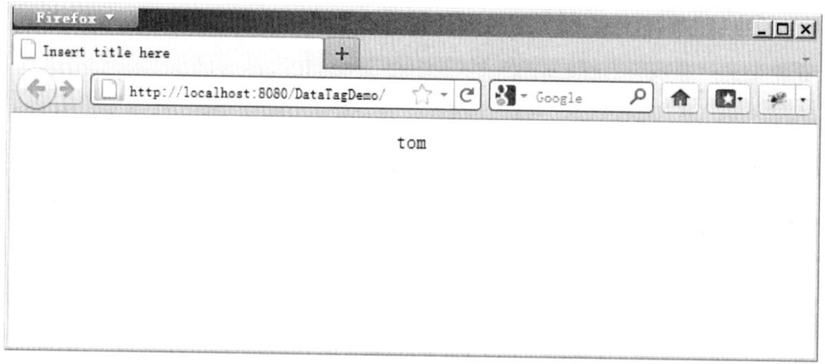

图 7.9　例 7-7 运行结果

7.3.4　date 标签

<s:date>标签用于输出指定格式的日期，该标签可以通过指定格式属性，输出各种不同格式的日期，其属性及描述如表 7.10 所示。

表 7.10　date标签常用属性及描述

属　性	是否必须	类　型	描　　述
name	是	String	指定日期值
var	否	String	指定将日期放入 ValueStack 中
nice	否	Boolean	指定是否输出指定日期和当前日期之间的时差
format	否	String	指定输出格式

读者需要注意的是，nice 属性指定为 true 时，<s:date>标签会输出指定日期和当前日期之间的时差而不输出指定日期，所以这时 format 属性会被屏蔽掉。如果 nice 和 format 属性

都没指定，则 Struts 2 框架会到国际化资源文件中寻找 key 值为 struts.date.format 的 value 值，按照该格式来输出日期，如果国际化资源文件中无法找该 key 值，则使用默认方式输出。

<s:date>标签的使用方式如以下代码所示：

```
<s:date name="person.birthday" format="dd/MM/yyyy" />
<s:date name="person.birthday" format="%{getText('some.i18n.key')}" />
<s:date name="person.birthday" nice="true" />
<s:date name="person.birthday" />
```

上面代码中输出 ValueStack 中 person 实例对象的 birthday 属性值，读者需要注意的是，第二行中 getText 查找国际化资源文件中 key 值为 some.i18n.key 的 value 值来指定 format 属性，因此，开发者可以在国际化资源文件中自定义 format 格式，来达到统一日期输出格式的目的。

7.3.5　debug 标签

<s:debug>标签主要用于开发者在开发的过程中调试程序时输出更多的调试信息，主要是输出 ValueStack 和 StackContext 中的信息，该标签只有一个 id 属性，但一般并不使用。

使用该标签时，直接将该标签添加到指定的 JSP 页面中即可，在浏览器中就可以看到 ValueStack 和 StackContext 中的数据信息，如图 7.10 所示。

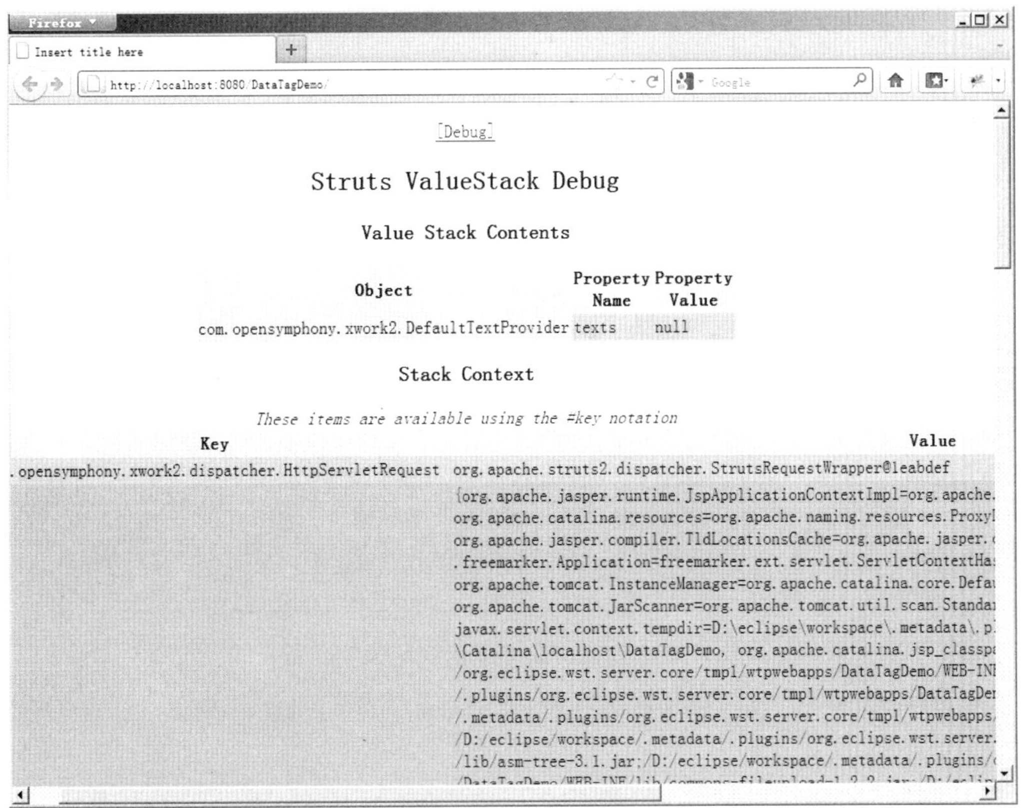

图 7.10　debug 标签运用

7.3.6　i18n 标签

<s:i18n>标签主要用来进行资源绑定，然后将其放入 ValueStack。在 6.3.2 节中介绍过，该标签可以用来加载国际化资源文件，然后用<s:text>标签或在表单标签中使用 key 属性来访问国际化资源文件。

<s:i18n>只有一个 name 属性，用来指定资源文件。该标签的具体使用方法这里不再做详细介绍。

7.3.7　include 标签

<s:include>标签用于将一个 JSP 页面包含到该页面中，该标签属性比较简单，只有一个必选的 value 属性，该属性用来指定被包含的 JSP 页面。此外，还有一个 id 属性，该属性可选，用来指定标签的 ID 引用。

通常情况下，在包含其他 JSP 页面时，需指定参数，因此<s:include>标签可以和<s:param>标签结合起来用，用于将多个参数值传入被包含的 JSP 页面中，<s:param>标签中放置要指定的参数。

读者需要注意的是，<s:include>标签指定的参数是作为 request 方式传入指定 JSP 页面中的，因此采用${param.ParamName}方式来获取参数值。

<s:include>标签的使用见如下示例：

```
<!--使用 include 标签包含其他页面，同时传入参数-->
<s:include value="author.jsp">
    <s:param name="name" value="jack"/>
</s:include>
```

7.3.8　param 标签

<s:param>标签主要用于为其他标签提供参数，如前面提到的<s:bean>和<s:include>标签都可和<s:param>标签结合起来用。

<s:param>标签的具体属性及描述如表 7.11 所示。

表 7.11　param标签常用属性及描述

属　性	是否必须	类　型	描　　述
name	否	String	指定参数名
value	否	String	指定参数值

通常可以采用两种方式来指定参数，如下所示代码为第一种：

```
<s:param name="age">10</s:param>
```

或者采用如下代码：

```
<s:param name="age" value="10"/>
```

二者都指定参数为 age，值为 10，读者需要注意的是，如果不指定其值的话，那么 age

值为空而不是 0。

7.3.9　property 标签

<s:property>标签用于输出 ValueStack 中对象的属性值，可以使用其 value 属性来指定要输出的对象属性。<s:property>标签的属性及描述如表 7.12 所示。

表 7.12　property标签常用属性及描述

属性	是否必须	类型	描　　述
value	否	String	指定要输出的值
default	否	String	指定默认输出值，如果输出值为 null，则输出 default 属性值

读者需要注意的是，如果没指定 value 属性值，则会输出 ValueStack 栈顶的值。

<s:property>标签的使用见如下示例：

```
<s:property value="username" default="普通用户">
```

上面代码表示取出 ValueStack 栈顶对象的 username 属性并输出其值，如果未找到 username 属性，则默认输出“普通用户”。

7.3.10　push 标签

<s:push>标签用于将一个值放到 ValueStack 的栈顶，这样可以更简单地访问该值，该标签仅仅有一个 value 属性，指定放入 ValueStack 栈顶的值。

其具体使用方式如以下代码所示：

```
<s:push value="user">
       <s:propery value="firstName" />
       <s:propery value="lastName" />
</s:push>
```

上面代码将 user 对象放入 ValueStack 的栈顶，然后通过<s:property>标签来访问其 firstName 和 lastName 两个属性。

7.3.11　set 标签

<s:set>标签用于将某个值放入指定范围内，例如 session、request 等，其值通过 scope 属性来指定，该标签的属性及描述如表 7.13 所示。

表 7.13　set标签常用属性及描述

属　性	是否必须	类　型	描　　述
value	否	String	指定将赋给变量的值，如果没有则将 ValueStack 栈顶的值赋给变量
var	否	String	指定变量名，该变量将会放入 ValueStack，也可使用 name 或 id
scope	否	String	指定变量放入范围，默认为 action 范围

读者需要注意，scope 范围只能是 application、request、session、page 和 action 这 5 个值中的一个，如果指定 action 范围的话，变量会最终放入 request 范围中，并会放入 Stack Context 中。

下面代码中，使用<s:set>标签将 personName 变量放入 ValueStack，然后通过<s:property>标签来访问该变量。

```
<s:set var="personName" value="person.name"/>
<s:property value="#personName"/>
```

7.3.12　text 标签

<s:text>标签主要用来输出国际化资源文件信息，前面介绍过，当在 JSP 页面中用<s:i18n>指定国际化资源文件后，就可用<s:text>标签来输出 key 值对应的 value 值，该标签常用的属性及其描述如表 7.14 所示。

表 7.14　text标签常用属性及描述

属　　性	是否必须	类型	描　　述
name	是	String	要获取的资源属性
searchValueStack	否	Boolean	假如无法获取资源属性，是否到 stack 中搜索其属性
var	否	String	命名得到的资源属性，然后放入 ValueStack 中

<s:text>的用法前面介绍过，但读者需要注意的是，下面所示代码是无效的，即不能在一个标签中使用<s:text>标签。

```
<s:textfield name="lastName" label="<s:text name="person.lastName"/>" />
```

一般情况下，使用 getText()方法来代替<s:text>标签以达到上面代码想要达到的目的。

```
<s:textfield name="lastName" label="getText('person.lastName')" />
```

7.3.13　url 标签

<s:url>标签主要用来生成 URL 映射地址，通常，URL 映射地址可能要传入参数，因此<s:url>标签可以和<s:param>标签结合起来用，该标签的属性及描述如表 7.15 所示。

表 7.15　url标签常用属性及描述

属　　性	是否必须	类型	描　　述
action	否	String	指定生成的 URL 地址的 Action，如果不提供该属性，则使用 value 值为 URL 的地址值
anchor	否	String	指定 URL 的锚点
encode	否	Boolean	指定是否对参数进行编码，默认为 true
escapeAmp	否	Boolean	指定是否对&符号进行编码，默认为 true
includeContext	否	Boolean	指定将当前上下文包含在 URL 地址中
includeParams	否	Boolean	指定是否包含请求参数，其值只能为 none、get 或 all，默认值为 get
method	否	String	指定 Action 调用方法

续表

属　性	是否必须	类型	描　述
namespace	否	String	指定 Action 命名空间
value	否	String	指定生成 URL 地址，如果 value 属性不提供则使用 action 属性值为 URL 地址
var	否	String	指定该链接变量，并将其放入 ValueStack 中

读者需要注意的是，action 属性和 value 属性的作用相似，只是 action 属性表示的是一个 Action，在使用时通常从二者中选用一个即可。

【例 7-8】 本示例示范了<s:url>标签的一般用法。

```
<body>
<center>
    <!--生成映射地址 url-->
    <s:url value="user.action"  var="url">
            <s:param name="id" value="10" />
    </s:url>
    <!--访问 url 对应的地址-->
    <s:a href="%{url}">user</s:a>
    <br/>
    <!--生成映射地址 url-->
    <s:url action="user">
            <s:param name="id" value="10" />
    </s:url><br/>
    <!--生成映射地址 url-->
    <s:url includeParams="get">
            <s:param name="id" value="10" />
    </s:url>
</center>
</body>
```

用上面代码替换 7.3.2 小节中例 7-6 创建的 DataTagDemo 工程中的 index.jsp 文件中的核心代码，运行程序得到的结果如图 7.11 所示。

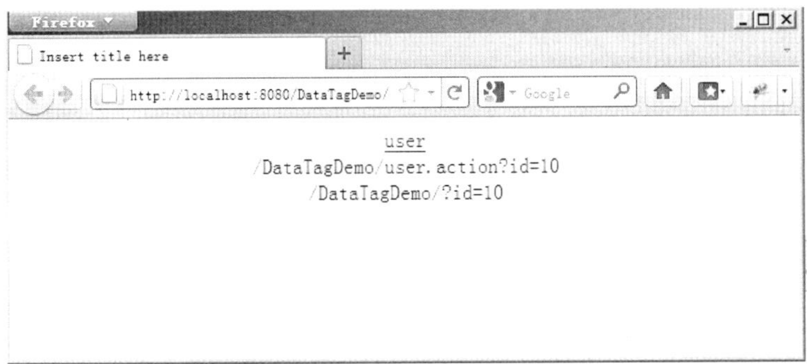

图 7.11　例 7-8 运行结果

7.4　解析 Struts 表单标签

在 7.3 节介绍了 Struts 2 标签库中的数据标签，本节将来介绍表单标签。Struts 2 表单标签对应着 HTML 中的表单元素，Struts 2 表单标签提供了很多简单易用的属性，会大大简化开发的过程，在开发时，这些表单属性实际上对应着 Action 中的属性值，Struts 2 框架会将提交的表单信息直接赋给对应的 Action 属性。下面来一一介绍表单标签。

7.4.1 form 标签

<s:form>标签用来产生 HTML 对应的<form>标签，其属性中可以添加提交表单时对应的 Action、namespace 等信息，该表单常用属性如表 7.16 所示。

表 7.16　form标签常用属性及描述

属　性	是否必须	类　型	描　　述
action	否	String	指定提交时对应的 Action
namespace	否	String	指定 action 命名空间

在使用<s:form>标签时，一般其中包含其他对应的表单元素，如 checkbox、textfield 等标签，通过这些表单元素对应的 name 属性，在提交表单时，将其作为参数传入 Struts 2 框架进行处理。<s:form>的具体应用，在后面和其他表单元素一起来介绍。

7.4.2 submit 标签

<s:submit>主要用于产生 HTML 中的提交按钮，该表单元素中可以指定提交时的 Action 对应的方法，该标签用于<s:form>标签中，一般和<s:form>标签一起使用，该标签常用属性如下表 7.17 所示。

表 7.17　submit标签常用属性及描述

属　性	是否必须	类　型	描　　述
action	否	String	指定提交时对应的 Action
method	否	String	指定 action 调用方法

7.4.3 checkbox 标签

<s:checkbox>标签用于创建复选框，产生 HTML 中的<intput type="checkbox"/>标签，该标签通过 name 属性指定其 name，然后通过用户操作返回一个 boolean 类型的值。<s:checkbox>标签的属性及描述如表 7.18 所示。

表 7.18　checkbox标签常用属性及描述

属　性	是否必须	类　型	描　　述
name	否	String	指定该元素 name
value	否	String	指定该元素 value
label	否	String	生成一个 label 元素
fieldValue	否	String	指定真实的 value 值，会屏蔽 value 属性值

在如下所示代码中，value 属性值是一个所谓的“假值”，fieldValue 属性值才是真值，即 value 属性值用来表示单选框是否选中，fieldValue 属性值则是提交表单时 name 对

应的值。

```
<s:checkbox label="Sex" name="sex" value="true" fieldValue="male" />
```

【例 7-9】 本示例示范<s:checkbox>标签的用法。

（1）在 Eclipse 中创建一个 Java Web 项目 UITagDemo，将 Struts 2 框架所需的支持库添加到 WEB-INF 目录下的 lib 文件夹中，然后在 WEB-INF 目录下添加 web.xml 文件，并在其中注册过滤器和欢迎页面。代码如下所示：

```
<?xml version="1.0" encoding="UTF-8"?>
<web-app id="WebApp_9" version="2.4" xmlns="http://java.sun.com/
xml/ns/j2ee"       xmlns:xsi="http://www.w3.org/2001/XMLSchema-instance"
xsi:schemaLocation="http://java.sun.com/xml/ns/j2ee
http://java.sun.com/xml/ns/j2ee/web-app_2_4.xsd">
    <!--定义 Filter -->
    <filter>
        <filter-name>struts2</filter-name> <!--指定 Filter 的名字,不能为空-->
            <!--指定 Filter 的实现类，此处使用的是 Struts 2 提供的拦截器类 -->
            <filter-class>org.apache.struts2.dispatcher.ng.filter.
            StrutsPrepareAndExecuteFilter</filter-class>
    </filter>
    <!--定义 Filter 所拦截的 URL 地址-->
    <filter-mapping>
        <!--Filter 的名字，该名字必须是 filter 元素中已声明过的过滤器名字-->
        <filter-name>struts2</filter-name>
            <url-pattern>/*</url-pattern> <!--定义 Filter 负责拦截的 URL 地址-->
    </filter-mapping>
    <!--欢迎页面-->
   <welcome-file-list>
      <welcome-file>index.jsp</welcome-file>
   </welcome-file-list>
</web-app>
```

（2）在 src 目录下创建包 com.action，在该包下创建 UserAction.java 文件，打开编辑代码如下：

```
package com.action;
import com.opensymphony.xwork2.ActionSupport;
public class UserAction extends ActionSupport{
    private static final long serialVersionUID = 1L;
    private String sex;              //sex 属性
    private String role;             //role 属性
    //sex 属性的 getter 和 setter 方法
    public String getSex() {
        return sex;
    }
    public void setSex(String sex) {
        this.sex = sex;
    }
    //role 属性的 getter 和 setter 方法
    public String getRole() {
        return role;
    }
    public void setRole(String role) {
        this.role = role;
    }
    //重写 execute()方法
```

```
    public String execute() throws Exception {
        return SUCCESS;           //返回 success
    }
}
```

（3）在 src 目录下创建 struts.xml，打开编辑代码如下：

```
<?xml version="1.0" encoding="UTF-8" ?>
<!DOCTYPE struts PUBLIC
   "-//Apache Software Foundation//DTD Struts Configuration 2.0//EN"
   "http://struts.apache.org/dtds/struts-2.0.dtd">
<struts>
    <!--配置 default 包-->
    <package name="default" namespace="/" extends="struts-default">
        <!--配置名为 user 的 action-->
        <action name="user" class="com.action.UserAction">
           <result>/success.jsp</result>        <!--返回结果-->
       </action>
   </package>
</struts>
```

（4）在 WebContent 目录下创建 index.jsp 文件，打开编辑核心代码如下：

```
<body>
<center>
<!--表单标签-->
<s:form action="user">
<!--多选框-->
    <s:checkbox label="Sex" name="sex" value="true" fieldValue="male" />
    <s:checkbox label="Student" name="role" value="false" fieldValue=
    "student" />
    <s:submit/>     <!--提交按钮-->
</s:form>
</center>
</body>
```

（5）在 WebContent 目录下创建 success.jsp 文件，打开编辑核心代码如下：

```
<body>
    <center>
        <!--输出-->
        <s:property value="sex"/><br>
        <s:property value="role"/>
    </center>
</body>
```

（6）运行程序，其运行结果如图 7.12 所示，提交表单后得到如图 7.13 所示的结果。

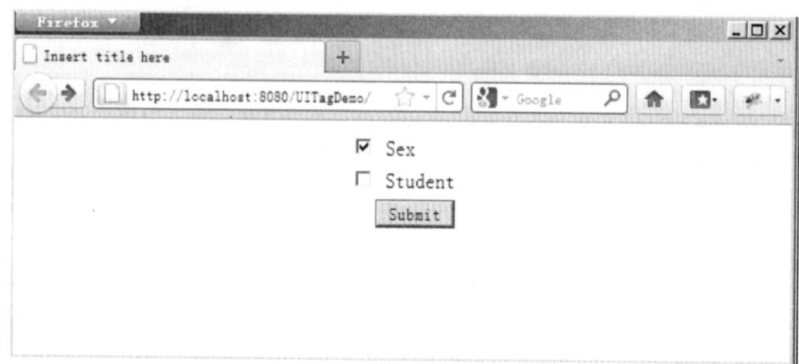

图 7.12　例 7-9 运行结果

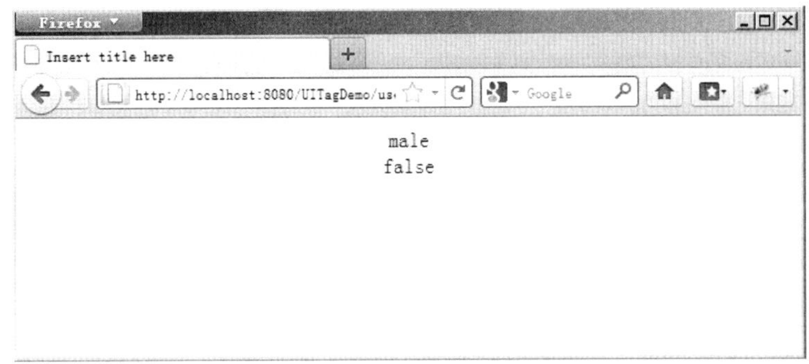

图 7.13　例 7-9 提交后的结果

7.4.4　checkboxlist 标签

<s:checkboxlist>标签用于一次性创建多个复选框，产生 HTML 中的多个<intput type="checkbox"/>标签，该标签的常用属性及描述如表 7.19 所示。

表 7.19　checkboxlist标签常用属性及描述

属性	是否必须	类　型	描　　述
name	否	String	指定表单元素名字
list	是	Cellection,Map, Enumeration, Iterator,array	要迭代的集合，使用集合中的元素来设置各个选项，如果 list 的属性为 Map，则 Map 的 key 成为选项的 value，Map 的 value 会成为选项的内容
listKey	否	String	指定集合对象中的哪个属性作为选项的 value
listValue	否	String	指定集合对象中的哪个属性作为选项的内容

【例 7-10】 本示例修改【例 7-9 中】的 UITagDemo 工程来介绍<s:checkboxlist>标签的用法。

（1）打开 com.action 包下的 UserAction.java 文件，编辑代码如下：

```
package com.action;
import com.opensymphony.xwork2.ActionSupport;
public class UserAction extends ActionSupport{
    private static final long serialVersionUID = 1L;
    private String[] characters;             //属性 characters
    private String[] interests;              //属性 interests
    //characters 属性的 getter 和 setter 方法
    public String[] getCharacters() {
        return characters;
    }
    public void setCharacters(String[] characters) {
        this.characters = characters;
    }
    // interests 属性的 getter 和 setter 方法
    public String[] getInterests() {
        return interests;
    }
    public void setInterests(String[] interests) {
        this.interests = interests;
    }
```

```
    //重写 execute 方法
    public String execute() throws Exception {
        return SUCCESS;                //返回 success
    }
}
```

（2）打开 WebContent 目录下的 index.jsp 文件，编辑代码如下：

```
<body>
<center>
<s:form action="user">
   <!--创建复选框，根据 list 集合-->
   <s:checkboxlist name="characters" list="#{'a':'1','b':'2','c':'3',
   'd':'4'}"
         label="choose a character" labelposition="top"
         listKey="key"
         listValue="value" />
    <s:checkboxlist name="interests" list="{'football','basketball',
    'volleyball','swimming'}"
         label="Interest"
         labelposition="top"/>
       <s:submit/>
</s:form>
</center>
</body>
```

（3）打开 WebContent 目录下的 success.jsp 文件，编辑代码如下所示：

```
<body>
    <center>
        <!--遍历集合-->
        <s:iterator value="characters">
            <s:property/> 
        </s:iterator><br/>
        <s:iterator value="interests">
            <s:property/> 
        </s:iterator>

    </center>
</body>
```

（4）运行程序，得到结果如图 7.14 所示，提交后的结果如图 7.15 所示。

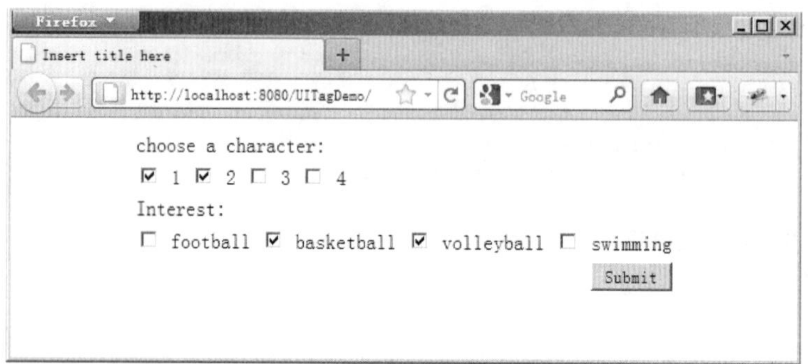

图 7.14　例 7-10 运行结果

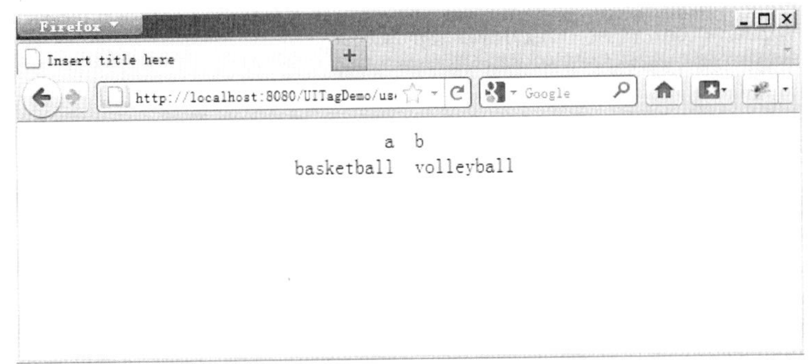

图 7.15　例 7-10 表单提交后的结果

7.4.5　combobox 标签

<s:combobox>标签用于创建文本框和下拉列表框的组合，看起来这是两个表单元素，实际上只对应一个 name 属性，传入的请求参数是文本框中的值而不是列表框中的值。该标签的属性及描述如表 7.20 所示。

表 7.20　combobox标签常用属性及描述

属　性	是否必须	类　型	描　　述
name	否	String	指定表单元素名字
list	是	String	指定集合，该集合中的元素对应生成的列表项
headerKey	否	String	headerValue 的键，默认是“-1”
headerValue	否	String	用作标题的选项的文本，因为它是一个标题，所以是只读的，不能选择
label	否	String	生成一个 label 元素

【例 7-11】 本示例通过修改【例 7-9】中的 UITagDemo 工程来介绍<s:combobox>标签的用法。

（1）打开 com.action 包下的 UserAction.java 文件，编辑代码如下：

```
package com.action;
import com.opensymphony.xwork2.ActionSupport;
public class UserAction extends ActionSupport{
    private static final long serialVersionUID  = 1L;
    private String fruit;              //fruit 属性
    //fruit 属性的 getter 和 setter 方法
    public String getFruit() {
        return fruit;
    }
    public void setFruit(String fruit) {
        this.fruit = fruit;
    }
    //重写 execute 方法
    public String execute() throws Exception {
        return SUCCESS;            //返回 success
    }
}
```

（2）打开 WebContent 目录下的 index.jsp 文件，编辑代码如下：

```
<body>
<center>
<!--定义表单-->
<s:form action="user">
    <!--创建表单元素-->
    <s:combobox
        label="My Favourite Fruit"
        name="fruit"
        list="{'apple','banana','grape','pear'}"
        headerKey="-1"
        headerValue="--- Please Select ---"
        emptyOption="true"
        value="banana" />
    <s:submit/>
</s:form>
</center>
</body>
```

（3）打开 WebContent 目录下的 success.jsp 文件，编辑代码如下：

```
<body>
    <center>
    <s:property value="fruit"/>     <!--输出-->
    </center>
</body>
```

（4）运行程序，得到结果如图 7.16 所示，提交后的结果如图 7.17 所示。

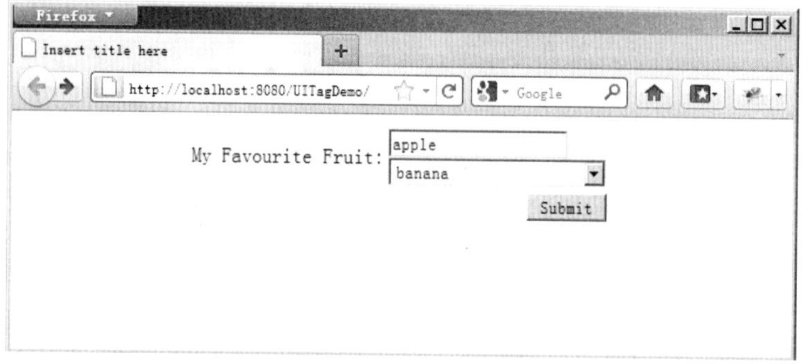

图 7.16　例 7-11 运行结果

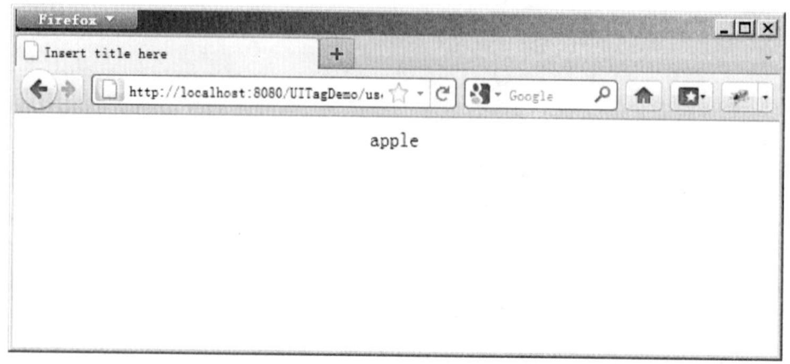

图 7.17　例 7-11 提交后的结果

由上面例子可以看到，在文本框中输入 apple，而列表框中是 banana，最后传入的请求参数是 apple，因此，传入参数值是文本框中的值而不是列表框中的值。

7.4.6　doubleselect 标签

<s:doubleselect>标签创建两个相关联的列表框，即第二个列表框会根据第一个列表框的选择而变化，该标签的属性及描述如表 7.21 所示。

表 7.21　doubleselect标签属性及描述

属性	是否必须	类　型	描　述
list	是	Cellection,Map, Enumeration, Iterator,array	指定要迭代的集合，使用集合中的元素来设置各个选项，如果 list 的属性为 Map，则 Map 的 key 成为选项的 value，Map 的 value 会成为选项的内容
listKey	否	String	指定集合对象中的哪个属性作为选项的 value，该选项只对第一个列表框起作用
listValue	否	String	指定集合对象中的哪个属性作为选项的内容，该选项只对第一个列表框起作用
doublelist	是	Cellection,Map, Enumeration, Iterator,array	指定第二个列表框要迭代的集合
doubleListKey	否	String	指定集合对象中的哪个属性作为选项的 value，该选项只对第二个列表框起作用
doubleListValue	否	String	指定集合对象中的哪个属性作为选项的内容，该选项只对第二个列表框起作用
doubleName	是	String	指定第二个列表框的 name 属性
multiple	否	Boolean	是否多选，默认为 false

【例 7-12】 本示例修改【例 7-9】中的 UITagDemo 工程来介绍<s:doubleselect>标签的用法。

（1）打开 com.action 包下的 UserAction.java 文件，编辑代码如下所示：

```
package com.action;
import com.opensymphony.xwork2.ActionSupport;
public class UserAction extends ActionSupport{
    private static final long serialVersionUID = 1L;
    private String province;        //province 属性
    private String city;            //city 属性
    //province 属性的 getter 和 setter 方法
    public String getProvince() {
        return province;
    }
    public void setProvince(String province) {
        this.province = province;
    }
    //city 属性的 getter 和 setter 方法
    public String getCity() {
        return city;
    }
    public void setCity(String city) {
        this.city = city;
    }
```

```
    //重写 execute 方法
    public String execute() throws Exception {
        return SUCCESS;             //返回 success
    }
}
```

（2）打开 WebContent 目录下的 index.jsp 文件，编辑代码如下：

```
<body>
<center>
<!--创建表单-->
<s:form action="user">
<!--关联列表框-->
    <s:doubleselect label="choose a city"
        name="province" list="{'四川省','山东省'}" doubleName="city"
        doubleList="top == '四川省' ? {'成都市', '绵阳市'} : {'济南市', '青岛
        市'}" />
    <s:submit/>
</s:form>
</center>
</body>
```

（3）打开 WebContent 目录下的 success.jsp 文件，编辑代码如下：

```
<body>
    <center>
        <!--输出-->
        <s:property value="province"/><br>
        <s:property value="city"/>
    </center>
</body>
```

（4）运行程序，得到结果如图 7.18 所示，提交后的结果如图 7.19 所示。

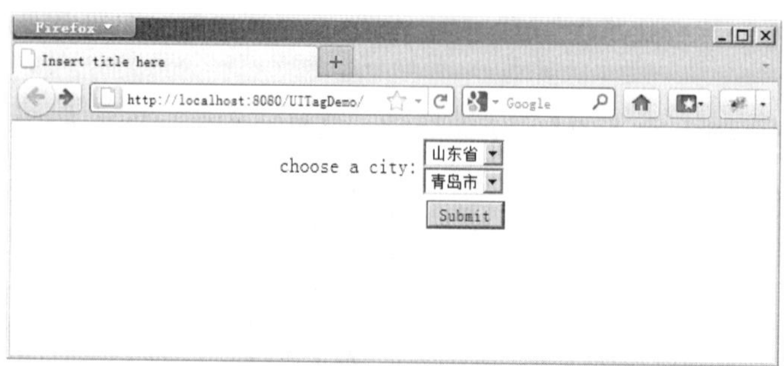

图 7.18　例 7-12 运行结果

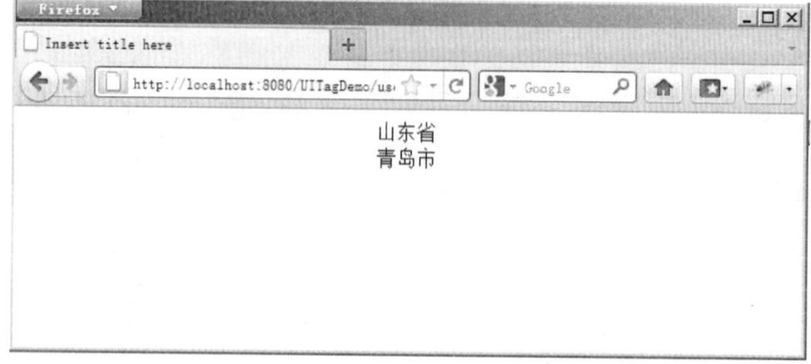

图 7.19　例 7-12 提交后的结果

7.4.7　head 标签

<s:head>标签主要用于生成 HTML 的 HEAD 部分。因为有些主题需要包含特定的 CSS 和 Javascript 代码，而该标签的使用则会在转化后生成指定 CSS 和 JavaScript 代码的引用。

下面代码是<s:head>标签的一般用法：

```
<head>
<meta http-equiv="Content-Type" content="text/html; charset=UTF-8">
<title>Insert title here</title>
<s:head/>
</head>
```

上面代码在转换成 HTML 后会变成如下代码：

```
</head>
<head>
<meta http-equiv="Content-Type" content="text/html; charset=UTF-8">
<title>Insert title here</title>
<link rel="stylesheet" href="/UITagDemo/struts/xhtml/styles.css" type=
"text/css"/>
<script src="/UITagDemo/struts/utils.js" type="text/javascript"></script>
</head>
```

由上面代码可以看到，<s:head>在生成 HTML 后，提供了 CSS 和一些 JavaScript 的支持，这些可能会对开发者自己编写的代码造成一定的影响，读者须谨慎使用。

7.4.8　file 标签

<s:file>标签用于创建一个文件选择框，生成 HTML 中的<input type="file" />标签，该标签的常用属性及描述如表 7.22 所示。

表 7.22　file标签常用属性及描述

属性	是否必须	类　型	描　　述
name	否	String	指定表单元素名
accept	否	String	指定可接受文件 MIME 类型，默认为 input

<s:file>的一般用法如下代码所示：

```
<s:file name="anUploadFile" accept="text/*" />
<s:file name="anohterUploadFIle" accept="text/html,text/plain" />
```

后面将会介绍<s:file>的具体用法，这里不做详细介绍。

7.4.9　hidden 标签

<s:hidden>标签用于创建一个隐藏表单元素，生成 HTML 中的隐藏域标签<input type="hidden" />。

<s:hidden>标签在页面上没有任何显示，可以保存或交换数据。

该标签比较简单，通常只设置其 name 和 value 属性即可，其一般用法如下所示：

```
<s:hidden name="id" value="%{id}" />
```

该标签主要用来需要提交表单传值时使用，比如要提交表单时，要传一个值到请求参数中去，就可以使用该标签。

7.4.10　inputtransferselect 标签

<s:inputtransferselect>标签主要用来获取输入转到列表框中，或从列表中移除，实际上该标签创建了多个表单元素的集合，该标签属性及描述如表 7.23 所示。

表 7.23　inputtransferselect标签常用属性及描述

属　性	是否必须	类　型	描　述
list	是	Cellection,Map,Enumeration,Iterator,array	要迭代的集合，使用集合中的元素来设置各个选项，如果 list 的属性为 Map，则 Map 的 key 成为选项的 value，Map 的 value 会成为选项的内容
listKey	否	String	指定集合对象中的哪个属性作为选项的 value
listValue	否	String	指定集合对象中的哪个属性作为选项的内容
multiple	否	Boolean	指定是否多选，默认为 false
upLabel	否	String	设置向上移动按钮上的文本
downLabel	否	String	设置向下移动按钮上的文本
allowMoveUp	否	Boolean	设置是否使用向上移动按钮，默认为 true
allowMoveDown	否	Boolean	设置是否使用向下移动按钮，默认为 true
addLabel	否	String	设置添加输入到右边列表框的按钮上的文本

【例 7-13】 本示例通过修改例 7-9 中的 UITagDemo 工程来介绍<s:inputtransferselect>标签的用法。

（1）打开 com.action 包下的 UserAction.java 文件，编辑代码如下：

```
package com.action;
import com.opensymphony.xwork2.ActionSupport;
public class UserAction extends ActionSupport{
    private static final long serialVersionUID = 1L;
    private String[] fruits;        //fruits属性
    //fruits属性的getter和setter方法
    public String[] getFruits() {
        return fruits;
    }
    public void setFruits(String[] fruits) {
        this.fruits = fruits;
    }
    //重写execute方法
    public String execute() throws Exception {
        return SUCCESS;               //返回success
    }
}
```

（2）打开 WebContent 目录下的 index.jsp 文件，编辑代码如下：

```
<body>
```

```
<center>
  <!--创建表单-->
  <s:form action="user">
    <!--创建表单元素-->
    <s:inputtransferselect
        label="Favourite fruits"
        name="fruits"
        list="{'apple', 'banana', 'pear'}"
        upLabel="up"
        downLabel="down"
        removeAllLabel="removeall"
        removeLabel="remove"
        addLabel="add" />
    <s:submit/>
  </s:form>
</center>
</body>
```

（3）打开 WebContent 目录下的 success.jsp 文件，编辑代码如下：

```
<body>
    <center>
    <!--遍历集合-->
    <s:iterator value="fruits">
        <s:property/><br/>
    </s:iterator>
    </center>
</body>
```

（4）运行程序，得到结果如图 7.20 所示，提交后的结果如图 7.21 所示。

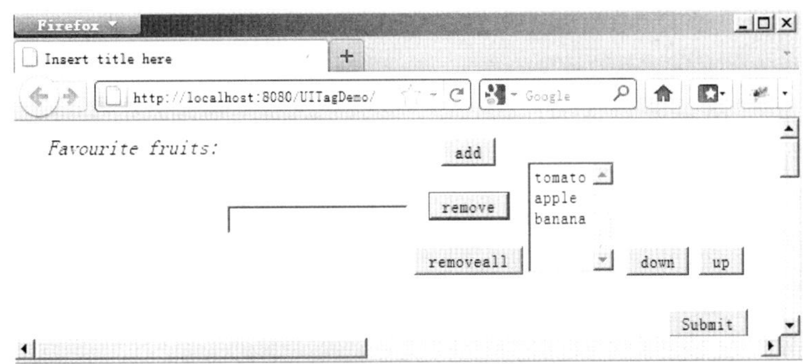

图 7.20　例 7-13 运行结果

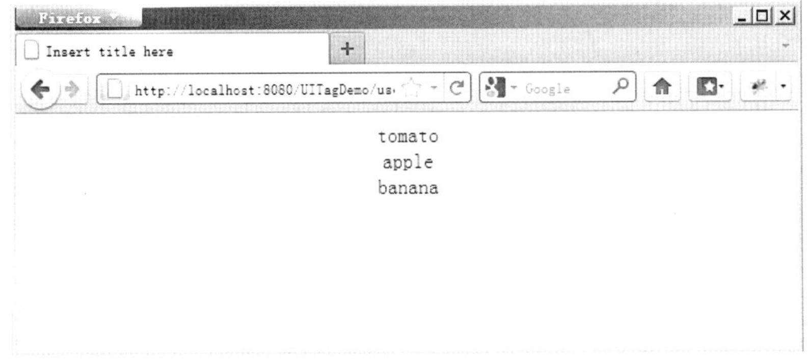

图 7.21　例 7-13 提交后的结果

7.4.11　label 标签

<s:label>标签用于生成 HTML 中的<label>标签。XHTML 主题下的<s:label>标签可以输出两个 HTML 的<label>标签，位于一行的两列上，左列的<label>标签提示作用，而右列的<label>标签则用于显示 Action 属性数据。SIMPLE 主题下的<label>标签只输出一个 HTML label 标签。

<s:label>标签的使用比较简单，下面代码中使用了<s:label>标签：

```
<s:label name="name" value="Username"/>
<s:label name="address" value="Address"/>
```

7.4.12　optiontransferselect 标签

<s:optiontransferselect>标签用于创建一个选项转移列表组件，它由两个<select>标签以及它们之间的用于将选项在两个<select>之间相互移动的按钮组成。表单提交时，将提交两个列表框中选中的选项。该标签常用属性及描述如表 7.24 所示。

表 7.24　optiontransferselect标签常用属性及描述

属　　性	是否必须	类　　型	描　　述
list	是	Cellection,Map, Enumeration, Iterator,array	要迭代的集合，使用集合中的元素来设置各个选项，如果 list 的属性为 Map，则 Map 的 key 成为选项的 value，Map 的 value 会成为选项的内容，该选项只对第一个列表框起作用
listKey	否	String	指定集合对象中的哪个属性作为选项的 value，该选项只对第一个列表框起作用
listValue	否	String	指定集合对象中的哪个属性作为选项的内容，该选项只对第一个列表框起作用
multiple	否	Boolean	是否多选，默认为 false
doubleList	是	Cellection,Map, Enumeration, Iterator,array	要迭代的集合，使用集合中的元素来设置各个选项，如果 doubleList 的属性为 Map，则 Map 的 key 成为选项的 value，Map 的 value 会成为选项的内容，该选项只对第二个列表框起作用
doubleListKey	否	String	指定集合对象中的哪个属性作为选项的 value，该选项只对第二个列表框起作用
doubleListValue	否	String	指定集合对象中的哪个属性作为选项的内容，该选项只对第二个列表框起作用
doubleMultiple	否	Boolean	是否多选，默认为 false
doubleName	是	String	指定第二个列表框的 name 属性

【例 7-14】 本示例通过修改例 7-9 中的 UITagDemo 工程来介绍<s:optiontransferselect>标签的用法。

（1）打开 com.action 包下的 UserAction.java 文件，编辑代码如下：

```
package com.action;
import com.opensymphony.xwork2.ActionSupport;
public class UserAction extends ActionSupport{
```

```
    private static final long serialVersionUID = 1L;
    private String[] leftSides;          //leftsides 属性
    private String[] rightSides;         //rightsides 属性
    //leftsides 属性的 getter 和 setter 方法
    public String[] getLeftSides() {
        return leftSides;
    }
    public void setLeftSides(String[] leftSides) {
        this.leftSides = leftSides;
    }
    //rightsides 属性的 getter 和 setter 方法
    public String[] getRightSides() {
        return rightSides;
    }
    public void setRightSides(String[] rightSides) {
        this.rightSides = rightSides;
    }
    //重写 execute 方法
    public String execute() throws Exception {

        return SUCCESS;          //返回 success
    }
}
```

（2）打开 WebContent 目录下的 index.jsp 文件，编辑代码如下：

```
<body>
<center>
  <!--创建表单-->
  <s:form action="user">
  <!--创建表单元素-->
  <s:optiontransferselect
     label="Favourite Cartoons Characters"
     name="leftSides"
     leftTitle="Left Title"
     rightTitle="Right Title"
     list="{'Popeye', 'He-Man', 'Spiderman'}"
     multiple="true"
     headerKey="headerKey"
     headerValue="--- Please Select ---"
     emptyOption="true"
     doubleList="{'Superman', 'Mickey Mouse', 'Donald Duck'}"
     doubleName="rightSides"
     doubleHeaderKey="doubleHeaderKey"
     doubleHeaderValue="--- Please Select ---"
     doubleEmptyOption="true"
     doubleMultiple="true"
 />
     <s:submit/>
  </s:form>
</center>
</body>
```

（3）打开 WebContent 目录下的 success.jsp 文件，编辑代码如下：

```
<body>
    <center>
      <!--遍历集合-->
      <s:iterator value="leftSides">
        <s:property /> 
```

```
      </s:iterator><br/>
      <s:iterator value="rightSides">
        <s:property /> 
      </s:iterator>
    </center>
</body>
```

（4）运行程序，得到结果如图 7.22 所示，提交后的结果如图 7.23 所示。

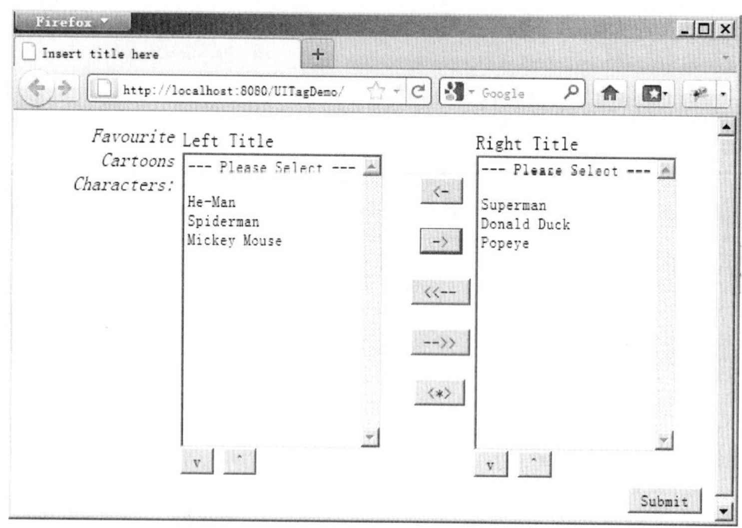

图 7.22　例 7-14 运行结果

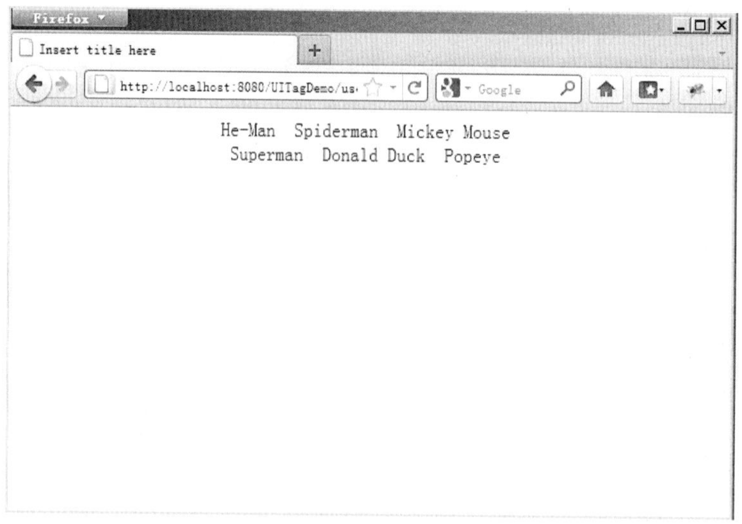

图 7.23　例 7-14 提交后的结果

7.4.13　select 标签

<s:select>标签用于创建一个下拉列表框，生成 HTML 中的<select>标签，该标签属性及描述如表 7.25 所示。

表 7.25　select标签常用属性及描述

属性	是否必须	类　　型	描　　述
list	是	Cellection,Map, Enumeration, Iterator,array	要迭代的集合，使用集合中的元素来设置各个选项，如果 list 的属性为 Map，则 Map 的 key 成为选项的 value，Map 的 value 会成为选项的内容
listKey	否	String	指定集合对象中的哪个属性作为选项的 value
listValue	否	String	指定集合对象中的哪个属性作为选项的内容
headerKey	否	String	设置当用户选择了 header 选项时，提交的 value，如果使用该属性，不能为该属性设置空值
headerValue	否	String	显示在页面中 header 选项的内容
multiple	否	Boolean	指定是否多选，默认为 false

【例 7-15】 本示例通过修改【例 7-9】中的 UITagDemo 工程来介绍<s:select>标签的用法。

（1）打开 com.action 包下的 UserAction.java 文件，编辑代码如下：

```
package com.action;
import com.opensymphony.xwork2.ActionSupport;
public class UserAction extends ActionSupport{
    private static final long serialVersionUID = 1L;
    private String[] months;          //months 属性
    //moths 属性的 getter 和 setter 方法
    public String[] getMonths() {
        return months;
    }
    public void setMonths(String[] months) {
        this.months = months;
    }
    //重写 execute 方法
    public String execute() throws Exception {
        return SUCCESS;           //返回 success
    }
}
```

（2）打开 WebContent 目录下的 index.jsp 文件，编辑代码如下：

```
<body>
<center>
    <!--创建表单-->
    <s:form action="user">
        <!--创建表单元素-->
        <s:select label="Months"
            name="months"
            headerKey="-1" headerValue="Select Month"
            list="#{'01':'Jan', '02':'Feb'}"
            listKey="key"
            listValue="value"/>
        <s:submit/>
    </s:form>
</center>
</body>
```

（3）打开 WebContent 目录下的 success.jsp 文件，编辑代码如下：

```
<body>
    <center>
        <!--遍历集合-->
        <s:iterator value="months">
            <s:property /> 
        </s:iterator><br/>
    </center>
</body>
```

（4）运行程序，得到结果如图 7.24 所示，提交后的结果如图 7.25 所示。

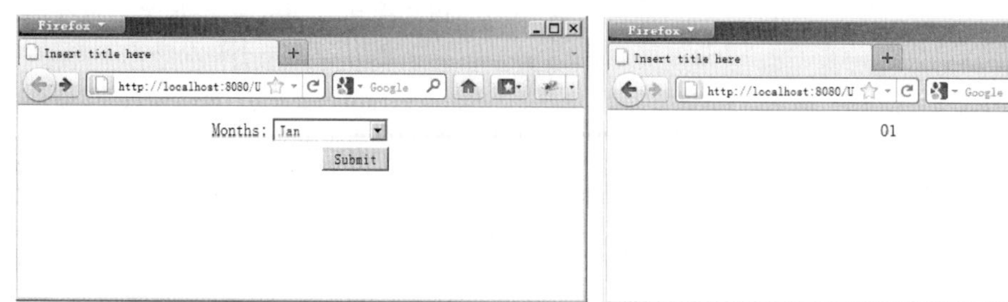

图 7.24　例 7-15 运行结果　　图 7.25　例 7-15 提交后的结果

7.4.14　optgroup 标签

<s:optgroup>标签用于生成一个下拉列表框的选项组，通常情况下，该标签放在<s:select>标签中使用，一个下拉列表框中可以包含多个选项组，因此可以在一个<s:select>标签中使用多个<s:optgroup>标签。该标签的常用属性及描述如表 7.26 所示。

表 7.26　optgroup标签常用属性及描述

属　　性	是否必须	类　　型	描　　述
list	是	Cellection,Map, Enumeration, Iterator,array	要迭代的集合，使用集合中的元素来设置各个选项，如果 list 的属性为 Map，则 Map 的 key 成为选项的 value，Map 的 value 会成为选项的内容
listKey	否	String	指定集合对象中的哪个属性作为选项的 value
listValue	否	String	指定集合对象中的哪个属性作为选项的内容

【例 7-16】　本示例修改例 7-9 中的 UITagDemo 工程来介绍<s:optgroup>标签的用法。

（1）打开 com.action 包下的 UserAction.java 文件，编辑代码如下：

```
package com.action;
import com.opensymphony.xwork2.ActionSupport;
public class UserAction extends ActionSupport{
    private static final long serialVersionUID = 1L;
    private String mySelection;     //myselection 属性
    //myselection 属性的 getter 和 setter 方法
    public String getMySelection() {
        return mySelection;
    }
    public void setMySelection(String mySelection) {
```

```
        this.mySelection = mySelection;
    }
    //重写 execute 方法
    public String execute() throws Exception {
        return SUCCESS;           //返回 success
    }
}
```

（2）打开 WebContent 目录下的 index.jsp 文件，编辑代码如下：

```
<body>
    <center>
    <!--创建表单元素-->
    <s:select label="My Selection"
         name="mySelection"
         value="%{'POPEYE'}"
         list="%{#{'SUPERMAN':'Superman', 'SPIDERMAN':'spiderman'}}">
        <s:optgroup label="Adult"
             list="%{#{'SOUTH_PARK':'South Park'}}" />
        <s:optgroup label="Japanese"
             list="%{#{'POKEMON':'pokemon','DIGIMON':'digimon',
             'SAILORMOON':'Sailormoon'}}" />
    </s:select>
    </center>
</body>
```

（3）打开 WebContent 目录下的 success.jsp 文件，编辑代码如下：

```
<body>
    <center>
        <!-- 输出 -->
        <s:property value="mySelection"/>
    </center>
</body>
```

（4）运行程序，得到结果如图 7.26 所示，提交后的结果如图 7.27 所示。

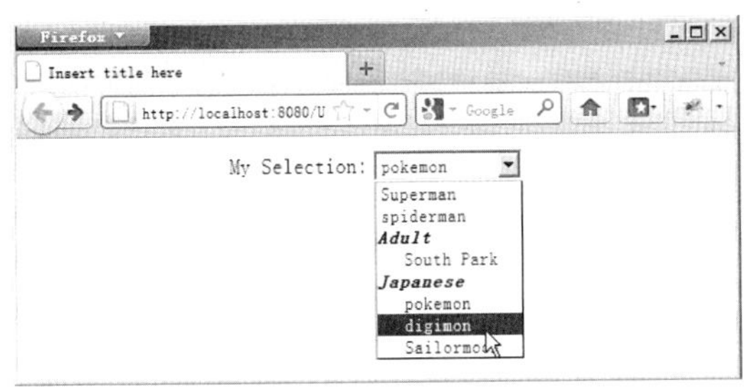

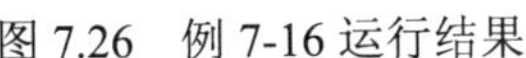

图 7.26　例 7-16 运行结果

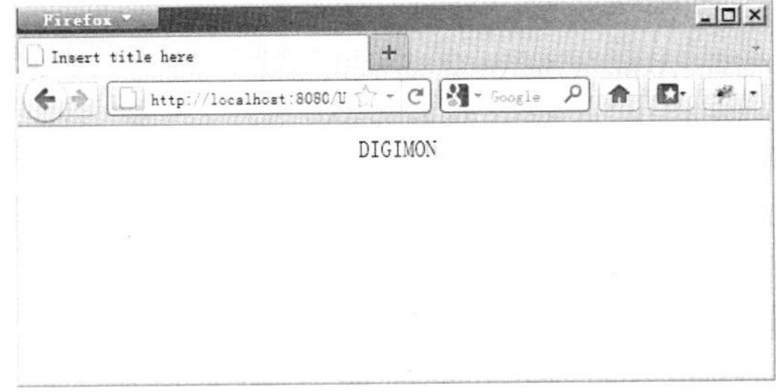

图 7.27　例 7-16 提交后的结果

7.4.15　password 标签

<s:password>标签用于创建一个密码输入框，它可以生成 HTML 中的<input

type="password"/>标签，常用于在登录表单中输入用户的登录密码。

<s:password>标签的常用属性有 name、size 和 maxlength。其中，name 用于指定密码输入框的名称，size 用于指定密码输入框的显示宽度，以字符数为单位，而 maxlength 则用于限定密码输入框的最大输入字符个数。

该标签的使用方式如以下代码所示：

```
<s:password label="Password" name="password" maxlength="15" />
```

7.4.16　radio 标签

<s:radio>标签创建多个单选框，生成 HTML 中的<input type="radio" />标签，该标签的常用属性及描述如表 7.27 所示。

表 7.27　radio标签常用属性及描述

属　性	是否必须	类　　型	描　　述
list	是	Cellection,Map,Enumeration,Iterator,array	要迭代的集合，使用集合中的元素来设置各个选项，如果 list 的属性为 Map，则 Map 的 key 成为选项的 value，Map 的 value 会成为选项的内容
listKey	否	String	指定集合对象中的哪个属性作为选项的 value
listValue	否	String	指定集合对象中的哪个属性作为选项的内容

【例 7-17】 本例通过修改例 7-9 中的 UITagDemo 工程来示范<s:radio>标签的用法。

（1）打开 com.action 包下的 UserAction.java 文件，编辑代码如下所示：

```
package com.action;
import com.opensymphony.xwork2.ActionSupport;
public class UserAction extends ActionSupport{
    private static final long serialVersionUID = 1L;
    private String gender;      //gender 属性
    //gender 属性的 getter 和 setter 方法
    public String getGender() {
        return gender;
    }
    public void setGender(String gender) {
        this.gender = gender;
    }
    //重写 execute 方法
    public String execute() throws Exception {
        return SUCCESS;         //返回 success
    }
}
```

（2）打开 WebContent 目录下的 index.jsp 文件，编辑代码如下所示：

```
<body>
<center>
    <!--创建表单-->
    <s:form action="user">
      <!--创建表单元素-->
      <s:radio label="Gender" name="gender" list="#{'male':'男','female':'
      女'}"
      listKey="key"
```

```
        listValue="value"
        />
      <s:submit/>
    </s:form>
</center>
</body>
```

（3）打开 WebContent 目录下的 success.jsp 文件，编辑代码如下所示：

```
<body>
    <center>
        <s:property value="gender"/><!--输出-->
    </center>
</body>
```

（4）运行程序，得到结果如图 7.28 所示，提交后的结果如图 7.29 所示。

图 7.28　例 7-17 运行结果

图 7.29　例 7-17 提交后的结果

7.4.17　reset 标签

<s:reset>标签用来创建一个重置按钮，生成 HTML 中的<input type="reset">标签，该标签比较简单，常用属性为 name 与 value。其中 name 属性用于指定重置按钮的名称，在 Action 中可以通过 name 属性来获取重置按钮的值，value 属性则用于指定该按钮的值。

<s:reset>标签的使用方法如下所示：

```
<s:reset value="Reset" />
<s:reset name="reset" value="重置"/>
```

7.4.18　textarea/textfield 标签

<s:textarea>和<s:textfield>标签比较相似，都是创建文本框，区别是<s:textarea>创建的文本框是多行的，而<s:textfield>则是单行的。二者使用都比较简单，一般指定其 name 和 value 属性即可。

<s:textarea>标签的 name 属性用来指定多行文本框的名称，在 Action 中可通过该属性获取多行文本框的值。其 value 属性用来指定多行文本框的当前值。此外，还可以使用 cols 和 rows 属性分别指定多行文本框的列数和行数。

<s:textfield>标签的 name 属性用来指定单行文本框的名称，在 Action 中可通过该属性获取单行文本框的值。其 value 属性用来指定单行文本框的当前值。

7.4.19　token 标签

<s:token>标签用于防止表单重复提交，实际上该标签在转化成 HTML 元素时，添加了一个隐藏域，该隐藏域存储了当前提交的值，由于每次提交时值都不一样，则如果拦截器在拦截信息时检测到两次提交表单的该隐藏域值相等，则阻止表单提交。

<s:token>标签的用法如下代码所示：

```
<s:form>
< s:token/>
< /s:form>
```

上面代码在转换成 HTML 后会变成如下代码：

```
<input type="hidden" value="struts.token" name="struts.token.name">
<input type="hidden" value="GSY3C27MNYZ5XEYIDM8N38Q4LHYJ010S" name=
"struts.token">
```

由上面代码可以看到，生成的 HTML 中含有一个隐藏域，实际上，其 value 属性值提交后放入 session 中，当再提交后会检查这个值是否相同，来判断是否重复提交。

【例 7-18】 要完成防止表单重复提交的功能，必须要配置拦截器，具体配置方法通过本例加以说明。

（1）打开 UITagDemo 工程中的 com.action 包下的 UserAction.java 文件，编辑代码如下：

```
package com.action;
import com.opensymphony.xwork2.ActionSupport;
public class UserAction extends ActionSupport{
    private static final long serialVersionUID = 1L;
    private String name;            //name 属性
    private String password;        //password 属性
    //name 属性的 getter 和 setter 方法
    public String getName() {
        return name;
    }
    public void setName(String name) {
        this.name = name;
    }
    //password 属性的 getter 和 setter 方法
    public String getPassword() {
        return password;
    }
    public void setPassword(String password) {
        this.password = password;
    }
    //重写 execute 方法
    public String execute() throws Exception {
        return SUCCESS;             //返回 success
    }
}
```

（2）打开 struts.xml 文件，重新配置如下代码：

```
<?xml version="1.0" encoding="UTF-8" ?>
```

```
<!DOCTYPE struts PUBLIC
    "-//Apache Software Foundation//DTD Struts Configuration 2.0//EN"
    "http://struts.apache.org/dtds/struts-2.0.dtd">
<struts>
    <!--配置 default 包-->
    <package name="default" namespace="/" extends="struts-default">
        <!--配置名为 user 的 Action -->
        <action name="user" class="com.action.UserAction">
            <!--配置拦截器 -->
            <interceptor-ref name="defaultStack"/>
            <interceptor-ref name="token"/>
            <!--返回结果-->
            <result name="invalid.token">/error.jsp</result>
            <result>/success.jsp</result>
        </action>
    </package>
</struts>
```

（3）打开 index.jsp 文件，编辑代码如下：

```
<body>
<center>
    <!--创建表单-->
    <s:form action="user">
        <!--创建表单元素-->
        <s:textfield label="Name" name="name"/>
        <s:password label="Password" name="password"/>
        <s:token/>  <!--token 标签-->
        <s:submit/>
    </s:form>
</center>
</body>
```

（4）打开 success.jsp 文件，编辑代码如下：

```
<body>
    <center>
        <!--输出-->
        <s:property value="name"/><br/>
        <s:property value="password"/>
    </center>
</body>
```

（5）在 WebContent 目下添加新文件 error.jsp，打开编辑代码如下：

```
<body>
you can't submit repeatly!
</body>
```

（6）运行程序，得到结果如图 7.30 所示，输入后提交得到的结果如图 7.31 所示，再返回重新提交就会产生结果如图 7.32 所示，这时就无法重复提交。

读者需要注意的是，在配置 struts.xml 文件中的拦截器和重复提交返回视图时，其重复提交返回视图名必须是 invalid.toke，这是不可更改的。

7.4.20　updownselect 标签

<s:updownselect>标签用来创建一个带有上下移动的按钮的列表框，可以通过上下移动

按钮来调整列表框的选项的位置。该标签的常用属性及描述如表 7.28 所示。

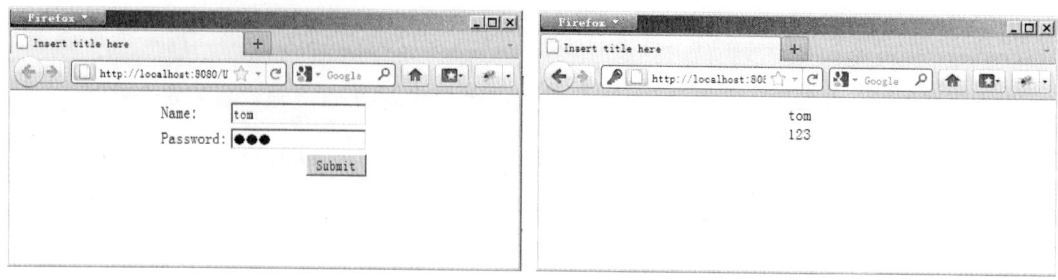

图 7.30　例 7-18 运行结果

图 7.31　例 7-18 提交后的结果

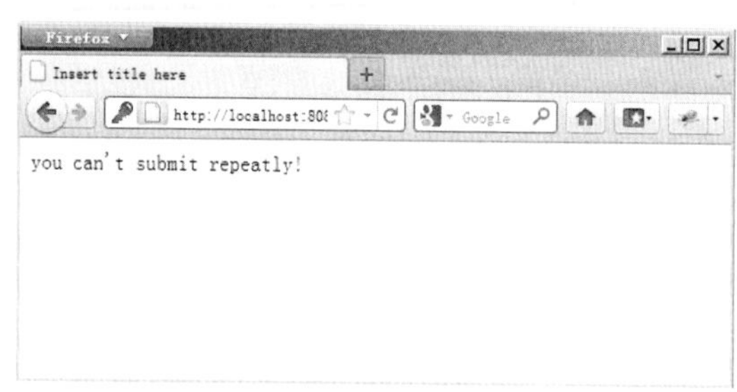

图 7.32　例 7-18 重复提交的结果

表 7.28　updownselect标签常用属性及描述

属　　性	是否必须	类　　型	描　　述
list	是	Cellection,Map, Enumeration, Iterator,array	要迭代的集合，使用集合中的元素来设置各个选项，如果 list 的属性为 Map，则 Map 的 key 成为选项的 value，Map 的 value 会成为选项的内容
listKey	否	String	指定集合对象中的哪个属性作为选项的 value
listValue	否	String	指定集合对象中的哪个属性作为选项的内容
multiple	否	Boolean	指定是否多选，默认为 false
moveUpLabel	否	String	设置向上移动按钮上的文本
moveDownLabel	否	String	设置向下移动按钮上的文本
allowMoveUp	否	Boolean	设置是否使用向上移动按钮，默认为 true
allowMoveDown	否	Boolean	设置是否使用向下移动按钮，默认为 true
allowSelectAll	否	Boolean	设置是否使用全部选择按钮，默认为 true
selectAllLabel	否	String	设置全部选择按钮上的文本

【例 7-19】 本示例通过修改【例 7-9】中的 UITagDemo 工程来介绍<s:radio>标签的用法。

（1）打开 com.action 包下的 UserAction.java 文件，编辑代码如下：

```
package com.action;
import com.opensymphony.xwork2.ActionSupport;
public class UserAction extends ActionSupport{
    private static final long serialVersionUID = 1L;
    private String[] country;        //country 属性
    //country 属性的 getter 和 setter 方法
    public String[] getCountry() {
        return country;
```

```
    }
    public void setCountry(String[] country) {
        this.country = country;
    }
    //重写 execute 方法
    public String execute() throws Exception {
        return SUCCESS;            //返回 success
    }
}
```

（2）打开 WebContent 目录下的 index.jsp 文件，编辑代码如下：

```
<body>
<center>
    <!--创建表单-->
    <s:form action="user">
        <!--创建表单元素-->
        <s:updownselect
            list="#{'england':'England', 'america':'America', 'germany':
            'Germany','china':'China'}"
            name="country"
            headerKey="-1"
            headerValue="--- choose a country ---"
            emptyOption="true"
            moveUpLabel="up"
            moveDownLabel="down"
            selectAllLabel="all"
        />
        <s:submit/>
    </s:form>
</center>
</body>
```

（3）打开 WebContent 目录下的 success.jsp 文件，编辑代码如下：

```
<body>
    <center>
        <!--遍历集合-->
        <s:iterator value="country">
            <s:property /> 
        </s:iterator>
    </center>
</body>
```

（4）运行程序，得到结果如图 7.33 所示，提交后的结果如图 7.34 所示。

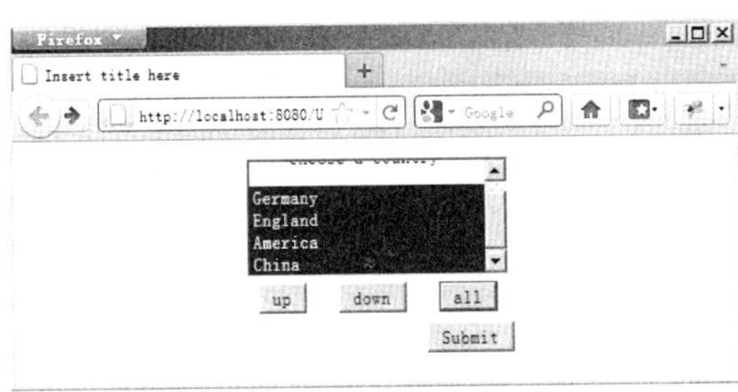

图 7.33　例 7-19 运行结果

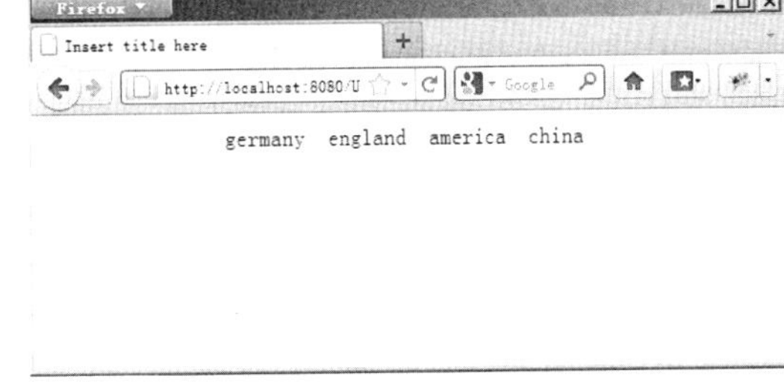

图 7.34　例 7-19 提交后的结果

7.5　解析 Struts 非表单标签

在 7.4 节中介绍 Struts 2 标签库中的各个表单标签，在本节将介绍标签库中的非表单标签，非表单标签主要用来输出在 Action 中封装的信息，这在实际运用中是很常见的。

7.5.1　actionerror 标签

<s:actionerror>标签主要用于输出错误信息到客户端，该标签将 Action 中的信息输出到页面中，实际上，该标签输出的信息是 Action 实例中的 getActionErrors()方法的返回值。

该标签可以直接使用，直接在 JSP 页面中添加如下代码即可：

```
<s:actionerror />
```

7.5.2　actionmessage 标签

<s:actionmessage>标签主要用于输出提示信息到客户端，该标签将 Action 中封装的信息输出到页面中，实际上，该标签输出的信息是 Action 实例中的 getActionMessages()方法的返回值。

和<s:actionerror>标签类似，<s:actionmessage>标签使用方式如以下代码所示：

```
<s:actionmessager/>
```

7.5.3　component 标签

<s:component>标签主要用来使用自定义标签、模板、主题等，Struts 2 框架是一个开放的框架，它支持开发者自定义的标签、模板、主题等，这些标签的使用可以通过<s:component>标签来获得。具体关于自定义标签、模板、主题等的知识本书不做介绍，因为 Struts 2 框架提供的强大功能已经足够满足开发者的需求，如果读者有兴趣，可以自己查阅资料。

7.5.4　div 标签

<s:div>标签用于生成 HTML 中的<div>标签，该标签比较简单，仅仅生成一个<div>标签，<div> 标签可以把文档分割为独立的、不同的部分。它可以用作严格的组织工具，并且不使用任何格式与其关联。如果用 id 或 class 来标记 <div>，那么该标签的作用会变得更加有效。

7.5.5　fielderror 标签

<s:fielderror>标签用来输出 Action 中的 fieldErrors 属性保存的字段错误，fieldErrors 是

一个 map 类型的属性，当在数据校验、类型转换发生错误时，相关信息就会存储在该 map 类中，通过该标签就可以将这些信息输出。

<s:fielderror>标签的使用方法和<s:actionerror>标签、<s:actionmessage>标签类似，直接在 JSP 文件中添加如下代码即可：

```
<s:fielderror/>
```

读者需要注意的是，如果需要人为地在 Action 中加入对应的信息，可以通过 addActionErrors()、addActionMessage()和 addFieldErrors()方法来添加信息，下面来通过一个例子来介绍这一点。

【例 7-20】 本示例示范如何使用 addActionErrors()、addActionMessage()和 addFieldErrors()方法在 Action 中添加信息。

（1）在 Eclipse 中创建一个 Java Web 项目 NonUITagDemo，将 Struts 2 框架所需的支持库添加到 WEB-INF 目录下的 lib 文件夹中，然后在 WEB-INF 目录下添加 web.xml 文件，并在其中注册过滤器和欢迎页面，代码如下：

```
<?xml version="1.0" encoding="UTF-8"?>
<web-app id="WebApp_9" version="2.4" xmlns="http://java.sun.
com/xml/ns/j2ee"   xmlns:xsi="http://www.w3.org/2001/XMLSchema-instance"
xsi:schemaLocation="http://java.sun.com/xml/ns/j2ee
http://java.sun.com/xml/ns/j2ee/web-app_2_4.xsd">
    <!--定义 Filter-->
    <filter>
        <!--指定 Filter 的名字，不能为空-->
        <filter-name>struts2</filter-name>
            <!--指定 Filter 的实现类，此处使用的是 Struts 2 提供的拦截器类-->
            <filter-class>org.apache.struts2.dispatcher.ng.filter.
            StrutsPrepareAndExecuteFilter</filter-class>
    </filter>
    <!--定义 Filter 所拦截的 URL 地址-->
    <filter-mapping>
        <!--Filter 的名字，该名字必须是 filter 元素中已声明过的过滤器名字-->
        <filter-name>struts2</filter-name>
        <url-pattern>/*</url-pattern>   <!--定义 Filter 负责拦截的 URL 地址-->
    </filter-mapping>
    <!--欢迎页面-->
    <welcome-file-list>
       <welcome-file>index.jsp</welcome-file>
    </welcome-file-list>
</web-app>
```

（2）在 src 目录下创建包 com.action，在该包下创建 UserAction.java 文件，打开编辑代码如下：

```
package com.action;
import com.opensymphony.xwork2.ActionSupport;
public class UserAction extends ActionSupport{
    private static final long serialVersionUID = 1L;
    //重写 execute 方法
    public String execute() throws Exception {
        //加入错误信息
        addActionError("the first error!");
        addActionError("the second error!");
        //加入消息
```

```
        addActionMessage("the first message!");
        addActionMessage("the second message");
        addFieldError("f1","the first field error!");
        addFieldError("f2", "the second field error!");
        return SUCCESS;
    }
}
```

（3）在 src 目录下创建 struts.xml，打开编辑代码如下：

```
<?xml version="1.0" encoding="UTF-8" ?>
<!DOCTYPE struts PUBLIC
    "-//Apache Software Foundation//DTD Struts Configuration 2.0//EN"
    "http://struts.apache.org/dtds/struts-2.0.dtd">
<struts>
    <!--配置 default 包-->
    <package name="default" namespace="/" extends="struts-default">
        <!--配置名为 user 的 action-->
        <action name="user" class="com.action.UserAction">
            <result>/success.jsp</result>    <!--返回结果-->
        </action>
    </package>
</struts>
```

（4）在 WebContent 目录下创建 index.jsp 文件，打开编辑核心代码如下：

```
<body>
<center>
    <s:action name="user" namespace="/" executeResult="true"/>
                                        <!--调用 Action-->
</center>
</body>
```

（5）在 WebContent 目录下创建 success.jsp 文件，打开编辑核心代码如下：

```
<body>
    <center>
        <!-- 输出错误信息 -->
        <s:actionerror/>
        <s:actionmessage/>
        <s:fielderror/>
    </center>
</body>
```

（6）运行程序，其运行结果如图 7.35 所示。

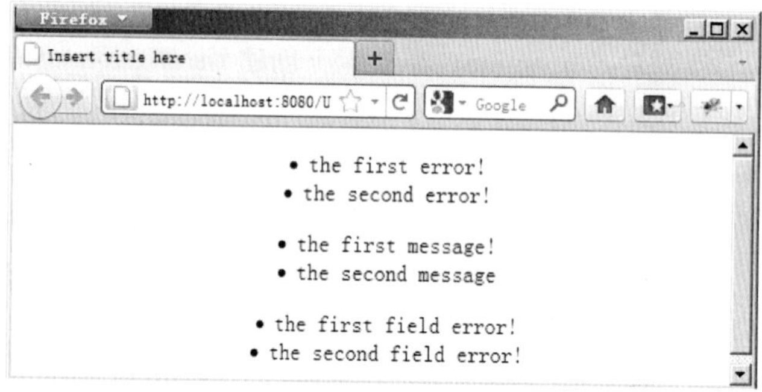

图 7.35　例 7-20 运行结果

7.6 本章小结

在 Struts 2 框架中，视图层主要是通过丰富的标签组成的，本章主要介绍了 Struts 2 框架中的标签库，主要包括控制标签、数据标签、表单标签和非表单标签，并对这些标签的作用做了详细的介绍。读者需要注意各个标签的详细运用方法。在 Struts 2 框架中还包括一部分 Ajax 标签，该类标签将在第 9 章再做详细的介绍。

1．控制标签

控制标签在 Struts 2 框架中是一个非常重要的组成部分，在视图层页面的开发中会经常用到，读者需熟悉掌握该类标签。该类标签主要用于流程的控制，来实现分支、循环等操作，另外，控制标签还可以完成对集合的合并、排序等操作。

2．数据标签

数据标签主要用于各种数据访问相关的功能以及 Action 的调用等，在开发 JSP 页面的过程中，数据标签也是必不可少的一部分，尤其是 a 标签和 property 标签都非常常见。

3．表单标签

表单标签主要用于表单的操作，组合用户输入的信息，为视图层页面提供了强大而丰富的显示界面，该类标签在开发时要注意表单元素与 Action 属性之间的对应关系和它们的返回值。

4．非表单标签

非表单标签在开发的过程中不经常使用，主要是对 Action 封装信息的输出。

第 8 章　Struts 之拦截器使用技巧

前面介绍了 Struts 2 框架中的标签库，本章将介绍 Struts 2 框架中另一个重要的组成部分——拦截器。Struts 2 的很多功能都是构建在拦截器之上的，如国际化、转化器以及数据校验等。Struts 2 利用其内建的拦截器可以完成大部分的操作。可以说，Struts 2 框架之所以如此简单易用与拦截器的作用是分不开的。开发者在使用 Struts 2 框架的过程中，不可避免地要和拦截器打交道。

本章将介绍拦截器的配置及使用方法，主要内容如下：

- 拦截器基本知识。
- 拦截器的配置和使用。
- 自定义拦截器。

8.1　拦截器基础知识

拦截器（Interceptor）是 Struts 2 的核心组件，Struts 2 框架的大部分功能都是通过拦截器来完成的，例如数据校验、国际化、文件上传和下载等。为了实现这些功能，Struts 2 框架提供了一个强大的拦截器策略。实际上，拦截器实现了动态拦截 Action 调用的功能。它提供了一种机制使得开发者可以定义一个功能模块，该模块用于在一个 action 执行的前后来进行一些处理，也可以在一个 action 执行前阻止其执行。同时它也提供了一种将通用代码模块化的方式。通过这种方式，可以把多个 Action 中都需要重复指定的代码提取出来，统一放在拦截器里进行定义，从而提供了更好的代码可重用性。

本节将详细介绍拦截器的相关知识。

8.1.1　拦截器概述

拦截器是 Struts 2 框架中的重要组成部分，它是 AOP（面向方向编程）思想的一种实现。使用拦截器给开发过程带来了很多好处：可以把大问题分解成多个小问题以便分别处理，同时可以使 Action 更专注于处理的事情，而把其他的一些相关功能分配给各个拦截器来进行处理。

在 Struts 2 中将各个功能对应的拦截器分开定义，每个拦截器完成单个功能，如果要运用某个功能就加入对应的拦截器，实现了拦截器的可插拔式的设计，即这些拦截器可以自由选择，灵活地组合在一起形成拦截器链（Interceptor　Chain）或拦截器栈（Interceptor Stack）。所谓拦截器链是指对应各个功能的拦截器组成的集合，它们按照一定的顺序排列在一起形成链，当有适配拦截器链访问的请求进来时，这些拦截器就会按照之前定义的顺序被调用。

拦截器的调用是分开的，各个拦截器负责自己的功能，而不去管别的拦截器，这种模块的设计更好地体现了 MVC 的组件化设计思想。

通常情况下，用户操作浏览器向 Web 应用发送 HttpServletRequest 请求，请求经过各种过滤器的过滤并传递给核心控制器 FilterDispatcher；FilterDispatcher 会调用 Action 映射器 ActionMapper，将用户请求转发到对应的业务逻辑控制器，此业务逻辑控制器并不是用户实现的业务控制器，而是 Struts 2 创建的 Action 代理 ActionProxy，用户实现的 Action 类仅仅是 Struts 2 的 ActionProxy 的代理目标；ActionProxy 通过 Configuration Manager 在 struts.xml 的配置文件中搜索被请求的 Action 类。ActionProxy 创建一个被请求 Action 的实例，用来处理客户端的请求信息；如果在 struts.xml 配置文件存在与被请求 Action 相关的拦截器配置，那么该 Action 实例被调用的前后，这些拦截器将会被执行；Action 对请求处理完毕后会返回一个逻辑视图，由此逻辑视图找到相应物理视图（可以是 JSP、Velocity 模板、FreeMarker 模板等）返回给客户端，具体流程请参考第 4 章的图 4.2。

由此可以看到，用户实现的 Action 类仅仅是 Struts 2 的 ActionProxy 的代理目标；用户的 Action 类无需访问 HttpServletRequest 对象——因为用户实现的业务控制器并没有与 Servlet API 耦合，但用户的请求数据又是包含在 HttpServletRequest 对象里，这个时候要将这些请求数据解析出来，就需要用到拦截器。如图 8.1 所示为拦截器与 Action 之间的关系。

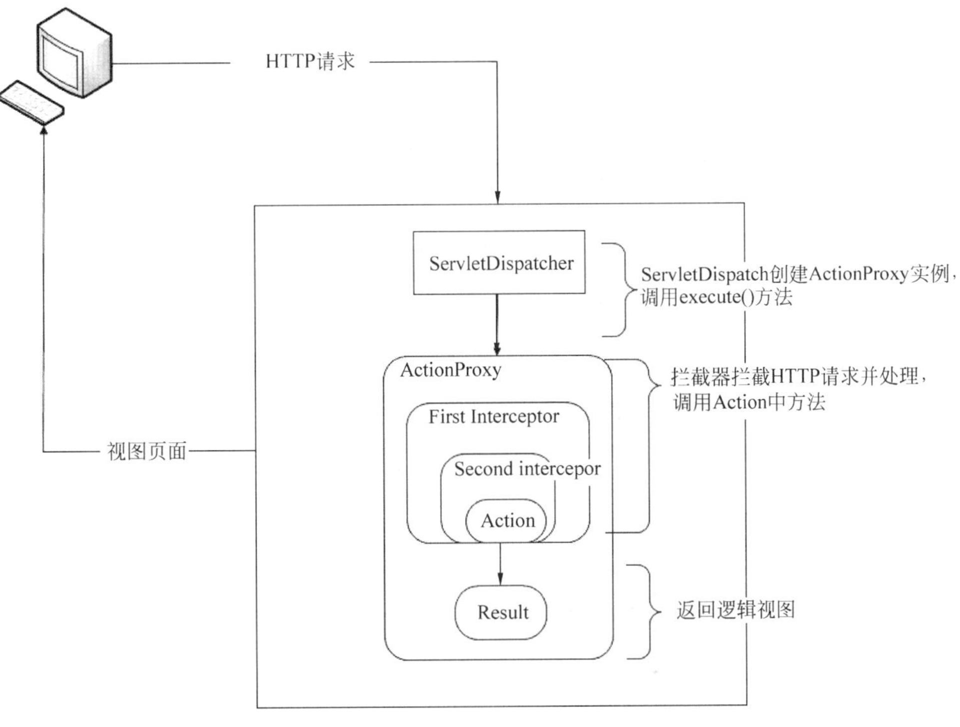

图 8.1　拦截器与 Action 之间关系图

由图 8.1 可以看到，Action 被拦截器一层层地包围在里面，在一层层调用完拦截器处理后，最后才会调用 Action 中的方法，然后又会按相反顺序调用拦截器。这里类似于邮寄信件的过程，假设 Tom 想寄给 Jim 一封信，这时信是 HTTP 请求，而信中内容可以看成请求参数，在邮寄信件时，信件会经过一系列的中间站，这些中间站就可看成拦截器，当寄到 Jim 手中后，Jim 会回一封信，这时候信件会按相反的顺序经过刚才的那些中间站，而回信则相当于返回的视图页面。

8.2　使用 Struts 拦截器

在 8.1 节中介绍了拦截器的基本知识和拦截器的调用过程，本节将介绍拦截器的配置和使用以及 Struts 2 框架提供的内置拦截器。

8.2.1　配置并使用 Struts 拦截器

在 struts.xml 配置文件中配置拦截器和拦截器栈都是以<interceptor>标签开头，以</interceptor>标签结束。

1．配置拦截器

要想让拦截器起作用，就先要对它进行配置。拦截器的配置是在 struts.xml 文件中完成的，拦截器通常使用<interceptor>标签来定义，该标签有两个属性：name 和 class，分别用来指定拦截器名称及其实现类。

```
<interceptor name="interceptorName" class="interceptorClass">
```

通常，在定义拦截器时可能需要传入一些参数，这时就需要用到<param>标签，该标签和<interceptor>标签一起使用，作为<interceptor>的子标签，以达到给拦截器传参的目的。

```
<interceptor name="interceptorName" class="interceptorClass">
    <param name="paramName">paramValue</param>
</interceptor>
```

2．拦截器栈

当开发的过程中需要定义多个拦截器时，可以将它们定义为一个拦截器栈。当一个拦截器栈被附加到一个 Action 上面时，在执行该 Action 之前，必须先执行拦截器栈中的每一个拦截器。使用拦截器栈不仅可以确定多个拦截器的执行顺序（拦截器栈中各个拦截器是按照其定义的顺序来执行的），同时，把相关的拦截器放在同一个栈中，管理起来也更为方便。

定义拦截器栈需要用到<interceptor-stack>标签，该标签内包含了一系列的<interceptor-ref >子标签，这些子标签用来定义拦截器栈中包含的多个拦截器引用，如以下代码所示：

```
<package name="default" extends="struts-default" >
<interceptors>
      <!--定义两个拦截器，拦截器名分别为 interceptor1 和 interceptor2-->
      <interceptor name="interceptor1" class="interceptorClass"/>
      <interceptor name="interceptor2" class="interceptorClass"/>
      <!--定义一个拦截器栈，拦截器栈包含了两个拦截器-->
      <interceptor-stack name="myStack">
        <interceptor-ref name="interceptor1"/>
```

```
        <interceptor-ref name="interceptor2"/>
      </interceptor-stack>
  </interceptors>
</package>
```

上面代码中定义了两个拦截器和一个拦截器栈，该拦截器栈中又引用了已定义的两个拦截器。事实上，可以将一个拦截器栈看成一个更大的拦截器，因为在本质上拦截器栈和拦截器都是在 Action 调用方法之前被执行的。

另外，在一个拦截器栈中也可以引用另一个拦截器栈，代码如下：

```
<package name="default" extends="struts-default" >
  <interceptors>
        <!--定义两个拦截器-->
        <interceptor name="interceptor1" class="interceptorClass"/>
        <interceptor name="interceptor2" class="interceptorClass"/>
        <!--定义一个拦截器栈 myStack，该拦截器栈包含了两个拦截器和一个拦截器栈-->
        <interceptor-stack name="myStack">
          <interceptor-ref name="interceptor1"/>
          <interceptor-ref name="interceptor2"/>
         <interceptor-ref name="defaultStack"/>
        </interceptor-stack>
  </interceptors>
</package>
```

在上面代码中定义的拦截器栈 myStack 中，除了引用了两个拦截器外，还引用了一个拦截器栈，这个栈是 Struts 2 框架内置的拦截器栈。

3．默认拦截器

如果想对一个包下的多个 Action 使用相同的拦截器，则需要为该包中每个 Action 都重复指定同一个拦截器，这样显然过于繁琐啰嗦，解决这个问题的方法就是使用默认拦截器。默认拦截器是指在一个包下定义的拦截器，该拦截器对包下所有的 Action 都起作用。

一旦为某一个包指定了默认拦截器且该包中的 Action 未显式地指定拦截器，则该默认拦截器会起作用。反之，若此包中的 Action 显式指定了某个拦截器，则该默认拦截器被屏蔽，不会起作用，此时，若仍想使用默认拦截器，则需要用户手动配置该默认拦截器的引用。

默认拦截器的配置需要使用<default-interceptor-ref>标签，在该标签中通过指定 name 属性来引用已经定义好的拦截器，代码如下：

```
<package name="default" extends="struts-default" >
<interceptors>
        <!--定义两个拦截器-->
        <interceptor name="interceptor1" class="interceptorClass"/>
        <interceptor name="interceptor2" class="interceptorClass"/>
        <!--定义一个拦截器栈-->
       <interceptor-stack name="myStack">
          <interceptor-ref name="interceptor1"/>
          <interceptor-ref name="interceptor2"/>
         <interceptor-ref name="defaultStack"/>
       </interceptor-stack>
</interceptors>
<!--配置包下的默认拦截器，既可以是拦截器，也可以是拦截器栈-->
<default-interceptor-ref name="myStack"/>
 <action name="login"  class="tutorial.Login">
```

```
        <result name="input">login.jsp</result>
    </action>
```

上面代码中指定了包下面的默认拦截器为一个拦截器栈，前面提到过，一个拦截器栈实际上可以看做一个大的拦截器，该拦截器栈将作用于包下的所有 Action。

需要注意的是，每个包下只能定义一个默认拦截器。如果确实需要指定多个拦截器共同作为默认拦截器，则可以将这些拦截器定义为一个拦截器栈，再将这个拦截器栈配置成默认拦截器就可以了。

实际上，拦截器类是定义在一个特殊的配置文件中的，这个配置文件就是 struts-default.xml。当自定义包继承了 struts-default 默认包后，它不仅继承了其内置的各个拦截器，而且还继承了其默认拦截器栈，也就是说对于继承了 struts-default 包的某个自定义包下的所有的 Action，struts-default 包的默认拦截器栈会作用于所有这些 Action。

下面所示的代码为 struts-default.xml 文件中 struts-default 包下的默认拦截器栈配置：

```
<package name="struts-default" abstract="true">
    <!--配置拦截器-->
    <interceptor name="alias" class="com.opensymphony.xwork2.interceptor.
    AliasInterceptor"/>
    <interceptor name="autowiring"
        class="com.opensymphony.xwork2.spring.interceptor.
        ActionAutowiringInterceptor"/>
    <!--其他拦截器配置-->
……
    <!--配置拦截器栈 defaultStack ，指定其包含的各个拦截器-->
     <interceptor-stack name="defaultStack">
            <interceptor-ref name="exception"/>
            <interceptor-ref name="alias"/>
            <interceptor-ref name="servletConfig"/>
            <interceptor-ref name="i18n"/>
            <interceptor-ref name="prepare"/>
            <interceptor-ref name="chain"/>
            <interceptor-ref name="scopedModelDriven"/>
            <interceptor-ref name="modelDriven"/>
            <interceptor-ref name="fileUpload"/>
            <interceptor-ref name="checkbox"/>
            <interceptor-ref name="multiselect"/>
            <interceptor-ref name="staticParams"/>
            <interceptor-ref name="actionMappingParams"/>
            <interceptor-ref name="params">
              <param name="excludeParams">dojo\..*,^struts\..*</param>
            </interceptor-ref>
            <interceptor-ref name="conversionError"/>
            <interceptor-ref name="validation">
                <param name="excludeMethods">input,back,cancel,
                browse</param>
            </interceptor-ref>
            <interceptor-ref name="workflow">
                <param name="excludeMethods">input,back,cancel,
                browse</param>
            </interceptor-ref>
            <interceptor-ref name="debugging"/>
        </interceptor-stack>
     <!--指定 struts-default 包的默认拦截器栈为 defaultStack -->
     <default-interceptor-ref name="defaultStack"/>
</package>
```

代码中加粗的部分用来指定当前包的默认拦截器栈，此处指定的默认拦截器栈为 defaultStack。defaultStack 是 Struts 2 中的一个基本拦截器栈，一般不需要再对它进行配置了，因为在很多情况下，自定义包时都是从 struts-default 包继承的，因此也自然地继承了 struts-default 包的默认拦截器栈 defaultStack。如果在我们的自定义包中不为 Action 显示地应用拦截器，则拦截器栈 defaultStack 会自动起作用。

struts-default 包的默认拦截器栈 defaultStack 中包含了 exception、alias 等一系列拦截器，这些拦截器能够满足开发者所需的大部分要求。读者需要注意的是它们的执行顺序与它们在 struts-default.xml 文件中的声明顺序有关，先声明的先执行。

4. 使用拦截器

在配置好了拦截器或拦截器栈后，现在来介绍使用拦截器的方法。

将拦截器和拦截器栈定义好以后，就可以使用这些已定义的拦截器或拦截器栈来拦截 Action 了，拦截器或拦截器栈会先拦截并处理用户请求，然后再执行 Action 的 execute 方法。使用拦截器时需要在 Action 中进行配置，通过<interceptor-ref>标签来指定在 Action 中使用的拦截器。下面是在 Action 中使用拦截器的代码示例：

```
<package name="default" extends="struts-default" >
<interceptors>
      <!--定义三个拦截器 interceptor1、interceptor2 和 interceptor3-->
      <interceptor name="interceptor1" class="interceptorClass"/>
      <interceptor name="interceptor2" class="interceptorClass"/>
      <interceptor name="interceptor3" class="interceptorClass">
      <!--为拦截器 interceptor3 指定参数值-->
           <param name="paramName">paramValue1</param>
      </interceptor>
      <!--定义拦截器栈，并指定其中包含的拦截器-->
     <interceptor-stack name="myStack">
        <interceptor-ref name="interceptor1"/>
        <interceptor-ref name="interceptor2"/>
     </interceptor-stack>
  </interceptors>
<action name="login"  class="tutorial.Login">
      <result name="input">login.jsp</result>
      <!--在名为 login 的 Action 中使用已定义的拦截器 interceptor1、interceptor2
      和 interceptor3-->
      <interceptor-ref name="interceptor1"/>
      <interceptor-ref name="interceptor2"/>
      <interceptor-ref name="interceptor3">
         <param name="paramName">paramValue2</param>
      </interceptor-ref>
      <interceptor-ref name="myStack"/>
  </action>
</package>
```

可以看到，在 Action 中使用某个拦截器时，只需在 Struts.xml 文件中配置 Action 时指定<interceptor-ref>的 name 属性即可。读者需要注意的是，在使用拦截器时，也可以指定参数，而且这个参数将会覆盖该拦截器在定义时指定的参数，如上面代码中的 interceptor3 拦截器。因此，拦截器的参数的指定有两种方式：一种是在定义拦截器时指定参数，该种方式指定的参数是默认参数；另一种是在使用拦截器时指定参数，该种方式指定的参数将会覆盖默认参数值。

关于参数覆盖的情况，在配置 Action 的拦截器栈时会经常用到。当开发者在配置一个 Action 的拦截器栈时，有时需要覆盖该拦截器栈中的某个拦截器，这时需要在<param>标签中通过 InterceptorName.paramName 的形式来指定要覆盖的参数，其中 InterceptorName 表示要覆盖的拦截器名称，paramName 表示要覆盖的参数，具体代码如下：

```
<package name="default" extends="struts-default" >
  <interceptors>
       <interceptor name="interceptor1" class="interceptorClass"/>
       <!--定义拦截器 interceptor2 并指定其参数值 -->
       <interceptor name="interceptor2" class="interceptorClass">
            <param name="paramName">paramValue1</param>
       </interceptor>
      <interceptor-stack name="myStack">
         <interceptor-ref name="interceptor1"/>
         <interceptor-ref name="interceptor2">
        <!--在拦截器栈 myStack 中引用拦截器 interceptor2，并重新指定其参数值 -->
            <param name="paramName">paramValue2</param>
        </interceptor-ref>
      </interceptor-stack>
  </interceptors>
<action name="login"  class="tutorial.Login">
       <result name="input">login.jsp</result>
       <!--应用自定义的拦截器 interceptor1 和拦截器栈 myStack -->
       <interceptor-ref name="interceptor1"/>
       <interceptor-ref name="myStack">
       <!--在 Action 中使用拦截器栈 myStack，并覆盖拦截器栈中拦截器 interceptor2
       的原参数值-->
            <param name="interceptor2.paramName">paramValue3</param>
       </interceptor-ref>
  </action>
</package>
```

在上面的代码中，拦截器 interceptor2 有名为 paramName 的参数，该参数的默认值为 paramValue1，在拦截器栈 myStack 中引用时指定参数为 paramValue2，当在 Action 中指定拦截器栈时，要设置该参数为 paramValue3，这时就可以通过指定 name 属性为 interceptor2.paramName 来设置该参数。

8.2.2　Struts 2 的内置拦截器

Struts 2 中内置了许多拦截器，它们提供了 Struts 2 的许多核心功能和可选的高级特性。

Struts 2 中每个拦截器都实现了某一种特定功能，在扩展使用时，只需简单地配置一下就可将它们非常灵活地组合起来，这对开发者来说可谓是一个巨大的福音。Struts 2 框架中常用的拦截器及描述如表 8.1 所示。

表 8.1　常用拦截器及描述

拦　截　器	名　　称	描　　述
Alias Interceptor	alias	在不同请求之间将请求参数在相似名字间转换，请求内容不变
Chaining Interceptor	chain	让前一个 Action 的属性可以被当前 Action 访问，一般和 chain 类型的 result（<result type="chain">）结合使用

续表

拦　截　器	名　　称	描　　述
Checkbox Interceptor	checkbox	添加了 checkbox 自动处理代码，将没有选中的 checkbox 的内容设定为 false，而 html 默认情况下不提交没有选中的 checkbox
Cookie Interceptor	cookie	指定配置的 name-value 来注入 cookies
Conversion Error Interceptor	conversionError	从 ActionContext 中添加转换错误到 Action 的属性中
Create Session Interceptor	createSession	自动地创建 HttpSession，用来为需要使用到 HttpSession 的拦截器服务
Debugging Interceptor	debugging	提供不同的调试用的页面来展现内部的数据状况
Executer and Wait Interceptor	execAndWait	在后台执行 Action，同时将用户带到一个中间的等待页面
Exception Interceptor	exception	处理产生的异常
File Upload Interceptor	fileUpload	提供文件上传功能
I18n Interceptor	i18n	记录用户选择的 locale
Logger Interceptor	logger	输出 Action 的名字
Message Store Interceptor	store	存储或者访问实现 ValidationAware 接口的 Action 类出现的消息、错误、字段错误等
Model Driven Interceptor	modelDriven	如果一个类实现了 ModelDriven，则将 getModel 得到的结果放在 ValueStack 中
Scoped Model Driven Interceptor	scopedModelDriven	如果一个 Action 实现了 ScopedModelDriven，则这个拦截器会从相应的 Scope 中取出 model 调用 Action 的 setModel 方法将其放入 Action 内部
Parameters Interceptor	params	将请求中的参数设置到 Action 中去
Prepare Interceptor	prepare	如果 Acton 实现了 Preparable 接口，则该拦截器调用 Action 类的 prepare 方法
Scope Interceptor	scope	将 Action 状态存入 session 和 application 范围
Servlet Config Interceptor	servletConfig	提供访问 HttpServletRequest 和 HttpServletResponse 的方法，以 Map 的方式访问
Static Parameters Interceptor	staticParams	从 struts.xml 文件中<action>标签的参数内容设置到对应的 Action 中
Roles Interceptor	roles	仅当用户具有 JAAS 指定的 Role，否则 Action 不予执行
Timer Interceptor	timer	输出 Action 执行的时间
Token Interceptor	token	检查 Action 中有效的令牌，防止重复提交表单
Token Session Interceptor	tokenSession	和 Token Interceptor 一样，不过双击的时候把请求的数据存储在 Session 中
Validation Interceptor	validation	使用 action-validation.xml 文件来校验提交的数据
Workflow Interceptor	workflow	调用 Action 的 validate 方法，一旦有错误，返回 INPUT 结果

续表

拦　截　器	名　　称	描　　述
Profiling Interceptor	profiling	通过参数激活 profile
Multiselect Interceptor	multiselect	像 checkbox interceptor 一样检测是否有像<select>标签被选中的多个值，然后添加一个空参数

通常，Struts 2 框架中的内置拦截器定义在 struts-default.xml 文件中，它们以 name-class 的方式配置，name 表示该拦截器的名称，如 alia、chain 等，class 表示该拦截器对应的处理类。开发者只需继承系统的 struts-default 包，就可以直接使用这些拦截器了。

在 8.2.1 小节中介绍了拦截器的配置及使用，可以看到，当自定义包继承了 struts-default 包后，就继承了其内置拦截器，在开发者的大部分程序中都会使用到内置拦截器。下面详细介绍 alias 拦截器、prepare 拦截器和 timer 拦截器的作用及用法，对于其他内置拦截器的用法，读者可以自己查阅资料。

1. alias 拦截器

该拦截器的作用是给参数起一个别名，当 Action 链中需要用到同一个 HTTP 请求的参数值时，该拦截器可以让这些 Action 的不同属性名共享同一个参数值，实现了 Action 之间的传值。

使用 alias 拦截器时需要在 struts.xml 文件中的<action>标签下添加 param 元素，并将该元素的 name 属性指定为 aliases，然后将其值指定为一个 map 类型的 OGNL 表达式，具体如以下代码所示：

```
<param name="aliases">#{'name1':'value1','name2':'value2'}</param>
```

上面代码中指定了 name1 和 name2 的别名分别是 value1 和 value2，读者需要注意的是<param>标签的 name 属性必须指定为 aliases，其值则为 map 类型的 OGNL 表达式，在调用包含上面代码的 Action 时，Struts 2 框架会将 Action 链中当前 Action 的前一个 Action 的 name1 和 name2 属性取出，赋给当前 Action 的 value1 和 value2 属性，这样就完成了 Action 之间的传值。

下面创建一个 AliasInterceptorDemo 工程来详细了解 alias 拦截器的使用。

【例 8-1】 alias 拦截器的使用。

（1）在 Eclipse 中创建一个 Java Web 项目 AliasInterceptorDeom，将 Struts 2 框架所需的支持库添加到 WEB-INF 目录下的 lib 文件夹中，然后在 WEB-INF 目录下添加 web.xml 文件，并在其中注册过滤器和欢迎页面。代码如下所示：

```
<?xml version="1.0" encoding="UTF-8"?>
<web-app id="WebApp_9" version="2.4" xmlns="http://java.sun.com/xml/
ns/j2ee" xmlns:xsi="http://www.w3.org/2001/XMLSchema-instance" xsi:
schemaLocation="http://java.sun.com/xml/ns/j2ee
http://java.sun.com/xml/ns/j2ee/web-app_2_4.xsd">
    <!--定义 Filter -->
    <filter>
        <!--指定 Filter 的名字，不能为空-->
        <filter-name>struts2</filter-name>
            <!--指定 Filter 的实现类，此处使用的是 Struts 2 提供的过滤器类-->
```

```
            <filter-class>org.apache.struts2.dispatcher.ng.filter.
            StrutsPrepareAndExecuteFilter</filter-class>
    </filter>
    <!--定义 Filter 所拦截的 URL 地址-->
    <filter-mapping>
        <!--Filter 的名字，该名字必须是 filter 元素中已声明过的过滤器名字-->
        <filter-name>struts2</filter-name>
            <url-pattern>/*</url-pattern> <!--定义 Filter 负责拦截的 URL 地址-->
    </filter-mapping>
    <!--欢迎页面-->
   <welcome-file-list>
       <welcome-file>index.jsp</welcome-file>
   </welcome-file-list>
</web-app>
```

（2）在 src 目录下创建包 com.action，在该包下创建 FirstAliasAction.java 文件，打开文件编辑代码如下：

```
package com.action;
import com.opensymphony.xwork2.ActionSupport;
public class FirstAliasAction extends ActionSupport{
    private static final long serialVersionUID = 1L;
    private String firstCountry;    //用于封装请求参数的 firstCountry 属性
    //firstCountry 属性的 getter 和 setter 方法
    public String getFirstCountry() {
        return firstCountry;
    }
    public void setFirstCountry(String firstCountry) {
        this.firstCountry = firstCountry;
    }
    //处理用户请求的 execute 方法
    public String execute() throws Exception {
        System.out.println("the value of firstCountry is "+firstCountry);
    //输出
        return SUCCESS;                //返回 success
    }
}
```

（3）在 com.action 包下创建 SecondAliasAction.java 文件，打开编辑代码如下：

```
package com.action;
import com.opensymphony.xwork2.ActionSupport;
public class SecondAliasAction extends ActionSupport{
    private static final long serialVersionUID = 1L;
    private String secondCountry;   //用于封装请求参数的 secondCountry 属性
    //secondCountry 属性的 getter 和 setter 方法
    public String getSecondCountry() {
        return secondCountry;
    }
    public void setSecondCountry(String secondCountry) {
        this.secondCountry = secondCountry;
    }
    //处理用户请求的 execute 方法
    public String execute() throws Exception {
        System.out.println("the value of secondCountry is "+secondCountry);
                                      //输出
        return SUCCESS;               //返回 success
    }
}
```

（4）在 src 目录下创建 struts.xml，打开编辑代码如下：

```
<?xml version="1.0" encoding="UTF-8" ?>
<!DOCTYPE struts PUBLIC
   "-//Apache Software Foundation//DTD Struts Configuration 2.0//EN"
   "http://struts.apache.org/dtds/struts-2.0.dtd">
<struts>
    <package name="default" namespace="/" extends="struts-default">
    <!--配置第一个 Action，该 Action 名为 firstaliasaction，对应的处理类为
    com.action.FirstAliasAction -->
       <action name="firstaliasaction" class="com.action.FirstAliasAction">
       <!--指定 Action 结果类型为 chain 链式处理类型 -->
        <result type="chain">secondaliasaction</result>
       </action>
       <!--配置第二个 Action，该 Action 名为 secondaliasaction,
       对应的处理类为 com.action.SecondAliasAction -->
       <action name="secondaliasaction" class="com.action.SecondAliasAction">
        <result>/success.jsp</result>
        <param name="aliases">#{'firstCountry':'secondCountry'}</param>
       </action>
    </package>
</struts>
```

说明： 从一个 Action 跳转到另一个 Action，可以通过设置 result 元素的 type 属性实现。有两种方式，第一种是将 type 设置为 chain 结果类型，此结果类型表示将多个 Action 作为一个链进行处理。第二种是将 type 类型设置为 redirectAction 结果类型，当一个 Action 处理结束时，可直接使用 redirectAction 结果类型将请求重定向到另一个 Action。

这两种方式的区别：当跳转到同一个 Action 上时，chain 采用的是服务器跳转，而 redirectAction 则是客户端跳转。在进行服务器跳转的过程中，可以实现数据共享，此时后面的 Action 可以接收前面 Action 中的属性信息进行再次处理。

（5）在 WebContent 目录下创建 index.jsp 文件，其核心代码如下所示：

```
<body>
<center>
    <!--定义表单-->
    <s:form action="firstaliasaction">
        <s:textfield name="firstCountry" label="Country"/>
                                          <!--定义文本框-->
        <s:submit/>                       <!--提交按钮-->
    </s:form>
</center>
</body>
```

（6）在 WebContent 目录下创建 success.jsp 文件，其核心代码如下所示：

```
<body>
    <center>
        <h2>success</h2>
    </center>
</body>
```

（7）运行程序，运行结果如图 8.2 所示，单击超链接后，结果如图 8.3 所示。

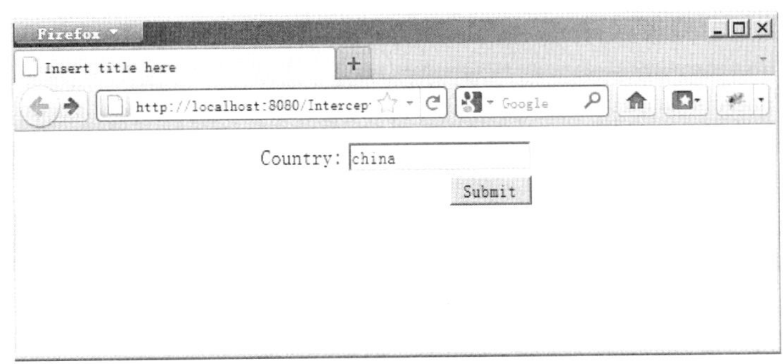

图 8.2　例 8-1 运行结果

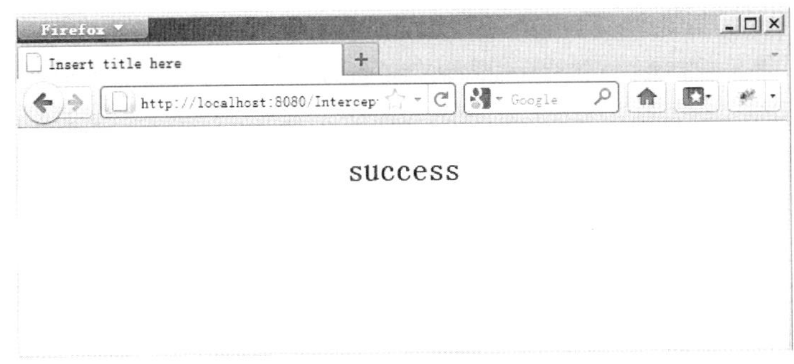

图 8.3　例 8-1 单击超链接后的结果

在上面工程中，在 struts.xml 文件中配置了两个 Action，第一个 Action 的结果类型为 chain 类型，指向第二个 Action，因此，第一个 Action 执行完后会执行第二个 Action，而第二个 Action 中添加了<param>元素，该元素指定了 Alias 拦截器的 map 参数，表明 secondCountry 是 firstCountry 的别名。因此，当调用名为 firstaliasaction 的 Action 时，传入的 firstCountry 参数值首先会设置 Action 的属性 fristCountry，然后在调用名为 secondaliasaction 的 Action 时设置 Action 的属性 secondCountry，上面例子中在得到图 8.3 所示的结果后就可以看到图 8.4 所示的结果。

```
the value of firstCountry is china
the value of secondCountry is china
```

图 8.4　例 8-1 控制台输出

2．prepare拦截器

该拦截器用来调用实现了 preparable 接口的 Action 中的 prepare()方法。

如果一个 Action 实现了 Preparable 接口，则 prepare 拦截器会在执行 execute()方法之前先执行 prepare()方法。因此，如果希望在 execute()方法执行之前先加入一些其他的逻辑，prepare 拦截器就非常有用了。此时，可以在 Action 中实现 Preparable 接口，并重写 prepare()方法。

下面创建一个 PrepareInterceptorDeom 工程来介绍 prepare 拦截器。

【例 8-2】 prepare 拦截器的使用。

（1）在 Eclipse 中创建一个 Java Web 项目 PrepareInterceptorDeom，将 Struts 2 框架所需的支持库添加到 WEB-INF 目录下的 lib 文件夹中，然后在 WEB-INF 目录下添加 web.xml 文件，并在其中注册过滤器和欢迎页面，代码如下：

```
<?xml version="1.0" encoding="UTF-8"?>
<web-app id="WebApp_9" version="2.4" xmlns="http://java.sun.com/
xml/ns/j2ee"        xmlns:xsi="http://www.w3.org/2001/XMLSchema-instance"
xsi:schemaLocation="http://java.sun.com/xml/ns/j2ee http://java.sun.com/
xml/ns/j2ee/web-app_2_4.xsd">
    <!--定义Filter-->
    <filter>
        <filter-name>struts2</filter-name> <!--指定Filter的名字,不能为空-->
            <!--指定Filter的实现类，此处使用的是Struts 2提供的过滤器类-->
            <filter-class>org.apache.struts2.dispatcher.ng.filter.
            StrutsPrepareAndExecuteFilter</filter-class>
    </filter>
    <!--定义Filter所拦截的URL地址-->
    <filter-mapping>
        <!--Filter的名字，该名字必须是filter元素中已声明过的过滤器名字-->
        <filter-name>struts2</filter-name>
            <url-pattern>/*</url-pattern> <!--定义Filter负责拦截的URL地址-->
    </filter-mapping>
    <!--欢迎页面-->
   <welcome-file-list>
      <welcome-file>index.jsp</welcome-file>
   </welcome-file-list>
</web-app>
```

（2）在src目录下创建包com.action，在该包下创建PrepareAction.java文件，打开编辑代码如下：

```
package com.action;
import com.opensymphony.xwork2.ActionSupport;
import com.opensymphony.xwork2.Preparable;
//PrepareAction类实现了Preparable接口
public class PrepareAction extends ActionSupport implements Preparable{
    private static final long serialVersionUID = 1L;
    private String msg;                          //用于封装请求参数的msg属性
    // msg属性的getter和setter方法
    public String getMsg() {
        return msg;
    }
    public void setMsg(String msg) {
        this.msg = msg;
    }
    //重写prepare方法
    public void prepare() throws Exception {
        System.out.println("    when prepare() is invoked, the msg is "+msg);
    }
    //处理用户请求的execute方法
    public String execute() throws Exception {
        System.out.println("    when execute() is invoked, the msg is "+msg);
    //输出
        return SUCCESS;                          //返回success
    }
}
```

（3）在src目录下创建struts.xml，打开编辑代码如下：

```
<?xml version="1.0" encoding="UTF-8" ?>
<!DOCTYPE struts PUBLIC
   "-//Apache Software Foundation//DTD Struts Configuration 2.0//EN"
   "http://struts.apache.org/dtds/struts-2.0.dtd">
```

```
<struts>
    <package name="default" namespace="/" extends="struts-default">
    <!--定义名为 prepare 的 Action，该 Action 对应的处理类为 com.action.
    PrepareAction -->
        <action name="prepare" class="com.action.PrepareAction">
          <result>/success.jsp</result>    <!--返回结果为 success.jsp-->
       </action>
    </package>
</struts>
```

（4）在 WebContent 目录下创建 index.jsp 文件，打开编辑核心代码如下：

```
<body>
<center>
    <!--定义表单-->
    <s:form action="prepare">
        <s:textfield name="msg" label="Msg"/>       <!--定义文本框-->
        <s:submit/>                                 <!--提交按钮-->
     </s:form>
</center>
</body>
```

（5）在 WebContent 目录下创建 success.jsp 文件，打开编辑核心代码如下所示：

```
<body>
    <center>
        <h2>
          success
        </h2>
    </center>
</body>
```

（6）运行程序，其运行结果如图 8.5 所示，单击“提交”按钮后，结果如图 8.6 所示。

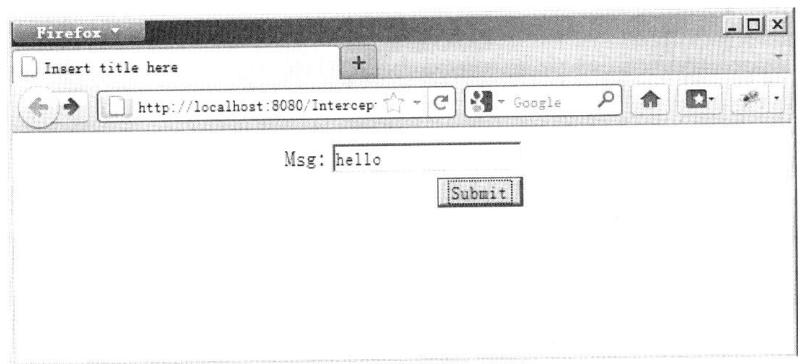

图 8.5　例 8-2 运行结果

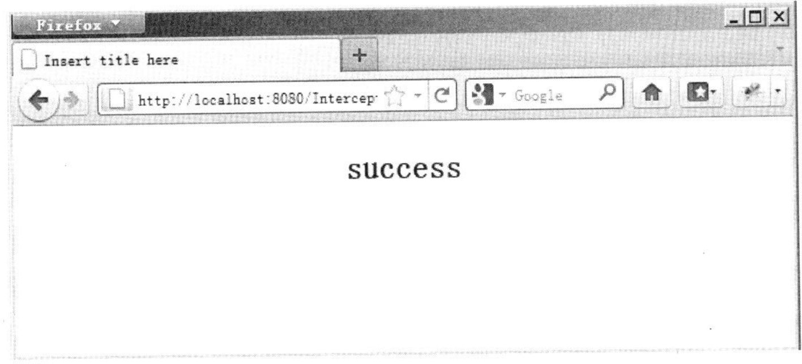

图 8.6　例 8-2 单击“提交”按钮后的结果

在上面工程中，名为 PrepareAction 的 Action 类实现了 Preparable 接口，并重写了 prepare()方法， prepare 拦截器将会首先调用其 prepare()方法。读者可能已经发现，在 struts.xml 文件中，并没有为名为 prepare 的 Action 配置拦截器，这是由于该 Action 所在的包继承了 struts-default 包，因此也会继承其默认拦截器栈 defaultStack，而在 defaultStack 中配置了 prepare 拦截器，因此 prepare 拦截器会被正确地调用。上例中，当出现如图 8.6 的显示结果后，可以在 Eclipse 控制台中看到如图 8.7 所示的输出内容，即当调用 prepare() 方法时，输出的 msg 值为 null，直到调用 execute()方法时，msg 变量值才为“hello”。这证明了 Action 属性在调用 prepare()方法时是没有被赋值的。

```
when prepare() is invoked, the msg is null
when execute() is invoked, the msg is hello
```

图 8.7　例 8-2 控制台输出

3. timer拦截器

timer 拦截器的功能是输出调用 Action 所需要的时间，它记录了 execute 方法和在 timer 后面定义的其他拦截器的 intercept 方法的执行时间之和，其时间单位为毫秒。

【例 8-3】 下面创建一个 InterceptorDemo 工程来介绍 timer 拦截器的功能，该实例可以显示执行某个 Action 方法所需的时间。

（1）在 Eclipse 中创建一个 Java Web 项目 TimerInterceptorDemo，将 Struts 2 框架所需的支持库添加到 WEB-INF 目录下的 lib 文件夹中，然后在 WEB-INF 目录下添加 web.xml 文件，并在其中注册过滤器和欢迎页面，如下所示：

```
<?xml version="1.0" encoding="UTF-8"?>
<web-app id="WebApp_9" version="2.4" xmlns="http://java.sun.com/
xml/ns/j2ee"        xmlns:xsi="http://www.w3.org/2001/XMLSchema-instance"
xsi:schemaLocation="http://java.sun.com/xml/ns/j2ee
http://java.sun.com/xml/ns/j2ee/web-app_2_4.xsd">
    <!--定义 Filter-->
    <filter>
        <filter-name>struts2</filter-name> <!--指定 Filter 的名字,不能为空-->
            <!--指定 Filter 的实现类，此处使用的是 Struts 2 提供的过滤器类-->
            <filter-class>org.apache.struts2.dispatcher.ng.filter.
            StrutsPrepareAndExecuteFilter</filter-class>
    </filter>
    <!--定义 Filter 所拦截的 URL 地址-->
    <filter-mapping>
        <!--Filter 的名字，该名字必须是 filter 元素中已声明过的过滤器名字-->
        <filter-name>struts2</filter-name>
            <url-pattern>/*</url-pattern> <!--定义 Filter 负责拦截的 URL 地址-->
    </filter-mapping>
    <!--欢迎页面-->
   <welcome-file-list>
      <welcome-file>index.jsp</welcome-file>
   </welcome-file-list>
</web-app>
```

（2）在 src 目录下创建包 com.action，在该包下创建 UserAction.java 文件，打开编辑代码如下：

```
package com.action;
import com.opensymphony.xwork2.ActionSupport;
public class LoginAction extends ActionSupport{
    private static final long serialVersionUID = 1L;
    //处理用户请求的 execute 方法
    public String execute() throws Exception {
        Thread.sleep(100);
        return SUCCESS;
    }
}
```

（3）在 src 目录下创建 struts.xml，打开编辑代码如下所示：

```
<?xml version="1.0" encoding="UTF-8" ?>
<!DOCTYPE struts PUBLIC
    "-//Apache Software Foundation//DTD Struts Configuration 2.0//EN"
    "http://struts.apache.org/dtds/struts-2.0.dtd">
<struts>
    <!--配置包-->
    <package name="default" namespace="/" extends="struts-default">
        <!--配置 Action-->
        <action name="login" class="com.action.LoginAction">
            <!--在 Action 的配置中加入对拦截器的引用，指出该 Action 要使用的拦截器为
            timer 拦截器 -->
            <interceptor-ref name="timer" />
            <result>/success.jsp</result>
        </action>
    </package>
</struts>
```

注意：上面代码中在 timer 拦截器后面未定义其他的拦截器，此时，timer 拦截器只记录 execute()方法的执行时间。

（4）在 WebContent 目录下创建 index.jsp 文件，打开编辑核心代码如下：

```
<body>
<center>
    <!--div 标签-->
    <s:div>
        <s:a action="login.action">user</s:a> <!--a 标签-->
     </s:div>
</center>
</body>
```

（5）在 WebContent 目录下创建 success.jsp 文件，打开编辑核心代码如下：

```
<body>
    <!--控制文本水平居中-->
    <center>
        login,success!
    </center>
</body>
```

（6）运行程序，其运行结果如图 8.8 所示，单击超链接后，结果如图 8.9 所示。

在上面程序中的 struts.xml 文件中，配置了名为 login 的 Action，并在该 Action 中引用了 timer 拦截器，timer 拦截器将输出该 Action 调用所花费的时间，在图 8.8 中单击链接出现图 8.9 所示结果后，在 Eclipse 后台可看到如图 8.10 所示的输出信息，表明该 Action 调

用花费时间为 325ms，这正是拦截器调用的结果。

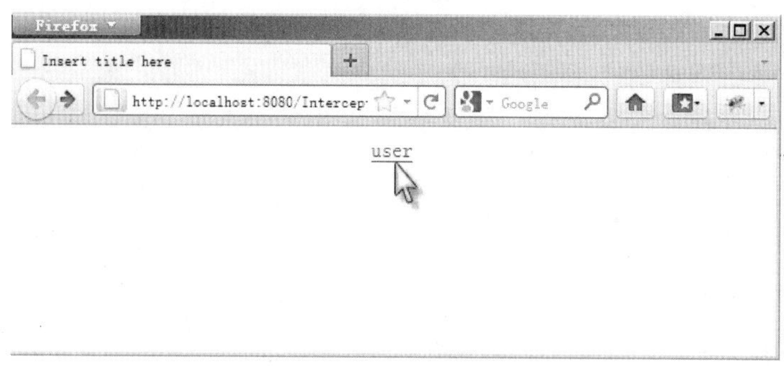

图 8.8　例 8-3 运行结果

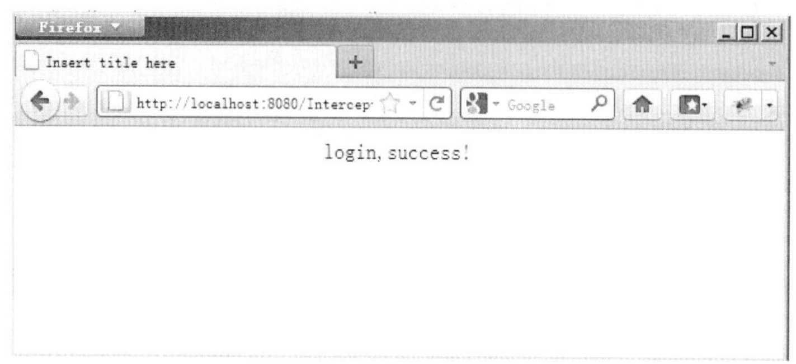

图 8.9　例 8-3 单击链接后的结果

```
四月 05, 2012 6:44:14 下午 com.opensymphony.xwork2.util.logging.jdk.JdkLogger info
信息: Executed action [//login!execute] took 325 ms.
```

图 8.10　例 8-3 后台输出信息

读者可能已经注意到，在名为 login 的 Action 的调用中，线程等待时间仅仅为 100ms，但该 timer 拦截器输出的却是 325ms，这是什么原因呢。实际上，在调用 Action 的 execute() 方法时，Struts 2 框架还需要花时间进行初始化工作，可以在图 8.9 的状态下后退一步，再次单击超链接，重新调用 Action，此时可以看到，Eclipse 的后台输出变为如图 8.11 所示的结果，其中调用 Action 所需的时间变为 101ms，这个结果是符合期待的。

```
四月 05, 2012 6:45:47 下午 com.opensymphony.xwork2.util.logging.jdk.JdkLogger info
信息: Executed action [//login!execute] took 101 ms.
```

图 8.11　例 8-3 控制台输出结果

8.3　自定义拦截器

在 8.2 节中介绍了拦截器的配置及使用，本节将介绍如何使用 Struts 2 框架来自定义拦截器，以及如何使用自定义拦截器。

8.3.1　开发自定义拦截器

Struts 2 框架作为一个优秀的框架，为我们提供了非常丰富的拦截器实现。在本章的前面几节中已经介绍过 Struts 2 的一些内置拦截器，利用内置拦截器可以实现 Struts 2 中的大部分功能。但同时，Struts 2 还赋予了我们创建自定义拦截器的能力，而且在 Struts 2 中自定义拦截器是非常简单的一项工作，因此方便地定义各种各样的符合开发者需要的拦截器也是 Struts 2 框架的一个优点。

用户在定义自己的拦截器类时，需要实现 com.opensymphony.xwork2.interceptor.Interceptor 接口。可以说，所有 Struts 2 的拦截器都直接或间接地实现了该接口。Interceptor 接口源代码如下：

```
Public interface Interceptor extends Serializable{
    void init();
    void destroy();
    string intercept(ActionInvocation invocation)throws Exception;
}
```

通过上面的代码可以看到，Interceptor 接口中只定义了三个方法，前两个方法分别用来初始化和清除必要的资源。而真正的业务逻辑是在 intercept()方法中完成的。

这三个方法都只给出声明而未进行定义，因此，直接实现该接口的类必须实现这三个方法。它们的作用说明如下：

- init()：在拦截器执行之前调用 init()方法，主要用于初始化系统资源。对于一个拦截器而言，init 方法只会被调用一次。
- destroy()：该方法与 init 方法对应，在拦截器实例被销毁之前，系统将会调用该方法来释放和拦截器相关的资源。
- intercept()：该方法是拦截器的核心方法，用来添加真正执行拦截工作的代码，实现具体的拦截操作。它返回一个字符串作为逻辑视图，系统根据返回的字符串跳转到对应的视图资源。该方法的 ActionInvocation 参数包含了被拦截的 Action 的引用，可以通过该参数的 invoke()方法，将控制权转给下一个拦截器或者转给 Action 的 execute()方法。

除了实现 Interceptor 接口可以自定义拦截器以外，实际中更常用的一种方式是继承抽象拦截器类 AbstractInterceptor。AbstractInterceptor 类实现了 Interceptor 接口，它提供了 init()方法和 destroy()方法的空实现，只有当自定义的拦截器需要打开系统资源时，才需要覆盖 AbstractInterceptor 类的 init()方法和 destroy()方法。因此，一般情况下只需实现 intercept()方法即可。

如果使用实现 Interceptor 接口的方式来自定义拦截器类则需要实现该接口的三个方法，而使用直接继承 AbstractInterceptor 类的方式来定义拦截器时则一般只需要覆盖 intercept()方法即可，显然，继承 AbstractInterceptor 类的方式更为简单。因此，在实际中，更多的时候采用的是继承 AbstractInterceptor 类的方式，而不是实现 Interceptor 接口的方式。

下面所示两段代码分别使用了实现 Interceptor 接口和继承 AbstractInterceptor 类的方式来定义拦截器，这两段代码是可替换的，它们都实现了同一个拦截器。

（1）实现 Interceptor 接口。

```
public class MyLoggerInterceptor implements Interceptor{
    private static final long serialVersionUID = 1L;
    public String intercept(ActionInvocation invocation) throws Exception
{
         String className = invocation.getAction().getClass().getName();
                                                          //拦截器名
         long startTime = System.currentTimeMillis();       //当前时间
         System.out.println("------before action: " + className); //输出
         String result = invocation.invoke();           //调用下一个拦截器
         long endTime = System.currentTimeMillis();     //当前时间
        //输出调用所用时间
         System.out.println("after action: " + className + " Time taken: "
         + (endTime - startTime) + " ms");
         return result;
    }
    //销毁相关资源
    public void destroy() {

    }
    //初始化资源
    public void init() {

    }
}
```

（2）直接继承 AbstractInterceptor 抽象类。

```
public class MyLoggerInterceptor extends AbstractInterceptor{
    private static final long serialVersionUID = 1L;
    public String intercept(ActionInvocation invocation) throws Exception
{
        String className = invocation.getAction().getClass().getName();
                                                        //拦截器名
        long startTime = System.currentTimeMillis();    //当前时间
        System.out.println("------before action: " + className); //输出
        String result = invocation.invoke();            //调用下一个拦截器
        long endTime = System.currentTimeMillis();      //当前时间
        //输出调用所用时间
        System.out.println("after action: " + className + " Time taken: "
        + (endTime - startTime) + " ms");
        return result;
    }
}
```

读者需要注意的是，intercept()方法的参数为 ActionInvocation 类型，该参数的 invoke()方法直接调用下一个拦截器或 Action 中的 execute()方法，实际上，这时拦截器方法还没有运行结束，因此在最后 Action 中的 execute()方法调用结束之后，会继续调用未执行完的代码。

8.3.2　配置自定义拦截器

掌握了自定义拦截器的方法后，下面需要对自定义拦截器进行配置。实际上，自定义拦截器的配置和 8.2.2 小节中介绍的配置方法是一致的，只需要在<interceptor>的 class 属性中指定自定义的拦截器类就可以，假设有一个自定义的拦截器类为 MyLoggerInterceptor，其路径为 com.interceptor.MyLoggerInterceptor，则其配置方式如下所示：

```
<interceptor name="mylogger" class="com.interceptor.
MyLoggerInterceptor"/>
```

上面代码配置了一个名为 mylogger 的拦截器，其实现通过 MyLoggerInterceptor 拦截器类来完成。在定义完拦截器后就可以配置其使用了，这和配置内置拦截器的方法是一样的，此处不再赘述。

8.3.3　拦截器执行顺序

Struts 2 的拦截器机制采用了动作调用链的方式来嵌套调用拦截器，并将动作调用链封装在实现 ActionInvocation 接口的类中。每一个拦截器方法都有一个 ActionInvocation 类型的参数，而在 ActionInvocation 接口中包含了一个 invoke()方法，当在某一个拦截器方法中调用 invoke()方法时，就会调用下一个拦截器方法，如此嵌套调用下去。如果当前拦截器是最后一个拦截器，则会调用 Action 的 execute()方法。Action 执行完后，按照与原来相反的顺序返回执行拦截器中的剩余代码，即最后一个拦截器继续执行其剩余代码，然后返回倒数第二个拦截器继续执行其剩余代码，直至返回到第一个拦截器，最后才回到结果视图。

说明： 当一个请求到达 Strut 2 框架时，Struts 2 框架首先找到能够处理该请求的 Action，并找到与此 Action 相关联的所有拦截器。Struts 2 框架创建一个 ActionInvocation 的实例，并调用其 invoke()方法。此时，框架将控制权转交给 ActionInvocation。Action 和 Interceptor 的执行是由 ActionInvocation 实例调用的，ActionInvocation 准确地知道哪些拦截器将会被调用。

而 invoke()方法的作用是用来判断是否还有下一个拦截器，若有，则调用下一个拦截器，否则，直接跳到 Action 的 execute()方法去执行。

为了直观地表示拦截器和 Action 的执行顺序，下面通过一个实例来说明。

【例 8-4】 演示拦截器和 Action 的执行顺序。

（1）在 Eclipse 中创建一个 Java Web 项目 OrderOfInterceptorDemo，将 Struts 2 框架所需的支持库添加到 WEB-INF 目录下的 lib 文件夹中，然后在 WEB-INF 目录下添加 web.xml 文件，并在其中注册过滤器和欢迎页面。代码如下所示：

```
<?xml version="1.0" encoding="UTF-8"?>
<web-app id="WebApp_9" version="2.4" xmlns="http://java.sun.com/
xml/ns/j2ee" xmlns:xsi="http://www.w3.org/2001/XMLSchema-instance" xsi:
schemaLocation="http://java.sun.com/xml/ns/j2ee
http://java.sun.com/xml/ns/j2ee/web-app_2_4.xsd">
    <!--定义 Filter -->
    <filter>
        <filter-name>struts2</filter-name> <!--指定 Filter 的名字，不能为空-->
            <!--指定 Filter 的实现类，此处使用的是 Struts 2 提供的过滤器类-->
            <filter-class>org.apache.struts2.dispatcher.ng.filter.
            StrutsPrepareAndExecuteFilter</filter-class>
    </filter>
    <!--定义 Filter 所拦截的 URL 地址-->
```

```
    <filter-mapping>
        <!--Filter 的名字，该名字必须是 filter 元素中已声明过的过滤器名字-->
        <filter-name>struts2</filter-name>
            <url-pattern>/*</url-pattern> <!--定义 Filter 负责拦截的 URL 地址-->
        </filter-mapping>
    <!--欢迎页面-->
   <welcome-file-list>
       <welcome-file>index.jsp</welcome-file>
   </welcome-file-list>
</web-app>
```

（2）在 src 目录下创建包 com.action，在该包下创建 FirstAction.java 文件，打开编辑代码如下：

```
package com.action;
import com.opensymphony.xwork2.ActionSupport;
public class FirstAction extends ActionSupport{
    private static final long serialVersionUID = 1L;
    public String execute() throws Exception {
         System.out.println("   First Action");                //输出
        return SUCCESS;                                         //返回 success
    }
}
```

（3）在 com.action 包下创建 SecondAction.java 文件，打开编辑代码如下：

```
package com.action;
import com.opensymphony.xwork2.ActionSupport;
public class SecondAction extends ActionSupport{
    private static final long serialVersionUID = 1L;
    public String execute() throws Exception {
         System.out.println("   Second Action");        //输出
        return SUCCESS;                                 //返回 success
    }
}
```

（4）在 src 目录下创建包 com.interceptor，在该包下创建 FirstInterceptor.java 文件，打开编辑代码如下：

```
package com.interceptor;
import com.opensymphony.xwork2.ActionInvocation;
import com.opensymphony.xwork2.interceptor.AbstractInterceptor;
public class FirstInterceptor extends AbstractInterceptor{
    private static final long serialVersionUID = 1L;
    public String intercept(ActionInvocation invocation) throws Exception
{
         System.out.println("第一个拦截器，在调用下一个拦截器 或 Action 前");
                                                    //输出
         String result = invocation.invoke();       //调用下一个拦截器
         System.out.println("   第一个拦截器，在调用下一个拦截器 或 Action 后");
                                                    //输出
         return result;                             //返回调用结果
    }
}
```

（5）在 com.interceptor 包中创建 SecondInterceptor.java 和 ThirdInterceptor.java 文件，其代码和 FirstInterceptor 类似，其 intercept()方法代码如下所示。

SecondInterceptor 类中的 intercept()方法代码：

```
public String intercept(ActionInvocation invocation) throws Exception {
        System.out.println("  第二个拦截器，在调用下一个拦截器 或 Action 前");
                                                    //输出
        String result = invocation.invoke();        //调用下一个拦截器
        System.out.println("  第二个拦截器，在调用下一个拦截器 或 Action 后");
                                                    //输出
        return result;                              //返回调用结果
    }
```

ThirdInterceptor 类中的 intercept()方法代码：

```
public String intercept(ActionInvocation invocation) throws Exception {
        System.out.println("  第三个拦截器，在调用下一个拦截器 或 Action 前");
                                                    //输出
        String result = invocation.invoke();        //调用下一个拦截器
        System.out.println("  第三个拦截器，在调用下一个拦截器 或 Action 后");
                                                    //输出
        return result;                              //返回调用结果
    }
```

（6）在 src 目录下创建 struts.xml，打开编辑代码如下：

```
<?xml version="1.0" encoding="UTF-8" ?>
<!DOCTYPE struts PUBLIC
   "-//Apache Software Foundation//DTD Struts Configuration 2.0//EN"
   "http://struts.apache.org/dtds/struts-2.0.dtd">
<struts>
    <package name="default" namespace="/" extends="struts-default">
    <!--配置拦截器-->
    <interceptors>
        <interceptor name="firstinterceptor" class="com.interceptor.
        FirstInterceptor"/>
        <interceptor name="secondinterceptor" class="com.interceptor.
        SecondInterceptor"/>
        <interceptor name="thirdinterceptor" class="com.interceptor.
        ThirdInterceptor"/>
        <!--配置拦截器栈-->
        <interceptor-stack name="mystack">
            <interceptor-ref name="firstinterceptor"/>
            <interceptor-ref name="secondinterceptor"/>
            <interceptor-ref name="thirdinterceptor"/>
        </interceptor-stack>
    </interceptors>
        <!--配置名为 FirstAction 的 Action-->
        <action name="firstaction" class="com.action.FirstAction">
            <result type="chain">secondaction</result> <!--拦截器链-->
            <interceptor-ref name="mystack"></interceptor-ref>
    <!--使用拦截器-->
        </action>
        <!--配置名为 SecondAction 的 Action-->
        <action name="secondaction" class="com.action.SecondAction">
            <result>/success.jsp</result>
        </action>
    </package>
</struts>
```

（7）在 WebContent 目录下创建 index.jsp 文件，打开编辑核心代码如下：

```
<body>
<center>
    <s:a  action="firstaction.action">invoke  interceptor  stack</s:a>
    <!--a 标签-->
</center>
</body>
```

（8）在 WebContent 目录下创建 success.jsp 文件，打开编辑核心代码如下：

```
<body>
    <!--控制文本居中-->
    <center>
        <h2>success</h2>
    </center>
</body>
```

（9）运行程序，其运行结果如图 8.12 所示，单击超链接后，结果如图 8.13 所示。

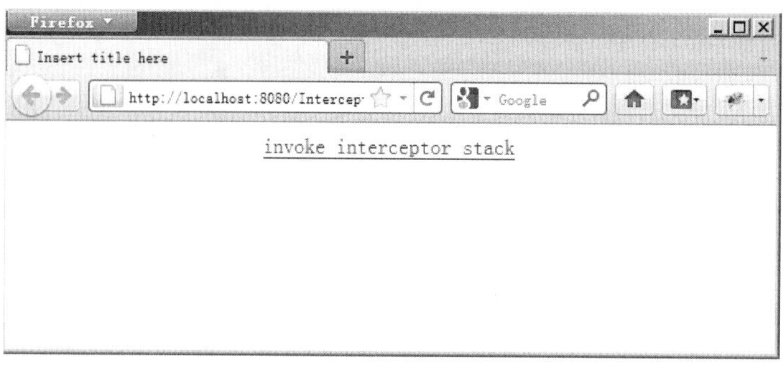

图 8.12　例 8-4 运行结果

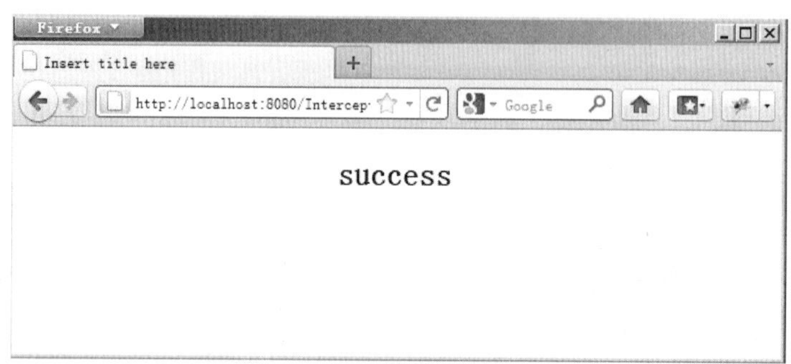

图 8.13　例 8-4 单击链接后的结果

在上面例子中，创建了 3 个相似的拦截器，这 3 个拦截器在 struts.xml 中按顺序配置为一个拦截器栈，又配置了两个 Action，第一个 Action 的结果类型为 chain，指向第二个 Action，因此在第一个 Action 执行完后会执行第二个 Action，很显然按照拦截器的执行顺序应该是第一个拦截器先执行，然后调用第二个拦截器，再是第三个，然后是 Action 调用，最后按相反顺序执行拦截器未执行完的代码，在 Eclipse 中的控制台中可以看到输出信息如图 8.14 所示。

读者需要注意的是，在自定义拦截器的 intercept()方法中，实际上该拦截器是分为两部分的，一部分是拦截器或 Action 执行前执行代码，另一部分是拦截器或 Action 执行后代码。由于每个拦截器都会调用 invocation.invoke()方法，这就会导致每个拦截器都会分为两个时段来执行自己的代码。

```
第一个拦截器，在调用下一个拦截器或Action前
第二个拦截器，在调用下一个拦截器或Action前
第三个拦截器，在调用下一个拦截器或Action前
First Action
Second Action
第三个拦截器，在调用下一个拦截器或Action后
第二个拦截器，在调用下一个拦截器或Action后
第一个拦截器，在调用下一个拦截器或Action后
```

图 8.14　例 8-4 控制台输出

8.3.4　方法过滤拦截器

Action 中使用的拦截器默认情况下都是针对 Action 中的所有方法进行拦截的，但是在开发的过程中可能会出现这种需求，即只需要拦截 Action 中某个或某些指定的方法，而不希望拦截 Action 中的所有方法，Struts 2 框架为这种需求提供了解决方案——方法过滤，这是一种更为细化的拦截器配置方式。

拦截器的方法过滤可以让拦截器有选择地拦截 Action 中的某个指定方法。

Struts 2 框架提供了一个抽象类 MethodFilterInterceptor，通过查看 MethodFilterInterceptor 的源码可知，它继承了 AbstractInterceptor 类，其本身也是一个拦截器类。对于开发者自定义的拦截器要实现方法过滤的功能只需继承该类即可。

继承 MethodFilterInterceptor 类的子类实际上也是一个拦截器，也就是说可以直接在 struts.xml 文件中配置这些拦截器。MethodFilterInterceptor 抽象类定义了一个 doIntercept() 方法，该方法是抽象方法，因此继承 MethodFilterInterceptor 类的子类必须实现 doIntercept() 方法，该方法类似于 Intercptor 接口中的 intercept()方法，用来实现真正的拦截逻辑。

注意： 方法过滤拦截器的逻辑实际上和普通的拦截器逻辑是相似的，区别主要是普通的拦截器需要重写 intercept()方法，而方法过滤拦截器要重写的是 doIntercept()方法。因此，实现方法过滤拦截器的步骤其实很简单，就是继承 MethodFilterInterceptor 抽象类，然后重写其 doIntercept()方法。

下面代码中 MyMethodFilterInterceptor 类继承了 MethodFilterInterceptor 类：

```
// 定义 MyMethodFilterInterceptor 类，继承了 MethodFilterInterceptor 类
public class MyMethodFilterInterceptor extends MethodFilterInterceptor {
    //重写 doIntercept 方法
    protected String doIntercept(ActionInvocation invocation) throws
    Exception {
        String result=invocation.invoke();
            return result;
    }
}
```

方法过滤拦截器类定义好之后，现在来介绍其配置方法。

方法过滤拦截器的配置与其他拦截器的配置不同点主要在于方法过滤拦截器中新增加了两个参数：excludeMethods 和 includeMethods。这两个参数是由 MethodFilterInterceptor 抽象类提供的。

在 MethodFilterInterceptor 抽象类中，提供了两个额外的方法：

- public void setExcludeMethods(String excludeMethods)：该方法中包含一个字符串类型的参数 excludeMethods。excludeMethods 参数用于排除需要过滤掉的方法名，excludeMethods 字符串中列出的所有方法都不会被拦截。
- public void setIncludeMethods(String includeMethods)：该方法中包含一个字符串类

型的参数 includeMethods。includeMethods 参数用于设置需要过滤的方法名，includeMethods 字符串中列出的所有方法都会被拦截。

注意：在 struts.xml 中配置方法过滤拦截器和配置普通拦截器的方式也是类似的，唯一的区别在于方法过滤器的配置中可以加上两个参数 excludeMethods（不被拦截的方法）和 includeMethods（需要被拦截的方法）。

下面所示代码介绍了自定义方法过滤器的配置方法：

```
<!--拦截器-->
<interceptors>
    <!--配置方法过滤拦截器-->
    <interceptor name="FilterInterceptor" class="com.interceptor.
MyMethodFilterInterceptor ">
</interceptor>
</interceptors>
<!--配置 Action-->
<action name="filterAction" class="com.action. FilterAction">
    <result name="success">/success.jsp</result>
    <interceptor-ref name="defaultStack"></interceptor-ref> <!--使用拦截器-->
      <!--拦截器引用-->
      <interceptor-ref name="FilterInterceptor">
          <param name="includeMethods">method1</param> <!--指定拦截方法-->
          <param name="excludeMethods">method2</param> <!--指定不拦截方法-->
      </interceptor-ref>
</action>
```

在上面代码中，只是指定了单个方法不被拦截或被拦截，如果需指定多个方法则直接使用逗号间隔就可以了。读者需要注意的是，当同一个方法被两个参数同时指定时，该方法默认是需要被拦截的。

实际上，Struts 2 框架提供的内置拦截器中有几个就是方法过滤拦截器，例如下面列出的这几个拦截器：

- TokenInterceptor。
- TokenSessionStoreInterceptor。
- DefaultWorkflowInterceptor。
- ValidationInterceptor。

下面通过一个例子来说明方法过滤拦截器的用法。

【例 8-5】 过滤拦截器的用法。

（1）在 Eclipse 中创建一个 Java Web 项目 MethodInterceptorDemo，将 Struts 2 框架所需的支持库添加到 WEB-INF 目录下的 lib 文件夹中，然后在 WEB-INF 目录下添加 web.xml 文件，并在其中注册过滤器和欢迎页面。代码如下所示：

```
<?xml version="1.0" encoding="UTF-8"?>
<web-app id="WebApp_9" version="2.4" xmlns="http://java.sun.com/
xml/ns/j2ee"        xmlns:xsi="http://www.w3.org/2001/XMLSchema-instance"
xsi:schemaLocation="http://java.sun.com/xml/ns/j2ee
http://java.sun.com/xml/ns/j2ee/web-app_2_4.xsd">
    <!--定义 Filter -->
    <filter>
        <filter-name>struts2</filter-name> <!--指定 Filter 的名字,不能为空-->
```

```
            <!--指定 Filter 的实现类，此处使用的是 Struts 2 提供的过滤器类-->
            <filter-class>org.apache.struts2.dispatcher.ng.filter.
            StrutsPrepareAndExecuteFilter</filter-class>
    </filter>
    <!--定义 Filter 所拦截的 URL 地址-->
    <filter-mapping>
        <!--Filter 的名字，该名字必须是 filter 元素中已声明过的过滤器名字-->
        <filter-name>struts2</filter-name>
            <url-pattern>/*</url-pattern> <!--定义 Filter 负责拦截的 URL 地址-->
    </filter-mapping>
    <!--欢迎页面-->
    <welcome-file-list>
        <welcome-file>index.jsp</welcome-file>
    </welcome-file-list>
</web-app>
```

（2）在 src 目录下创建包 com.action，在该包下创建 LoginAction.java 文件，打开编辑代码如下所示：

```
package com.action;
import com.opensymphony.xwork2.ActionContext;
import com.opensymphony.xwork2.ActionSupport;
public class LoginAction extends ActionSupport{
    private static final long serialVersionUID = 1L;
    private String msg;                                    //msg 属性
    //msg 属性的 getter 和 setter 方法
    public String getMsg() {
        return msg;
    }
    public void setMsg(String msg) {
        this.msg = msg;
    }
    public String method1() throws Exception {
        //在 actioncontext 中放入 msg
        ActionContext.getContext().put("msg", "the method1 is invoked!");
        System.out.println("the method1 is invoked!");      //输出
        return SUCCESS;                                     //返回 success
    }
    public String method2() throws Exception {
        //在 actioncontext 中放入 msg
        ActionContext.getContext().put("msg", "the  method2 is invoked!");
        System.out.println("the method2 is invoked!");//输出
        return SUCCESS;                                     //返回 success
    }
    public String method3() throws Exception {
        //在 actioncontext 中放入 msg
        ActionContext.getContext().put("msg", "the method3 is invoked!");
        System.out.println("the method3 is invoked!");//输出
        return SUCCESS;                                     //返回 success
    }
    public String execute() throws Exception {
        //在 actioncontext 中放入 msg
        ActionContext.getContext().put("msg", "the execute() method is
        invoked!");
        System.out.println("the execute() method is invoked!");   //输出
        return SUCCESS;                                     //返回 success
    }
}
```

（3）在 src 目录下创建包 com.interceptor，在该包下创建 MyMethodFilterInterceptor.java 文件，打开编辑如下代码：

```
package com.interceptor;
import com.opensymphony.xwork2.ActionInvocation;
import com.opensymphony.xwork2.interceptor.MethodFilterInterceptor;
public class MyMethodFilterInterceptor extends MethodFilterInterceptor{
    private static final long serialVersionUID = 1L;
    private String name;                          //name 属性
    //name 属性的 getter 和 setter 方法
    public String getName() {
        return name;
    }
    public void setName(String name) {
        this.name = name;
    }
    protected String doIntercept(ActionInvocation invocation) throws
    Exception {
        String className = invocation.getAction().getClass().getName();
        //获取拦截器类名
        long startTime = System.currentTimeMillis();
        //当前时间
        System.out.print("------拦截器"+name+"在 Action" + className+"执行
        前: ");                                    //输出
        String result = invocation.invoke();          //调用下一个拦截器
        long endTime = System.currentTimeMillis(); //当前时间
        System.out.println("------在 Action" + className+"执行后: "+ " Time
        taken: " + (endTime - startTime) + " ms"); //输出
        return result;                                //返回
    }
}
```

（4）在 src 目录下创建 struts.xml，打开编辑代码如下：

```
<?xml version="1.0" encoding="UTF-8" ?>
<!DOCTYPE struts PUBLIC
   "-//Apache Software Foundation//DTD Struts Configuration 2.0//EN"
   "http://struts.apache.org/dtds/struts-2.0.dtd">
<struts>
<package name="default" namespace="/" extends="struts-default">
 <!--配置拦截器-->
    <interceptors>
        <!--配置方法过滤拦截器-->
        <interceptor name="methodfilter" class="com.interceptor.
        MyMethodFilterInterceptor">
            <param name="name">Mehtod Filter Interceptor</param>
    <!--配置参数-->
        </interceptor>
    </interceptors>
    <!--配置 Action-->
    <action name="login" class="com.action.LoginAction">
        <result>/success.jsp</result>
        <interceptor-ref name="defaultStack"></interceptor-ref>
                                                    <!--使用拦截器栈-->
       <!--使用拦截器-->
       <interceptor-ref name="methodfilter">
           <param name="excludeMethods">execute,method1</param>
                                                    <!--不拦截的方法-->
```

```
            <param name="includeMethods">execute,method2,method3</param>
    <!--拦截方法-->
        </interceptor-ref>
      </action>
   </package>
</struts>
```

（5）在 WebContent 目录下创建 index.jsp 文件，打开编辑核心代码如下：

```
<body>
<!--控制输出文本水平居中-->
<center>
    <s:a action="login.action">execute() method</s:a><br/>
    <s:a action="login!method1.action">method1() method</s:a><br/>
    <s:a action="login!method2.action">method2() method</s:a><br/>
    <s:a action="login!method3.action">method3() method</s:a><br/>
</center>
</body>
```

（6）在 WebContent 目录下创建 success.jsp 文件，打开编辑核心代码如下：

```
<body>
    <center>
        <h2><s:property value="msg"/></h2>
    </center>
</body>
```

（7）运行程序，其运行结果如图 8.15 所示，单击第一个超链接后，结果如图 8.16 所示。

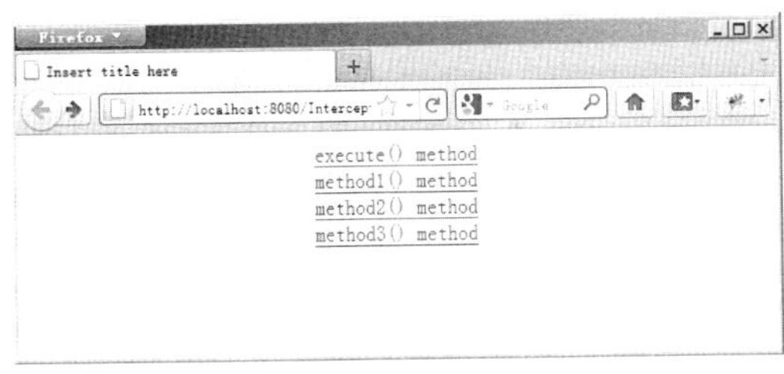

图 8.15　例 8-5 运行结果

图 8.16　例 8-5 单击第一个链接后的结果

（8）分别单击其他链接，可以看到和图 8.16 类似的结果，最后 Eclipse 控制台信息输出如图 8.17 所示。

```
------拦截器Mehtod Filter Interceptor在Actioncom.action.LoginAction执行前: the execute() method is invoked!
------在Actioncom.action.LoginAction执行后:  Time taken: 68 ms
the method1 is invoked!
------拦截器Mehtod Filter Interceptor在Actioncom.action.LoginAction执行前: the method2 is invoked!
------在Actioncom.action.LoginAction执行后:  Time taken: 3 ms
------拦截器Mehtod Filter Interceptor在Actioncom.action.LoginAction执行前: the method3 is invoked!
------在Actioncom.action.LoginAction执行后:  Time taken: 2 ms
------拦截器Mehtod Filter Interceptor在Actioncom.action.LoginAction执行前: the execute() method is invoked!
------在Actioncom.action.LoginAction执行后:  Time taken: 4 ms
```

图 8.17　例 8-5 控制台信息

在上面例子中，创建了一个方法过滤拦截器 MyMethodFilterInterceptor，然后在 struts.xml 文件配置了该拦截器，指定名为 login 的 Action 中 method1 方法不被拦截，读者要注意 execute()方法在 includeMethods 和 excludeMethods 参数中都被指定，根据前面介绍的内容可知，该方法会被拦截。在最后结果和控制台所示信息中可以看到，除了 method1()方法没有被拦截，其他方法都被拦截了。

8.4　本 章 小 结

本章主要介绍了拦截器的知识，包括拦截器的配置和使用方法，并介绍了开发和配置自定义拦截器的方法。拦截器作为 Struts 2 框架中的一个非常重要的核心对象，读者有必要完全掌握它。

1．拦截器的配置

拦截器的配置是在 struts.xml 文件中配置的，跟拦截器配置有关的元素有<interceptors>、<interceptor>、<interceptor-stack>等几个标签，读者应该掌握这几个标签的意义和具体用法。

2．自定义拦截器

自定义拦截器主要通过 Interceptor 接口或 AbstractInterceptor 抽象类来定义，这两种方法在开发中都会被用到，另外，读者需要注意方法过滤拦截器的开发过程，该拦截器在开发项目的过程中是非常常见的。

3．使用拦截器的优点

- 增强编程过程的灵活性。
- 可以使编程人员更加专注于 Action 的编写工作。
- 增强了代码的可读性和可重用性。
- 使得程序代码更加容易测试。
- 简化了开发过程。

4．拦截器和过滤器的区别

拦截器和过滤器的概念其实是很类似的。拦截器是 Struts 2 框架中特有的，只能应用于 Struts 2 中，而过滤器则普遍存在于整个 Java Web 中，在所有 Web 工程中都能配置过滤器。在 Struts 2 工程中，如果希望一个过滤器生效，则要在 web.xml 文件中首先配置该过滤器，然后再进行其他 Struts 2 的配置。

从过滤对象的范围来说，过滤器的范围更广，功能也更强大。过滤器可以过滤一切对象，包括 Action，而拦截器只能拦截 Action，而无法拦截对 Jsp 的请求。当然，由于 Struts 2 中规定将所有 Jsp 页面都放在 WEB-INF 下面，因此访问时只能先访问 Action，然后再通过 Action 来访问 Jsp，因此，实际上也不存在用户直接访问 Jsp 的可能。

第 9 章　在 Struts 中应用 Ajax 技术

在第 8 章介绍了 Struts 2 框架的核心部分——拦截器，本章将介绍 Struts 2 框架中的 Ajax 技术，该技术在实际开发中的应用非常广泛，每一个 Web 开发人员都不可避免地会接触到它。在讲解基本知识的基础上，本章还提供了几个实例辅助读者加深理解。本章主要内容如下：

- Ajax 基本知识。
- Ajax 之 XMLHttpRequest。
- Ajax 之 JSON 插件。
- 文件控制上传和下载。

9.1　Ajax 基本知识

Ajax 是一种 Web 应用客户端技术，它结合了 JavaScript、CSS、HTML、XMLHttpRequest 对象和文档对象模型（Document Object Model，DOM）等多种技术，运行在客户端浏览器的 Ajax 应用程序以一种异步的方式与 Web 服务器通信，并且只更新页面的一部分。利用 Ajax 技术，可以提供更为丰富的用户体验。本节将介绍 Ajax 的基本概念和原理。

9.1.1　Ajax 的基本概念

Ajax（Asynchronous JavaScript And XML）指的是异步 JavaScript 和 XML 技术，是 Web 2.0 中的一项关键技术，它允许把用户和 Web 页面间的交互与 Web 浏览器和服务器间的通信分离开来。

Ajax 并不是一种新的编程语言，而是一种创建交互性更强的 Web 应用程序的技术。有了 Ajax，开发者编写的 JavaScript 便可以在不重载页面的情况下实现与 Web 服务器的数据交换。Ajax 在浏览器与 Web 服务器之间使用了异步数据传输，从而减少了网页向服务器请求的信息量，使得每次请求并不需要返回整个页面。

Ajax 是以下 Web 技术和标准的集合：

- 超文本标记语言（Hypertext Markup Language，HTML）：定义最终呈现给用户的内容。
- 层叠样式表（Cascading Style Sheets，CSS）：定义所呈现内容的样式。
- 文档对象模型（Document Object Model，DOM）：是一种表示和处理 HTML 或

XML 文档的常用方法。DOM 可以通过一种独立于平台和编程语言的方式来访问和修改一个文档的内容及其结构。

- XMLHttpRequest 对象：为浏览器和服务器之间的交互提供便利，通过 JavaScript 脚本调用。
- JavaScript：在浏览器中执行的一种编程语言，将所有其他的 Ajax 组成部分黏合在一起。脚本可以侦听浏览器中发生的事件，并使用 XMLHttpRequests 回调服务器对事件做出反应，然后根据返回的结果修改 DOM 树。

上面所述的这些技术都在用户的 Web 浏览器中执行，用户的 Web 浏览器充当执行 Ajax 程序的平台。在使用 Ajax 时，读者需要注意的是，组成它的技术虽然是基于标准的，但又是特定于浏览器的。换句话说，同一个应用程序在不同的浏览器上可能表现出不同的行为。然而，由于既不可能限制用户使用特定的浏览器，又不可能忽略客户机的浏览器可能支持 CSS 或 DOM 这一事实，因此，作为应用程序的创建者，需要理解各种不同浏览器之间的差异。

Ajax 交互从一个称为 XMLHttpRequest 的 JavaScript 对象开始，它允许客户端脚本来执行 HTTP 请求，并且将解析一个 XML 格式的服务器响应。Ajax 处理过程中的第一步是创建 XMLHttpRequest 实例，然后使用 HTTP 方法（GET 或 POST）来处理请求，并将目标 URL 设置到 XMLHttpRequest 对象上。

Ajax 自诞生以来，人们就发现使用 Ajax 框架能够为开发过程带来极大方便，节省大量的时间和精力。Ajax 框架很多，几乎每月都会产生一些新框架。常用的 Ajax 框架有 Dojo、Extjs、GWT、Prototype、JQuery 和 JSON 等，本书将侧重介绍 Dojo 框架和 JSON 框架。

当然，Ajax 并不是完美的，它可能会破坏浏览器后退按钮的后退行为。因为浏览器仅仅能记忆历史记录中的静态页面，因此在动态更新页面的情况下，用户无法再次返回到前一个页面状态。一个被完整读入的页面与一个已经被动态修改过的页面之间的差别非常微小，用户通常都希望单击后退按钮就可以取消他们前一次的操作，但是在 Ajax 应用程序中，这却无法实现。开发人员已经想出了种种办法来解决这个问题，大部分解决方法都是在用户单击后退按钮访问历史记录时，创建或使用一个隐藏的 IFRAME 来重现页面上的变更。

对于开发者来说，使用 Ajax 技术有如下几点优势：

（1）Ajax 技术是基于公开的标准的。

Ajax 技术是各大浏览器和平台都支持的公开标准的技术。Ajax 中使用的大多数技术都经过了多年的实践检验，保证了技术的成熟性和框架的稳定性。

（2）Ajax 技术是跨平台的。

IE 和基于 Mozilla 的 Firefox 是现今占据市场份额最大的两种浏览器，它们都支持在浏览器上创建基于 Ajax 的 Web 应用。而多年前 Ajax 之所以没有像现在这样流行，正是因为浏览器厂商的原因，并没有对 Ajax 提供足够的支持。现在，在更为先进的 Web 浏览器上开发运行基于 Ajax 的富 Internet 应用已成为可能，这也促使了 Ajax 技术变得更为流行。

（3）Ajax 技术的技术独立性。

Ajax 技术能够兼容所有标准型的服务器和服务器端语言，如 PHP、ASP、ASP.NET、

Perl、JSP 和 Cold Fusion 等。开发者可以在上述服务器端技术中任选一种进行开发，这正体现了 Ajax 的技术独立性。

（4）Ajax 技术的高采用率。

Ajax 技术在业内已经被广泛采用，包括 google、yahoo、Amazon 和微软等使用者都从中获益。实践已经证明了 Ajax 技术的市场受欢迎度，同时也验证了该技术的正确性。

9.1.2　Ajax 的基本原理

在传统的 Web 应用中，当用户提交表单时实际上是向服务器发送了一个请求，服务器接收请求并对传送过来的表单数据进行处理，最后返回一个新的网页。在这个过程中，每当服务器处理客户端请求时，客户端都只能等待，即使是数据量很小的交互，如只需从服务器端获得一个简单数据，都需要返回一个完整的 HTML 页面，而用户不得不花费时间重新读取整个页面。实际上前后两个页面中的大部分 HTML 代码都是相同的，因而重复内容的传送对带宽造成了浪费。

由于每次应用的交互都需要向服务器发送请求，因此对应用的响应时间就依赖于服务器的响应时间。这使得 Web 应用的响应速度比本地应用的响应速度慢很多，一旦严重超过响应时间，服务器可能会返回错误。而且，在应用中常常只是改变页面的一小部分数据，这就完全没有必要来加载整个页面并等待服务器读取数据。为了解决 Web 应用中出现的这些问题，就需要使用 Ajax 技术。

与传统的 Web 应用相比，Ajax 技术采用了异步交互过程。它在用户和服务器之间引入了一个中间媒介，这个中间媒介相当于在用户与服务器之间增加了一个中间层，使用户与服务器的响应异步化。通过这样的设置便可以把之前由服务器完成的部分工作转交到客户端完成，充分利用客户端闲置的处理能力，减轻服务器的负担，节省了带宽。

实际上，用户的浏览器在执行任务时即装载了 Ajax 引擎。Ajax 引擎是使用 JavaScript 语言编写的，通常位于一个隐藏的框架中，它负责编译用户界面和服务器之间的交互。有了 Ajax 引擎，用户与应用软件之间的交互便可以异步进行，独立于用户与服务器之间的交互过程。通过 Ajax 引擎，页面导航、数据校验等一些不需要重新载入完整页面的需求就可以交给 Ajax 来执行。

如图 9.1 和图 9.2 所示分别为传统 Web 应用程序和 Ajax 应用程序工作原理。

在图 9.1 中，服务器端承担了大部分的工作，而客户端只是显示数据；而在图 9.2 中，客户端界面和 Ajax 引擎都在客户端运行，这使得大部分的服务器工作都可以通过 Ajax 引擎来完成。

在 Ajax 技术中，当在客户端界面中输入一个数据，并向服务器发送请求时，该数据首先被转交给 Ajax 引擎的中间层，然后由中间层负责将该数据发送给服务器端程序。服务器端程序处理该数据，若需要访问数据库中的数据则向数据层发送消息要求与数据库进行交互。在服务器端完成所有处理后，将响应返回给 Ajax 引擎的中间层，再通过 Ajax 引擎的中间层将数据返回给客户端界面显示出来。由于 Ajax 引擎的中间层位于客户端，因此它的运行速度要比从服务器端发送所有数据到客户端进行显示的速度快得多。

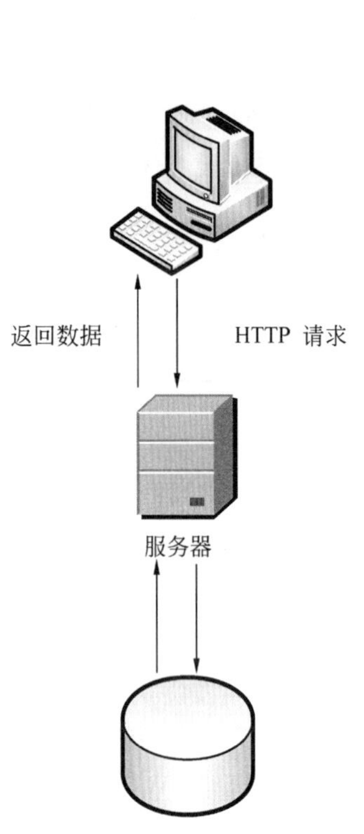

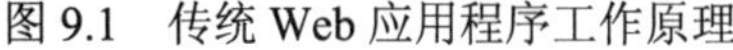

图 9.1　传统 Web 应用程序工作原理

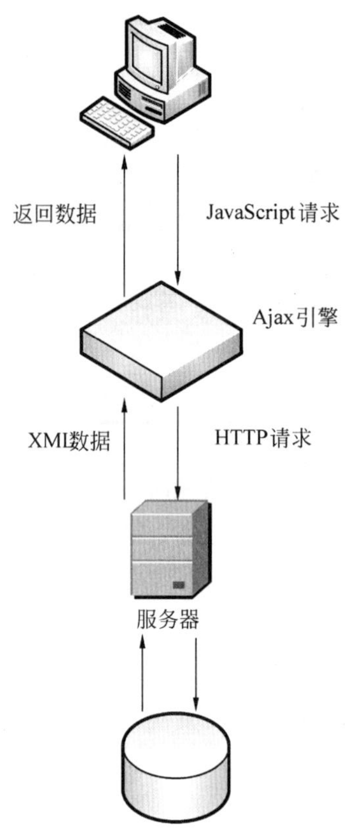

图 9.2　Ajax 应用程序工作原理

9.2　Ajax 之 XMLHttpRequest

XMLHttpRequest 对象是所有 Ajax 和 Web 2.0 应用程序的技术基础，是一套可以在 JavaScript、VBScript 等脚本语言中通过 HTTP 协议来传送或接收 XML 及其他数据的 API。使用 XMLHttpRequest 可以只更新网页的部分内容而不需要刷新整个页面。下面来介绍 XMLHttpRequest 的相关知识。

9.2.1　XMLHttpRequest 对象的基本知识

XMLHttpRequest 是 Ajax 的核心部分，它可以在不重新加载页面的条件下完成对页面的更新，可以在页面加载后从客户端向服务器请求数据以及在服务器端接收数据，还可以在后台向客户端发送数据。XMLHttpRequest 对象实现了 HTTP 协议的完全访问，可以实现同步或异步返回 Web 服务器的响应，并以文本形式或 DOM 文档形式返回响应内容。

在使用 XMLHttpRequest 对象发送请求和处理响应之前，必须先使用 JavaScript 创建一个 XMLHttpRequest 对象。由于 XMLHttpReques 还没有标准化，所以可以采用多种方法来创建 XMLHttpRequest 的实例。IE 浏览器把 XMLHttpRequest 实现为一个 ActiveX 对象，其他浏览器（如 Firefox）将它实现为一个本地 JavaScript 对象。由于这些差别的存在，在 JavaScript 代码中必须包含相关的处理，使得使用 ActiveX 或使用本地 JavaScript 对象技术都可以创建出 XMLHttpRequest 的一个实例。

在创建 XMLHttpRequest 的实例时，并不需要大量详细的代码来对浏览器的类型作出区别判断，需要做的仅仅是检查某种浏览器是否提供了对 ActiveX 对象的支持。如果浏览器支持 ActiveX 对象，就可以使用 ActiveX 来创建 XMLHttpRequest 对象。否则，就使用本地 JavaScript 对象技术来创建。下面代码显示了编写跨浏览器的 JavaScript 代码来创建 XMLHttpRequest 的实例：

```
/*定义 xmlhttprequest 变量*/
var XHR= false;
 function CreateXHR(){
     try{
            /*检查能否用 activexobject*/
            XHR = new ActiveXObject("msxml2.XMLHTTP");
        }catch(e1){
            try{
                /*检查能否用 activexobject*/
                XHR = new ActiveXObject("microsoft.XMLHTTP");
            }catch(e2){
                try{
                    /*检查能否用本地 javascript 对象*/
                    XHR = new XMLHttpRequest();
                }catch(e3){
                    XHR = false;     //创建失败
                }
            }
        }
    }
```

上面代码展示了创建一个 XMLHttpRequest 对象的过程。首先，要创建一个全局作用域变量 XHR 来保存 XMLHttpRequest 对象的引用。而创建 XMLHttpRequest 实例的具体任务则是由 createXHR()方法来完成的，在这个方法中使用 try-catch 块来判断某种浏览器是否支持 ActiveX 对象，进而创建 XMLHttpRequest 对象。XMLHttpRequest 对象创建完以后，就可以使用该对象了。

9.2.2　XMLHttpRequest 对象的属性和方法

XMLHttpRequest 对象提供了各种属性、方法和事件处理，以便于脚本处理和控制 HTTP 请求与响应。如表 9.1 所示列出了 XMLHttpRequest 对象的属性。

下面来具体介绍这些属性的含义。

（1）readyState 属性

该属性代表请求的状态，当 XMLHttpRequest 对象把一个 HTTP 请求发送到服务器端时，会经历若干状态，一直等待直到请求被处理，然后再接收一个响应，这样脚本才能正确地响应各种状态，XMLHttpRequest 对象的 readyState 属性值如表 9.2 所示。

表 9.1　XMLHttpRequest对象属性

属　　性	说　　明
onreadystatechange	状态改变时都会触发这个事件处理器，指向一个 JavaScript 函数
status	服务器的 HTTP 状态码
statusText	HTTP 状态码的相应文本
responseText	服务器的响应，通常为一个字符串
responseXML	服务器的响应，通常为一个 XML，可以解析为一个 DOM 对象
readyState	请求状态

表 9.2　readyState属性值

readyState 属性值	说　　明
0	未初始化状态，此时已创建了一个 XMLHttpRequest 对象，但是还没有初始化
1	发送状态，调用了 open()方法，并已经准备好把一个请求发送到服务器
2	发送状态，已经调用 send()方法，但没收到响应
3	正在接收状态，已经接收到 HTTP 响应头部信息，但是消息体部分还没完全接收结束
4	接收完全状态，即响应已被完全接收

（2）onreadystatechange 属性

该属性是 readyState 属性值改变时的事件触发器，用来指定当 readyState 属性值改变时的处理事件。在使用时，常常以事件处理函数名称赋予 onreadystatechange 的方式，来为 XMLHttpRequest 指定事件触发器，而在事件处理函数中通过判断 readyState 状态值做出相应的处理。

（3）responseText 属性

该属性包含接收到的 HTTP 响应的文本内容，当 readyState 值为 0、1、2 时，该属性值为一个空字符串。当 readyState 值为 3 时，该属性值包含客户端中未完成的响应信息。当 readyState 值为 4 时，该属性值包含完整的响应信息。

（4）responseXML 属性

该属性包含接收的 HTTP 响应的 XML 内容。读者需要注意的是，当服务器以 XML 文档的格式返回响应数据时，responseXML 属性值才不为 null。

（5）status 属性

status 属性描述了 HTTP 状态代码，仅仅当 readyState 值为 3 或 4 时该属性才有效，当 readyState 值小于 3 时，试图存取 status 的值将会引发一个异常。

（6）statusText 属性

该属性描述了 HTTP 状态代码文本，仅仅当 readyState 值为 3 或 4 时该属性才有效，当 readyState 值小于 3 时，试图存取 status 的值将会引发一个异常。

下面来介绍 XMLHttpRequest 对象的方法。

XMLHttpRequest 对象提供了包括 send()、open()在内的 6 种方法，用来向服务器发送 HTTP 请求，并设置相应的头信息，表 9.3 列出了 XMLHttpRequest 对象提供的方法及其说明。

表 9.3　XMLHttpRequest对象方法

方　　法	说　　明
Abort()	停止当前请求
getAllResponseHeaders()	将 HTTP 请求的所有响应首部作为 key-value 对返回
getResponseHeader()	返回指定首部的值
open()	建立对服务器的调用
send()	向服务器发送请求
setRequestHeader()	把指定首部设置为所提供的值

（7）abort()方法

该方法用来暂停与 XMLHttpRequest 对象相联系的 HTTP 请求，从而把该对象复位到未初始化状态。

（8）open(DOMString method,DOMString uri, Boolean async,DOMString username, DOMString passward)方法

该方法用来初始化一个 XMLHttpRequest 对象，其中，method 参数用于指定发送请求的 HTTP 方法（可以是 GET 方法、POST 方法、PUT 方法、DELETE 方法或 HEAD 方法）。如果想将数据发送到服务器，则应该使用 POST 方法。如果想从服务器端检索数据，则应该使用 GET 方法。open 方法中的 uri 参数用于指定 XMLHttpRequest 对象把请求发送到与服务器相应的 URI。async 参数指定了请求是否是异步的，其默认值是 true。如果想发送一个同步请求，则需要把这个值设置为 false。在调用 open()方法后，XMLHttpRequest 对象会将它的 readyState 属性设置为 1，并且把 responseText、responseXML、status 和 statusText 属性设置为它们的初始值。

（9）send()方法

在调用 open()方法准备好一个请求后，还需要把该请求发送到服务器，这时就需要调用 send()方法。send()方法中包含了一个可选的参数，该参数可以包含可变类型的数据。

（10）setRequestHeader(DOMString header,DOMString value)方法

该方法用来设置请求的头部信息。其中，header 参数表示要设置的首部，value 参数表示要设置的值。读者需要注意的是，该方法的调用必须在调用 open()方法之后。

（11）getResponseHeader(DOMString header)方法

该方法用来得到首部信息，其中 header 参数表示要得到的首部。该方法仅仅当 readyState 值是 3 或 4 时才可调用，否则会返回一个空字符串。

（12）getAllResponseHeaders()方法

该方法用来得到所有的响应首部，此时 readyState 属性值必须为 3 或 4，否则该方法将返回 null 值。

9.2.3　XMLHttpRequest 实例演练

下面创建一个实例来演示 XMLHttpRequest 对象的使用。

【例 9-1】 XMLHttpRequest 对象的使用。

（1）在 Eclipse 中创建一个 Java Web 项目，项目名称为 AjaxDemo，将 Struts 2 框架所

需的支持库添加到 WEB-INF 目录下的 lib 文件夹中。在该项目中需要用到 HttpServletResponse 类，这个类不在 Struts 2 框架提供的包中，而是在 Tomcat 服务器容器的 lib 文件夹中，因此需要另外配置，下面来看其配置方式。

① 在 Eclipse 左侧导航栏中右击 AjaxDemo 项目，在弹出的快捷菜单中选择 Build Path|Configure Build Path 选项，如图 9.3 所示。

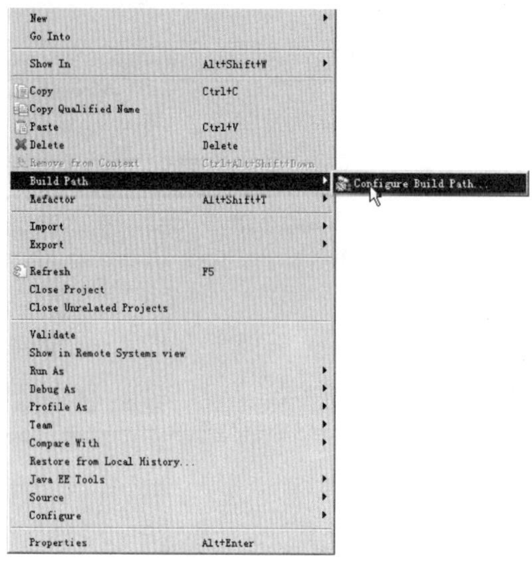

图 9.3　单击添加库

② 在弹出的 Properties 对话框中，单击 Add Library 按钮，如图 9.4 所示。

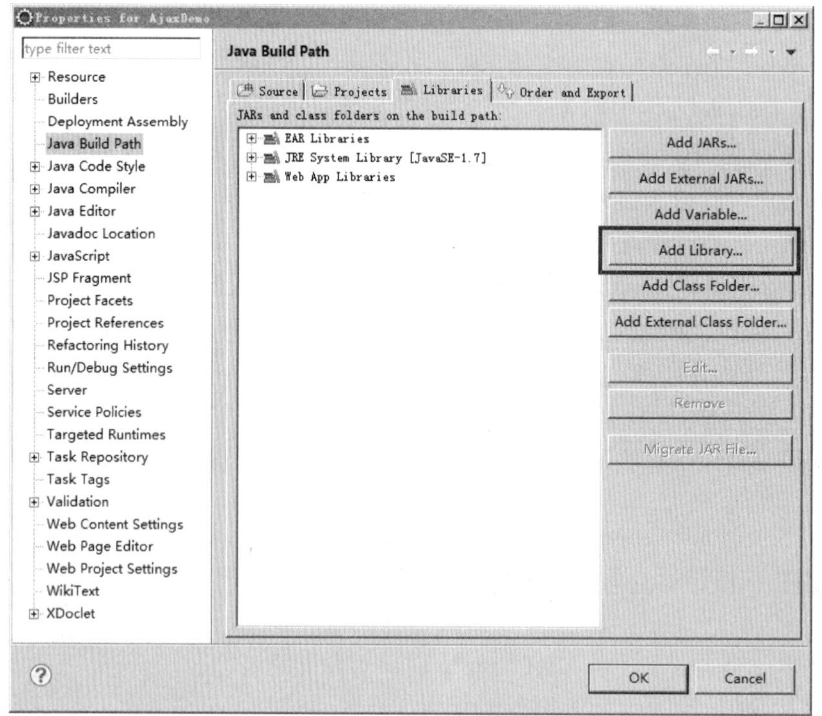

图 9.4　Properties 对话框

③ 在弹出的 Add Library 对话框中，选择 Server Runtime 选项，单击 Next 按钮，如图 9.5 所示。

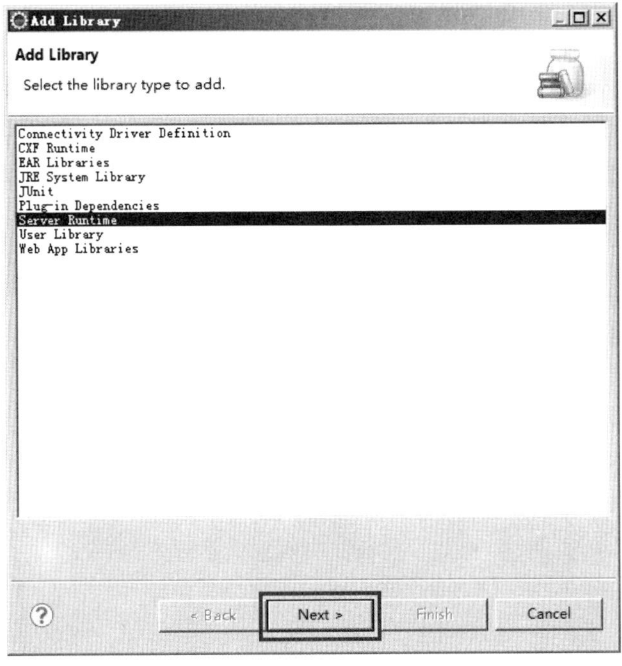

图 9.5　Add Library 对话框

④ 在弹出的 Server Library 对话框中，选择 Apache Tomcat v7.0 选项，单击 Finish 按钮，完成添加库的过程，如图 9.6 所示。

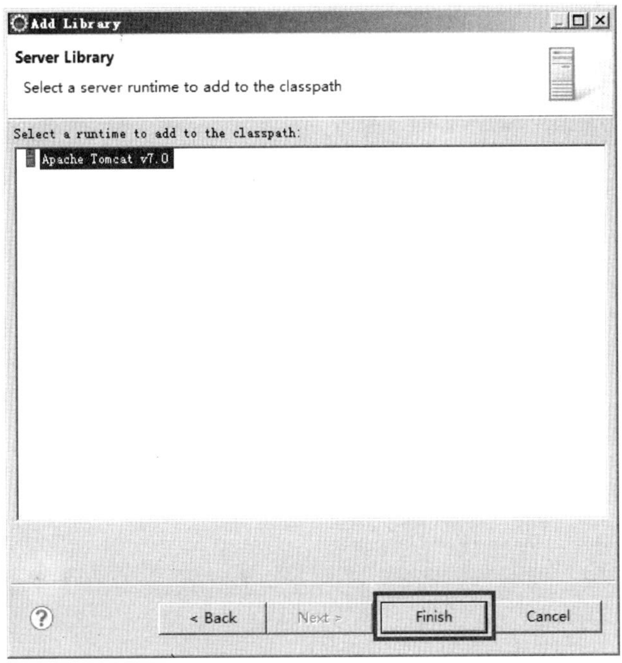

图 9.6　Server Library 对话框

（2）在 WEB-INF 目录下添加 web.xml 文件，并在其中注册过滤器和欢迎页面，代码如下所示：

```
<?xml version="1.0" encoding="UTF-8"?>
<web-app id="WebApp_9" version="2.4" xmlns="http://java.sun.com/
xml/ns/j2ee"        xmlns:xsi="http://www.w3.org/2001/XMLSchema-instance"
xsi:schemaLocation="http://java.sun.com/xml/ns/j2ee
http://java.sun.com/xml/ns/j2ee/web-app_2_4.xsd">
    <!--配置 Filter-->
    <filter>
        <filter-name>struts2</filter-name> <!--指定 Filter 的名字,不能为空-->
            <!--指定 Filter 的实现类，此处使用的是 Struts 2 提供的过滤器类-->
            <filter-class>org.apache.struts2.dispatcher.ng.filter.
            StrutsPrepareAndExecuteFilter</filter-class>
    </filter>
    <!--定义 Filter 所拦截的 URL 地址-->
    <filter-mapping>
        <!--指定 Filter 的名字，该名字必须是 filter 元素中已声明过的过滤器名字-->
        <filter-name>struts2</filter-name>
            <url-pattern>/*</url-pattern> <!--定义 Filter 负责拦截的 URL 地址-->
    </filter-mapping>
    <!--配置欢迎页面-->
   <welcome-file-list>
      <welcome-file>index.jsp</welcome-file>
   </welcome-file-list>
</web-app>
```

（3）在 src 目录下创建包 com.action，在该包下创建 LoginAction.java 文件，打开编辑代码如下所示：

```
package com.action;
import javax.servlet.http.HttpServletResponse;
import javax.swing.plaf.basic.BasicInternalFrameTitlePane.SystemMenuBar;
import org.apache.struts2.ServletActionContext;
import com.opensymphony.xwork2.ActionSupport;
public class LoginAction extends ActionSupport{
    private static final long serialVersionUID = 1L;
    private String name;                           //name 属性
    private String password;                       //password 属性
    //name 属性的 getter 方法
    public String getName() {
        return name;
    }
    //name 属性的 setter 方法
    public void setName(String name) {
        this.name = name;
    }
    //password 属性的 getter 方法
    public String getPassword() {
        return password;
    }
    //password 属性的 setter 方法
    public void setPassword(String password) {
        this.password = password;
    }
    //重载 execute()方法
    public String execute() throws Exception {
        //httpservletresponse 类型变量
```

```
        HttpServletResponse response=ServletActionContext.getResponse();
        response.setContentType("text/xml;charset=UTF-8");
                                                    //设置返回内容类型
        response.setHeader("Cache-Control", "no-cache");
                                                    //禁用 IE 缓存
        response.getWriter().println("success");    //输出 success
        //检查 name、password 属性
        if(name.equals("tom")&&password.equals("123"))
        {
            response.getWriter().println("welcome login!");
        }else {
            response.getWriter().println("error,please input again!");
        }
        return SUCCESS;                             //返回 success
    }
}
```

（4）在 src 目录下创建 struts.xml，打开编辑代码如下所示：

```
<?xml version="1.0" encoding="UTF-8" ?>
<!DOCTYPE struts PUBLIC
   "-//Apache Software Foundation//DTD Struts Configuration 2.0//EN"
   "http://struts.apache.org/dtds/struts-2.0.dtd">
<struts>
    <!--配置包-->
    <package name="Struts2_AJAX_DEMO" namespace="/" extends="struts-
    default">
        <!--配置 action-->
        <action name="login" class="com.action.LoginAction">
            <result>/success.jsp</result>
    <!--result 返回 success.jsp-->
        </action>
    </package>
</struts>
```

（5）在 WebContent 目录下创建 index.jsp 文件，打开编辑核心代码如下：

```
<%@ page language="java" contentType="text/html; charset=UTF-8"
   pageEncoding="UTF-8"%>
<%@ taglib prefix="s" uri="/struts-tags"%>
<%@ taglib prefix="sx" uri="/struts-dojo-tags"%>
<!DOCTYPE html PUBLIC "-//W3C//DTD HTML 4.01 Transitional//EN" "http://
www.w3.org/TR/html4/loose.dtd">
<html>
<head>
<meta http-equiv="Content-Type" content="text/html; charset=UTF-8">
<title>Insert title here</title>
<sx:head/>
 <script type="text/javascript">
 var XHR= false;                          /*定义 XMLHttpRequest 变量*/
 function CreateXHR(){
     try{
             /*检查能否用 activexobject*/
             XHR = new ActiveXObject("msxml2.XMLHTTP");
         }catch(e1){
             try{
                 /*检查能否用 activexobject*/
                 XHR = new ActiveXObject("microsoft.XMLHTTP");
             }catch(e2){
```

```
                    try{
                        /*检查能否用本地 javascript 对象*/
                        XHR = new XMLHttpRequest();
                    }catch(e3){
                        XHR = false;          //创建失败
                    }
                }
            }
        }
function sendRequest(){
   CreateXHR();                              //创建 XMLHttpRequest 对象
   if(XHR){
     var name=document.getElementById("name").value;
                                             //创建成功，得到 name 的值
     var password=document.getElementById("password").value;
                                             //得到 password 的值
     //要访问的 uri
     var uri="http://localhost:8080/AjaxDemo/login.action?name=
     "+name+"&password="+password;
     XHR.open("GET",uri,true);               //访问 open
     XHR.onreadystatechange = resultHander;    //设置事件触发器
     XHR.send(null);                           //发送请求
  }
}
 function resultHander(){
//检查状态
   if (XHR.readyState == 4 && XHR.status == 200){
     alert(XHR.responseText);                  //显示提示框
   }
 }
</script>
</head>
<body>
    <center>
        Name: <input type="text" id="name" /><br />
        password: <input type="password" id="password" /><br />

        <input  type="button"  value="ok"  onclick="sendRequest();"  />
    <!-- 单击触发 ajax -->

    </center>
</body>
</html>
```

（6）运行项目，其结果如图 9.7 所示。可以看到，当在文本框中输入正确信息后其结果如图 9.8 所示。

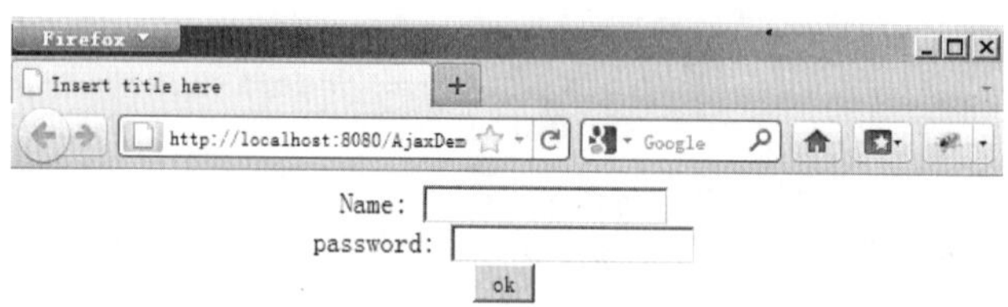

图 9.7　例 9-1 运行结果

图 9.8　例 9-1 输入信息后的结果

在例 9-1 中，index.jsp 文件中创建了 XMLHttpRequest 对象，然后用该对象来和 Action 交互，读者需要注意的是，Action 的返回值为 null，即不需要返回一个页面，因为这里需要的只是对部分页面的刷新。

9.3　Ajax 标签

在第 7 章中已经介绍过除 Ajax 标签外的其他 Struts 2 框架标签库中的标签。在 Struts 2 中，为了简化 Ajax 的开发，还提供了一些常用的 Ajax 标签，这些标签种类丰富，满足了各种实际需要，利用这些标签可以更方便地进行项目开发。本节首先介绍如何在项目中引入 Ajax 标签，接着详细介绍常用 Ajax 标签的使用方法。

9.3.1　Ajax 标签依赖包

要使用 Ajax 标签，必须添加 Ajax 标签依赖包，该包在 Struts 2 框架中的 lib 文件夹下，名为 struts2-dojo-plugin-2.2.3.1.jar，将该包复制到开发项目的 WEB-INF 目录下的 lib 文件夹下即可，当在 JSP 文件中使用 Ajax 标签时，需要在该文件中添加如下代码：

```
<%@ taglib prefix="sx" uri="/struts-dojo-tags"%>
```

读者可能注意到，该代码和使用 Struts 2 框架的其他标签时需要添加的代码相似。确实如此，要使用某一标签库时就必须在<%@talib%>元素中指定对应的 URI。当添加完该代码后，还应在 JSP 文件中添加如下代码：

```
<sx:head/>
```

在添加完上面两段代码后，就可以使用 Ajax 标签了，读者需要注意的是，使用 Ajax 标签时其前缀必须为 sx，这是在 prefix 属性中指定的。

下面所示代码是使用 Ajax 标签的 JSP 文件的代码的一般结构：

```
<%@ page language="java" contentType="text/html; charset=UTF-8"
    pageEncoding="UTF-8"%>
<%@ taglib prefix="s" uri="/struts-tags"%>   <!--导入 Struts 2 标签库-->
<%@ taglib prefix="sx" uri="/struts-dojo-tags"%>  <!--导入 Ajax 标签库-->
<!DOCTYPE html PUBLIC "-//W3C//DTD HTML 4.01 Transitional//EN" "http://
www.w3.org/TR/html4/loose.dtd">
```

```
<html>
<head>
<meta http-equiv="Content-Type" content="text/html; charset=UTF-8">
<title>Insert title here</title>
<sx:head/>
</head>
<body>
<sx:a>…</sx:a>                                   <!--a 标签-->
<sx:autocompleter></sx:autocompleter>            <!--automcompleter 标签-->
<sx:bind></sx:bind>                              <!--binda 标签-->
<sx:datetimepicker></sx:datetimepicker>          <!--datetimepicker 标签-->
<sx:div></sx:div>                                <!--div 标签-->
<sx:submit></sx:submit>                          <!--submit 标签-->
<sx:tabbedpanel id=""></sx:tabbedpanel>          <!--tabbedpanel 标签-->
<sx:textarea></sx:textarea>                      <!--textarea 标签-->
<sx:tree>                                        <!--tree 标签-->
    <sx:treenode label="">                       <!--treenode 标签-->
    </sx:treenode>
</sx:tree>
</body>
</html>
```

9.3.2　Ajax 标签的使用

在 9.3.1 小节中介绍了 Ajax 依赖包的一般配置方法，下面来介绍 Ajax 标签的使用方法。

1．Ajax标签的共有属性

Ajax 标签具有一些共有的特性，因此它们会共享一部分属性，这些属性的意义对于所有 Ajax 标签都是类似的，对这些属性的说明如表 9.4 所示。

表 9.4　Ajax标签的共有属性

属　　性	类　　型	说　　明
href	String	指定访问的 URL
listenTopics	String	指定一系列用逗号隔开的 topics 名称，这将会导致该标签重载内容或执行 Action
notifyTopics	String	指定一系列用逗号隔开的 topics 名称
showErrorTransportText	Boolean	指定是否显示错误信息
indicator	String	当一个元素正在处理过程中时，具有这个 id 的元素将被显示

2．a标签

<sx:a>标签生成一个 HTML 中的<a>元素，当单击它时，会做一个异步访问，该标签的属性及说明如表 9.5 所示。

表 9.5　a标签的属性及说明

属性	类型	说　　明
targets	String	逗号分隔的 HTML 元素 id 列表，这些元素的内容将被更新
handler	String	指定处理请求的 JavaScript 函数名

续表

属性	类型	说　　明
formId	String	指定表单 id，表单的字段将被序列化作为参数传递
formFilter	String	指定过滤表单字段的 Javascript 函数名
loadingText	String	指定请求正在处理时，targets 属性指定的表单元素显示的内容
errorText	String	请求失败时 targets 属性指定的表单元素显示的文本
executeScripts	Boolean	如果为 true，请求返回内容中的 JavaScript 将被执行

以下所示代码表示将返回的内容显示在<div>元素中：

```
<div id="div1">Div 1</div>              <!--div 元素，用来定义文档中的分区或节-->
<s:url id="ajaxTest" value="/login.action"/>
                                        <!--s:url 标签，用来生成一个 URL 地址-->
<sx:a id="link1" href="%{ajaxTest}" targets="div1">    <!--sx:a 标签-->
    Update Content
</sx:a>
```

读者需要注意的是，在 Struts 2 框架中通常返回的是整个视图页面，而在 Ajax 中则可以将其显示在<div>部分。

3．div标签

<sx:div>标签在页面中生成一个 HTML 的 div 标签，该标签的内容可以通过 Ajax 异步请求来获取到，可以实现页面的局部内容更新。div 标签的常用属性及说明如表 9.6 所示。

表 9.6　div标签的属性及说明

属　　性	类型	说　　明
handler	String	指定处理请求的 Javascript 函数名
formId	String	指定表单的 Id，表单的字段将被序列化并作为参数传递
formFilter	String	指定用于过滤表单字段的 Javascript 函数名
loadingText	String	指定加载内容时的提示信息
errrorText	String	指定当请求失败时显示的文本信息
refreshListenTopic	String	指定主题名，当该主题事件发布时，div 内容将重载
startTimerListenTopics	String	指定主题名列表，当指定主题事件发布时，启动定时器
stopTimerListernTopics	String	指定主题名列表，当指定主题事件发布时，停止定时器
executeScripts	Boolean	如果为 true，则服务器返回的内容中的 Javascript 代码将被执行
updateFreq	Integer	指定自动更新 div 内容的时间间隔，以毫秒为单位，如果 autoStart 属性设置为 false，则此属性无效
delay	Integer	指定第一个异步请求开始之前等待的时间，以毫秒为单位
autoStart	Boolean	指定页面加载后是否自动启动定时器

下面代码表示每 5000ms 进行一次自动更新。

```
<s:url id="ajaxTest" value="login.action" />
<sx:div                                 <!--sx:div 标签-->
  href="%{ajaxTest}"                    <!--指定处理 Ajax 请求的 URL 地址-->
  errorText="There was an error"        <!--指定当请求失败时显示的文本信息-->
  loadingText="reloading"               <!--指定加载内容时的提示信息-->
  updateFreq="5000"/>                   <!--指定重新加载的频率-->
```

4．submit标签

<sx:submit>标签用于异步提交表单，或者使用异步请求返回的文本信息来更新 HTML 表单元素（一般是 div 元素）。submit 标签生成一个提交按钮。如果 submit 标签使用在 form 中，则不需要指定 href 属性，此时这个表单将被异步提交；如果在 form 标签以外使用 submit 标签，则需要使用 formId 指定 form 表单，此时还需要使用 href 属性指定异步请求资源的地址；如果需要过滤表单字段，可以使用 formFilter 属性。submit 标签包含的属性以及说明如表 9.7 所示。

表 9.7　submit标签属性及说明

属性	类型	说　　明
targets	String	逗号分隔的 HTML 元素 id 列表，这些元素的内容将被更新
handler	String	指定处理请求的 JavaScript 函数名
formId	String	指定表单 id，表单的字段将被序列化作为参数传递
formFilter	String	指定过滤表单字段的 Javascript 函数名
loadingText	String	指定请求正在处理时，targets 属性指定的表单元素显示的内容
errorText	Sting	请求失败时 targets 属性指定的表单元素显示的文本
refreshListenTopic	String	如果为 true，请求返回内容中的 JavaScript 将被执行
executeScripts	Boolean	如果为 true，则服务器返回的内容中的 Javascript 代码将被执行
src	String	为 image 类型的提交按钮指定图片路径，对 input 和 button 类型的提交按钮无效

如下代码表示异步提交表单：

```
<s:form id="form" action="login">          <!--Struts 2 表单标签-->
  <input type="textbox" name="data">
  <sx:submit type="button"  label="Update Content"/>
                                           <!--sx:submit 标签，生成提交按钮-->
</s:form>
```

实际上，当<sx:submit>在<s:form>外也能实现异步提交表单，如下代码所示：

```
<s:form id="form1">                             <!--Struts 2 表单标签-->
  <input type="textbox" name="data">
</s:form>
<s:url id="ajaxTest" value="login.action" />
                           <!--Struts 2 的 url 标签，用于生成一个 URL 地址-->
<!--s:submit 标签，生成提交按钮-->
<sx:submit type="submit" theme="ajax" href="%{ajaxTest}" formId="form1"/>
```

5．tabbedPanel标签

<sx:tabbedPanel>标签生成一个包含标签页（Tab）的 Panel，Panel 上的标签页既可以是静态的，也可以是动态的。如果是静态的，则直接指定标签页中的内容；如果是动态的，则可以用 Ajax 来动态加载标签页的内容。

每个标签页都是一个 ajax 主题的 div 标签，并且作为标签页使用的 div 标签只能在 tabbedPanel 标签中使用，同时还需要使用 label 属性指定标签页的标题。tabbedPanel 标签常用属性及说明如表 9.8 所示。

表 9.8　tabbedPanel标签的属性及说明

属　　性	类型	说　　明
closeButton	String	指定关闭按钮放置的位置，可选的值是“tab”和“pane”
selectedTab	String	指定默认选中的标签页的 id，默认为第一个标签页
doLayout	String	指定 tabbedPanel 标签是否为固定高度，默认 false
labelposition	String	指定标签页放置的位置，可选的值有 top、right、botton 和 left，默认为 top

下面代码表示一个多项标签页的选项卡，其中一个是静态的，另一个是动态的。

```
<sx:tabbedpanel id="test" >          <!--Tab 页面-->
    <!--在页面上生成 div 元素-->
    <s:div id="one" label="one" theme="ajax" labelposition="top" >
      This is the first pane<br/>
      <s:form>                         <!--Struts 2 表单标签-->
          <!--Struts 2 的 textfield 标签，输出一个 HTML 单行文本控件-->
          <s:textfield name="tt" label="Test Text"/>  <br/>
          <s:textfield name="tt2" label="Test Text2"/>
      </s:form>
    </s:div>
    <!--在页面上生成 div 元素-->
    <s:div id="three" label="remote" theme="ajax" href="/AjaxTest.action" >
      This is the remote tab
    </s:div>
</sx:tabbedpanel>
```

6. tree和treeNode标签

<sx:tree>标签用来输出一个树形组件，而<sx:treenode>标签则可以在树形组件里绘制树节点。这两个标签都包含一个 label 属性，<sx:tree>标签的 label 属性指定树的标题，而<sx:treenode>标签的 label 属性则指定节点的标题。这两个标签的一般使用方式如下所示：

```
<!--使用 sx:tree 生成树-->
<sx:tree label="all">
    <!--每个 sx:treenode 生成一个树节点-->
    <sx:treenode label="a"/>
    <sx:treenode label="b"/>
    <sx:treenode label="c"/>
    <sx:treenode label="d"/>
    <sx:treenode label="e"/>
    <sx:treenode label="f"/>
</sx:tree>
```

上面代码的效果如图 9.9 所示。

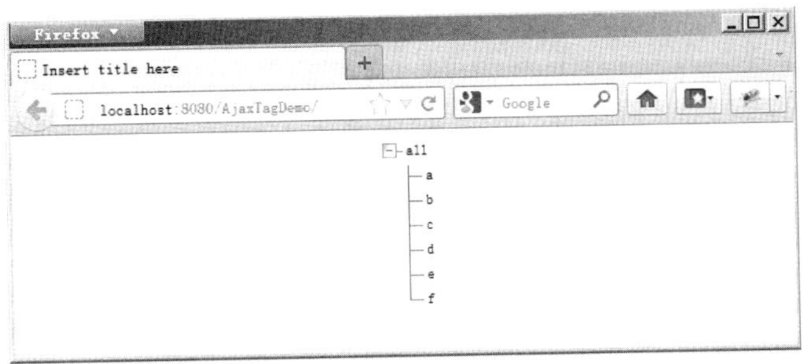

图 9.9　tree 和 treeNode 标签效果

7. datetimepicker标签

<sx:datetimepicker>标签生成一个日期、时间下拉选择框。当使用该选择框选中某个日期或时间时，系统会自动将该选中的日期、时间输入指定的文本框中。datetimepicker 标签的使用如以下代码所示：

```
<!-- sx:datetimepicker 标签使用-->
<sx:datetimepicker name="order.date" label="Order Date" />
<!-- displayFormat 属性指定日期显示格式-->
<sx:datetimepicker name="delivery.date" label="Delivery Date"
displayFormat="yyyy-MM-dd" />
<!--value 属性指定当前的日期、时间-->
<sx:datetimepicker name="delivery.date" label="Delivery Date" value=
"%{date}"  />
<sx:datetimepicker name="delivery.date" label="Delivery Date" value=
"%{'2007-01-01'}"  />
<sx:datetimepicker name="order.date" label="Order Date" value=
"%{'today'}"/>
```

该标签使用的效果如图 9.10 所示。

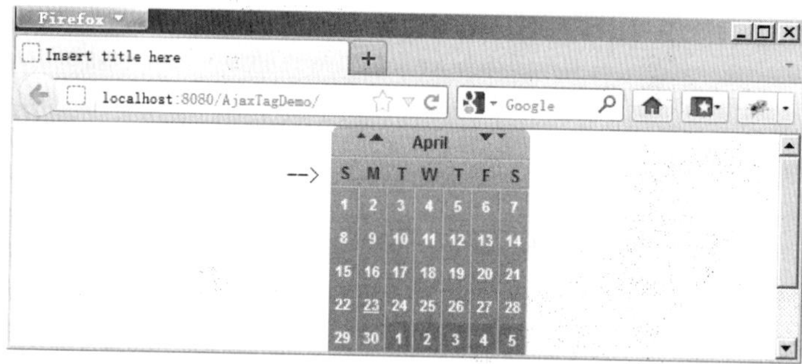

图 9.10　datetimepicker 标签效果

9.4　Ajax 之 JSON 插件

在 9.3 节中介绍了 Ajax 标签，本节将介绍 Struts 2 框架中的 JSON 插件，该插件主要用来进行数据交换，可以以非常灵活的方式开发 Ajax 应用，下面来详细讲解该插件。

9.4.1　JSON 插件简介

JSON 全称为 Java Script Object Notation，它是一种语言无关的数据交换格式。JSON 插件是 Struts 2 的 Ajax 插件，有了 JSON 插件，开发者可以方便、灵活地利用 Ajax 进行开发。JSON 插件是一种轻量级的数据交换格式，它提供了一种名为 json 的 Action 结果类型。如果为 Action 指定了该结果类型，则该结果类型不需要映射到任何视图资源，而由 JSON 插件自动地将此 Action 中的数据序列化成 JSON 格式的数据，并返回给客户端页面的 JavaScript。

JSON 插件允许开发者在 JavaScript 中异步地调用 Action，并且在 Action 中不需要指定视图以显示 Action 中的信息，而是由 JSON 插件来负责将 Action 里面的信息返回给调用页面。

9.4.2　JSON 插件的使用

要使用 JSON 插件，必须添加 JSON 插件的依赖包，在 Struts 2 框架中提供了 JSON 插件的依赖包，该包在 Struts 2 框架中的 lib 文件夹下，名为 struts2-dojo-plugin-2.2.3.1.jar，在开发项目时，将该包复制到项目的 WEB-INF 目录下的 lib 文件夹下即可。下面来介绍 JSON 插件在 AJAX 中的使用。

1．Action类中的JSON注释

在编写 JSON 插件支持的 Action 类时，会用到 JSON 注释，JSON 注释支持的属性及说明如表 9.9 所示。

表 9.9　JSON注释支持的属性

属性	说　　明	默　认　值
name	重定义 Action 属性名	空
serialize	设置是否序列化该属性	true
deserialize	设置是否反序列化该属性	true
format	设置用于格式化输出、解析日期表单域的格式	"yyyy-MM-dd'T'HH:mm:ss"

JSON 注释支持的 name 属性可以将 Action 属性的名字更改为新的名字，代码如下：

```
private String name;     //name 属性
//更新名字为 NEWNAME
@JSON(name="NEWNAME")
public String getName() {
        return name;
}
```

JSON 注释支持的 format 属性可以指定 Action 的日期属性的格式，代码如下：

```
private Date birthday;  //birthday 属性
//指定日期格式
@JSON(format="yyyy-MM-dd")
public Date getBirthday() {
        return birthday;
}
```

读者需要注意的是，JSON 注释应添加到 Action 属性的 getter()方法之上，而不是其属性声明处。

2．JSON的Action配置

在使用 JSON 进行 Action 配置时，有一些需要注意的地方。首先，必须指定 struts.i18n.encoding 常量为 UTF-8，这是因为 Ajax 中请求使用的都是 UTF-8 的编码方式；其次，在配置包时，必须继承 json-default 包而不是 struts-default 包，而且 Action 的 Result

返回类型必须指定为 json，这时无需指定物理视图页面，JSON 插件会直接将数据发送给客户端。

```
<constant name="struts.i18n.encoding" value="UTF-8"></constant>
    <!--配置常量-->
<!--配置包，该包继承了join-default-->
<package name="jsonManager" extends="json-default">
        <!--配置Action-->
        <action name="userJson" class="com.action.UserAction">
            <result type="json"/>          <!--指定Result返回类型为json-->
        </action>
</package>
```

3. JSON的返回对象

当发送 Ajax 请求时，经过 Struts 2 处理后，在 JSON 插件的辅助下，会返回相应的数据，这些数据必须通过 JSON 插件的解析才能变为相应的对象，一般使用 JSON.parse()函数来进行解析，如以下代码所示：

```
function resultHander(){
    //检查状态，XHR是XMLHttpRequest变量
    if (XHR.readyState == 4 && XHR.status == 200){
           var userObj =JSON.parse(XHR.responseText);
           alert("the user name is"+userObj.USER.name);     //显示提示框
        }
}
```

9.4.3　实例演示

下面来创建一个实例来演示 JSON 插件的应用。

【例 9-2】 演示 JSON 插件的应用。

（1）在 Eclipse 中创建一个 Java Web 项目，项目名称为 JsonDemo，将 Struts 2 框架所需的支持库添加到 WEB-INF 目录下的 lib 文件夹中。在 WEB-INF 目录下添加 web.xml 文件，并在其中注册过滤器和欢迎页面。

（2）在 src 目录下创建包 com.action，在该包下创建 UserAction.java 文件，打开编辑如下代码：

```
package com.action;
import org.apache.struts2.json.annotations.JSON;
import com.opensymphony.xwork2.ActionSupport;
public class UserAction extends ActionSupport {
    private static final long serialVersionUID = 1L;
    private User user=new User();  //新建user对象
    //更新名字为USER
   @JSON(name="USER")
    public User getUser() {
    return user;
    }
   //user属性的setter方法
   public void setUser(User user) {
    this.user = user;
    }
```

```
    //重载 execute 方法
    public String execute() throws Exception {
       //设置 user 对象的属性值
       user.setName("tom");
       user.setAge(20);
       return SUCCESS;
    }
}
```

（3）在 com.action 包下创建 User.java 文件，打开编辑代码如下所示：

```
package com.action;
public class User {
    private String name;     //name 属性
    private int age;         //age 属性
    //name 属性的 getter 方法
    public String getName() {
        return name;
    }
    //name 属性的 setter 方法
    public void setName(String name) {
        this.name = name;
    }
    //age 属性的 getter 方法
    public int getAge() {
        return age;
    }
    //age 属性的 setter 方法
    public void setAge(int age) {
        this.age = age;
    }
}
```

（4）在 src 目录下创建 struts.xml，打开编辑代码如下：

```
<?xml version="1.0" encoding="UTF-8" ?>
<!DOCTYPE struts PUBLIC
    "-//Apache Software Foundation//DTD Struts Configuration 2.0//EN"
    "http://struts.apache.org/dtds/struts-2.0.dtd">
<struts>
    <constant name="struts.i18n.encoding" value="UTF-8"></constant>
    <!--设置常量-->
    <package name="jsonDemo" extends="json-default">
                                    <!--配置包，继承 json-default 包-->
        <action name="userJson" class="com.action.UserAction">
            <result type="json"/>  <!--返回类型为 json-->
        </action>
    </package>
</struts>
```

（5）在 WebContent 目录下创建 index.jsp 文件，打开编辑核心代码如下：

```
<%@ page language="java" contentType="text/html; charset=UTF-8"
    pageEncoding="UTF-8"%>
<%@ taglib prefix="s" uri="/struts-tags"%>
<!DOCTYPE html PUBLIC "-//W3C//DTD HTML 4.01 Transitional//EN" "http://
www.w3.org/TR/html4/loose.dtd">
<html>
<head>
<meta http-equiv="Content-Type" content="text/html; charset=UTF-8">
```

```
<title>Insert title here</title>
<script type="text/javascript">
var XHR= false;      /*定义 xmlhttprequest 变量*/
function CreateXHR(){
    try{
            /*检查能否用 activexobject*/
            XHR = new ActiveXObject("msxml2.XMLHTTP");
        }catch(e1){
            try{
                /*检查能否用 activexobject*/
                XHR = new ActiveXObject("microsoft.XMLHTTP");
            }catch(e2){
                try{
                    /*检查能否用本地 javascript 对象*/
                    XHR = new XMLHttpRequest();
                }catch(e3){
                    XHR = false;            //创建失败
                }
            }
        }
    }
function sendRequest(){
  CreateXHR();                                  //创建 xmlhttprequest 对象
  if(XHR){
        XHR.open("GET",uri,true);               //创建成功，访问 open
        XHR.onreadystatechange = resultHander;          //设置事件触发器
        XHR.send(null);                         //发送请求
  }
}
 function resultHander(){
   if (XHR.readyState == 4 && XHR.status == 200){
       var userObj = JSON.parse(XHR.responseText);      //得到 json 对象
       var userStr = "<table border=0>";
       userStr += ('<tr><td><b>Name</b></td><td>' + userObj.USER.name +
       '</td></tr>');
       userStr += ('<tr><td><b>Age</b></td><td>' + userObj.USER.age +
       '</td></tr>');
       userStr += "</table>";
       document.getElementById('jsonDiv').innerHTML = userStr;
                                                //插入对象值
    }
 }
</script>
</head>
<body>
<center>
<div id="jsonDiv"></div>
<input type="button" value="OK" onclick="sendRequest();"/>
</center>
</body>
</html>
```

（6）运行工程，其结果如图 9.11 所示，单击链接结果如图 9.12 所示。

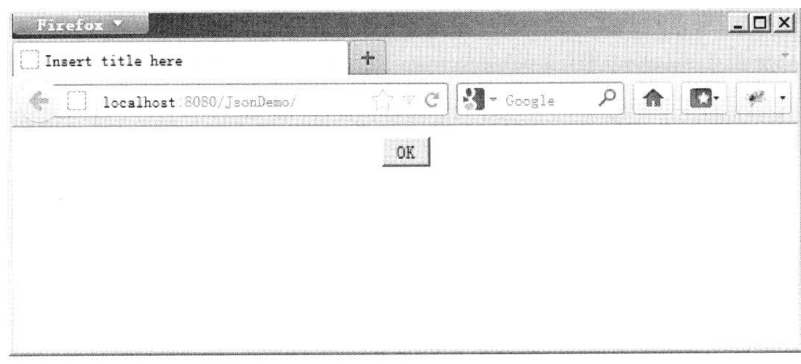

图 9.11　例 9-2 运行结果

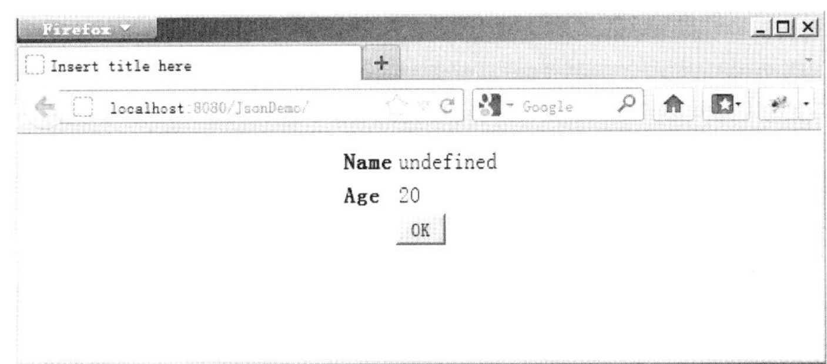

图 9.12　例 9-2 单击链接后的结果

9.5　文件控制上传和下载

在 Web 项目开发中，通常会碰到文件上传和下载功能的开发，如发送带附件的邮件，保存照片到服务器上等，本节将来介绍应用 Struts 2 框架如何来实现文件上传和下载功能。

9.5.1　文件上传

文件上传指的是将本地文件上传到服务器指定目录下。在 Struts 2 框架中，文件上传需要用到<s:file>标签，该标签是一个表单标签，要放在<s:form>标签中，一般情况下，文件上传视图页面代码如下所示：

```
<s:form action="XXX " enctype="multipart/form-data" method="post">
    <s:file/>
    <s:submit/>
</s:form>
```

读者需要注意的是，<s:form>的 enctype 属性一般都指定为 multipart/form-data，method 属性一般指定为 post。

1. 文件上传Action类

文件上传 Action 类除了其自定义的属性外，一般还需要包含下面 3 个类型的属性：

- File 类型的属性，该属性指定上传文件的内容，假设该属性指定为 XXX。
- String 类型的属性，该属性名称必须为 XXXFileName，其中 XXX 为 File 类型的属性名称，该属性指定上传文件名。
- String 类型的属性，该属性名称必须为 XXXContentType，该属性指定上传文件的文件类型。

另外，文件上传 Action 类还可以通过 uploadFilePath 属性来指定上传文件目录，该属性值是在 struts.xml 文件中配置的。一般情况下，文件上传 Action 类如下代码所示：

```
package com.action;
import java.io.File;
import com.opensymphony.xwork2.ActionSupport;
public class FileUpLoadAction extends ActionSupport{
        private static final long serialVersionUID = 1L;
        private File uploadFile;                  //用户上传的文件
        private String uploadFileFileName;        //上传文件的文件名
        private String uploadFileContentType;     //上传文件的类型
        // uploadFile 属性的 getter 方法
        public File getUploadFile() {
            return uploadFile;
        }
        // uploadFile 属性的 setter 方法
        public void setUploadFile(File uploadFile) {
            this.uploadFile = uploadFile;
        }
        // uploadFileFileName 属性的 getter 方法
        public String getUploadFileFileName() {
            return uploadFileFileName;
        }
        // uploadFileFileName 属性的 setter 方法
        public void setUploadFileFileName(String uploadFileFileName) {
            this.uploadFileFileName = uploadFileFileName;
        }
        // uploadFileContentType 属性的 getter 方法
        public String getUploadFileContentType() {
            return uploadFileContentType;
        }
        // uploadFileContentType 属性的 setter 方法
        public void setUploadFileContentType(String uploadFileContentType) {
            this.uploadFileContentType = uploadFileContentType;
        }
        //重载 execute 方法
        public String execute() throws Exception
        {
           …//此处省略具体执行方法
           return SUCCESS;
        }
}
```

2. 文件上传Action配置

文件上传 Action 的配置和普通 Action 的配置相似，不过在文件上传 Action 中可以添加一个<param>标签，该标签配置了文件上传后所在的路径，其 name 属性和 Action 类中的路径属性相对应。

除此之外，还可以在 struts.xml 文件中配置 Action 的文件过滤拦截器。该拦截器在

struts-default 中配置过，但使用时可以重新配置，其名称为 fileUpload。配置时，一般会指定其两个参数：allowedTypes 和 maximumSize，其中，allowedTypes 参数指定允许上传的文件类型，多个文件类型之间用逗号隔开；maximumSize 参数指定允许上传的文件大小，单位是字节。

文件上传 Action 的一般配置如下所示：

```
<package name="Struts2_DEMO" namespace="/" extends="struts-default">
    <action name="xxx" class="XXX ">
        <result>/success.jsp</result>
    <!--返回结果-->
        <interceptor-ref name="defaultStack">
    <!--拦截器引用-->
            <param name="fileUpload.maximumSize">100000</param>
    <!--文件大小-->
            <!--文件类型-->
            <param name="fileUpload.allowedTypesSet">image/gif,
            image/jpeg,image/png</param>
        </interceptor-ref>
    </action>
 </package>
```

3. 实例演示

下面创建一个实例来演示文件上传。

【例 9-3】 演示文件上传。

（1）在 Eclipse 中创建一个 Java Web 项目，项目名为 FileUploadDemo，将 Struts 2 框架所需的支持库添加到 WEB-INF 目录下的 lib 文件夹中。在 WEB-INF 目录下添加 web.xml 文件，并在其中注册过滤器和欢迎页面。

（2）在 src 目录下创建包 com.action，在该包下创建 FileUploadAction.java 文件，打开编辑代码如下所示：

```
package com.action;
import java.io.File;
import com.opensymphony.xwork2.ActionSupport;
public class FileUpLoadAction extends ActionSupport{
       private static final long serialVersionUID = 1L;
       private File uploadFile;                             //用户上传的文件
       private String uploadFileFileName;                   //上传文件的文件名
       private String uploadFileContentType;                //上传文件的类型
       //uploadFile 属性的 getter 方法
        public File getUploadFile() {
            return uploadFile;
        }
        //uploadFile 属性的 setter 方法
        public void setUploadFile(File uploadFile) {
            this.uploadFile = uploadFile;
        }
        //uploadFileFilename 属性的 getter 方法
        public String getUploadFileFileName() {
            return uploadFileFileName;
        }
        //uploadFileFilename 属性的 setter 方法
        public void setUploadFileFileName(String uploadFileFileName) {
```

```
            this.uploadFileFileName = uploadFileFileName;
        }
        // uploadFileContentType 属性的 getter 方法
        public String getUploadFileContentType() {
            return uploadFileContentType;
        }
        //uploadFileContentType 属性的 setter 方法
        public void setUploadFileContentType(String uploadFileContentType) {
            this.uploadFileContentType = uploadFileContentType;
        }
        //重载 execute 方法
        public String execute() throws Exception
        {
            if (uploadFile!= null)
            {
                String dataDir = "d:\\upload\\"; //上传文件存放的目录
                File savedFile = new File(dataDir, uploadFileFileName);
                                                    //上传文件在服务器具体的位置
                //将上传文件从临时文件复制到指定文件
                uploadFile.renameTo(savedFile);
            }
            else
            {
                return INPUT;
            }
            return SUCCESS;
        }
}
```

（3）在 src 目录下创建 struts.xml，打开编辑代码如下：

```
<?xml version="1.0" encoding="UTF-8" ?>
<!DOCTYPE struts PUBLIC
    "-//Apache Software Foundation//DTD Struts Configuration 2.0//EN"
    "http://struts.apache.org/dtds/struts-2.0.dtd">
<struts>
    <!-- 配置 package 包，继承 struts-default -->
    <package name="Struts2_AJAX_DEMO" namespace="/" extends="struts-
    default">
     <!--定义文件上传 Action -->
     <action name="fileupload" class="com.action.FileUpLoadAction">
         <result>/success.jsp</result>
         <!--使用拦截器设置上传文件大小类型 -->
         <interceptor-ref name="defaultStack">
              <!--设置文件大小-->
               <param name="fileUpload.maximumSize">1000000000</param>
              <!--设置文件类型-->
               <param name="fileUpload.allowedTypesSet">image/jpg,
               image/jpeg,image/png</param>
          </interceptor-ref>
        </action>
</package>
</struts>
```

（4）在 WebContent 目录下创建 index.jsp 文件，打开编辑核心代码如下：

```
<body>
<center>
   <s:form action="fileupload.action" enctype="multipart/form-data"
   method="post">
```

```
        <s:file name="uploadFile" label="选择文件"/>
          <s:submit/>
    </s:form>
</center>
</body>
```

（5）在 WebContent 目录下创建 success.jsp 文件，打开编辑核心代码如下：

```
<body>
    <center>
        <h2>
        文件名：<s:property value="uploadFileFileName"/><br/>
         文件类型：<s:property value="uploadFileContentType"/>
        </h2>
    </center>
</body>
```

（6）运行项目，其结果如图 9.13 所示，选择文件提交后结果如图 9.14 所示：

图 9.13　例 9-3 运行结果

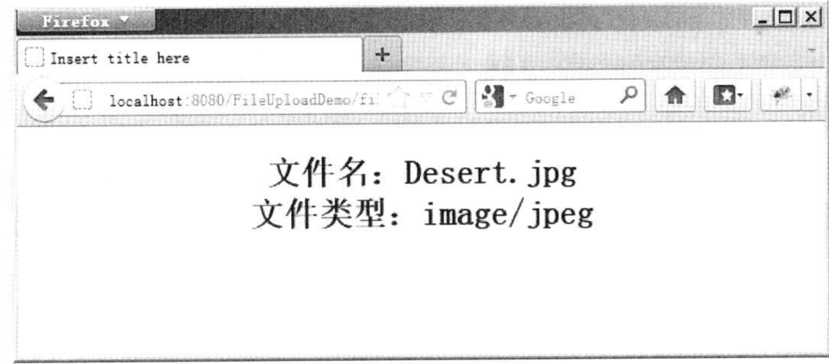

图 9.14　例 9-3 提交后的结果

（7）在 D:\\upload 路径下可以看到上传的文件，如图 9.15 所示。

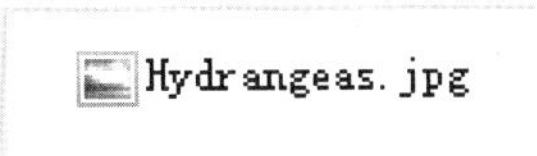

Hydrangeas.jpg

图 9.15　上传文件

9.5.2　文件下载

文件下载是将文件从服务器上下载到本地机器上，该过程是一个 GET 过程。一般情况下，直接在页面上使用<s:a>标签，在<s:a>标签的 href 属性中指定下载文件名就可以实现文件的下载。但是，如果要下载的文件名为中文名，就会导致文件下载失败。在 Struts 2 框架中提供了对文件下载功能的支持。

1. 文件下载Action类

实现文件下载的 Action 类和普通 Action 类区别不大，只是实现文件下载的 Action 类中添加了一个新方法，该方法的返回值为一个 InputStream 流，InputStream 流代表了被下载文件的入口。实现文件下载的 Action 类中新添加的方法是实现文件下载的关键，其一般代码如下所示：

```
public class DownloadAction extends ActionSupport{
    private String path;                          //path 属性
    //path 属性的 getter 和 setter 方法
    public String getPath() {
        return path;
    }
    public void setPath(String path) {
        this.path = path;
    }
    //定义了返回 InputStream 的方法，该方法作为被下载文件的入口
    public InputStream getTargetFile()throws Exception {
        //返回 inputstream 流
        return ServletActionContext.getServletContext().
        getResourceAsStream(getPath());
    }
    public String execute() throws Exception {
            return SUCCESS;                    //返回 success
}
}
```

另外，文件下载 Action 类中可以指定一个文件所在路径的属性，该属性在 struts.xml 文件中进行配置，和文件上传 Action 类中的文件上传路径相似。

2. 文件下载Action配置

文件下载 Action 的配置和普通 Action 的配置相似，不过在文件下载 Action 中可以添加一个<param>标签，该标签配置了下载时文件所在的路径，其 name 属性和 Action 类中的路径属性相对应。

除此之外，文件下载 Action 的返回值类型必须配置为 stream，该 stream 类型的结果将使用文件下载来响应，而不是返回一个视图页面。返回结果可以指定如下几个属性：

- contentType：该属性指定下载文件的文件类型，默认为 text/plain。
- contentLength：该属性指定下载文件的流长度。
- contentDisposition：该属性指定下载的文件名。
- inputName：该属性指定下载文件的入口输入流方法，默认为 1024 字节。
- bufferSize：该属性指定下载文件时的缓冲大小。
- allowCaching：该属性指定是否缓冲，默认为 true。

文件下载 Action 的一般配置如下所示：

```
<action name="download" class="com.action.DownloadAction">
<result name="success" type="stream">
    <param name="contentType">image/jpeg</param>          <!--文件类型-->
    <param name="inputName">imageStream</param>           <!--输入流-->
    <param name="contentDisposition">attachment;filename=
```

```
    "document.pdf"</param>                              <!--指定文件名-->
    <param name="bufferSize">1024</param>               <!--文件大小-->
</result>
```

3．实例演示

下面创建一个实例来演示文件下载。

【例 9-4】 演示文件下载。

（1）在 Eclipse 中创建一个 Java Web 项目，项目名称为 FileDownloadDemo，将 Struts 2 框架所需的支持库添加到 WEB-INF 目录下的 lib 文件夹中。在 WEB-INF 目录下添加 web.xml 文件，并在其中注册过滤器和欢迎页面。

（2）在 src 目录下创建包 com.action，在该包下创建 DownloadAction.java 文件，打开编辑代码如下：

```
package com.action;
import java.io.InputStream;
import org.apache.struts2.ServletActionContext;
import com.opensymphony.xwork2.ActionSupport;
public class DownloadAction extends ActionSupport{
    private static final long serialVersionUID = 1L;
    private String path;      //文件路径
    //path 属性的 getter 方法
    public String getPath() {
        return path;
    }
    //path 属性的 setter 方法
    public void setPath(String path) {
        this.path = path;
    }
    //返回 inputstream，文件下载关键方法
    public java.io.InputStream getDownloadFile()throws Exception {
     InputStream in= ServletActionContext.getServletContext().
     getResourceAsStream(getPath());
     return in;
    }
    public String execute() throws Exception {
    return SUCCESS;
}
}
```

（3）在 src 目录下创建 struts.xml，打开编辑代码如下：

```
<?xml version="1.0" encoding="UTF-8" ?>
<!DOCTYPE struts PUBLIC
   "-//Apache Software Foundation//DTD Struts Configuration 2.0//EN"
   "http://struts.apache.org/dtds/struts-2.0.dtd">
<struts>
  <!--配置包-->
  <package name="Struts2_AJAX_DEMO" namespace="/" extends="struts-
  default">
    <!--配置 Action-->
    <action name="download" class="com.action.DownloadAction">
                <param name="path">\download\a.jpg</param>
                <result name="success" type="stream">
                        <param name="contentType">image/jpg</param>
                                <!--下载文件类型定义-->
```

```
                    <!--下载文件处理方法-->
                    <param name="contentDisposition">
                              attachment;filename="a.jpg"
                    </param>
                    <!--下载文件输出流定义-->
                    <param name="inputName">downloadFile</param>
                       <param name="bufferSize">1024</param>
                </result>
        </action>
    </package>
</struts>
```

（4）在 WebContent 目录下创建 index.jsp 文件，打开编辑核心代码如下：

```
<body>
<center>
   <s:a action="download">Download File</s:a>  <!--创建超链接-->
</center>
</body>
```

（5）运行工程，其结果如图 9.16 所示，单击链接结果如图 9.17 所示。

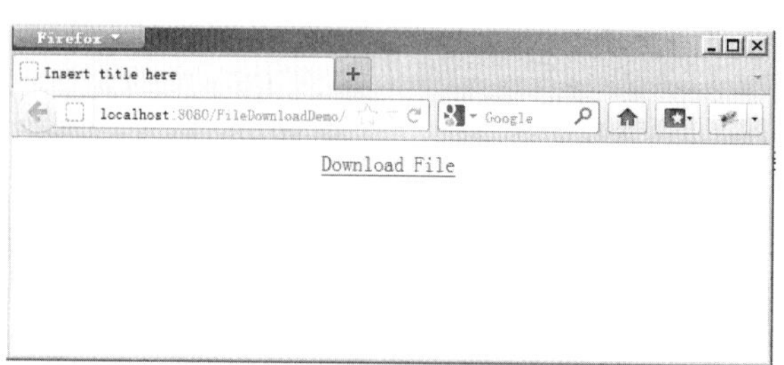

图 9.16　例 9-4 运行结果

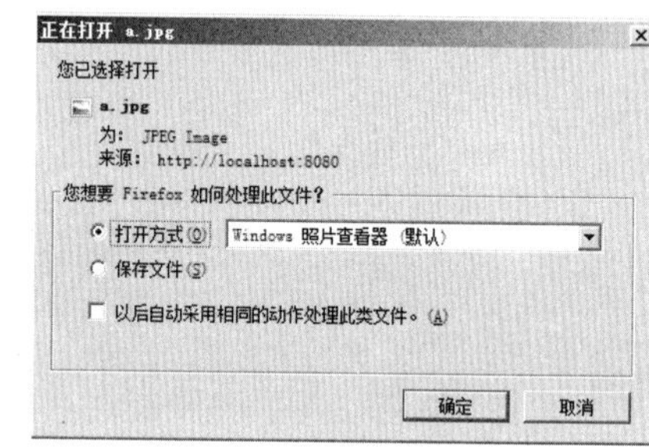

图 9.17　下载文件

9.6　本 章 小 结

本章主要介绍了 Ajax 技术以及文件的上传和下载，并通过多个实例辅助读者来理解基本知识和基本技术。

在 Ajax 部分，侧重介绍了 Ajax 的基本应用和 XMLHttpRequest 对象的使用，并详细讲解了常用 Ajax 标签的属性和使用方法。JSON 插件是 Struts 2 的 Ajax 插件，通过 JSON 插件可以灵活地开发 Ajax 应用，读者对该插件应有基本的了解。在掌握了前面知识的基础上，本章最后通过实例演示了文件的上传和下载功能的实现过程。

第 10 章　Struts 之项目实战

在第 9 章介绍了 Ajax 的相关知识，了解了 Ajax 的开发应用基础，本章将介绍运用 Struts 2 框架来开发实际的项目，给读者一个真正的开发实例，方便读者的学习和增强理解。本章讲解的实例为软件工程在线课程系统，通过该系统学生可以查看课程相关信息、提交作业等，老师可以管理前台页面、管理整个前台内容、查看作业等。

本章将介绍该项目的核心开发代码，以及相关的介绍，具体内容如下：

- 软件工程在线课程系统简介。
- 项目实例前期准备。
- 项目实例前台功能具体实现。
- 项目实例后台功能具体实现。

10.1　软件工程在线课程系统简介

为了让读者可以快速地理解和掌握该软件工程在线课程系统，在具体讲解时先按照面向不同的使用对象分为两部分：管理员模块（后台系统）和用户模块（前台系统）。本节以直观的方式来讲解整个课程系统。

10.1.1　软件工程在线课程系统描述——前台系统

本节将以直观的方式来向读者介绍整个前台系统的功能。从前台系统可以看到有如下几个功能模块：用户登录、首页（课程描述）、教师介绍、相关书籍、电子教程。

当用户进入软件工程课程系统后，首先会进入该系统的首页，如图 10.1 所示。首页的上方是各个功能模块，单击后能进入相应的页面。

1．用户登录

用户可以用学号和密码来登录系统，在左上方有登录的文本框，输入相应的学号和密码后，单击“登录”按钮即可登录。登录功能是用 Ajax 来实现的，所以登录后不会转到新的页面，实现了局部的刷新。

登录成功后如图 10.2 所示，如果用户输入的学号和密码在数据库中无法匹配到，则会显示如图 10.3 所示的结果。

2．教师介绍

单击“教师介绍”链接就会看到如图 10.4 所示结果，该教师信息可以在后台进行修改，这会在后面演示。

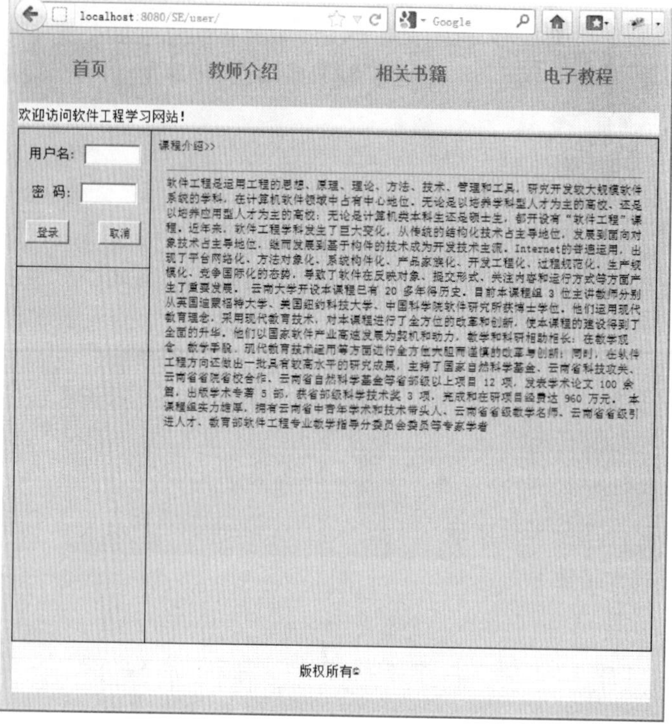

图 10.1　软件工程课程系统前台首页

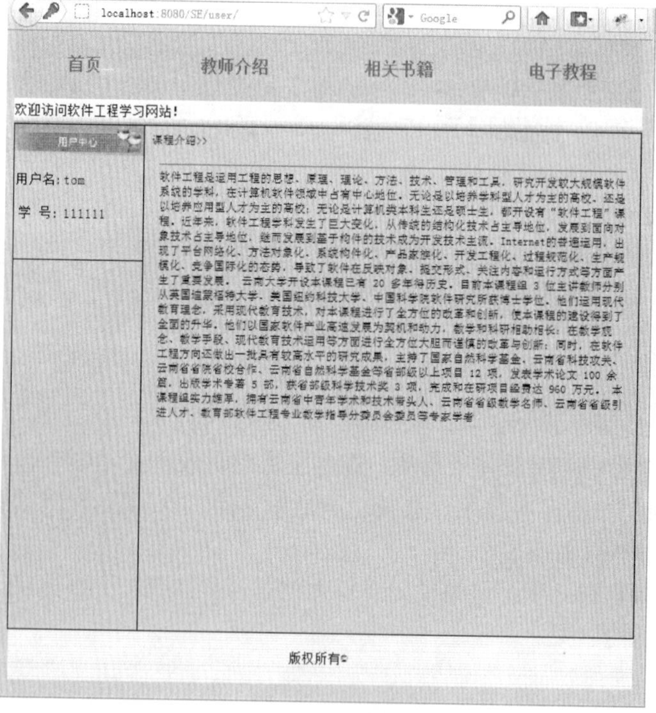

图 10.2　用户登录成功

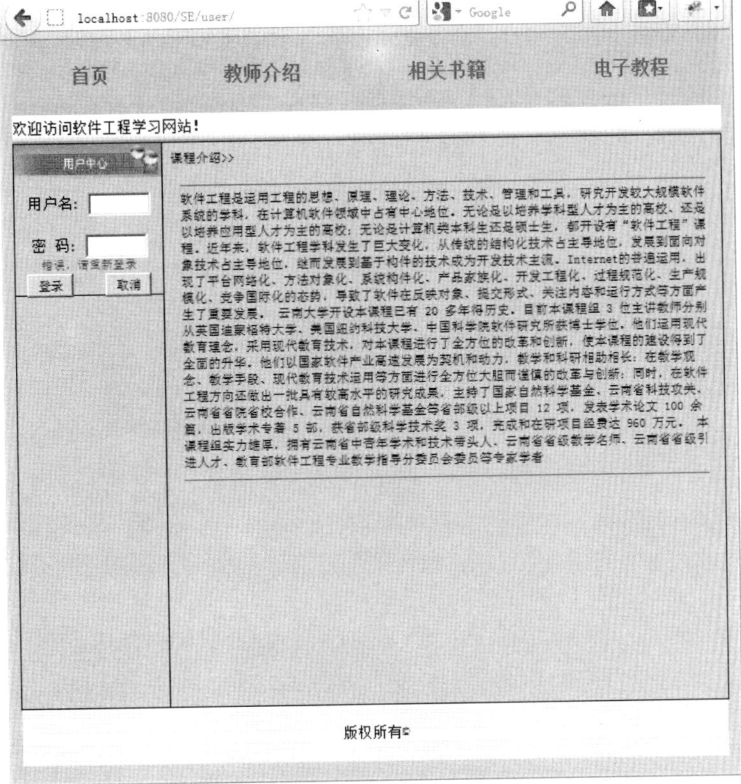

图 10.3　用户登录失败

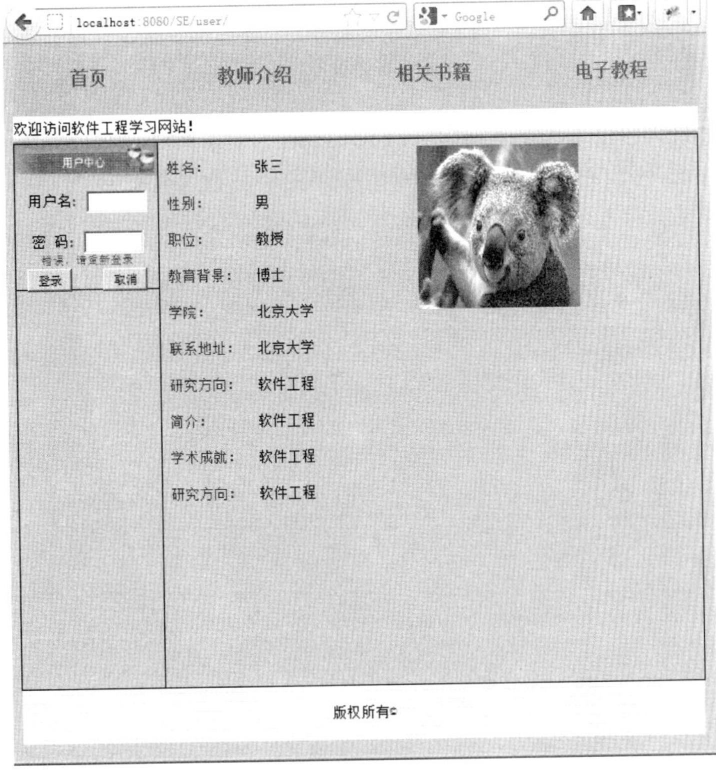

图 10.4　教师介绍

3．相关书籍

单击“相关书籍”链接会看到软件工程课程的相关书籍及其相关的介绍，书籍的相关信息同样可以在后台进行修改，运行结果如图 10.5 所示。

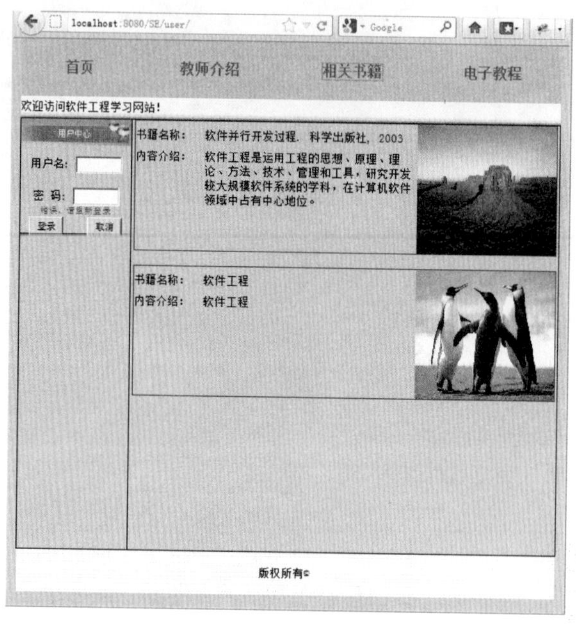

图 10.5　相关书籍

4．电子教程

单击“电子教程”，会看到电子教程列表，用户可以下载电子教程进行学习，运行结果如图 10.6 所示。单击“下载”可以下载相应的电子教程文件，如图 10.7 所示。

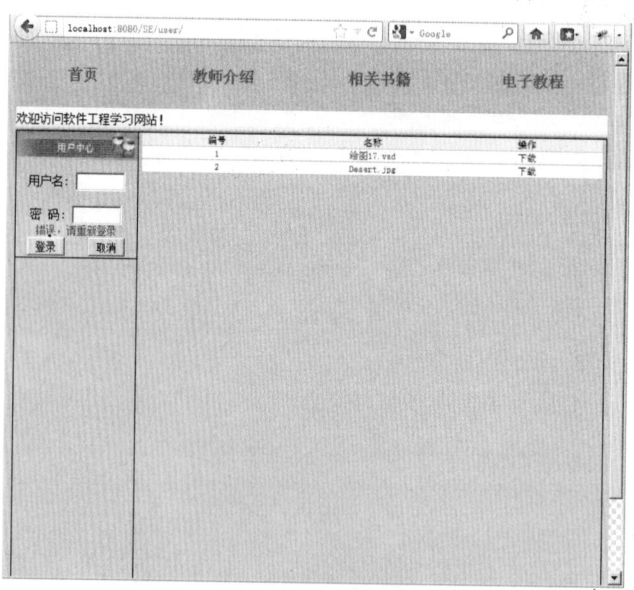

图 10.6　电子教程

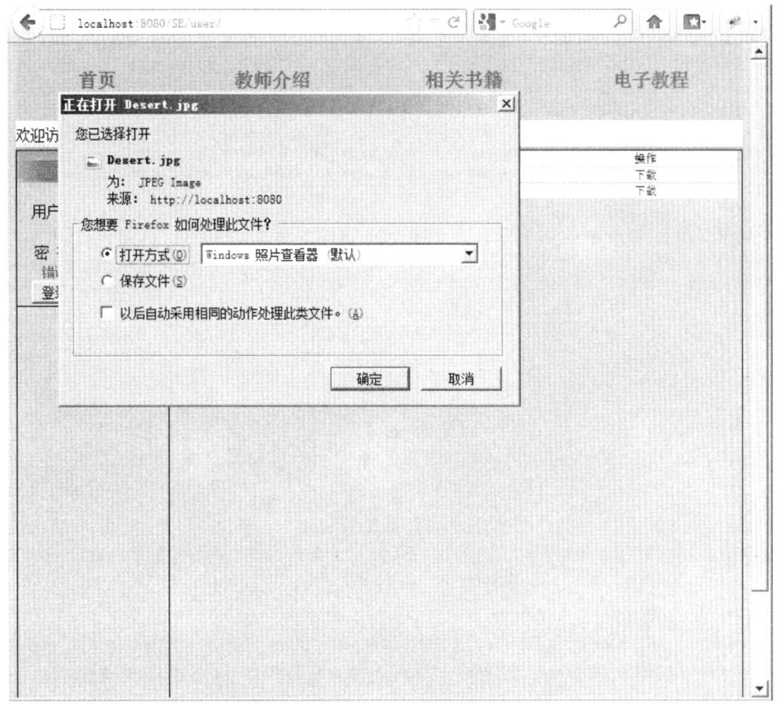

图 10.7　电子教程下载

以上就是软件工程课程系统前台的演示，读者可以运行该工程更详细地查看。

10.1.2　软件工程在线课程系统描述——后台系统

在 10.1.1 小节中介绍了软件工程课程系统的前台，本节将以直观的方式来介绍整个软件工程课程系统的后台系统的功能。后台系统包括下面几个功能模块：管理员登录、首页管理、用户管理、教师管理、课件管理、参考书籍管理。

1. 管理员登录

管理员在登录界面输入正确的用户名和密码，如图 10.8 所示，就能进入后台系统，如图 10.9 所示；如果输入错误，则会返回到当前登录页面重新输入。

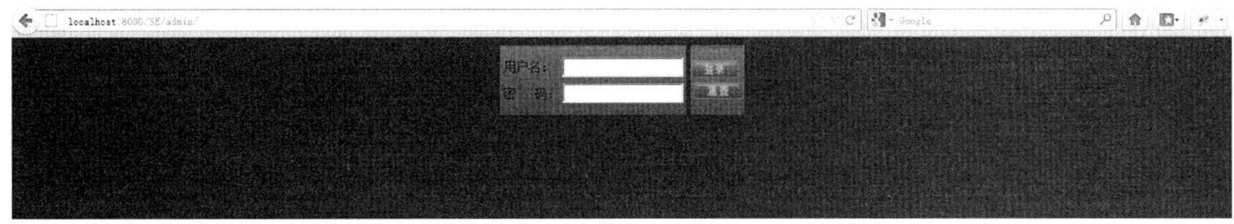

图 10.8　登录页面

2. 用户列表

单击“用户列表”链接，可以看到所有用户的列表，如图 10.10 所示，该列表的右侧有对应的“删除”链接，单击可以删除相应的用户。在右上方有“添加用户”链接，单击进入添加用户的页面，如图 10.11 所示。

图 10.9　后台系统页面

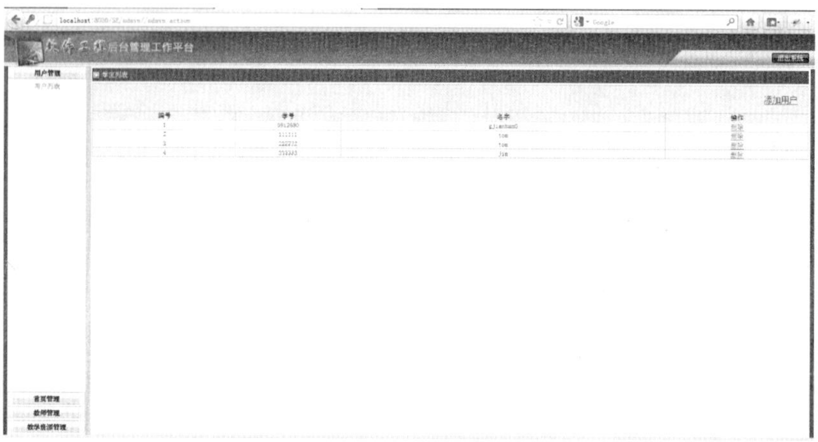

图 10.10　用户列表

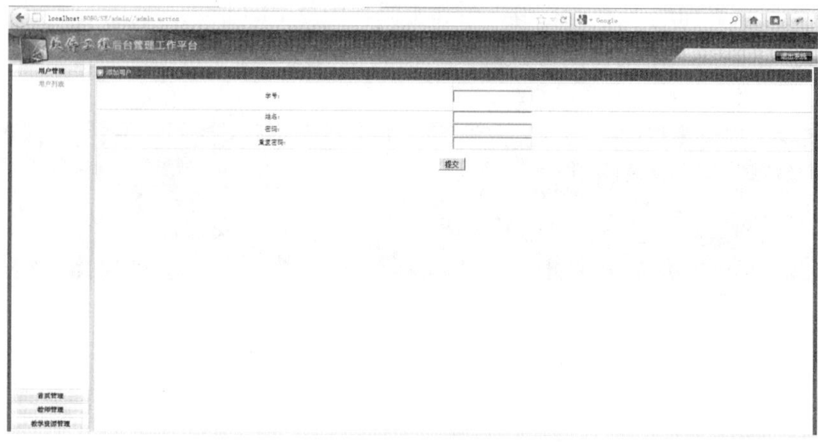

图 10.11　添加用户

3．修改首页

单击“修改首页”链接，进入首页内容页面，如图 10.12 所示。单击右上方的“修改首页文本内容”，可以进入修改首页文本内容的页面，如图 10.13 所示。

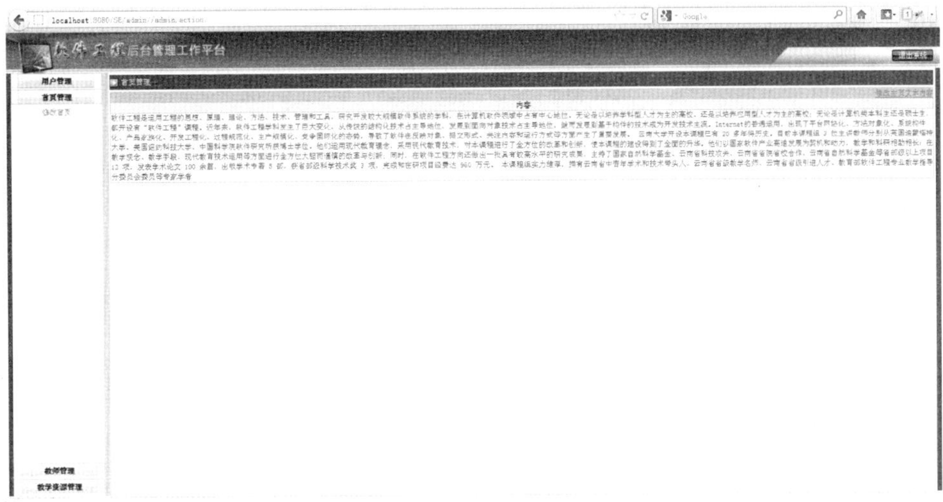

图 10.12　首页内容

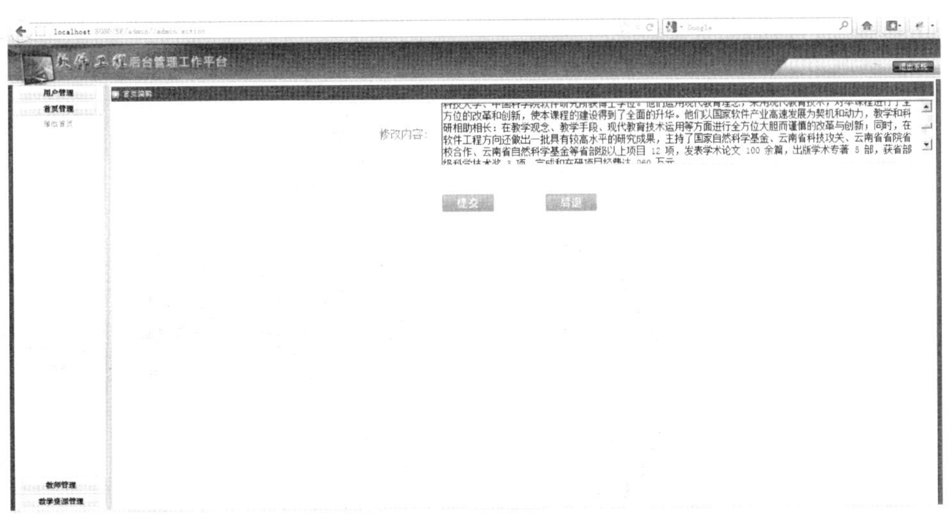

图 10.13　修改首页

4．教师管理

单击“教师资料”，进入教师资料页面，如图 10.14 所示，单击“修改”按钮，进入修改页面，如图 10.15 所示。

5．课件列表

单击“课件列表”进入课件列表页面，如图 10.16 所示，同时可以单击“下载”进行下载，单击“删除”进行删除，单击右上方的“添加新课件”，进入添加课件页面，如图 10.17 所示。

图 10.14　教师资料

图 10.15　修改教师资料

6．参考书籍管理

单击“参考书籍介绍”，进入参考书籍列表页面，如图 10.18 所示。单击列表中的“修改”和“删除”可以修改和删除对应的书籍，单击“修改”进入修改书籍信息页面，如图 10.19 所示。单击右上方的“添加”按钮，可以进入添加书籍页面，如图 10.20 所示。

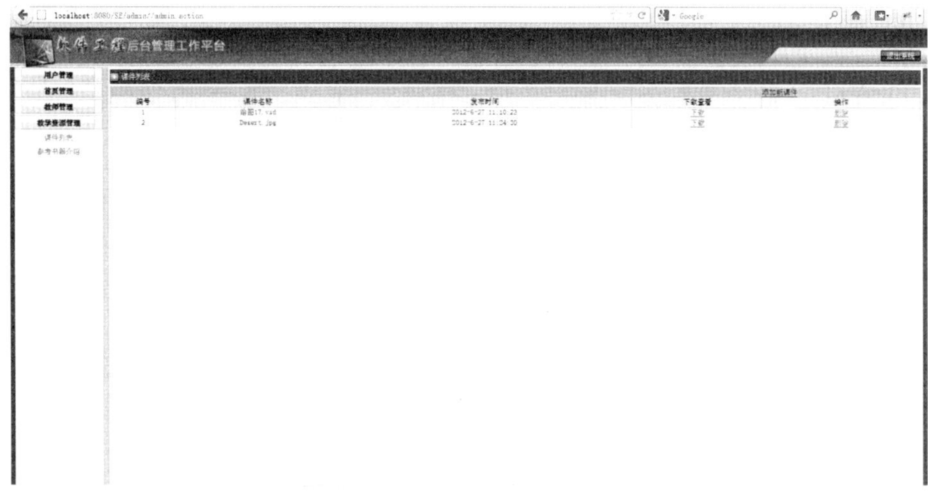

图 10.16　课件列表

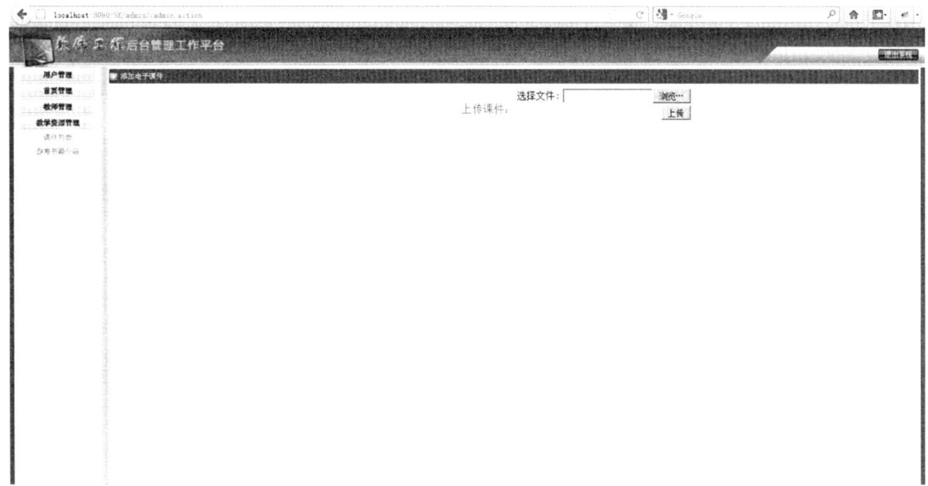

图 10.17　添加新课件

图 10.18　参考书籍列表

图 10.19　修改参考书籍信息

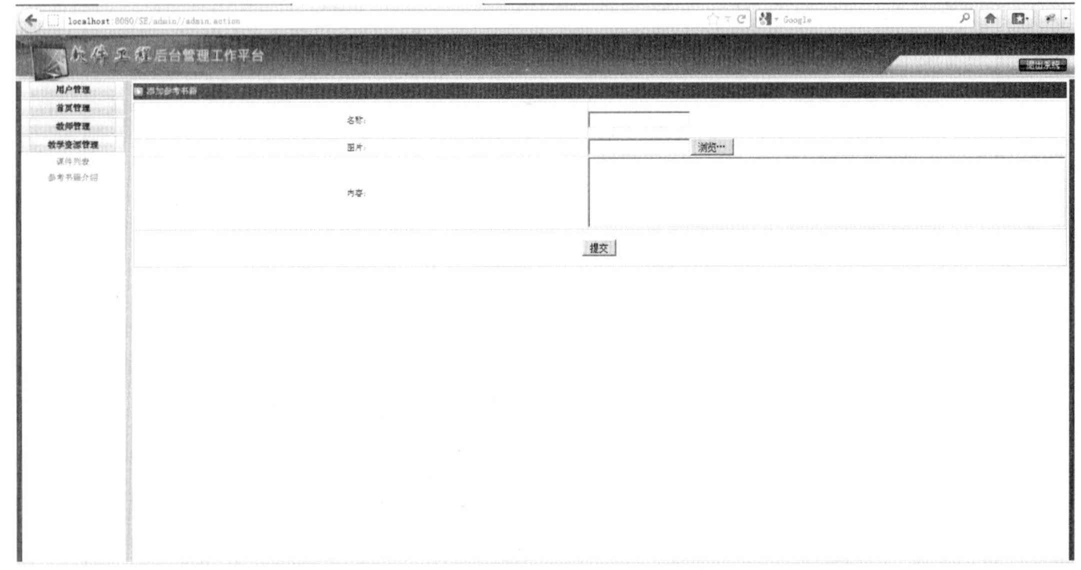

图 10.20　添加参考书籍

以上就是软件工程课程系统后台的演示，读者可以运行工程更详细地查看。

10.2　项目实例前期准备

在 10.1 节中介绍了软件工程课程系统的具体功能，本节将介绍该项目实例开发前的准备，主要是两个部分，一是数据库的设计以及数据库对应的对象的映射类和映射文件；二是核心配置文件的配置。下面来具体介绍。

10.2.1　设计数据库和映射文件

1. 创建数据库

在 MySQL 数据库中创建名为“se”的数据库，在查询分析窗口中输入如下命令：

```
CREATE DATABASE 'se'
```

这样就创建了数据库“se”。

2. 创建表admin

在 MySQL 中创建表 admin，其具体信息如表 10.1 所示。

表 10.1　表admin信息

字段名称	数据类型	字 段 说 明
id	Integer	编号
name	Varchar(45)	管理员用户名
pwd	Varchar(45)	管理员密码

该表在 Hibernate 中的映射对象类文件为 Admin.java 文件，其代码如下：

```
public class Admin implements java.io.Serializable {
    private Integer id;          //映射 id
    private String name;         //管理员 name
    private String pwd;          //管理员密码
    //默认构造方法
    public Admin() {
    }
    //重载构造方法
    public Admin(String name, String pwd) {
        this.name = name;
        this.pwd = pwd;
    }
    //以下省略各个属性的 getter 和 setter 方法
    …
}
```

该表在 Hibernate 中的映射对象文件为 Admin.hbm.xml 文件，其代码如下：

```
<?xml version="1.0" encoding="utf-8"?>
<!DOCTYPE hibernate-mapping PUBLIC "-//Hibernate/Hibernate Mapping DTD
3.0//EN"
"http://hibernate.sourceforge.net/hibernate-mapping-3.0.dtd">
<hibernate-mapping>
    <!--映射数据库的 admin 表-->
    <class name="com.model.Admin" table="admin" catalog="se">
    <!--映射 id 字段-->
        <id name="id" type="java.lang.Integer">
            <column name="id" />
            <generator class="identity" />
        </id>
        <!--映射 name 字段-->
        <property name="name" type="java.lang.String">
```

```
            <column name="name" length="45" not-null="true" />
        </property>
        <!--映射 pwd 字段-->
        <property name="pwd" type="java.lang.String">
            <column name="pwd" length="45" not-null="true" />
        </property>
    </class>
</hibernate-mapping>
```

3. 创建表user

在 MySQL 中创建表 user，其具体信息如表 10.2 所示。

表 10.2　表user信息

字段名称	数据类型	字段说明
id	Integer	编号
num	Varchar(45)	学号
name	Varchar(45)	用户名
password	Varchar(45)	密码

该表在 Hibernate 中的映射对象类文件为 User.java 文件，其代码如下：

```
public class User implements java.io.Serializable {
    private Integer id;          //id 属性
    private String num;          //num 属性
    private String password;     //password 属性
    private String name;         //name 属性
    //默认构造方法
    public User() {
    }
    //包含全部属性的构造方法
    public User(String num, String password, String name) {
        this.num = num;
        this.password = password;
        this.name = name;
    }
    //以下省略各个属性的 getter 和 setter 方法
    …
}
```

该表在 Hibernate 中的映射对象文件为 User.hbm.xml 文件，其代码如下：

```
<?xml version="1.0" encoding="utf-8"?>
<!DOCTYPE hibernate-mapping PUBLIC "-//Hibernate/Hibernate Mapping DTD
3.0//EN"
"http://hibernate.sourceforge.net/hibernate-mapping-3.0.dtd">
<hibernate-mapping>
    <!--映射数据库的 user 表-->
    <class name="com.model.User" table="user" catalog="se">
    <!--映射 id 属性-->
        <id name="id" type="java.lang.Integer">
            <column name="id" />
            <generator class="identity" />
        </id>
        <!--映射 num 属性-->
        <property name="num" type="java.lang.String">
            <column name="num" length="45" />
```

```
        </property>
        <!--映射 password 属性-->
        <property name="password" type="java.lang.String">
            <column name="password" length="45" />
        </property>
        <!--映射 name 属性-->
        <property name="name" type="java.lang.String">
            <column name="name" length="45" />
        </property>
    </class>
</hibernate-mapping>
```

4. 创建表firstpage

在 MySQL 中创建表 firstpage，其具体信息如表 10.3 所示。

表 10.3　表firstpage信息

字段名称	数据类型	字 段 说 明
id	Integer	编号
description	Varchar(1000)	首页内容（课程描述）

该表在 Hibernate 中的映射对象类文件为 Firstpage.java 文件，其代码如下：

```
public class Firstpage implements java.io.Serializable {
    private Integer id;                //id 属性
    private String description;        //description 属性
    //默认构造方法
    public Firstpage() {
    }
    //重载构造方法
    public Firstpage(String description) {
        this.description = description;
    }
    public Integer getId() {
        return this.id;
    }
    //以下省略各个属性的 getter 和 setter 方法
    …
}
```

该表在 Hibernate 中的映射对象文件为 Firstpage.hbm.xml 文件，其代码如下：

```
<?xml version="1.0" encoding="utf-8"?>
<!DOCTYPE hibernate-mapping PUBLIC "-//Hibernate/Hibernate Mapping DTD
3.0//EN"
"http://hibernate.sourceforge.net/hibernate-mapping-3.0.dtd">
<hibernate-mapping>
    <!--映射 fristpage 表-->
    <class name="com.model.Firstpage" table="firstpage" catalog="se">
    <!--映射 id 属性-->
        <id name="id" type="java.lang.Integer">
            <column name="id" />
            <generator class="identity" />
        </id>
        <!--映射 description 属性-->
        <property name="description" type="java.lang.String">
            <column name="description" length="1000" not-null="true" />
        </property>
```

```
    </class>
</hibernate-mapping>
```

5. 创建表teacher

在 MySQL 中创建表 teacher，其具体信息如表 10.4 所示。

表 10.4　表teacher信息

字段名称	数据类型	字 段 说 明
id	Integer	编号
name	Varchar(45)	教师姓名
sex	Varchar(45)	性别
degree	Varchar(45)	学位
eduBackground	Varchar(45)	教育背景
college	Varchar(45)	学院
address	Varchar(45)	地址
direction	Varchar(45)	研究方向
intro	Varchar(1000)	简介
achievement	Varchar(1000)	学术成就
photo	Varchar(100)	照片存放路径

该表在 Hibernate 中的映射对象类文件为 Teacher.java 文件，其代码如下所示：

```
public class Teacher implements java.io.Serializable {
    private Integer id;                     //id 属性
    private String name;                    //name 属性
    private String sex;                     //sex 属性
    private String degree;                  //degree 属性
    private String position;                //position 属性
    private String eduBackground;           //eduBackground 属性
    private String college;                 //college 属性
    private String address;                 //address 属性
    private String direction;               //direction 属性
    private String intro;                   //intro 属性
    private String achievement;             //achievement 属性
    private String photo;                   //photo 属性
    //默认构造方法
    public Teacher() {
    }
    //重载构造方法
    public Teacher(String name, String sex, String degree, String position,
            String eduBackground, String college, String address,
            String direction, String intro, String achievement, String photo) {
        this.name = name;
        this.sex = sex;
        this.degree = degree;
        this.position = position;
        this.eduBackground = eduBackground;
        this.college = college;
        this.address = address;
        this.direction = direction;
        this.intro = intro;
        this.achievement = achievement;
        this.photo = photo;
```

```
    }
    //以下省略各个属性的 getter 和 setter 方法
    …
}
```

该表在 Hibernate 中的映射对象文件为 Teacher.hbm.xml 文件，其代码如下：

```
<?xml version="1.0" encoding="utf-8"?>
<!DOCTYPE hibernate-mapping PUBLIC "-//Hibernate/Hibernate Mapping DTD
3.0//EN"
"http://hibernate.sourceforge.net/hibernate-mapping-3.0.dtd">
<hibernate-mapping>
    <!--映射表 teacher-->
   <class name="com.model.Teacher" table="teacher" catalog="se">
    <!--映射 id 属性-->
       <id name="id" type="java.lang.Integer">
           <column name="id" />
           <generator class="identity" />
       </id>
       <!--映射 name 属性-->
       <property name="name" type="java.lang.String">
           <column name="name" length="45" />
       </property>
       <!--映射 sex 属性-->
       <property name="sex" type="java.lang.String">
           <column name="sex" length="45" />
       </property>
        <!--映射 degree 属性-->
       <property name="degree" type="java.lang.String">
           <column name="degree" length="45" />
       </property>
        <!--映射 position 属性-->
       <property name="position" type="java.lang.String">
           <column name="position" length="45" />
       </property>
        <!--映射 edubackground 属性-->
       <property name="eduBackground" type="java.lang.String">
           <column name="eduBackground" length="45" />
       </property>
        <!--映射 college 属性-->
       <property name="college" type="java.lang.String">
           <column name="college" length="45" />
       </property>
        <!--映射 address 属性-->
       <property name="address" type="java.lang.String">
           <column name="address" length="45" />
       </property>
        <!--映射 direction 属性-->
       <property name="direction" type="java.lang.String">
           <column name="direction" length="45" />
       </property>
        <!--映射 intro 属性-->
       <property name="intro" type="java.lang.String">
           <column name="intro" length="1000" />
       </property>
        <!--映射 achievement 属性-->
       <property name="achievement" type="java.lang.String">
           <column name="achievement" length="2000" />
       </property>
```

```
        <!--映射 photo 属性-->
        <property name="photo" type="java.lang.String">
            <column name="photo" length="100" />
        </property>
    </class>
</hibernate-mapping>
```

6. 创建表book

在 MySQL 中创建表 book，其具体信息如表 10.5 所示。

表 10.5　表book信息

字段名称	数据类型	字段说明
id	Integer	编号
name	Varchar(450)	参考书籍名称
path	Varchar(45)	书籍图片路径
description	Varchar(2000)	描述

该表在 Hibernate 中的映射对象类文件为 Book.java 文件，其代码如下所示：

```
public class Book implements java.io.Serializable {
    private Integer id;                //id 属性
    private String name;               //name 属性
    private String path;               //path 属性
    private String description;        //description 属性
    //默认构造方法
    public Book() {
    }
    //重载构造方法
    public Book(String name, String path, String description) {
        this.name = name;
        this.path = path;
        this.description = description;
    }
    //以下省略各个属性的 getter 和 setter 方法
    …
}
```

该表在 Hibernate 中的映射对象文件为 Book.hbm.xml 文件，其代码如下所示：

```
<?xml version="1.0" encoding="utf-8"?>
<!DOCTYPE hibernate-mapping PUBLIC "-//Hibernate/Hibernate Mapping DTD 3.0//EN"
"http://hibernate.sourceforge.net/hibernate-mapping-3.0.dtd">
<hibernate-mapping>
    <!-- 映射 book 表 -->
    <class name="com.model.Book" table="book" catalog="se">
    <!--映射 id 属性 -->
        <id name="id" type="java.lang.Integer">
            <column name="id" />
            <generator class="identity" />
        </id>
        <!--映射 name 属性 -->
        <property name="name" type="java.lang.String">
            <column name="name" length="450" not-null="true" />
        </property>
        <!--映射 path 属性 -->
```

```
        <property name="path" type="java.lang.String">
            <column name="path" length="45" not-null="true" />
        </property>
        <!--映射 description 属性 -->
        <property name="description" type="java.lang.String">
            <column name="description" length="2000" not-null="true" />
        </property>
    </class>
</hibernate-mapping>
```

7. 创建表ppt

在 MySQL 中创建表 ppt，其具体信息如表 10.6 所示。

表 10.6　表ppt信息

字段名称	数据类型	字 段 说 明
id	Integer	编号
name	Varchar(50)	Ppt 文件名称
path	Varchar(100)	Ppt 文件路径
date	Varchar(2000)	上传时间

该表在 Hibernate 中的映射对象类文件为 Ppt.java 文件，其代码如下所示：

```
public class Ppt implements java.io.Serializable {
    private Integer id;          //id 属性
    private String path;         //path 属性
    private String name;         //name 属性
    private String date;         //date 属性
    //默认构造方法
    public Ppt() {
    }
    //重载构造方法
    public Ppt(String path, String name, String date) {
        this.path = path;
        this.name = name;
        this.date = date;
    }
    //以下省略各个属性的 getter 和 setter 方法
    …
}
```

该表在 Hibernate 中的映射对象文件为 Ppt.hbm.xml 文件，其代码如下所示：

```
<?xml version="1.0" encoding="utf-8"?>
<!DOCTYPE hibernate-mapping PUBLIC "-//Hibernate/Hibernate Mapping DTD
3.0//EN"
"http://hibernate.sourceforge.net/hibernate-mapping-3.0.dtd">
<hibernate-mapping>
    <!-- 映射 ppt 表 -->
    <class name="com.model.Ppt" table="ppt" catalog="se">
    <!-- 映射 id 属性 -->
        <id name="id" type="java.lang.Integer">
            <column name="id" />
            <generator class="identity" />
        </id>
        <!-- 映射 path 属性 -->
        <property name="path" type="java.lang.String">
```

```
            <column name="path" length="100" not-null="true" />
        </property>
        <!-- 映射 name 属性 -->
        <property name="name" type="java.lang.String">
            <column name="name" length="50" not-null="true" />
        </property>
        <!-- 映射 date 属性 -->
        <property name="date" type="java.lang.String">
            <column name="date" length="45" not-null="true" />
        </property>
    </class>
</hibernate-mapping>
```

10.2.2 核心文件配置

在 Eclipse 中创建工程 SE 后，需要导入对应的 JAR 包，然后添加核心配置文件。在该工程中主要是 web.xml 和 struts.xml 这两个文件，另外，还有 hibernate.cfg.xml 文件。

web.xml 文件的代码片段如下：

```
<?xml version="1.0" encoding="UTF-8"?>
<web-app version="2.5" xmlns="http://java.sun.com/xml/ns/javaee"
 xmlns:xsi="http://www.w3.org/2001/XMLSchema-instance"
xsi:schemaLocation="http://java.sun.com/xml/ns/javaee
http://java.sun.com/xml/ns/javaee/web-app_2_5.xsd">
 <!-- 定义 Filter -->
 <filter>
    <!-- 指定 Filter 的名字，不能为空 -->
    <filter-name>struts2</filter-name>
    <!-- 指定 Filter 的实现类，此处使用的是 Struts 2 提供的拦截器类 -->

    <filter-class>org.apache.struts2.dispatcher.ng.filter.StrutsPrepareA
ndExecuteFilter</filter-class>
 </filter>
 <filter>
    <!-- 指定 Filter 的名字，不能为空 -->
    <filter-name>strutsFilterDispatcher</filter-name>
     <!-- 指定 Filter 的实现类，此处使用的是 Struts 2 提供的拦截器类 -->

    <filter-class>org.apache.struts2.dispatcher.FilterDispatcher</filter
-class>
 </filter>
 <filter-mapping>
    <!-- Filter 的名字，该名字必须是 filter 元素中已声明过的过滤器名字 -->
    <filter-name>struts2</filter-name>
    <!-- 定义 Filter 负责拦截的 URL 地址 -->
    <url-pattern>*.action</url-pattern>
 </filter-mapping>
 <filter-mapping>
    <!-- Filter 的名字，该名字必须是 filter 元素中已声明过的过滤器名字 -->
    <filter-name>strutsFilterDispatcher</filter-name>
    <!-- 定义 Filter 负责拦截的 URL 地址 -->
    <url-pattern>/*</url-pattern>
 </filter-mapping>
 <!-- 欢迎页面 -->
 <welcome-file-list>
```

```
    <welcome-file>/index.jsp</welcome-file>
    <welcome-file>/user/index.jsp</welcome-file>
 </welcome-file-list>
</web-app>
```

在本工程中，由于涉及的 Action 比较多，这里就不一一列出来了，后面介绍具体功能的时候，会取出相应 Action 片段来介绍，读者可以查看本书附带的工程代码来查看。

hibernate.cfg.xml 文件的代码如下：

```
<?xml version='1.0' encoding='UTF-8'?>
<!DOCTYPE hibernate-configuration PUBLIC
        "-//Hibernate/Hibernate Configuration DTD 3.0//EN"
        "http://hibernate.sourceforge.net/hibernate-
        configuration-3.0.dtd">
<hibernate-configuration>
<session-factory>
    <!-- 配置数据库方言 -->
    <property name="dialect">
       org.hibernate.dialect.MySQLDialect
    </property>
    <!-- 配置数据库连接 URL -->
    <property name="connection.url">
       jdbc:mysql://localhost:3306
    </property>
    <!-- 配置数据库用户名 -->
    <property name="connection.username">root</property>
    <!-- 配置数据库密码 -->
    <property name="connection.password">admin</property>
    <!--配置数据库 JDBC 驱动-->
    <property name="connection.driver_class">
       com.mysql.jdbc.Driver
    </property>
    <property name="myeclipse.connection.profile">
       com.mysql.jdbc.Driver
    </property>
    <property name="show_sql">true</property>
    <property name="format_sql">true</property>
    <!-- 映射文件 -->
    <mapping resource="com/model/Admin.hbm.xml" />
    <mapping resource="com/model/Book.hbm.xml" />
    <mapping resource="com/model/Firstpage.hbm.xml" />
    <mapping resource="com/model/Ppt.hbm.xml" />
    <mapping resource="com/model/Teacher.hbm.xml" />
    <mapping resource="com/model/User.hbm.xml" />
</session-factory>
</hibernate-configuration>
```

10.3　项目实例前台功能具体实现

在 10.2 节中介绍了项目实例的数据库设计和相关配置，本节将介绍项目实例前台功能的具体实现。本节会按照各个功能模块来分别介绍，主要是用户登录、首页、教师介绍、相关书籍、电子教程这几个模块。下面来具体介绍。

10.3.1　实现用户登录

在用户登录的操作中，用户所见登录页面为 login.jsp，该页面核心代码如下所示：

```
<s:form action="log" method="post" theme="simple">     <p align="center">
    用户名:
    <s:textfield name="no" size="8" theme="simple"/> <!--用户名输入框-->
    <br>
    <br>
    密　码:
    <s:password name="pwd" size="8" theme="simple"/>  <!--密码输入框-->
    <br>
    <br>
    <sx:submit value="登录" method="login" targets="login" ></sx:submit>
    <!--提交，ajax 标签-->
      
    <INPUT type=reset value=取消 name=Submit>
    </p>
</s:form>
```

可以看到，登录提交按钮用了 Ajax 标签<sx:submit/>，这样保证了局部的刷新而不用刷新整个页面。表单提交后，在 struts.xml 中配置的 Action 为 log，该 Action 的代码片段如下：

```
<action name="log" class="com.action.UserAction">
    <result name="success">/user/loginsuccess.jsp</result>
    <result name="error">/user/loginerror.jsp</result>
</action>
```

可以看到名为 log 的 Action 对应的是 UserAction 类，UserAction.java 文件中的 login()具体方法如下：

```
public String login()throws Exception{
    ActionContext context=ActionContext.getContext();
    //得到 context
    HttpServletRequest request=ServletActionContext.getRequest();
    String no=request.getParameter("no");                //取得登录学号
    String pwd=request.getParameter("pwd");              //登录密码
    //是否为空
    if(no.isEmpty()||pwd.isEmpty())
    {
        return ERROR;
    }else {
        //搜索数据库
        User  user=UserDao.isLogin(no, pwd);
        if(user==null)
        {
            return ERROR;
        }else {
            return SUCCESS;
        }
    }
}
```

在上面登录所调用的方法中可以看到，首先判断表单值是否为空，然后再在数据库中查找是否存在该用户，最后返回 SUCCESS。其中需要注意的是 UserDao 类中的 isLogin()方法，该方法在持久类 UserDao 中，是 static 类型的，这里不具体介绍其代码，读者可以查看本书附带的代码。

10.3.2　实现首页内容

当用户单击首页时，会进入首页页面，该页面是 user/firstpage.jsp，该页面核心代码如下：

```
<body>
    <div id="leftup">
    课程介绍>>
    </div>
    <br/>
    <!--显示内容-->
    <div id="content">
        <s:property value="#description"/>
    </div>
</body>
```

可以看到该页面仅仅是输出了放在 ValueStack 中的 description 对应的值。实际上在进入首页之前调用了 FirstpageAction.java 中的 execute()方法，该方法代码如下：

```
public String execute() throws Exception {
    ActionContext context=ActionContext.getContext();
    String content=FirstPageDao.getFirstPageContent(); //得到首页的内容
    context.put("description", content);                //放入值栈中
    return SUCCESS;                                     //返回 SUCCESS
}
```

10.3.3　实现教师介绍

当用户单击“教师介绍”链接时，会访问名为 userteacher 的 Action，该 Action 对应的 Java 类为 TeacherAction，然后调用其 getTeacher()方法。

```
<action name="userteacher" class="com.action.TeacherAction">
    <result name="success">/user/teacher.jsp</result>
</action>
```

getTeacher()方法的代码片段如下：

```
public String getTeacher() throws Exception {
    ActionContext context=ActionContext.getContext();
    Teacher teacher=TeacherDao.getTeacher();    //从数据库中取得 teacher 信息
    context.put("teacher", teacher);            //放入值栈中
    return SUCCESS;
}
```

显示页面为 teacher.jsp，该页面的核心代码如下：

```
<table border="0" cellpadding="0" cellspacing="0" width="100%">
    <tr>
```

```
<td>
    <table border="0" cellpadding="0" cellspacing="0">
        <tr height="40px">
            <td width="100px">
                <font color="#003399">姓名：</font>
            </td>
            <td>
                <s:property value="#teacher.name"/> <!--输出姓名-->
            </td>
        </tr>
        <tr height="40px">
            <td>
            <font color="#003399">性别：</font></td>
            <td>
            <s:property value="#teacher.sex"/>      <!--输出性别-->
            </td>
        </tr>
        <tr  height="40px">
            <td>
            <font color="#003399">职位：</font></td>
            <td>
                <s:property value="#teacher.position"/>
                                                    <!--输出职位-->
            </td>
        </tr>
        <tr height="40px">
            <td>
            <font color="#003399">教育背景：</font></td>
            <td>
            <s:property value="#teacher.eduBackground"/>
                                                    <!--输出教育背景-->
            </td>
        </tr>
        <tr height="40px">
            <td>
            <font color="#003399">学院：</font></td>
            <td>
                <s:property value="#teacher.college"/>
                                                    <!--输出学院-->
            </td>
        </tr>
        <tr height="40px">
            <td>
            <font color="#003399">联系地址：</font>
            </td>
            <td>
            <s:property value="#teacher.address"/>
                                                    <!--输出联系地址-->
            </td>
        </tr height="40px">
        </table>
    </td>
    <td valign="top">
        <!--显示照片-->
        <img src="<s:property value='#teacher.photo'/>" width=
        "180px" height="180px">
    </td>
</tr>
    <tr>
```

```
                <td colspan="2">
                    <table border="0" cellpadding="0" cellspacing="0"
                    width="100%">
                        <tr height="40px">
                            <td width="100px">
                                <font color="#003399">简介：</font>
                            </td>
                            <td>
                                <s:property value="#teacher.intro" />
                                                        <!--输出简介-->
                            </td>
                        </tr>
                        <tr height="40px">
                            <td>
                                <font color="#003399">学术成就：</font>
                            </td>
                            <td>
                                <s:property value="#teacher.achievement" />
                                                        <!--输出学术成就-->
                            </td>
                        </tr>
                        <tr height="40px">
                            <td>
                                <font color="#003399">研究方向：</font>
                            </td>
                            <td>
                                <s:property value="#teacher.direction" />
                                                        <!--输出研究方向-->
                            </td>
                        </tr>
                    </table>
                </td>
            </tr>
        </table>
```

可以看到，该页面输出了 teacher 的各个属性信息。

10.3.4　实现相关书籍功能

当用户单击“相关书籍”链接后，会访问名为 referbook 的 Action，该 Action 对应的 Java 类是 BookAction，然后调用类中的 userShowBookList()方法，该方法将 book 的相关信息放入值栈中，然后在返回的页面中显示出来。userShowBookList()方法代码片段如下：

```
public String userShowBookList()throws Exception{
    ActionContext context=ActionContext.getContext();
    List<Book> lst=BookDao.GetBookList();              //从数据库中取得book信息
    context.put("lst", lst);                           //将 lst 放入值栈中
    return "userbooklist";
}
```

该方法返回的页面为 user/booklist.jsp，该页面的核心代码如下：

```
<s:iterator var="book" value="#lst">
        <div id="banner">
        <table width="100%" border="0" align="center" cellpadding="0"
        cellspacing="0">
                <tr height="180px">
```

```
                    <td align="left">
                    <table width="100%" height="100%" border="0" align=
                    "center" cellpadding="0"cellspacing="0">
                        <tr height="40px">
                            <td width="100px" >书籍名称：</td>
                            <td>
                                <s:property value="#book.name"/>
                                                    <!--输出书籍名称-->
                            </td>
                        </tr>
                        <tr >
                            <td  valign="top">内容介绍：</td>
                            <td valign="top">
                                <s:property value="#book.description"/>
                                                    <!--输出内容介绍-->
                            </td>
                        </tr>
                        </table>
                    </td>
                    <td width="200px">
                        <img  src="<s:property value='#book.path'/>"
                        width="100%" height="100%">
                    </td>
                </tr>
        </table>
        </div>
</s:iterator>
```

可以看到通过<s:iterator>遍历 list 集合中的元素来输出所有元素的信息。

10.3.5　实现电子教程功能

当用户要查看电子教程时，访问了名为 userppt 的 Action，该 Action 对应的 Java 类为 PptAction，然后调用该类中的 showPptList()方法，该方法主要是从数据库中获取 ppt 的相关信息，然后放入值栈。其代码如下：

```
public String showPptList() throws Exception {
    ActionContext context=ActionContext.getContext();
    List<Ppt> lst=PptDao.GetPptList();              //从数据库中取出 ppt 的信息
    context.put("lst", lst);                        //将 ppt 信息放入值栈中
    return "pptlist";
}
```

从上面可以看到，一个 list 集合放入了值栈，在返回的页面中通过读取这些值就可以显示相关信息，返回的页面为 user/pptlist.jsp，该页面的核心代码片段如下：

```
<s:iterator var="ppt" value="#lst">
    <tr>
        <td bgcolor="#ffffff" align="center">
            <div class="style3"><%=num++%></div>
        </td>
        <td bgcolor="#ffffff" align="center">
            <div class="style3">
                <s:property value="#ppt.name"></s:property>
            </div>
        </td>
```

```
        <td bgcolor="#ffffff" align="center">
            <div class="style3">
                <s:a action="userppt!pptDownload.action">
                        下载
                    <s:param name="id">${ppt.id}</s:param>
                </s:a>
            </div>
        </td>
    </tr>
</s:iterator>
```

上面代码通过遍历 list 集合取出每一个元素来显示 ppt 信息。

对于电子教程可以将其下载，当单击电子教程列表中的“下载”链接时，就会访问名为 userppt 的 Action，调用该 Action 中的 pptDownload()方法，实现下载功能的代码片段如下：

```
public class PptAction extends ActionSupport{
    private String path;                            //path 属性
    private String filename;                        //filename 属性
    private File ppt;                               //ppt 属性，存放下载文件
    private String pptFileName;
    //这里省略了各个属性的 setter 和 getter 方法
    public java.io.InputStream getDownloadFile()throws Exception {
    //得到下载需要用到的流
    InputStream in= ServletActionContext.getServletContext().
    getResourceAsStream(getPath());
     return in;
    }
    public String pptDownload() throws Exception {
        HttpServletRequest request=ServletActionContext.getRequest();
        String id=request.getParameter("id");  //得到 id
        //从数据库中得到 ppt
        Ppt ppt=PptDao.GetPpt(Integer.parseInt(id));
        filename=ppt.getName();
        path=ppt.getPath();
        return SUCCESS;
    }
    //这里省略了其他方法
}
```

要下载文件的 struts.xml 文件中的配置如下：

```
<action name="userppt" class="com.action.PptAction">
    <result name="pptlist">/user/pptlist.jsp</result>
    <result name="success" type="stream">
        <!-- 下载文件处理方法 -->
        <param name="contentDisposition">
            attachment;filename="${filename}"
         </param>
        <param name="inputName">downloadFile</param>
                                                    <!-- 下载文件输出流定义 -->
        <param name="bufferSize">1024000</param>
                                                    <!--下载文件大小-->
    </result>
</action>
```

从上面代码可以看到，用户首先调用 pptDownload()方法，找到要下载的文件名和路径，

然后再下载。

10.4　项目实例后台功能具体实现

在 10.3 节中介绍了项目实例前台功能的具体实现，本节将介绍项目实例后台功能的具体实现。本节会按照各个功能模块来分别介绍，主要是管理员登录、首页管理、用户管理、教师管理、课件管理、参考书籍管理这几个模块，下面来具体介绍。

10.4.1　管理员登录功能

管理员登录页面是 admin/index.jsp，该页面核心代码如下：

```
<s:form action="admin" id="login" theme="simple">
    <table>
        <tr>
            <td background="images/login_07.gif" height="84px">

                <table>
                    <tr height="30px">
                        <td>
                            用户名：
                        </td>
                        <td>
                            <input type="text" name="name" />
                        </td>
                    </tr>
                    <tr height="30px">
                        <td>
                            密   码：
                        </td>
                        <td>
                            <input type="password" name="pwd" />
                        </td>
                    </tr>
                </table>
            </td>
            <td height="84px">
                <div id="center_middle_right"></div>
            </td>
            <td background="images/login_09.gif" height="84px">
                <table style="margin-top: 0px;">
                    <s:submit type="image" src="images/dl.gif" id="id_log"
                    method="adminLogin">
                    </s:submit>
                </table>
                <img src="images/cz.gif" width="60" height="20" onclick=
                "form_reset()"
                style="margin-left: 3px; margin-top: 6px;">
            </td>
        </tr>
    </table>
</s:form>
```

由上面的代码可以看到，当输入管理员用户名和密码后，提交表单的 Action 为 admin，该 Action 对应的 Java 类是 Login，然后调用其中的 adminLogin()方法，该方法代码片段如下：

```
public String adminLogin() {
    HttpServletRequest request = ServletActionContext.getRequest();
    String name = request.getParameter("name");     //获取提交表单信息
    String password = request.getParameter("pwd");
    //从数据库中查找是否登录
    if(AdminDao.login(name, password))
    {
        return "success";                           //返回 SUCCESS
    }else {
        return "loginerror";                        //返回 loginerror
    }
}
```

从上面代码可以看到，根据在数据库中的查找情况，来判断登录输入是否正确，如果正确，则返回 SUCCESS，否则返回 loginerror。

10.4.2　首页管理功能

在后台系统中，当管理员单击“首页管理”链接时，访问的是名为 firstpage 的 Action，该 Action 对应的 Java 类为 FirstPageAction，然后调用该类的 adminShowFirstPage()方法，该方法的代码片段如下：

```
public static String adminShowFirstPage() {
    ActionContext context=ActionContext.getContext();
    Firstpage firstpage=FirstPageDao.getFirstpageById(1);
                                                //从数据库中获取首页内容
    context.put("firstpage", firstpage);        //放入值栈
    return "firstpage";                         //返回 firstpage
}
```

可以看到该方法从数据库中获取首页内容信息，然后将其放入值栈中。然后在返回的页面中输出，该页面是 admin/firstpage.jsp，该页面的核心代码信息如下：

```
<table width="100%" border="0" cellpadding="0" cellspacing="1" bgcolor=
"#a8c7ce">
    <tr>
        <td></td>
        <td></td>
        <td bgcolor="#a8c7ce" align="right">
            <div class="style3">
                <s:a action="firstpage" method="modifyfirstpage">
                    修改主页文本内容
                    <s:param name="id">1</s:param>
                </s:a>
            </div>
        </td>
    </tr>
    <tr>
        <td bgcolor="d3eaef" align="center" width="600" colspan="3">
            <div class="style2">
```

```
                内容
            </div>
        </td>
    </tr>
    <tr>
        <td bgcolor="#ffffff" align="left" rowspan="10" valign="top"
        colspan="3">
            <div class="style3">
                <s:property value="#firstpage.description"></s:property>
            </div>
        </td>
    </tr>
</table>
```

上面可以看到，该页面输出了首页内容信息，然后还有修改首页的链接，单击该链接返回修改首页页面 editfirstpage.jsp，该页面的核心代码信息如下：

```
<s:form action="firstpage" name="frm" enctype="multipart/form-data">
    <table  width="100%"  border="0"  align="center"  cellpadding="0"
cellspacing="1" bgcolor="#e1e2e3">
        <tr height="100px">
            <td bgcolor="#ffffff" width="40%" align="right">
                <div class="style3" style="margin-right: 20px">
                        修改内容:
                </div>
            </td>
            <td bgcolor="#ffffff">
                <s:textarea value="%{#request.firstpage.description}"
                name="content" theme="simple" id="txtarea"></s:textarea>
            </td>
        </tr>
        <tr>
            <td bgcolor="#ffffff" colspan="2">
                <input type="hidden" value="${requestScope.firstpage.id}"
                name="id" />
                <input type="hidden" value="1" name="pagecode" />
                <div align="center" class="style3">
                    <s:submit type="image" src="images/admin/submit.png"
                    onclick="return check();" id="sub" method=
                    "saveFirstpage" theme="simple" />
                    <a href="javascript:history.go(-1);">
                        <img src="images/tupian/houtui.png" />
                    </a>
                </div>
            </td>
        </tr>
    </table>
</s:form>
```

在该页面中，有一个表单需要提交，即首页内容信息的提交，要访问的是名为 firstpage 的 Action，然后调用该 Action 的 saveFirstPage()方法，该方法代码片段如下：

```
public String saveFirstpage() throws Exception {
    ActionContext context=ActionContext.getContext();
    HttpServletRequest request = ServletActionContext.getRequest();
    String content= request.getParameter("content");   //获取表单提交信息
    Firstpage firstpage = FirstPageDao.getFirstpageById(1);
                                                    //从数据库取得首页内容
    firstpage.setDescription(content);
```

```
    FirstPageDao.updateFirstPage(firstpage);          //更新数据库信息
    context.put("firstpage", firstpage);              //放入值栈
    return "firstpage";                               //返回 fristpage
}
```

该方法获取表单提交的信息，然后将其保存在数据库中，再取出放入值栈中，返回到首页管理的页面。

10.4.3　用户管理功能

当管理员单击“用户列表”链接时，会访问名为 useraction 的 Action，该 Action 对应的 Java 类是 UserAction，然后访问该 Action 的 showUserList()方法，该方法的代码片段如下：

```
public String showUserList()throws Exception{
    ActionContext context=ActionContext.getContext();
    List<User> userList=UserDao.getUserList(); //从数据库中取得 user 集合
    context.put("userlist", userList);         //放入值栈
    return "user";                             //返回 user
}
```

从上面代码可以看到，该方法首先从数据库中得到所有用户信息并放入一个集合中，然后将这个集合放入值栈中，返回页面 user.jsp，该页面核心代码如下：

```
<table width="100%" border="0" cellpadding="0" cellspacing="1" bgcolor=
"#a8c7ce">
    <tr height="50px" >
        <td bgcolor="d3eaef" align="right" colspan="4" >
            <div style="margin-right:20px;">
                <s:a action="useraction" method="toAddUser">
                    添加用户
                </s:a>
            </div>
        </td>
    </tr>
    <tr>
        <td bgcolor="d3eaef" align="center">
            <div class="style2">
                编号
            </div>
        </td>
        <td bgcolor="d3eaef" align="center" width="200px">
            <div class="style2">
                学号
            </div>
        </td>
        <td bgcolor="d3eaef" align="center">
            <div class="style2">
                名字
            </div>
        </td>
        <td bgcolor="d3eaef" align="center">
            <div class="style2">
                操作
            </div>
```

```
        </td>
    </tr>
    <%
        //编号
        int num = 1;
    %>
    <s:iterator var="user" value="#request.userlist">
    <tr>
        <td bgcolor="#ffffff" align="center">
            <div class="style3"><%=num++%></div>
        </td>
        <td bgcolor="#ffffff" align="center">
            <div class="style3">
                <s:property value="#user.num"></s:property>
            </div>
        </td>
        <td bgcolor="#ffffff" align="center">
            <div class="style3">
                <s:property value="#user.name"></s:property>
            </div>
        </td>
        <td bgcolor="#ffffff" align="center">
            <div class="style3">
                <s:a action="useraction" method="delUser">
                    删除
                    <s:param name="id">${user.id}</s:param>
                </s:a>
            </div>
        </td>
    </tr>
    </s:iterator>
</table>
```

从上面代码可以看到，用 Struts 2 标签遍历 list 集合元素，然后输出各个用户信息。另外，在该页面可以删除用户，单击“删除”链接访问 userAction 中的 delUser()方法，该方法代码片段如下：

```
public String delUser()throws Exception{
    ActionContext context=ActionContext.getContext();
    HttpServletRequest request=ServletActionContext.getRequest();
    String id=request.getParameter("id");           //获取传递 id 值
    UserDao.deleteUser(Integer.parseInt(id));       //根据 id 值删除 user
    List<User> userList=UserDao.getUserList();      //从数据库中取得 user 集合
    context.put("userlist", userList);              //放入值栈
    return "user";                                  //返回 user
}
```

在上面代码中，先获取用户的 id，然后根据它来删除用户，然后再获取所有用户放入值栈，返回用户列表页面。也可以添加用户，单击“添加用户”链接，进入添加用户页面，该页面核心代码如下：

```
<s:form action="useraction" theme="simple">
    <table width="100%" border="0" cellpadding="0" cellspacing="1"
    bgcolor="#a8c7ce">
        <tr height="50px">
            <td bgcolor="#ffffff" align="center" width="60px">
                <div class="style2">学号：</div>
            </td >
            <td bgcolor="#ffffff"  width="60px">
```

```
            <div class="style2">
                <s:textfield name="num" theme="simple"></s:textfield>
            </div>
        </td >
    </tr>
    <tr>
        <td bgcolor="#ffffff" align="center" width="150px">
            <div class="style2">姓名: </div>
        </td >
        <td bgcolor="#ffffff"  width="150px">
            <div class="style2">
                <s:textfield name="name" theme="simple">
                </s:textfield>
            </div>
        </td >
    </tr>
    <tr>
        <td bgcolor="#ffffff" align="center" width="200px">
            <div class="style2">密码: </div>
        </td>
        <td bgcolor="#ffffff" width="200px">
            <div class="style2">
                <s:password name="pwd" theme="simple"></s:password>
             </div>
        </td>
    </tr>
    <tr>
        <td bgcolor="#ffffff" align="center" width="200px">
            <div class="style2">重复密码: </div>
        </td>
        <td bgcolor="#ffffff" width="200px">
            <div class="style2">
                <s:password name="repwd" theme="simple"></s:password>
            </div>
        </td>
    </tr>
    <tr height="50px">
        <td colspan="2" bgcolor="#ffffff" align="center">
            <div class="style2">
                <s:submit value="提交" method="addUser" theme="simple"
                onclick="return             check();"></s:submit>
            </div>
        </td>
    </tr>
  </table>
</s:form>
```

由上面代码可以看到，添加用户表单提交到 useraction，然后调用 addUser()方法来实现添加用户的逻辑，其代码片段如下：

```
public String addUser()throws Exception{
    ActionContext context=ActionContext.getContext();
    HttpServletRequest request=ServletActionContext.getRequest();
    String num=request.getParameter("num");          //获取表单信息
    String name=request.getParameter("name");
    String pwd=request.getParameter("pwd");
    UserDao.addUser(num, name, pwd);                 //在数据库中添加用户
    List<User> userList=UserDao.getUserList();       //在数据库中获取用户
    context.put("userlist", userList);               //放入值栈
    return "user";                                   //返回 user
```

```
}
```

在上面代码中，首先取得表单提交信息，然后将其添加到数据库中，再取得所有用户信息，放入值栈中，返回用户列表页面。

10.4.4　教师管理功能

教师管理功能主要是其修改教师信息功能，当要修改教师信息时，就进入教师信息修改页面，该页面是 admin/correctteacher.jsp，该页面的核心代码如下：

```
<s:form action="adminteacher.action" enctype="multipart/form-data"
method="post" id="uploadfile_id">
    <table width="100%" border="0" align="center" cellpadding="0"
    cellspacing="1" bgcolor="#e1e2e3">
        <tr height="50px">
            <td bgcolor="#ffffff" width="50%" align="right">
                <div class="style3">
                    教师名:
                </div>
            </td>
            <td bgcolor="#ffffff">
                <div class="style5">
                    <input type="text" name="name" id="name_id" style=
                    "width: 200" />
                        <font color="#CC0033 " size="2"><span id="result1">
                        </span>
                        </font><font color="red">*</font>
                </div>
            </td>
        </tr>
        <tr height="50px">
            <td bgcolor="#ffffff" width="50%" align="right">
                <div class="style3">
                    性别:
                </div>
            </td>
            <td bgcolor="#ffffff">
                <div class="style5">
                    <input type="text" name="sex" id="price_id" style=
                    "width: 200" />
                    <font color="#CC0033 " size="2"><span id="result2">
                    </span>
                    </font>
                    <font color="red">*</font>
                </div>
            </td>
        </tr>
        <tr height="50px">
            <td bgcolor="#ffffff" width="50%" align="right">
                <div class="style3">
                    学位:
                </div>
            </td>
            <td bgcolor="#ffffff">
                <div class="style5">
                    <input type="text" name="degree" id="sellPrice_id"
                    style="width: 200" />
                    <font color="#CC0033 " size="2"><span id=
```

```
                "result3"></span>
                </font>
                <font color="red">*</font>
            </div>
        </td>
    </tr>
    <tr height="50px">
        <td bgcolor="#ffffff" width="50%" align="right">
            <div class="style3">
                职位：
            </div>
        </td>
        <td bgcolor="#ffffff">
            <div class="style5">
                <input type="text" name="position" id="discount_id"
                style="width: 200" />
                <font color="#CC0033 " size="2"><span id=
                "result4"></span>
                </font>
                <font color="red">*</font>
            </div>
        </td>
    </tr>
    <tr height="50px">
        <td bgcolor="#ffffff" width="50%" align="right">
            <div class="style3">
                教育背景：
            </div>
        </td>
        <td bgcolor="#ffffff">
            <div class="style5">
                <input type="text" name="eduBackground" id=
                "storage_id" style="width: 200" />
                <font color="#CC0033 " size="2"><span id=
                "result5"></span>
                </font>
                <font color="red">*</font>
            </div>
        </td>
    </tr>
    <tr height="50px">
        <td bgcolor="#ffffff" width="50%" align="right">
            <div class="style3">
                所在学院：
            </div>
        </td>
        <td bgcolor="#ffffff">
            <div class="style5">
                <input class="Wdate" type="text" name="college"
                    id="tradeStartDate_id" style="width: 200" />
                <font color="#CC0033 " size="2"><span id=
                "result6"></span>
                </font>
                <font color="red">*</font>
            </div>
        </td>
    </tr>
    <tr height="50px">
        <td bgcolor="#ffffff" width="50%" align="right">
            <div class="style3">
```

```
                联系地址：
            </div>
        </td>
        <td bgcolor="#ffffff">
            <div class="style5">
                <input class="Wdate" type="text" name="address"
                    id="tradeEndDate_id" style="width: 200" />
                <font color="#CC0033 " size="2"><span id="result7">
                </span>
                </font>
                <font color="red">*</font>
            </div>
        </td>
    </tr>
    <tr height="50px">
        <td bgcolor="#ffffff" width="50%" align="right">
            <div class="style3">
                学术方向：
            </div>
        </td>
        <td bgcolor="#ffffff">
            <div class="style5">
                <input class="Wdate" type="text" name="direction"
                    id="consumeStartDate_id" style="width: 200" />
                <font color="#CC0033 " size="2"><span id="result8">
                </span>
                </font>
                <font color="red">*</font>
            </div>
        </td>
    </tr>
    <tr height="50px">
        <td bgcolor="#ffffff" width="50%" align="right">
            <div class="style3">
                简介：
            </div>
        </td>
        <td bgcolor="#ffffff">
            <div class="style5">
                <s:textarea type="" name="intro"
                    id="consumeEndDate_id" style="width: 200" theme=
                    "simple"/>
                <font color="#CC0033 " size="2"><span id="result9">
                </span>
                </font>
                <font color="red">*</font>
            </div>
        </td>
    </tr>
    <tr height="50px">
        <td bgcolor="#ffffff" width="50%" align="right">
            <div class="style3">
                学术成就：
            </div>
        </td>
        <td bgcolor="#ffffff">
            <div class="style5">
                <s:textarea name="achievement" id="keywords_id"
                    style="width: 200" theme="simple"/>
                <font color="#CC0033 " size="2"><span id="result10">
```

```
                    </span>
                    </font>
                        <font color="red">*</font>
                    </div>
            </td>
        </tr>
        <tr height="50px">
            <td bgcolor="#ffffff" width="50%" align="right">
                <div class="style3">
                    照片：
                </div>
            </td>
            <td bgcolor="#ffffff">
                <div class="style5">
                    <s:file name="uploadPhoto" theme="simple"/>
                    <font color="red">*</font>
                </div>
            </td>
        </tr>
    </table>
    <table align="center">
    <tr>
        <td align="center">
        <s:submit type="image" src="images/admin/submit.png" id="sub"
            method="correctTeacher" theme="simple" />
</s:form>
```

由上面代码可以看到，提交的教师信息表单到名为 adminteacher 的 Action，然后访问其中的 correctTeacher()方法，需要注意的是该表单中需要上传教师照片文件，因此，需要用到上传文件这个功能，下面是该方法及上传文件的代码片段：

```
public class TeacherAction extends ActionSupport{
    private File uploadPhoto;                   //用户上传的照片文件
    private String uploadPhotoFileName;         //上传文件的文件名
    …
    //此处省略了属性的 getter 和 setter 方法
    public String correctTeacher() throws Exception {
        HttpServletRequest request = ServletActionContext.getRequest();
        //获取表单提交信息
        String name = request.getParameter("name");
        String sex = request.getParameter("sex");
        String degree = request.getParameter("degree");
        String position = request.getParameter("position");
        String eduBackground = request.getParameter("eduBackground");
        String college = request.getParameter("college");
        String address = request.getParameter("address");
        String direction = request.getParameter("direction");
        String intro = request.getParameter("intro");
        String achievement = request.getParameter("achievement");
        if (uploadPhoto == null)
            return "error";
        //获取存放路径
        String serverRealPath = ServletActionContext.getServletContext()
                .getRealPath("/upload/teacher") + "\\" +
                uploadPhotoFileName;
        File picFile = new File(serverRealPath);
        FileUtils.copyFile(uploadPhoto, picFile);  //上传文件复制到指定位置
        String path = "upload/teacher/" + uploadPhotoFileName;
        Teacher teacher = TeacherDao.getTeacher();
```

```
                                               //从数据库中获取 teacher
        //更新 teacher
        teacher.setAchievement(achievement);
        teacher.setAddress(address);
        teacher.setCollege(college);
        teacher.setDegree(degree);
        teacher.setDirection(direction);
        teacher.setEduBackground(eduBackground);
        teacher.setIntro(intro);
        teacher.setName(name);
        teacher.setPosition(position);
        teacher.setSex(sex);
        teacher.setPhoto(path);
        ActionContext actioncontext = ActionContext.getContext();
        TeacherDao.InsertTeacher(teacher);
        ActionContext context=ActionContext.getContext(); //更新数据库信息
        teacher=TeacherDao.getTeacher();                  //得到 teacher
        context.put("teacher", teacher);                  //放入值栈
        return SUCCESS;
    }
}
```

由上面代码可以看到，将文件上传到指定目录用了 FileUtils 类的 copyFile()方法。然后获取表单提交信息，将数据库中的教师信息更新。

10.4.5　课件管理功能

课件管理功能主要有删除和添加课件，当管理员在课件列表中单击“删除”链接时，会访问名为 adminppt 的 Action，调用 delPpt()方法，该方法代码如下：

```
public String delPpt() throws Exception {
    HttpServletRequest request=ServletActionContext.getRequest();
    //获取传递 id 值
    String id=request.getParameter("pptid");
    //根据 id 值删除 ppt
    PptDao.deletePpt(Integer.parseInt(id));
    ActionContext context=ActionContext.getContext();
    //从数据库中获取 ppt 集合
    List<Ppt> lst=PptDao.GetPptList();
    //放入值栈
    context.put("lst", lst);
    return "pptlist";
}
```

由上面代码可以看到，根据 id 来删除数据库中的 ppt，然后从数据库中得到所有 ppt，将其放入值栈，返回电子课件列表页面。

当进入添加电子课件页面时，该页面为 admin/addppt.jsp，其核心代码如下：

```
<s:form action="adminppt.action" enctype="multipart/form-data" method=
"post">
    <s:file name="ppt" label="选择文件" />
    <s:submit value="上传" method="savePpt" />
</s:form>
```

由上面代码可以看到，该页面主要是上传文件，表单提交访问名为 adminppt 的 Action，然后调用 savePpt()方法，该方法代码如下：

```
…
//此处省略了一些属性和方法
public String savePpt()throws Exception{
    //判断 ppt 是否为空
    if (ppt == null)
        return "error";
    //获取存放路径
    String serverRealPath = ServletActionContext.getServletContext()
              .getRealPath("/upload/ppt") + "\\" + pptFileName;
    File uploadFile = new File(serverRealPath);
    FileUtils.copyFile(ppt, uploadFile);                        //复制文件
    String dateBasepath = "/upload/ppt/" + pptFileName;
    PptDao.savePpt(pptFileName, dateBasepath);                  //保存 ppt
    ActionContext context=ActionContext.getContext();
    List<Ppt> lst=PptDao.GetPptList();                          //获取 ppt 集合
    context.put("lst", lst);                                    //放入值栈
    return "pptlist";
}
```

可以看到，这里主要是将上传的文件复制到指定位置，然后将其相关信息存放到数据库中。

10.4.6　参考书籍功能

参考书籍功能主要有删除和添加两个功能，当管理员进入参考书籍管理页面后，可以单击参考书籍列表中的“删除”链接，删除相应的书籍信息，这时会访问名为 referbook 的 Action，然后调用该 Action 的 deleteBook()方法，该方法的代码如下：

```
public String deleteBook()throws Exception{
    ActionContext context=ActionContext.getContext();
    HttpServletRequest request=ServletActionContext.getRequest();
    String id=request.getParameter("bookid");        //获取字符串的 id 值
    BookDao.deleteBook(Integer.parseInt(id));        //删除数据库中的 book
    List<Book> lst=BookDao.GetBookList();            //从数据库中获取 book 集合
    context.put("lst", lst);                         //放入值栈
    return "booklist";
}
```

可以看到该方法通过 id 来删除数据库中的数据，然后取出所有的书籍信息，放入值栈，返回书籍列表页面。

当管理员进入添加书籍的页面后，提交数据后就能在数据库中添加书籍信息。

10.5　本 章 小 结

本章主要以实例来介绍了 Struts 2 框架的运用，该实例根据功能划分为前台和后台两个系统，前台系统主要有用户登录、首页、教师介绍、相关书籍、电子教程这几个功能模块；后台主要有管理员登录、首页管理、用户管理、教师管理、课件管理、参考书籍管理这几个功能模块。读者在学习的时候可以结合本书附带代码来学习。

第3篇　持久层框架 Hibernate 技术

第 11 章　Hibernate 快速上手

学习了经典的 MVC 框架 Struts 2 之后，从本章开始将介绍目前主流的持久化技术框架——Hibernate。在介绍 Hibernate 之前，先引入 Java 对象持久化和持久层的概念。在此基础上，探讨软件的分层体系结构及 Hibernate 在分层结构中所处的地位和位置；接着介绍 Hibernate 的工作原理。

在本章的 11.2 节将会介绍使用 Hibernate 开发时需要做的一些准备工作，包括 Hibernate 开发包的下载，在 Eclipse 中安装 Hibernate Tools 插件及部署 MySQL JDBC 驱动。最后通过开发实例来全面了解 Hibernate 的完整开发过程，具体内容如下：

- 持久层概述，包括对象的持久化、分层体系结构和持久化层、对象关系映射 ORM。
- Hibernate 简介。
- Hibernate 的工作原理。
- Hibernate 开发准备。
- Hibernate 开发实例。

11.1　Hibernate 开发基础

要掌握 Hibernate，就要先了解持久层的相关概念和术语。本章从持久化的概念入手，先引出了持久化对象，接着详述了软件分层思想的发展过程，并由此可知 Hibernate 在软件分层体系结构中所处的位置。在掌握了持久层的相关概念以后，开始学习 Hibernate 的下载、安装和配置方法。最后通过实例详解使用 Hibernate 进行持久层开发的全过程。

11.1.1　持久层概述

分层结构是软件设计中一种重要的思想。持久层就是在软件的三层体系结构的基础上发展起来的，它以解决对象和关系这两大领域之间存在的不匹配问题为目标，为对象-关系数据库之间提供了一个成功的映射解决方案。本小节将围绕持久层介绍一些相关概念，下面先从持久化对象开始讲解。

1. 持久化对象

我们已经知道，程序运行期间的数据都是保存在内存中的。由于内存是易失性存储器，其中的数据掉电后就会丢失，但一些重要的数据需要长久保存以供使用，显然，仅依靠内存无法实现数据的长期保存。为解决该问题，在计算机领域引入了持久化的概念。

持久化（Persistent）指的是将内存中的数据保存到磁盘等存储设备中。几乎所有的应用系统都需要持久化数据。可以想象，如果一个信息系统不能保存业务数据，那么这个系统也就没有什么实用价值了。因此，如何对项目中的业务数据进行持久化就显得尤为重要。持久化的实现过程大多是通过各种关系型数据库来完成的。

持久化对象是指已经存储到数据库或磁盘中的业务对象。为了保证一个对象持久存在，必须将其状态保存到非易失性的存储设备中。持久化对象可以在创建它的程序的作用域之外保持其自身的状态。不同对象有不同的存在状态，状态数据都存放在对象的实例变量中。位于内存堆空间中的对象掉电后会丢失，因此，为了长久保存对象的状态，并在需要时能够方便地从设备上提取对象数据，就需要对它们进行持久化操作。

在 Java 中对对象持久化的方式有 3 种：

- 序列化对象，将对象存放到格式化的文本文件中。
- 将对象持久化到 XML 文档中。
- 将对象持久化到数据库中，一般为关系数据库。

关系数据库中遵循的一条重要原则就是“数据独立性”，即数据可以独立于应用程序而存在。由此可知，数据可以比任何应用都存在得更持久。同时，不同的应用也可以共享数据库中的数据。

前两种方式不是我们讨论的范畴，本书中讨论持久层时指的都是第 3 种方式，即将对象持久化到数据库中。

2. 分层体系结构和持久层

随着计算机应用软件的不断发展，应用程序从最初的单层结构逐渐演变为双层结构。分层也成为了软件设计中一种重要的思想。双层结构分为应用层和数据库层，如图 11.1 所示。在双层结构中，用户界面和业务逻辑都由应用层负责实现，数据库层只负责存放持久化的数据。这样，同一个程序文件中用户界面代码和业务逻辑代码会混合出现，显然会产生程序结构不清晰、维护困难等问题，而且不熟悉编程语言的美工人员也无法参与到软件开发过程中来。这些问题促使了应用层的再次划分，将用户界面的设计从业务逻辑层中独立出来，形成单独的一层——表示层。经过再次划分后的软件结构就从双层结构变成了经典的三层结构。

经典的软件应用体系结构有三层、表示层、业务逻辑层和数据库层，如图 11.2 所示。

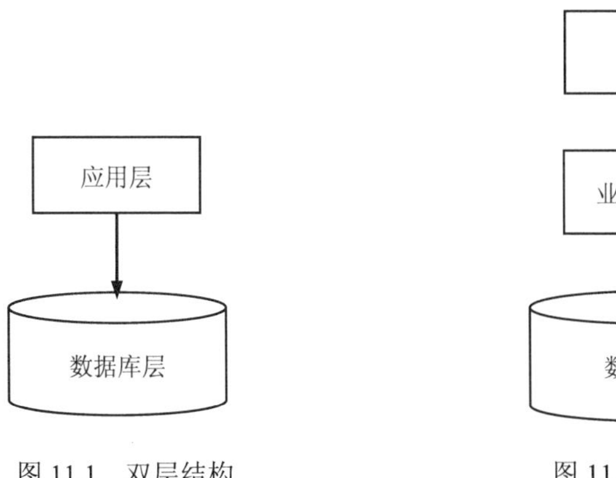

图 11.1　双层结构　　　　图 11.2　三层结构

各层主要完成的功能说明如下：

- 表示层：提供了与用户交互的接口。实现用户操作界面，展示用户需要的数据。
- 业务逻辑层：完成业务流程，处理表示层提交的数据请求，并将要保存的数据提交给数据库。
- 数据库层：存储需要持久化的业务数据。数据库独立于应用，它提供了系统状态的一种持久化表现形式。

在上面的 3 层软件体系结构中，业务逻辑层除了负责业务逻辑以外，还要负责相关的数据库操作，即对业务数据的增、删、查、改。为了使业务逻辑层的开发人员能真正专注于业务逻辑的开发，不纠缠于底层的实现细节，可以把数据访问从业务逻辑中分离开来，形成一个新的、单独的持久化层。增加了持久层以后，3 层的软件体系结构就变成了 4 层，如图 11.3 所示。

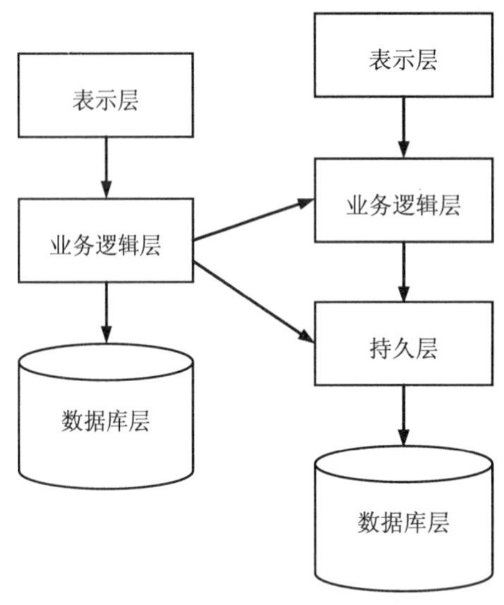

图 11.3　增加了持久层的软件体系结构

持久层对数据访问逻辑进行了抽象，业务层通过持久层提供的数据访问接口来访问底层数据库中的数据。这不仅将应用开发人员从底层操作中解放出来，而且业务逻辑也更加清晰。同时，由于业务逻辑与数据访问分离开来，使得开发人员的分工可以更加细化。某些数据库领域比较精通的开发人员可以专门负责持久层的数据库访问操作，而对业务流程比较熟悉的开发人员可以避开繁琐的数据库访问细节，只实现业务逻辑。

要注意的是，持久层中“层”的含义。对于大多数应用系统而言，数据的持久化都是必不可少的功能。而持久层意味着，在整个系统架构中，需要有一个相对独立的逻辑层面，这个层面专门负责数据持久化逻辑的实现。相对于系统其他部分而言，这个层面应该具有较为清晰和严格的逻辑边界。

3．持久层的实现

持久层的实现是和数据库紧密相连的。在 Java 领域内，访问数据库的通常做法是使用 JDBC。JDBC 使用灵活而且访问速度快，但 JDBC 不仅需要操作对象，还需要操作关系，并不是完全的面向对象编程。

近年来又涌现出了许多新的持久层框架，这些框架为持久层的实现提供了更多的选择。目前主流的持久层框架包括：Hibernate、iBatis，JDO 等。这些框架都对 JDBC 进行了封装，使得业务逻辑的开发人员不再面对关系型操作，简化了持久层的开发。

4．对象关系映射ORM

面向对象的开发方法是现今企业级应用开发中的主流开发方法，关系数据库是企业级应用环境中永久存放数据的主流数据库管理系统。在软件开发过程中，对象和关系数据是业务实体的两种不同的表现形式，业务实体在内存中的存在形式为对象，要想将业务实体永久存储则只能将其放入关系数据库，在关系数据库中它以关系数据的形式存在。由面向对象基本理论知道，内存中的对象之间是存在着关联和继承关系的，而在关系数据库中，数据之间无法直接表达多对多关联和继承关系。

为了将面向对象与关系数据库之间的差别屏蔽掉，使得开发人员可以用面向对象的思想来操作关系数据库，对象-关系映射组件就应运而生了。

对象-关系映射（Object/Relation Mapping，简称 ORM）实现了 Java 应用中的对象到关系数据库中表的自动持久化，并使用元数据来描述对象和数据库之间的映射关系。元数据通常采用 XML 格式。

本质上，ORM 完成的是将数据从一种表现形式转换为另一种表现形式。因此，对象-关系映射（ORM）系统一般以中间件的形式存在，主要实现程序对象到关系数据库数据的映射关系。Hibernate 就是一种实现了 ORM 的框架。如图 11.4 所示为 ORM 的示意图。

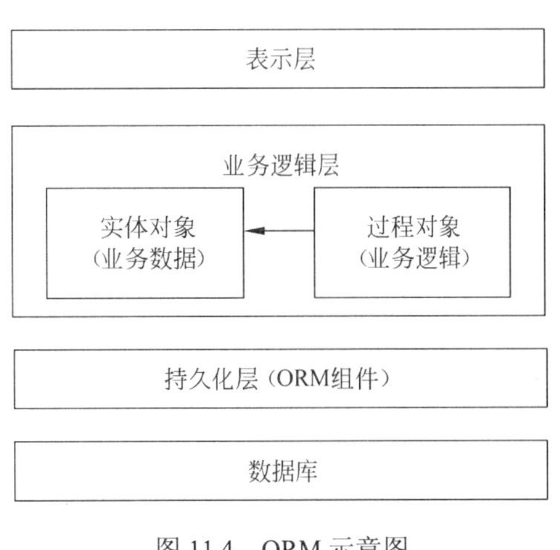

图 11.4　ORM 示意图

11.1.2　Hibernate 简介

Hibernate 是一个开放源码的对象-关系映射（ORM）框架，它对 JDBC 进行了轻量级封装，开发人员可以使用面向对象的编程思想来进行持久层开发，操作数据库。还可以使用 Hibernate 提供的 HQL（Hibernate Query Language）直接从数据库中获得 Java 对象。

2001 年末，Hibernate 发布了第一个正式版本。该版本发布后受到了开发人员的一致好评。之后，Hibernate 势不可挡，不断推出新的版本，成长速度惊人。一直到 2003 年 6 月，Hibernate 2 发布了，由于该版本对各主流数据库提供的完美支持以及完善的开发文档，使其一跃成为最流行的持久层开发工具。甚至著名的开源组织 JBoss 也将其吸收进来，用来实现自己项目中的 ORM 框架。2005 年 3 月 Hibernate 3 的发布成为 Hibernate 发展史上的一个里程碑，使 Hibernate 进入了一个新的发展阶段。Hibernate 3 对各种数据库的支持更加完备，性能更加优良，技术文档也更加丰富，Hibernate 无疑已经占据了持久层设计领域的主导地位。

Hibernate 的体系结构可用图 11.5 进行说明。

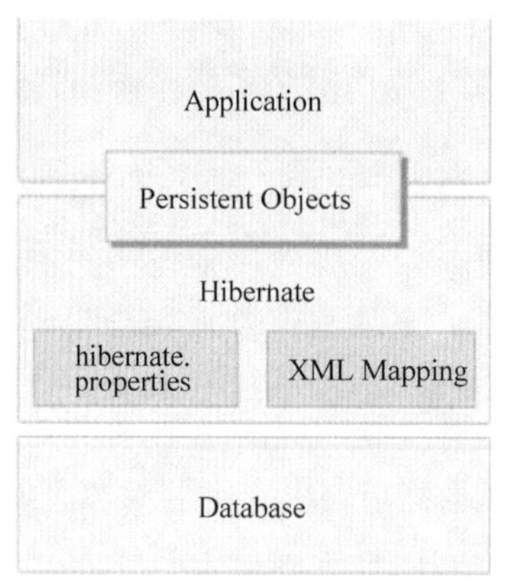

图 11.5　Hibernate 体系结构图

通过图 11.5 可以看出，在使用 Hibernate 进行开发时，需要一个配置文件 hibernate.properties，该文件用于配置 Hibernate 和底层数据库的连接信息。同时，还需要一个或多个 XML 映射文件，用来完成持久化类和数据表之间的映射关系。

注意：Hibernate 中可以采取两种形式的配置文件，一种是 hibernate.properties 文件，还有一种是 XML 形式的配置文件，一般命名为 hibernate.cfg.xml。这两种文件本质上是一样的，都可以完成对 Hibernate 的配置工作，但在实际中，更多的使用的是 XML 形式的配置文件。

11.1.3　Hibernate 的工作原理

作为一个优秀的持久层框架，Hibernate 的使用相当容易上手，而且它还可以和 Struts 和 Spring 等框架结合起来作为整个系统的解决方案，那么它的实现原理是否非常复杂呢？下面我们就来看看 Hibernate 是如何实现 ORM 框架的。

Hibernate 开发过程中会用到 5 个核心接口，分别为：Configuration 接口、SessionFactory 接口、Session 接口、Transaction 接口和用于数据查询的 Query 接口。通过这些接口，可以对持久化对象进行操作，还可以进行事务控制。Hibernate 就是通过这些接口来进行持久化工作的。

Hibernate 的工作原理如图 11.6 所示。下面结合图 11.6 先介绍一下 Hibernate 进行持久化操作的主要步骤。对每个接口的详细说明会在后续内容中进行介绍。

（1）Hibernate 的初始化，创建 Configuration 对象。

这一步用来读取 XML 配置文件和映射文件的信息到 Configuration 对象的属性中。具体为：

① 从 Hibernate 配置文件 Hibernate.cfg.xml 中读取配置信息，存放到 Configuration 对象（内存）中。

② 根据配置文件中的 mapping 元素加载所有实体类对应的映射文件到 Configuration

对象中。

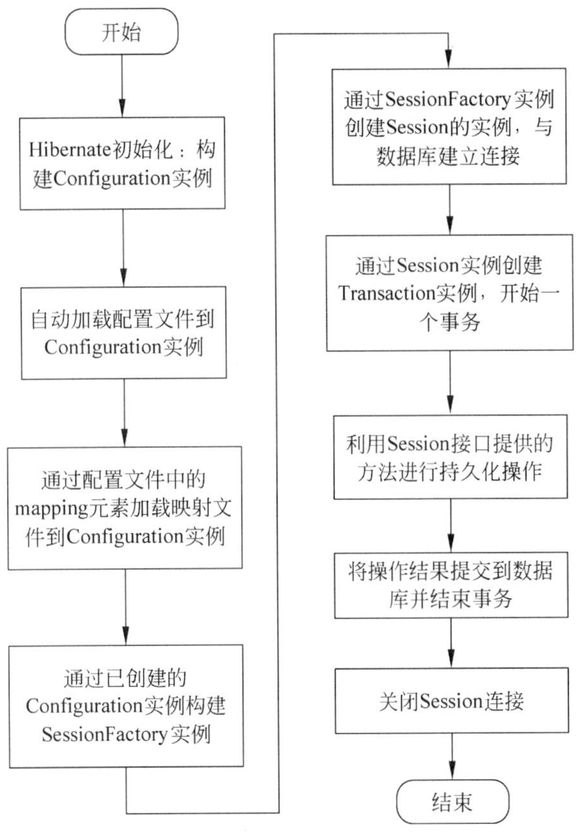

图 11.6　Hibernate 工作原理图

（2）创建 SessionFactory 实例。

通过 Configuration 对象读取到的配置文件信息创建 SessionFactory，即将 Configuration 对象内的配置信息存入 SessionFactory 的内存（属性）中。SessionFactory 充当数据存储源的代理，并负责创建 Session 对象。得到 SessionFactory 对象后，Configuration 对象的使命就结束了。

（3）创建 Session 实例，建立数据库连接。

Session 通过 SessionFactory 打开，创建一个 Session 对象就相当于与数据库建立了一个新的连接。Session 对象用来操作实体对象，并把这些操作转换成对数据库中数据的增加、删除、查询和修改操作。

（4）创建 Transaction 实例，开始一个事务。

Transaction 用于事务管理，一个 Transaction 对象对应的事务可以包括多个操作。在使用 Hibernate 进行增加、删除和修改操作时必须先创建 Transaction 对象。

（5）利用 Session 的方法进行持久化操作。将实体对象持久化到数据库中。

（6）提交操作结果并结束事务。对实体对象的持久化操作结束后，必须提交事务。

（7）关闭 Session，与数据库断开连接。

11.2　Hibernate 开发准备

使用 Hibernate 开发之前，先要下载 Hibernate 开发包，然后将 Hibernate 类库引入到项目中。为了简化项目开发，还可以使用 Hibernate 的相关插件来辅助开发。下面就介绍使用 Hibernate 开发前需要做的一些准备工作。

11.2.1　下载 Hibernate 开发包

目前，Hibernate 的最新版本是 3.6.7.Final，本书有关代码也是基于该版本测试通过的。可以登录 http://www.hibernate.org 下载 Hibernate 的发布版。

Hibernate 的下载步骤如下：

（1）登录站点 http://www.hibernate.org，在导航菜单上单击 Downloads，进入下载页面。

（2）在下载页面中，可以看到 Hibernate 最新发布版本的一系列下载列表。单击 Hibernate Core 3.6.7.Final Release，进入 Hibernate Core 3.6.7.Final Release 的下载页面。

（3）在 Hibernate Core 3.6.7.Final Release 的下载页面中单击=>DOWNLOAD 超链接，进入下载链接页面，选择要下载的 Hibernate 压缩包。Windows 平台选择 zip 包下载，Linux 平台选择 tar 包下载。这里选择 hibernate-distribution-3.6.7.Final-dist.zip 进行下载。

（4）下载后对压缩包 hibernate-distibution-3.6.7.Final-dist.zip 解压，解压后的文件夹下包含 Hibernate3.jar，它是 Hibernate 中最主要的 jar 包，包含了 Hibernate 的核心类库文件。

（5）将 Hibernate3.jar 复制到需要使用 Hibernate 的应用中，如果需要使用第三方类库，还需要复制相关的类库，这样就可以使用 Hibernate 的功能了。

11.2.2　在 Eclipse 中部署 Hibernate 开发环境

在 Eclipse 中使用 Hibernate 时，可以借助于一些插件来辅助开发，如 Synchronizer、Hibernate Tools 等。使用插件可以提高开发人员的开发效率。

下面以 Hibernate 官方提供的 Hibernate Tools 为例，介绍在 Eclipse 中如何进行 Hibernate 开发。Hibernate Tools 是由 JBoss 推出的一个 Eclipse 集成开发工具插件，该插件提供了一些 project wizard，可以方便构建 Hibernate 所需的各种配置文件，同时支持 mapping 文件、annotation 和 JPA 的逆向工程及交互式的 HQL/JPA-QL/Criteria 的执行，从而简化 Hibernate、JBoss Seam、EJB3 等的开发工作。Hibernate Tools 是 JBoss Tools 的核心组件，也是 JBoss Developer Studio 的一部分。

Hibernate Tools 插件可以进行在线安装和离线安装。在线安装适合网络环境比较好的用户且可以选择最新版本进行安装。手动安装则需要先下载 Hibernate Tools 的安装包，并确保下载的插件版本与 Eclipse 版本能够兼容。下面分别详述这两种安装方式。

1. Hibernate Tools的在线安装方式

在 Eclipse 中配置 Hibernate Tools 插件的步骤如下：

（1）运行 Eclipse，选择主菜单 Help | Install New Software 选项，弹出 Install 对话框，如图 11.7 所示。

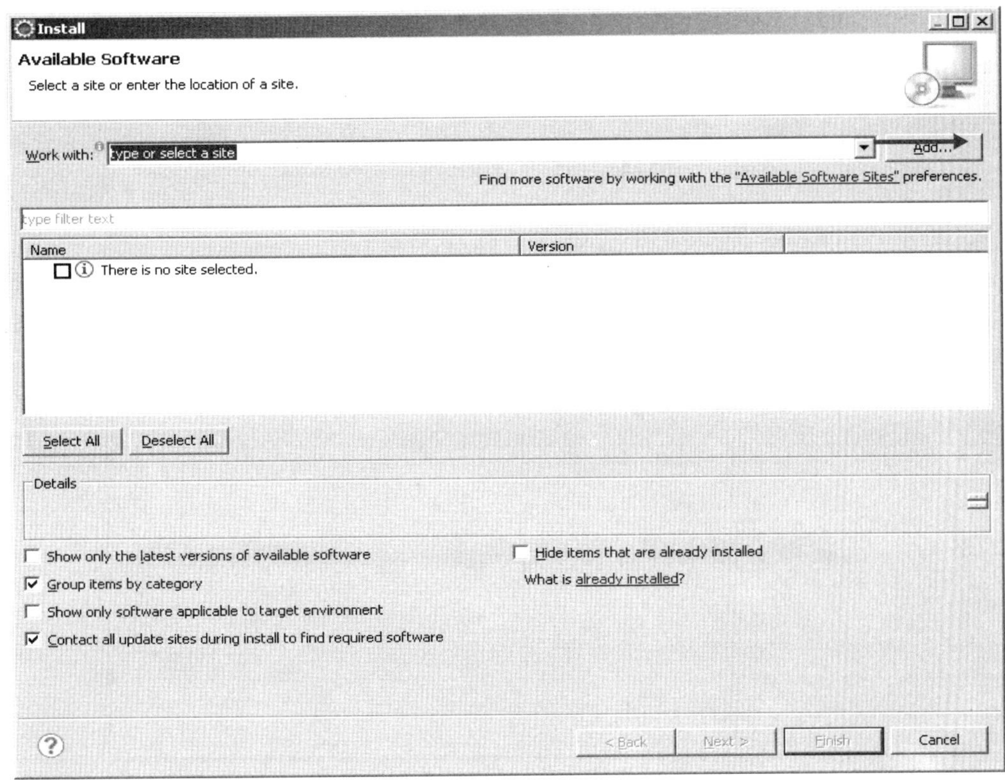

图 11.7　Install 窗口

（2）单击 Add 按钮，弹出 Add Repository 对话框，如图 11.8 所示。

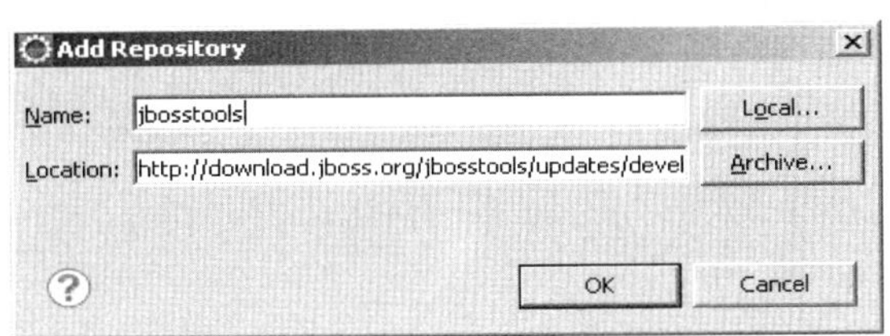

图 11.8　Add Repository 对话框

（3）在该对话框的 Name 文本框中输入插件名，该名字是任意的，主要起标识作用，此处命名为 jbosstools。在 Location 文本框中输入插件所在的网址，此处选择 Jboss Tools 3.3 的里程碑版（M4），下载地址为 http://downlad.jboss.org/jbosstools/updates/develioment/jndigo，将该地址粘贴到 Location 文本框中，然后单击 OK 按钮。

（4）之后将返回图 11.7 所示对话框，等待一会，就会在空白处显示插件的所有可安装的功能列表，如图 11.9 所示，根据需要选择相关功能。此处勾选 Abridged JBoss Tools 3.3 下的 Hibernate Tools 选项，单击 Next 按钮，并接受协议，开始安装，安装完毕后会提示重新启动 Eclipse。

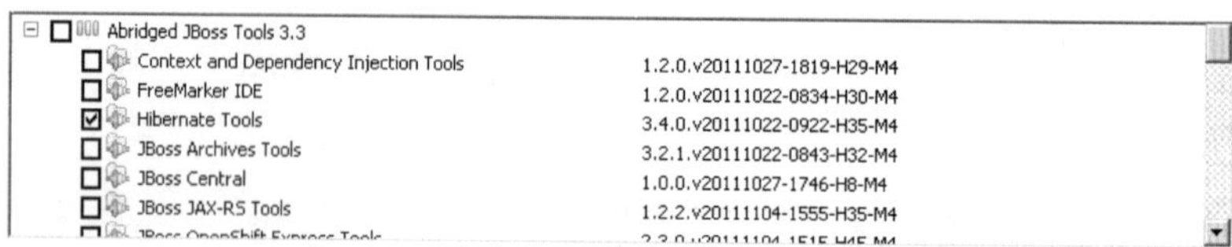

图 11.9　JBoss Tools 3.3 安装功能选择列表

2. Hibernate Tools的手动安装方式

下面介绍 Hibernate Tools 的手动安装方式，安装步骤如下：

（1）进入下载页面 http://www.jboss.org/tools/download/stable/3_1_GA，这是 Hibernate Tools 当前的最新版本下载地址。选择 Hibernate tools 3.3.1.v201006011046R-H111-GA 进行下载，如图 11.10 所示。

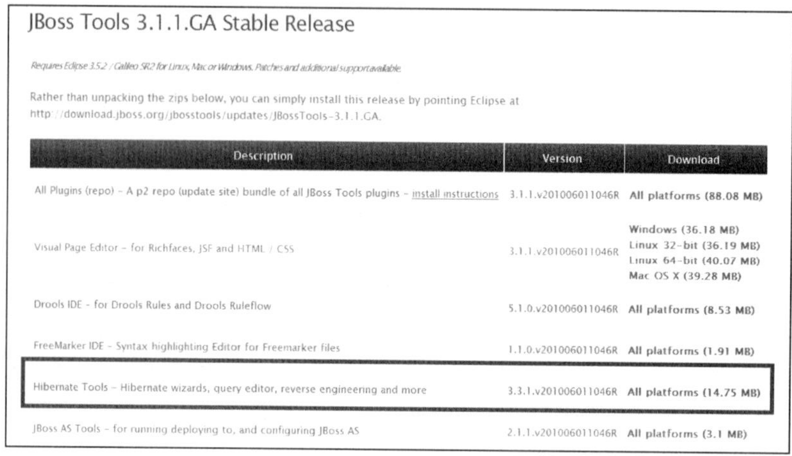

图 11.10　Hibernate Tools 下载页面

（2）下载完成之后解压缩得到两个文件夹，即 features 和 plugins，如图 11.11 所示。在 Eclipse 安装目录下建立子目录 Myplugins\hibernatetools，该子目录可以随意命名，但目录名中不要包含中文及空格。然后将 features 和 plugins 文件夹的内容复制到 Myplugins\hibernatetools 中。

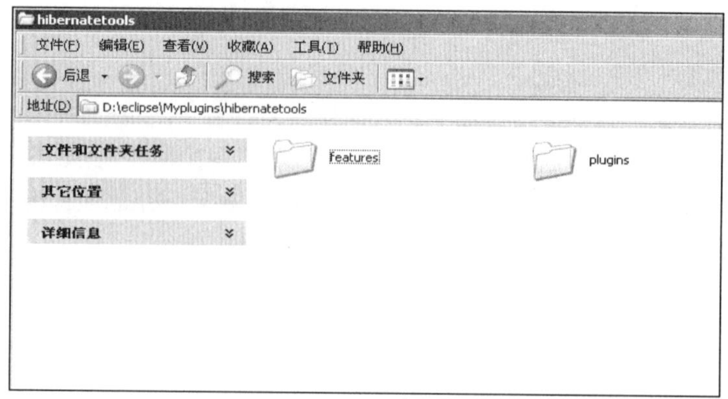

图 11.11　复制 features 和 plugins 文件夹到指定目录

（3）在 Eclipse 安装目录下新建文件夹 links，在该文件夹内新建文件 hibernatetools.link，如图 11.12 所示。该文件可随意命名，但一般使用插件名作为文件名以增强可读性，其后缀为.link。hibernatetools.link 文件内容为：path=D:/eclipse/Myplugins/hibernatetools。

（4）重新启动 Eclipse，在菜单 File|New|Other 下，可以看到如图 11.13 所示的 Hibernate 配置项，则表示 Hibernate Tools 已安装成功。

图 11.12　新建 hibernatetools.link 文件

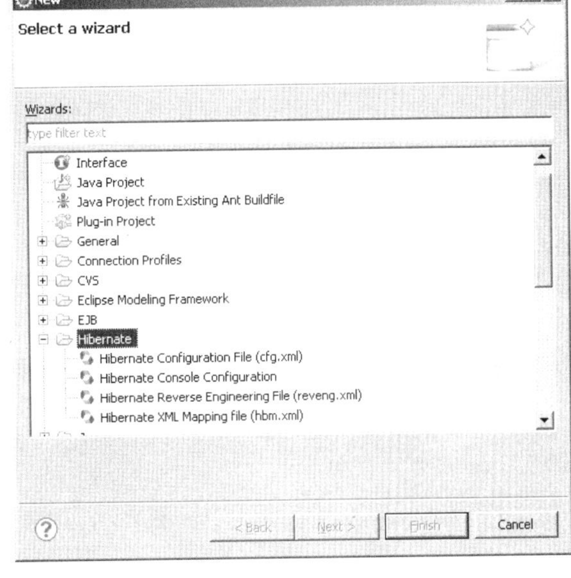

图 11.13　显示 Hibernate 配置项

注意：使用手动方式安装插件一定要保证 Hibernate Tools 与 Eclipse 版本的兼容性，否则可能导致插件安装失败。此处的 Hibernate Tools3.3.1.v201006011046R-H111-GA 版与 Eclipse3.5.2/ Galileo Sr2 版兼容。

11.2.3　安装部署 MySQL 驱动

在 2.5.2 小节中已经介绍过 MySQL JDBC 驱动 mysql-connector-java-5.1.18.zip 的下载方法。本小节介绍在 Eclipse 的项目中如何安装部署该驱动。具体步骤如下：

（1）将下载后的 mysql-connector-java-5.1.18.zip 压缩包解压，将解压后获得的 mysql-connector-java-5.1.18-bin.jar 包复制到需要连接 MySQL 数据库的项目的 Webroot\WEB-INF\lib 目录下。同时，在 Web App Libraries 文件夹下面也会出现新添加的 JAR 包。图 11.14 显示了为第 2 章 2.3.6 小节中建立的 MyProject 项目添加 MySQL 驱动后的结构。

（2）在 Eclipse 中的 MyProject 上单击右键，在弹出的快捷菜单中选择 Build Path|Configure Build Path...菜单项，弹出 Properties for MyProject 对话框，如图 11.15 所示。

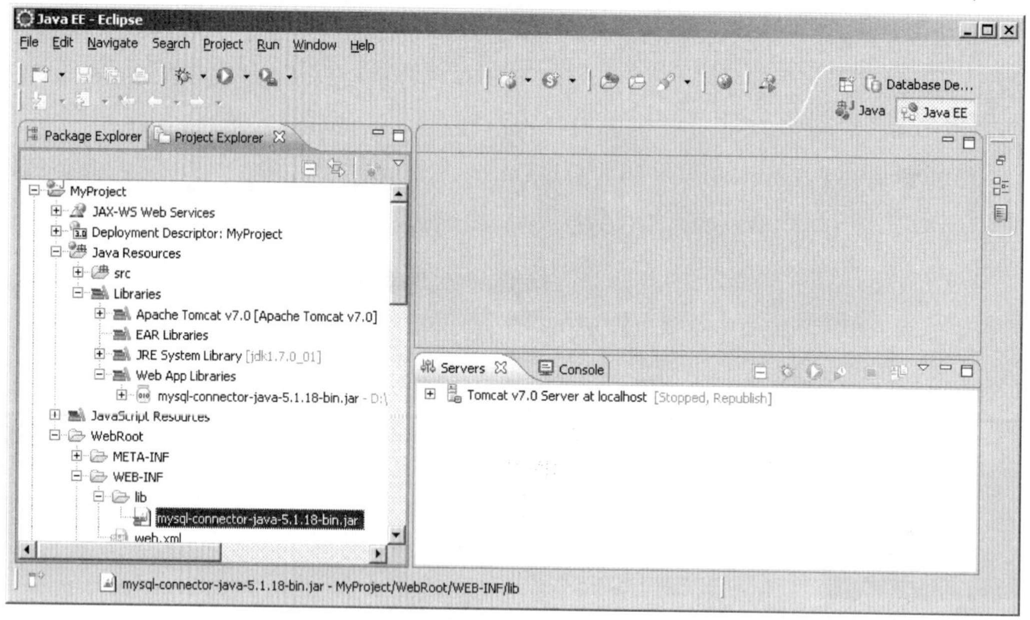

图 11.14　复制 JAR 文件到 MyProject 项目

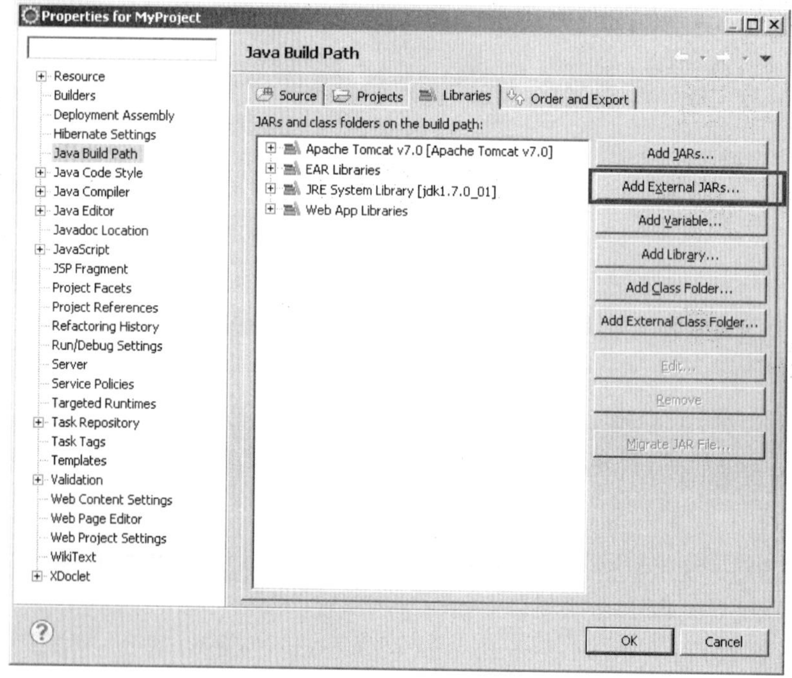

图 11.15　Properties for MyProject 对话框

（3）在 Properties for MyProject 对话框的 Java Build Path 界面中选择 Libraries 选项卡，单击 Add External JARs 按钮，弹出 JAR Selection 对话框，如图 11.16 所示。在该对话框中指定 mysql-connector-java-5.1.18-bin.jar 包所在的位置，单击“打开”按钮，返回 Properties for MyProject 对话框。单击 OK 按钮，则将 JAR 包所在路径写入类路径下，如图 11.17 所示。此时，就在 Eclipse 的项目中成功安装部署了 MySQL 的驱动。

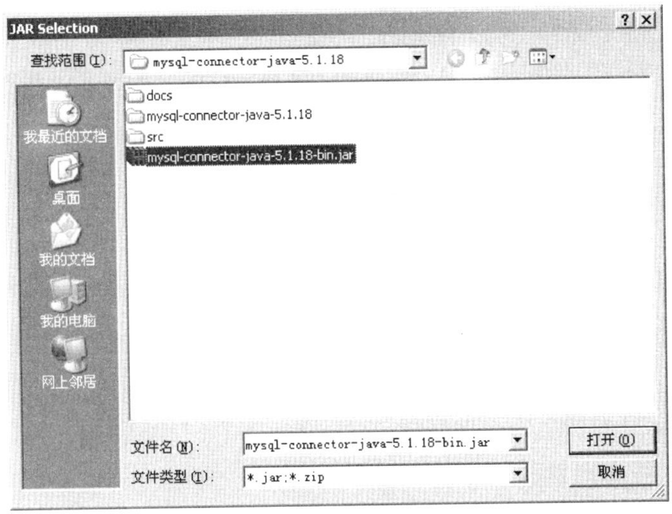

图 11.16　JAR Selection 对话框

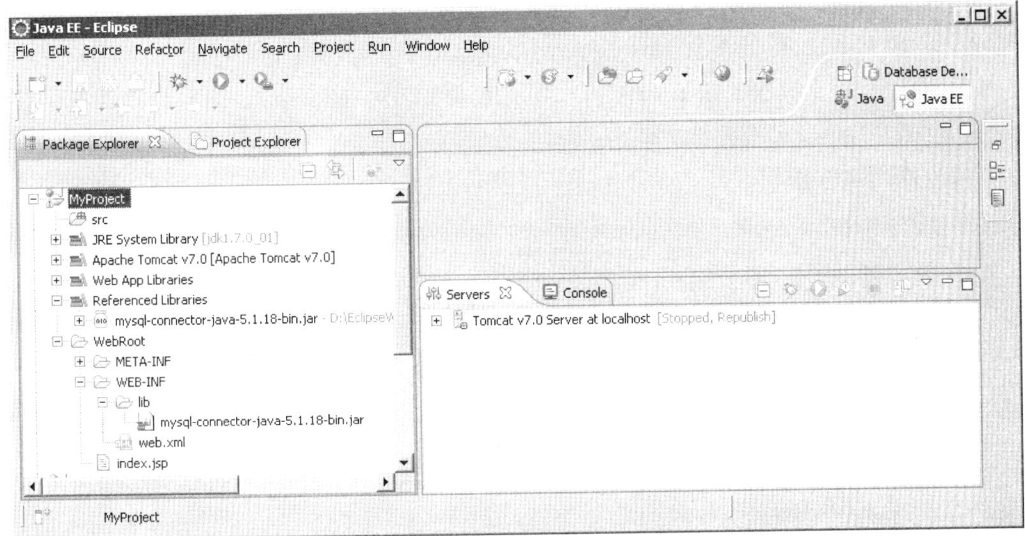

图 11.17　部署驱动后的 MyProject 项目

注意： 如果只将 JAR 包复制到项目的 Webroot\WEB-INF\lib 目录下，Eclipse 不会自动将此 JAR 包添加到类路径中，必须通过上面（2）、（3）步中介绍的才能将 JAR 包添加到类路径中，此时 JAR 包才能被项目所使用。

11.3　Hibernate 开发实例

在前面两节中，我们讲解了使用 Hibernate 开发的基础知识，并在 Eclipse 中配置好了 Hibernate 的开发环境，本节将通过具体的开发实例来介绍 Hibernate 框架的开发流程。

在本节中我们将开发第一个 Hibernate 项目，这个项目使用 Hibernate 向 MySQL 数据库中插入一条用户记录。先介绍使用 Hibernate 开发项目的完整流程，接着分小节介绍每个开发步骤。在讲解每个步骤时，我们会对与项目有关的一些 Hibernate 应用中的细节问题做一概要的阐述，关于 Hibernate 更深入的知识将会在后续章节中详细介绍。因此，在现阶段读者应该将注意力放到项目的具体开发过程上，而不要过多地关注 Hibernate 中的细节知识。

11.3.1　开发 Hibernate 项目的完整流程

使用 Hibernate 开发项目，需要完成下面几步：

（1）准备开发环境，创建 Hibernate 项目。

（2）在数据库中创建数据表。

（3）创建持久化类。

（4）设计映射文件，使用 Hibernate 映射文件将 POJO 对象映射到数据库。

（5）创建 Hibernate 的配置文件 Hibernate.cfg.xml。

（6）编写辅助工具类 HibernateUtils 类，用来实现对 Hibernate 的初始化并提供获得 Session 的方法，此步可根据情况取舍。

（7）编写 DAO 层类。

（8）编写 Service 层类。

（9）编写测试类。

11.3.2　创建 HibernateDemo 项目

在 Eclipse 中创建一个项目，名称为 HibernateDemo，创建的详细步骤如下：

（1）使用 2.3.6 小节中介绍过的 Eclipse 创建 Dynamic Web Project 的方法，新建一个名为 HibernateDemo 的项目。

（2）使用 11.2.3 小节中介绍的方法将 MySQL 驱动部署在 HibernateDemo 项目中。

（3）将 Hibernate tools 引入项目。在 HibernateDemo 项目中右击，在快捷菜单中选择 New|Other，弹出选择向导对话框。在该对话框中单击 Hibernate 节点前的“+”号，展开 Hibernate 节点，该节点下有 4 个选项，如图 11.18 所示。

（4）选择 Hibernate Configuration File (cfg.xml)选项，单击 Next 按钮，进入如图 11.19 所示的新建配置文件对话框。Enter or select the parent folder 文本框用于设置配置文件的保存位置，常常保存在 src 文件夹下，在 File name 对话框中输入配置文件的名字，一般使用默认的 hibernate.cfg.xml 即可。

（5）单击 Next 按钮，进入如图 11.20 所示的对话框。在该对话框中设置 Hibernate 配置文件的各项属性，hibernate.cfg.xml 文件就是根据这些属性生成的。注意 Database dialect 选项，它指的是数据库方言，即项目中所选用的是何种数据库。如果选用的是 Oracle 数据库，则需要在 Default Schema 对话框中输入对应的 Schema 值。

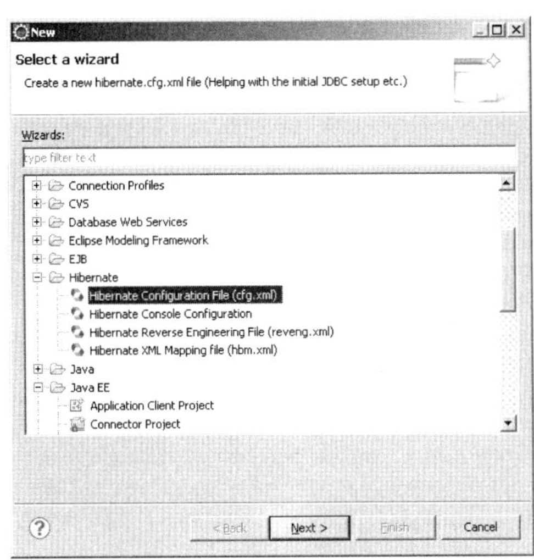

图 11.18　选择向导对话框

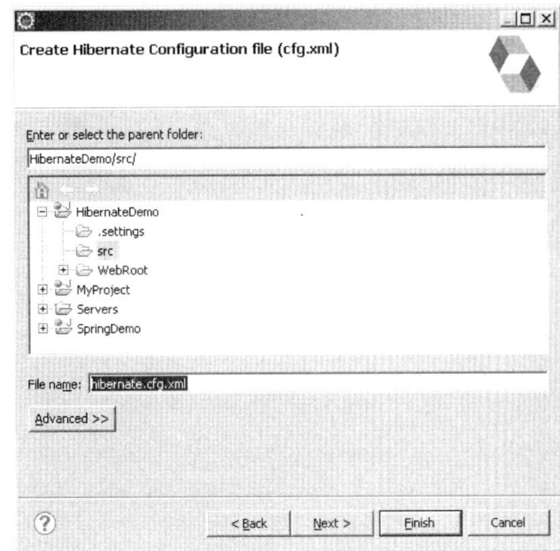

图 11.19　新建配置文件

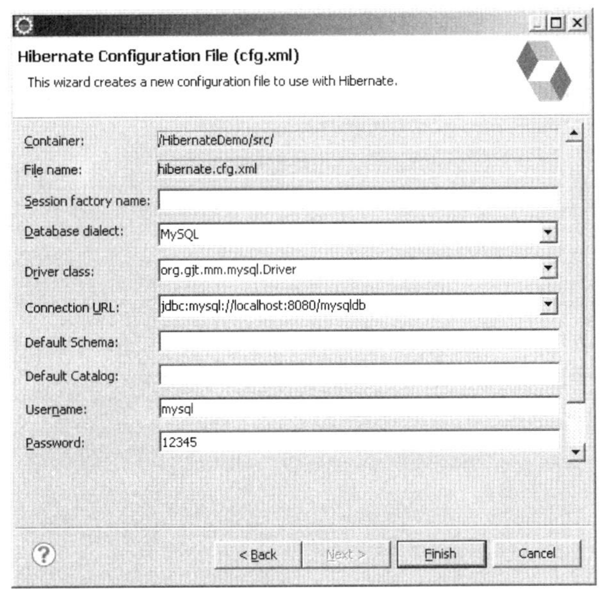

图 11.20　设置 Hibernate 配置文件属性

（6）单击 Finish 按钮，弹出如图 11.21 所示界面，表示 Hibernate 配置文件成功创建。单击 Properties 标签下的 Add 按钮可以添加 Hibernate 的其他配置属性，单击 Mappings 标签下的 Add 按钮可以添加 Hibernate 的映射文件。此时，在 HibernateDemo 项目的 src 节点下就出现了新建的 hibernate.cfg.xml 文件。至此，HibernateDemo 项目创建完毕。

11.3.3　创建数据表 USER

假定有一个名为 mysqldb 的数据库，该数据库中有一张表名为 USER 的数据表。这张表有 4 个字段，分别为 USER_ID、NAME，PASSWORD 和 TYPE，其中主键为 USER_ID。

各个字段的含义如表 11.1 所示。

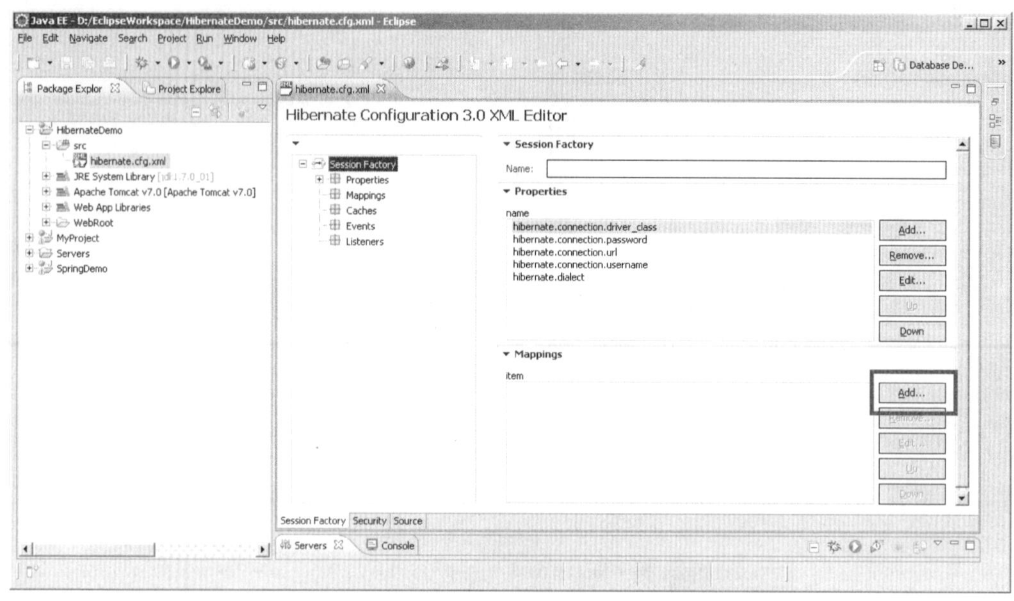

图 11.21　hibernate.cfg.xml 文件的配置界面

表 11.1　USER表结构

字段名	字段含义	数据类型	是否主键
USER_ID	用户标识	Int	是
NAME	用户姓名	Varchar(20)	否
PASSWORD	用户密码	Varchar(12)	否
TYPE	用户类型	Varchar(6)	否

在 MySQL 中创建 USER 表的语句如下：

```
CREATE TABLE USER (
USER_ID int(11),                                  --定义 USER_ID 字段
NAME varchar(20),                                 --定义 NAME 字段
PASSWORD varchar(12),                             --定义 PASSWORD 字段
TYPE varchar(6), PRIMARY KEY (USER_ID)); --定义 TYPE 字段，指定主键为 USER_ID
```

创建好的 USER 表在 MySQL 中显示，如图 11.22 所示。

USER 表中数据如图 11.23 所示。

mysql> describe USER;

Field	Type	Null	Key	Default	Extra
USER_ID	int(11)	NO	PRI	0	
NAME	varchar(20)	YES		NULL	
PASSWORD	varchar(12)	YES		NULL	
TYPE	varchar(6)	YES		NULL	

图 11.22　MySQL 中的 USER 表结构

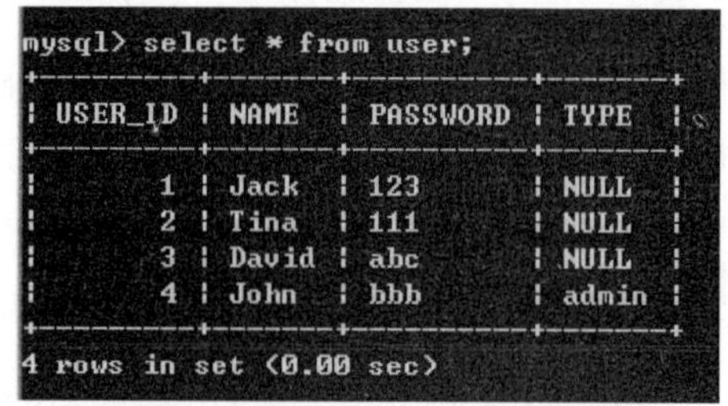

mysql> select * from user;

USER_ID	NAME	PASSWORD	TYPE
1	Jack	123	NULL
2	Tina	111	NULL
3	David	abc	NULL
4	John	bbb	admin

4 rows in set (0.00 sec)

图 11.23　MySQL 中的 USER 表数据

11.3.4　编写 POJO 映射类 User.java

持久化类是应用程序中的业务实体类。例如，在电子商务应用程序中的客户和订购。这里的持久化指的是类的对象能够被持久化，而不是指这些对象处于持久状态（一个持久化类的对象也可以处于瞬时状态或托管状态）。持久化类的对象会被持久化（保存）到数据库中。

Hibernate 使用普通的 Java 对象（Plain Old Java Objects），即 POJOs 的编程模式来进行持久化。一个 POJO 类不用继承任何类，也无须实现任何接口，它很像一个 JavaBean，POJO 类中包含与数据库表中相对应的各个属性，这些属性通过 getter 和 setter 方法来访问，对外部隐藏了内部的实现细节。

下面是用户 User 的持久化映射类：

```
package org.hibernate.entity;
public class User implements java.io.Serializable {
    // User类的属性
    private int id;                                    //用户 ID
    private String name;                               //用户姓名
    private String password;                           //用户密码
    private String type;                               //用户类型
    //默认构造方法
    User()
    {
    }
    //获得用户 ID
    public int getId() {
        return this.id;
    }
    //设置用户 ID
    public void setId(int id) {
        this.id = id;
    }
    //获得用户姓名
    public String getName() {
        return this.name;
    }
    //设置用户姓名
    public void setName(String name) {
        this.name = name;
    }
    //获得用户密码
    public String getPassword() {
        return this.password;
    }
    //设置用户密码
    public void setPassword(String password) {
        this.password = password;
    }
    //获得用户类型
    public String getType() {
        return this.type;
    }
    //设置用户类型
```

```
    public void setType(String type) {
        this.type = type;
    }
}
```

持久化类遵循以下 4 个主要规则：

- 所有的持久化类都必须拥有一个默认的构造方法。这样，Hibernate 就可以运用 Java 的反射机制，调用 java.lang.reflect.Constructor.newInstance()方法来实例化持久化类。为了 Hibernate 能够正常地生成动态代理，建议默认构造方法的访问权限至少定义为包访问权限。
- 持久化类中应该提供一个标识属性。该属性用于映射到底层数据库表中的主键列，其类型可以是任何基本类型。如 User 类中的 id 属性就是该持久化类的标识属性。
- 建议不要将持久化类声明为 final。这是由于 Hibernate 的延迟加载要求定义的持久化类或者是非 final 的，或者是该持久化类实现了某个接口。如果确实需要将一个持久化类声明为 final，且该类并未实现某个接口，则必须禁止生成代理，即不采用延迟加载。
- 为持久化类的各个属性声明 getters 方法和 setters 方法。Hibernate 在加载持久化类时，需要对其进行初始化，即访问各个字段并赋值。Hibernate 可以直接访问类的各个属性，但默认情况下它访问的是各个属性的 getXXX 和 setXXX 方法。为了实现类的封装性，建议为持久化类的各个属性添加 getXXX 和 setXXX 方法。

说明：Hibernate 采用“延迟加载”（lazy loading）来管理关联实体。所谓延迟加载，指的是当应用需要使用某个持久化对象的集合属性时才从数据库中装载与该属性关联的数据。在初始化持久化对象时并未对集合属性进行初始化。因此，在加载主实体时，并没有真正到数据库中抓取关联实体所对应的数据，而只是动态地生成一个对象作为关联实体的代理。只有当应用真正需要使用关联实体时，生成的代理对象才从底层数据库中将数据抓取出来，以初始化真正的关联实体。对于延迟加载和代理的概念，在后面章节中还会涉及到。

11.3.5　编写映射文件 User.hbm.xml

为了完成对象到关系数据库的映射，Hibernate 需要知道持久化类的实例应该被如何存储和加载，可以使用 XML 文件来设置它们之间的映射关系。在 HibernateDemo 项目中，创建了 User.hbm.xml 映射文件，在该文件中定义了 User 类的属性如何映射到 USER 表的列上。

下面是映射文件 User.hbm.xml 的代码：

```
<?xml version="1.0" encoding="UTF-8"?>
<!DOCTYPE hibernate-mapping PUBLIC "-//Hibernate/Hibernate Mapping DTD
3.0//EN"
"http://hibernate.sourceforge.net/hibernate-mapping-3.0.dtd">
<hibernate-mapping>
    <!--name 指定持久化类的类名，table 指定数据表的表名-->
    <class name=" org.hibernate.entity.User" table="USER">
      <!--将 User 类中的 id 属性映射为数据表 USER 中的主键 USER_ID-->
```

```
        <id name="id" type="java.lang.Integer" column="USER_ID" >
            <generator class="increment" />
        </id>
        <!--映射 User 类的 name 属性-->
        <property name="name" type="java.lang.String" column="NAME" length=
        "20">
        </property>
        <!--映射 User 类的 password 属性-->
        <property name="password" type="java.lang.String" column ="PASSWORD"
        length="12">
        </property>
        <!--映射 User 类的 type 属性-->
        <property name="type" type="java.lang.String" column ="TYPE" length=
        "6">
        </property>
    </class>
</hibernate-mapping>
```

通过映射文件可以告诉 Hibernate，User 类被持久化为数据库中的 USER 表。User 类的标识属性 id 映射到 USER_ID 列，name 属性映射到 NAME 列，password 属性映射到 PASSWORD 列，type 属性映射到 TYPE 列。

根据映射文件，Hibernate 可以生成足够的信息以产生所有 SQL 语句，即 User 类的实例进行插入、更新、删除和查询所需要的 SQL 语句。

按照上面给出的内容创建一个 XML 文件，命名为 User.hbm.xml，将这个文件同 User.java 放到同一个包 org.hibernate.entity 中。hbm 后缀是 Hibernate 映射文件的命名惯例。大多数开发人员都喜欢将映射文件与持久化类的源代码放在一起。

11.3.6　编写 hibernate.cfg.xml 配置文件

由于 Hibernate 的设计初衷是能够适应各种不同的工作环境，因此它使用了配置文件，并在配置文件中提供了大量的配置参数。这些参数大都具有直观的默认值，在使用时所要做的仅仅是根据使用环境来修改配置文件中相应的参数值。

Hibernate 配置文件主要用来配置数据库连接以及 Hibernate 运行时所需要的各个属性的值。Hibernate 配置文件的格式有两种：一种是 properties 属性文件格式的配置文件，使用键值对的形式存放信息，默认文件名为 hibernate.properties；还有一种是 XML 格式的配置文件，默认文件名为 hibernate.cfg.xml。

两种格式的配置文件是等价的，具体使用哪个可以自由选择。若两个文件同时存在，则 hibernate.cfg.xml 文件会覆盖 hibernate.properties 文件。

XML 格式的配置文件更易于修改，配置能力更强。当改变底层应用配置时不需要改变和重新编译代码，只修改配置文件的相应属性就可以了。而且它可以由 Hibernate 自动加载，而 properties 格式的文件则不具有这个优势。下面介绍如何以 XML 格式来创建 Hibernate 的配置文件。

11.3.5 小节使用 Hibernate 的配置文件向导，生成了一个 Hibernate 的配置文件 hibernate.cfg.xml。我们将该文件列在下面，除了向导中生成的与数据库连接相关的属性外，文件中还增加了其他的一些属性。当然，新增加的属性可以通过图 11.21 中 Hibernate 配置文件的图形化界面进行添加。配置文件如下：

```
<?xml version="1.0"encoding="UTF-8"?>
<!DOCTYPE hibernate-configuration PUBLIC
      "-//Hibernate/Hibernate Configuration DTD 3.0//EN"
      "http://hibernate.sourceforge.net/hibernate-configuration-
      3.0.dtd">
<hibernate-configuration>
    <session-factory>
    <!--数据库连接设置-->
    <!--配置数据库 JDBC 驱动-->
    <property name="hibernate.connection.driver_class">
    com.mysql.jdbc.Driver </property>
    <!--配置数据库连接 URL-->
    <property
    name="hibernate.connection.url">jdbc:mysql://localhost:3306/mysqldb<
    /property>
    <!--配置数据库用户名-->
    <property name="hibernate.connection.username">mysql</property>
    <!--配置数据库密码-->
    <property name="hibernate.connection.password">12345</property>
    <!--配置 JDBC 内置连接池-->
    <property name="connection.pool_size">1</property>
    <!--配置数据库方言-->
    <property name="dialect">org.hibernate.dialect.MySQLDialect
    </property>
    <!--输出运行时生成的 SQL 语句-->
    <property name="show_sql">true</property>
    <!--列出所有的映射文件-->
    <mapping resource="org/hibernate/entity/User.hbm.xml"/>
    </session-factory>
</hibernate-configuration>
```

在 hibernate.cfg.xml 配置文件中设置了数据库连接的相关属性以及其他一些常用属性，下面对这些属性进行简要的介绍，后续章节中将进行更详细的介绍。

（1）Hibernate JDBC 属性

在访问数据库之前，首先要获得一个 JDBC 连接。要获得 JDBC 连接，则需要向 Hibernate 传递一些 JDBC 连接属性。所有的 Hibernate 属性名及其语义都在 org.hibernate.cfg.Environment 类中定义。下面给出 JDBC 连接配置中最重要的一些属性，如表 11.2 所示。如果在配置文件中设置了这些属性，Hibernate 就会使用 java.sql.DriveManager 来获得或缓存这些连接。

表 11.2　Hibernate JDBC属性

Property name	Purpose
hibernate.connection.driver_class	JDBC 驱动类
hibernate.connection.url	JDBC URL
hibernate.connection.username	数据库用户名
hibernate.connection.password	数据库用户密码
hibernate.connection.pool_size	最大的池连接数

这里涉及 Java 数据库连接池的概念。数据库连接池顾名思义是用来保存数据库连接的。在它初始化时先创建一定数量（一般是数据库的最小连接数）的数据库连接放入连接池。当应用请求建立数据库连接时，只需从连接池中取走一个连接，使用完毕后再释放此

连接到连接池，该连接还可供其他的应用再次使用。而无论数据库连接是否被请求使用，连接池都将一直保证其所拥有的连接数。因此，在我们需要访问数据库时，可以从连接池获取一个 JDBC 连接。而在配置文件中，则可以使用属性 hibernate.connection.pool_size 来设置连接池中所拥有的最大连接数。

（2）hibernate.dialect 属性

建立数据库连接时所使用的方言。虽然各个关系数据库使用的都是 SQL 语言，但不同数据库的 SQL 语句之间还是存在着一些差异的。为了使 Hibernate 能够针对特定的关系数据库生成适合的 SQL 语句，就要选择适合的数据库方言。大部分情况下，Hibernate 可以根据 JDBC 驱动返回的 JDBC metadata 来选择正确的 org.hibernate.dialect.Dialect 方言。

（3）hibernate.show_sql 属性

该属性可以将 SQL 语句输出到控制台。它的作用主要是方便调试，可以在控制台中看到 Hibernate 执行的 SQL 语句。

（4）映射文件列表

除了以上属性以外，在配置文件中还列出了所有的映射文件。为了 Hibernate 能够处理对象的持久化，因此需要将对象的映射信息加入到 Hibernate 配置文件中。加入的方法会在配置文件中添加如下语句：

```
<mapping resource="包名 /User.hbm.xml"/>
```

其中，resource 属性指定了映射文件的位置和名称。如果项目中有多个映射文件，则需要使用多个 mapping 元素来分别指定每个映射文件的位置和名称。

在配置文件中指定了项目中所有的映射文件后，每次 Hibernate 启动时就可以自动装载映射文件，而无须手动处理。

11.3.7　编写辅助工具类 HibernateUtil.Java

要启动 Hibernate 需要创建一个 org.hibernate.SessionFactory 对象。org.hibernate.Session Factory 是一个线程安全的对象，只能被实例化一次。使用 org.hibernate.SessionFactory 可以获得 org.hibernate.Session 的一个或多个实例。

本小节将创建一个辅助类 HibernateUtil，它既负责 Hibernate 的启动，也负责完成存储和访问 SessionFactory 的工作。使用 HibernateUtil 类来处理 Java 应用程序中 Hibernate 的启动是一种常见的模式。下面是 HibernateUtil 类的基本实现代码：

```
package org.hibernate.entity;
import org.hibernate.*;
import org.hibernate.cfg.*;
public class HibernateUtil {
private static SessionFactory sessionFactory;
//创建线程局部变量 threadLocal，用来保存 Hibernate 的 Session
private static final ThreadLocal<Session> threadLocal = new ThreadLocal
<Session>();
//使用静态代码块初始化 Hibernate
static {
try {
Configuration cfg=new Configuration().configure();
                                    //读取配置文件 hibernate.cfg.xml
```

```
sessionFactory=cfg.buildSessionFactory();  //创建 SessionFactory
} catch (Throwable ex) {
throw new ExceptionInInitializerError(ex);
}
}
//获得 SessionFactory 实例
public static SessionFactory getSessionFactory() {
return sessionFactory;
}
//获得 ThreadLocal 对象管理的 Session 实例
public static Session getSession() throws HibernateException {
    Session session = (Session) threadLocal.get();
    if (session == null || !session.isOpen()) {
        if (sessionFactory == null) {
            rebuildSessionFactory();
        }
        //通过 SessionFactory 对象创建 Session 对象
        session = (sessionFactory != null) ? sessionFactory.openSession():
        null;
        //将新打开的 Session 实例保存到线程局部变量 threadLocal 中
        threadLocal.set(session);
        }
        return session;
}
//关闭 Session 实例
public static void closeSession() throws HibernateException {
//从线程局部变量 threadLocal 中获取之前存入的 Session 实例
Session session = (Session) threadLocal.get();
       threadLocal.set(null);
       if (session != null) {
          session.close();
       }
   }
//重建 SessionFactory
public static void rebuildSessionFactory() {
    try {
    configuration.configure(/hibernate.cfg.xml);
                                               //读取配置文件 hibernate.cfg.xml
sessionFactory = configuration.buildSessionFactory();//创建 SessionFactory
        } catch (Exception e) {
            System.err.println("Error Creating SessionFactory ");
            e.printStackTrace();
        }
}
//关闭缓存和连接池
public static void shutdown() {
getSessionFactory().close();
}
}
```

在 HibernateUtil 类中，首先编写了一个静态代码块来启动 Hibernate，这个块只在 HibernateUtil 类被加载时执行一次。在应用程序中第一次调用 HibernateUtil 时会加载该类，建立 SessionFactory。

有了 HibernateUtil 类，无论何时想要访问 Hibernate 的 Session 对象都可以从 HibernateUtil.getSessionFactory().openSession()中很轻松地获取到。

代码说明如下：

- 代码中先创建了 Configuration 的实例。通常一个应用程序只创建一个 Configuration 实例。创建代码如下：

```
Configuration configuration = new Configuration();
```

创建的 Configuration 实例的作用有两个，下面分别介绍。

（1）读取 hibernate.cfg.xml 配置文件信息，进行配置信息的管理。

读取配置文件是由 Configuration 的 configure()方法完成的。调用代码如下：

```
new Configuration().configure();  或
Configuration configuration = new Configuration();
configuration.configure();
```

配置文件的位置不同，所调用的 configure()方法也有所不同，具体为：

① 当 new Configuration()方法被调用时，Hibernate 在 classpath 的根目录下查找 hibernate.properties 文件。如果找到了该文件，则所有 hibernate.*属性被装载并添加到 Configuration 对象中。

② 当 configure()方法被调用时，Hibernate 在 classpath 的根目录下查找 hibernate.cfg.xml。如果找不到，则抛出 HibernateException。如果在 XML 配置文件 hibernate.cfg.xml 中设置的某些属性与在 hibernate.properties 中设置的属性发生了重复，则 hibernate.cfg.xml 文件中的属性会覆盖之前在 hibernate.properties 中设置的属性。

③ hibernate.properties 配置文件总是位于类路径的根目录下，不存在任何包中。如果希望使用其他的配置文件或者 XML 配置文件 hibernate.cfg.xml 位于 classpath 下的某个子目录中，则必须向 configure()方法传递一个参数。为解决这些问题，Configuration 还提供了几个带参数的 configure 重载方法。

下面就是 Configuration 接口的一个带参数的 configure 方法，该方法声明如下：

```
public Configuration configure(File configFile) throws HibernateException
```

其中的参数 configFile 指定了 hibernate.cfg.xml 文件的位置，此时，hibernate.cfg.xml 文件可以位于 classpath 以外的其他位置。如下面代码中的 person.cfg.xml 配置文件便位于指定的 persistent 文件夹下：

```
SessionFactory sessionFactory = new Configuration()
.configure("/persistence/person.cfg.xml")  //指定 person.cfg.xml 的存放位置
.buildSessionFactory();
```

使用无参的 configure 方法时，会在默认的 classpath 下查找名为 hiberate.cfg.xml 的配置文件，其源代码如下：

```
//无参的 configure 方法
public Configuration configure() throws HibernateException{
configure("/hibernate.cfg.xml");
return this;
}
```

（2）创建 SessionFactory 实例。

创建 SessionFactory 实例的工作由 Configuration 的 buildSessionFactory()方法来完成。调用 buildSessionFactory()方法的代码如下：

```
sessionFactory = configuration.buildSessionFactory(); 或
new Configuration().configuration.configure().buildSessionFactory();
```

SessionFactory 实例是全局唯一的，它对应着应用程序中的数据源，通过 SessionFactory 可以获得多个 Session 实例，SessionFactory 可以形象地比喻为生成 Session 实例的工厂。SessionFactory 是线程安全的，因而同一个 SessionFactory 实例可以被多个线程所共享。SessionFactory 实例是重量级的，其创建过程耗时且占用资源较多。因此，在应用中只创建一次。只有当应用中存在多个数据源时，才为每个数据源建立一个 SessionFactory 实例。

- 创建 SessionFactory 实例后就可以通过它获取 Session 实例。

Session 是持久化操作的基础。它的主要功能是为持久化对象提供创建、读取和删除操作的能力。

Hibernate 在处理 Session 的时候使用了延迟加载机制，只有在真正访问数据库时，才从连接池中获取数据库连接。获取 Session 实例的代码如下：

```
Session session=sessionFactory.openSession();
```

前面已经讲过，SessionFactory 是线程安全的，多个并发线程可以同时访问一个 SessionFactory 并获取 Session 实例。但要注意的是，Session 并不是线程安全的，多个并发线程同时操作一个 Session 实例时，就可能导致 Session 数据存取的混乱。为解决这个问题，需要对 Session 进行有效的管理。常用的管理方案是使用 ThreadLocal 模式。

- ThreadLocal 模式。

ThreadLocal 指的是线程局部变量（thread local variable）。它的功能是为每个使用变量 X 的线程提供一个该变量的副本，使得每个线程可以独立地修改自己的副本，而不会影响到其他线程的副本。就好像每个线程都拥有一个变量 X 一样。

为了实现为每个线程维护一个变量的副本，在 ThreadLocal 类中提供了一个 Map，ThreadLocal 使用这个 Map 来存储每一个线程中的变量副本。Hibernate 中推荐使用 ThreadLocal 来维护和管理 Session 的实例。使用 ThreadLocal 模式将 Session 绑定到线程上，就可以保证每个线程都有一个 Session 实例（事实上是副本），因此，多个线程并发操作时，实际上操作的是与自己绑定的 Session 实例副本，这就避免了多个线程同时操作一个 Session 实例时可能导致的数据混乱。

11.3.8 编写 DAO 接口 UserDAO.java

DAO 指的是数据库访问对象，J2EE 的开发人员常常使用 DAO 设计模式将底层的数据访问逻辑和上层的业务逻辑隔离开，这样可以更加专注于数据访问代码的编写工作。

DAO 模式是标准的 J2EE 设计模式之一，一个典型的 DAO 实现需要下面几个组件：

- 一个 DAO 接口。
- 一个实现 DAO 接口的具体类。
- 一个 DAO 工厂类。
- 数据传递对象或称值对象，这里主要指 POJO。

DAO 接口中定义了所有的用户操作，如添加、修改、删除和查找等操作。由于是接口，因此其中定义的都是抽象方法，还需要 DAO 实现类去具体地实现这些方法。

DAO 实现类负责实现 DAO 接口，当然就实现了 DAO 接口中所有的抽象方法，在 DAO 实现类中是通过数据库的连接类来操作数据库的。

可以不创建 DAO 工厂类，但此时必须通过创建 DAO 实现类的实例来完成对数据库的操作。使用 DAO 工厂类的好处在于当需要替换当前的 DAO 实现类时，只需要修改 DAO 工厂类中的方法代码，而不需要修改所有操作数据库的代码。

有了 DAO 接口后，用户不需要关心底层的具体实现细节，只需要操作接口就足够了。这样就实现了分层处理且有利于代码的重用。当用户需要添加新的功能时，只需要在 DAO 接口中添加新的抽象方法，然后在其对应的 DAO 实现类中实现新添加的功能即可。

在该项目中我们会创建 DAO 接口及其对应的实现类。下面代码创建了用于数据库访问的 DAO 接口 UserDAO.java：

```
package org.hibernate.dao;
import java.util.List;
import org.hibernate.entity.User;
//创建 UserDAO 接口
public interface UserDAO {
    void save(User user);                    //添加用户
    User findById(int id);                   //根据用户标识查找指定用户
    void delete(User user);                  //删除用户
    void update(User user);                  //修改用户信息
}
```

上面这段代码通过 DAO 模式对各个数据库对象进行了封装，这样就对业务层屏蔽了数据库访问的底层实现，使得业务层仅包含与本领域相关的逻辑对象和算法，对于业务逻辑的开发人员（以及日后专注于业务逻辑的代码阅读者）而言，面对的就是一个简洁明快的逻辑实现结构，使得业务层的开发和维护变得更加简单。

11.3.9　编写 DAO 层实现类 UserDAOImpl.Java

完成了持久化类的定义及配置工作后，下面开始编写 DAO 层实现类 UserDAOImpl.java：

```
package org.hibernate.dao;
import org.hibernate.*;
import org.hibernate.entity.*;
public class UserDAOImpl implements UserDAO {
//添加用户
public void save(User user){
    Session session= HibernateUtil.getSession();    //生成 Session 实例
    Transaction tx = session.beginTransaction();    //创建 Transaction 实例
try{
    session.save(user);      //使用 Session 的 save 方法将持久化对象保存到数据库
    tx.commit();                                    //提交事务
    } catch(Exception e){
    e.printStackTrace();
    tx.rollback();                                  //回滚事务
}finally{
    HibernateUtil. closeSession();                  //关闭 Session 实例
}
}
//根据用户标识查找指定用户
```

```
public User findById(int id){
    User user=null;
    Session session= HibernateUtil.getSession();    //生成 Session 实例
    Transaction tx = session.beginTransaction();    //创建 Transaction 实例
try{
    user=(User)session.get(User.class,id);
                        //使用 Session 的 get 方法获取指定 id 的用户到内存中
    tx.commit();                                    //提交事务
} catch(Exception e){
    e.printStackTrace();
    tx.rollback();                                  //回滚事务
}finally{
    HibernateUtil. closeSession();                  //关闭 Session 实例
}
return user;
}
//删除用户
public void delete(User user){
    Session session= HibernateUtil.getSession();    //生成 Session 实例
    Transaction tx = session.beginTransaction();    //创建 Transaction 实例
try{
    session.delete(user);       //使用 Session 的 delete 方法将持久化对象删除
    tx.commit();                                    //提交事务
} catch(Exception e){
    e.printStackTrace();
    tx.rollback();                                  //回滚事务
}finally{
    HibernateUtil. closeSession();                  //关闭 Session 实例
}
}
//修改用户信息
public void update(User user){
    Session session= HibernateUtil.getSession();    //生成 Session 实例
    Transaction tx = session.beginTransaction();    //创建 Transaction 实例
try{
    session.update(user);          //使用 Session 的 update 方法更新持久化对象
    tx.commit();                                    //提交事务
} catch(Exception e){
    e.printStackTrace();
    tx.rollback();                                  //回滚事务
}finally{
    HibernateUtil. closeSession();                  //关闭 Session 实例
}
}
}
```

在 UserDAOImpl 类中分别实现了 UserDAO 接口中定义的 4 个抽象方法，实现了对用户的添加、查找、删除和修改操作。

11.3.10　编写测试类 UserTest.java

在软件开发过程中，需要有相应的软件测试工作。依据测试的目的不同可以将软件测试划分为单元测试、集成测试和系统测试。其中单元测试尤为重要，它在软件开发过程中进行的是最底层的测试，易于及时发现问题并解决问题。

Junit 就是一种进行单元测试的常用方法，下面简单介绍 Eclipse 中 JUnit 4 的用法，便于读者自己进行方法测试。这里要测试的 UserDAOImpl 类中有 4 个方法，我们以 save 方法为例，对 save 方法完成测试的步骤如下：

（1）建立测试用例。将 JUnit 4 单元测试包引入项目中。在项目节点上单击右键，在弹出的快捷菜单中选择 Properties 菜单项，弹出属性窗口，如图 11.24 所示。在属性窗口左侧的节点中选中 Java Build Path 节点，在右侧对应的 Java Build Path 栏目下选择 Library 选项卡，然后单击右侧的 Add Library...按钮，弹出 Add Library 对话框。最后在 Add Library 对话框中选中 Junit 并单击 Next 按钮。

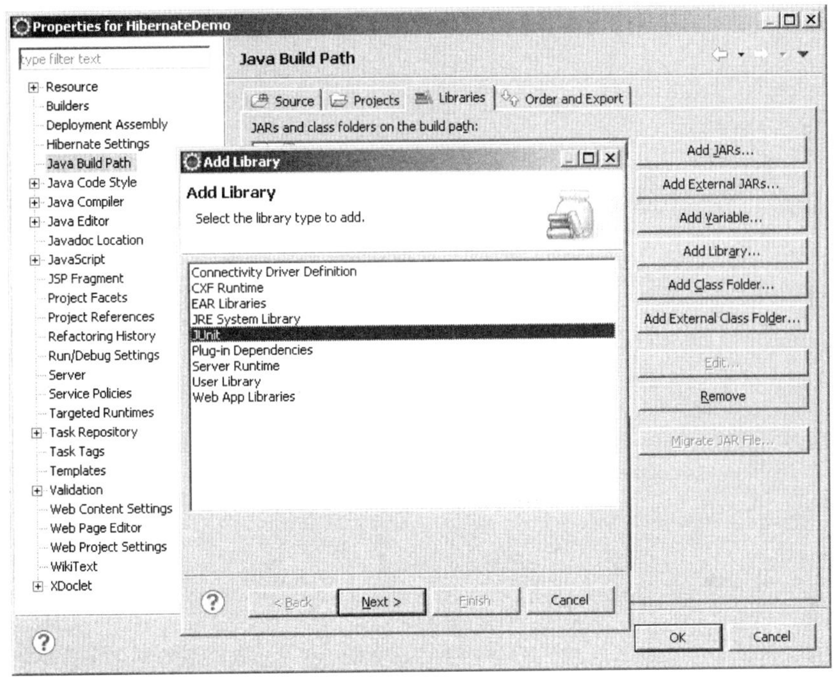

图 11.24　属性窗口

（2）在 Add Library 对话框中选择 Junit 的版本，如图 11.25 所示，此处我们选择 Junit 4。单击 Finish 按钮退出并返回到属性窗口，在属性窗口中单击 OK 按钮则 Junit 4 包便引入到项目中了。

（3）在使用 Junit 4 测试时，不需要 main 方法，可以直接用 IDE 进行测试。在 org.hibernate.test 包上单击右键，在弹出的快捷菜单中选择 New|Junit Test Case 菜单项，如图 11.26 所示，弹出 New Junit Test Case 窗口。

（4）在 New Junit Test Case 窗口的 Name 文本框中填写测试用例的名称，此处填写 UserTest，在 Class under test 文本框中填写要进行测试的类，此处填写 org.hibernate.dao.UserDAOImpl。其他采用默认设置即可，如图 11.27 所示。单击 Next 按钮进行下一步配置。

（5）该步骤进行测试方法的选择，在图 11.28 中选择 UserDAOImpl 节点下需要测试的方法，此处选择 save(User)方法。单击 Finish 按钮完成配置。

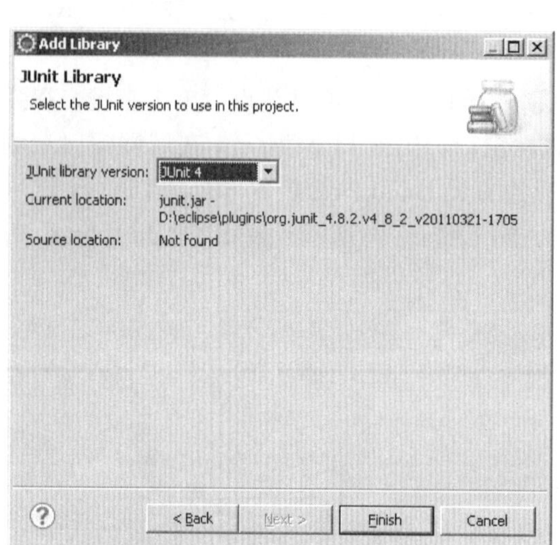

图 11.25　Add Library 对话框

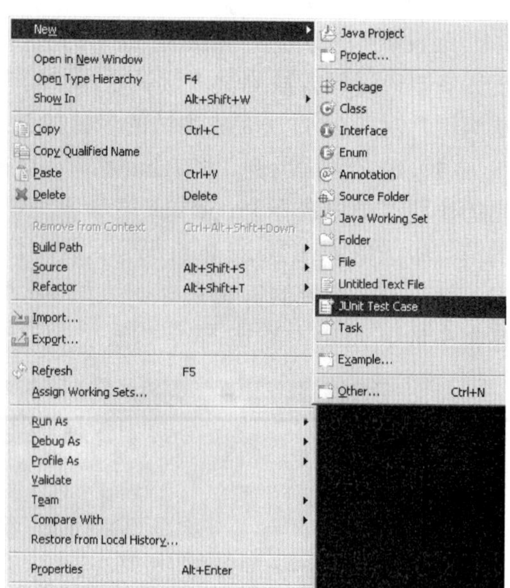

图 11.26　选择 Junit Test Case 菜单项

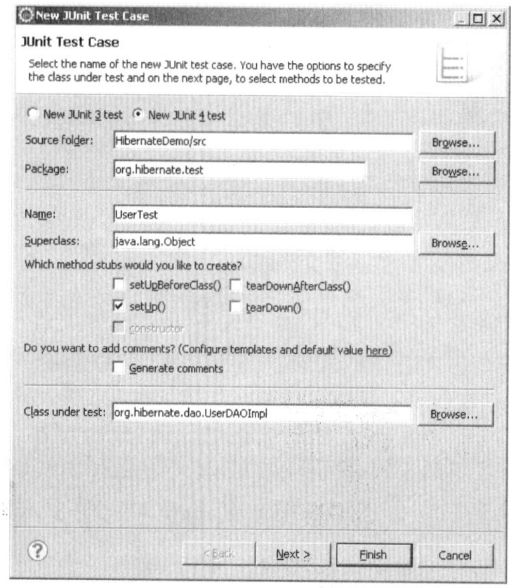

图 11.27　New Junit Test Case 窗口

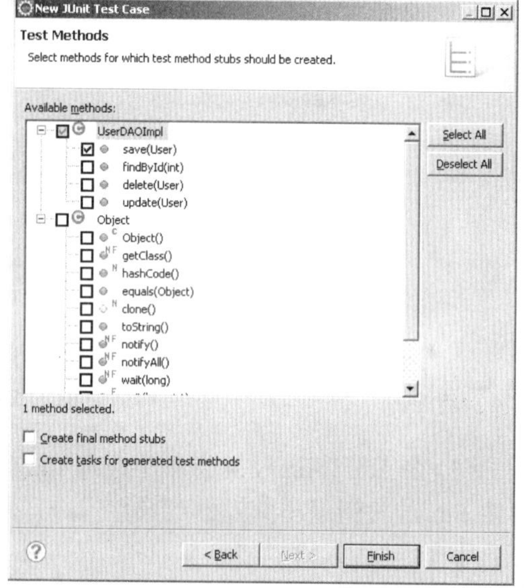

图 11.28　选择测试方法

（6）配置完成后，系统会自动生成类 UserTest 的框架，里面包含一些空的方法，我们将 UserTest 类补充完整即可。

UserTest.java 代码如下：

```
package org.hibernate.test;
import org.hibernate.dao.*;
import org.hibernate.entity.User;
import org.junit.Before;
import org.junit.Test;
//测试用例
public class UserTest {
```

```
    @Before                         //@Before  注解表明 setUp 方法为初始化方法
    public void setUp() throws Exception {
    }
                                    //测试 save 方法
    @Test                           //使用@Test 注释表明 testSave 方法为一个测试方法
    public void testSave() {
        UserDAO userdao=new UserDAOImpl();
        try{
          User u=new User();        //创建 User 对象
          //设置 User 对象中的各个属性值
          u.setId(20);
          u.setName("zhangsan");
          u.setPassword("456");
          u.setType("admin");
          userdao.save(u);  //使用 UserDAOImpl 的 save 方法将 User 对象存入数据库
        }catch(Exception e){
         e.printStackTrace();
        }
    }
}
```

代码说明如下：

- 在 UserTest.java 中包含了@Before、@Test 等字样，它们称为注解。在测试类中，并不是每个方法都用来测试的，我们可以使用注解@Test 来标明哪些方法是测试方法。如此处的 testSave()方法为测试方法。@Before 注解的 setup 方法为初始化方法，该方法为空。
- 在 testSave()方法中使用 User 类的 setters 方法设置了 user 对象的各个属性值，然后调用 UserDAOImpl 类（UserDAOImpl 类实现了 UserDAO 接口）中的 save()方法将该 user 对象持久化到数据库中。

（7）在 UserTest.java 节点上单击右键，在弹出的快捷菜单中选择 Run As|Junit Test 选项来运行测试，如图 11.29 所示。

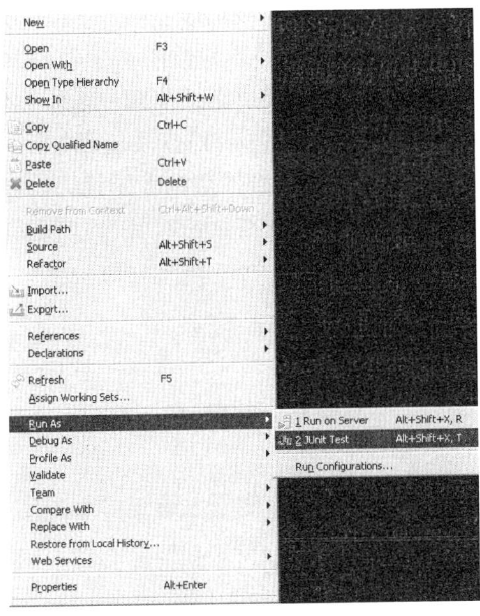

图 11.29　运行测试

（8）测试结果如图 11.30 所示。进度条为绿色表明结果正确，如果进度条为红色则表明发现错误。

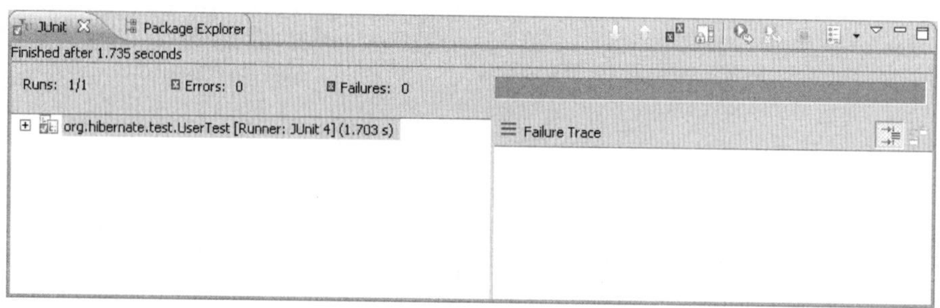

图 11.30　测试结果

至此，我们使用 Junit 4 完成了 UserDAOImpl 类中 save 方法的测试，在 UserTest 类中还可以完成 UserDAOImpl 类中其他 3 个方法的测试，其他方法的测试读者可类似处理。

测试程序执行后，在 MySQL 数据库中查询 USER 表中数据，结果如图 11.31 所示。

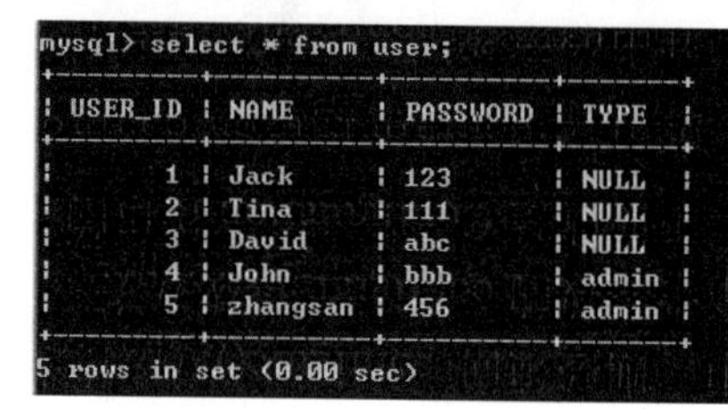

```
mysql> select * from user;
+---------+----------+----------+-------+
| USER_ID | NAME     | PASSWORD | TYPE  |
+---------+----------+----------+-------+
|       1 | Jack     | 123      | NULL  |
|       2 | Tina     | 111      | NULL  |
|       3 | David    | abc      | NULL  |
|       4 | John     | bbb      | admin |
|       5 | zhangsan | 456      | admin |
+---------+----------+----------+-------+
5 rows in set (0.00 sec)
```

图 11.31　执行 save 方法后 USER 表中的数据

由图 11.31 可见，新记录已经成功地插入到 USER 表中了。

11.3.11　解说 HibernateDemo 项目

在 11.3.8 小节讲解 DAO 接口时曾经提到过，如果没有提供 DAO 工厂类，则必须要创建 DAO 实现类的实例才能够完成数据库的操作。此时就必须要知道具体的子类，这对于后期代码的修改和重用都非常不便。如果将我们现在操作 MySQL 数据库的 DAO 实现类改为操作 Oracle 数据库的 DAO 实现类，则必须修改所有使用 DAO 实现类的那些代码。

因此，可以创建一个 DAO 工厂类来解决上述问题。通过 DAO 工厂类提供的一个静态方法来获取 DAO 实现类的实例，当需要替换 DAO 实现类时，只需在该 DAO 工厂中修改静态方法的代码即可，而不必修改其他的操作数据库的代码。我们可以在 HibernateDemo 项目的 org.hibernate.dao 包中添加一个 DAOFactory，代码如下：

```
package org.hibernate.dao;
public class DAOFactory{
    //返回 UserDAO 实现类的实例
    public static UserDAO getUserDAOInstance(){
        return new UserDAOImpl();
}
}
```

有了 DAOFactory，在 TestUser.java 中便可以通过 DAO 工厂来获得 DAO 实现类的实例。使用 DAOFactory 的 TestUser.java 代码如下：

```
package org.hibernate.test;
import org.hibernate.dao.*;
```

```
import org.hibernate.entity.User;
import org.junit.Before;
import org.junit.Test;
//测试用例
public class UserTest {
    @Before                      //@Before 注解表明 setUp 方法为初始化方法
    public void setUp() throws Exception {
    }
//测试用例
public class TestUser {
    @Test                        //使用@Test 注释表明 testSave 方法为一个测试方法
    //测试 save 方法
    public void testSave(){
    UserDAO userdao=DAOFactory.getUserDAOInstance();
                                 //通过 DAO 工厂获得 DAO 实现类的实例
     try{
       User u=new User();        //创建 User 对象
       //设置 User 对象中的各个属性值
       u.setId(20);
       u.setName("zhangsan");
       u.setPassword("456");
       u.setType("admin");
       userdao.save(u);          //使用 userdaoimpl 的 save 方法将 User 对象存入数据库
      }catch(Exception e){
      e.printStackTrace();
      }
}
}
```

重新使用 Junit 进行测试，测试结果正确，同时在数据库中完成了新记录的插入。

到此为止，HibernateDemo 项目就全部完成了，通过 HibernateDemo 项目我们可以掌握开发一个 Hibernate 项目的完整流程。

对于从未使用过任何 ORM 工具的读者来说，很可能希望在代码或映射文件中能够查看到 SQL 语句，但实际上，在 Hibernate 中所有的 SQL 语句都是在运行时由 Hibernate 自动产生的，对数据库的一系列操作也都是由 Hibernate 来完成的。因此，通过 HibernateDemo 项目，读者可进一步加深对 Hibernate 框架的理解，为熟练地进行 Java Web 开发打下良好的基础。

11.4　本 章 小 结

本章首先介绍了使用 Hibernate 进行持久层开发的一些必备知识。接着介绍了如何在 Eclipse 中部署 Hibernate 的开发环境以及 MySQL 驱动的部署方式。最后通过一个 Hibernate 开发实例 HibernateDemo 详细地讲解了使用 Hibernate 进行项目开发的完整流程。

第 12 章　精解 Hibernate 之核心文件

在第 11 章中，我们已经接触过 Hibernate 的配置文件，并且可以使用 Hibernate Tools 自动生成一份 hibernate.cfg.xml 文件。但是对 hibernate.cfg.xml 文件中包含的元素、各个元素完成的功能以及它们能够包含的子元素还未做详细介绍。本章首先给出一份 hibernate.cfg.xml 文件，接着详细介绍 hibernate.cfg.xml 文件中的常用元素及属性，以便读者在实际项目中根据需要来书写自己的配置文件。

在使用 Hibernate 开发项目的过程中，还需要使用实体类的映射文件，因此本章针对实体类中各种属性的映射方式以及各种实体映射的配置方式也做出了详细的阐述，本章具体内容如下：

- 配置文件 hibernate.cfg.xml 详解。
- 映射文件*.hbm.xml 详解，重点讲述映射文件的结构及各种属性的映射方式。
- Hibernate 关联关系映射，介绍了常用关联关系映射的配置方式。

12.1　配置文件 hibernate.cfg.xml 详解

Hibernate 配置文件包含了连接持久层与映射文件所需的基本信息。XML 配置文件的默认名称为 hibernate.cfg.xml。一般将其放在项目的 WEB-INF/classes 路径下。

下面是一份典型的 hibernate.cfg.xml 配置文件：

```
<?xml version="1.0" encoding="UTF-8"?>
<!--配置文件的 DTD 信息-->
<!DOCTYPE hibernate-configuration PUBLIC
        "-//Hibernate/Hibernate Configuration DTD 3.0//EN"
        "http://hibernate.sourceforge.net/hibernate-configuration-3.0.dtd">
<!--配置文件的根元素-->
<hibernate-configuration>
<session-factory>
    <!--配置数据库 JDBC 驱动-->
    <property
    name="hibernate.connection.driver_class">com.mysql.jdbc.Driver</prop
    erty>
    <!--配置数据库连接 URL-->
    <property
    name="hibernate.connection.url">jdbc:mysql://localhost:3306/mysqldb<
    /property>
    <!--配置数据库用户名-->
    <property name="hibernate.connection.username">root</property>
    <!--配置数据库密码-->
    <property name="hibernate.connection.password">12345</property>
    <!--配置数据库方言-->
```

```
    <property
    name="hibernate.dialect">org.hibernate.dialect.MySQLDialect</property>
    <!--配置 JDBC 内置连接池-->
    <property name="connection.pool_size">1</property>
    <!--配置数据库方言-->
    <property
    name="dialect">org.hibernate.dialect.MySQLDialect</property>
    <!--输出运行时生成的 SQL 语句-->
    <property name="show_sql">true</property>
    <!--列出所有的映射文件 -->
    <mapping resource="org/hibernate/entity/User.hbm.xml"/>
</session-factory>
</hibernate-configuration>
```

在 Hibernate 的配置文件中，首先要进行的 XML 文件的声明，指定该 XML 文件的版本以及字符集。

Hibernate 配置文件的根元素是 hibernate-configuration 元素，该元素中包含子元素 session-factory。session-factory 中又可以包含很多 property 元素，这些 property 元素用来对 Hibernate 连接数据库的一些重要信息进行配置。如在上面的 hibernate.cfg.xml 配置文件中，使用多个 property 元素配置了数据库的 URL、用户名、密码、数据库方言等信息。

上面的 Hibernate 配置文件中指定与 MySQL 中的数据库 mysqldb 建立连接，该数据库的用户是 root，密码为 12345。dialect 属性 org.hibernate.dialect.MySQLDialect 用来配置数据库方言，告诉 Hibernate 项目中使用的数据库是 MySQL 数据库。Hibernate 支持很多种数据库，可以使用数据库方言属性指定连接到相关的数据库。

在实际项目中，常常需要后台数据库保存项目中的数据，因此，在 Hibernate 中对数据库连接的配置就显得格外重要。Hibernate 中配置数据库连接正是在 hibernate.cfg.xml 文件中完成的，只需要掌握一些简单的配置属性，就可以完成数据库连接的配置。下面详细介绍在 Hibernate 中如何配置 MySQL 数据源信息。

1. JDBC连接

应用程序在访问数据库之前，首先要获得一个 JDBC 连接。Hibernate 定义了几个用于配置 JDBC 连接的属性。这些属性的属性名及其语义都在 org.hibernate.cfg.Environment 类中定义。

如表 12.1 列出了 JDBC 连接配置中的一些重要属性。如果在配置文件 hibernate.cfg.xml 或 hibernate.properties 中设置了这些属性，Hibernate 就会使用 java.sql.DriveManager 来获得或缓存这些连接。

表 12.1　JDBC连接属性

属　性　名	用　　途
hibernate.connection.driver_class	JDBC 驱动类
hibernate.connection.url	JDBC URL
hibernate.connection.username	数据库用户名
hibernate.connection.password	数据库用户密码
hibernate.connection.pool_size	最大的池连接数

表 12.1 中的 hibernate.connection.pool_size 选项是设定数据库连接池中最多能存放的连

接数。

在 Java 应用中常常使用连接池来缓存连接，每个需要与数据库交互的应用程序都从连接池中请求一个连接，待所有操作执行完毕后再将此连接返回给连接池。连接池负责维护连接并将打开和关闭连接的代价降到最低。

2．配置C3P0连接池

Hibernate 实现了一种插件结构，可以集成任何连接池软件。Hibernate 对 C3P0 连接池提供了内嵌支持，所以在 Hibernate 中可以直接配置和使用 C3P0。

配置 C3P0 连接池有两种方法：一种方法是在 hibernate.cfg.xml 文件中配置，另一种方法是在项目的类路径下创建一个 hibernate.properties 文件，在 hibernate.properties 文件中进行配置。

下面是一个使用 hibernate.cfg.xml 文件配置 C3P0 连接池的例子：

```
<!--设置 C3P0 连接池的最大连接数-->
<property name="hibernate.c3p0.max_size">50</property>
<!--设置 C3P0 连接池的最小连接数-->
<property name="hibernate.c3p0.min_size">1</property>
<!--设置 C3P0 连接池中连接的超时时长，超时则抛出异常，单位为毫秒-->
<property name="hibernate.c3p0.timeout">1000</property>
<!--C3P0 缓存 Statement 的数量-->
<property name="hibernate.c3p0.max_statements">60</property>
```

下面是一个使用 hibernate.properties 文件配置 C3P0 连接池的例子：

```
#显示实际操作数据库时的 SQL
hibernate.connection.driver_class = com.mysql.jdbc.Driver
#jdbc url
hibernate.connection.url = jdbc:mysql://localhost:3060/hibernatetest
#数据库用户名
hibernate.connection.username = root
#数据库方言，这里是 mysql
hibernate.dialect = org.hibernate.dialect.MySQLDialect
#设置 C3P0 连接池的最小连接数
hibernate.c3p0.min_size = 5
#设置 C3P0 连接池的最大连接数
hibernate.c3p0.max_size = 20
#设置 C3P0 连接池中连接的超时时长
hibernate.c3p0.timeout = 300
#设置 C3P0 缓存 Statement 的数量
hibernate.c3p0.max_statements = 50
#设置每间隔 150 秒检查连接池中的空闲连接一次
hibernate.c3p0.idle_test_period = 150
hibernate.show_sql = true
hibernate.format_sql = true
```

对于 C3P0 连接池的更多配置选项，可以参考 Hibernate 的 etc 子目录中的 properties 文件。

3．配置JNDI数据源

JNDI 是 Java 命名与目录接口（Java Naming and Directory Interface）的简称。最常见

的用途是数据源的配置、JMS 相关配置等。在 Hibernate 中，除了可以通过 JDBC 连接数据库以外，还可以通过 JNDI 配置数据源，建立与数据库的连接。JNDI 数据源的常用连接属性如表 12.2 所示。

表 12.2　Hibernate数据源属性

属　性　名	用　　途
hibernate.connection.datasource	数据源 JNDI 名称
hibernate.jndi.url	JNDI 提供者的 URL（该属性可选）
hibernate.jndi.class	JNDI InitialContextFactory 的实现类（该属性可选）
hibernate.connection.username	数据库用户名（该属性可选）
hibernate.connection.password	数据库连接密码（该属性可选）

4．可选的配置属性

除了前面介绍的一些 Hibernate 配置属性以外，还有其他一些属性可以控制 Hibernate 的运行方式。表 12.3 列出了这些可选属性。

表 12.3　Hibernate配置属性

属　性　名	用　　途
hibernate.dialect	Hibernate 方言的类名
hibernate.show_sql	在控制台上显示 SQL 语句
hibernate.default_schema	在生成的 SQL 语句中，将 schema 或表空间名附加到非完全限定表名上
hibernate.default_catalog	在生成的 SQL 语句中，将 catalog 附加到非限定表名上
hibernate.session_factory_name	SessionFactory 创建后，将自动使用这个名字绑定到 JNDI 中
hibernate.max_fetch_depth	为单向关联（一对一，多对一）的外连接抓取树设置最大深度。值为 0 表示关闭默认的外连接抓取。建议值为 0～3
hibernate.default_batch_fetch_size	为 Hibernate 批量抓取设置默认值。建议值为 4，8，16
hibernate.default_entity_mode	为所有由 SessionFactory 打开的 Session 实例设置默认的实体表示模式
hibernate.order_updates	强制 Hibernate 按照更新项的主键值对 SQL 更新排序。这会减少高并发系统中的事务死锁的出现
hibernate.generate_statistics	启用后，Hibernate 将收集用于性能调优的统计信息
hibernate.use_identifier_rollback	启用后，当对象删除时，其对应的标识属性将重新设置为默认值
hibernate.use_sql_comments	启用后，Hibernate 将在 SQL 中生成有助于调试的注释信息，默认值为 false
hibernate.id.new_generator_mappings	该属性与@GeneratedValue 相关。用来指定新的主键生成策略是否用于 AUTO、TABLE 和 SEQUENCE

5．Hibernate二级缓存属性

Hibernate 共有两级缓存，第一级缓存是 Session 级的缓存，它是事务范围的缓存，可以由 Hibernate 自动管理。第二级缓存是由 SessionFactory 管理的进程级缓存，可以在 hibernate.cfg.xml 配置文件中进行配置和更改，而且可以动态加载和卸载。如表 12.4 所示

列出了配置 Hibernate 二级缓存所需要的属性。

表 12.4　Hibernate二级缓存配置属性

属　性　名	用　　途
hibernate.cache.provider_class	指定 CacheProvider 的类名
hibernate.cache.use_minimal_puts	以更频繁的读操作为代价，将写操作减到最少从而达到优化二级缓存的目的。该属性对集群缓存更有效
hibernate.cache.use_query_cache	设置是否启用查询缓存。个别查询需要设置该属性
hibernate.cache.use_second_level_cache	可以使用该属性完全禁用二级缓存。对映射文件中指定<cache>元素的类，默认启用二级缓存
hibernate.cache.query_cache_factory	指定 QueryCache 接口的实现类类名，默认值为内建的StandardQueryCache
hibernate.cache.region_prefix	设置二级缓存区的名称前缀
hibernate.cache.use_structured_entries	是否强制 Hibernate 以更人性化的方式在二级缓存中存储数据

6．Hibernate事务属性

Hibernate 实现了对 JDBC 的轻量级封装，其本身并没有提供事务管理的功能，它依赖于 JDBC 或 JTA 的事务管理功能。在事务管理层，Hibernate 将事务委托给底层的 JDBC 或 JTA。Hibernate 默认使用 JDBC 的事务管理，可以在配置文件中配置 hibernate.transaction.factory_class 属性来指定 Transaction 的工厂类别。与 Hibernate 事务相关的属性如表 12.5 所示。

表 12.5　Hibernate事务配置属性

属　性　名	用　　途
hibernate.transaction.factory_class	指定 Hibernate Transaction API 使用的 TransactionFactory 的类名，默认类名为 JDBCTransactionFactory
jta.UserTransaction	JTATransactionFactory 从应用服务器获取 JTA UserTransaction 时所使用的 JNDI 名称
hibernate.transaction.manager_lookup_class	TransactionManagerLookup 类名。当打开 JVM 级缓存或在 JTA 环境下使用 hilo 主键生成策略时需要该类名
hibernate.transaction.flush_before_completion	在事务完成后是否自动刷新 Session
hibernate.transaction.auto_close_sessionI	在事务完成后是否自动关闭 Session

使用 JDBC 的事务处理机制：

```
<property  name="hibernate.transaction.factory_class" >
    net.sf.hibernate.transaction.JDBCTransactionFactory </property>
```

使用 JTA 的事务处理机制：

```
<property  name="hibernate.transaction.factory_class" >
    net.sf.hibernate.transaction.JTATransactionFactory </property>
```

7．其他属性

其他的常见配置属性如表 12.6 所示。

表 12.6　其他Hibernate配置属性

属　性　名	用　　途
hibernate.current_session_context_class	为当前的 Session 提供一个自定义策略
hibernate.query.factory_class	选择 HQL 查询解析器
hibernate.query.substitutions	将 Hibernate 查询转换为 SQL 查询时需要进行的符号替换
hibernate.hbm2ddl.auto	当 SessionFactory 创建时，是否根据映射文件自动验证数据库表结构或自动创建、自动更新数据库表结构。当 SessionFactory 显式关闭后，如果该参数取值为 create-drop，则删除刚创建的数据表。 该参数取值为：validate、update、create 和 create-drop
hibernate.bytecode.use_reflection_optimizer	是否使用字节码操作代替运行时反射。该属性为系统级属性，不能在 hibernate.cfg.xml 中设置
hibernate.bytecode.provider	指定字节码生成包使用 javassist 还是 cglib，默认使用 javassist

12.2　映射文件*.hbm.xml 详解

O/R 映射是 ORM 框架中最重要、最关键的部分，在开发中也是最常用的。持久化类的对象与关系数据库之间的映射关系通常是使用一个 XML 文档来定义的，这个 XML 文档就是映射文件，其默认名为*.cfg.xml，*表示持久化类的类名，通常将某个类的映射文件与这个类放在同一目录下。映射文件易读且可以手工修改。开发人员可以手写 XML 映射文件，也可以使用一些工具来辅助 XML 映射文件的生成。下面详细地介绍 XML 映射文件的结构和组成。

12.2.1　映射文件结构

映射文件用于向 Hibernate 提供将对象持久化到关系数据库中的相关信息，每个 Hibernate 映射文件结构基本都是相同的。根元素都为 hibernate-mapping 元素，hibernate-mapping 元素下面又可以包含多个 class 子元素，每个 class 子元素都对应着一个持久化类的映射。

1．hibernate-mapping元素

位于映射文件顶层的是<hibernate-mapping>元素，该元素定义了 XML 配置文件的基本属性，即它所定义的属性在映射文件的所有节点中都有效。

< hibernate-mapping >元素可以包含的属性如下所示：

```
<hibernate-mapping
    schema="schemaName"                         <!--指定数据库 scheme 名-->
    catalog="catalogName"                       <!--指定数据库 catalog 名-->
    default-cascade="cascade_style"             <!--指定默认级联方式-->
    default-access="field|property|ClassName"   <!--指定默认属性访问策略-->
    default-lazy="true|false"                   <!--指定是否延迟加载-->
```

```
    auto-import="true|false"    <!--指定是否可以在查询语言中使用非全限定类名-->
    package="package.name"      <!--指定包前缀-->
/>
```

对< hibernate-mapping >元素中包含的各个属性含义说明如下：

- schema：指定数据库 schema 名，该属性可选。
- catalog：指定数据库 catalog 名，该属性可选。
- default-cascade：指定默认的级联样式，该属性可选，默认值为空。
- default-access：指定 Hibernate 用来访问属性时所使用的策略，可以通过实现 PropertyAccessor 接口来自定义属性访问策略。该属性可选，默认值为 property。当 default-cascade=“property”时，使用 getter 和 setter 方法访问成员变量；当 default-cascade=“field”时，使用反射访问成员变量。
- default-lazy：指定 Hibernate 默认所采用的延迟加载策略。该属性可选，默认值为 true。
- auto-import：指定是否可以在查询语言中使用非全限定类名，仅限于该映射文件中的类。该属性可选，默认值为 true。
- package：为映射文件中的类指定一个包前缀，用于非全限定类名。该属性可选。

2. class元素

<class>元素用来声明一个持久化类，它是 XML 配置文件中的主要配置内容。通过它可以定义 Java 持久化类与数据表之间的映射关系。<class>元素可以包含的属性如下所示：

```
<class
    name="ClassName"                        <!--指定类名-->
    table="tableName"                       <!--指定映射的表名-->
    discriminator-value="discriminator_value" <!--指定区分不同子类的值-->
    mutable="true|false"                    <!--指出该持久化类的实例是否可变-->
    schema="owner"                          <!--指出数据库的 schema 名字-->
    catalog="catalog"                       <!--数据库 catalog 名称-->
    proxy="ProxyInterface"                  <!--延迟加载指定一个接口-->
    dynamic-update="true|false"<!--指定用于 UPDATE 的 SQL 语句是否在运行时动态生
    成-->
    dynamic-insert="true|false"<!--指定用于 INSERT 的 SQL 语句是否在运行时动态生
    成-->
    <!--该属性指定除非确定对象已经发生了改变，否则不要执行 SQL 的 UPDATE 操作-->
    select-before-update="true|false"
    polymorphism="implicit|explicit"<!--指定是隐式还是显式地使用 Hibernate 多
    态查询-->
    where="arbitrary sql where condition"<!--为 SQL 查询指定一个附加的 WHERE
    条件-->
    persister="PersisterClass" <!--指定一个 ClassPersister -->
    batch-size="N"             <!--设置按标识属性抓取类实例时的批量抓取数量-->
    optimistic-lock="none|version|dirty|all"<!--指定 Hibernate 的乐观锁定策
    略-->
    lazy="true|false"          <!--指定是否使用延迟加载-->
    entity-name="EntityName"<!-- Hibernate3 允许一个类映射为多个不同的数据表-->
    <!--指定一个 SQL 语句，该语句用于为自动生成的 schema 生成多行约束检查-->
    check="arbitrary sql check condition"
    rowid="rowid"                           <!--指定是否可以使用 ROWID-->
```

```
    subselect="SQL expression"<!--将一个不可变的只读实体映射到一个数据库的子查
    询中-->
    abstract="true|false"        <!--用于在联合子类中标识抽象超类-->
/>
```

<class>元素中各属性说明如下：

（1）name 属性：持久化类或接口的全限定名。如果未定义该属性，则 Hibernate 将该映射视为非 POJO 实体的映射。该属性可选。

（2）table 属性：持久化类对应的数据库表名，该属性可选，默认值为持久化类的非限定类名。

（3）discriminator-value 属性：在多态存在时用于区分不同子类的值。该属性可选，默认值为类名。

（4）mutable 属性：指出该持久化类的实例是否可变。

（5）schema 属性：数据库的 schema 名字，如果此处指定该属性，则会覆盖<hibernate-mapping>元素中指定的 schema 属性值。该属性可选。

（6）catalog 属性：数据库 catalog 名称，如果此处指定该属性，则会覆盖<hibernate-mapping>元素中指定的 catalog 属性值。该属性可选。

（7）proxy 属性：为延迟加载指定一个接口，该接口作为延迟加载的代理使用。

（8）dynamic-update 属性：指定用于 UPDATE 的 SQL 语句是否在运行时动态生成。如果 dynamic-update=true，则用于 UPDATE 的 SQL 语句应该在运行时动态生成并且只更新那些值发生过变化的字段。该属性可选，默认值为 false。

（9）dynamic-insert 属性：指定用于 INSERT 的 SQL 语句是否在运行时动态生成。如果 dynamic-insert=true，则用于 INSERT 的 SQL 语句应该在运行时动态生成并且只包含那些值非空的字段。该属性可选，默认值为 false。

（10）select-before-update 属性：该属性指定除非确定对象已经发生了改变，否则不要执行 SQL 的 UPDATE 操作。当 select-before-update=true 时，Hibernate 会在 UPDATE 之前执行一次额外的 SQL SELECT 操作来确定对象是否发生了更改，以决定是否需要执行 UPDATE 操作。该属性可选，默认值为 false。

（11）polymorphisms 属性：指定是隐式还是显式地使用 Hibernate 多态查询。该属性可选，默认值为 implicit。

（12）where 属性：为 SQL 查询指定一个附加的 WHERE 条件，在查询该类的对象时要使用该条件进行过滤。该属性可选。

（13）persistent 属性：指定一个 ClassPersister。该属性可选。

（14）batch-size 属性：设置按标识属性抓取类实例时的批量抓取数量。该属性可选，默认值为 1。

（15）optimistic-lock 属性：指定 Hibernate 的乐观锁定策略。该属性可选，默认值为 version（版本检查）。

（16）lazy 属性：指定是否使用延迟加载。该属性可选，默认值为 false。

（17）entity-name 属性：Hibernate3 允许一个类映射为多个不同的数据表，也允许使用 Map 或 XML 表示 Java 层级的实体映射。此时，应该为实体提供一个明确的名称。该属性可选，默认为类名。

（18）check 属性：指定一个 SQL 语句，该语句用于为自动生成的 schema 生成多行约束检查。该属性可选。

（19）rowid 属性：指定是否可以使用 ROWID。该属性可选。

（20）subselect 属性：将一个不可变的只读实体映射到一个数据库的子查询中。该属性可选。

（21）abstract 属性：用于在联合子类中标识抽象超类。该属性可选。

12.2.2　映射标识属性

持久化类的标识属性在 Hibernate 映射文件中使用<id>元素来描述。标识属性映射到持久化类对应的数据表中的主键列。通过配置标识属性，Hibernate 就可以知道数据表产生主键的首选策略。

<id>元素可以包含的属性如下所示：

```
<id
    name="propertyName"
    type="typename"
    column="column_name"
    unsaved-value="null|any|none|undefined|id_value"
    access="field|property|ClassName"
    node="element-name|@attribute-name|element/@attribute|."
    <generator class="generatorClass"/>
</id>
```

下面对<id>元素各个属性的功能进行详细解释：

（1）name 属性：持久化类中标识属性的名称。该属性可选。

（2）type 属性：持久化类中标识属性的数据类型。该类型可用 Hibernate 内建类型表示，也可以用 Java 类型表示。当使用 Java 类型表示时，需使用全限定类名。该属性可选。

（3）column 属性：数据表中主键列的名称，该属性可选。

（4）unsaved-value 属性：判断某个实例是已持久化过的持久对象，还是尚未被持久化的内存临时对象。该属性可选。

（5）access 属性：指定 Hibernate 对标识属性的访问策略，默认值为 property。若此处指定了 access 属性，则会覆盖<hibernate-mapping>元素中指定的 default-access 属性。该属性可选。

除了上面 5 个属性以外，<id>元素还可以包含一个可选的<generator>子元素。generator 元素指定了主键的生成方式。对于不同的关系数据库和业务应用来说，其主键生成方式往往是不同的。有时可能依赖数据库自增字段生成主键，有时则由具体的应用逻辑来决定。而通过 generator 元素，就可以指定这些不同的实现方式。Hibernate 需要知道生成主键的首选策略。

经验表明，使用自然主键在系统经过长时间运行后几乎总是会引发问题。一个好的主键的衡量标准是唯一的，可以持久使用的和必须存在的，主键不能为 null 或不确定的值。很少有实体的属性能够完全满足这些标准。某些属性或属性组虽然满足标准但却不能在该属性或属性组上建立有效的索引。此外，如果表的主键值改变了，所有参照它的表的外键都要做出相应改变。另外，自然主键常常是组合了几个属性的复合主键，复合主键虽然在表示多对多关系时非常方便，但它在维护、进行某些查询和应对数据库模式变化方面都显得力不从心。

由于上述的原因，在选择数据库主键时，不要选择自然主键，而推荐选择代理主键。代理主键没有实际意义，它是由数据库或应用程序产生的一些唯一值。用户不能访问代理主键的值，因为这些值对用户是透明的，只在系统内部使用。如果一个表没有合适的列作为主键，此时则必须人为地添加一个代理键。Hibernate 提供了很多方式来产生代理键的值。

Hibernate 中可以通过<generator>元素来指定主键生成方式，下面介绍 Hibernate 提供的各种主键生成器。

<generator>子元素是可选的，用来为持久化类的实例生成一个唯一标识。如果这个生成器实例需要某些初始化参数或配置值，则使用<param>元素进行传递。

所有的生成器都实现了 org.hibernate.id.IdentifierGenerator 接口。Hibernate 提供了几个内置的主键生成器策略，如表 12.7 所示。

表 12.7　主键生成器策略

主键生成器名称	描　述
increment	用于为 long、short 或 int 类型主键生成唯一的标识。只有当没有其他进程向同一张表中插入数据时才可以使用。不能在集群环境下使用
identity	采用底层数据库本身提供的主键生成机制。在 DB2、 MySQL、 MS SQL Server、Sybase 和 HypersonicSQL 数据库中可以使用该生成器，这些数据库中都支持自增长（identity）的属性列。该生成器要求在数据库中把主键定义为自增长类型。返回的标识符类型为 long、int 或 short
sequence	在 DB2、PostgreSQL、Oracle、SAP DB 和 McKoi 等支持序列（sequence）的数据库中可以使用该生成器创建唯一标识。返回的标识符类型为 long、short 或 int
hilo	使用一个高/低位算法高效地生成 long、short 或 int 类型的标识符。给定一个表和字段（默认的表和字段分别为 hibernate_unique_key 和 next_hi）作为高位值的来源。高/低位算法产生的标识符仅在特定数据库中是唯一的
seqhilo	使用一个高/低位算法高效地生成 long、short 或 int 类型的标识符。它需要给定一个已命名的数据库 sequence，使用该 sequence 来产生高位值
uuid	使用一个 128 位的 UUID 算法产生字符串类型的标识符，该标识符在网络中是唯一的。UUID 被编码为一个长度为 32 位的十六进制字符串
guid	使用由数据库生成的 GUID 字符串。在 MS SQL Server 和 MySQL 中可使用此生成器
native	依据底层数据库的能力在 identity、sequence 或 hilo 3 种生成器中选择一种。适合跨数据库平台的开发
assigned	让应用程序在 save()方法调用前为对象分配一个标识符。如果不指定 id 元素的 generator 属性，则默认使用该主键生成器策略
select	使用数据库触发器生成主键，主要用于早期数据库的主键生成机制中
foreign	使用另一个关联对象的标识属性。常用在 1-1 主键关联映射中

对主键生成器策略的说明如下。

（1）identity 和 sequence

- 在支持 identity 列的数据库，如 DB2、MySQL、MS SQL Server、Sybase 和 HypersonicSQL 中可以使用 identity 主键生成器。下面是一个使用 indentity 主键生成器的代码示例：

```
<id name="id" type="long" column="user_id" unsaved-value="0">
```

```
    <!--定义 identity 主键生成器-->
<generator class="identity"/>
</id>
```

- 在支持 sequence 的数据库，如 DB2、PostgreSQL、Interbase、Oracle、SAP DB 和 McKoi 中可以使用 sequence 主键生成器。下面是一个使用 sequence 主键生成器的代码示例：

```
<id name="id" type="long" column="user_id">
    <!--定义 sequence 主键生成器-->
    <generator class="sequence">
    <!--指定序列名-->
    <param name="sequence">user_id_sequence</param>
    </generator>
</id>
```

上面代码调用了数据库的 sequence 来生成主键，此时要在<param>元素中给出序列名，否则 Hibernate 无法找到该序列。这两个生成器策略都需要两条 SQL 查询语句才能将一个新对象插入到数据库表中。在多平台（交叉平台）的开发过程中，可以使用 native 策略，该策略可以依据底层数据库在 identity、sequence 或 hilo 3 种策略中进行选择。

（2）高/低位算法

hilo 和 seqhilo 产生器为高/低位算法提供了两种实现方法，hilo 产生器需要一个特别的数据库表来存放下一个可用的高值。seqhilo 产生器使用了 Oracle 等数据库中支持的 sequence 来生成高位值。

（3）UUID 算法

UUID 算法根据 IP 地址、JVM 的启动时间（该启动时间可以精确到 1/4 秒）、系统时间和一个在 JVM 中唯一的计数器值来生成 32 位的字符串。

（4）assigned 生成器

如果想在应用程序中分配标识符，而不想由 Hibernate 来生成，此时可以使用 assigned 生成器。该生成器使用了持久化对象的标识属性值作为标识符的值。当主键为自然主键时常常使用该生成器。如果不指定<generator>元素，则默认使用该生成器策略。

除了使用内建的主键生成策略以外，还可以自定义标识符产生器。只要实现 Hibernate 提供的 IdentifierGenerator 就可以创建自己的标识符产生器。

12.2.3　使用 property 元素映射普通属性

通常，Hibernate 属性映射定义一个 POJO 属性名、一个数据库列名和一个 Hibernate 类型名，类型名常常可以省略。Hibernate 通过<property>元素将持久化类中的普通属性映射到数据库表的对应字段（列）上。

```
<!-- 属性/字段映射配置-->
<property
    name="username"
    column="Name"
    type="java.lang.String"/>
```

上面代码中，name 指定映射类中的属性名；column 指定数据库表中的对应字段名；type

指定映射字段的数据类型。<property>元素除了这 3 个常用属性外，还包括其他一些属性。下面来介绍<property>元素中包含的各个属性。

```
<property
    name="propertyName"             <!--持久化类的属性名-->
    column="column_name"            <!--该持久化类属性映射到的数据库表的列名-->
    type="typename"                 <!--指出持久化类属性映射到的数据列的数据类型-->
    update="true|false"             <!--指定 SQL 的 UPDATE 语句中是否包含映射列-->
    insert="true|false"             <!--指定 SQL 的 INSERT 语句中是否包含映射列-->
    formula="arbitrary SQL expression"<!--定义一个 SQL 语句来计算派生属性的值-->
    access="field|property|ClassName"<!-- Hibernate 访问该持久化类属性值所使
    用的策略-->
    lazy="true|false"                   <!--是否对该属性使用延迟加载-->
    unique="true|false"                 <!--是否对映射列产生一个唯一性约束-->
    not-null="true|false"               <!--是否允许映射列为空-->
    optimistic-lock="true|false"<!--指定持久化类属性在更新操作时是否需要获得乐
    观锁定-->
    generated="never|insert|always"<!--持久化类属性值是否实际上由数据库自动生成-->
    node=element-name|@attribute-name|element/@attribute|.
    index="index_name"
    unique_key="unique_key_id"
    length="L"
    precision="P"
    scale="S"
/>
```

下面对<property>元素各个属性的功能进行详细解释：

（1）name：持久化类的属性名。

（2）column：该持久化类属性映射到的数据库表的列名。该属性可选，默认值为属性名。

（3）type：指出持久化类属性映射到的数据列的数据类型。该属性可选。

（4）update：指定 SQL 的 UPDATE 语句中是否包含映射列。该属性可选，默认值为 true。

（5）insert：指定 SQL 的 INSERT 语句中是否包含映射列。该属性可选，默认值为 true。

（6）formula：定义一个 SQL 语句来计算派生属性的值。派生属性在数据库中没有对应的列，即派生属性不会映射到数据库中的任何列上。

（7）access：Hibernate 访问该持久化类属性值所使用的策略。该属性可选，默认值为 property。若此处指定了 access 属性，则会覆盖<hibernate-mapping>元素中指定的 default-access 属性。

（8）lazy：指定当持久化类的实例首次被访问时，是否对该属性使用延迟加载。lazy 属性可选，默认值为 false。

（9）unique：是否对映射列产生一个唯一性约束。该属性可选，常在产生 DDL 语句或创建数据库对象时使用。

（10）not-null：是否允许映射列为空。该属性可选。

（11）optimistic-lock：指定持久化类属性在更新操作时是否需要获得乐观锁定。该属性可选，默认值为 true。

（12）generated：指定持久化类属性值是否实际上由数据库自动生成，该属性可选，默认值为 never。generated="never"时，表示该属性值不是从数据库中生成的；generated="insert"时，表示该属性值在插入时生成，但不会在随后的 update 时重新生成；generated="always"

时，表明该属性值在 insert 和 update 时都会被生成。

在使用 property 属性时，还有几点需要注意：

- 如果没有在<property>元素中指定字段类型，Hibernate 会使用反射机制自动获得正确的 Hibernate 类型。可以使用 access 控制 Hibernate 在运行时访问持久化类属性的方式。默认情况下，即 access="property"，Hibernate 会调用持久化类中定义的 setter 和 getter 方法来访问该类中的属性。还可以指定 access="field"，此时 Hibernate 直接通过反射来访问持久化类中的属性。还可以自己定义属性的访问策略，此时只要定义一个实现 org.hibernate.property.PropertyAccessor 接口的类就可以了。
- 持久化类的某些属性值需要在运行过程中通过计算才能得出来，这样的属性一般称为派生属性。可以利用<property>元素的 formula 属性来设置一个 SQL 表达式，Hibernate 根据 SQL 语句中的表达式来计算派生属性的值。下面的代码显示了 formula 属性的使用方法：

```
<!--formula 属性用法-->
<property name="totalPrice"
    <!--指定 SQL 语句 -->
    formula="( SELECT AVG(2012-DATA) AS AVG_AGE
            FROM STUDENT"/>
```

上面的代码在 formula 属性中设置了一个 SQL 语句，该语句的作用是从 STUDENT 表中查询出所有学生的平均年龄，其中 DATA 是每个学生的入学日期。

- lazy 属性是 Hibernate3 引入的新特性。当持久化类中某个属性的 lazy 属性值为 true 时，该持久化类中的属性并不会被立即加载，而只有在读取该属性值的时刻，其值才会从数据库中读取出来。延迟加载在处理大字段时非常有用。例如，在产品信息表中有一个产品使用说明的大字段，但在通常情况下不需要显示或处理该字段，此时就可以将其 lazy 属性值设置为 true，以避免每次读取大字段时降低效率。

12.2.4　映射集合属性

集合作为一个类的属性也是经常出现的情况，本小节介绍在 Hibernate 中对集合属性的映射方式。

1．Hibernate集合类介绍

Java 的集合类用于存储一组对象，其中的每个对象称为一个元素。Java 集合类都位于 java.util 包中。经常使用的 Java 集合类有 ArrayList、Hashset、HashMap、HashTable 等。这些类都是 java.util.Collection 和 java.util.Map 接口的实现类。位于 Java 集合框架最顶层的接口是 java.util.Collection 和 java.util.Map。接口 java.util.List、java.util.Set、java.util.StoreSet 都继承自 Collection 接口，而在程序中经常使用的集合类 java.util.LinkedList、java.util.ArrayList、java.util.HashSet、java.util.TreeSet 等则是这 3 个子接口的实现类。java.util.Map 也是位于顶层的接口，该接口只有一个子接口 java.util.SortedMap。Map 的常用实现类有 java.util.HashMap、java.util.TreeMap 等。如图 12.1 所示描述了 Java 的集合类框架。

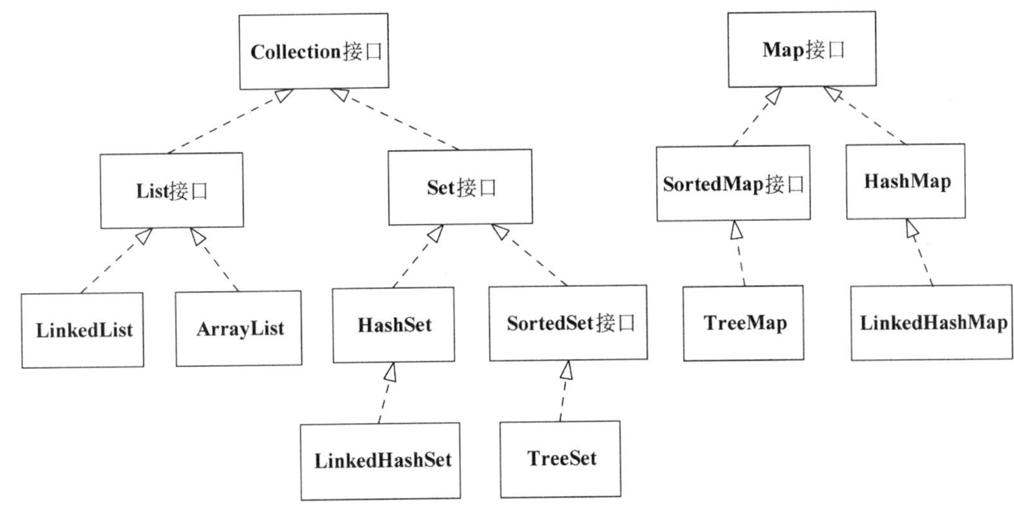

图 12.1　Java 集合类框架

要注意的是，Java 集合类中存放的并不是对象本身，而是对象的引用。为表达上的方便，也常把集合中对象的引用称为集合中的对象。Java 集合主要分成 3 种类型：

- Set：集合中的元素不按某一指定的方式排序，并且不存在重复对象。Set 的一些实现类能对集合中的元素按指定方式排序。
- List：集合中的元素按索引位置排序，可以有重复对象，支持按照元素在集合中的索引位置查询元素。
- Map：集合中的每一个元素包含一对键对象和值对象，集合中没有重复的键对象，而值对象可以重复。

对 Java 中 3 种集合类详细说明如下。

（1）Set 接口

Set 接口继承了 Collection 接口。它不允许集合中出现重复项。Set 接口中没有引入新方法，因此可以说 Set 就是一个 Collection，只是二者的行为不同而已。Set 中不能出现重复值，而 Collection 中可以。Set 的存储顺序不是有序的，因此不能使用索引访问其元素。添加到 Set 中的元素必须定义 equals 方法，以提供算法来判断新元素是否与已存在的某元素相等，从而保证其中元素的唯一性。

Java 中为 Set 接口提供了 3 个基本的实现类，分别是 HashSet、TreeSet 和 LinkedHashSet。

① HashSet 类

HashSet 是 Set 接口的实现类，它使用散列表进行存储，具有很好的存取性能。HashSet 底层是使用 HashMap 实现的，它封装了一个 HashMap 对象来存储集合中的所有元素。

HashSet 提供的方法大部分都是通过调用 HashMap 的方法实现的，因此 HashSet 在实现本质上与 HashMap 是相同的。

当向 HashSet 中存入一个新对象时，首先会调用该对象的 hashCode 方法以获取哈希码，然后根据哈希码来确定该对象在 HashSet 中的存放位置。

如果用户自定义类使用 HashSet 来添加对象，则一定要覆盖该类的 equals()方法和 hashCode()方法。其规则为：如果两个对象通过 equals()方法比较后返回值为 true，则它们的哈希码 hashcode 也相等。

② TreeSet 类

TreeSet 实现了 SortedSet 接口，它是一个有序的集合，添加到 TreeSet 中的元素是按照某种顺序来存储的，因此读取时可以从集合中有序地读取元素。

为保证 TreeSet 中元素的有序性，其中每个对象元素必须要实现 Comparable 接口或者将对象元素添加到 TreeSet 时为其提供 Comparator 比较器对象。

TreeSet 中的元素只能通过迭代器方法进行获取。

③ LinkedHashSet 类

LinkedHashSet 是 HashSet 的子类。它内部使用了散列表来加快查询速度，同时使用链表结构来维护元素插入集合的次序。

在 LinkedHashSet 中，可以按照元素的插入次序来访问各个元素。

（2）List 接口

List 继承了 Collection 接口，它定义了一个允许重复项的有序集合。List 按照对象的进入顺序来保存对象，不对对象做排序或编辑操作。它包含了 Collection 接口的所有方法，除此以外，还定义了一些其他的方法。在 List 中搜索元素，既可以从列表的表头开始也可以从列表的尾部开始，如果找到元素，还可以报告元素所在的位置。List 常用的方法如下：

- void add(int index, Object element)：将对象 element 插入到位置 index 上。
- boolean addAll(int index, Collection collection)：在 index 位置后添加 collection 中的所有元素。
- Object get(int index)：取出下标为 index 的元素。
- int indexOf(Object element)：找到对象 element 在 List 中第一次出现的位置并返回该位置。
- int lastIndexOf(Object element)：找到对象 element 在 List 中最后出现的位置并返回该位置。
- Object remove(int index) ：删除下标为 index 的元素。
- Object set(int index, Object element)：将 index 位置上的对象替换为 element 对象并返回被替换掉的元素。

在 Java 集合类框架中，有两种常用的 List 实现类，即 ArrayList 和 LinkedList。ArrayList 底层使用的是 Object 数组，因此它的查询速度快但是增加、删除元素时速度较慢。LinkedList 在底层是以链表形式存储的，它增加和删除元素时速度快但执行查询的速度效率较低。可以在 LinkedList 中的任何位置增加或删除元素。使用哪一种实现类取决于实际情况的需要。如果要支持随机访问，且只在列表尾部插入或删除元素，则 ArrayList 是一个很好的选择。如果需要频繁地从列表的中间位置添加和删除元素，且只需要顺序地访问列表元素，则选择 LinkedList 能更好地完成任务。

（3）Map 接口

Map 接口用来维持多个“键-值”对，它的每个元素都包含一对键-值对，以便于通过键查找到相应的值。向 Map 中添加新元素时，需要提供一对键对象和值对象。从 Map 中查询元素时，可通过键对象，找到对应的值对象。Map 中的键不允许重复，对值则没有唯一性的要求。因此，多个键可以对应同一个值。

对 Map 进行增加和删除操作的方法如下：

- Object put(Object key,Object value)：将一个键-值对存放到 Map 中。
- Object remove(Object key)：根据键对象 key，移除一个键-值对，并返回值对象。
- void putAll(Map mapping)：将另一个 Map 中的所有元素存入当前的 Map 中。
- void clear()：清空当前 Map 中的所有元素。

对 Map 执行查询操作的方法如下：

- Object get(Object key)：根据键对象 key 取得对应的值对象。
- boolean containsKey(Object key)：判断 Map 中是否存在某个键对象 key。
- boolean containsValue(Object value)：判断 Map 中是否存在某个值对象 value。
- int size()：返回 Map 中元素（键-值对）的个数。
- boolean isEmpty()：判断当前 Map 是否为空

Map 接口的常用实现类有 HashMap、TreeMap 和 LinkedHashMap。

① HashMap 类

HashMap 使用散列表来实现 Map 接口，能够满足用户对 Map 的通用需求。它本身没有增加任何新方法。其键对象可以为任意 Object 子类的对象，但如果覆盖了 equals()方法，则需要同时修改 hashCode()方法。

要注意的是，散列映射不能保证其元素的顺序。因此，元素加入散列的顺序并不一定和它们被迭代读出时的顺序一致。

② TreeMap 类

TreeMap 实现了 SortedMap 接口，所以它是一个排序的 Map。它能够把保存的记录按照键排序，默认情况下是升序排序。它支持对键进行有序遍历，在使用时常常先用 HashMap 增加或删除成员，之后再从 HashMap 生成 TreeMap。同时，TreeMap 还支持子 Map 等一些要求顺序的操作。TreeMap 的键对象要求实现 Comparable 接口，或者使用 Comparator 来构造 TreeMap 的键对象。

③ LinkedHashMap 类

LinkedHashMap 保留了键的插入顺序，使用 Iterator 迭代输出的顺序与插入顺序相同。同样，其键对象可以为任意 Object 子类的对象，但如果覆盖了 equals()方法，则需要同时修改 hashCode()方法。

2. 持久化集合类

Hibernate 中要求持久化集合属性时必须将其声明为接口，比如，下面代码定义了一个持久化类 Product，该类中包含一个集合属性 parts，在类定义中将 parts 声明为 Set 接口。

```
public class Product {
    private String Number;
    private Set parts = new HashSet();              //声明集合字段 parts
    //属性的 getter 和 setter 方法
    public Set getParts() { return parts; }
    void setParts(Set parts) { this.parts = parts; }
    public String getNumber() { return Number; }
    void setNumber(String sn) { Number = sn; }
}
```

在声明集合属性时使用的接口可以是 java.util.Set、java.util.Collection、java.util.List、java.util.Map、java.util.SortedSet、java.util.SortedMap 或者是自定义的接口。若使用自定义

接口则需实现 org.hibernate.usertype.UserCollectionType 接口。

集合类实例仍然具有一般值类型的通常行为方式。当它们被持久化对象引用后，会被自动持久化，当撤销持久化对象的引用时，这些集合属性会被自动删除。如果集合类实例从一个持久化对象传递到了另一个持久化对象，则其元素可能会从一个表转换到另一个表中。两个实体（持久化对象）不能共享同一个集合类实例的引用。

3．集合映射

映射集合类的 Hibernate 映射元素根据集合的类型不同而不同，如映射 set 类型的属性时使用<set>元素：

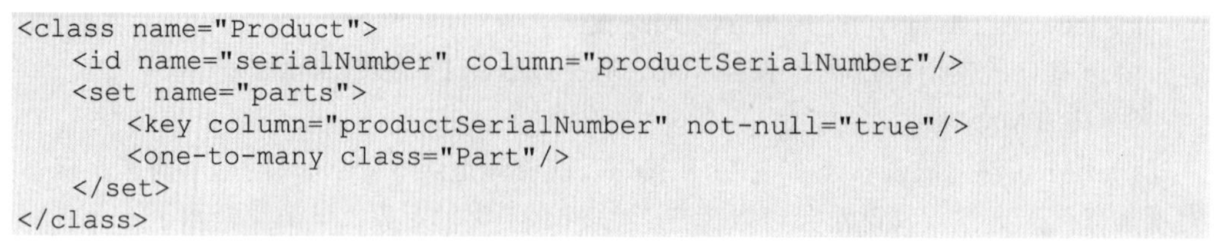

```
<class name="Product">
    <id name="serialNumber" column="productSerialNumber"/>
    <set name="parts">
        <key column="productSerialNumber" not-null="true"/>
        <one-to-many class="Part"/>
    </set>
</class>
```

根据 java 集合类的特点，Hibernate 中可以分为如下几种集合类映射：

- <set>：无序，通常用于一对多或多对多关联关系映射。
- <list>：有序，必须要有一个索引字段。
- <map>：无序，必须要有一个映射关键字字段。
- <bag>：有序，必须要有一个索引字段。
- <array>：有序，必须要有一个索引字段。

不同的集合类接口对应不同的 Hibernate 集合类映射元素，如表 12.8 所示。

表 12.8　集合类接口及其对应的Hibernate映射元素

集合类接口	常用实现类	映射元素
Java.util.Set	Java.util.HashSet	<set>
Java.util.Collection	Java.util.HashSet	<set>
	Java.util.ArrayList	<list>
Java.util.Map	Java.util.HashMap	<map>
	Java.util.Hashtable	
Java.util.StoreSet	Java.util.TreeSet	<set>
Java.util.StoreMap	Java.util.TreeMap	<map>

下面以<map>为例介绍集合类映射时可以配置的属性，<set>、<list>、<bag>和<array>的属性定义可参考<map>。<map>元素中可以包含的属性如下：

```
<map
    name="propertyName"
    table="table_name"
    schema="schema_name"
    lazy="true|extra|false"
    inverse="true|false"
    cascade="all|none|save-update|delete|all-delete-orphan|delete-orphan"
    sort="unsorted|natural|comparatorClass"
    order-by="column_name asc|desc"
    where="arbitrary sql where condition"
```

```
    fetch="join|select|subselect"
    batch-size="N"
    access="field|property|ClassName"
    optimistic-lock="true|false"
    mutable="true|false"
    node="element-name|."
    embed-xml="true|false"
>
    <key .... />
    <map-key .... />
    <element .... />
</map>
```

（1）name：该属性用来指定集合属性的名称。

（2）table：由于 Hibernate 会将集合属性单独保存到一个数据表中，因此该属性指定了用来保存集合属性的数据表的表名。该属性可选，当未指定该属性时，则表名默认与集合属性名相同。

（3）schema：保存集合属性的数据表的 schema 名称。该属性可选，如果定义了该属性，则会覆盖根元素中定义的 schema 属性。

（4）lazy：指定是否启用延迟加载，该属性可选，默认值为 true。lazy="true"时，表示只有调用集合并需要获取其中的元素时，才发出查询语句，加载集合元素的数据；lazy="false"时，表示不开启延迟加载，即在加载对象的同时，就发出查询语句来加载其关联集合中的数据；lazy="extra"时，效果与取值为 true 时类似，但它实现了一种更智能的延迟加载方式。当调用集合的 size、contains 等方法时，Hibernate 并不去加载整个集合中的数据，而是发出一条 SQL 语句来获得所需要的值，仅当确实需要使用集合元素中的数据时，才发出查询语句加载所有对象中的数据。

（5）inverse：该属性可选，默认为 false，此时表示该集合作为双向关联关系中的方向一端。

（6）cascade：指定是否让操作级联到子实体，该属性可选，默认为 none。

（7）sort：指定集合排序的顺序，可以为自然顺序（natural），也可以使用给定的排序类（该类实现了 java.util.Comparator 接口）来排序。该属性可选。

（8）order-by：该属性用来配置使用数据库对集合元素进行排序，该属性可选，且仅适用于 JDK 1.4 及以上版本。通过该属性可以指定按照表的一个或几个字段排序，若按某字段升序，则在字段名后面跟上 asc，若按某字段降序，则在字段名后面跟上 desc。

（9）where：指定 SQL 语句的 where 条件，在加载或删除给定集合元素时使用该条件过滤不满足条件的集合元素。该属性可选。

（10）fetch：设置数据抓取策略。该属性可选，默认值为 select。

（11）batch-size：指定每次通过延迟加载所取得的集合元素的数量。该属性可选，默认值为 1。

（12）access：指定 Hibernate 对集合属性的访问策略。该属性可选，默认值为 property。

（13）optimistic-lock：指定改变集合状态时是否需要获得乐观锁定。该属性可选，默认值为 true。

（14）mutable：指定集合中的元素是否可变，该属性可选，默认值为 true。

上面以<map>元素为例介绍了其配置属性。在实际使用中，并不是每次使用集合类时其所有属性都需要配置，一般来说，大部分属性都直接使用默认值即可。<set>、<list>、<bag>和<array>的属性定义与<map>相似，此处就不再一一进行说明了。

4．集合外键

包含集合属性的实体在数据库中对应着一张数据表，该表中必然包含一个外键列。正是通过外键列，才能区分出不同的集合实例具体属于哪一个实体对象。此外键列通过<key>元素映射。

<key>元素可以指定如下一些属性：

- column：指定外键列的列名。
- on-delete：指定外键约束是否将打开数据库级别的级联删除。
- property-ref：表明外键引用的字段不是原表的主键。
- not-null：指定外键列是否具有非空约束。
- update：指定外键列是否可以被更新。
- unique：指定外键列是否具有唯一性约束。

对单向一对多关联而言，外键列默认情况下可以为空，此时在定义<key>元素时就需要指明 not-null="true"。

```
<key column="productSerialNumber" not-null="true"/>
```

如果希望对外键列使用数据库级的级联删除约束，则在定义<key>元素时需要指定 on-delete 属性：

```
<key column="productSerialNumber" on-delete="cascade"/>
```

5．集合元素的数据类型

在 Hibernate 中集合元素的数据类型几乎可以是任何数据类型，包括所有基本类型、自定义类型、复合类型及对其他实体的引用。根据集合中元素的不同的数据类型，对元素执行的操作也不相同，通常有两种情况：当集合元素为基本类型、自定义类型、复合类型时，集合中的对象可以根据“值”语义进行操作，这些对象的生命周期完全取决于集合所有者；当集合元素为指向其他实体的引用时，则这些集合元素都具有自己的生命周期，它们与集合所有者的关系只能通过对象之间的“连接”来表达。

当使用值语义映射集合元素时，可使用<element>或<composite-element>元素，它们分别用于映射基本类型和复合类型。而当集合元素为某个实体的引用时，则使用<one-to-many>或<many-to-many>来映射实体间的关联关系。

6．索引集合类

对于所有的集合映射，除了 set 和 bag 以外，都需要指定一个索引字段，该索引字段用于对应到数组的索引、List 的索引或 Map 的关键字上。在 Hibernate 中配置集合类索引的方式有如下几种：

- <map-key>元素：使用<map-key>元素可以映射任何基础类型的索引及 Map 集合索引。
- <map-key-many-to-many>元素：该元素用于映射 Map 集合和实体引用的索引字段。
- <list-index>元素：该元素用于映射 List 集合和数组的索引字段。

- <composite-map-key>元素：该元素用于映射 Map 集合和复合类型的索引字段。

7．集合类映射

由 12.2.1 小节中介绍的内容，可以得出集合类映射的一般定义。具体如下：

```
<集合类映射元素>                <!--set、map、list 等标记-->
  <集合外键>                   <!--对应于集合实体的主键的外键-->
  <集合索引字段/>               <!--除 set 和 bag 以外的集合映射需要映射索引值或字段-->
  <集合元素/>                  <!--映射保存集合元素的数据列-->
</集合类映射元素>
```

下面定义一个 CollectionMapping 类，该类位于 com.hibernate 包中，在该类中定义了数组、Set、List 和 Map 几种集合属性。代码如下：

```
package com.hibernate;
import java.util.List;
import java.util.Map;
import java.util.Set;
public class CollectionMapping {
  private int id;
  private String name;
  private Set sets;                                  //Set 集合属性
  private List lists;                                //List 集合属性
  private String[] arrays;                           //数组属性
  private Map maps;                                  //Map 集合属性
//id 属性的 getter 和 setter 方法
Public int getId() {
    Return id;
}
Public void setId(int id) {
    this.id = id;
}
//name 属性的 getter 和 setter 方法
Public String getName() {
    Return name;
}
Public void setName(String name) {
    this.name =name;
}
//arrays 属性的 getter 和 setter 方法
Public String[] getArrays(){
    Return arrays;
}
Public void setArrays(String[] arrays){
    this.arrays=arrays;
}
//lists 属性的 getter 和 setter 方法
Public List getLists(){
    Return lists;
}
Public void setLists(List lists){
    this.lists=lists;
}
//maps 属性的 getter 和 setter 方法
Public Map getMaps(){
    Return maps;
}
```

```
Public void setMaps(Map maps){
    this.maps=maps;
}
//sets 属性的 getter 和 setter 方法
Public Set getSets() {
    Return sets;
}
Public void setSets(Set sets){
    this.sets=sets;
}
}
```

下面是持久化类 CollectionMapping 的映射文件。该映射文件将 com.hibernate 包中的 CollectionMapping 类映射到数据表 collection 上，将 CollectionMapping 类中的各个属性分别映射到数据库中对应的表或列上。

```
<?xml version="1.0" encoding="UTF-8"?>
<!DOCTYPE hibernate-mapping PUBLIC
  "-//Hibernate/Hibernate Mapping DTD 3.0//EN"
  "http://hibernate.sourceforge.net/hibernate-mapping-3.0.dtd">
<hibernate-mapping>
  <class name="com.hibernate.CollectionMapping" table="collection">
     <id name="id">
          <generator class="native"/>       <!--指定主键生成策略-->
     </id>
     <property name="name"/>                  <!--映射 name 属性-->
     <!--映射 Set 集合属性-->
     <set name="sets" table="t_sets">
          <key column="set_id"/>              <!--映射集合属性数据表的外键列-->
          <element type="string" column="set_value"/><!--映射保存集合元素
          的数据列-->
     </set>
     <!--映射 List 集合属性-->
     <list name="lists" table="t_lists">
     <key column="list_id"/>                  <!--映射集合属性数据表的外键列-->
          <list-index column="list_index"/><!--映射集合属性数据表的集合索引列-->
          <element type="string" column="list_value"/><!--映射保存集合元素
          的数据列-->
     </list>
     <!--映射数组属性-->
     <array name="arrays" table="t_arrays">
          <key column="array_id"/>            <!--映射集合属性数据表的外键列-->
          <list-index column="array_index"/><!--映射集合属性数据表的集合索引
          列-->
          <element type="string"column="array_value"/><!--映射保存集合元素
          的数据列-->
     </array>
     <!--映射 Map 集合属性-->
     <map name="mapValues"table="t_maps">
     <key column="map_id"/>           <!--映射集合属性数据表的外键列-->
     <map-key type="string" column="map_key"/><!--映射集合属性数据表的
     Mapkey 列-->
     <element type="string" column="map_value"/><!--映射保存集合元素的数
     据列-->
      </map>
  </class>
</hibernate-mapping>
```

12.3　Hibernate 关联关系映射

关联关系反映了不同类的对象之间存在的结构关系。对象都不是孤立存在的，它们之间往往需要相互引用以实现交互，这种对象之间的相互访问就是关联关系。

在 Hibernate 中对象间的关联关系就表现为数据库中表与表之间的关系。数据库中的两个表之间是存在关系的，两个表之间可以通过外键进行关联。Hibernate 中的关联操作可以减少多表连接时的代码量，并保持表之间数据的同步。

Hibernate 关联关系可分为单向关联和双向关联两大类。单向关联可以分为一对一、一对多、多对一和多对多 4 种关联方式，而多向关联可以分为一对一、一对多和多对多 3 种关联方式。下面将依次介绍这几种关联关系的映射方法。

12.3.1　单向的一对一关联

假设有两个持久化类用户（User）和用户的地址（Address），它们之间存在着一对一的关系，即一个用户只能对应一个地址，一个地址也只能对应一个用户。

单向的一对一关联又可以分为两类，分别是通过主键关联和通过外键关联。

1．通过主键关联

通过主键关联，是指两个数据表之间通过主键建立一对一的关联关系。这两张表的主键值是相同的，一张表改动时，另一张也会相关地发生改变，从而避免多余字段被创建。

一对一的关联可以使用主键关联，但基于主键关联的持久化类（其对应的数据表称为从表）却不能拥有自己的主键生成策略，这是因为从表的主键必须由关联类（其对应的数据表称为主表）来生成。此外，要在被关联的持久化类的映射文件中添加 one-to-one 元素来指定关联属性，并为 one-to-one 元素指定 constrained 属性值为 true，以此表明从表的主键由关联类生成。

下面通过 user 表与 address 两张表来介绍一对一映射关系的实现，在进行表的关联映射之前，先要在数据库中创建这两张表，user 表在数据库中的表结构如表 12.9 所示，address 表在数据库中的表结构如表 12.10 所示。

表 12.9　user表

Field	Type	Null	Key	Default	Extra
userid	Int(11)	NO	PRI	NULL	auto_increment
name	Varchar(20)	YES		NULL	
password	Varchar(12)	YES		NULL	

表 12.10　address表

Field	Type	Null	Key	Default	Extra
addressid	Int(11)	NO	PRI	NULL	auto_increment
addressinfo	Varchar(255)	YES		NULL	

它们之间的关联关系如图 12.2 所示。

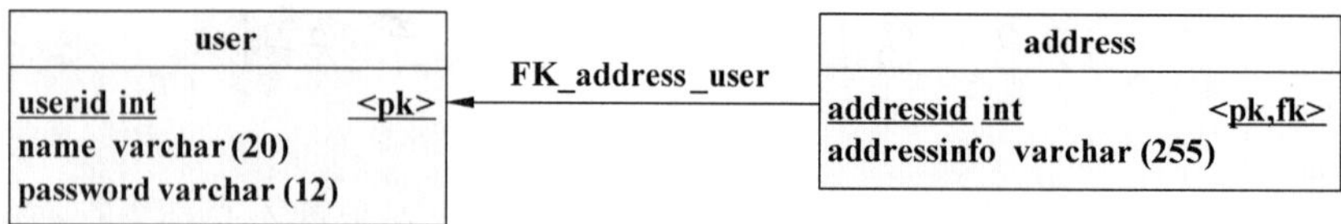

图 12.2　address 表和 user 表的一对一主键关联关系

接下来创建两张表对应的持久化类。

表 user 的持久化类为 User.java，User 类中包含了一个 Address 类型的属性，其代码如下：

```
public class User {
    private int userid;                         //User 类的标识属性
    private String name;                        //name 属性
    private String password;                    //password 属性
    private Address address;                    //User 类的关联实体属性
    //无参构造方法
    public User() {
    }
    //初始化所有 User 属性的构造方法
    public User(int userid, String name, String password, String type,
    Address address) {
        this. userid = userid;
        this.name = name;
        this.password = password;
        this.address = address;
    }
    // userid 属性的 getter 和 setter 方法
    public int getUseid() {
        return this. userid;
    }
    public void setUseid(int userid) {
        this. userid = userid;
    }
    //name 的 getter 和 setter 方法
    public String getName() {
        return this.name;
    }
    public void setName(String name) {
        this.name = name;
    }
    //password 属性的 getter 和 setter 方法
    public String getPassword() {
        return this.password;
    }
    public void setPassword(String password) {
        this.password = password;
    }
    //address 的 getter 和 setter 方法
    public Address getAddress() {
        return this.address;
    }
    public void setAddress(Address address) {
        this.address = address;
    }
}
```

每个 User 类的对象都对应着一个 Address 类的对象，因此在 User 类中应该定义一个 Address 类型的属性，以便可以从 User 一端访问到 Address。由于现在讨论的是单向一对一关联，因此，Address 一端无须访问 User，这样，在 Address 类中就不需要添加 User 类型的属性。

表 address 的持久化类为 Address.java，其代码如下：

```
public class Address {
//Address 类的标识属性
private int addressid;
   private String addressinfo;
    //无参构造方法
    public Address () {
    }
    //初始化所有 Address 属性的构造方法
    public Address (int addressid, String addressinfo) {
        this.addressid = addressid;
        this.addressinfo = addressinfo;
    }
    //Address 属性的 getter 和 setter 方法
    public int getAddressid () {
        return this.addressid;
    }
    public void setUseid(int addressid) {
        this.addressid = addressid;
    }
    //addressinfo 的 getter 和 setter 方法
    public String getAddressinfo () {
        return this. addressinfo;
    }
    public void setAddressinfo (String addressinfo) {
        this. addressinfo = addressinfo;
    }
}
```

User 的主键由关联类 Address 来生成，User 类的映射文件如下：

```
<?xml version="1.0"?>
<!DOCTYPE hibernate-mapping PUBLIC "-//Hibernate/Hibernate Mapping DTD
3.0//EN"
"http://hibernate.sourceforge.net/hibernate-mapping-3.0.dtd">
<hibernate-mapping>
   <class name="User" table="USER">
       <id name="userid" type="int" access="field">
           <column name="USERID" />
          <!--基于主键关联时，将主键生成策略设置为 foreign，表明由关联类来生成主键，
          即直接使用另一个关联类的主键值，该持久类本身不能生成主键-->
           <generator class="foreign">
             <param name="property">address</param><!--关联持久化类的属性名-->
           </generator>
       </id>
       <!--映射 name 和 password 属性-->
       <property name="name" type="java.lang.String">
           <column name="NAME" />
       </property>
       <property name="password" type="java.lang.String">
           <column name="PASSWORD" />
       </property>
```

```
        <one-to-one name="address" class="Address" constrained="true">
        <!--基于主键的一对一关联映射-->
        </one-to-one>
    </class>
</hibernate-mapping>
```

Address 类的映射文件如下：

```
<?xml version="1.0"?>
<!DOCTYPE hibernate-mapping PUBLIC "-//Hibernate/Hibernate Mapping DTD 3.0//EN"
"http://hibernate.sourceforge.net/hibernate-mapping-3.0.dtd">
<hibernate-mapping>
        <class name="Address" table="ADDRESS"><!--指定持久化类 Address 映射的表名 -->
        <id name="addressid" type="int" access="field"><!--指定标识属性 id -->
            <column name="ADDRESSID" />
            <generator class="identity" />          <!--指定主键生成策略 -->
        </id>
        <!--映射 addressinfo 属性-->
        <property name="addressinfo" type="java.lang.String">
            <column name="ADDRESSINFO" />
        </property>
    </class>
</hibernate-mapping>
```

采用这种关联方式时，user 表的主键必须与 address 表中的主键保持一致。

在被关联类中定义的 one-to-one 元素可以包含如下属性：

- name：指定被关联类中关联属性的属性名，该属性是必须存在的。
- class：指定被关联类的全限定类名，默认情况下可通过反射得到该类名。
- cascade：表明哪些操作会产生级联。
- constrained：表明从表（被关联类对应的数据表）和主表（关联类对应的数据表）之间是否通过一个外键引用对主键进行约束。该选项会影响 save()和 delete()操作在级联执行时的先后顺序，并决定该关联能够被委托。
- fetch：设置抓取方式，有两种抓取方式：一种是外连接抓取，此时 fetch 属性值为 join；另一种是选择抓取，此时 fetch 属性值为 select。fetch 默认值为 select。
- property-ref：指定关联类中的某个属性，该属性将和被关联类中的主键相对应。如果未指定该属性，则默认使用关联类的主键。
- access：指定 Hibernate 访问关联属性的策略，默认值为 property。
- lazy：指定被关联实体的延时加载策略。lazy 属性取值为 proxy 时表明会启动单实例关联的代理；lazy 属性取值为 no-proxy 时表明关联属性在实例变量第一次被访问时就采用延迟抓取；lazy 属性取值为 false 时表明关联实体总是被预先抓取。

定义测试类 Test 进行测试，Test 代码如下：

```
import org.hibernate.Session;
import org.hibernate.Transaction;
public class Test {
    public static void main(String[] args){
    Session session=HibernateUtil.getSessionFactory().openSession();
    Transaction tx=session.beginTransaction();
    User u=new User();              //创建 User 类实例
    u.setName("Jack");              //设置 name 属性值
```

```
        u.setPassword("111");          //设置 password 属性值
        Address a=new Address();       //创建 Address 实例
        a.setAddressinfo("America");     //设置 addressinfo 属性值
        u.setAddress(a);               //设置 u 的 address 属性值
        session.save(a);               //将 a 持久化到数据库中
        session.save(u);               //将 u 持久化到数据库中
        tx.commit();
        HibernateUtil.shutdown();
    }
}
```

代码中的 HibernateUtil 是辅助工具类，在第 3 章中介绍过该类，此处省略掉其内容，详细代码可见光盘。

程序执行后在控制台上打印出如图 12.3 所示的语句。

```
Hibernate: insert into ADDRESS (ADDRESSINFO) values (?)
Hibernate: insert into USER (NAME, PASSWORD, USERID) values (?, ?, ?)
```

图 12.3　控制台显示

user 表和 address 表内容分别如图 12.4 和图 12.5 所示。由此可知，记录已经正确地插入到两张表中了。

```
mysql> select * from user;
+--------+------+----------+
| userid | name | password |
+--------+------+----------+
|      1 | Jack | 111      |
+--------+------+----------+
1 row in set (0.00 sec)
```

图 12.4　user 表中插入的记录

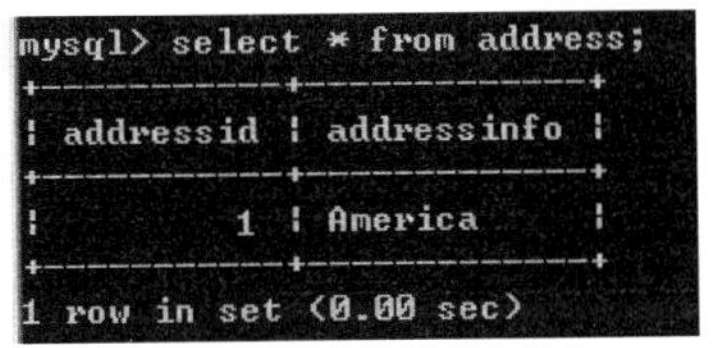

图 12.5　address 表中插入的记录

2．通过外键关联

通过外键关联时两张数据表的主键是不同的，通过在一张表中添加外键列来保持一对一的关系。配置外键关联关系时需要使用 many-to-one 元素。因为通过外键关联的一对一关系，本质上是一对多关系的特例，因此，只需要在 many-to-one 元素中增加 unique="true" 属性即可，这相当于在“多”的一端增加了唯一性的约束，表示“多”的一端也必须是唯一的，这样就变成为单向的一对一关系了。

仍然使用 User 类和 Address 类以及 user 表和 address 表来说明外键关联的一对一关系。User 类和 Address 类的定义与使用主键关联的一对一关系中的定义完全相同。

User 类映射到数据库中的 user 表，Address 类映射到数据库中的 address 表。address 表和 user 表在数据库中的表结构分别如表 12.11 和表 12.12 所示。

表 12.11　address表

Field	Type	Null	Key	Default	Extra
addressid	Int(11)	NO	PRI	NULL	auto_increment
addressinfo	Varchar(255)	YES		NULL	

表 12.12　user表

Field	Type	Null	Key	Default	Extra
userid	Int(11)	NO	PRI	NULL	auto_increment
name	Varchar(20)	YES		NULL	
password	Int(12)	YES			
address_id	Int(11)	YES	MUL	NULL	

它们之间的关联关系如图 12.6 所示。

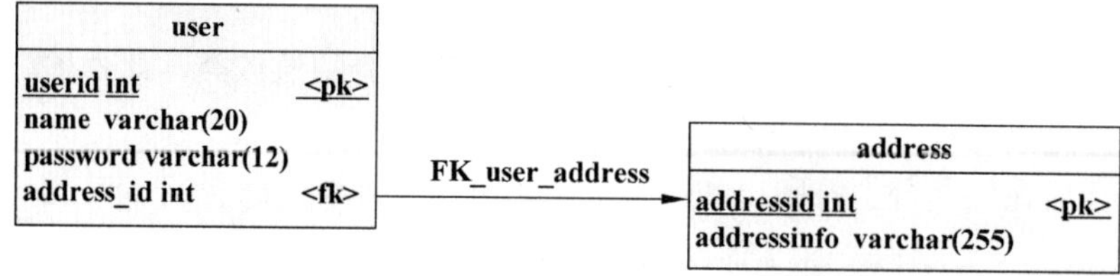

图 12.6　user 表和 address 表的一对一外键关联关系

为实现一对一的映射关系，需要在 User 类的映射文件中添加如下配置信息：

```
<many-to-one name="address" class="Address" unique="true">
    <column name="ADDRESS_ID"/>
</many-to-one>
```

<many-to-one>元素中可以包含多个属性，对于其各个属性的含义将在 12.3.3 小节单向的多对一联系中进行详细说明。

User 类的配置文件如下所示。

```
<?xml version="1.0"?>
<!DOCTYPE hibernate-mapping PUBLIC "-//Hibernate/Hibernate Mapping DTD 3.0//EN"
"http://hibernate.sourceforge.net/hibernate-mapping-3.0.dtd">
<hibernate-mapping>
        <class name="User" table="USER"><!--指定持久化类 User 映射的表名-->
        <!--映射标识属性 userid，使用 identity 主键生成器策略 -->
        <id name="userid" type="int" access="field">
            <column name="USERID" />
            <generator class="identity"/>
        </id>
        <property name="name" type="java.lang.String"><!--映射 name 属性-->
            <column name="NAME" />
        </property>
        <property name="password" type="java.lang.String">
                                                    <!--映射 password 属性-->
            <column name="PASSWORD" />
        </property>
    <!--映射关联实体 Address，将其 address 属性映射为 address 表中的外键 address_id，
    unique 指定为一对一映射-->
      <many-to-one name="address" class="Address" unique="true">
            <column name="ADDRESS_ID"/>
      </many-to-one>
    </class>
</hibernate-mapping>
```

Address 类的配置文件如下所示：

```
<?xml version="1.0"?>
<!DOCTYPE hibernate-mapping PUBLIC "-//Hibernate/Hibernate Mapping DTD
3.0//EN"
"http://hibernate.sourceforge.net/hibernate-mapping-3.0.dtd">
<hibernate-mapping>
    <class name="Address" table="ADDRESS"><!--指定持久化类 Address 映射的
    表名 -->
    <!--映射标识属性 addressid，使用 identity 主键生成器策略 -->
    <id name="addressid" type="int" access="field">
            <column name="ADDRESSID" /><!--指定 addressid 属性对应的列名 -->
        <generator class="identity"/>
    </id>
    <property name="addressinfo" type="java.lang.String">
                                        <!--映射 addressinfo 属性-->
        <column name="ADDRESSINFO" />
    </property>
  </class>
</hibernate-mapping>
```

12.3.2　单向的一对多关联

单向的一对多关联映射关系主要是通过外键来关联的。一对多的关联映射是在表示“多”的一方的数据表中增加一个外键，并由“一”的一方指向“多”的一方。

单向一对多关联的持久化类里需要包含一个集合属性，在“一”的一方访问“多”的一方时，“多”的一方将以集合的形式来体现。如一个用户对应多个地址，则在 User 类的定义中会包含一个集合属性，该属性就用来保存多个 Address 实体。

仍以用户和地址的对应关系为例，假设一个用户对应多个地址，则用户表 user 和地址表 address 在数据库中的表结构分别如表 12.13 和表 12.14 所示。

表 12.13　user表

Field	Type	Null	Key	Default	Extra
userid	Int(11)	NO	PRI	NULL	auto_increment
name	Varchar(20)	YES		NULL	
password	Varchar(12)	YES			

表 12.14　address表

Field	Type	Null	Key	Default	Extra
addressid	Int(11)	NO	PRI	NULL	auto_increment
addressinfo	Varchar(255)	YES		NULL	
user_id	Int(11)	NO	MUL	NULL	

address 表中的 user_id 即为外键列，它表示一个用户可以拥有多个地址。

下面需要在实体类 User 里添加 Address 的集合，以形成单向一对多的关系。User 类的代码如下：

```
import java.util.HashSet;
import java.util.Set;
public class User {
    private int userid;                                  // User 类的标识属性
```

```
    private String name;                                //name 属性
    private String password;                            //password 属性
    private Set<Address> addresses=new HashSet<Address>();
                                                        // 使用集合属性保存关联实体
    //无参构造方法
    public User() {
    }
    //初始化所有 User 属性的构造方法
    public User(int userid, String name, String password, String type) {
        this. useid = useid;
        this.name = name;
        this.password = password;
    }
    //userid 属性的 getter 和 setter 方法
    public int getUseid() {
        return this. useid;
    }
    public void setUseid(int userid) {
        this. userid = userid;
    }
    //name 属性的 getter 和 setter 方法
    public String getName() {
        return this.name;
    }
    public void setName(String name) {
        this.name = name;
    }
    //password 属性的 getter 和 setter 方法
    public String getPassword() {
        return this.password;
    }
    public void setPassword(String password) {
        this.password = password;
    }
    //addresses 属性的 getter 和 setter 方法
    public Set<Address> getAddresses() {
        return this.addresses;
    }
    public void setAddresses(Set<Address> addresses) {
        this.addresses = addresses;
    }
}
```

表 address 的持久化类为 Address.java，其代码如下：

```
public class Address {
    //Address 类的标识属性
    private int addressid;
    private String addressinfo;
    //无参构造方法
    public Address () {
    }
    //初始化所有 Address 属性的构造方法
    public Address (int addressid, String addressinfo) {
        this.addressid = addressid;
        this.addressinfo = addressinfo;
    }
    //此处省略 Address 属性的 getter 和 setter 方法
```

```
    …
}
```

建立一对多关联时，需要在“一”端的映射文件中使用 one-to-many 元素来映射关联实体。one-to-many 元素可以包含的可选属性如下：

- class：指定关联类的名称。
- not-found：该属性取值为 exception 或 ignore。当取值为 exception 时，表明若从表记录所参照的主表记录不存在时，Hibernate 会抛出异常；当取值为 ignore 时，则表示忽略该异常。

User 类映射文件如下：

```
<?xml version="1.0"?>
<!DOCTYPE hibernate-mapping PUBLIC "-//Hibernate/Hibernate Mapping DTD 3.0//EN"
"http://hibernate.sourceforge.net/hibernate-mapping-3.0.dtd">
<hibernate-mapping>
    <class name="User" table="USER">    <!--指定持久化类 User 映射的表名-->
        <!--映射标识属性 userid，使用 identity 主键生成器策略 -->
        <id name="userid" type="int" access="field">
            <column name="USERID" />
            <generator class="identity" />
        </id>
        <property name="name" type="java.lang.String"><!--映射 name 属性-->
            <column name="NAME" />
        </property>
        <property name="password" type="java.lang.String">
                                                <!--映射 password 属性-->
            <column name="PASSWORD" />
        </property>
        <!--映射集合属性，inverse="false"表示由 User 一方来维护关联关系，lazy=
        "true"表示不采用延迟加载-->
        <set name="addresses" table="ADDRESS" inverse="false" lazy="true">
            <key>
                <column name="USER_ID" />          <!--确定关联的外键列-->
            </key>
            <one-to-many class="Address" />        <!--映射到关联类属性-->
        </set>
    </class>
</hibernate-mapping>
```

Address 映射文件如下：

```
<?xml version="1.0"?>
<!DOCTYPE hibernate-mapping PUBLIC "-//Hibernate/Hibernate Mapping DTD 3.0//EN"
"http://hibernate.sourceforge.net/hibernate-mapping-3.0.dtd">
<hibernate-mapping>
    <class name="Address" table="ADDRESS"><!--指定持久化类 Address 映射的表名-->
        <!--映射标识属性 addressid，使用 identity 主键生成器策略 -->
        <id name="addressid" type="int" access="field">
            <column name="ADDRESSID" />
            <generator class="identity" />
        </id>
        <property name="addressinfo" type="java.lang.String">
                                            <!--映射 addressinfo 属性-->
            <column name="ADDRESSINFO" />
```

```
        </property>
    </class>
</hibernate-mapping>
```

12.3.3　单向的多对一关联

单向的多对一关联映射关系也是通过外键来关联的。多对一的映射方式类似于一对多的映射方式，不过它的映射关系是由“多”的一方指向“一”的一方。在表示“多”的一方的数据表中增加一个外键来指向表示“一”的一方数据表，“一”的一方作为主表，“多”的一方作为从表。

仍以用户和地址的对应关系为例，假设多个用户对应一个地址，则 address 表和 user 表在数据库中的表结构分别如表 12.15 和表 12.16 所示。

表 12.15　address表

Field	Type	Null	Key	Default	Extra
addressid	Int(11)	NO	PRI	NULL	auto_increment
addressinfo	Varchar(255)	YES		NULL	

表 12.16　user表

Field	Type	Null	Key	Default	Extra
userid	Int(11)	NO	PRI	NULL	auto_increment
name	Varchar(20)	YES		NULL	
password	Varchar(12)	YES		NULL	
address_id	Int(11)	YES	MUL	NULL	

User 类的代码如下：

```
public class User {
    private int userid;                          //User 类的标识属性
    private String name;                         //name 属性
    private String password;                     //password 属性
    private Address address;                     //User 类的关联实体属性
    //以下省略构造方法以及 User 类各个属性的 getter 和 setter 方法
    …
}
```

Address 类的代码如下：

```
public class Address {
    //Address 类的标识属性
    private int addressid;
    private String addressinfo;
    //以下省略构造方法以及 Address 类各个属性的 getter 和 setter 方法
    …
}
```

需要在“多”一端的映射文件中使用 many-to-one 元素来完成单向的多对一映射。many-to-one 元素包含的属性如下：

- name：指定关联属性的属性名，该属性是必须存在的。
- column：指定进行关联的外键列列名，默认与关联属性同名。
- class：指定被关联类的全限定类名，默认情况下可通过反射得到该类名。
- cascade：表明哪些操作会产生级联。
- fetch：设置抓取方式，有两种抓取方式：外连接抓取，此时 fetch 属性值为 join；选择抓取，此时 fetch 属性值为 select。fetch 默认值为 select。
- update，insert：用于指定对应的字段是否包含在用于 UPDATE 或 INSERT 的 SQL 语句中，默认值为 true。
- property-ref：指定关联类中的某个属性，该属性将和被关联类中的主键相对应。如果未指定该属性，则默认使用关联类的主键。
- access：指定 Hibernate 访问关联属性的策略，默认值为 property。
- unique：指定通过 DDL 为外键字段添加一个唯一约束，还可以用作 property-ref 的目标属性。
- optimistic-lock：指定关联属性更新时是否需要获得乐观锁定。
- lazy：指定被关联实体的延时加载策略。lazy 属性取值为 proxy 时表明会启动单实例关联的代理；lazy 属性取值为 no-proxy 时表明关联属性在实例变量第一次被访问时就采用延迟抓取；lazy 属性取值为 false 时表明关联实体总是被预先抓取。
- not-found：该属性取值为 exception 或 ignore。当取值为 exception 时，表明若从表记录所参照的主表记录不存在时，Hibernate 会抛出异常；当取值为 ignore 时，则表示忽略该异常。
- formula：指定一个 SQL 表达式，外键值将根据该 SQL 表达式进行计算。

User 类的映射文件如下：

```
<?xml version="1.0"?>
<!DOCTYPE hibernate-mapping PUBLIC "-//Hibernate/Hibernate Mapping DTD
3.0//EN"
"http://hibernate.sourceforge.net/hibernate-mapping-3.0.dtd">
<hibernate-mapping>
    <class name="User" table="USER">    <!--指定持久化类 User 映射的表名-->
        <id name="userid" type="int" access="field"><!--映射标识属性 userid，
        使用 identity 主键生成器策略 -->
            <column name="USERID" />
            <generator class="identity"/>
        </id>
        <property name="name" type="java.lang.String"><!--映射 name 和 password
        属性-->
            <column name="NAME" />
        </property>
        <property name="password" type="java.lang.String">
            <column name="PASSWORD" />
        </property>
        <!--用来映射多对一关联实体，column 属性指定外键列列名-->
        <many-to-one name="address" class="Address" fetch="join">
            <column name="ADDRESS_ID"/>
        </many-to-one>
    </class>
</hibernate-mapping>
```

Address 类的映射文件如下：

```
<?xml version="1.0"?>
<!DOCTYPE hibernate-mapping PUBLIC "-//Hibernate/Hibernate Mapping DTD
3.0//EN"
"http://hibernate.sourceforge.net/hibernate-mapping-3.0.dtd">
<hibernate-mapping>
    <class name="Address" table="ADDRESS"><!--指定持久化类Address映射的表名-->
        <!--映射标识属性 addressid，使用 identity 主键生成器策略 -->
        <id name="addressid" type="int" access="field">
            <column name="ADDRESSID" />
            <generator class="identity" />
        </id>
        <property name="addressinfo" type="java.lang.String"><!--映射
        addressinfo 属性-->
            <column name="ADDRESSINFO" />
        </property>
    </class>
</hibernate-mapping>
```

12.3.4　单向的多对多关联

多对多关系在数据库中是比较常见的，它利用中间表将两个主表关联起来。中间表的作用是将两张表的主键作为其外键，通过外键建立这两张表之间的映射关系。

在多对多关联中可以假设有多个用户（User）对应多个地址（Address），即每个用户可以拥有多个地址，反过来，每个地址也可以对应多个用户。在单向的多对多关联中，需要在主控端的类定义中增加一个 Set 集合属性，使得被关联一方的类的实例以集合的形式存在。

下面给出 User 和 Address 类，其中省略了构造方法和各个属性的 getter 和 setter 方法。

User 类：

```
import java.util.HashSet;
import java.util.Set;
    public class User {
    private int userid;                          //User 类的标识属性
    private String name;                         //name 属性
    private String password;                     //password 属性
    private Set<Address> addresses=new HashSet<Address> ();
                                                 //addresses 属性，对应 set 集合
    //以下省略构造方法以及 User 类各个属性的 getter 和 setter 方法
    …
}
```

Address 类：

```
public class Address {
    private int addressid;                       //addressid 属性
    private String addressinfo;                  //addressinfo 属性
    //以下省略构造方法以及 Address 类各个属性的 getter 和 setter 方法
    …
}
```

address 表、中间表和 user 表在数据库中的表结构分别如表 12.17、表 12.18 和表 12.19

所示。

表 12.17　address表

Field	Type	Null	Key	Default	Extra
addressid	Int(11)	NO	PRI	NULL	auto_increment
addressinfo	Varchar(255)	YES		NULL	

表 12.18 中间表user_address

Field	Type	Null	Key	Default	Extra
addressid	Int(11)	NO	PRI	NULL	
userid	Int(11)	NO	PRI	NULL	

表 12.19　user表

Field	Type	Null	Key	Default	Extra
userid	Int(11)	NO	PRI	NULL	auto_increment
name	Varchar(255)	YES		NULL	
password	Varchar(20)	YES		NULL	

为表示多对多映射关系，需要在主控一方的映射文件中使用 many-to-many 元素来完成单向的多对多映射。

many-to-many 元素包含的属性如下：

- column：指定进行关联的外键列列名，默认与关联属性同名。
- class：指定被关联类的全限定类名，默认情况下可通过反射得到该类名。
- outer-join：指定是否启动外连接来抓取关联实体，该属性取值为 true、false 和 auto，默认为 auto，表示由程序来决定是否启动外连接。
- fetch：设置抓取方式，有两种抓取方式：外连接抓取，此时 fetch 属性值为 join；选择抓取，此时 fetch 属性值为 select。fetch 默认值为 select。
- property-ref：指定关联类中的某个属性，该属性将和被关联类中的主键相对应。如果未指定该属性，则默认使用关联类的主键。
- unique：指定通过 DDL 为外键字段添加一个唯一约束，还可以用作 property-ref 的目标属性。
- lazy：指定被关联实体的延时加载策略。lazy 属性取值为 proxy 时表明会启动单实例关联的代理；lazy 属性取值为 no-proxy 时表明关联属性在实例变量第一次被访问时就采用延迟抓取；lazy 属性取值为 false 时表明关联实体总是被预先抓取。
- not-found：该属性取值为 exception 或 ignore。当取值为 exception 时，表明若从表记录所参照的主表记录不存在时，Hibernate 会抛出异常；当取值为 ignore 时，则表示忽略该异常。
- formula：指定一个 SQL 表达式，外键值将根据该 SQL 表达式进行计算。

User 类的映射文件如下：

```
<?xml version="1.0"?>
<!DOCTYPE hibernate-mapping PUBLIC "-//Hibernate/Hibernate Mapping DTD
3.0//EN"
```

```
"http://hibernate.sourceforge.net/hibernate-mapping-3.0.dtd">
<hibernate-mapping>
    <class name="User" table="USER">    <!--指定持久化类 User 映射的表名-->
        <!--映射标识属性 userid，使用 identity 主键生成器策略 -->
        <id name="userid" type="int" access="field">
            <column name="USERID" />
            <generator class="identity" />
        </id>
        <property name="name" type="java.lang.String"><!--映射 name 属性-->
            <column name="NAME" />
        </property>
        <property name="password" type="java.lang.String"><!--映射 password
        属性-->
            <column name="PASSWORD" />
        </property>
        <!--映射集合属性,user_address 是中间表表名,由 User 一方来维护关联关系,lazy=
        "true"表示不采用延迟加载-->
        <set name="addresses" table="USER_ADDRESS" inverse="false" lazy=
        "true">
            <key>
                <column name="USERID" /><!--指定 USER 表关联到中间表的外键列名-->
            </key>
            <!--指定关联 USER 表的 Address 对象的主键在连接表中的列名-->
            <many-to-many class="Address" column="ADDRESSID"/>
        </set>
    </class>
</hibernate-mapping>
```

Address 类的映射文件如下：

```
<?xml version="1.0"?>
<!DOCTYPE hibernate-mapping PUBLIC "-//Hibernate/Hibernate Mapping DTD
3.0//EN"
"http://hibernate.sourceforge.net/hibernate-mapping-3.0.dtd">
<hibernate-mapping>
    <class name="Address" table="ADDRESS"><!--指定持久化类 Address 映射的表名-->
        <!--映射标识属性 userid，使用 identity 主键生成器策略-->
        <id name="addressid" type="int" access="field">
            <column name="ADDRESSID" />
            <generator class="identity" />
        </id>
        <property name="addressinfo" type="java.lang.String"><!--映射
        adddressinfo 属性-->
            <column name="ADDRESSINFO" />
        </property>
    </class>
</hibernate-mapping>
```

12.3.5　双向的一对一关联

1. 通过主键关联

通过主键关联的双向一对一映射，在需要一方的配置文件中将主键生成策略配置成foreign，即表示需要根据另一方的主键来生成自己的主键，而该实体本身不具有自己的主键生成策略。

一对一主键映射在双向的一对一映射中应用比较多。

以用户和地址的对应关系为例，来说明通过主键关联的双向一对一映射，假设一个用户对应一个地址，反过来，一个地址也对应着一个用户。先给出用户表 user 和地址表 address 的表结构。

user 表在数据库中的表结构如表 12.20 所示。

表 12.20 user表

Field	Type	Null	Key	Default	Extra
userid	Int(11)	NO	PRI	NULL	auto_increment
name	Varchar(20)	YES		NULL	
password	Varchar(12)	YES		NULL	

address 表在数据库中的表结构如表 12.21 所示。

表 12.21 address表

Field	Type	Null	Key	Default	Extra
addressid	Int(11)	NO	PRI	NULL	auto_increment
addressinfo	Varchar(255)	YES		NULL	

双向的一对一关联需要修改 User 和 Address 两个持久化类的代码，在类定义中增加新属性以引用关联实体，同时提供该属性的 getter 和 setter 方法。

下面给出 User 和 Address 类，其中省略了构造方法和各个属性的 getter 和 setter 方法。

User.java 代码如下：

```
public class User {
    private int userid;                          //User 类的标识属性
    private String name;                         //name 属性
    private String password;                     //password 属性
    private Address address;                     //address 属性
    //以下省略构造方法以及 User 类各个属性的 getter 和 setter 方法
…
}
```

Address.java 代码如下：

```
public class Address {
    private int addressid;                       //addressid 属性
    private String addressinfo;                  //addressinfo 属性
    private User user;                           //user 属性
    //以下省略构造方法以及 Address 类各个属性的 getter 和 setter 方法
…
}
```

User 类的映射文件如下：

```
<?xml version="1.0"?>
<!DOCTYPE hibernate-mapping PUBLIC "-//Hibernate/Hibernate Mapping DTD
3.0//EN"
"http://hibernate.sourceforge.net/hibernate-mapping-3.0.dtd">
<hibernate-mapping>
```

```
    <class name="User" table="USER">    <!--指定持久化类User映射的表名-->
        <!--映射标识属性userid，使用identity主键生成器策略-->
        <id name="userid" type="int" access="field">
            <column name="USERID" />
            <generator class="identity"/>
        </id>
        <property name="name" type="java.lang.String"><!--映射name属性-->
            <column name="NAME" />
        </property>
        <property name="password" type="java.lang.String"><!--映射password
        属性-->
            <column name="PASSWORD" />
        </property>
        <!--映射关联属性address 。cascade="all"表示级联保存User对象关联的Address
        对象-->
        <one-to-one name="address" class="Address" cascade="all">
        </one-to-one>
    </class>
</hibernate-mapping>
```

Address 类的映射文件如下：

```
<?xml version="1.0"?>
<!DOCTYPE hibernate-mapping PUBLIC "-//Hibernate/Hibernate Mapping DTD
3.0//EN"
"http://hibernate.sourceforge.net/hibernate-mapping-3.0.dtd">
<hibernate-mapping>
    <class name="Address" table="ADDRESS"><!--指定持久化类Address映射的表名-->
        <!--映射标识属性addressid，使用identity主键生成器策略-->
        <id name="addressid" type="int" access="field">
            <column name="ADDRESSID" />
            <!--一对一主键映射中，使用另外一个相关联的实体的标识属性 -->
            <generator class="foreign">
              <param name="property">user</param>
            </generator>
        </id>
        <property name="addressinfo" type="java.lang.String">
            <column name="ADDRESSINFO" />
        </property>
        <!--映射关联属性user。constrained= "true"表示在address表中存在一个外键
        约束-->
        <one-to-one name="user" class="User" constrained= "true">
        </one-to-one>
    </class>
</hibernate-mapping>
```

2．通过外键关联

通过外键关联的双向一对一映射，外键可以放在任意一方。在存放外键一方的映射文件中，需要添加 many-to-one 元素，并为该元素添加 unique="true"属性。而另一方的配置文件中要添加 one-to-one 元素，并使用其 name 属性来指定关联属性名。此时，存放外键的一方对应的数据表为从表，而另一方对应的数据表变为主表。

一对一外键关联是一对多外键关联的特例，只是在“多”的一方加了个唯一性约束。

以用户和地址的对应关系为例来说明通过外键关联的双向一对一映射，假设一个用户对应一个地址，反过来，一个地址也仅对应着一个用户。先给出用户表 user 和地址表 address

的表结构。

user 表在数据库中的表结构如表 12.22 所示。

表 12.22　user表

Field	Type	Null	Key	Default	Extra
userid	Int(11)	NO	PRI	NULL	auto_increment
name	Varchar(20)	YES		NULL	
password	Varchar(12)	YES		NULL	

address 表在数据库中的表结构如表 12.23 所示。

表 12.23　address表

Field	Type	Null	Key	Default	Extra
addressid	Int(11)	NO	PRI	NULL	auto_increment
addressinfo	Varchar(255)	YES		NULL	
user_id	Int(11)	YES	MUL	NULL	

在 address 表中，user_id 就是外键，它的值要参照 user 表中主键 userid 的取值。

双向的一对一关联需要修改 User 和 Address 两个持久化类的代码，在类定义中要增加新属性以引用关联实体，同时提供新增属性的 getter 和 setter 方法。

下面给出 User 和 Address 类，其中省略了构造方法和各个属性的 getter 和 setter 方法。

User.java 代码如下：

```
public class User {
    private int userid;                         //userid 属性
    private String name;                        //name 属性
    private String password;                    //password 属性
    private Address address;                    //address 属性
    //以下省略构造方法以及 User 类各个属性的 getter 和 setter 方法
    …
}
```

Address.java 代码如下：

```
public class Address {
    private int addressid;                      //addressid 属性
    private String addressinfo;                 //addressinfo 属性
    private User user;                          //user 属性
    //以下省略构造方法以及 Address 类各个属性的 getter 和 setter 方法
    …
}
```

User 类的映射文件如下：

```
<?xml version="1.0" encoding="utf-8"?>
<!DOCTYPE hibernate-mapping PUBLIC "-//Hibernate/Hibernate Mapping DTD
3.0//EN"
"http://hibernate.sourceforge.net/hibernate-mapping-3.0.dtd">
<hibernate-mapping>
    <class name="User" table="user">    <!--指定持久化类 User 映射的表名-->
        <id name="userid"><!--映射标识属性 userid，使用 identity 主键生成器策略-->
            <generator class="identity" />
```

```
        </id>
        <!--映射 name 和 password 属性-->
        <property name="name" type="java.lang.String"/>
        <property name="password" type="java.lang.String />
        <!--映射关联属性 address。在保存 User 类的对象时，级联保存该对象所关联的
        address 对象-->
        <one-to-one name="address" cascade="all" />
    </class>
</hibernate-mapping>
```

Address 类的映射文件如下：

```
<?xml version="1.0" encoding="utf-8"?>
<!DOCTYPE hibernate-mapping PUBLIC "-//Hibernate/Hibernate Mapping DTD 3.
//EN"
"http://hibernate.sourceforge.net/hibernate-mapping-3.0.dtd">
<hibernate-mapping>
    <class name="Address" table="ADDRESS"><!--指定持久化类 Address 映射的表名-->
        <id name="addressid">
            <!--一对一主键映射中，使用另外一个相关联的实体的标识属性 -->
            <generator class="identity" />
        </id>
        <property name="addressinfo" type="java.lang.String"/>
        <!--使用 many-to-one 映射一对一关联实体-->
        <many-to-one name="user" class="User" fetch="select" unique="true">
            <column name="USER_ID"> </column>   <!-- column 属性指定用来进行
            关联的外键列列名-->
        </many-to-one>
    </class>
</hibernate-mapping>
```

12.3.6　双向的一对多关联

双向的一对多关联在“多”的一方要增加新属性以引用关联实体，在“一”的一方则增加集合属性，该集合中包含“多”一方的关联实体。

双向的一对多关联和双向的多对一关联实际上是完全相同的。在一对多关联中一个用户可以对应多个地址。先给出用户表 user 和地址表 address 的表结构。

user 表在数据库中的表结构如表 12.24 所示。

表 12.24　user表

Field	Type	Null	Key	Default	Extra
userid	Int(11)	NO	PRI	NULL	auto_increment
name	Varchar(20)	YES		NULL	
password	Varchar(12)	YES		NULL	

address 表在数据库中的表结构如表 12.25 所示。

表 12.25　address表

Field	Type	Null	Key	Default	Extra
addressid	Int(11)	NO	PRI	NULL	auto_increment
addressinfo	Varchar(255)	YES		NULL	
user_id	Int(11)	NO	MUL		

下面定义 User 类和 Address 类，在类定义中省略了构造方法和各个属性的 getter 和 setter 方法。

User.java：

```
public class User {
    private int userid;                                       //userid 属性
    private String name;                                      //name 属性
    private String password;                                  //password 属性
    private Set<Address> addresses=new HashSet<Address>();//addresses 属性
    //以下省略构造方法以及 User 类各个属性的 getter 和 setter 方法
    …
}
```

Address.java：

```
public class Address {
    private int addressid;                                    //addressed 属性
    private String addressinfo;                               //addressinfo 属性
    private User user;                                        //user 属性
    //以下省略构造方法以及 Address 类各个属性的 getter 和 setter 方法
    …
}
```

双向的一对多关联中，两个持久化类的配置文件都要做相应的修改。在“多”的一端的配置文件中应增加 many-to-one 元素来映射关联属性，在“一”的一端的配置文件中则需要使用 set 元素来映射关联属性。

User 类的映射文件如下：

```
<?xml version="1.0"?>
<!DOCTYPE hibernate-mapping PUBLIC "-//Hibernate/Hibernate Mapping DTD
3.0//EN"
"http://hibernate.sourceforge.net/hibernate-mapping-3.0.dtd">
<hibernate-mapping>
    <class name="User" table="USER">   <!--指定持久化类 User 映射的表名-->
      <!--映射标识属性 userid，使用 identity 主键生成器策略-->
      <id name="userid" type="int" access="field">
         <column name="USERID" />
           <generator class="identity" />
      </id>
      <property name="name" type="java.lang.String"><!--映射 name 属性-->
         <column name="NAME" />
      </property>
      <property name="password" type="java.lang.String"><!--映射 password
      属性-->
         <column name="PASSWORD" />
      </property>
      <!--映射集合属性，关联到持久化类。inverse="true"表示由 Address 一方来控制关
      联关系-->
      <set name="addresses" table="ADDRESS" inverse="true" lazy="true">
         <key>
            <column name="USER_ID" />          <!--指定关联的外键列名-->
         </key>
         <one-to-many class="Address" />       <!--映射关联类-->
      </set>
   </class>
</hibernate-mapping>
```

在 User 映射文件中加粗的部分在<set>元素中指定了 inverse="true"，这表明关联关系是由 Address 一方来控制的。

Address 类的映射文件如下：

```
<?xml version="1.0"?>
<!DOCTYPE hibernate-mapping PUBLIC "-//Hibernate/Hibernate Mapping DTD 3.0
//EN"
"http://hibernate.sourceforge.net/hibernate-mapping-3.0.dtd">
<hibernate-mapping>
    <class name="Address" table="ADDRESS"><!--指定持久化类 Address 映射的表名-->
        <!--映射标识属性 addressid，使用 identity 主键生成器策略-->
        <id name="addressid" type="int" access="field">
            <column name="ADDRESSID" />
            <generator class="identity" />
        </id>
        <property name="addressinfo" type="java.lang.String"><!--映射
        addressinfo 属性-->
            <column name="ADDRESSINFO" />
        </property>
        <many-to-one name="user" class="User" fetch="join"><!--映射关联属性，
        column 属性指定外键列名-->
            <column name="USER_ID" not-null="true"/>
        </many-to-one>
    </class>
</hibernate-mapping>
```

12.3.7　双向的多对多关联

在双向的多对多关联中，两端都要添加 Set 集合属性。要实现双向多对多关联，必须使用中间表来实现两个实体间的关联关系。

在多对多双向关联中，假设多个用户会对应多个地址，即每个用户可能对应多个地址，而每个地址也可以对应多个用户。

先给出用户表 user、地址表 address 和中间表 user_address 的表结构。

user 表结构如表 12.26 所示。

表 12.26　user表

Field	Type	Null	Key	Default	Extra
userid	Int(11)	NO	PRI	NULL	auto_increment
name	Varchar(20)	YES		NULL	
password	Varchar(12)	YES		NULL	

address 表结构如表 12.27 所示。

表 12.27　address表

Field	Type	Null	Key	Default	Extra
addressid	Int(11)	NO	PRI	NULL	auto_increment
addressinfo	Varchar(255)	YES		NULL	

中间表结构如表 12.28 所示。

表 12.28　user_address表

Field	Type	Null	Key	Default	Extra
addressid	Int(11)	NO	PRI		
userid	Int(11)	NO	PRI		

User 和 Address 实体的类定义如下所示，其中省略了构造方法和各个属性的 getter 和 setter 方法。

User.java 文件如下：

```
import java.util.HashSet;
    import java.util.Set;
    public class User{
    private int userid;                                     //userid 属性
    private String name;                                    //name 属性
    private String password;                                //password 属性
    private Set<Address> addresses=new HashSet<Address>();
                                                            //addresses 属性，Set 集合
    //以下省略构造方法以及 User 类中 userid、name 和 password 属性的 getter 和 setter
    方法
    …
    //addresses 属性的 getter 和 setter 方法
    public Set<Address> getAddresses() {
        return this.addresses;
    }
    public void setAddresses(Set<Address> addresses) {
        this.addresses = addresses;
    }
}
```

Address.java 文件如下：

```
import java.util.HashSet;
import java.util.Set;
public class Address {
    private int addressid;                                  //addressed 属性
    private String addressinfo;                             //addressinfo 属性
    private Set<User> users = new HashSet<User>(); //users 属性，Set 集合
    //以下省略构造方法以及 Address 类中 addressid 和 addressinf 属性的 getter 和
    setter 方法
    …
    //users 属性的 getter 和 setter 方法
    public Set<User> getUsers() {
        return users;
    }
    public void setUsers(Set<User> users) {
        this.users = users;
    }
}
```

User 类的映射文件如下：

```
<?xml version="1.0"?>
<!DOCTYPE hibernate-mapping PUBLIC "-//Hibernate/Hibernate Mapping DTD
3.0//EN"
```

```
"http://hibernate.sourceforge.net/hibernate-mapping-3.0.dtd">
<!-- Generated 2012-10-31 23:57:50 by Hibernate Tools 3.4.0.CR1 -->
<hibernate-mapping>
    <class name="User" table="USER">    <!--指定持久化类 User 映射的表名-->
        <!--映射标识属性 userid，使用 identity 主键生成器策略-->
        <id name="userid" type="int" access="field">
            <column name="USERID" />
            <generator class="identity" />
        </id>
        <property name="name" type="java.lang.String"><!--映射 name 和 password
        属性-->
            <column name="NAME" />
        </property>
        <property name="password" type="java.lang.String">
            <column name="PASSWORD" />
        </property>
        <!--映射集合属性，关联到持久化类，table="user_address"指定了中间表的名字-->
        <set name="addresses" table="USER_ADDRESS" inverse="true">
            <key>
                <column name="USERID" /><!--column 属性指定中间表中关联当前实体
                类的列名-->
            </key>
            <!--column 属性指定中间表中关联本实体的外键-->
            <many-to-many class="Address" column="ADDRESSID"/>
        </set>
    </class>
</hibernate-mapping>
```

Address 类的映射文件如下：

```
<?xml version="1.0"?>
<!DOCTYPE hibernate-mapping PUBLIC "-//Hibernate/Hibernate Mapping DTD 3.0
//EN"
"http://hibernate.sourceforge.net/hibernate-mapping-3.0.dtd">
<hibernate-mapping>
    <class name="Address" table="ADDRESS"><!--指定持久化类 Address 映射的表名-->
        <!--映射标识属性 addressid，使用 identity 主键生成器策略-->
        <id name="addressid" type="int" access="field">
            <column name="ADDRESSID" />
            <generator class="identity" />
        </id>
        <property name="addressinfo" type="java.lang.String">
            <column name="ADDRESSINFO" />
        </property>
        <!--映射集合属性，关联到持久化类，table 属性指定了中间表的名字，user_address
        是双向多对多映射的中间表-->
        <set name="users" table="USER_ADDRESS">
            <key>
                <column name="ADDRESSID" /><!--column 属性指定中间表中关联当前实
                体类的列名-->
            </key>
            <!--column 属性指定中间表中关联本实体的外键-->
            <many-to-many class="User" column="USERID"/>
        </set>
    </class>
</hibernate-mapping>
```

12.4　本 章 小 结

本章详细介绍了 hibernate.cfg.xml 文件中包含的元素、每个元素的功能及其包含的属性。由于配置文件中涉及的属性种类很多，读者可以在实际项目开发中边用边学，遇到问题时反复查阅本章中的相关内容。

本章还介绍了 Hibernate 的映射文件，详解了其中的各种元素。映射文件主要用来向 Hibernate 提供如何将对象持久到数据库中的相关信息。在这一部分，分别讲述了映射文件中的 hibernate-mapping 元素的配置、class 元素的配置、标识属性的映射方式、普通属性的映射方式以及集合属性的映射方式。

本章在最后详述了 Hibernate 中常用的关联映射方式，包括单向一对一、单向一对多、单向多对一、单向多对多、多向一对一、多向一对多和多向多对多共 7 种关联映射方式。Hibernate 的关联映射是本章的一个难点，涉及的映射种类非常多，读者应注意活学活用。

第 13 章　探究 Hibernate 之核心接口

Hibernate 的体系结构主要是由一系列的核心接口实现的。在前面章节的学习中，读者已经接触过 Hibernate 的相关接口了，如 Configuration、SessionFactory 等，本章将对 Hibernate 中的核心接口进行详细介绍，重点从各个核心接口的主要作用和操作方法两个方面予以讲解。

希望通过本章的学习，读者能够对 Hibernate 的体系结构和工作原理有更深入的理解，为熟练使用 Hibernate 框架进行项目开发打下坚实的基础。本章主要内容如下：

- Configuration 类。
- SessionFactory 接口。
- Session 接口。
- Transaction 接口。
- Query 接口。
- Criteria 接口。

13.1　Configuration 类

Configuration 类主要用来读取配置文件、启动 Hibernate，并负责管理 Hibernate 的配置信息。一个应用程序只创建一个 Configuration 对象。

13.1.1　Configuration 类的主要作用

Configuration 类的作用是对 Hibernate 进行配置、启动 Hibernate 并连接数据库系统。在启动 Hibernate 的过程中，Configuration 实例首先确定 Hibernate 映射文件的位置，然后读取相关的配置，最后创建一个唯一的 SessionFactory 实例，这个唯一的 SessionFactory 实例负责进行所有的持久化操作。Configuration 对象只存在于系统的初始化阶段。

在 Hibernate 启动过程中，Configuration 类的实例首先找到默认的 XML 配置文件 hibernate.cfg.xml，读取相关的配置信息，然后创建出一个 SessionFactory 对象。

调用 Hibernate 的 API 首先要创建 Configuration 实例，只有将 Configuration 实例化后，其他对象才能被创建，这从 Hibernate 的核心接口图上也可以看出，如图 13.1 所示。

Configuration 类管理的内容如下：

- Hibernate 运行时的底层信息，包括数据库的 URL、用户名、密码、数据库方言等。
- Hibernate 映射文件。

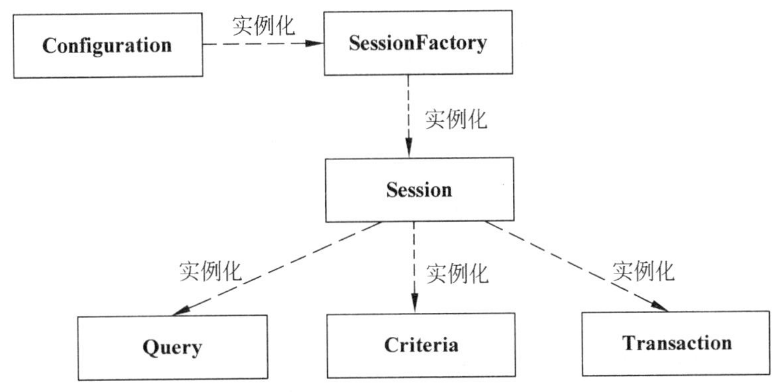

图 13.1　Hibernate 核心接口框图

13.1.2　常用的 Configuration 操作方法

调用 Hibernate API 进行对象持久化操作的第一步就是创建 Configuration 类的实例。一种常用的创建 Configuration 实例的方法如下所示：

```
Configuration config = new Configuration( ).configure( ) ;
```

configure()方法在前面的章节做过介绍，调用它后，Hibernate 会自动在当前 CLASSPATH 所指定的路径下查找 XML 配置文件 hibernate.cfg.xml，并将其内容加载到内存中，为后续工作做好准备。

如果不想使用默认的 hibernate.cfg.xml，而是想使用指定目录下的开发者自定义的配置文件，则需要在代码中指定自定义配置文件的路径。此时，仍然可使用 configure()方法，它还支持带参数的访问形式，只要将配置文件的路径作为参数传递给它即可。

下面是通过位于 e:\\work 文件夹下的配置文件 hibernate.xml 来创建 Configuration 对象的方法：

```
File file = new File("e:\\work\\hibernate.xml");
Configuration config = new Configuration ( ).configure( file );
```

Configuration 对象创建完成后，便可以根据所读取的配置文件内容调用 buildSessionFactory 方法来创建 SessionFactory 实例：

```
Configration config = new Configuration().configure();
SessionFactory sessionFactory = config.bulidSessionFactory():
```

可以通过 Configuration 提供的方法来动态地对配置参数进行修改。当配置参数修改后将不会影响修改前创建的 SessionFactory 实例。Configuration 对象实际上只有在 Hibernate 进行初始化的时候创建，当利用 Configuration 实例建立 SessionFactory 实例后，配置信息和 Sessionfactory 实例就建立了联系。因此，通常情况下得到 SessionFactory 实例后，Configuration 对象的任务就算完成了。

如果在程序中我们需要加载多个自定义的 XML 文件，可以采用 Configuration 中提供的 addResource 方法来实现：

```
//实例化 Configuration
```

```
Configuration cfg = new Configuration()
    //多次调用 addResource 方法，以加载 XML 映射文件
    .addResource("xml1.hbm.xml")
    .addResource("xml2.hbm.xml");
```

也可以使用另一种替代的方法，就是为 addClass 方法指定被映射的类，通过 Hibernate 自动搜索到需要的映射文件：

```
//实例化 Configuration
Configuration cfg = new Configuration()
    //多次调用 addClass 方法，直接添加被映射的类
    .addClass(org.hibernate. xml1.class)
    .addClass(org.hibernate. xml2.class);
```

这样 Hibernate 就可以在路径/org/hibernate 下寻找到 xml1.hbm.xml 和 xml2.hbm.xml 文件，并加载进来。这种方式可以消除对文件名的硬编码。

Configuration 接口也可以调用 setProperty 方法以实现动态配置属性的值：

```
//实例化 Configuration
Configuration cfg = new Configuration()
    addClass(org.hibernate. xml1.class)
    .addClass(org.hibernate. xml2.class)
    .setProperty("hibernate.dialect", "org.hibernate.dialect.MySQLInnoDB
    Dialect")                                                  //设置 dialect 属性
    .setProperty("hibernate.connection.datasource", "java:comp/env/jdbc/
    test")                                                     //设置 datasource
```

此外，还可以通过以下方式配置属性：

- 将 java.util.Properties 实例传入 Configuration.setProperties()。
- 将 hibernate.properties 文件放在根目录下。
- 通过 java –property=value 形式的命令来设置系统属性。
- 通过在 hibernate.cfg.xml 中加入<property>元素

Configuration 实例是启动时期的对象，它将 SessionFactory 创建完成后，就完成了自己的使命。

13.2 SessionFactory 接口

通常情况下，一个应用程序中只有一个 SessionFactory 实例，且该 SessionFactory 实例是不能改变的。SessionFactory 主要用来生成 Session 对象。下面就来介绍 SessionFactory 接口的主要作用及其常用的操作方法。

13.2.1 SessionFactory 的主要作用

SessionFactory 接口负责 Hibernate 的初始化。它作为数据存储源的代理，负责建立 Session 对象。具体来说，在 Hibernate 中 SessionFactory 实际上起到了一个缓冲区的作用，Hibernate 自动生成的 SQL 语句、映射数据以及某些可重复利用的数据都可放在这个缓冲区中。同时它还保存了对数据库配置的所有映射关系，维护了当前的二级数据缓存和

Statement Pool。

一般情况下，一个项目只需要一个 SessionFactory，但当项目中要操作多个数据库时，则必须为每个数据库指定一个 SessionFactory。

SessionFactory 具有以下一些特点：首先，它是线程安全的，它的同一实例能够供多个线程共享；再者，它是重量级的，不能随意创建和销毁它的实例。

13.2.2 常用的 SessionFactory 操作方法

常用创建 SessionFactory 实例的方法如下所示：

```
Configuration config = new Configuration( ).configure( ) ;
SessionFactory  sessionFactory = config.buildSessionFactory( );
```

Configuration 对象根据读取的配置文件建立 SessionFactory 实例后，任何对 Configuration 实例的改变都不会影响 SessionFactory 实例。一旦需要对 Configuration 实例进行修改，就需要重新建立相应的 SessionFactory 实例。另外，如果应用中需要访问多个数据库，那么就需要建立多个 Configuration 实例并构建相应的 SessionFactory 实例。

SessionFactory 的主要操作是创建 Session 实例，一般可采用两种方法创建 Session 实例，分别是 getCurrentSession 方法和 openSession 方法。

```
Configuration config = new Configuration( ).configure( ) ;
                                        //实例化 Configuration
SessionFactory  sessionFactory = config.buildSessionFactory( );
Session session1 = sessionFactory.openSession();
                                        //采用 opensession 方法创建 session
Session session2 = sessionFactory.getCurrentSession();
                                        //采用 getCurrentSession 方法创建 session
```

openSession 方法和 getCurrentSession 方法的主要区别是：

- 采用 openSession 方法获取 Session 实例时，SessionFactory 直接创建一个新的 Session 实例。而 getCurrentSession 方法创建的 Session 实例会被绑定到当前线程中。
- 采用 openSession 方法创建的 Session 实例，在使用完成后需要调用 close 方法进行手动关闭。而 getCurrentSession 方法创建的 Session 实例则会在提交（commit）或回滚（rollback）操作时自动关闭。

需要注意的是，采取 getCurrentSession 方法创建 Session 实例时，必须要在 hibernate.cfg.xml 配置文件中添加如下配置：

```
<property
name="hibernate.current_seesion_context_class">thread</property>
                                            //如果使用的是本地事务
<property  name="hibernate.current_seesion_context_class">jta</property>
                                            //如果使用的是全局事务
```

SessionFactory 是由 Configuration 对象根据所读取的配置文件创建的，所以我们有必要了解一下与 SessionFactory 相关的配置：

```
<session-factory>
    <!--配置数据库，采用的数据库为 mysql 的配置方法-->
<property name=" hibernate.connection.driver_class">com.mysql.jdbc.Driver
</property><!--指定数据库的驱动-->
```

```
        <!--指定数据库的路径-->
        <property name=" hibernate.connection.url">jdbc:mysql://localhost/
        hibernate</property>
        <property name=" hibernate.connection.username">root</property>
            <!--数据库的登录用户名-->
        <property name=" hibernate.connection.password">admin</property>
        <!--数据库的登录密码-->
        <property name="dialect">org.hibernate.dialect.MySQLDialect
        </property><!--数据库方言-->
        <!--采用的数据库为 oracle 时，配置方法如下-->
        <!--
           <property name="connection.driver_class">oracle.jdbc.driver
           .OracleDriver</property>
           <property name="connection.url">jdbc:oracle:thin:@localhost:1521:
           hibernate</property>
           <property name="connection.username">scott</property>
           <property name="connection.password">tiger</property>
           <property name="dialect">org.hibernate.dialect.OracleDialect
           </property>
          -->
        <property name="connection.pool_size">1</property><!--配置连接池-->
        <!--使用getCurrentSession方法创建session时，需要此配置，使用的是本地事务-->
         <property name="current_session_context_class">thread</property>
        <!--缓存配置，禁用二级缓存-->
        <property name="cache.provider_class">org.hibernate.cache.NoCache
        Provider</property>
        <!--格式化 sql 语句的输出，便于调试-->
        <property name="show_sql">true</property>
        <property name="format_sql">true</property>
    </session-factory>
```

SessionFactory 中的配置信息都是跟数据库相关的配置，它指定了所要连接数据库的驱动、所在的路径及登录数据库的用户名和密码等。数据库方言（dialect）的配置使得 Hibernate 可以针对不同的底层数据库产生不同的 SQL 语句，并针对数据库的特性在访问时进行优化。上述几项都是必不可少的配置，而对数据库连接池和缓存的配置，则是可选的，可以根据需要进行配置，如果不配置，Hibernate 则会把它们设置为默认值。

格式化的 SQL 输出，是一项在开发阶段非常有用的配置，它会在控制台输出程序执行过程中所用到的那些 SQL 语句，以便开发者清楚地看到所编写的 SQL 语句是否正确，是否是按照预先的设定进行执行的。当完成开发后，可以去掉此设置或将其值设置为 false。

为 SessionFactory 中配置完数据库后，就可以用 SessionFactory 创建出来的 session 在相应的数据库中完成各种数据库操作了。下面我们将接着讲述如何用 session 完成各种数据库操作。

13.3 Session 接口

Session 接口是 Hibernate 中使用最为广泛的接口，也是持久化操作的核心。下面从 Session 接口的主要作用和其常用操作方法两方面进行介绍。

13.3.1 Session 的主要作用

Session 对象的生命周期以 Transaction 对象的事务开始和结束为边界。Session 提供了一系列与持久化相关的操作，如读取、创建和删除相关实体对象的实例，这一系列的操作最终将被转换为对数据库中数据的增加、修改、查询和删除操作。因此，Session 也被称为持久化管理器。

Session 具有如下的特点：

- 不是线程安全的，设计软件构架时应避免多个线程共享一个 Session 实例。
- 实例是轻量级的，实例的创建和销毁不需要太多的资源。
- 有一个缓存，即 Hibernate 的第一级缓存，用于存放当前工作单元加载的对象。

13.3.2　常用的 Session 操作方法

通过 13.2 节的学习我们已经知道，SessionFactory 实例可以通过 openSession()方法和 getCurrentSession()方法创建 Session 实例。具体如下：

```
Configuration config = new Configuration( ).configure( ) ;
                                               //实例化 Configuration
SessionFactory  sessionFactory = config.buildSessionFactory( );
Session session = sessionFactory.openSession( );
```

得到 Session 对象的实例后，利用其提供的方法即可进行对象的持久化操作。下面介绍 Session 对象包含的一些典型方法。

1．save()方法

save()方法主要完成下面的一系列任务：

- 将对象加入到缓存中，同时标识为 Persistent 状态。
- 根据映射文件中的配置信息生成实体对象的唯一标识符。
- 生成计划执行的 INSERT 语句。

在此并不会立刻执行 INSERT 语句，而是要到事务结束或者此操作为后续操作的前提的情况下，才会执行 INSERT 语句。

使用 save()方法持久化实体对象的代码如下：

```
//设置 User 对象的属性
User user = new User();
user.setName("Tom");
user.setPassword("123456");
Session session = sessionFactory.openSession( );
                                        //采用 openSession 方法创建 session
Transaction tx = session.beginTransaction( );      //开启事务
session.save(user);                     //调用 save 方法持久化 User 对象
tx.commit( );                           //提交事务
session.close( );                       //关闭 session
```

需要注意的是，如果希望对指定了<generator>元素的实体对象使用自定义的标识符作为记录的主键值，可以利用 Session 实例中 save()方法的重载方法 save(Object object, Serializable id)来实现。另外，对于处在 Persistent 状态的实体对象，再次调用 save()方法是没有意义的。

为了更好地理解 Session 中的各种方法，下面介绍实体对象生命周期的概念。所谓实体对象的生命周期指的是 Hibernate 中的实体对象在整个应用中的存在状态。

对象在生命周期中所处的状态通常有 3 种：瞬时态（Transient）、持久态（Persistent）和游离态（Detached）。同一个实体对象进行不同的操作后其状态会在上述 3 种状态中进行转换。

Session 实例在进行持久化操作时会使对象的状态发生变化。下面对使用 save()方法持久化实体对象的代码进行分析，看看在该程序执行过程中，user 对象状态变化的过程。

（1）瞬时态（Transient）

利用 new 操作符实例化后的对象所处的状态即为瞬时态，这时它们还没有被存入任何数据库表中，因此一旦它们不再被其他对象引用时，它们的状态立即丢失，并且不能再被访问，只能等待进行垃圾回收。Hibernate 不能对瞬时态对象提供回滚操作。

```
//创建瞬时态对象
User user = new User();
user.setName("Tom");
user.setPassword("123456");
//user 对象处于瞬时态
```

上面的代码中创建的 user 对象就是处于瞬时态，现在它与数据库中的任何记录都还没有关系，并且还没有通过 Session 实例进行任何持久化操作，所以不与任何一个 Session 实例相关联。

关于瞬时态有以下两点需要说明：

- 通过 new 语句创建的对象处于瞬时态，此时它不和数据库中的任何记录相对应。
- 使用 Session 的 delete()方法可以将一个处于持久态或游离态的对象转变为瞬时态对象。对于处于游离态的对象，执行 delete()方法会从数据库中删除与之对应的记录；而对于处于持久态的对象，执行 delete()方法时不仅会从数据库中删除与之对应的记录，还会把它从 Session 的缓存中删除掉。

（2）持久态（Persistent）

持久态对象处于 Hibernate 框架管理的状态，也就是说该对象与 Session 实例是相关的，对持久态对象所做的任何操作都将被 Hibernate 持久化到数据库中。看下面的代码：

```
//创建瞬时态对象
User user = new User();
user.setName("Tom");
user.setPassword("123456");
//user 对象处于瞬时态
Session session = sessionFactory.openSession( );
Transaction tx = session.beginTransaction( );
                              //开启事务，此时 user 对象为 Transient 状态
//调用 save 方法持久化 user 对象，之后 user 对象转变为 Persistent 状态
session.save(user);
//此时，user 已处于 Persistent 状态
tx.commit( );                 //提交事务，向数据库中插入一条新记录
session.close( );             //关闭 session
```

从上面代码可以看出，user 对象在创建后一直处于 Transient 状态，直到使用 Session 实例的 save 方法进行持久化操作后其状态才变成了 Persistent 状态，并且它与当前的 Session 实例是相关联的。

需要注意的是，持久化对象是在事务中进行操作的，它们的状态要在事务提交后才能同步到数据库中。当事务提交时，执行 INSERT、UPDATA 和 DELETE 语句可以把内存中的状态同步到数据库中。

对于处于持久态的对象有如下几点需要说明：

- 处于持久态的对象位于一个 Session 实例的缓存中，或者说它总是与一个 Session 实例相关联。
- 持久态对象总是和数据库中的记录相对应。
- Session 对缓存做清理时，会依据持久态对象的属性的变化，来同步地更新数据库。

（3）游离态（Detached）

当处于持久态的对象不再与 Session 实例相关联时，该对象就变成了游离态。来看如下代码：

```
//创建瞬时态对象
User user = new User();
user.setName("Tom");
user.setPassword("123456");
//user 对象处于瞬时态
Session session = sessionFactory.openSession( );
Transaction tx = session.beginTransaction( );
                                   //开启事务，此时 user 对象为 Transient 状态
//调用 save 方法持久化 user 对象，之后 user 对象转变为 Persistent 状态
session.save(user);
//此时，user 已处于 Persistent 状态
tx.commit( );                      //提交事务，向数据库中插入一条新记录
session.close( );                  //关闭 session
//此时，user 对象处于游离态
```

当事务提交后，将向数据库的用户表中插入一条新记录。Session 实例关闭后，user 对象不再与 Session 对象相关联，这时 user 对象就变成了游离态。此后，如果 user 对象中的属性值发生变化，Hibernate 不会再将变化同步到数据库中。

处于游离态的对象不再被任何对象引用时就会被垃圾回收，也可以在 Session 对象对其进行更新等操作后再次变成持久态与数据库进行同步。

处于游离态的对象有如下特征：

- 游离态对象不再与 Session 实例关联。
- 游离态对象是由持久态对象转换而来的，而持久态对象在数据库中是有对应的记录的。因此，如果没有其他程序将该条记录删除掉，则在数据库中该条记录还是存在的，只是它对应的对象已经从持久态转变为游离态了，游离态对象属性值的变化不会再影响到这条记录了。
- 游离态对象与瞬时态对象的相同点在于它们都不与 Session 关联，当它们的属性值发生变化时，Hibernate 并不将这种变化同步到数据库中。游离态对象与瞬时态对象的区别在于前者是由持久态对象转换而来，因此在数据库还保存有对应的记录，而后者在数据库中是不存在任何记录和它对应的。

对象状态之间的转换关系，如图 13.2 所示。

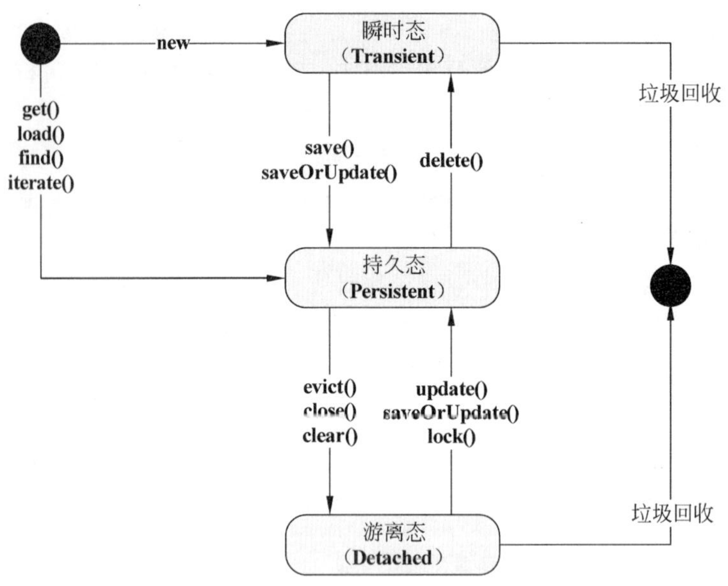

图 13.2　对象状态的转换

由对象状态的转换图可以看出，对象的状态转换是由于调用了 Session 实例的一系列方法引起的。能够使一个对象进入持久态的方法包括：

- save()方法可以将对象由瞬时态转换为持久态。
- load()方法或 get()方法所返回的对象总是持久态对象。
- find()方法返回的是 List 集合，该集合中的对象都是处于持久态。
- update()方法、saveOrUpdate()和 lock()方法可以将游离态对象转换为持久态对象。
- 若一个持久态对象与一个瞬时态对象关联，则在允许级联保存的情况下，Session 会在清理缓存时将瞬时态对象也转换为持久态对象。

能够使一个对象由持久态转换为游离态的方法包括：

- close()方法可以将对象由持久态转换为游离态。当 close()方法被调用时，Session 的缓存会被清空，缓存中所有处于持久态的对象都将变为游离态。如果此后在程序中再没有变量来引用这些游离态对象，则这些对象就会被垃圾回收而结束其生命周期。
- evict()方法可以将缓存中的一个持久态对象删除，使其转变为游离态。当 Session 的缓存中保存了大量处于持久态的对象时，可以调用 evict()方法从中删除一些持久态对象以节省内存空间。

2．update()方法

update()方法的主要作用是根据对象的标识符更新持久化对象相应的数据，这和执行数据库的 UPDATE 语句是类似的。对象的标识符通常指的是对象的 id 属性，与相应的数据库表中的 id 字段相对应。id 字段仅仅为了表示主键，而没有实际的含义，它是一个代理主键。例如在数据库中建立一个学生信息表时，学生的信息包括学号、姓名、性别、年龄、通信方式等，虽然可以把学生的学号作为主键，但是我们往往不这么做，而是在表中加入 id 字段作为主键，而且可以把 id 设置成自增型的，这样在插入数据时，Hibernate 会自动为我们生成主键。另外，如果存在复合主键时，也就是主键由多个字段表示时，由于 Hibernate 对复合主键的操作是很困难的，并且容易出错，此时使用一个 id 字段来表示主键会更加方便。

Session 实例的 update()方法主要完成以下任务：

- 将 user 对象加入到缓存中，并且标识为 Persistent 状态。
- 生成计划执行的 UPDATE 语句。

这里需要注意的是，在调用 update()方法后，被保存的对象不是立刻就同步到数据库中，与 save()方法类似，只有当事务结束的时候才会将实体对象当前的属性值更新到数据库中。当然，并不是所有更新数据库的操作都是等到事务提交的时候才被执行的。当需要执行新的同表查询时，为得到准确的查询结果，就需要及时对数据库进行更新。

使用 update ()方法更新数据库中记录的方法如下：

```
//设置 User 对象的属性
User user = new User ( );
user.setName("jack");
user.setPassword("456");
user.setId( "123456");                    //必须设置主键
Session session = sessionFactory.openSession ( );
                                          //采用 openSession 方法创建 Session 实例
Transaction tx = session.beginTransaction( );         //开启事务
session.update(user);                     //调用 update 方法，将数据更新到数据库中
tx.commit( );                             //提交事务
session.close( );                         //关闭 session
```

从上面的程序可以看出，在设置 user 对象的属性时，与 save 方法不同的就是这里对 user 的 id 属性进行了设置。当执行 save 方法时 Hibernate 会自动为我们生成主键，所以我们不需要手动地设置，但是在执行 update 方法时就必须设置 id 属性。当在数据库中执行一条更新的 SQL 语句时，我们会这么写：

```
update user set name='jack' and password='456' where id='123456'
```

上面 SQL 语句中的 where 语句确定了需要更新的记录，如果没有 where 语句则表示要更新表中所有的记录。当设置了 id 值后，Hibernate 会根据设置的 id 值找到指定的记录进行更新，所以不要忘记设置 id 属性值。

3. saveOrUpdate()方法

saveOrUpdate()方法可以根据不同情况对数据库执行 INSERT 或者 UPDATE 操作。根据实体对象的状态由 Hibernate 来决定到底执行 save()方法还是 update()方法。当传入的实体对象是 Transient 状态时，执行 save()操作；当传入的实体对象是 Detached 状态时，则执行 update()操作；当传入的实体对象是 Persistent 状态时直接返回，不进行任何操作。

```
String hql ="select new User(user name,user age) from User user";
                                  //定义 HQL 语句
Query query = session.createQuery(hql);
                                  //通过 Session 的 createQuery 方法创建 Query 对象
List users = query.list(); //返回结果集
//遍历结果集
for(int i=0;i< users.length();i++){
```

```
    User user=(User) users.get(i);
    user setName("jack");
    //这里将执行一个 save 操作,而不是执行 update 操作,因为这个 User 对象的 id 属性为 null
    session saveOrUpdate(user);
}
```

当用户的 id 属性为空时，saveOrUpdate 方法将执行 save 操作，这时 user 对象被当作是瞬时态的，当从数据库获取的 user 对象的 id 不为空时，saveOrUpdate 将执行 update 操作。

```
String hql ="from User user";                           //定义 HQL 语句
Query query = session.createQuery(hql);
                                    //通过 Session 的 createQuery 方法创建 Query 对象
List users = query.list(); //返回结果集
//遍历结果集
for(int i=0;i< users.length();i++){
    User user=(User) users.get(i);
    user setName("jack");
    session saveOrUpdate(user);//执行 update 操作,因为这个 user 对象的 id 属性不
    为 null
}
```

4．delete()方法

delete()方法的作用是删除实例所对应的数据库中的记录，相当于执行数据库中的 DELETE 语句。Session 的 delete()方法主要完成了以下任务：

- ❑ 如果传入的实体对象不是 Persistent 状态，那么将需要删除的对象与 Session 实例相关联，使其转变为 Persistent 状态。
- ❑ 生成计划执行的 DELETE 语句。
- ❑ delete()方法和前面介绍的 save()方法一样，并不是立刻执行 DELETE 语句删除数据库中的记录，而是在必须要执行的时候才会执行。

使用 delete()方法删除实体对象的过程如下所示：

```
User user = new User( );
user.setId ("123456" );                                    //必须设置主键
Session session = sessionFactory.openSession( );           //创建 Session 实例
Transaction tx = session.beginTransaction( );              //开启事务
session.delete( user );                          //调用 delete 方法从数据库中删除 user
tx.commit ( );                                   //提交事务
session.close( );                                //关闭 session
```

在执行删除操作时，应该注意其执行顺序，尤其是在有外键关联的情况下，要避免删除父对象而忘记删除子对象的情况，否则会引发约束的冲突。

5．get()方法

get()方法是通过标识符得到指定类的持久化对象。如果对象不存在，则返回值为空。

```
Session session = sessionFactory.getCurrentSession( );//创建 Session 实例
Transaction tx = session.beginTransaction( );             //开启事务
User user = (User)session.get(User.class, "123456");
                                             //获取 id 为“123456”的持久化对象
```

```
System.out.println(user.getId());
tx.commit ( );                                          //提交事务
session.close( );                                       //关闭 session
```

6. load()方法

load()方法和 get()方法一样都是通过标识符得到指定类的持久化对象。但是要求持久化对象必须存在，否则将会产生异常。

```
Session session = sessionFactory.getCurrentSession( );//创建 Session 实例
Transaction tx = session.beginTransaction( );            //开启事务
User user = (User)session.load(User.class, "123456");
                                        //获取 id 为“123456”的持久化对象
System.out.println(user.getId());
tx.commit ( );                          //提交事务
session.close( );                       //关闭 session
```

load()方法和 get()方法的用法相同，都是根据实体对象的 id 值来读取数据库中的记录，并得到与指定记录相对应的实体对象。但这两个方法还是存在区别的，使用时需要根据具体情况来选择合适的方法。

get()方法和 load()方法的主要区别如下：

- 当所查找的记录不存在时，get()方法会返回 null，而 load()方法则会抛出 HibernateException 异常。
- get()方法直接返回实体类，load()方法则可以返回实体的代理类实例。当实体类映射文件*.hbm.xml 中<class>元素的 lazy 属性设置为 true 时，调用 load()方法将会返回持久化对象的代理类实例，该代理类实例是在运行时动态生成的，它包括了原目标对象的所有属性和方法。此时，该代理类实例的属性中仅 id 属性不为 NULL，这是由于 load()方法采用了延迟加载的方式，只有当用户真正请求获得原目标对象的属性时，Hibernate 才真正执行数据库的查询操作，即当代理类实例调用 getXXX()方法时，Hibernate 才真正到数据库中获得属性值。

说明：所谓延迟加载指的是当真正需要数据时，才执行真正的数据加载操作。Hibernate 3 中提供了对实体对象的延迟加载、对集合的延迟加载以及对属性的延迟加载。使用延迟加载可以降低系统的性能开销。

- 当*.hbm.xml 映射文件中<class>元素的 lazy 属性设置为 false 时，调用 load()方法则会立即执行数据库查询操作并直接返回实体类，并不返回代理类。而调用 get()方法时不管 lazy 为何值，都直接返回实体类。
- load()方法和 get()方法都是先从 Session 的内部缓存中开始查找指定实体对象，如果没有找到，则 load()方法会查询 Hibernate 的二级缓存，若仍未找到指定对象，则会发送一条 SQL 语句到数据库中进行查询，并根据查询结果生成相应的实体对象。而 get()方法会越过二级缓存，直接发出 SQL 语句到数据库中完成数据读取，并生成相应的实体对象。

7. contains()方法

contains()方法可以用来判断一个实体对象是否与当前的 Session 对象相关联，也可以判断一个实体对象是否处于 Persistent 状态。contains()方法的声明如下：

```
boolean contains(Object object);
```

contains()方法只包含一个参数，该参数是要查询的实体对象，若要查询的对象在当前 Session 的缓存中则返回 true，否则返回 false。

8．evict()方法

evict()方法用来管理 Session 的缓存。当 Session 打开时间过长或载入数据过多时，会占用大量内存，导致性能下降，甚至可能抛出 OutOfMemoryException 异常，此时便可调用 evict()方法来清除指定的缓存对象。

evict()方法是通过移除缓存中实体对象与 Session 实例之间的关联关系来清除指定的对象的，执行 evict()方法后，实体对象由 Persistent 状态转变为 Detached 状态。

可以结合 contains()方法和 evict()方法，先用 contains()方法判断对象是否存在于 Session 缓存中，如果存在再将其移除。evict()方法用法如下：

```
if(session.contains(user))                //session 为已创建的 Session 实例
   session.evict(user);
```

9．clear()方法

clear()方法可以清空 Session 的缓存。clear()方法用法如下：

```
session.clear();                          //session 为已创建的 Session 实例
```

在 Hibernate 中，可以通过调用 Session 实例的方法，如 get()方法、load()方法，得到某个持久化对象，也可以通过创建查询对象的方法来获得持久化对象。下面介绍的几种 Session 的方法分别创建了 Query、Criteria 以及 SQLQuery 查询接口的实例，再通过这些实例来获取持久化对象。

10．createQuery()方法

createQuery()方法用于建立 Query 查询接口的实例，该实例可以使用 HQL 语言进行数据库的查询操作。

```
Session session = sessionFactory.openSession( );          //创建 Session 实例
Transaction tx = session.beginTransaction( );             //开启事务
Query query = session.createQuery("from User");           //创建 Query 实例
List list = query.list();
tx.commit ( );                                            //提交事务
session.close( );                                         //关闭 session
```

createQuery()方法中所使用的查询语句为 HQL(Hibernate Query Language)语句，具体用法我们将在讲解 Query 接口时再详细介绍。

11．createCriteria()方法

createCriteria()方法用于建立 Criteria 查询接口的实例，该实例可以通过设置条件来执行对数据库的查询操作。

```
Session session = sessionFactory.openSession( );          //创建 Session 实例
Transaction tx = session.beginTransaction( );             //开启事务
Criteria crit = session.createCriteria(User.class);       //创建 Criteria 实例
crit.setMaxResults(50);
List users = crit.list();
tx.commit ( );                                            //提交事务
session.close( );                                         //关闭 session
```

Session 实例通过 createCriteria()方法创建了 Criteria 实例，Criteria 的具体用法将在 13.6 节“Criteria 接口”中讲解。

12．createSQLQuery()方法

createSQLQuery()方法用于建立 SQLQuery 查询接口的实例。查询接口通过标准的 SQL 语句来执行数据的查询操作。

```
Session session = sessionFactory.getCurrentSession( ); //创建 session
//采用标准的 SQL 语句进行查询
List users = session.createSQLQuery(
    "SELECT {user.*} FROM User {user} ",
    "user",
    User.class
).list();
session.close( );                                         //关闭 session
```

13．createFilter()方法

createFilter()方法是用于一个持久化集合或者数组的特殊的查询。查询字符串中可以使用 this 关键字来引用集合中的当前元素。

```
Collection StudentScore = session.createFilter(
    team.getStudents(),
    "where this.score > ?")                               //HQL 语句，过滤作用
    .setParameter( 1, new Integer(80) )                   //设置 HQL 中的参数
    .list()
);
```

上面代码的功能是查询班级 team 中成绩高于 80 分的学生集合。代码中的 HQL 语句用来对学生集合过滤。返回的集合可以是一个无顺序可重复的集合 Collection，它是所给集合的副本，而原来的集合不会被改动。

前面介绍的是 Session 对象中常用的方法，这些方法是开发时使用的最基本的方法。在使用 Session 时，事务的管理也是非常重要的，下面我们对 Transaction 接口进行介绍。

13.4　Transaction 接口

Transaction 接口主要用于管理事务，是 Hibernate 的数据库事务接口，它对底层的事务接口进行了封装，这些底层事务接口包括：JDBC API、JTA（Java Transaction API）、CORBA（Common Object Request Broker Architecture）API。

13.4.1　Transaction 的主要作用

用户可以利用 Transaction 对象来定义自己的原子操作。Transaction 的常用操作有事务提交（commit）和事务回滚（rollback），它的用法比较简单，我们的重点应放在对事务的理解上，搞清楚为什么使用事务以及什么时候使用事务。

事务（Transaction）是工作中的基本逻辑单位，用于确保数据库能够被正确修改，避免只修改了一部分数据而导致数据不完整，或者在修改时受到其他用户的干扰导致数据的不一致。所以我们必须了解事务并合理利用，以确保数据库中数据的正确性和完整性。

数据库向用户提供保存当前程序状态的方法叫事务提交（commit）；当事务执行过程中，使数据库忽略当前的状态并回到前面保存的状态的方法叫事务回滚（rollback）。

事务具备原子性（Atomicity）、一致性（Consistency）、隔离性（Isolation）和持久性（Durability）4 个特性，简称 ACID。下面对这 4 个特性分别进行说明：

- 原子性：将事务中所做的操作捆绑成一个原子单元，即对于事务所进行的数据修改等操作，要么全部执行，要么全部不执行。
- 一致性：事务在完成时，必须使所有的数据都保持其一致状态，而且在相关数据中，所有规则都必须应用于事务的修改，以保持所有数据的完整性。事务结束时，所有的内部数据结构都应该是正确的。
- 隔离性：由并发事务所做的修改必须与任何其他事务所做的修改相隔离。事务查看数据时数据所处的状态，要么是被另一并发事务修改之前的状态，要么是被另一并发事务修改之后的状态，即事务不会查看由另一个并发事务正在修改的数据。这种隔离方式也叫可串行性。
- 持久性：事务完成之后，它对系统的影响是永久的，即使出现系统故障也是如此。

事务隔离意味着对于某一个正在运行的事务来说，好像系统中只有这一个事务，其他并发的事务都不存在一样。在大部分情况下，很少使用完全隔离的事务。但不完全隔离的事务会带来如下一些问题：

- 更新丢失（Lost Update）：两个事务都试图去更新一行数据，导致事务抛出异常并退出，这样两个事务的更新都没有实现。
- 脏数据（Dirty Read）：如果第二个应用程序使用了第一个应用程序修改过的数据，而这个数据刚好处于未提交状态，此时就会发生脏读。第一个应用程序随后可能会请求回滚被修改的数据，从而导致第二个事务使用的数据被损坏，即所谓的“变脏”。
- 不可重复读（Unrepeatable Read）：一个事务两次读同一行数据，但两次读到的数据却不一样，这就叫做不可重复读。如果一个事务在提交数据之前，另一个事务可以修改和删除这些数据，就会发生不可重复读。
- 幻读（Phantom Read）：一个事务执行了两次查询，发现第二次查询结果比第一次查询多出了一行，这可能是因为另一个事务在这两次查询之间插入了新行。

针对由事务的不完全隔离所引起的上述问题，数据库系统中使用了隔离级别来防范这些问题：

- 读操作未提交（Read Uncommitted）：说明一个事务在提交前，其变化对于其他事务来说是可见的。这样脏读、不可重读和幻读都是允许的。当一个事务已经写入一行数据但未提交，其他事务都不能再写入此行数据；但是，任何事务都可以读任何数据。这个隔离级别使用排他锁实现。
- 读操作已提交（Read Committed）：读取未提交的数据是不允许的，它使用临时的共享锁和排他锁实现。这种隔离级别不允许脏读，但不可重读和幻读是允许的。
- 可重读（Repeatable Read）：说明事务保证能够再次读取相同的数据而不会失败。此隔离级别不允许脏读和不可重读，但允许幻读。
- 可串行化（Serializable）：提供最严格的事务隔离。这个隔离级别不允许事务并行执行，只允许串行执行。这样，脏读、不可重读或幻读都可能发生。

为了更清楚地表述事务隔离和隔离级别之间的对应关系，我们再采用表格的形式加以说明，如表 13.1 所示。

表 13.1　事务隔离和隔离级别的关系表

隔 离 级 别	脏读（Dirty Read）	不可重读（Unrepeatable read）	幻读（Phantom Read）
读操作未提交（Read Uncommitted）	允许	允许	允许
读操作已提交（Read Committed）	不允许	允许	允许
可重读（Repeatable Read）	不允许	不允许	允许
可串行化（Serializable）	不允许	不允许	允许

在 Hibernate 中可以在配置文件中对事务进行配置，我们可以选择使用本地事务或者是全局事务，还可以对隔离级别进行设定。具体方法是在 hibernate.cfg.xml 文件的 <session-factory>标签内进行配置。配置方法如下：

```
<property
name="hibernate.current_seesion_context_class">thread</property>
                                          <!--如果使用的是本地事务-->
<property  name="hibernate.current_seesion_context_class">jta</property>
                                          <!--如果使用的是全局事务-->
<property name=" hibernate.connection.isolation">4</property>
                                          <!--设定隔离级别-->
```

在 Hibernate 中，对于事务管理有两个选择：本地事务和全局事务。本地事务指只针对一个数据库进行操作，也就是只针对一个事务性资源进行操作。而全局性事务由应用服务器进行管理，它需要使用 JTA，可以用于多个事务性的资源。

上面的配置文件代码片段中使用了 hibernate.current_seesion_context_class 参数来配置本地事务或全局事务。

我们已经知道，全局事务需要使用 JTA，而 JTA 的 API 非常笨重，又由于 JTA 通常只在应用服务器的环境下使用，因此全局事务的使用限制了应用代码的重用性。在通常情况下对于 Hibernate 的事务管理都选择本地事务。

在 Hibernate 的配置文件中可以对数据库事务的隔离级别进行配置，每个隔离级别使用一个整数来表示：

- 8-Serializable：串行化。

- 4-Repeatable Read：可重复读。
- 2-Read Commited：读操作已提交。
- 1-Read Uncommitted：读操作未提交。

上面的配置文件代码片段中使用了 hibernate.connection.isolation 参数来配置数据库事务的隔离级别，并将隔离级别设置为 4，它代表的含义为可重复读。

13.4.2 常用的 Transaction 操作方法

Transaction 的常用方法有两个，分别是 commit()方法和 rollback()方法，它们的使用都比较简单，可以通过下面的代码加以理解：

```
try {
    //设置 User 对象的属性
    User user = new User();
    user.setName("Tom");
    user.setPassword("123456");
    Session session = sessionFactory.openSession( );
                                //采用 openSession 方法创建 session 实例
    Transaction tx = session.beginTransaction( ); //开启事务
    session.save(user);         //调用 save 方法持久化 User 对象
    tx.commit();                //提交事务
    session.close();            //关闭 session
    } catch(Exception e) {
    tx.rollback();              //事务回滚
}
```

Session 执行完数据库操作后，要使用 Transaction 进行事务提交后才能真正将数据操作同步到数据库中。当发生异常时，需要使用 rollback()方法进行事务回滚，取消之前进行的数据操作，以避免数据发生错误。因此，在持久化操作结束后，必须调用 Transaction 的 commit()方法和 rollback()方法。

13.5 Query 接口

Query 接口是 Hibernate 的查询接口，用于向数据库中查询对象，并控制执行查询的过程。Query 中包装了一个 HQL 查询语句。HQL 是 Hibernate Query Language 的缩写，它采用了面向对象的查询方式，并提供了丰富和灵活的查询特征，因此，Hibernate 中将 HQL 作为官方推荐的标准查询方式。本节介绍 Query 接口中的常用方法并对 HQL 语言做简要介绍。

13.5.1 Query 的主要作用

在 Hibernate 中具有 3 种检索的方式，分别为 HQL 检索方式、QBC 检索方式和 SQL 检索方式。传统的 SQL 查询语言是结构化的查询方法，这种方法并不适用于查询以对象形式存在的数据。

HQL（Hibernate Query Language）查询语言与 SQL 查询语言有些相似，但是 HQL 查询语言是面向对象的，它不像 SQL 查询语言那样引用表名及表的字段名，而是引用类名及类的属性名。相比较而言，HQL 检索方式使用更加广泛，它不仅可以进行数据查询，还可以进行更新和删除操作。在 Hibernate 中，正是通过 Query 接口来执行 HQL 查询的。通过 Query 对象，可以使用 HQL 来执行一系列的数据库操作。

HQL 的主要功能如下：

- 利用各种条件进行数据库的查询。
- 支持分页查询，并且为了提高分页查询的效率对不同的数据库进行了不同的处理。
- 支持连接查询。
- 支持分组查询，可以使用 having 和 group by 关键字。
- 支持聚集函数。
- 支持各种子查询。
- 能够调用自定义函数。
- 支持动态绑定查询参数。

Query 接口在使用 HQL 语句对数据库进行操作时主要包括以下 3 个步骤：

（1）创建 Query 实例。通过 Session 实例的 CreateQuery()方法创建一个 Query 的实例。createQuery 方法需要传入一个 HQL 查询语句作为参数，它也支持原生的 SQL 语句。在查询语句中可以设置一系列参数。

（2）设置动态参数。如果查询语句中包含参数，那么就需要对参数值进行设置，Query 接口提供了一系列的 setter 方法，可以满足参数设置的需要。

（3）执行查询语句，返回查询结果。执行完查询语句时，查询结果可以采用不同的方式进行返回，既可以返回 List 类型的结果，也可以返回唯一的对象。

13.5.2　常用的 Query 操作方法

下面来学习 Query 接口常用的操作方法。因为在 Query 接口中会用到 HQL 语句，所以还要对 HQL 语法做一简要介绍。

1. setter方法

Query 接口提供了一系列的 setter 方法用于设置查询语句中的参数，针对不同的数据类型需要用到不同的 setter 方法，具体用法如表 13.2 所示。

表 13.2　Query接口setter方法的使用

方　法	含　义
setBigDecimal()	设置映射类型为 big_decimal 的参数值
setBigInteger()	设置映射类型为 big_integer 的参数值
setBinary()	设置映射类型为 binary 的参数值
setBoolean()	设置映射类型为 boolean 的参数值
setByte()	设置映射类型为 byte 的参数值
setCalendar()	设置映射类型为 calendar 的参数值
setCalendarDate()	设置映射类型为 calendar_date 的参数值

续表

方　法	含　义
setDate()	设置映射类型为 date 的参数值
setEntity()	设置映射实体类型的参数值
setFloat()	设置映射类型为 float 的参数值
setInteger()	设置映射类型为 int 或 integer 的参数值
setLocale()	设置映射类型为 locale 的参数值，配置当前程序使用的本地化信息
setLong()	设置映射类型为 long 的参数值
setProperties()	设置 Bean 中的属性值，属性的名字和参数的名字必须相同
setShort()	设置映射类型为 short 的参数值
setString()	设置映射类型为 string 的参数值
setText()	设置映射类型为 text 的参数值
setTime()	设置映射类型为 time 的参数值
setTimestamp()	设置映射类型为 timestamp 的参数值

在设置参数时，既可以根据参数的名称来设置，也可以根据参数的位置来设置。具体采用哪种方式，可根据 HQL 语句的形式进行选择。下面举例来说明其用法：

```
Session session = sessionFactory.openSession( );
                                    //采用 openSession 方法创建 Session 实例
//创建 Query 实例，根据名称设置参数
Query query = session.createQuery( "from user where age > :userAge" );
query.setInteger ("userAge" , 25);      //根据名称设置 integer 类型参数
List users = query.list();              //执行查询语句，返回 List 类型的结果
//下面举例如何根据位置设置参数
Query query = session.createQuery("from user where age > ? );
                                        //创建 Query 实例
//根据位置设置 integer 类型参数，第一参数位置为 0
query.setInteger ( 0 , 25);
List users = query.list();              //执行查询语句，返回 List 类型的结果
session.close( );                       //关闭 session
```

当使用名称设置参数时要在 HQL 语句中定义一个名称，形式为“:参数名”，注意参数名前有个“:”。使用位置设置参数时，HQL 语句中的参数都用“?”来代替，根据“?”的位置依次对每个参数进行设置，参数位置从 0 开始。一般推荐使用根据名称进行设置参数，这样代码容易阅读，需要修改某个参数时也比较直观。根据位置设置参数，在参数个数少时使用起来比较简单，但是参数个数较多时，就会比较繁琐，容易出错。

2．list()方法

list()方法用于执行查询语句，并将查询结果以 List 类型返回。Hibernate 会将所有结果集中的数据转换成 Java 的实体对象，所以会占据很大的空间。虽然读取时可以从任意位置读取，但容易造成资源的浪费。

3．iterator()方法

iterator()方法也用于执行查询语句，返回的结果是一个 Iterator 对象，在读取时只能按照顺序方式读取，它仅把使用到的数据转换成 Java 实体对象。其缺点是只能顺序读取结果

集中的数据，而且不知道结果集中记录的数目。

```
Session session = sessionFactory.openSession( );
                                    //采用 openSession 方法创建 Session 实例
Query query = session.createQuery("from User" );   //创建 Query 实例
Iterator iter = query.iterator();   //执行查询语句，返回 Iteraor 类型的结果
//遍历结果集
while( iter.hasNext() ){
  //你的操作
...
}
session.close( );                   //关闭 session
```

4．uniqueResult()方法

uniqueResult()方法用于返回唯一的结果，在确保最多只有一个记录满足查询条件的情况下可以使用该方法。该方法可以将返回的结果直接转换成相应的对象。下面看一个例子：

```
Session session = sessionFactory.openSession( );
                                    //采用 openSession 方法创建 Session 实例
//创建 Query 实例
Query query = session.createQuery("from User where id="12345" );
User user = (User)query.uniqueResult();//执行查询语句，直接将结果转换成 User 对象
session.close( );                   //关闭 session
```

5．executeUpdate()方法

executeUpdate()方法是 Hibernate 3 提供的新特性，可以使用它支持 HQL 语句的更新和删除操作，建议更新时采用此方法。下面通过例子说明用法：

```
Session session = sessionFactory.openSession( );
                                        //采用 openSession 方法创建 session
Transaction tx = session.beginTransaction( );       //开启事务
//创建 Query 实例
Query query = session.createQuery("update User set password='123456'" );
query.executeUPdate();                              //更新操作
tx.commit();                                        //提交事务
session.close( );                                   //关闭 session
```

上面这段程序实现了将所有用户的密码重置为“123456”，在对数据库中的数据进行修改时，建议使用事务管理，以便在出现异常时可以回滚，避免数据发生错误。下面我们再举一个删除操作的例子：

```
Session session = sessionFactory.openSession( );
                                      //采用 openSession 方法创建 session
Transaction tx = session.beginTransaction( );          //开启事务
Query query = session.createQuery("delete User where age<18");
                                                       //创建 Query 实例
query.executeUpdate();                                 //删除操作
tx.commit();                                           //提交事务
session.close( );                                      //关闭 session
```

6. setFirstResult()方法

该方法可以设置所获取的第一个记录的位置，从 0 开始计算，用于筛选选取记录的范围。传入一个整数表示开始选取记录的范围，例如传入 20，就表示从结果集的第 21 个（0 表示第一个）开始读取直到最后一个。

```
Session session = sessionFactory.openSession( );
                                    //采用 openSession 方法创建 Session 实例
Query query = session.createQuery("from User" );          //创建 Query 实例
query.setFirstResult();                                    //设置起始位置
List Users = query.list();                                 //返回 List 结果
session.close( );                                          //关闭 session
```

7. setMaxResults()方法

该方法设置结果集的最大记录数，可以与 setFirstResult ()方法结合使用，限制结果集的范围，在实现分页功能时非常有用。

```
Session session = sessionFactory.openSession( );
                                       //采用 openSession 方法创建 Session 实例
Query query = session.createQuery("from User");          //创建 Query 实例
int currentPage = XXX;                              //当前页数，从第一页开始计算
int pageSize = XXX;                                 //设置每页记录数
query.setFirstResult( (currentPage - 1) * pageSize );        //设置起始位置
query.setMaxResults( pageSize );                             //设置最大记录数
List Users = query.list();                                   //返回 List 结果
session.close( );                                            //关闭 session
```

前面讲解 Query 接口的方法时，已经使用到了 HQL 语句，下面我们就来介绍 HQL 语言的基础知识，以便读者能更灵活地运用 Query 接口进行数据库的操作。

HQL（Hibernate Query Language）是 Hibernate 特有的查询语言，它的语法与 SQL 十分相似，但它们是有区别的，HQL 语言是一种面向对象的语言，它操作的对象是类、实例、属性等，而 SQL 语言操作的对象是数据库中的表、表中的列等。因为 HQL 语言是完全面向对象的，所以它可以支持面向对象中的继承性和多态性。

HQL 语言本身并不区分大小写，例如 HQL 语句中的 from、where、count 等关键字或函数都是不区分大小写的。但是需要注意的是，当在 HQL 语句中使用了类名、属性名时是需要区分大小写的。下面介绍 HQL 的语法。

1. 实体查询

实体查询可用来查询实体的信息，查询结果可以是一个实体对象，也可以是多个实体对象的集合。下面来看一个例子：

```
String hql = "from Users";                          //HQL 语句
Query query = session.createQuery(hql);             //创建 Query 实例
List users = query.list();                          //返回 List 结果
```

上面例子的作用是取出数据库中所有记录对应的 User 实体对象，并放入 List 中返回。这里的“from Users”即为 HQL 语句，其中 from 语句是 HQL 查询语句中最常用的语句，

from 关键字后需要紧跟持久化类的名称。

可以从持久类中取出所有的实体对象，也可以为持久化类 User 起别名。例如：

```
String hql = "from Users as U";                    //HQL 语句
Query query = session.createQuery(hql);            //创建 Query 实例
List users = query.list();                         //返回 List 结果
```

其中，关键字 as 用于为持久化类起别名，也可以省略 as。

为了限制查询的范围，通常还要在 HQL 查询语句中加入 where 子句。下例表示在所有用户中选择大于 18 岁的男性：

```
//只选择大于 18 岁的男性
String hql = "from Users as U where sex='男' and age > 18";    //HQL 语句
Query query = session.createQuery(hql);                        //创建 Query 实例
List users = query.list();                                     //返回 List 结果
```

HQL 语言支持的运算符及其含义和 SQL 语言中的用法是一致的，具体如下所示：

- =：等于。
- <>：不等于。
- >：大于。
- >=：大于等于。
- <：小于。
- <=：小于等于。
- is null：值为空。
- is not null：值不为空。
- in：等于列表中的某个值，in(v1,v2,…)。
- not in：不等于列表中的任意值，not in(v1,v2,…)。
- between：在两个值之间。
- not between：不在两个值之间。
- like：字符串匹配。
- and：逻辑与。
- or：逻辑或。
- not：逻辑非。

2. 属性查询

在检索数据时，有时并不需要获得实体对象的所有属性值，而只需要检索实体对象的一部分属性所对应的数据。这时就可以利用 HQL 语言的属性查询，如下面程序所示：

```
//只获取 name 属性
String hql = "select name from User;               //定义 HQL 语句
Query query = session.createQuery(hql);            //创建 Query 实例
List users = query.list();                         //执行查询语句，返回结果
//遍历结果集
for(int i=0; i<users.length();i++) {
System out println(users.get(i));
}
```

上面程序中只查找了 User 实体的 name 属性对应的数据，此时返回的结果集 users 中只包含各个 User 实体对象中 name 属性所对应的数据，且其类型都为 String。

也可以一次检索多个属性，如下面的程序所示：

```
//获取 name 和 age 属性
String hql ="select name, age from User";                //定义 HQL 语句
Query query = session.createQuery(hql);                  //创建 Query 实例
List users = query.list();                               //执行查询语句，返回结果
//一次检索多个属性
for(int i=0;i<list length();i++){
    Object[] obj=(Object[])users get(i);
    System out println(obj[0]);
    System out println(obj[1]);
}
```

上面程序中一次查找了 name 和 age 两个属性，此时返回的结果集 users 中的每个条目都是一个 Object[]类型的数据，其中包含对应的属性数据值。

如果觉得上面返回的 Object[]不符合面向对象风格，还可以利用 HQL 提供的动态构造实例的功能对这些平面数据进行封装，如下面的程序代码：

```
//采用面向对象
String hql ="select new User(user name,user age) from User user";
                                                         //定义 HQL 语句
Query query = session.createQuery(hql);                  //创建 Query 实例
//执行查询语句，返回结果
List users = query.list();
//遍历结果集
for(int i=0;i< users.length();i++){
    User user=(User)users.get(i);
    System out println(user.getName());
    System out println(user.getAge());
}
```

上面程序通过动态构造实例对象，对返回结果进行了封装，使程序更加符合面向对象风格。但是这里必须注意一个问题，那就是此时所返回的 User 对象仅仅只是一个普通的 Java 对象，除了查询结果值之外，其他的属性值都为 null（包括主键值 id），也就是说不能通过 Session 对象对此对象执行持久化的更新操作。如下面的代码：

```
String hql ="select new User(user name,user age) from User user";
                                                    //定义 HQL 语句
Query query = session.createQuery(hql);             //创建 Query 实例
//执行查询语句，返回结果
List users = query.list();
//遍历结果集
for(int i=0;i< users.length();i++){
    User user=(User) users.get(i);
    user setName(“jack”);
    //这里将执行一个 save 操作,而不是执行 update 操作,因为这个 User 对象的 id 属性为 null
    session saveOrUpdate(user);
}
```

3．实体的更新和删除

HQL 对实体更新和删除的功能是 Hibernate 3 新添加的功能，在 Hibernate 2 并不具备

此功能。在 Hibernate 2 中，如果想将数据库中所有年龄为 20 岁的用户修改成年龄为 23 岁，则首先要将年龄为 20 岁的用户检索出来，然后再将他们的年龄修改为 23 岁，最后调用 Session.update()语句将修改后的数据更新到数据库中。显然，在 Hibernate 2 中进行实体的更新比较麻烦，因此 Hibernate 3 中提供了更加灵活有效的解决方法，就是使用 executeUpdate()方法。executeUpdate()方法在前面介绍过，下面再来看两个代码示例：

```
Session session = sessionFactory.openSession( );
                                    //采用 openSession 方法创建 Session 实例
Transaction tx = session.beginTransaction( );              //开启事务
String hql =“update User set age=23 where age=20”;         //定义 HQL 语句
Query query = session.createQuery(hql);                    //创建 Query 实例
query.executeUpdate();                                     //执行更新
tx.commit();                                               //提交事务
session.close( );                                          //关闭 session
```

通过 executeUpdate()方法可以在 Hibernate 3 中完成批量数据的更新，对性能有了很大的提高。同样也可以使用 executeUpdate()方法来完成 delete 操作，如下面的代码删除了所有年龄为 20 岁的用户：

```
Session session = sessionFactory.openSession( );
                                        //采用 openSession 方法创建 session
Transaction tx = session.beginTransaction( );              //开启事务
String hql =“delete from User where age=20”;               //定义 HQL 语句
Query query = session.createQuery(hql);                    //创建 Query 实例
query.executeUpdate();                                     //执行删除
tx.commit();                                               //提交事务
session.close( );                                          //关闭 session
```

4．HQL聚集函数

HQL 语言支持的聚集函数与 SQL 语言是一样的，有如下几个：

- ❑ avg：计算平均值。
- ❑ count：统计选择对象的数量。
- ❑ max：计算最大值。
- ❑ min：计算最小值。
- ❑ sum：计算总和。

例如，下面 HQL 语句中使用了聚集函数：

```
select count(*), max(age), min(age), avg(age) from User
```

HQL 也可以使用 distinct 关键字去除重复数据：

```
select distinct age from User
```

5．分组和排序

在 HQL 语言中，可以使用关键字 group by 进行分组查询。例如统计男生和女生的平均年龄，可以用如下的 HQL 语句实现：

```
select avg(age) from User group by sex
```

上面 HQL 语句中 sex 为性别属性。HQL 语言中通过关键字 order by 进行排序，用法也与 SQL 语言相同，例如：

```
//按照姓名升序排列
from User Order by name asc
//按照姓名降序排序
from User Order by name desc
```

默认情况下是按照升序排列的，也可以按照多个属性进行排序。

```
//按照多个属性排序
from User Order by name desc , age asc
```

6. 子查询

如果数据库支持子查询，那么还可以在 HQL 语句中使用子查询，例如，要查询大于平均年龄的用户记录，编写程序如下：

```
String hql ="from User where age > (select avg(age) from User);
Query query = session.createQuery(hql);
List users = query.list();
```

上面介绍了 HQL 语言的基本用法，它与标准的 SQL 语言是非常相似的，其灵活性更好，开发更便捷。

通过对 Query 接口的学习，读者应该能够运行 Query 接口和 HQL 语言进行一些数据库查询操作，下面我们接着介绍 Hibernate 提供的另一种数据查询接口——Criteria 接口。

13.6　Criteria 接口

Criteria 接口与 Query 接口非常类似，也是 Hibernate 的查询接口，它允许创建并执行面向对象方式的查询。下面介绍 Criteria 接口的主要作用及其常用操作方法。

13.6.1　Criteria 的主要作用

Criteria 查询通过面向对象的设计，将数据查询条件封装为一个对象。简单地说，Criteria 查询可以看成是传统 SQL 语言的对象化表示。

Criteria 接口完全封装了基于字符串形式的查询语句，它更擅长于执行动态查询。Criteria 接口对原生的 SQL 语句进行了对象化的封装，Hibernate 在运行时会把 Criteria 指定的查询条件恢复成相应的 SQL 语句。

```
Session session = sessionFactory.openSession( );
                                    //采用 openSession 方法创建 session
//使用 Criteria 接口进行条件查询
List users = session.createCriteria(User.class)
    .add( Restrictions.eq ("name","jack"))      //调用 add 方法添加查询条件
    .list();
session.close( );                               //关闭 session
```

在运行时，Hibernate 会将上述条件查询转换成如下的 SQL 语句：

```
select * from user where name = 'jack'
```

可以看出，Criteria 接口是一种面向对象的查询语言，我们可以通过追加 add 方法来添加更多的查询条件。在 Hibernate 中该查询方式被称作 QBC（Query By Criteria）方式。

条件查询通常是通过以下 3 个类来完成的：

（1）Criteria：表示一次查询。

（2）Criterion：表示一个查询条件。Criterion 的实例可以通过 Restrictions 工具类来创建。

（3）Restriction：表示查询条件的工具类。Restrictions 中提供了大量的静态方法，如 eq（等于）、ge（大于等于）、between 等，可以使用这些方法来创建 Criterion 查询条件。

使用 Criteria 接口进行条件查询的主要步骤可以总结如下：

（1）利用 Session 实例的 createCriteria(Class clazz)方法创建一个 Criteria 条件查询实例。

（2）设定查询条件。通过 Expression 类或 Restrictions 类创建查询条件的实例，即 Criterion 实例。

（3）调用 Criteria 的 list()方法执行查询语句。该方法返回 List 类型的查询结果，在 List 集合中存放了符合查询条件的持久化对象。

采用 Criteria 接口执行数据库查询的方式更符合 Java 编程中面向对象的思想，并且代码具有更好的可读性，使用起来也十分方便。

13.6.2　常用的 Criteria 操作方法

下面来介绍 Criteria 接口提供的操作方法，在项目开发中可根据需要来选择相应的方法。

1．add()方法

add()方法是最为常用的方法，它用来设置查询的条件，可以根据查询条件的个数，追加任意个 add()方法。

```
Session session = sessionFactory.openSession( );
                                        //采用 openSession 方法创建 session
//使用 Criteria 接口进行条件查询
List users = session.createCriteria(User.class)
    .add( Restrictions.eq ("name","jack"))           //调用 add 方法添加查询条件
    .add( Restrictions.eq ("password","123456"))     //追加 add 方法
    .add( Restrictions.eq ("sex","男"))              //可以继续追加 add 方法
    .list();
session.close( );                                    //关闭 session
```

2．addOrder()方法

addOrder()方法用来设置查询结果集的排序规则，相当于 SQL 语句中的 order by 子句。其参数为 Order 类的实例，Order 是专门用于排序的类。

```
Session session = sessionFactory.openSession( );
                                        //采用 openSession 方法创建 session
```

```
//使用 Criteria 接口进行条件查询
List users = session.createCriteria(User.class)
    .add( Restrictions.eq ("sex","男"))
    .addOrder( Order.asc("name"))                              //按名字升序排列
    .list();
session.close( );                                              //关闭 session
```

转换成 SQL 语句为：

```
select * from user where sex = '男' order by name asc
```

3．createCriteria()方法

Criteria 接口还提供了对多表查询的方法。当需要从多张表中联合查询时可使用 createCriteria()方法。createCriteria 方法可以创建新的 Criteria 实例，以实现对多张表进行查询。例如，除了 user 表外，我们再加入一个 role 表来表示用户的角色权限。当要查找用户名为“jack”，并且角色为“admin”的记录时，可以使用如下代码：

```
Session session = sessionFactory.openSession( );
                                    //采用 openSession 方法创建 Session 实例
//使用 Criteria 接口进行条件查询
List users = session.createCriteria(User.class)
    .add( Restrictions.eq ("name","jack"))
    .createCriteria("role")
    .add( Restrictions.eq ("rolename","admin"))
    .list();
session.close( );                   //关闭 session
```

采用上面代码就可以对 user 表和 role 表进行联合查询了，其效果相当于如下的 SQL 语句：

```
select * from user , role where name = 'jack' and rolename = 'admin'
```

4．list()方法

list()方法用于执行数据查询，并将查询结果返回，每个条件查询的最后都会用到该方法，这里就不再赘述了。

5．scroll()方法

与 list()方法类似，也是用于执行数据库查询，只不过是将查询结果以 ScrollableResults 类型返回。具体用法如下：

```
Session session = sessionFactory.openSession( );
                                    //采用 openSession 方法创建 Session 实例
//使用 Criteria 接口进行条件查询
ScrollableResults users = session.createCriteria(User.class)
    .add( Restrictions.eq ("name","jack"))        //调用 add 方法添加查询条件
    .scroll();
session.close( );                                 //关闭 session
```

6．setFetchModel()方法

该方法用于设置抓取策略。抓取策略（fetching strategy）是指：当应用程序需要在关

联关系间进行导航时，Hibernate 如何获取关联对象的策略。Hibernate 3 定义了如下几种抓取策略：

- 连接抓取（Join fetching）：Hibernate 在 SELECT 语句中使用 OUTER JOIN（外连接）以获取对象的关联实例或者关联集合。
- 查询抓取（Select fetching）：另外发送一条 SELECT 语句抓取当前对象的关联实体或集合。如果显式地指定了 lazy 属性值为 false，则表示禁止延迟抓取，此时在抓取当前对象时会自动将其关联实体或集合抓取处理；如果指定 lazy 属性值为 true 或不配置该属性（其默认值为 true），则只有当真正需要访问关联关系的时候，才会执行另外发送的那条 SELECT 语句去抓取当前对象的关联实体或集合。
- 子查询抓取（Subselect fetching）：另外发送一条 SELECT 语句抓取在前面查询到（或者抓取到）的所有实体对象的关联集合。如果显式地指定了 lazy 属性值为 false，则表示禁止延迟抓取，此时会自动抓取所有实体对象的关联集合；如果指定 lazy 属性值为 true 或不配置该属性（其默认值为 true），则只有当真正需要访问关联关系的时候，才会执行另外发送的那条 SELECT 语句去抓取所有实体对象的关联集合。
- 批量抓取（Batch fetching）：是对查询抓取采用的优化方案，通过指定一个主键或者外键列表，Hibernate 可以使用单条 SELECT 语句来获取一批对象实例或集合。

下面代码中指定了采用连接抓取的模式：

```
Session session = sessionFactory.openSession( )
                                        //采用 openSession 方法创建 Session 实例
//使用 Criteria 接口进行条件查询
List users = session.createCriteria(User.class)
    setFetchMode("permissions", FetchMode.JOIN)          //连接抓取模式
    .add( Restrictions.eq ("name","jack"))
    .list();
session.close( );                                        //关闭 session
```

7. setFetchSize()方法

该方法用来指定 JDBC 一次从数据库中所提取数据的数量大小，通过调用 Statement.setFetchSize()方法来实现，这个方法是对返回结果方式的一个优化，当你使用的时候，也许会发现无论你怎么设置它的值，依然返回的是全部的结果。如果用于分页功能时，每次取固定的行数，那么建议使用 setMaxResults()方法。

8. setMaxResults()方法

setMaxResults()方法用于设置从数据库中取得的记录的最大行数，在实现分页功能时，将每页可显示数据的数目作为参数传入该方法即可。

9. setFirstResult()方法

setFirstResult()方法可以设置所获取的第一个记录的位置，位置从 0 开始计算。setFirstResult()方法可以与 setMaxResults()方法结合起来使用，以限制结果集的范围，还常常用于对查询结果进行分页显示。

```
Session session = sessionFactory.openSession( );
                                    //采用 openSession 方法创建 Session 实例
//使用 Criteria 接口进行条件查询
List users = session.createCriteria(User.class)
.add( Restrictions.eq ("sex","男"))
    .setMaxResults(10)          //只取 10 条记录
    .setFirstResult(50)         //从第 50 个开始取
    .list();
session.close( );               //关闭 session
```

10. setProjection()方法

setProjection()方法主要完成一些聚合查询和分组查询。Hibernate 中使用 Projections 对象来进行聚合操作。Projections 对象中包含了很多聚合方法，如 rowCount()、avg()、max()、min()、sum()、property()等，通过调用 setProjection()方法并使用 Projections 对象可完成一个聚合查询。Hibernate 中还提供了一个 Projection 类的子类 ProjectionList 类，该类的对象中可以包含多个条件分组与统计功能，通过这种方式就可以一次实现多个条件查询。

下面通过一个例子来说明 setProjection()方法的用法：

```
Session session = sessionFactory.openSession( );
                                        //采用 openSession 方法创建 Session 实例
//使用 Criteria 接口进行条件查询
List results = session.createCriteria(User.class)
    .setProjection( Projections.projectionList()
        .add( Projections.rowCount() )                      //统计记录行数
        .add( Projections.avg("age") )                      //平均年龄
        .add( Projections.max("age") )                      //最大年龄
        .add( Projections.min ("age") )                     //最小年龄
        .add( Projections.groupProperty("sex") )            //按性别分组查询
    )
    .list();
session.close( );                                           //关闭 session
```

上面代码中的 Projection 对象主要用来将聚集函数的计算结果作为查询的结果或者用来设置查询的分组条件。

该例子就相当于执行如下 SQL 语句：

```
select sex,count(*), avg(age), max(age), min(age), from user group by sex
```

11. uniqueResult()方法

使用该方法可以得到唯一的查询结果，该结果为一个对象。使用此方法时，必须保证最多只有一个满足条件的查询结果。举例说明 uniqueResult()方法用法如下：

```
Session session = sessionFactory.openSession( );
                                        //采用 openSession 方法创建 Session 实例
//使用 Criteria 接口进行条件查询
User user = (User) session.createCriteria(User.class)
.add( Restrictions.idEq("123456") )     //查询 id 值为“123456”的记录
.uniqueResult();
session.close( );                       //关闭 session
```

以上就是 Criteria 接口的一些常用方法，掌握了这些方法，基本上可以满足一般的数据库操作的需求。在介绍上述方法时，我们用到了几个类：Restrictions 类、Order 类和 Projections 类。这几个类在设置查询条件时都起着非常重要的作用，因此下面对这几个类的用法做一总结。

Restrictions 类用于生成 Criteria 执行数据库查询时所用到的查询条件，它可以构建出常用的 SQL 运算符。我们将 Restrictions 类的方法和 SQL 运算符的对应关系进行对比总结，如表 13.3 所示。

表 13.3　Restrictions常用方法的含义

方　法	含　义
and()	相当于 SQL 中的 and，用于两个表达式的 and 操作。例如，Restrictions.and(Restrictions.ge("age",new Integer("18"), Restrictions.le("le",new Integer("25")));相当于 SQL 中的 age>=18 and age<=25
allEq()	用于设置一系列的相等条件，参数是 Map 对象的实例
between()	相当于 SQL 中的 between 运算符
eq()	相当于 SQL 中的“=”运算符
eqProperty()	用于设置属性值相等的查询条件。例如 Restrictions.eqProperty("name","password");相当于 SQL 中的 name=password
ge()	相当于 SQL 中的“>=”运算符
geProperty()	用于属性值之间的“>=”运算
gt()	相当于 SQL 中的“>”运算符
gtProperty()	用于属性值之间的“>”运算
idEq()	用于设置 id 属性的“=”运算
ilike()	相当于 SQL 中的“like”运算符，但不区分大小写
in()	相当于 SQL 中的“in”运算符
isNotNull()	相当于 SQL 中的“is not null”运算符
isNull	相当于 SQL 中的“is null”运算符
le()	相当于 SQL 中的“<=”运算符
leProperty()	用于属性值之间的“<=”运算
like()	相当于 SQL 中的“like”运算符
lt()	相当于 SQL 中的“<”运算符
ltProperty()	用于属性值之间的“<”运算
ne()	相当于 SQL 中的“<>”运算符
neProperty()	用于属性值之间的“<>”运算
not	用于对原表达式进行取反运算
or()	相当于 SQL 中的“or”运算符
sqlRestriction()	用于自定义限制条件进行查询。例如 Restrictions.sqlRestriction(“uper(name)="JACK")调用了 SQL 中的函数进行构造查询条件

Order 类用于对 Criteria 接口的查询结果进行排序，所以一般只使用它的两个方法：asc()方法和 desc()方法。其中，asc()方法用于升序排序，desc()方法用于降序排序，它们的参数都是属性名。

Projections 类用于完成聚合查询和分组查询功能，它的各个方法的含义，如表 13.4 所示。

表 13.4　Projections类各方法的含义

方　　法	含　　义
avg()	相当于 SQL 中的 avg 函数，计算某个属性的平均值
count()	相当于 SQL 中的 count 函数，统计某个属性的数目
max()	相当于 SQL 中的 max 函数，计算某个属性的最大值
min()	相当于 SQL 中的 min 函数，计算某个属性的最小值
rowCount()	相当于 SQL 中的 count(*)函数，统计所有记录的数目
sum()	相当于 SQL 中的 sum()函数，计算某个属性的和

使用 Criteria 接口进行数据查询十分的方便，并且采用了面向对象的查询方法，为开发过程带来了很大的便利。但遇到逻辑比较复杂的数据查询时，编写起来会比较困难，此时也可以使用原生的 SQL 语句或 HQL 语句完成查询，读者可以在开发中根据具体需要来选择合适的方式。

13.7　本 章 小 结

本章主要介绍了 Hibernate 体系中的各个核心接口以及它们之间的关系，这些接口与各种数据库操作是息息相关的。

在讲述 Session 接口时，还重点介绍了实体对象的生命周期概念，理解了 Hibernate 中对象生命周期的概念，不仅有利于正确使用 Hibernate 来完成各种数据库操作，同时也有利于进一步加深对 Hibernate 工作原理的理解。在讲解 Query 接口和 Criteria 接口时着重介绍了 HQL 语言的基础知识和 QBC 条件查询方式，在实际的项目开发过程中，可以根据需要选择合适的方式来进行数据库的操作。

第 14 章　Hibernate 之项目实战

在第 13 章中介绍了 Hibernate 的核心接口，本章先介绍 MiddleGenIDE 插件在项目开发中的使用方法，接着通过一个实例来讲解 Hibernate 在项目开发中的具体应用流程，最后介绍如何将一个项目导出为 JAR 文件。

具体内容如下：

- Hibernate 插件 MiddleGenIDE 的应用。
- Hibernate 项目实例的开发。
- Hibernate 项目 JAR 文件的导出。

14.1　Hibernate 自动化代码生成工具的使用

MiddleGen 插件是一个 Hibernate 工程开发经常用到的一个插件，该插件可以将数据库自动映射到相应的映射类和映射文件，下面来介绍该插件的下载和安装及基本使用。

14.1.1　下载并安装 Eclipse 代码生成插件 MiddleGenIDE

MiddleGenIDE 是一个 Eclipse 插件，使用它可以方便地生成映射文件和 JavaBean 的源码，而我们要做的仅仅是配置好数据库的连接信息并选择要生成映射文件与 Java 类的数据表。

在详细介绍 MiddleGenIDE 插件的使用之前，本小节先介绍 MiddleGenIDE 插件的下载及安装过程。

1. 下载

（1）登录 http://sourceforge.net/，在搜索栏里面输入 middlegen，可以看到如图 14.1 所示的页面。

（2）单击 Middlegen 链接，进入下载页面，如图 14.2 所示。

（3）单击图 14.2 页面上方的 Files 链接，进入下载文件列表页面，如图 14.3 所示。

（4）单击图 14.3 页面中 middlegenide 链接，进入 middlegenide 版本列表页面，如图 14.4 所示。

（5）单击图 14.4 中的 MiddlegenIDE 1.3.3 链接，进入 middlegenide 下载页面，如图 14.5 所示。

（6）单击图 14.5 中的 middlegenide_1.3.3.zip 链接，就可以下载 middlegenide 了，下载得到的是一个 zip 压缩包。

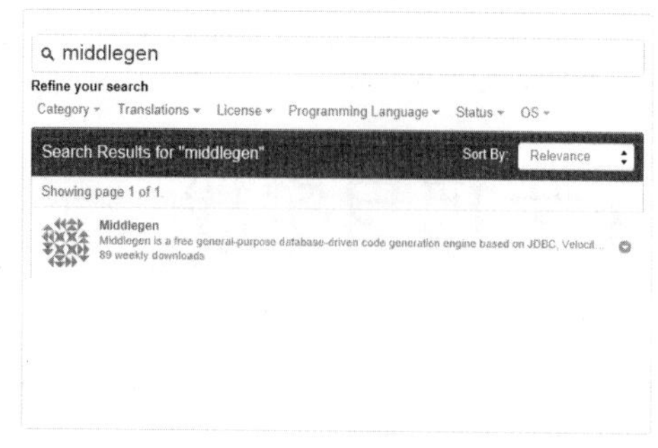

图 14.1　搜索 middlegen

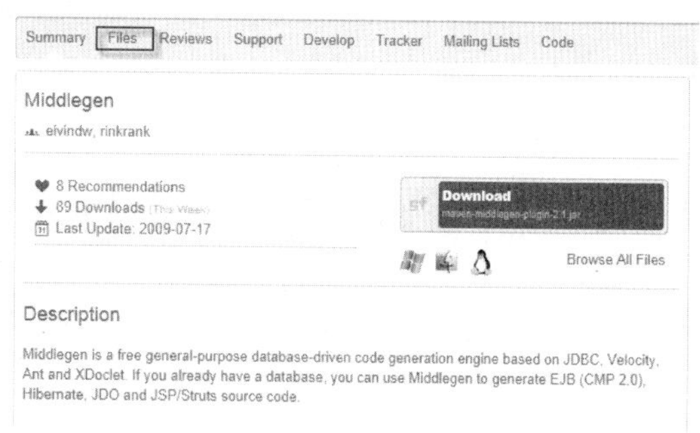

图 14.2　下载页面

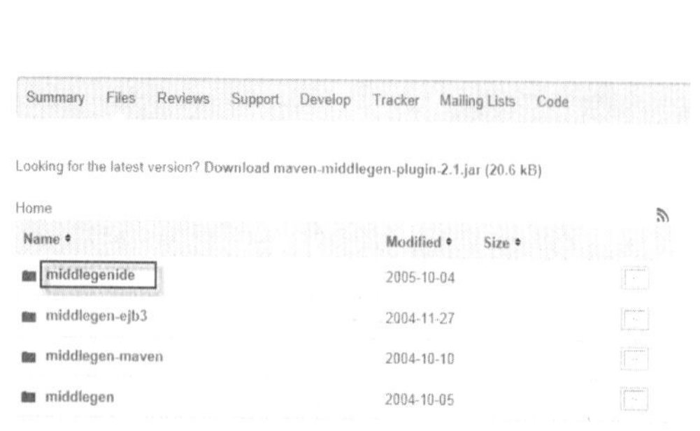

图 14.3　下载文件列表

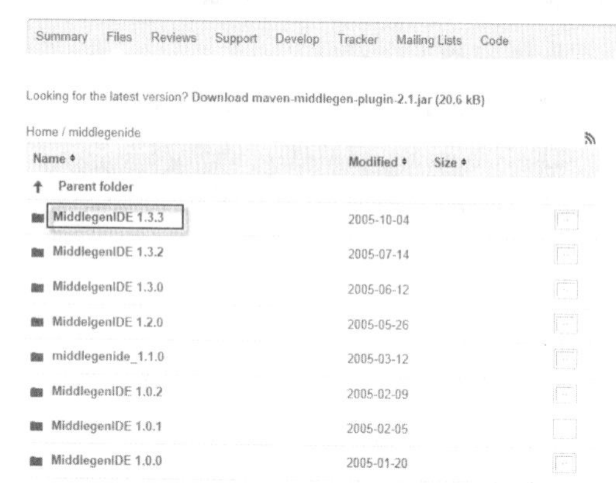

图 14.4　middlegenide 版本列表

图 14.5　middlegenide 下载

2．安装

要安装 middlgenide 插件到 Eclipse 上，只需要将 MiddleGenIDE 插件的相关文件放到相应的地方就可以了。将下载的 middlegenide_1.3.3.zip 解压缩，得到其文件夹如图 14.6 所示。

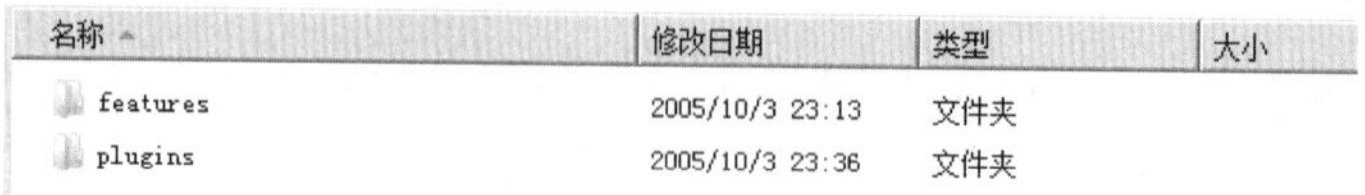

图 14.6　middlegenide 相关文件

将图 14.6 所示两个文件夹 features 和 plugins 复制到 Eclipse 所在文件夹下的 dropins 文件夹下，这样就完成了 MiddleGenIDE 的安装。启动 Eclipse 就可以使用 MiddleGenIDE 插件来进行数据库的映射。

14.1.2　使用 MiddleGenIDE 生成映射类及映射文件

在 14.1.1 小节中介绍了 MiddleGenIDE 插件的下载及安装，在实现 MiddleGenIDE 插件的下载及安装后，下面来介绍 MiddleGenIDE 插件的基本使用，将数据库中的某个数据表映射到工程中生成映射类及映射文件。

（1）启动 Eclipse，然后在左侧导航栏中选择某个建立好的 Java Project，右击，在弹出的快捷菜单中选择 New|Other 命令，得到如图 14.7 所示的 Select a wizard 对话框。

（2）选择对话框中的 Middlegen Builde File 选项，单击 Next 按钮，弹出如图 14.8 所示的对话框。

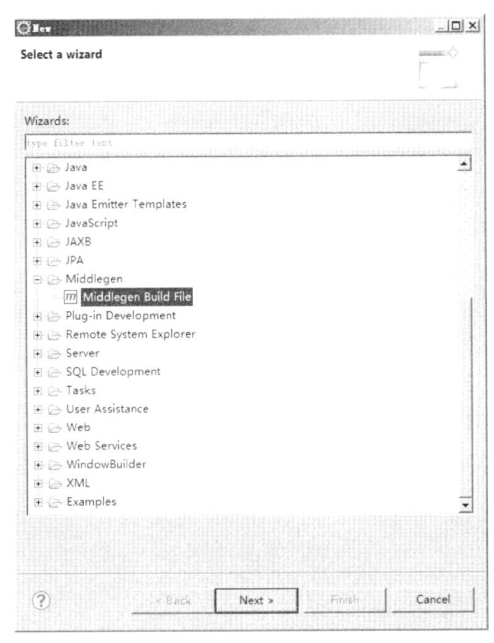

图 14.7　Select a wizard 对话框

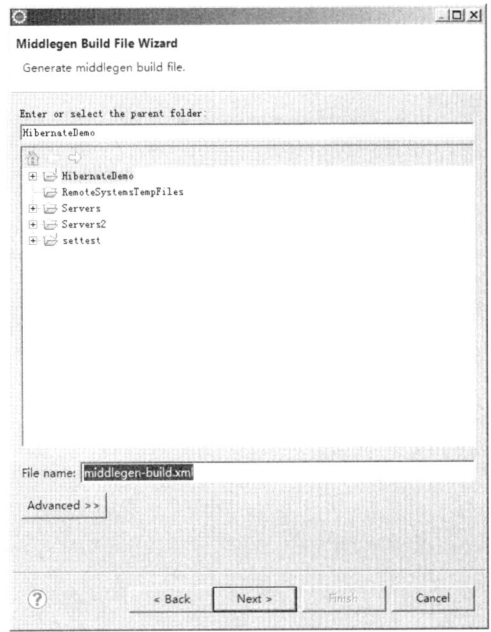

图 14.8　Middlegen Build File 对话框

（3）单击 Next 按钮，弹出如图 14.9 所示的对话框。

（4）在该对话框中输入相应信息，并单击 Browse 按钮以选择 JDBC jar，如图 14.10 所示。

（5）单击 Finish 按钮，弹出如图 14.11 所示的对话框，该对话框中显示了数据库对应的每个表的相关信息以及表之间的联系。

（6）在配置好相关表的属性（一般默认即可）后，可以单击左上角的 Generate，然后关闭该对话框，该插件就会自动生成相应的映射文件和映射类，如图 14.12 所示。

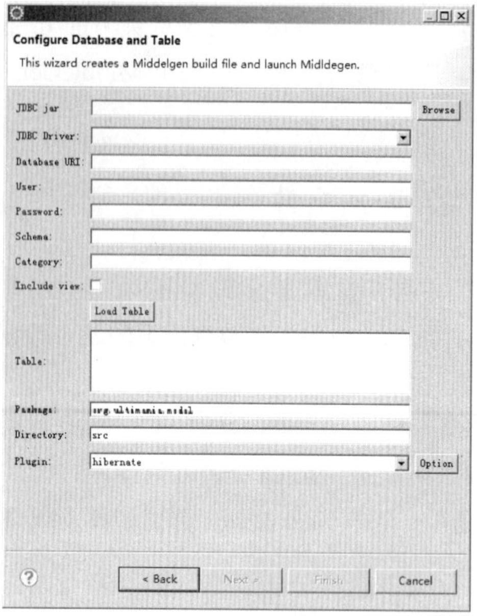

图 14.9　配置数据库对话框

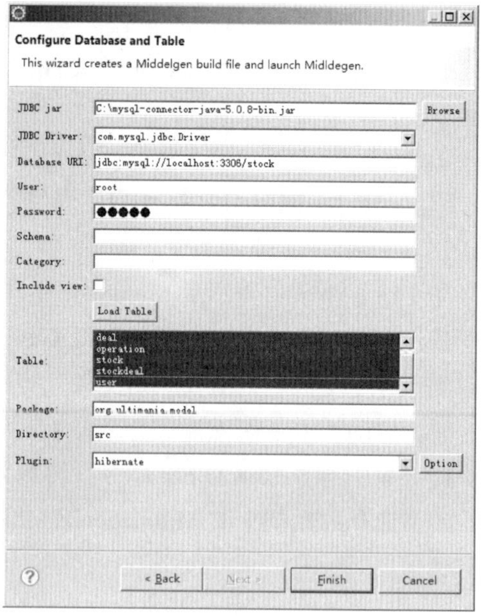

图 14.10　配置后

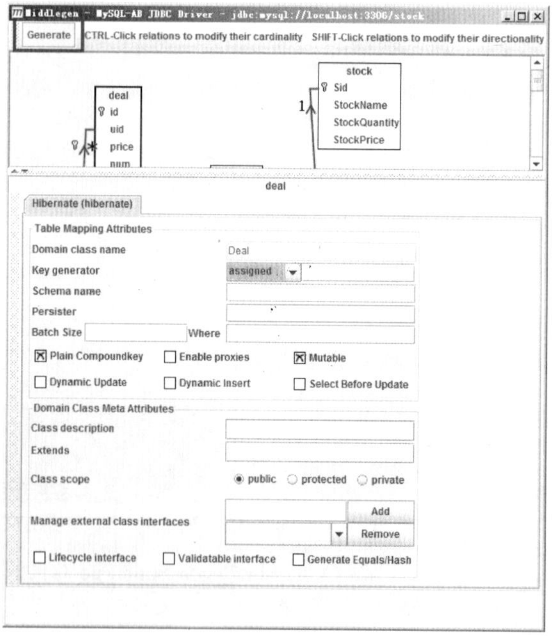

图 14.11　数据库的表属性配置

图 14.12　生成的映射文件和映射类

14.2　创建 UserHibernate 项目

在介绍完 MiddleGenIDE 插件的下载、安装和基本使用后，下面来创建一个项目实例 UserHibernate，该项目实例主要模仿了一个用户的注册功能，通过在数据库中添加用户的方式，然后查看数据库中的所有用户，来实现 Hibernate 添加数据到数据库的功能，下面来具体介绍。

14.2.1　搭建 UserHibernate 环境

搭建 UserHibernate 环境主要有两个步骤：创建数据库和创建项目。

1．创建数据库

在 MySQL 数据库系统中创建名为 user 的数据库，输入命令如下：

```
create database user;
```

然后创建表 member，其结构如表 14.1 所示。

表 14.1　member表结构

字　段	类　型	说　明
id	Integer	主键
username	Varchar(45)	用户名
password	Varchar(45)	用户密码

2．创建项目

下面来创建 UserHibernate 项目：

（1）启动 Eclipse，进入 Eclipse 的开发界面。

（2）依次选择 Eclipse 菜单中 File|New 命令，然后在弹出的选项菜单中选择 Java Project 选项，弹出 Create a Java Project 对话框，如图 14.13 所示。

（3）在 Project name 文本框中输入项目名称 UserHibernate，单击 Finish 按钮，项目创建成功，此时可以在 Eclipse 左侧的 Project Explorer 窗口中看到已经创建的项目 UserHibernate，如图 14.14 所示。

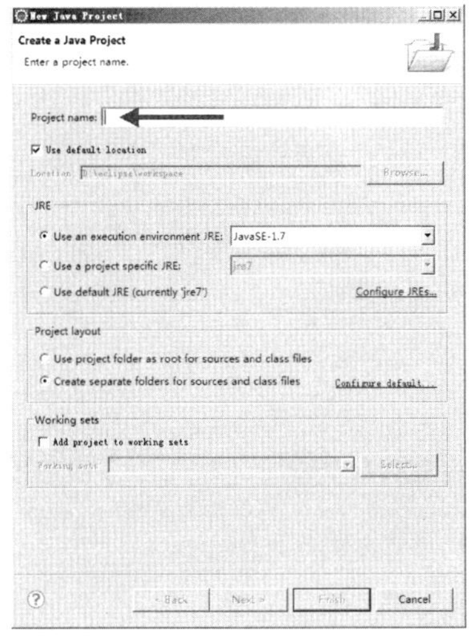

图 14.13　新建工程

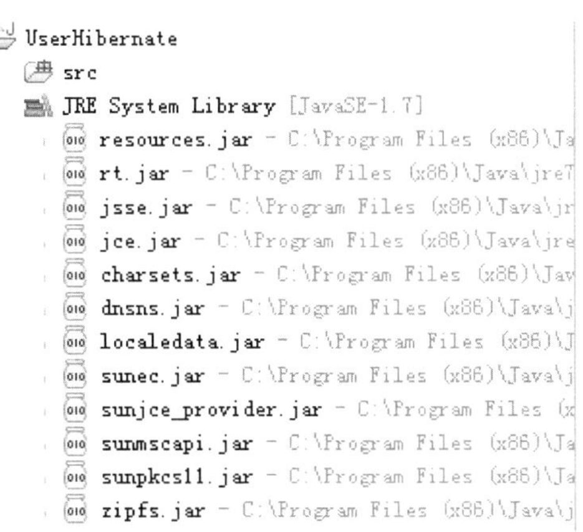

图 14.14　UserHibernate 工程

14.2.2　使用 MiddleGenIDE 生成基础代码

在 14.2.1 小节中创建好需要的数据库和工程，本小节将使用 MiddleGenIDE 插件来生成数据库对应的映射类和映射文件。

MiddleGenIDE 插件生成映射类和映射文件的方法在 14.1 节中介绍过，与前面不同的是选择的数据库不同，因此在图 14.9 所示的对话框中的配置信息如图 14.15 所示。

另外，在映射文件的配置信息中，在 key generator 下拉列表框中选择 identity 选项而不是默认的 assigned 选项，如图 14.16 所示。

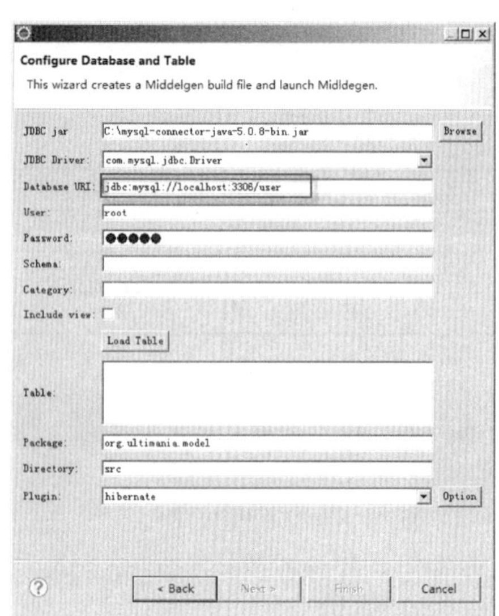

图 14.15　配置信息

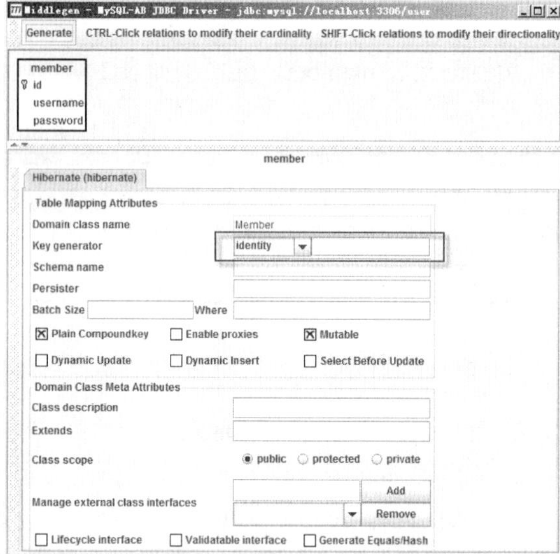

图 14.16　映射文件配置信息

其他的和 14.1 节中的一样，按照这种方式就可以生成映射类和映射文件。生成的 hibernate.cfg.xml 文件代码如下所示：

```
<?xml version='1.0' encoding='utf-8'?>
<!DOCTYPE hibernate-configuration PUBLIC
    "-//Hibernate/Hibernate Configuration DTD 3.0//EN"
    "http://hibernate.sourceforge.net/hibernate-configuration-3.0.dtd">
<hibernate-configuration>
    <session-factory>
        <property name="dialect">org.hibernate.dialect.MySQLDialect
        </property> <!-- 配置数据库方言 -->
        <!--配置数据库 JDBC 驱动-->
        <property name="connection.driver_class">com.mysql.jdbc.Driver
        </property>
        <property name="connection.username">root</property>
                                        <!--配置数据库用户名-->
        <property name="connection.password">admin</property>
                                        <!--配置数据库密码-->
        <!--配置数据库连接 URL-->
        <property name="connection.url">jdbc:mysql://localhost:3306/user
        </property>
```

```
        <!--输出运行时生成的 SQL 语句-->
        <property name="show_sql">true</property>
        <mapping resource="org/ultimania/model/Member.hbm.xml" />
        <!--列出所有的映射文件-->
    </session-factory>
</hibernate-configuration>
```

映射类为 Member.java 文件中的 Member，该类代码如下：

```
package org.ultimania.model;
import java.io.Serializable;
import org.apache.commons.lang.builder.ToStringBuilder;
public class Member implements Serializable {
    private Integer id;                                //标识属性
    private String username;                           //用户名
    private String password;                           //密码
    //包含所有属性的构造方法
    public Member(String username, String password) {
       this.username = username;
       this.password = password;
    }
    //默认构造方法
    public Member() {
    }
    //id 属性的 getter 和 setter 方法
    public Integer getId() {
       return this.id;
    }
    public void setId(Integer id) {
       this.id = id;
    }
    //username 属性的 getter 和 setter 方法
    public String getUsername() {
       return this.username;
    }
    public void setUsername(String username) {
       this.username = username;
    }
    //password 属性的 getter 和 setter 方法
    public String getPassword() {
       return this.password;
    }
    public void setPassword(String password) {
       this.password = password;
    }
    //重载 toString 方法
    public String toString() {
       return new ToStringBuilder(this)
           .append("id", getId())
           .toString();
    }
}
```

映射文件为 Member.hbm.xml，该文件代码如下：

```
<?xml version="1.0"?>
<!DOCTYPE hibernate-mapping PUBLIC
   "-//Hibernate/Hibernate Mapping DTD 3.0//EN"
   "http://hibernate.sourceforge.net/hibernate-mapping-3.0.dtd" >
<hibernate-mapping>
```

```
<!--
    Created by the Middlegen Hibernate plugin 2.2
    http://boss.bekk.no/boss/middlegen/
    http://www.hibernate.org/
-->
<!--name 指定持久化类的类名，table 指定数据表的表名-->
<class
    name="org.ultimania.model.Member"
    table="member"
    lazy="false"
>
    <!--将 Member 类中的 id 属性映射为数据表 member 中的主键 id-->
    <id
        name="id"
        type="java.lang.Integer"
        column="id"
        unsaved-value="0"
    >
        <generator class="identity" />          <!--定义主键生成策略-->
    </id>
    <!--映射 Member 类的 username 属性-->
    <property
        name="username"
        type="java.lang.String"
        column="username"
        not-null="true"
        length="45"
    />
    <!--映射 Member 类的 password 属性-->
    <property
        name="password"
        type="java.lang.String"
        column="password"
        not-null="true"
        length="45"
    />
</class>
</hibernate-mapping>
```

14.3　开发 DAO 层与 Service 层程序

在 14.2 节中介绍了 UserHibernate 工程项目的创建，本节将介绍该项目 DAO 层和 Service 层程序的开发，下面来具体介绍。

14.3.1　开发 DAO 层代码 UseDAO.java

在项目开发中，DAO 层主要指数据访问对象（Data Access Objects）层，该层中的类主要用于数据访问、添加、更新等操作。在 UserHibernate 项目中，UserDao 类主要用于得到所有用户以及添加用户。下面是其主要代码：

```
package com.dao;
import java.util.List;
import org.hibernate.Criteria;
```

```
import org.hibernate.Session;
import org.hibernate.Transaction;
import org.hibernate.criterion.Order;
import org.ultimania.model.Member;
import com.sessionfactory.HibernateSessionFactory;
public class UserDao {
    static public List<Member> getUsers()
    {
        //获取 session
        Session session=HibernateSessionFactory.getSession();
        try {
            Criteria criteria=session.createCriteria(Member.class);
                                                        //创建 criteria
            criteria.addOrder(Order.asc("id"));         //结果按照 id 升序
            List<Member> lstMembers=criteria.list();    //查询结果
            session.close();                            //关闭 session
            return lstMembers;                          //返回结果
        } catch (Exception e) {
            e.printStackTrace();
        }
        return null;
    }
    static public void addUser(String name, String pwd)
    {

        Session session=HibernateSessionFactory.getSession();//获取 session
        try {
            Member member=new Member();                 //创建 member 对象
            member.setUsername(name);
            member.setPassword(pwd);
            Transaction txTransaction=session.beginTransaction();//事务开始
            session.save(member);                       //保存
            txTransaction.commit();                     //提交事务
            session.flush();                            //刷新 session
            session.close();                            //关闭 session
        } catch (Exception e) {
            e.printStackTrace();
        }
    }
}
```

可以看到，该类中有两个方法：getUsers()和 addUser()，前者返回所有数据库中的用户对象，后者用于根据传入的用户名和密码来添加一个新用户。

14.3.2　开发 Service 层代码 UserService.java

在项目开发中，Service 层是面向功能的，比如要实现在银行登记并完成一次存款，用户界面会把请求转给 Service 层，然后 Service 层将这一功能分解成许多步骤并调用底层的实现完成这次存款，DAO 就是下面的那一层。简单地来说，Service 层主要是具体的功能，不直接和数据库打交道，而是调用下层的 DAO 层来实现功能。在 UserHibernate 项目中，UserService 类主要是用来添加用户和显示添加用户前后数据库中的所有用户：

下面是 UserService 类的核心代码：

```
package com.service;
```

```
import java.util.List;
import org.ultimania.model.Member;
import com.dao.UserDao;
public class UserService {
    public static void impUser() {
        System.out.println("注册前所有用户：");                //输出
        List<Member> lst=UserDao.getUsers();                  //得到所有用户
        //list 遍历
        for (Member member : lst) {
            System.out.println(member.getUsername());
        }
        UserDao.addUser("jim", "1234456");                    //添加用户
        System.out.println("注册后所有用户：");                //输出
        lst=UserDao.getUsers();                               //得到所有用户
        //list 遍历
        for (Member member : lst) {
            System.out.println(member.getUsername());
        }
    }
}
```

可以看到，在上面的代码中，首先将从数据库得到的所有用户输出，然后再添加一个用户，最后再重新得到数据库中的用户，然后输出。

14.4　编写测试类及查看结果

在 14.3 节中介绍了 UserHibernate 工程项目中的 DAO 层和 Servicce 层的两个类的代码，下面来介绍该工程的测试类，然后查看结果。

14.4.1　开发测试代码 UserServiceTest.java

UserServiceTest.java 文件代码主要是用来使用 Service 层的 UserService 类的具体功能，其具体代码如下：

```
package com.test;
import com.service.UserService;
public class UserServiceTest {
    public static void main(String[] args) {
        //执行 impUser 功能
        UserService.impUser();
    }
}
```

可以看到，该代码仅仅调用了 UserService 类中的 impUser()方法，完成了整个工程的编码最后一步。

14.4.2　查看测试结果

运行 UserHibernate 工程，可以看到其输出结果如图 14.17 所示。

```
注册前所有用户：
log4j:WARN No appenders could be found for logger (org.hibernate.cfg.Environment).
log4j:WARN Please initialize the log4j system properly.
Hibernate: select this_.id as id0_, this_.username as username0_0_, this_.password as password0_0_ from member this_ order by this_.id asc
tom
tom
tom
tom
Hibernate: insert into member (username, password) values (?, ?)
注册后所有用户：
Hibernate: select this_.id as id0_, this_.username as username0_0_, this_.password as password0_0_ from member this_ order by this_.id asc
tom
tom
tom
tom
jim
```

图 14.17　输出结果

可以看到，在注册前，用户名仅有 tom，但在注册后，多了个 jim，这表示成功地进行了注册。

14.5　导出项目的 JAR 文件

在 14.4 节中介绍了 UserHibernate 工程项目的测试文件及其结果，本节将介绍关于项目 JAR 文件的导出，下面来具体介绍。

14.5.1　导出项目 JAR 文件的方法

在 Eclipse 中要导出项目 JAR 文件，是一件非常简单的事。读者需要注意的是，在 Eclipse 中导出 JAR 文件有两种选择：一种是导出 JAR 文件，还有一种是导出 Runable JAR 文件。

这两种方式导出的文件都是 JAR 文件，但是不同的是其导出时打包的文件范围有所不同。导出 JAR 文件时，仅仅是将.class 文件打包了，而不包含另外的 lib 库，如果需要，只能再添加说明。而导出 Runable JAR 文件时，会将用到的其他的 lib 库一起打包进去，这样就会方便很多。

下面来介绍导出 Runable JAR 文件的方法：

（1）右击 UserHibernate 项目文件，在弹出的快捷菜单中选择 Export...选项，弹出如图 14.18 所示的对话框。

（2）选择 Runable JAR file 选项，弹出如图 14.19 所示的对话框。在其中选择相关信息后，单击 Finish 按钮完成导出。

14.5.2　查看导出结果

在 14.5.1 小节中导出了项目的 JAR 文件，要查看其结果，双击是无法显示的，因为该项目不是桌面应用，为了查看想要的结果，必须在 cmd 控制台使用相关的命令才可以。

将 UserHibernate.jar 文件放入 C 盘根目录（为了方便输入命令），然后输入命令 java –jar UserHibernate.jar，可以看到其结果如图 14.20 所示。

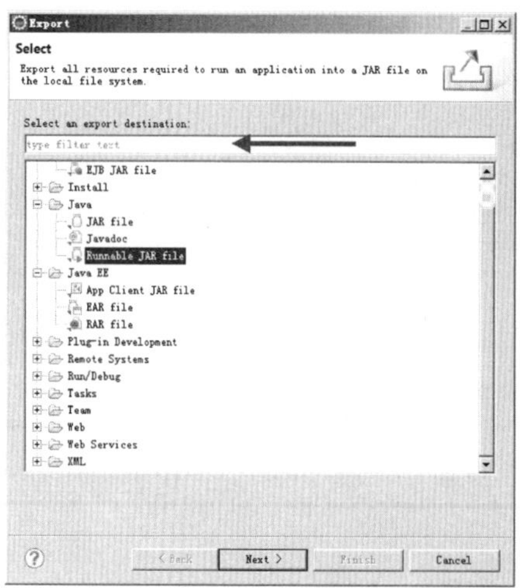

图 14.18　导出 JAR 文件向导

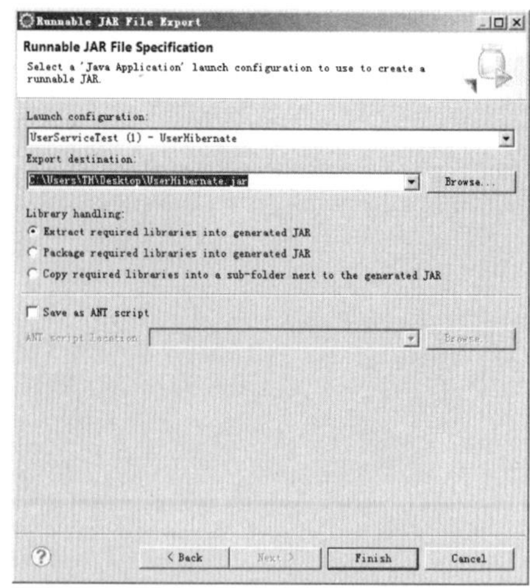

图 14.19　导出 JAR 文件配置

```
管理员: C:\Windows\system32\cmd.exe
Microsoft Windows [版本 6.1.7600]
版权所有 (c) 2009 Microsoft Corporation。保留所有权利。

C:\Users\TH>cd..

C:\Users>cd..

C:\>java -jar UserHibernate.jar
注册前所有用户:
log4j:WARN No appenders could be found for logger (org.hibernate.cfg.Environment
).
log4j:WARN Please initialize the log4j system properly.
Hibernate: select this_.id as id0_, this_.username as username0_0_, this_.passwo
rd as password0_0_ from member this_ order by this_.id asc
tom
tom
tom
jim
Hibernate: insert into member (username, password) values (?, ?)
注册后所有用户:
Hibernate: select this_.id as id0_, this_.username as username0_0_, this_.passwo
rd as password0_0_ from member this_ order by this_.id asc
tom
tom
tom
jim
jim

C:\>
```

图 14.20　输出结果

14.6　本 章 小 结

本章主要介绍了 MiddleGenIDE 插件的使用，然后创建了一个具体的项目工程实例，读者应该注意的是在具体的 Hibernate 工程中 MiddleGenIDE 插件的使用方法，最后介绍了项目的 JAR 文件的导出。

第 4 篇　业务层框架 Spring 技术

第 15 章　Spring 快速上手

在第 14 章介绍了 Struts 2 框架的项目实战，通过一个实际的项目向读者展示了使用 Struts 2 框架开发项目的完整过程。

从本章开始将介绍另一个主流的 Java Web 开发框架——Spring，该框架是一个企业应用开发的轻量级应用框架，具有很高的凝聚力和吸引力。Spring 框架因其强大的功能以及卓越的性能受到众多开发人员的喜爱。又因其所具有的整合功能，使得 Spring 框架能够与其他框架进行结合使用，从而为开发人员进行企业级的应用开发提供了一个一站式的解决方案。

本章将首先介绍 Spring 框架基本概念和运行机制，然后介绍 Spring 框架的开发包的获取和配置，并通过一个开发实例给读者一个使用 Spring 开发程序的初步印象。本章具体内容如下：

- Spring 框架基本知识。
- Spring 框架开发准备。
- Spring 框架开发实例。

15.1　Spring 基本知识

Spring 是 Java 平台上的一个开源应用框架，它有着深厚的历史根基。Spring 最初起源于 Rod Johnson 于 2002 年所著的《Expert One-on-One：J2EE Design and Development》一书中的基础性代码。在该书中，Rod Johnson 阐述了大量 Spring 框架的设计思想，并对 J2EE 平台进行了深层次的思考，指出了 EJB 存在的结构臃肿的问题。他认为采用一种轻量级的、基于 JavaBean 的框架就可以满足大多数程序开发的需要。

2003 年，Rod Johnson 公开了所描述框架的源代码，这个框架逐渐演变成了我们所熟知的 Spring 框架。2004 年 3 月发布的 1.0 版本是 Spring 的第一个具有里程碑意义的版本。这个版本发布之后，Spring 框架在 Java 社区中变得异常流行。

随着 Spring 的日益发展，其新版本不断推出，新的功能也不断添加。在 Java 社区中，Spring 成为了 EJB 模型之外的另一个选择甚至是替代品。Spring 已经获得了广泛的欢迎，并被许多公司认为是具有战略意义的重要框架。

15.1.1　Spring 的基本概念

Spring 框架是基于 Java 平台的，它为应用程序的开发提供了全面的基础设施支持。

Spring 专注于基础设施，这使得开发者能更好地致力于应用开发而不用去关心底层的架构。

Spring 框架本身并未强制使用任何特别的编程模式。从设计上看，Spring 框架给予了 Java 程序员许多自由度，但同时对业界存在的一些常见问题也提供了规范的文档和易于使用的方法。

Spring 框架的核心功能适用于任何 Java 应用。在基于 Java 企业平台上的大量 Web 应用中，积极的拓展和改进已经形成。而 Spring 的用途也不仅限于服务器端的开发，从简单性、可测试性和松耦合的角度来说，任何 Java 应用都可以从 Spring 中获得好处。

1．Spring框架优势

Spring 框架的优势可以总结为如下几点：

- Spring 框架能有效地组织中间层对象。Spring 框架能够有效地将现有地框架例如 Struts 和 Hibernate 框架组织起来。
- Spring 框架实现了真正意义上的面向接口编程，可实现组件之间的高度解耦，而面向接口编程是一种良好的编程习惯。
- Spring 所秉承的设计思想就是让使用 Spring 创建的那些应用都尽可能少地依赖于它的 APIs。在 Spring 应用中的大多数业务对象都不依赖于 Spring。
- 使用 Spring 构建的应用程序易于进行单元测试。
- Spring 提高了代码的可重用性，它尽可能避免在程序中使用硬编码。Spring 可以将应用程序中的某些代码抽象出来，然后在其他程序中使用这些代码。
- Spring 为数据存取提供了一个一致的框架，简化了底层数据库的访问方式。

2．依赖注入（DI）和控制反转（IOC）

依赖注入（Dependency Injection）和控制反转（Inversion of Control）实际上是同一个概念。在传统的程序设计中，通常由调用者来创建被调用者的实例，而在依赖注入或控制反转的定义中，调用者不负责被调用者的实例创建工作，该工作由 Spring 框架中的容器来负责，它通过开发者的配置来判断实例的类型，创建后再注入调用者。由于 Spring 容器负责创建被调用者实例，实例创建后又负责将该实例注入调用者，因此称为依赖注入（Dependency Injection）；而被调用者的实例创建工作不再由调用者来创建而是由 Spring 来创建，因此称为控制反转（Inversion of Control）。

Spring 框架通过依赖注入或控制反转的方式来管理各个对象，这种动态而灵活的方式使得各个对象之间的依赖关系和具体实现更容易被理解，也便于开发者对项目的管理。

3．面向切面编程（AOP）

AOP（Aspect-Oriented Programming），也就是面向切面编程，它是面向对象编程（OOP）的补充和完善。

在 OOP 中通过封装、继承和多态性等概念建立起了多个对象之间的层次结构，但当需要为这些分散的对象加入一些公共行为时，OOP 就显得力不从心了。换句话说就是，OOP 擅长的是定义从上到下的关系，但是并不适合定义从左到右的关系。以日志功能为例，日志代码往往会分散地存在于所有的对象层次中，而这些代码又与其所属对象的核心功能没有任何关系。像日志代码这种分散在各处且与对象核心功能无关的代码就被称为横切（cross-cutting）代码。在 OOP 中，正是横切代码的存在导致了大量的代码重复，而且增加了模块复用的难度。

AOP 的出现恰好解决了 OOP 技术的这种局限性。AOP 利用了一种称为“横切”的技术，将封装好的对象剖开，找出其中对多个对象产生影响的公共行为，并将其封装为一个可重用的模块，这个模块被命名为“切面”（Aspect）。切面将那些与业务无关，却被业务模块共同调用的逻辑提取并封装起来，减少了系统中的重复代码，降低了模块间的耦合度，同时提高了系统的可维护性。

4. 日志

在 Spring 中，日志主要用来监控代码中变量的变化，跟踪代码运行的轨迹，在开发环境中担当调试器，向控制台或文件输出信息。在 Spring 框架中，日志记录是必不可少的，如果没有对应的依赖包，会产生错误。

日志框架有很多种，在 Spring 中一般采用 Log4j 框架，该框架不须额外的配置，只需将其对应的开发包加入到 Spring 项目的开发库中即可。

15.1.2　Spring 框架模块

Spring 框架遵从模块的架构方式，由总共 20 多个模块组成，包括核心容器、数据访问/集成、Web、AOP 等，如图 15.1 所示。这些模块为我们提供了开发企业级应用所需要的一切东西。在开发过程中，这些模块并不都是必须的，可以针对具体的应用自由选择所需要的模块。还可以将 Spring 与其他框架或库进行集成，使得开发过程更有针对性、更有效率。

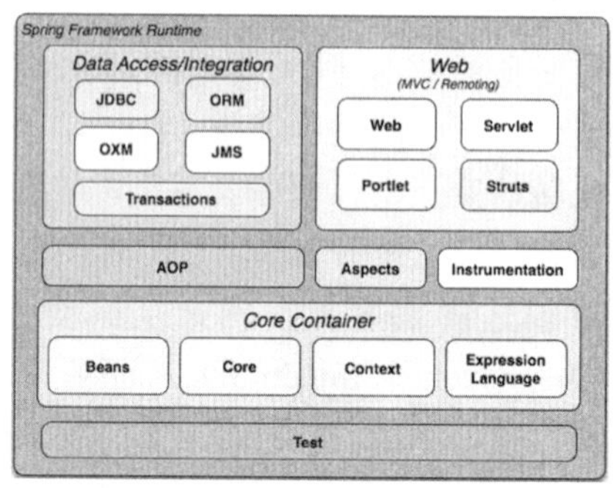

图 15.1　Spring 框架模块

下面依次介绍这些模块。

（1）核心容器（Core Container）

可以看到，位于 Spring 结构图最底层的是其核心容器 Core Container。Spring 的核心容器由 Beans、Core、Context 和 Expression Language 模块组成，Spring 的其他模块都是建立在核心容器之上的。

Beans 和 Core 模块实现了 Spring 框架的最基本功能，规定了创建、配置和管理 Bean 的方式，提供了控制反转（IoC）和依赖注入（DI）的特性。

核心容器中的主要组件是 BeanFactory 类，它是工厂模式的实现，JavaBean 的管理就由它来负责。BeanFactory 类通过 IoC 将应用程序的配置及依赖性规范与实际的应用程序代码相分离。

Context 模块建立在 Core 和 Beans 模块之上，该模块向 Spring 框架提供了上下文信息。它扩展了 BeanFactory，添加了对国际化（I18N）的支持，提供了国际化、资源加载和校验等功能，并支持与模板框架如 Velocity、FreeMarker 的集成。

Expression Language 模块提供了一种强大的表达式语言来访问和操纵运行时的对象。

该表达式语言是在 JSP 2.1 中规定的统一表达式语言的延伸，支持设置和获取属性值、方法调用、访问数组、集合和索引、逻辑和算术运算、命名变量、根据名称从 IoC 容器中获取对象等功能，也支持 list 投影、选择和 list 聚合功能。

（2）数据访问/集成模块

数据访问/集成模块由 JDBC、ORM、OXM、JMS 和 Transaction 这几个模块组成。在编写 JDBC 代码时常常需要一套程式化的代码，Spring 的 JDBC 模块对这些程式化的代码进行抽象，提供了一个 JDBC 的抽象层，这样就大幅度地减少了开发过程中对数据库操作代码的编写，同时，也避免了开发者去面对复杂的 JDBC API 以及因释放数据库资源失败而引起的一系列问题。

- ORM 模块为主流的对象关系映射（object-relative mapping）API 提供了集成层，这些主流的对象关系映射 API 包括了 JPA、JDO、Hibernate 和 IBatis。该模块可以将 O/R 映射框架与 Spring 提供的特性进行组合来使用。
- OXM 模块为支持 Object/XML 映射的实现提供了一个抽象层，这些支持 Object/XML 映射的实现包括 JAXB、Castor、XMLLBeans、JiBX 和 XStream。
- JMS（Java Messaging Service）模块包含发布和订阅消息的特性。
- Transaction 模块提供了对声明式事务和编程事务的支持，这些事务类必须实现特定接口，并且对所有的 POJO 都适用。

（3）Web 模块

Web 模块包括 Web、Servlet、Struts 和 Portlet 这几个模块。

- Web 模块提供了基本的面向 Web 的集成功能，如多文件上传、使用 servlet 监听器初始化 IoC 容器和面向 Web 的应用上下文，还包含 Spring 的远程支持中与 Web 相关的部分。
- Servlet 模块提供了 Spring 的 Web 应用的模型-视图-控制器（MVC）实现。
- Struts 模块提供了对 Struts 的支持，提供了将一个典型的 Struts web 层集成在一个 Spring 应用程序中的支持类。
- Portlet 模块提供了一个在 portlet 环境中使用的 MVC 实现。

（4）AOP 和 Instrumentation 模块

AOP 模块提供了一个符合 AOP 联盟标准的面向切面编程的实现，使用该模块可以定义方法拦截器和切点，将代码按功能进行分离，降低它们之间的耦合性。利用 source-level 的元数据功能，还可以将各种行为信息合并到开发者的代码中。

- Aspects 模块提供了对 AspectJ 的集成支持。
- Instrumentation 模块提供了 class instrumentation 的支持和 classloader 实现，可以在特定的应用服务器上使用。

（5）Test 模块

Test 模块支持使用 JUnit 和 TestNG 对 Spring 组件进行测试，它提供一致的 ApplicationContexts 并缓存这些上下文，它还能提供一些 mock 对象，使得开发者可以独立地测试代码。

15.2　Spring 开发准备

在对 Spring 有了初步了解的基础上，本节将介绍 Spring 开发框架的开发包的获取以及 Spring 框架的配置过程。这些内容是我们使用 Spring 开发实际项目的前期准备工作，是必不可少的。

15.2.1　下载 Spring 开发包

目前 Spring 框架的开发包的最新稳定版是 3.1.1，本书就采用该版本来介绍 Spring 框架。开发包 spring-framework-3.1.1.RELEASE.zip 可到 Spring 官方网站上下载，其具体下载方式请按如下步骤进行：

（1）登录站点 http://www.springsource.org/，单击网页底部 Projects 栏下的 Spring FrameWork 链接，如图 15.2 所示。

（2）进入 Spring FrameWork 页面后，单击右侧的 DOWNLOAD 超链接，如图 15.3 所示。

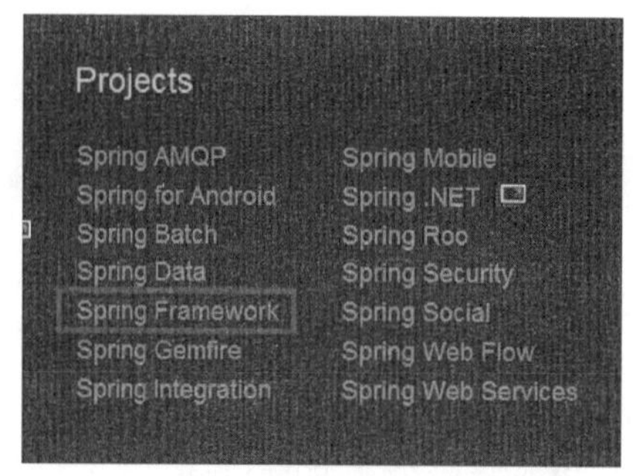

图 15.2　单击 Spring FrameWork

图 15.3　单击 DownLoad

（3）之后弹出如图 15.4 所示的注册网页，填入相关信息，提交进入下载页面。

（4）进入下载页面后，单击 spring-framework-3.1.1.RELEASE-with-docs.zip 进行下载，如图 15.5 所示。

COMMUNITY DOWNLOADS

Please register below so we can notify you of code releases, community newsletters and roadmap information.

All fields are required
First Name:
Last Name:
Company:
Title:
Role: select...
Email:
Phone:
Zip/Postal Code:
Submit

(I'd rather not fill in the form. Just take me to the download page)

SpringSource respects your privacy

图 15.4　注册表单

• Spring Framework
◦ Latest GA release: 3.1.1.RELEASE
spring-framework-3.1.1.RELEASE-with-docs.zip (sha1) 51.1 MB
spring-framework-3.1.1.RELEASE.zip (sha1) 27.4 MB
◦ More >>

图 15.5　单击下载

（5）下载完成后，再将下载的压缩包解压缩到自定义的文件夹中。

15.2.2　下载 commons-logging 包

操作步骤如下：

（1）登录站点 http://commons.apache.org/logging.cgi，单击右侧的 commons-logging-1.1.1-bin.zip 超链接，进行压缩包下载，如图 15.6 所示。

（2）commons-logging 包下载完成后，再将下载的压缩包解压缩到自定义文件夹中。

15.2.3　Spring 框架配置

在下载完 Spring 框架开发所需要的开发包后，下面来介绍 Spring 框架的配置：

（1）打开 Spring 开发包解压缩目录，可以看到如图 15.7 所示的目录。

图 15.6　单击超链接　　　　图 15.7　Spring 开发包目录

（2）打开 Spring 开发包解压缩目录下的 dist 文件夹，可以看到 Spring 开发所需的 JAR 包，如图 15.8 所示。这些包各自对应着 Spring 框架的某一模块，选择所有包，将其复制到自定义文件夹下，此处，笔者将其复制到名为 Spring 3.1.1 的文件夹下。

org.springframework.aop-3.1.1.RELE...	2012/2/16 14:29	Executable Jar...	324 KB
org.springframework.asm-3.1.1.RELE...	2012/2/16 14:29	Executable Jar...	52 KB
org.springframework.aspects-3.1.1....	2012/2/16 14:29	Executable Jar...	50 KB
org.springframework.beans-3.1.1.RE...	2012/2/16 14:29	Executable Jar...	576 KB
org.springframework.context.suppor...	2012/2/16 14:29	Executable Jar...	105 KB
org.springframework.context-3.1.1....	2012/2/16 14:29	Executable Jar...	812 KB
org.springframework.core-3.1.1.REL...	2012/2/16 14:29	Executable Jar...	439 KB
org.springframework.expression-3.1...	2012/2/16 14:29	Executable Jar...	173 KB
org.springframework.instrument.tom...	2012/2/16 14:29	Executable Jar...	12 KB
org.springframework.instrument-3.1...	2012/2/16 14:29	Executable Jar...	8 KB
org.springframework.jdbc-3.1.1.REL...	2012/2/16 14:29	Executable Jar...	396 KB
org.springframework.jms-3.1.1.RELE...	2012/2/16 14:29	Executable Jar...	195 KB
org.springframework.orm-3.1.1.RELE...	2012/2/16 14:29	Executable Jar...	370 KB
org.springframework.oxm-3.1.1.RELE...	2012/2/16 14:29	Executable Jar...	72 KB
org.springframework.test-3.1.1.REL...	2012/2/16 14:29	Executable Jar...	225 KB
org.springframework.transaction-3....	2012/2/16 14:29	Executable Jar...	241 KB
org.springframework.web.portlet-3....	2012/2/16 14:29	Executable Jar...	187 KB
org.springframework.web.servlet-3....	2012/2/16 14:29	Executable Jar...	561 KB
org.springframework.web.struts-3.1...	2012/2/16 14:29	Executable Jar...	31 KB
org.springframework.web-3.1.1.RELE...	2012/2/16 14:29	Executable Jar...	532 KB

图 15.8　Spring 开发 JAR 包

（3）打开 commons-logging 压缩包解压缩目录，可以看到其所有文件如图 15.9 所示。

（4）将图 15.9 所示目录下的 commons-logging-1.1.1.jar 文件复制到 Spring 3.1.1 文件夹中，则所有 Spring 开发所需要的包就组织好了。

（5）打开 Eclipse，新建一个 Java Project 工程，名为 SpringDemo，如图 15.10 所示。

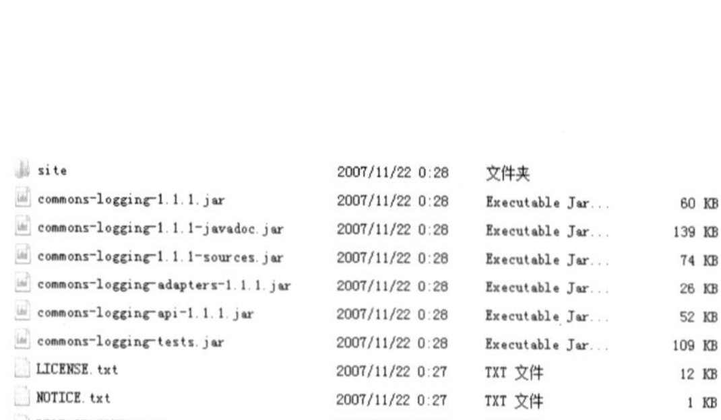

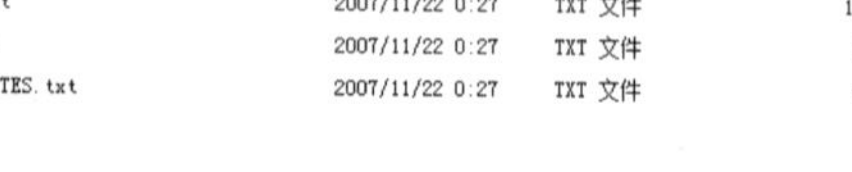

图 15.9　commons-logging 文件目录

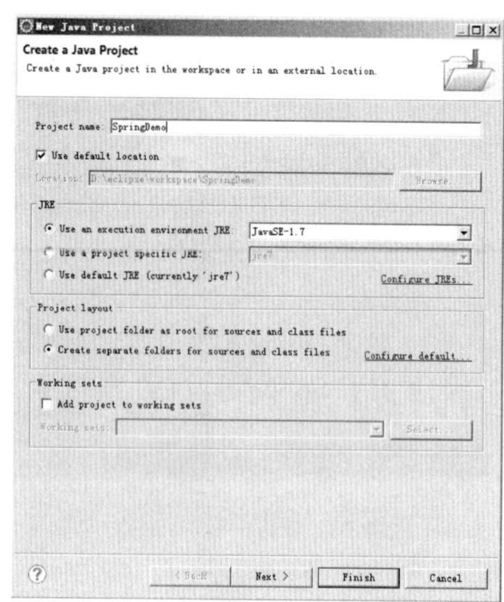

图 15.10　新建 SpringDemo 工程

（6）下面为项目添加 Spring 支持。在 Eclipse 左侧导航栏中，在新建的工程 SpringDemo 上右击，在弹出的快捷菜单中选择 Build Path|Add Libraries 菜单项，操作过程如图 15.11 所示。

（7）在弹出的 Add Library 对话框中，选择 User Library 选项，单击 Next 按钮进入下一步，如图 15.12 所示。

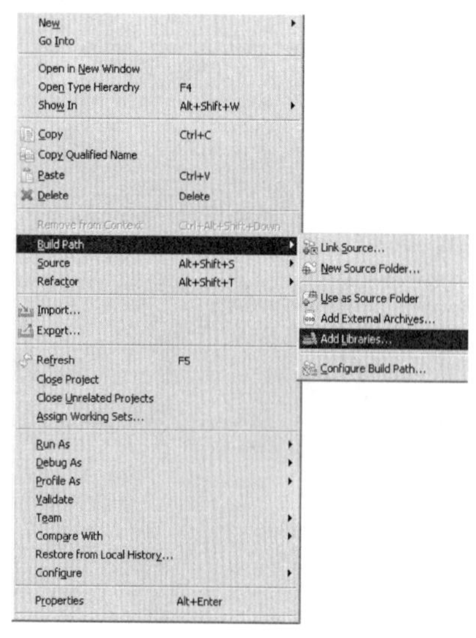

图 15.11　添加类库

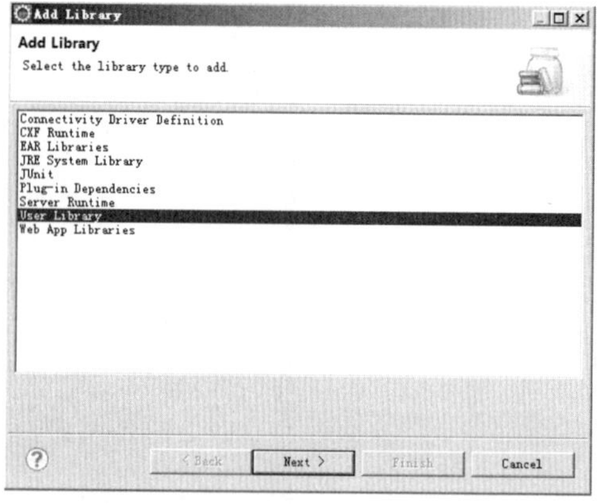

图 15.12　选择 User Library 选项

（8）在 User Library 对话框中，单击 User Libraries 按钮配置用户库，如图 15.13 所示。

（9）在弹出的 Preference 对话框中，单击 New 按钮，添加 JAR 开发包，如图 15.14 所示。

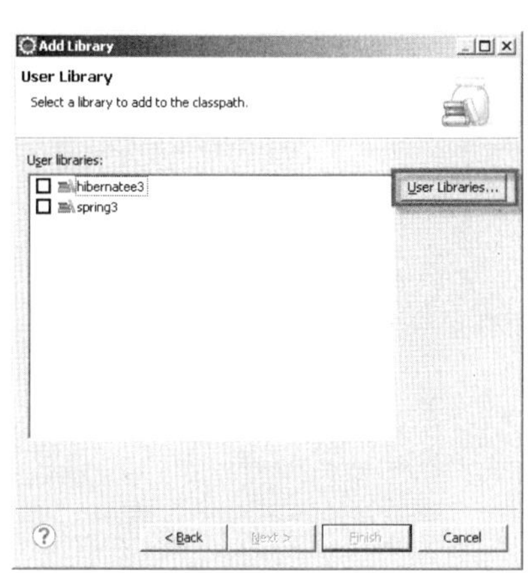

图 15.13　User Library 对话框

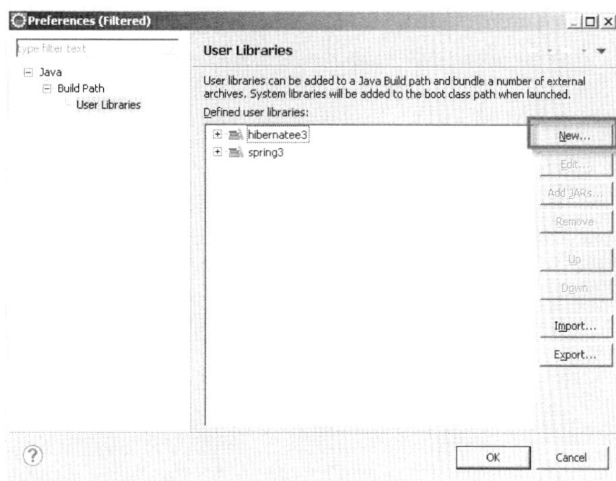

图 15.14　Preference 对话框

（10）在 New User Library 对话框中，输入库名称，单击 OK 按钮进入下一步，如图 15.15 所示。

（11）在 Preference 对话框中，选择 Spring 3.1.1 选项，单击右侧的 Add JARs 按钮，选择刚才建好的文件夹 Spring 3.1.1 中的所有 JAR 包，单击“打开”按钮，添加 JAR 包，如图 15.16 所示。

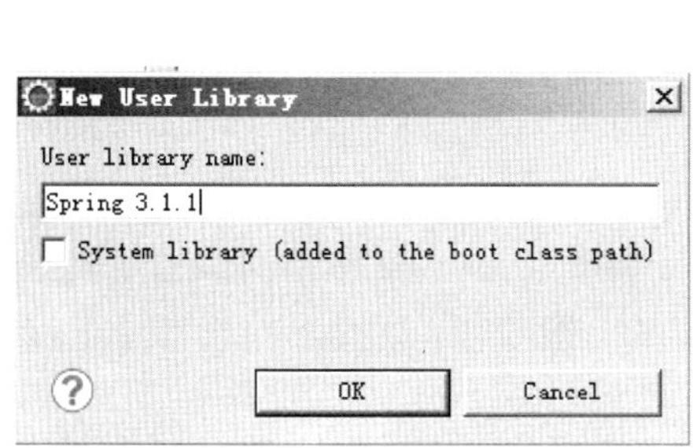

图 15.15　New User Library 对话框

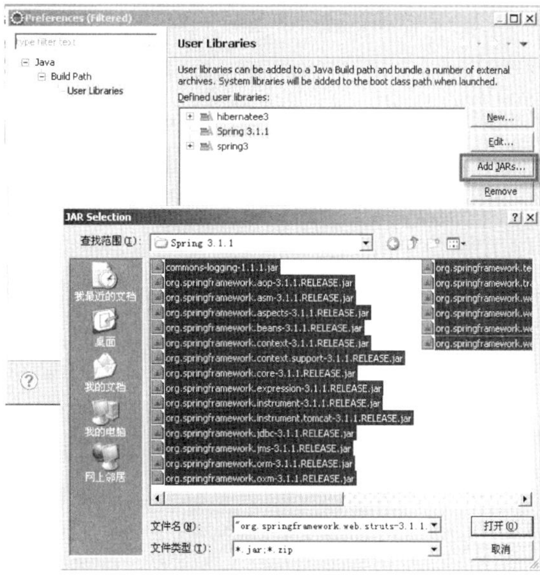

图 15.16　添加 JAR 包

（12）在 Preferences 对话框中，单击 OK 按钮，可以看到添加进来的所有 JAR 包，如图 15.17 所示。

（13）在 JAR 包添加完成后，就可以看到 Eclipse 左侧导航栏 SpringDemo 项目中出现了 Spring 开发库，如图 15.18 所示。现在，Spring 开发框架所依赖的库就配置好了，以后每个项目都可以使用该用户库，下面就可以开始编写程序了。

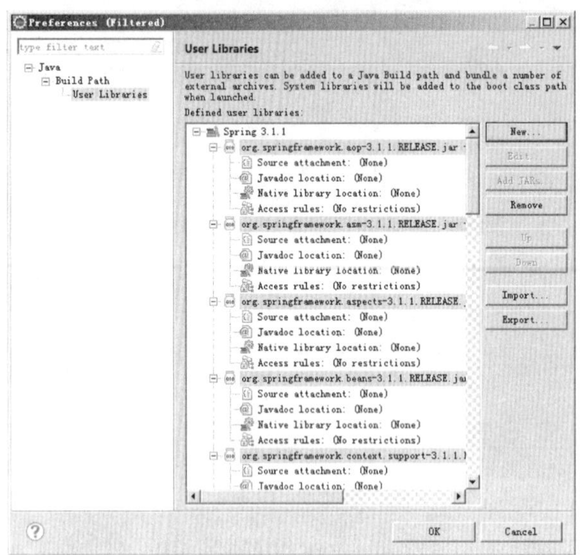

图 15.17　添加 JAR 完成

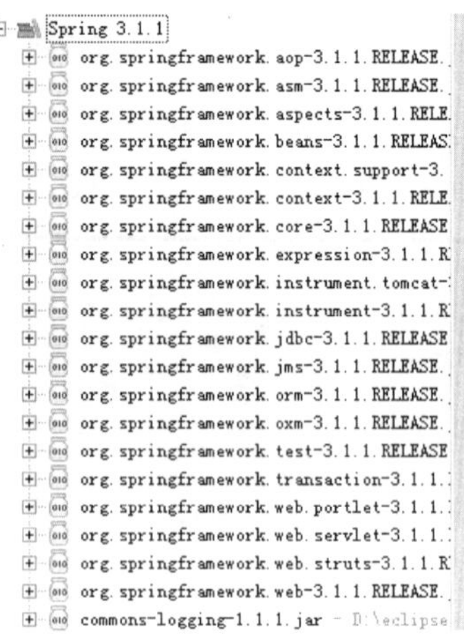

图 15.18　左侧导航栏

（14）为了方便程序的测试，还可以加入 JUnit 来辅助测试。Eclipse 本身自带 JUnit，因此，在 Add Library 对话框中加入 JUnit 即可，如图 15.19 所示。要注意，使用 JUnit 时一定要添加 common-logging 的 JAR 包，否则使用 JUnit 时会报错。在上面的步骤中，我们已经把 common-logging-1.1.1 的 JAR 包添加到用户库 Spring 3.1.1 中了，故此处无需再添加。

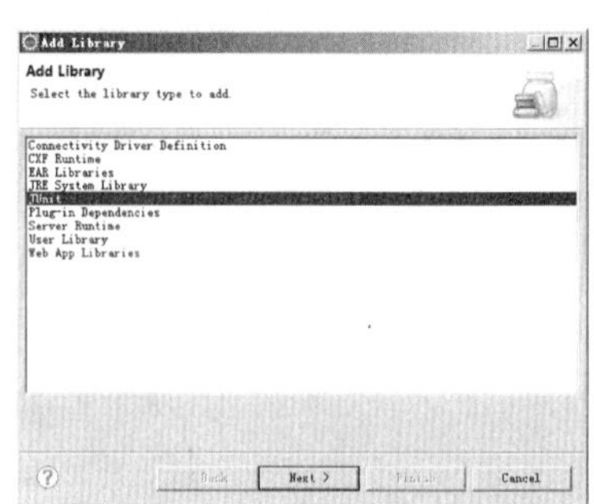

图 15.19　添加 JUnit

准备工作都做好以后，下面可以使用 Spring 框架编写程序了。

15.3　Spring 开发实例

本节以一个简单的 Java 应用为例，介绍在 Eclipse 中开发 Spring 应用的详细步骤。该例虽然简单，但是它包含了使用 Spring 进行程序开发的一般流程，因此希望读者通过该示例能够对 Spring 框架有更感性的认识。

本节最后还介绍了 Spring 的 IoC 容器，为后续 Spring 框架的深入学习作出了铺垫和准备。

15.3.1　开发实例

前面介绍了 Spring 的基本知识和开发包的配置，并创建了 SpringDemo 工程，下面通过一个实例来进一步地认识 Spring 并通过该实例引出 Spring 中的一些重要概念。

Spring 使用了 JavaBean 来配置应用程序。JavaBean 指的是类中包含 getter 和 setter 方法的 Java 类。

【例 15-1】 下面通过本实例来介绍 Spring 框架程序的一般构建方式。

（1）在 SpringDemo 工程的 src 目录下创建 com.bean 包，在该包下分别创建 Person.java、ChineseImpl.java 和 AmercianImpl.java3 个文件。打开 Person.java 文件，编辑代码如下所示。

```
package com.bean;
public interface Person {
    //接口中包含了一个 Speak()方法，表示人都可以说话
    public void Speak();
}
```

上面代码定义了一个 Person 接口，通过该接口规定了一个 Person 的规范。

（2）ChineseImpl 类是 Person 接口的实现。在写代码时建议将接口与其实现相分离。打开 ChineseImpl.java 文件，编辑代码如下：

```
package com.bean;
public class ChineseImpl implements Person{
    private String name;
    private int age;
    //name 属性的 setter 和 getter 方法
    public String getName() {
        return name;
    }
    public void setName(String name) {
        this.name = name;
    }
    //age 属性的 setter 和 getter 方法
    public int getAge() {
        return age;
    }
    public void setAge(int age) {
        this.age = age;
    }
    //实现 Person 接口的 Speak()方法
    public void Speak() {
        // TODO Auto-generated method stub
        System.out.println("I'm Chinese,My name is "+this.name+",I'm "+this
        .age+" years old!");
    }
}
```

ChineseImpl 类有两个属性：name 和 age。当调用 Speak()方法时，这两个属性的值被打印出来。那么在 Spring 中应该由谁来负责调用 SetName()和 SetAge()方法从而设置这两个属性值呢？带着这个问题我们先来看 Person 接口的另一个实现类 AmericanImpl。

（3）打开 AmericanImpl.java 文件，编辑代码如下：

```
package com.bean;
public class AmericanImpl implements Person{
    private String name;
    private int age;
    //name 属性的 setter 和 getter 方法
    public String getName() {
        return name;
```

```
    }
    public void setName(String name) {
        this.name = name;
    }
//age 属性的 setter 和 getter 方法
    public int getAge() {
        return age;
    }
    public void setAge(int age) {
        this.age = age;
    }
    //实现 Person 接口的 Speak()方法
    public void Speak() {
        System.out.println("I'm American,My name is "+this.name+",I'm
        "+this.age+" years old!");
    }
}
```

AmericanImpl 也实现了 Person 接口，同样有两个属性 name 和 age。当调用 Speak()方法时，这两个属性的值也会被打印出来。现在 AmericanImpl 类也面临了和 ChineseImpl 类同样的问题，即其 SetName()和 SetAge()方法应该由谁来调用。

在 Spring 中，显然应该让 Spring 容器来负责调用这两个类的 setter 方法以设置实例中属性的值。这在 Spring 中是如何实现的呢？根据前面的经验我们可以想到应该使用 XML 配置文件来实现。下面我们在 Spirng 中使用配置文件 applicationContext.xml 来告知容器该如何对 AmericanImpl 类和 ChineseImpl 类进行配置。

（4）在 src 目录下创建 applicationContext.xml 文件，打开编辑代码如下：

```
<?xml version="1.0" encoding="UTF-8"?>
<!-- Spring 配置文件的根元素 -->
<beans
    xmlns="http://www.springframework.org/schema/beans"
    xmlns:xsi="http://www.w3.org/2001/XMLSchema-instance"
    xmlns:p="http://www.springframework.org/schema/p"
    xmlns:aop="http://www.springframework.org/schema/aop"
    xsi:schemaLocation="http://www.springframework.org/schema/beans
        http://www.springframework.org/schema/beans/spring-beans-3.0.xsd
        http://www.springframework.org/schema/aop
        http://www.springframework/org/schema/aop/spring-aop-3.0.xsd"
    <!--配置 chinese 实例，其实现类为 com.bean.ChineseImpl -->
    <bean id="chinese" class="com.bean.ChineseImpl">
        <!--将值“小明”注入给 name 属性-->
        <property name="name">
            <value>小明</value>
        </property>
        <!--将值 10 注入给 age 属性-->
        <property name="age">
            <value>10</value>
        </property>
        </bean>
    <!--配置 american 实例，其实现类为 com.bean. AmericanImpl -->
    <bean id="american" class="com.bean.AmericanImpl">
        <!--将值“Tom”注入给 name 属性-->
        <property name="name">
            <value>Tom</value>
        </property>
        <!--将值 15 注入给 age 属性-->
```

```
        <property name="age">
            <value>15</value>
        </property>
    </bean>
</beans>
```

上面的 XML 文件在 Spring 容器中声明了一个 ChineseImpl 实例 chinese 和一个 AmericanImpl 实例 american，并将“小明”赋值给 chinese 的 name 属性，将“Tom”赋值给 american 的 name 属性。为了更进一步理解配置文件的含义，下面对 XML 文件的细节做一研究。

上述 XML 文件中的<beans>是根元素，同时也是任何 Spring 配置文件的根元素。<bean>元素用来在 Spring 容器中定义一个类以及该类的相关配置信息。配置<bean>元素时通常会指定其 id 属性和 class 属性。例如，配置文件中第一个<bean>元素的 id 属性表示 chinese Bean 的名字，class 属性表示 Bean 的全限定类名。

而<bean>元素的子元素<property>则用来设置实例中属性的值，而且是通过调用实例中的 setter 方法来设置其各个属性的值的。在这个例子中使用<property>元素分别设置了 ChineseImpl 实例和 AmericanImpl 实例各自的 name 值和 age 值，并在实例化 ChineseImpl 和 AmericanImpl 时传递了属性值。

下面的代码片段展示了当使用 applicationContext.xml 文件来实例化 ChineseImpl 实例时，Spring 容器做的工作。

```
ChineseImpl chinese=new ChineseImpl();
chinese.setName("小明");
chinese.setAge(10);
```

上面的工作都做完以后，最后一个步骤就是建立一个类来创建 Sping 容器并利用它来获取 ChineseImpl 实例和 AmericanImpl 实例。

（5）在 src 目录下创建包 com.spring，在该包下创建 Test.java 文件，打开编辑代码如下：

```
package com.spring;
import org.springframework.context.ApplicationContext;
import
org.springframework.context.support.ClassPathXmlApplicationContext;
import com.bean.Person;
public class Test {
public static void main(String[] args) {
    //创建 Spring 容器
    ApplicationContext context=new ClassPathXmlApplicationContext
     ("applicationContext.xml");
    //获取 ChineseImpl 实例的引用
    Person person=(Person)context.getBean("chinese");
    //调用 ChineseImpl 实例的 Speak()方法
    person.Speak();
    //获取 AmericanImpl 实例的引用
    person=(Person)context.getBean("american");
    //调用 AmericanImpl 实例的 Speak()方法
    person.Speak();
}
}
```

上面程序中加粗的代码用来创建 Spring 容器。将 applicationContext.xml 文件装载进容器后，调用其 getBean()方法来获得对 ChineseImpl 实例和 AmericanImpl 实例的引用。然后容器使用这两个引用来调用各自的 setter 方法，这样，在 ChineseImpl 实例和 AmericanImpl 实例中的属性就在 Spring 容器的作用下被赋值了。当分别调用这两个实例的 Speak()方法时就可以正确地打印出各自的属性值。

（6）选择左侧导航栏中的 Test.java，右击 Run As|Java Application，运行该程序，可在控制台看到输出结果如图 15.20 所示。

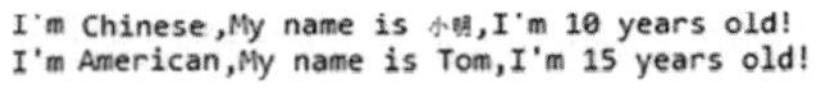

```
I'm Chinese ,My name is 小明,I'm 10 years old!
I'm American,My name is Tom,I'm 15 years old!
```

图 15.20　输出结果

在上面的 SpringDemo 工程中，创建了 ChineseImpl 和 AmericanImpl 类，这两个类都实现了 Person 接口，在 applicationContext.xml 文件中分别配置了 ChineseImpl 和 AmericanImpl 类的实例，最后从测试类 Test 中的 main()方法来执行整个程序。

注意： ChineseImpl 和 AmericanImpl 类的实例并不是 main()方法来创建的，而是通过将 applicationContext.xml 文件加载后，交付给 Spring 框架，当执行 getBean()方法时，就可以得到要创建实例的引用，因此，调用者并没有创建实例，而是通过 Spring 框架将创建好的实例注入调用者中。这实际上就是 Spring 的核心机制：依赖注入，而 Spring 强大的地方就在于它可以使用依赖注入将一个 Bean 注入到另一个 Bean 中。下一章将会详细地介绍依赖注入的概念。

15.3.2　Spring 的 IoC 容器

Spring 的 IoC 容器是一个提供 IoC 支持的轻量级容器，IoC 容器为管理对象之间的依赖关系提供了基础功能。Spring 为我们提供了两种容器：BeanFactory 和 ApplicationContext。

BeanFactory 由 org.springframework.beans.factory.BeanFactory 接口定义，是基础类型的 IoC 容器，并能提供完整的 IoC 服务支持。IoC 容器需要为其具体的实现提供基本的功能规范，而 BeanFactory 接口则提供了该功能规范的设计，每个具体的 Spring IoC 容器都要满足 BeanFactory 接口的定义。

ApplicationContext 由 org.springframework.context.ApplicationContext 接口定义，是以 BeanFactory 为基础构建的。此外，Spring 还提供了 BeanFactory 和 ApplicationContext 的几种实现类，它们也都称为 Spring 的容器。

1．BeanFactory及其工作原理

BeanFactory 在 Spring 中的作用至关重要，它实际上是一个用于配置和管理 Java 类的内部接口。顾名思义，BeanFactory 就是一个管理 Bean 的工厂，它负责初始化各种 Bean 并调用它们的生命周期方法。

Spring 中提供了几种 BeanFactory 的实现方法，最常使用的是 org.springframework.beans.factory.xml.XmlBeanFactory，它会根据 XML 配置文件中的定义来装配 Bean。

创建 BeanFactory 实例时，需要提供 Spring 容器所管理的 Bean 的详细配置信息。Spring 的配置信息通常采用 XML 文件的形式来管理，所以，在创建 BeanFactory 实例时，需要依据 XML 配置文件中提供的信息。

2．BeanFactory接口包含的基本方法

- Boolean containsBean(String name)：判断 Spring 容器是否包含 id 为 name 的 bean 定义。
- Object getBean(String name)：返回容器中 id 为 name 的 bean。
- Object getBean(String name, Class requiredType)：返回容器中 id 为 name，并且类型为 requiredType 的 bean。
- Class getType(String name)：返回容器中 id 为 name 的 bean 的类型。

ApplicationContext 是 BeanFactory 的子接口，也被称为应用上下文。BeanFactory 提供了 Spring 的配置框架和基本功能，ApplicationContext 则添加了更多的企业级功能。

与 BeanFactory 相比，除了创建、配置和管理 Bean 以外，ApplicationContext 还提供了更多的附加功能，如对国际化的支持等。此外，ApplicationContext 的另一个重要的优势在于当 ApplicationContext 容器初始化完成后，容器中所有的 singleton Bean 也都被实例化了，即 ApplicationContext 可以对 singleton Bean 实现预初始化。这意味着当需要使用某个 singleton Bean 时，它已经提前被准备好了，在应用中无需等待就可以直接拿来使用。因此，在开发中，大部分的系统都选择使用 ApplicationContext，而只在系统资源较少的情况下，才考虑使用 Beanfactory。在本书中，我们使用的都是 ApplicationContext。

ApplicationContext 接口的实现类有 3 个：

- ClassPathXmlApplicationContext：从类加载路径下的 XML 文件中获取上下文定义信息，创建 ApplicationContext 实例。
- FileSystemXmlApplicationContext：从文件系统中的 XML 文件中获取上下文定义信息，创建 ApplicationContext 实例。
- XmlWebApplicationContext：从 Web 系统中的 XML 文件中获取上下文定义信息，创建 ApplicationContext 实例。

XmlWebApplicationContext 用于基于 Web 的 Spring 应用系统中，此处仅讨论 ClassPathXmlApplicationContext 和 FileSystemXmlApplicationContext 两个实现类。

使用 ClassPathXmlApplicationContext 创建 ApplicationContext 实例的代码为：

```
ApplicationContext context=new ClassPathXmlApplicationContext("bean.xml");
```

使用 FileSystemXmlApplicationContext 创建 ApplicationContext 实例的代码为：

```
ApplicationContext context=new FileSystemXmlApplicationContext ("d:/bean.xml");
```

比较上面创建 ApplicationContext 实例的两行代码可知，FileSystemXmlApplicationContext 会在指定的路径下寻找 XML 文件，此处指定路径为 d:/bean.xml，而 ClassPathXmlApplicationContext 则可以在整个类加载路径下寻找 XML 文件 bean.xml。

有了 IoC 容器之后，业务对象之间的依赖关系就可以通过 IoC 容器来完成。而不管使用哪种容器，都需要将 Bean 之间的关系告知 Spring，这就需要使用 XML 文件来配置 Bean 之间的依赖关系。

15.4　本 章 小 结

本章主要介绍了 Spring 框架的基本知识，包括控制反转和依赖注入、Spring 框架的核心模块，以及 Spring 框架的配置等内容，最后通过一个实例使读者对使用 Spring 框架进行编程有了一个初步的了解。更深入的内容将在后续章节展开。

第 16 章　精解 Spring 之 IoC 原理与具体使用

第 15 章介绍了 Spring 框架的基础内容，讲解了其配置方式，本章首先从使用 Spring 打印“Hello World！”的示例开始讲解，然后带领读者深入 Spring 框架中的核心概念——控制反转，简写为 IoC（Inversion of Control），或称依赖注入（Dependency Injection and）。通过对核心概念的讲解，加深读者对 Spring 框架的理解。在理解原理之后，通过一个实例来模拟 Spring 中 IoC 的工作方式，相信通过理论和实践相结合的方式，读者能够更好地掌握 Spring 的工作机制。

本章具体内容如下：

- 在实例项目中使用 Spring。
- Spring IoC 原理简介。
- Spring IoC 简单模拟实现。

16.1　在实例项目中使用 Spring

Spring 框架为简化 Java 企业级应用而诞生，它能够给 Java 应用提供广泛的支持，帮助开发者从基础而重复的代码中解放出来，使得开发者可以更好地关注于项目的整体逻辑。Spring 是轻量级的并且非侵入式的，也就是说，可以在需要的时候引入 Spring，而且一般不需要在自己的类里 import 它的包。下面分两种情况将 Spring 运用在简单示例中，读者先不必深究 Spring 具体使用细节，在这一节中读者先通过示例项目从整体轮廓上了解 Spring 的用处和优点，在接下来的章节中，再慢慢深入 Spring。

16.1.1　在应用程序中使用 Spring

Spring 框架是轻量级的，它不仅可以用于 Web 开发，一般的 Java 项目也可以轻易地添加上 Spring 的支持。为普通 Java 应用加上 Spring 支持请参照 15.2.3 小节“Spring 框架配置”的内容，此处不再赘述。

【例 16-1】 在这个例子中， 我们创建一个 HelloWorld 类，用 Spring 来实现在控制台上打印出“Hello World！”语句的功能。通过对它的测试和运行来进一步熟练 Spring 环境的搭建，同时学会在 Spring 中使用 JUnit 4 来进行单元测试的方法。使用 JUnit 进行单元测试的详细步骤详见 Hibernate 部分。

（1）新建一个 Java Project 项目，名称叫做 Spring_16.1.1，然后将项目运行环境配置好（build path 中加入 Spring 3.0 所需要的 JAR 包和其他依赖包）。

（2）为了更方便地测试，加入 JUnit 单元测试包以帮助测试。由于 Eclipse 自带 JUnit，所以项目只需在 Add Library 中加入 JUnit 就行了（这里推荐读者选择 JUnit4），如图 16.1 所示，同时需添加 common-logging 的 JAR 包（否则使用 JUnit 测试时会报错）。

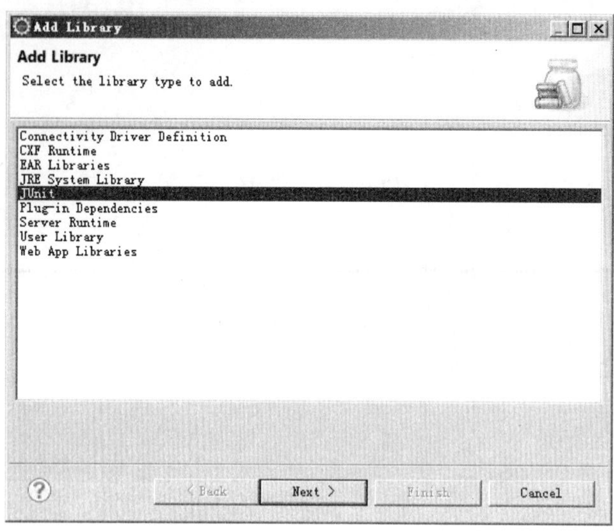

图 16.1　添加 JUnit 支持

（3）创建 HelloWorld 类，它的功能非常简单，就是打印出“Hello World!”这句话，代码如下。

```
package com.deciphering.helloworld;
//创建 HelloWorld 类
public class HelloWorld {
    //实现打印功能
    public void sayHello(){
        System.out.println("Hello World!");
        }
}
```

（4）在 src 目录下创建 beans.xml 文件，代码如下：

```
<?xml version="1.0" encoding="UTF-8"?>
<beans xmlns="http://www.springframework.org/schema/beans"
    xmlns:xsi="http://www.w3.org/2001/XMLSchema-instance"
    xmlns:p="http://www.springframework.org/schema/p"
    xmlns:aop="http://www.springframework.org/schema/aop"
    xsi:schemaLocation="http://www.springframework.org/schema/beans
        http://www.springframework.org/schema/beans/spring-beans-3.0.xsd
        http://www.springframework.org/schema/aop
        http://www.springframework.org/schema/aop/spring-aop-3.0.xsd">
  <!--注册一个 Helloworld，实例名称为 HelloWorld-->
  <bean name="helloworld" class="com.deciphering.HelloWorld.HelloWorld">
  </bean>
</beans>
```

上面文件中的<bean>标签我们已经比较熟悉了，后面的章节还会对它做详细的介绍和解释。

（5）在 src 目录下创建一个 HelloWorld 类对应的 JUint 测试类文件，对 HelloWorld 类

中的方法进行测试，代码如下：

```
package com.deciphering.HelloWorldTest;
import org.springframework.context.ApplicationContext;
import
org.springframework.context.support.ClassPathXmlApplicationContext;
import org.junit.Test;
import com.deciphering.helloworld.HelloWorld;
//测试用例
public class HelloWorldTest {
//测试 HelloWorld 的 sayHello 方法
    public void test() {
    ApplicationContext context = new ClassPathXmlApplicationContext("beans
    .xml"); //创建 Spring 容器
    HelloWorld hello = (HelloWorld)context.getBean("helloworld");
    hello.sayHello();                                    //调用 sayHello 方法
    }
}
```

（6）运行测试用例，在控制台打印出的结果如图 16.2 所示。

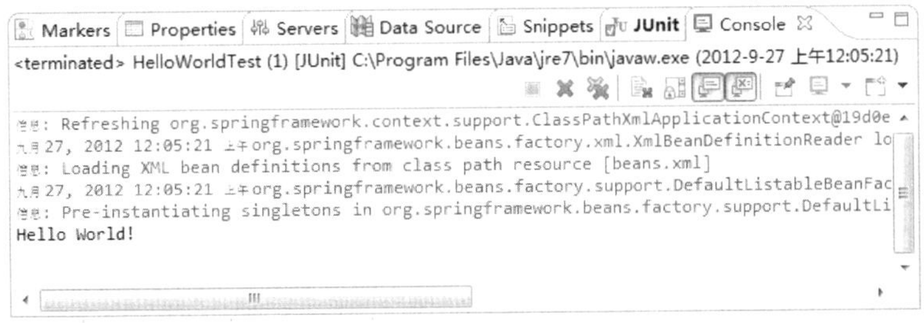

图 16.2　例 16-1 测试结果

可以看到，“Hello World”语句正常输出了！这说明 Spring 3.0 在本项目中被成功使用了。

正如 C 语言中经典的 Hello World 程序一样，这个 Spring 版本的 Hello World 例子虽然简陋，但它依然展示了 Spring 依赖注入的工作机制（在测试类中我们并没有自己 new 一个 HelloWorld 对象，而是从 ApplicationContext 容器里取出了一个 HelloWorld 对象）！

16.1.2　在 Web 应用中使用 Spring

在 16.1.1 小节中的例 16-1 中，我们将经典的 Hello World 程序改造成了 Spring 版，虽然这个示例比较简单，但它已经是一个使用 Spring 框架的完整程序了。在实际开发中，Spring 常常和 Hibernate、Struts2 结合起来用于 Web 应用中。本小节中，我们再对 Web 应用中添加 Spring 支持做一个强调，避免读者在 JAR 包导入过程中问题和错误的发生。

为了在 Web 应用中正确使用 Spring，需要遵照以下两个步骤来配置 Spring 的依赖包：

（1）将 dist 路径下的所有 JAR 文件复制到 Web 应用的 WEB-INF/lib 路径下。

需要说明的是，按照 15.2.3 小节中介绍的方法制作一个自己的 Spring 类库更佳，这在同一开发环境中存在多个版本的 Spring 时会更加方便。

在实际开发中，往往是需要什么 JAR 包时才导入什么 JAR 包。除了 core 作为核心的

JAR 包必须导入之外，Spring 中其他 JAR 包都可以“按需导入”。

🔔**说明：**在学习过程中，笔者建议导入 dist 路径下全部 JAR 包，这样更加方便学习。

（2）将 lib 目录下 Spring 依赖的 JAR 包也导入到 WEB-INF/lib 路径下，同上，读者应遵循需要什么，导入什么的原则，因为你永远不知道何时哪两个 JAR 包会发生冲突，一个个导入自己需要的 JAR 包在调试项目时要远远优于不管项目需要将 JAR 包统统导入的方式。

下面是部分 Spring 常用的依赖的 JAR 包，如表 16.1 所示。

表 16.1　Spring常用的依赖包

整体划分	JAR 文件	简要描述
ant	ant.jar ant-junit.jar ant-laucher.jar	在项目构建、生成文档和运行测试中 Spring 会用到 Apache Ant。但如果你明确项目中不会用到 Ant 时，你无须将这些 JAR 包包含到你的项目中去
aopalliance	aopalliance.jar	Spring 的 AOP 实现是基于 AOP Alliance API 的（AOP Alliance 是一个开源协作组织，http://aopalliance.sourceforge.net/，该组织提出了一套使用 Java 开发 AOP 的标准接口）。DI 和 AOP 是 Spring 的两大迷人之处，一般项目中都会用到它，你只需导入此 JAR 包即可
cglib	cglib-nodep-2.1_3.jar	CGLIB 被用来为核心依赖注入和 AOP 实现生成动态代理类
dom4j	dom4j.jar	dom4j 是一个非常优秀的 java XML API，具有性能优异、功能强大和易于使用等优点，如果你的项目中需要用到Hibernate的ORM方案，那么你需要导入此JAR包以支持
hibernate	hibernate-common-annotations.jar hibernate3.jar hibernate-annotations.jar	当你使用 Hibernate 作为 ORM 工具时，这些 JAR 包用于 Spring 和 Hibernate 集成和相关支持
ibatis	ibatis-2.3.4.726.jar	当你使用 iBATIS 作为 ORM 工具时，这些 JAR 包用于 Spring 和 iBATIS 集成和相关支持
itext	iText-2.1.3.jar	当你的项目中需要 PDF 输出时，就把此包包含进来
jakarta	common-attributes-api.jar common-attributes-compiler.jar common-beanutils.jar common-codec.jar common-collections.jar common-dbcp.jar common-digester.jar common-discoverry.jar common-fileupload.jar common-httpclient.jar common-io.jar common-lang.jar common-logging.jar common-pool.jar common-validator.jar	这些包里除了 logging 被贯穿使用于 Spring，其他 JAR 包都应该根据项目需要决定是否导入

续表

整体划分	JAR 文件	简要描述
jdom	jdom.jar	类似 dom4j.jar 实现 java XML API，但它的功能相比 dom4j.jar 少一些，在不需要对 XML 作复杂处理的应用中可以使用它
junit	junit.jar	用于测试
log4j	log4j.jar	使用 Spring 配置的 log4j 的日志需要添加此包
struts	struts.jar	当你在 Web 应用中使用 struts 作为表现层时，你需要此包支持

16.2　深入理解依赖注入

第 15 章简单介绍过依赖注入，它是 Spring 框架的核心。听起来依赖注入是个很高深的概念，似乎包含着难以理解的设计原理和复杂的程序设计技巧，但事实上，它并不像听起来那样难于掌握。而且，在实际的项目中通过应用依赖注入，可以使代码更简洁易懂且方便测试。那么，依赖注入到底是什么含义呢？

16.2.1　依赖注入

依赖注入（Dependency Injection，DI）也被称为控制反转（Inversion of Control，IoC）。早在 2004 年，Martin Fowler 就在论文《Inversion of Control Containers and the Dependency Injection pattern》中提出问题：“哪些方面的控制被反转了？”。根据他的观点——是依赖对象的获得被反转了。于是他为控制反转创造了一个更好的名字：依赖注入。

由此我们知道，依赖注入和控制反转的含义完全相同，只是从两个角度来描述了同一个概念。对于一个 Spring 初学者来说，这两种说法同样生涩难懂，因此，我们尝试用更加简单通用的语言和例子来描述出这个概念。

当某个 Java 实例（调用者）需要另一个 Java 实例（被调用者）时，调用者自身需要负责实现这个获取过程——由程序内部代码来控制对象之间的关系。我们已经熟悉的方式是调用者采用“new 构造方法”的形式来创建被调用者以实现两个或多个对象的组合，但是这种实现方式不仅会导致代码的耦合度高而且难于测试。一个好的设计，不但要求代码尽可能多地实现复用，还要求组件之间尽量解耦。而依赖注入的出现完美地解决了代码的高耦合度问题。

用一句话概括依赖注入就是“不要来找我，我会去找你”，也就是说，一个类不需要去查找或实例化它们所依赖的类。对象间的依赖关系是在对象创建时由负责协调项目中各个对象的外部容器来提供并管理的。也就是强调了对象间的某种依赖关系是由容器在运行期间注入调用者的，控制程序间关系的实现交给了外部的容器来完成。这样，当调用者需要被调用者对象时，调用者不需要知道具体实现细节，它只需要从容器中拿出一个对象并使用就可以了。

下面这个汽车的例子可以帮助读者更好地理解依赖注入。

在传统的程序设计模式下，如果一个调用者需要一辆汽车（在 Java 项目中这辆汽车是一个对象），那么调用者就需要自己“构造”出一辆汽车（对于初学者来说，会常常使用 new 关键字进行构造，如图 16.3 所示），这看起来非常自然。当项目中的对象比较少时这样做还不会有什么问题，而一旦项目中包含多个对象时，多个对象之间的依赖关系会比较复杂，它们之间的紧密耦合就会给代码的测试和重构造成极大的困难。就这个例子来说，假设现在由于需求的变化，要为汽车对象再增加一个新属性，此时，必须在将汽车（car）类进行修改后再查看并修改项目中其他与 car 对象相关的类的代码，这不仅繁琐而且容易出错。

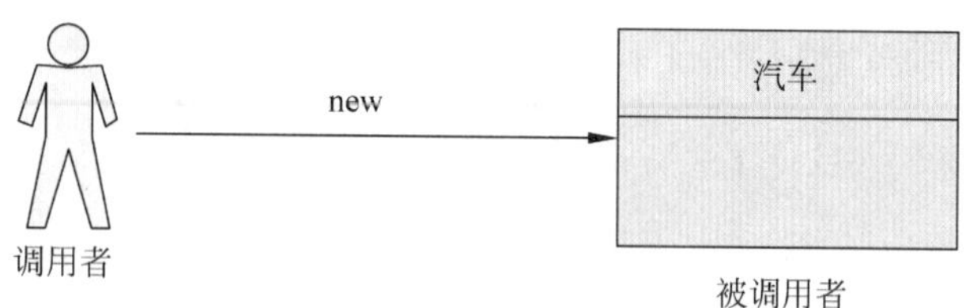

图 16.3　调用者构造汽车对象

以我们现有的知识来说，解决上述问题的一个方法就是使用工厂模式。工厂负责生产汽车，调用者需要汽车时，只要找到工厂，向工厂请求一个汽车对象即可。使用工厂模式，调用者不必再关注汽车的具体实现细节，而只需要定位到对应的工厂就可以了。

提示：工厂模式专门负责对大量有共同接口的类进行实例化。工厂模式可以动态地决定应该将哪一个类实例化，而无需事先知道每次要实例化哪一个类。

使用工厂模式是不是已经足够简单了呢？答案是否定的。在 Spring 下，使用依赖注入的方式调用者只需完成更少的工作，连定位到对应工厂的工作都可以省略掉。当调用者需要一个汽车对象时，Spring 容器会自动将汽车对象注入到调用者对象中，如图 16.4 所示。

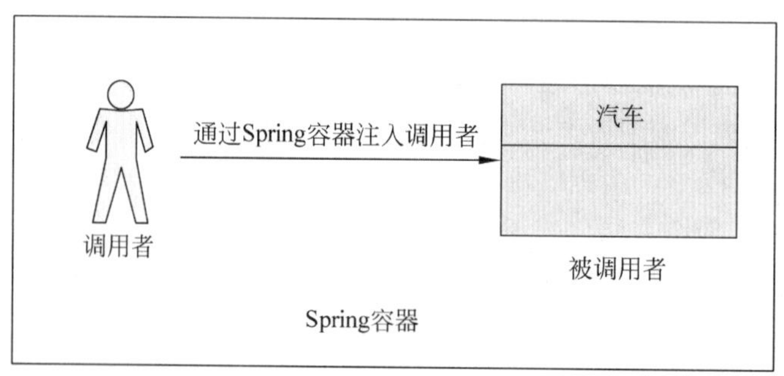

图 16.4　将汽车对象注入调用者对象

假设我们定义一个汽车的接口，在该接口中定义了一个 run 方法。而各种不同品牌的汽车都实现了这个接口，如奔驰汽车、宝马汽车、奥迪汽车等。但现在调用者并不关注具体是哪个牌子的汽车，它只需要从容器中拿到一台汽车，并且让它 run 起来就可以了。而当项目需求发生变化时，汽车品牌可能会出现变更，此时仅需修改 Spring 的配置文件中汽车的实现类，不需要修改任何代码，连项目都不用重新编译，程序再次运行时就已经换了一辆车在跑了！

再深入思考一步：汽车是由不同组件组合而成，为简化，我们假设汽车是由车身、底盘、轮子构成，在传统编程模式下，调用者需要先 new 一个车身，再 new 一个底盘，然后 new 一个轮子，最后按照一定次序（例如轮子只能在底盘安装好之后才能安装）组装成一个汽车。现在项目需求发生变化了，领导决定采用另一家厂家的底盘和另一家的轮子，并且汽车牌子的名字也变化一下，那么可以想象，程序员为了达成这一目标将付出多少时间和精力（几乎整个项目的类都发生变化了）。但是在 Spring 的依赖注入模式下，所有对象都存放在容器中，调用者不管汽车怎么组装，它只管从容器中拿汽车对象；汽车也不管零件是谁生产，它只管从容器中拿到车身、底盘和轮子然后组装；至于零件的变化，如同汽车更换牌子，我们也仅需在配置文件更换零件的具体实现类即可，整个项目代码几乎不变！

综上，DI 就是将协调对象之间合作的任务从对象本身转移出来，而由 Spring 框架来负责。IoC 是由容器来控制程序之间的关系，而不是由程序代码直接控制。控制权由应用代码转移到了外部容器，控制权发生了反转。

16.2.2　依赖注入的 3 种实现方式

通过 16.2.1 小节中对依赖注入的形象介绍，相信读者已经对依赖注入有了基本的认识，那么，在实际编程中，依赖注入的实现方式有哪些呢？Spring 支持的实现方式又有哪些呢？这些问题将在本小节中一一得到解答。

依赖注入存在着 3 种实现方式，分别是设值注入、构造方法注入和接口注入。

1. 设值注入

设值注入是指 IoC 容器使用 setter 方法来注入被依赖的实例。通过调用无参构造器或无参 static 工厂方法实例化 bean 之后，调用该 bean 的 setter 方法，即可实现基于 setter 的 DI。

【例 16-2】 本示例将展示只使用 setter 注入依赖。注意，这个类并没有什么特别之处，它就是普通的 Java 类。

（1）新建一个项目，项目名称为 Spring_16.2.2_IoC_Injection_Type，然后将项目运行环境配置好（build path 中加入 spring 和其他依赖 JAR 包）。在这个例子中，我们模拟实际编程中最常见的数据库保存操作。

（2）新建一个 User 类，作为被保存的模型对象，写好 setter 和 getter 方法：

```
package com.deciphering.model;
//定义用户 User 类
public class User {
    //定义 User 类的属性
    private String username;                    //用户名
    private String password;                    //密码
    //定义属性的 getter 和 setter 方法
    public String getUsername() {
        return username;
    }
    public void setUsername(String username) {
        this.username = username;
    }
    public String getPassword() {
        return password;
```

```
    }
    public void setPassword(String password) {
        this.password = password;
    }
}
```

（3）新建一个接口，名为 UserDAO，里面包含一个 save 方法：

```
package com.deciphering.dao;
import com.deciphering.model.User;
//定义数据访问接口 UserDAO
public interface UserDAO {
    //声明 save 方法，用于将用户信息存入数据库
    public void save(User user);
}
```

说明：针对接口编程的好处 UserDAO 可以有多个不同的实现类，这些类可以分别操作 Oracle、DB2、MySQL 等等不同数据库，那么当项目原来数据库发生变化时，只需要调整实现类，可使得项目代码整体改动最小。

（4）新建一个 UserDAO 的实现类 UserDAOImpl，本例的目的旨在介绍 Spring 的设值注入方式，所以为求简化，我们只是做出一个将 User 存入数据库的模拟，而并未真正实现数据库的存储操作。

```
package com.deciphering.dao.impl;
import com.deciphering.dao.UserDAO;
import com.deciphering.model.User;
//定义 UserDAO 的实现类 UserDAOImpl
public class UserDAOImpl implements UserDAO {
    //实现 UserDAO 接口的 save 方法
    public void save(User user) {
    //在 save 方法中将 User 对象存入 oracle、DB2 和 mysql 数据库，为简化，仅打印了 User
    对象的用户名，并未进行真正的数据库操作
        System.out.println(user.getUsername() + " saved in Oracle!");
        //System.out.println(user.getUsername() + " saved in DB2!");
        //System.out.println(user.getUsername() + " saved in mysql!");
    }
}
```

（5）作为直接操作数据库的对象，UserDAO 不应该直接暴露给用户，而应该在其加上 service 层，service 层对象既可以选择不同的 UserDAO 实现类，也可以在执行 DAO 操作前后加上一些动作（比如权限检查、日志记录等，这些事务不属于 DAO 部分）。

说明：在使用 ssh 开发时，一般是将项目分成三层：web 层、service 层和 dao 层。开发的基本流程是先定义 dao 接口，然后实现该接口，再定义同类型的 service 接口，再实现 service 接口（此时使用 dao 接口注入），接着再从 web 层去调用 service 层。

dao 层完成的是底层的数据操作，service 层则完成纯粹的业务逻辑，该层中的数据操作部分是通过注入的 dao 来实现的。service 层的作用是将从 dao 层取得的数据做更贴近业务的实现，dao 层则只实现对数据的增、删、查、改操作。使用这种分层方式更有利于项目的扩展和维护。

下面代码是业务逻辑接口 UserService：

```
package com.deciphering.service;
import com.deciphering.model.User;
public interface UserService {
    //处理新增用户业务逻辑
    public void add(User user);
}
```

下面代码是业务逻辑接口的实现类 UserServiceImpl：

```
package com.deciphering.service.impl;
import com.deciphering.dao.UserDAO;
import com.deciphering.model.User;
//定义业务逻辑实现类 UserServiceImpl
public class UserServiceImpl implements UserService{
    private UserDAO userDAO;
    //实现用于处理新增用户的 add 方法
    public void add(User user)implem ents UserService {
        userDAO.save(user);
    }
    public UserDAO getUserDAO() {
        return userDAO;
    }
    //为 UserDao 对象的注入做准备
    public void setUserDAO(UserDAO userDAO) {
        this.userDAO = userDAO;
    }
}
```

（6）创建 Spring 的配置文件，该文件是一个 XML 文件，创建方式如图 16.5 所示，在 src 目录下新建一个 XML 文件，并命名为 beans.xml。

图 16.5　创建 Spring 配置文件

然后在 beans.xml 中配置数据访问的实现类 UserDAOImpl 和业务逻辑实现类 UserServiceImpl，代码如下：

```
<?xml version="1.0" encoding="UTF-8"?>
<beans
xmlns="http://www.springframework.org/schema/
beans"
    xmlns:xsi="http://www.w3.org/2001/XMLSchema-instance"
    xmlns:p="http://www.springframework.org/schema/p"
    xmlns:aop="http://www.springframework.org/schema/aop"
    xsi:schemaLocation="http://www.springframework.org/schema/beans
        http://www.springframework.org/schema/beans/spring-beans-3.0.xsd
        http://www.springframework.org/schema/aop
        http://www.springframework.org/schema/aop/spring-aop-3.0.xsd">
  <!--注册一个 UserDAOImpl，实例名称为 u-->
  <bean id="u" class="com.deciphering.dao.impl.UserDAOImpl">
  </bean>
  <!--注册一个 UserServiceImpl，实例名称为 userService-->
     <bean id="userService" class="com.deciphering.service.UserServiceImpl">
     <!--将 UserDAOImpl 类的实例 u 注入到 UserService 实例的 userDAO 属性-->
     <property name="userDAO">
        <ref bean="u"/>
     </property>
  </bean>
</beans>
```

代码中粗体显示部分是设值注入的关键代码。通过配置文件中的<property>元素告知 Spring 容器调用 UserServiceImpl 类的 setUserDAO 方法，将 UserDAOImpl 的实例 u 注入其 userDAO 属性以完成 userDAO 属性值的设置。

（7）到此为止整个项目搭建完成，下面是测试类，使用 JUnit 书写，读者应该先搭建好 JUnit 测试环境（具体步骤参见 16.1.1 小节中相关内容）。

```
package com.deciphering.service;
import org.junit.Test;
import org.springframework.context.ApplicationContext;
import
org.springframework.context.support.ClassPathXmlApplicationContext;
import com.deciphering.model.User;
import com.deciphering.service.impl.UserServiceImpl;
//测试用例
public class UserServiceTest {
    //测试 UserServiceImpl 的 add 方法
    @Test
    public void testAdd() throws Exception {
        //使用 ClassPathXmlApplicationContext 方式初始化 ApplicationContext
        容器
        ApplicationContext ctx = new ClassPathXmlApplicationContext
        ("beans.xml");
        UserServiceImpl service = (UserServiceImpl)ctx.getBean("userService");
        User u = new User();                        //创建 User 实例
        u.setUsername("测试用户");
        u.setPassword("123456");
        service.add(u);                             //将 User 实例 u 添加到数据库中
    }

}
```

粗体部分是获得 Spring 应用上下文的方式以及从 Spring 容器中拿出 bean 的方法，后续章节中会详细介绍，此处读者不必深究细节，只需要知道这两行代码起到这样的作用就可以了。

（8）运行测试用例，控制台打印出如图 16.6 所示的输出结果。

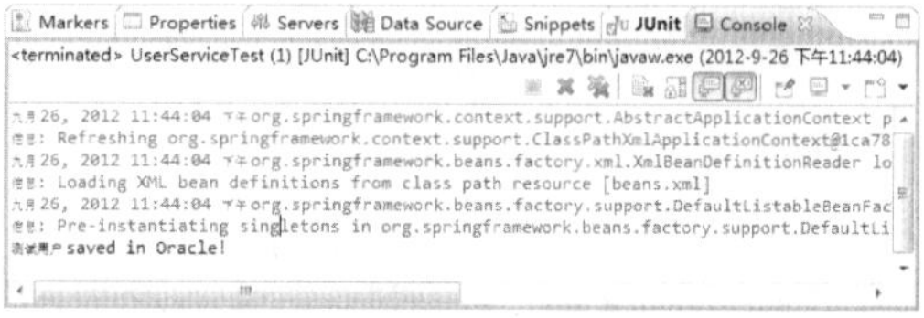

图 16.6　例 16-2 运行结果

2. 构造方法注入

构造方法注入是指 IoC 容器使用构造方法来注入被依赖的实例。基于构造器的 DI 通过调用带参数的构造方法来实现，每个参数代表着一个依赖。下面展示了只能使用构造方法参数来注入依赖关系的例子。请注意，这个类并没有什么特别之处，仍旧是一个普通 Java 类。我们对项目 Spring_16.2.2_IoC_Injection_Type 做少许改动便可实现构造方法注入。

（1）修改 UserServiceImpl 类。

```
package com.deciphering.service.impl;
import com.deciphering.dao.UserDAO;
import com.deciphering.model.User;
//定义业务逻辑实现类 UserServiceImpl
public class UserServiceImpl {
    private UserDAO userDAO;
```

```
    public void add(User user) {
        userDAO.save(user);
    }
    public UserDAO getUserDAO() {
        return userDAO;
    }
    public void setUserDAO(UserDAO userDAO) {
        this.userDAO = userDAO;
    }
    //定义构造方法
    public UserServiceImpl(UserDAO userDAO) {
        super();
        this.userDAO = userDAO;
    }
}
```

上面代码中加粗的部分为新添加的构造方法。在使用设值注入时，不需显式地给 UserServiceImpl 类添加构造方法，而使用构造注入方式时，必须显式地指定带参数的构造方法。

（2）修改 beans.xml 文件。

```
<?xml version="1.0" encoding="UTF-8"?>
<beans xmlns="http://www.springframework.org/schema/beans"
    xmlns:xsi="http://www.w3.org/2001/XMLSchema-instance"
    xmlns:p="http://www.springframework.org/schema/p"
    xmlns:aop="http://www.springframework.org/schema/aop"
    xsi:schemaLocation="http://www.springframework.org/schema/beans
        http://www.springframework.org/schema/beans/spring-beans-3.0.xsd
        http://www.springframework.org/schema/aop
        http://www.springframework.org/schema/aop/spring-aop-3.0.xsd"">
  <!--注册一个 UserDAOImpl，实例名称为 u-->
  <bean id="u" class="com.deciphering.dao.impl.UserDAOImpl">
  </bean>
  <!--注册一个 UserServiceImpl，实例名称为 userService-->
  <bean id="userService" class="com.deciphering.service.UserServiceImpl">
      <!--
      <property name="userDAO">
          <ref bean="u"/>
      </property>
      -->
      <!--使用构造注入方式，为 userService 实例注入 u 实例-->
      <constructor-arg>
          <ref bean="u"/>
      </constructor-arg>
  </bean>
</beans>
```

上面代码中粗体部分为变化部分。

在 beans.xml 文件中，使用<constructor-arg>元素表示我们选择的依赖注入方式为构造注入。由于构造注入需要在类定义中显示定义带参数的构造方法，因此，当 Bean 实例（该例中为 userService 实例）创建完成后，其依赖关系也已经设置完成。在上例中，Spring 调用 UserServiceImpl 类中带 userDAO 参数的构造方法来创建 userService 实例，当 userService 实例创建完成后，u 实例已经注入其中了。

还有一点要说明的是如果构造方法含有多个参数，则在配置<constructor-arg>元素时必须指定每个参数的位置索引。<constructor-arg>元素的 index 属性就用于指定将实例注入至构造方法中的哪一个参数。参数是按顺序指定的，第一个参数的索引值是 0，第二个是 1，依此类推。

（3）运行测试类，执行结果如图 16.7 所示。

观察执行结果可知，采用构造注入和设值注入时的执行效果是完全相同的。那么这两种依赖注入方式的区别是什么呢？区别就在于创建 UserService 实例中 UserDAO 属性的时机不同。设值注入是先通过无参构造方法创建一个 Bean 实例，然后再调用对应的 setter 方法来注入依赖关系，而构造注入则是直接调用有参的构造方法来创建 Bean 实例，当 Bean 实例创建完成后，依赖关系也已经注入完毕了。

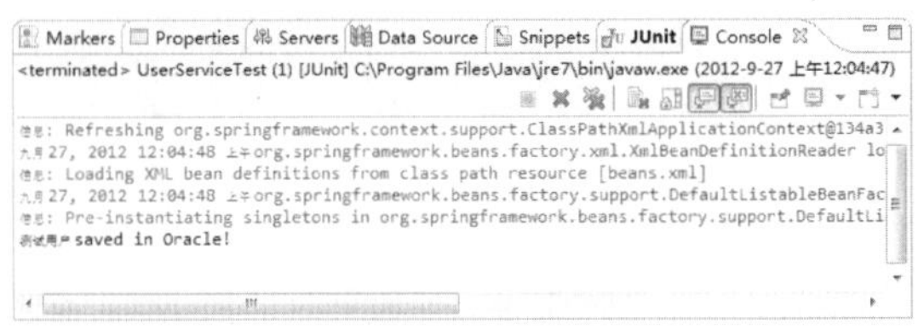

图 16.7　运行结果

3. 接口注入

接口注入需要我们的类实现特定的接口或继承特定的类。但是这样一来，我们的类就必须依赖于这些特定的接口或特定的类，这也就意味着侵入性。Apache 开源的 Avalon 和 EJB 容器属于这一类。但是因为它的侵入性，这种注入方式基本上已经被遗弃了。Spring 是轻量级的、非侵入式的框架，故其并不支持接口注入。

注意： 不支持接口注入并不是 Spring 的遗憾之处，反之应该说是其优点。

16.2.3　DI 3 种实现方式的比较

首先，接口注入历史较为悠久，Apache 开源的 Avalon 和 EJB 容器属于这一类。但由于其侵入性，在现代软件开发过程中它基本上已经被遗弃了（当然，在少数几个场合它依旧良好地发挥着作用）。本小节主要讨论设值方法注入和构造方法注入的比较。

设值方法注入和构造方法注入是目前主流的依赖注入实现模式。这两种实现方式各有特点，也各具优劣。

1. 设值方法注入的优点

- 对于习惯了传统 JavaBean 开发的程序人员来说，通过 setter 方法注入属性值是熟悉的、直观的和自然的。
- 如果依赖关系比较复杂，那么构造方法注入方式会导致构造方法相当庞大（因为需要在构造方法中设定所有依赖关系），此时使用设值方法注入更为简洁。

2. 设值方法注入的缺点

设值注入需要对每个需要注入的类属性定义 public setter 方法。这种注入具有很大的灵活性，但容易破坏类的状态和行为。例如，一个类有两个属性 a 和 b，还有一个方法是用来实现 a 和 b 的加法。如果我们只设置了 a 的值而没有设置 b 的值就直接调用加法，那么肯定会出错。所以，在设置属性时，我们必须知道哪些属性组合是有效的，哪些是无效的。而且这些属性的设置顺序也是需要注意的。

3. 构造方法注入的优点

- 构造方法注入很好地响应了 Java 的设计原则之一——“在构造期间即创建一个完整、合法的对象”。
- 避免了繁琐的 setter 方法的编写，所有的依赖关系均在构造方法中设定，依赖关系集中体现，更加易读。
- 关联关系仅在构造方法中表达，故只有组件创建者需要关心组件内部的依赖关系。对调用者而言，组件中的依赖关系处于黑盒子之中。对上层屏蔽不必要的信息，也为系统的层次清晰性提供了保证。

4. 构造方法注入的缺点

- 首先，构造方法里出现的错误有时是很难查的。
- 其次，在继承中，构造方法是不会自动继承下去的，必须要手动来完成。
- 最后，它很难处理一些特殊情况，例如，不是必须的而是可选择的属性（部分原因是 Java 不能在构造方法中设置默认值），循环的依赖关系等。

可见，构造方法注入和设值方法注入各有千秋，而 Spring 框架对两种依赖注入方式都提供了良好的支持，这也为开发者提供了更多的选择。那么，对基于 Spring 框架开发的应用中使用 IoC 容器时，应该如何选择注入方式？谨记 Spring 容器是一个轻型容器（轻型容器是和类似于 EJB 等重型容器相比而言的），就一般项目开发来说，以设值方法注入为主，辅之以构造方法注入作为补充，可以达到最好的开发效率。

16.3　Spring IoC 简单模拟实现

本节首先简单介绍了 Java 反射机制和如何使用 jdom 操纵 XML 文档的预备知识，使得读者能顺利地阅读 Spring IoC 容器模拟实现的项目。

16.3.1　Java 反射机制简单介绍

反射的概念是 Smith 在 1982 年首次提出的，主要指程序能够访问、检测和修改其本身状态或行为的能力。而将反射概念引入计算机领域后，它便被赋予了新的含义。在计算机科学领域，反射特指能够进行自描述和自控制的一类应用。

在 Java 中，反射是一种强大的工具。反射是 Java 语言所特有的，其他的程序设计语言中都不存在反射的特性。有了反射，运行中的 Java 程序便可以对自身进行检测，并可以直接对程序的内部属性进行操作。反射使得应用的构建更加灵活，但仍需注意，如果对反射使用不当，则其成本会相当高。

Java 的反射机制提供的主要功能有：

- 在程序运行期间判断一个对象属于哪个类。
- 在程序运行期间构造出任意一个类的对象。
- 在程序运行期间判断任意一个类具有的成员变量和成员方法。
- 在程序运行期间调用任意一个对象的方法。
- 生成动态代理。

Java 的反射机制是通过反射 API 来实现的，它允许程序在运行过程中取得任何一个已知名称的类的内部信息。反射 API 位于 java.lang.reflect 包中，主要包括以下几类：

- Constructor 类：用来描述一个类的构造方法。
- Field 类：用来描述一个类的成员变量。
- Method 类：用来描述一个类的方法。
- Modifer 类：用来描述类内各元素的修饰符。
- Array：用来对数组进行操作。

Constructor、Field、Method 这 3 个类都是 JVM（虚拟机）在程序运行时创建的，用来表示加载类中相应的成员。在本节内容中，我们侧重介绍 Field 和 Method 这两个反射 API，因为理解了它们，才能更好地理解 Spring IoC 容器模拟实现的项目。

在应用中，如果要使用 Field 和 Method 这两个反射 API，一般要遵循如下的步骤：

首先要得到所操作的对象或类的 java.lang.Class 类的实例。然后通过调用获取类中成员变量的函数，如 getDeclaredFields()就可以获得该类中定义的所有成员变量的列表，通过调用获取类中方法的函数，如 getDeclaredMethods()则可以获得该类中定义的所有方法的列表。最后就可以使用反射 API 来操作获得的成员变量或方法了。

如何在运行中获得所操作的对象或类的 Class 类的实例呢？通过调用 Class 类的 newInstance 方法便可以创建出类的实例。需要注意的是，使用 newInstance 方法创建类实例时只能调用类的默认构造方法，而不能调用其带参数的构造方法。如果想调用带参数的构造方法，则需要用到 Constructor 中的 newInstance 方法。

【例 16-3】 下面通过本示例来了解 Java 中反射的作用，本例演示了如何通过反射来获取一个类中所有的成员变量。

（1）新建一个普通 Java 项目，名称为 Spring_16.3.1_Java_Reflection。

（2）新建一个 Java 类 ReflectTest，其代码如下：

```
import java.lang.reflect.*;
//定义 ReflectTest 类，该类中包含两个成员变量
public class ReflectTest {
    private String fname;
    private String lname;
    //定义 ReflectTest 类的构造方法
    public ReflectTest(String fname, String lname) {
        this.fname = fname;
        this.lname = lname;
    }
    public static void main(String[] args) {
        try {
            //创建 ReflectTest 类的对象，同时初始化对象的属性
            ReflectTest rt = new ReflectTest("java", "aspectj");
            //调用 fun()方法，将 ReflectTest 类的对象 rt 作为实际参数传递到 fun()
            方法
```

```
            fun(rt);
        } catch (Exception e) {
            e.printStackTrace();
        }
    }
    //静态方法 fun()
    public static void fun(Object obj) throws Exception {
        //获取 obj.getClass()类的所有成员变量列表，存放在 fields 数组中
        Field[] fields = obj.getClass().getDeclaredFields();
        System.out.println("替换之前的:");
        //对 fields 数组中的值进行迭代
        for (Field field : fields) {
            //打印 field 中当前存放的 obj 对象的属性名和属性值
            System.out.println(field.getName() + "=" + field.get(obj));
            if (field.getType().equals(java.lang.String.class)) {
                field.setAccessible(true);
                                    //此处必须设置为 true 才可以修改成员变量
                String org = (String) field.get(obj);
                //将 field 中当前存放的 obj 对象的属性值中所有出现的字符串"a"用字符
                串"b"替换
                field.set(obj, org.replaceAll("a", "b"));
            }
        }
        System.out.println("替换之后的: ");
        //打印修改后的 obj 对象的属性名和属性值
        for (Field field : fields) {
            System.out.println(field.getName() + "=" + field.get(obj));
        }
    }
}
```

上面代码中加粗部分表示先获得 obj.getClass()类（由于 main 中调用 fun 方法时已经将实参 rt 传给 fun()方法的实参 obj 了，因此，obj.getClass()的结果为 ReflectTest 类）的所有成员变量，然后再调用 getDeclaredFields()方法来获取类 ReflectTest 中所有的成员变量并存放在 fields 数组中。接着利用循环打印出 rt 对象中每个成员变量的名字和值，输出形式为“成员变量名=成员变量值”，每打印一次要做一次判断，如果 rt 对象中当前成员变量的值中包含字符串“a”，则用字符串“b”将其替换掉。因此，循环结束后，rt 对象中成员变量的值可能会发生改变了（是否改变要视其成员变量的值中是否包含字符串“a”而定），此时再次打印 rt 对象中每个成员变量的名字和值与先前的值进行对比。

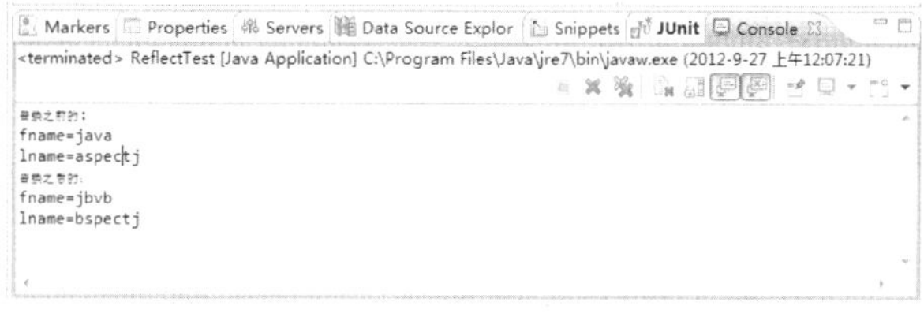

图 16.8　例 16-3 运行结果

（3）运行程序，结果如图 16.8 所示。

获得类中成员变量的函数包括：

- Field getField(String name)：获得类中指定的 public 成员变量，包括从父类继承的成员变量，参数 name 指定成员变量的名称。
- Field[] getFields()：获得类中所有的 public 成员变量，包括从父类继承的成员变量。
- Field getDeclaredField(String name)：获得类中声明的指定成员变量，参数 name 指定成员变量的名称。

- Field[] getDeclaredFields()：获得类中声明的所有成员变量。

如果一个程序在运行过程中发现需要执行某个方法，那么这个方法的名称就需要在程序的运行过程中被指定，此时可以使用反射完成此功能。

下面的代码演示了如何通过反射在程序运行过程中来找到并执行某个方法：

```
public  Object  invokeMethod(Object  owner,  String  methodName,  Object[]
args)  throws
Exception {
    Class ownerClass = owner.getClass();   //获得对象 owner 的 Class
    Class[] argsClass = new Class[args.length];
                                //定义参数的 Class 数组，作为寻找 Method 的条件
    for (int i = 0, j = args.length; i < j; i++) {
    argsClass[i] = args.getClass();     //获得参数类型
        }
    //通过 Method 名和参数的 Class 数组获得要执行的 Method
    Method method = ownerClass.getMethod(methodName, argsClass);
    return method.invoke(owner, args);  //执行 Method 方法，返回值类型为 Object
}
```

说明：forName()方法和 getClass 方法的区别

有 Java 开发基础的读者应该知道，一个 java.lang.Class 对象代表了 Java 应用程序在运行时所加载的类或接口实例，即被加载的类在 JVM 中是以 Class 类的实例形式存在的，Class 类的对象是由 JVM 自动生成的。

使用 Object 的 getClass()方法可以获取到每一个对象所对应的 Class 对象，然后就可以使用 Class 类中提供的方法来操作该 Class 对象以取得 Class 类的一些信息。

在实际开发过程中，有时候无法事先得知用户要加载什么类，此时必须由用户指定要加载的类名称，再根据该类名称来加载类，在这种情况下，则可以使用 Class 类提供的静态方法 forName()方法来实现动态的加载类。

获得类中方法的函数包括：

- Method getMethod(String name,Class[] paramTypes)：获得类中具有指定名称、指定参数类型的公共方法，参数 name 指定方法的名称，参数 paramTypes 指定方法的参数类型。
- Method[] getMethod()：获得类中所有的公共方法。
- Method getDeclaredMethod(String name,Class[] paramTypes)：获得类中声明的具有指定名称、指定参数类型的方法，不包括从父类继承的方法，参数 name 指定方法的名称，参数 paramTypes 指定方法的参数类型。
- Method[] getDeclaredMethod()：获得类中声明的所有方法，不包括从父类继承的方法。

16.3.2　使用 JDOM 读取 XML 信息

Java 对 XML 文档的操作提供了完美的支持，dom4j 功能十分强大，相应的使用上也相对复杂（这只是相对 JDOM 而言，其实还是很简单的）。JDOM 是一个开源项目，它基

于树型结构，利用了纯 Java 技术实现对 XML 文档的解析、生成、序列化及多种操作。JDOM 直接为 Java 编程服务，将 SAX 和 DOM 的功能有效地结合起来。在使用和设计上尽可能地隐藏了 XML 文档使用过程中的复杂性，因此，利用 JDOM 处理 XML 是一件轻松而且简单的事情。

为了模拟实现 Spring IoC 容器，读者应该掌握对 XML 文件的读取操作，本小节使用 JDOM 来解析 XML 文档，通过一个短小精悍的例子作为引导，想要更深入地了解 JDOM，读者可以查阅 JDOM 文档以及上网搜索相关信息。

【例 16-4】 使用 JDOM 操作 XML 文档。

（1）新建一个普通 Java 项目，名称为 Spring_16.3.2_Java_XML。

（2）在项目节点上单击右键，选择弹出菜单中的 Build Path，再按照前面章节介绍过的添加 JAR 包的方式将 JDOM 的 JAR 包 jdom.jar 添加到项目中去。

（3）在 src 目录下新建一个 XML 文档，名称为 test.xml，文档内容涉及元素属性和子元素这两种 XML 文档储存信息的方式，其内容如下：

```
<?xml version="1.0" encoding="UTF-8"?>
<HD>
  <!--描述电脑中 C 盘的信息-->
  <disk name="C">
    <capacity>20G</capacity>
    <directories>100</directories>
    <files>123456</files>
  </disk>
  <!--描述电脑中 D 盘的信息-->
  <disk name="D">
    <capacity>300G</capacity>
    <directories>999</directories>
    <files>987654</files>
  </disk>
</HD>
```

上面的 test.xml 文档描述了某台电脑中硬盘的一些基本信息。其中，根节点<HD>代表电脑硬盘，<disk>元素表示不同的硬盘分区，其 name 属性则表示该电脑上有盘符为 C 和 D 的两个分区。<disk>元素的子元素有 3 个：<capacity>、<directories>和<files>，这 3 个子元素分别代表了各个分区的容量、目录数目以及包含的文件的个数。

（4）新建一个 Java 类，名称为 JdomSample，其功能是完成对 test.xml 文档的读取操作，代码如下：

```
import java.util.*;
import org.jdom.*;
import org.jdom.input.SAXBuilder;
public class JdomSample {
  public static void main(String[] args) throws Exception{
    SAXBuilder sb=new SAXBuilder();//构造一个 org.jdom.input.SAXBuilder 对象
    //构造文档对象 doc
    Document doc=sb.build(JdomSample.class.getClassLoader().getResourceAs
    Stream("test.xml"));
    Element root=doc. getRootElement ();    //获取根元素 HD
    List list=root.getChildren("disk");//获取根元素的所有名字为 disk 的子元素
    //遍历所有 disk 元素
    for(int i=0;i<list.size();i++){
```

```
            Element element=(Element)list.get(i);        //取得第 i 个 disk 元素
            //取得第 i 个 disk 元素的属性值，并将其存入字符串变量 name 中
            String name = element.getAttributeValue("name");
            //获取 disk 元素的 capacity 子元素的文本值，并存入字符串变量 capacity 中
            String capacity=element.getChildText("capacity");
            //获取 disk 元素的 directories 子元素的文本值，并存入字符串变量 directories 中
            String directories=element.getChildText("directories");
            //获取 disk 元素的 files 子元素的文本值，并存入字符串变量 files 中
            String files=element.getChildText("files");
            //打印输出
            System.out.println("磁盘信息:");
            System.out.println("分区盘符:"+name);
            System.out.println("分区容量:"+capacity);
            System.out.println("目录数:"+directories);
            System.out.println("文件数:"+files);
            System.out.println("-----------------------------------");
        }
    }
}
```

下面对 JdomSample 类做一简要分析。

首先，我们 new 了一个 SAXBuilder 对象。通过 SAXBuilder 对象构造 Document 文档对象，将目标文档 test.xml 以流的方式读入。

说明：SAXBuilder 是一个 JDOM 解析器，能将路径中的 XML 文件解析为 Document 对象。

接着，调用 getRootElement()方法可以获得根元素，在本例中即为 HD。在获得根元素以后，就可以调用其 getChildren()方法并传递参数 disk，以获得根元素的所有名为 disk 的子元素，并将这些子元素保存在一个列表中。然后遍历 disk 元素列表，对列表中的每个 disk 元素都调用 getAttributeValue()方法，并传参 name，获得该元素的 name 属性值，再调用 getChildText()方法分别获得 disk 的子元素 capacity、directions 和 files 文本值，最后打印输出。

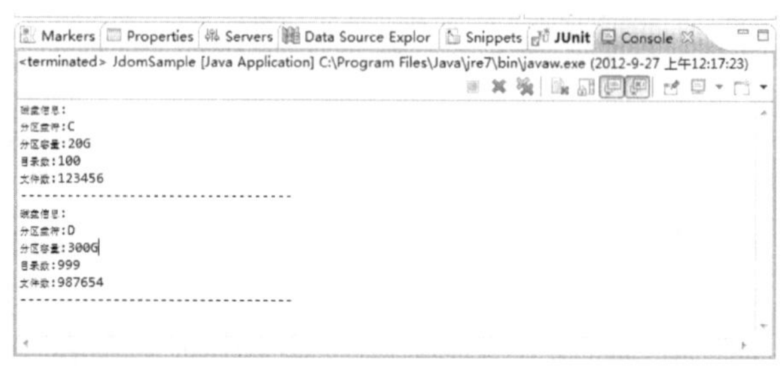

图 16.9　例 16-4 运行结果

（5）运行整个项目，输出如图 16.9 所示。

16.3.3　模拟实现 Spring IoC 容器

读者在阅读 16.2 节后应该对控制反转的概念和原理有了一定的认识，同时在 16.3.1 和 16.3.2 小节中我们又简单介绍了 Java 反射机制和使用 JDOM 操作 XML 文档的相关技术。有了这些知识作为基础，在本小节中，我们将通过一个例子，由简到繁一步步地详解如何实现对 Spring IoC 容器的模拟。

通过对 Spring IoC 容器的模拟实现，读者可以深刻地体会到 Spring 容器的工作机理，

并进一步加深对 Sping 核心概念——依赖注入的理解。

依旧采用在 16.2.1 小节中解释控制反转原理时用到的例子：设想有这样一个项目，通过编程来实现人开车这样一个功能。在该项目中，“人”和“汽车”都是对象，“人”拥有“汽车”，“人”会开“车”。

【例 16-5】 模拟实现 Spring IoC 容器。

第一步，先用传统的 Java 编程方式来完成项目。

（1）新建一个 Java 项目，名称为 Java_16.3.3_Spring_IoC_Simulation。接着为项目添加 jdom.jar 和 JUnit 的支持。

（2）新建一个包 com.deciphering.car，在此包下创建一个接口 Car，它定义了不同品牌汽车所共有的方法，代码如下：

```
package com.deciphering.car;
//定义 Car 接口，该接口包含了两个方法声明
public interface Car {
    public String getBrand();                    //获取汽车的品牌
    public void run();                           //汽车开动的方法
}
```

（3）新建一个包 com.deciphering.carImplemention，在此包下创建一个类 BMWCar，它实现了 Car 接口，代码如下：

```
package com.deciphering.carImplementation;
import com.deciphering.car.Car;
//创建 BMWCar 类，实行 Car 接口
public class BMWCar implements Car{
    private String MyBrand = "宝马";
    //实现 Car 接口的 getBrand 方法
    @Override
    public String getBrand() {
        return MyBrand;
    }
    //实现 Car 接口的 run 方法
    @Override
    public void run() {
        System.out.println(MyBrand + " is running!");
    }
}
```

类似地，在此包下我们可以实现其他品牌的汽车类，例如奔驰、宾利等等。但是可能读者会有疑问：汽车类为什么不写成下面的形式？

```
public class BMWCar implements Car{
    private String MyBrand ;                     //汽车品牌
    //实现 Car 接口的 getBrand 方法
    @Override
    public String getBrand() {
        return getMyBrand();
    }
    //实现 Car 接口的 run 方法
    @Override
    public void run() {
        System.out.println(getMyBrand() + " is running!");
    }
```

```
    //MyBrand 属性的 getter 方法
    public String getMyBrand() {
        return MyBrand;
    }
    //MyBrand 属性的 setter 方法
    public void setMyBrand(String myBrand) {
        MyBrand = myBrand;
    }
}
```

上面代码中加粗的部分是 MyBrand 属性的 getter 和 setter 方法。显然，通过在 BMWCar 类中为 MyBrand 属性添加 setter 和 getter 方法就可以轻易地让 BMWCar 类的不同对象来代表不同品牌的汽车，这样的话不是连接口都不需要定义了吗？

请注意，由于这个例子仅仅是简单模拟，所以看起来不同品牌汽车间的区别仅仅在于 MyBrand 这个字符串变量的值不同而已。事实上，不同品牌的汽车不同之处有很多（只是本例没有表现出来），仅仅将一辆宝马车的车牌标志换成奔驰，这辆汽车是不会变成奔驰的，它们之间有太多不同了，通过 setter 方法相互转换两种车的想法从逻辑上就是错误的！正确的逻辑应该是定义一组汽车共有的方法和属性（也就是 car 接口），所有品牌的汽车都应该实现这些方法，但是它们的实现细节却各有不同。

（4）新建一个包 com.deciphering.human，在此包下新建一个 Java 类 Human，它是拥有 Car 并去调用 Car 的 run 方法的调用者。代码如下：

```
package com.deciphering.human;
import com.deciphering.car.Car;
//创建 Human 类
public class Human {
    private Car car ;
    //该方法用于返回 car 属性值
    public Car getCar() {
        return car;
    }
    //该方法用于为属性 car 赋值
    public void setCar(Car car) {
        this.car = car;
    }
    //调用 car 属性的 run 方法
    public void myCarRun(){
        car.run();
    }
}
```

（5）新建一个 test 目录，在 test 目录下新建一个 JUnit 测试类，包名与接受测试的类所在的包一致，测试类名称为 HumenTest，代码如下：

```
package com.deciphering.humen;
import static org.junit.Assert.*;
import org.junit.Test;
import com.deciphering.car.Car;
import com.deciphering.carImplementation.BMWCar;
import com.deciphering.human.Human;
//测试用例
public class HumenTest {
    //测试 Humen 类的 myCarRun 方法
    @Test
```

```
    public void testHumen() {
        Human human = new Human() ;
        Car car = new BMWCar();
        human.setCar(car);          //调用 setCar 方法，给 human 对象的 car 属性赋值
        human.myCarRun();           //调用 myCarRun 方法
    }
}
```

（6）以 JUnitTest 运行测试类，其结果如图 16.10 所示。

至此，整个项目初步完成。

第二步，模拟实现 Spring 的 BeanFactory 接口和 ClassPathXmlApplicationContext 类。

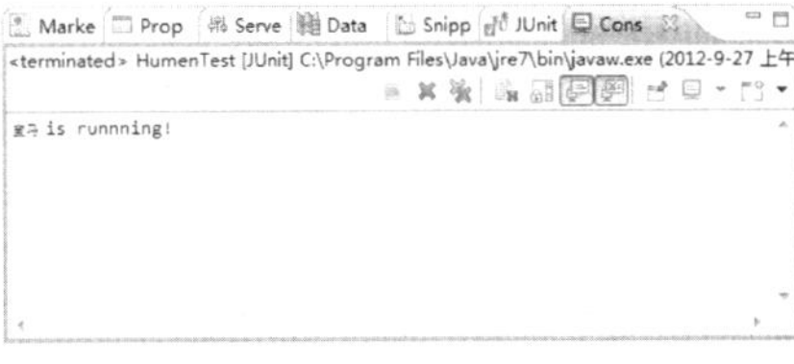

图 16.10　例 16-5 运行结果（1）

注意：Spring 框架下也有 BeanFactory 和 ClassPathXmlApplicationContext，在项目中不要弄混。

（7）在 src 目录下新建一个包 com.deciphering.Spring，在此包下新建一个接口 BeanFactory。代码如下：

```
package com.deciphering.spring;
//定义 BeanFactory 接口
public interface BeanFactory {
    public Object getBean(String id);          //该方法用于取得指定 Bean
}
```

BeanFactory 接口中定义的 getBean()方法便是通过 id 从容器中取得指定 Bean 的方法。

（8）在 com.deciphering.Spring 包下新建一个类，这个类模拟 Spring 的容器，并且实现了 BeanFactory 接口。代码如下：

```
package com.deciphering.spring;
import java.lang.reflect.Method;
import java.util.HashMap;
import java.util.List;
import java.util.Map;
import org.jdom.Document;
import org.jdom.Element;
import org.jdom.input.SAXBuilder;
//创建 ClassPathXmlApplicationContext 类实现 BeanFactory 接口
public class ClassPathXmlApplicationContext implements BeanFactory {
    //存储各个实例的键值对
    private Map<String , Object> beans = new HashMap<String, Object>();
    //构造方法
    public ClassPathXmlApplicationContext() throws Exception {
        SAXBuilder sb=new SAXBuilder();             //读取 XML 文档
         //构造文档对象 doc
        Document doc=sb.build(this.getClass().getClassLoader().get
        ResourceAsStream("beans.xml"));
        Element root=doc.getRootElement();          //获取 XML 文档根元素
        List list=root.getChildren("bean");         //获取根元素下所有 bean 子元素
        //遍历所有 bean 元素
        for(int i=0;i<list.size();i++){
          Element element=(Element)list.get(i);     //取得第 i 个 bean 元素
          //取得第 i 个 bean 元素的 id 属性值，并将其存入字符串变量 id 中
```

```
                String id=element.getAttributeValue("id");
                //取得第 i 个 bean 元素的 class 属性值，并将其存入字符串变量 clazz 中
                String clazz=element.getAttributeValue("class");
                Object o = Class.forName(clazz).newInstance();//使用反射生成类的对象
                //打印输出
                System.out.println(id);
                System.out.println(clazz);
                beans.put(id, o);                                //将 id 和对象 o 存入 Map 中
            }
        }
        //获取 Bean 实例
        public Object getBean(String id) {
            return beans.get(id);
        }
}
```

上面代码中我们使用了 JDOM 来解析 XML 文档 beans.xml，获得该文档中所有的 bean 子元素，而 Spring 的配置文件中正是通过<bean>元素来配置不同的 Bean 实例的。又由于 Spring 配置文件中的<bean>元素通常会指定 id 和 class 两个属性，分别代表 Bean 实例的唯一标识和其实现类，因此，对于 beans.xml 文档中获取到的每个 bean 元素，在代码中都通过 getAttributeValue()方法来获取其 id 属性和 class 属性的值，并分别保存到字符串变量 id 和 clazz 中。

代码中加粗的部分就应用了 Java 的反射机制来生成 clazz 所代表类的对象。最后将字符串变量 id 和通过反射机制生成的对象 o 存入 Map 中。这样，当我们需要 Spring 配置文件中的 Bean 实例时，就可以直接通过 ClassPathXmlApplicationContext 类的 getBean 方法来获取到了。

（9）在 src 目录下新建一个 XML 文档，名称为 beans.xml，其内容如下：

```
<beans>
    <!--注册一个 BMWCar 实例，名称为 car-->
    <bean id="car" class="com.deciphering.carImplementation.BMWCar" >
    </bean>
    <!--注册一个 Human 实例，名称为 human -->
    <bean id="human" class="com.deciphering.human.Human" >
    </bean>
</beans>
```

上面 XML 文档 beans.xml 的根元素为<beans>，其下包含了两个<bean>子元素，每个<bean>子元素都包含了 id 和 class 两个属性。

（10）对第一步中使用的测试类进行修改，代码如下：

```
package com.deciphering.humen;
import static org.junit.Assert.*;
import org.junit.Test;
import com.deciphering.car.Car;
import com.deciphering.carImplementation.BMWCar;
import com.deciphering.human.Human;
import com.deciphering.spring.ClassPathXmlApplicationContext;
//测试用例
public class HumenTest {
    //测试 Humen 类的 myCarRun 方法
    @Test
```

```
    public void testHumen() throws Exception {
        //新建 ClassPathXmlApplicationContext 类的实例
        ClassPathXmlApplicationContext ctx = new ClassPathXmlApplication
        Context();
        Human human = (Human)ctx.getBean("human");
                                    //在 beans.xml 中取出 id 属性为 human 的实例
        Car car = (BMWCar)ctx.getBean("car");
                                    //在 beans.xml 中取出 id 属性为 car 的实例
        human.setCar(car);          //调用 setCar 方法，给 human 对象的 car 属性赋值
        human.myCarRun();           //调用 myCarRun 方法
    }
}
```

分析粗体部分代码：测试类中，我们先 new 一个 ClassPathXmlApplicationContext 对象，而这个对象保存了程序中用到的所有 Bean，然后通过这个对象获得我们需要用到的 Bean 实例。在该例中，通过 ClassPathXmlApplicationContext 对象先后获得了 human Bean 和 car Bean，接着就可以实现 Bean 实例之间的调用了。

（11）运行程序，输出结果如图 16.11 所示。

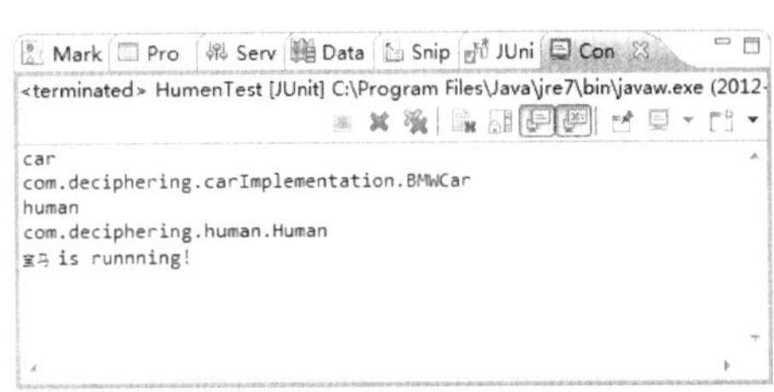

图 16.11　例 16-5 运行结果（2）

分析结果：前面 4 行打印出了 ClassPathXmlApplicationContext 容器内所有的 Bean 及其对应路径，说明容器在初始化时，就已经将容器内所有 Bean 初始化。第 5 行表明程序正常运行。

到此为止，我们已经模拟实现了 Spring 框架的 BeanFactory 接口和 ClassPathXmlApplicationContext 容器类，接下来考虑更复杂的情况。

事实上，在第二步的实现中我们仍然需要手工地得到 human 对象和 car 对象，然后通过 human 对象自身的 setCar()方法将 car 对象放入 human 对象，这就使得编程者仍然需要了解各个对象间的依赖关系，十分不方便，那么可不可以这样做呢：从容器中拿出的 human 对象是已经自动装配好的，它已经自动装配了在 beans.xml 配置文件中指定的某个 car 对象？答案是可以的，Spring 便提供了这样的 Bean 间自动装配的功能。下面，我们在第三步中来实现 Spring 的这种自动装配功能，实际上就是前面讲过的依赖注入功能。

第三步，实现 Spring 的依赖注入。

（12）为 ClassPathXmlApplicationContext 类增加功能，使其能识别 Spring 配置文件中 bean 元素的 property 属性并自动为某个对象注入其他对象。代码如下：

```
package com.deciphering.spring;
import java.lang.reflect.Method;
import java.util.HashMap;
import java.util.List;
import java.util.Map;
import org.jdom.Document;
import org.jdom.Element;
import org.jdom.input.SAXBuilder;
//创建 ClassPathXmlApplicationContext 类实现 BeanFactory 接口
public class ClassPathXmlApplicationContext implements BeanFactory {
    //存储各个实例的键值对
    private Map<String , Object> beans = new HashMap<String, Object>();
    //构造方法
    public ClassPathXmlApplicationContext() throws Exception {
```

```
    SAXBuilder sb=new SAXBuilder();                    //读取 XML 文档
    //构造文档对象 doc
        Document doc=sb.build(this.getClass().getClassLoader().get
        ResourceAsStream("beans.xml"));
        Element root=doc.getRootElement();        //获取 XML 文档根元素
        List list=root.getChildren("bean");       //获取根元素下所有 bean 子元素
        //遍历所有 bean 元素
        for(int i=0;i<list.size();i++){
           Element element=(Element)list.get(i);     //取得第 i 个 bean 元素
           //取得第 i 个 bean 元素的 id 属性值，并将其存入字符串变量 id 中
           String id=element.getAttributeValue("id");
           //取得第 i 个 bean 元素的 class 属性值，并将其存入字符串变量 clazz 中
           String clazz=element.getAttributeValue("class");
           Object o = Class.forName(clazz).newInstance();//使用反射生成类的对象
           System.out.println(id);
           System.out.println(clazz);
           beans.put(id, o);                          //将 id 和对象 o 存入 Map 中
           //对第 i 个 bean 元素下的每个 property 子元素进行遍历
           for(Element propertyElement : (List<Element>)element.getChildren
            ("property")) {
            //取得 property 元素的 name 属性值
           String name = propertyElement.getAttributeValue("name");
           //取得 property 元素的 bean 属性值
            String beanInstance = propertyElement.getAttributeValue("bean");
            Object beanObject = beans.get(beanInstance);//取得被注入的实例
            //获得相应属性的 setter 方法的方法名，形式为 setXxx
            String methodName = "set" + name.substring(0, 1).toUpperCase()
            + name.substring(1);
            System.out.println("method name = " + methodName);
            //使用反射取得指定名称，指定参数类型的 setXxx 方法
            Method m = o.getClass().getMethod(methodName, beanObject
            getClass().getInterfaces()[0]);
            m.invoke(o, beanObject);                 //调用对象 o 的 setXxx()方法
            }
        }
    }
    //获取 Bean 实例
    public Object getBean(String id) {
        return beans.get(id);
    }
}
```

粗体部分为关键代码。显然，在这里我们实现的注入方式是设值注入，关于构造注入方式的实现，读者可以仿照上面的代码自己来完成。

（13）修改 beans.xml 文件，写入能让 ClassPathXmlApplicationContext 类自动装配容器内对象的信息：

```
<beans>
    <!--注册一个 BMWCar 实例，名称为 c-->
    <bean id="c" class="com.deciphering.carImplementation.BMWCar" >
    </bean>
    <!--注册一个 Human 实例，名称为 human-->
    <bean id="human" class="com.deciphering.human.Human" >
        <!--将 BMWCar 的实例 c 注入给 human 实例的 car 属性-->
        <property name = "car" bean = "c"></property>
    </bean>
```

```
</beans>
```

上面 beans.xml 文件中的<property>元素表示将 BMWCar 实例注入给 Human 实例的 car 属性。

（14）修改测试类，代码如下：

```
package com.deciphering.humen;
import static org.junit.Assert.*;
import org.junit.Test;
import com.deciphering.car.Car;
import com.deciphering.carImplementation.BMWCar;
import com.deciphering.human.Human;
import com.deciphering.spring.ClassPathXmlApplicationContext;
//测试用例
public class HumenTest {
    //测试 Humen 类的 myCarRun 方法
    @Test
    public void testHumen() throws Exception {
        //新建 ClassPathXmlApplicationContext 类的实例
        ClassPathXmlApplicationContext ctx = new ClassPathXmlApplication
        Context();
        Human human = (Human)ctx.getBean("human");
                                        //在 beans.xml 中取出 id 属性为 human 的实例
        //Car car = (BMWCar)ctx.getBean("car");
        //human.setCar(car);
        human.myCarRun();               //直接调用 myCarRun 方法
    }
}
```

代码中粗体部分是原本需要手动设置 car 对象给 human 对象的语句，现在可以取消掉了。我们直接从容器中拿出一个 human 对象，它在容器中就已经自动注入了所需要的 car 对象，因此，可以直接调用 myCarRun()方法。

（15）运行程序，结果如图 16.12 所示。

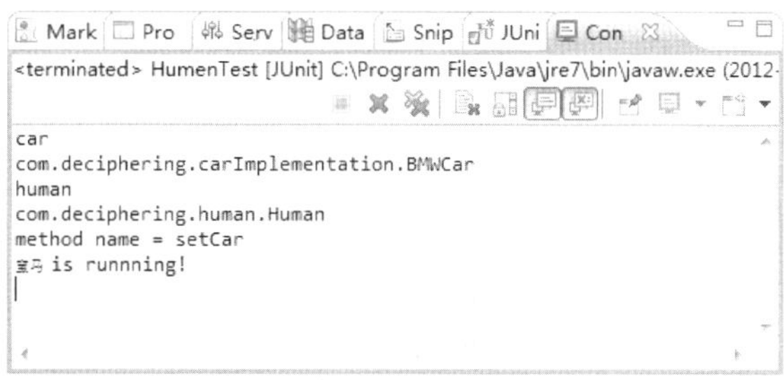

图 16.12　例 16-5 运行结果（3）

16.4　本 章 小 结

本章先通过 HelloWorld 的例子引入，给读者一个使用 Spring 开发项目的全景，并对添加 Spring 支持包的一些原则做了阐述。

然后通过汽车的例子形象地解释了 Spring 中依赖注入 ID 和控制反转 IoC 的思想，使读者明确它们实际上是同一概念的两种不同表达，进而揭示了依赖注入的本质和内涵。

接着，我们讨论了实现依赖注入的 3 种方式，包括设值注入、构造方法注入和接口注入，其中接口注入的方式现在已不再使用。并对设值注入和构造方法注入的适用场合和优缺点做了详细的阐述。

最后，在深入理解了依赖注入和控制反转思想的基础上，通过编程模拟实现了 Spring IoC 容器的基本功能。要深刻理解 Spring IoC 容器的基本原理还要具备 Java 反射机制和使用 JDOM 操作 XML 文档的相关知识基础。在此基础上，读者可以自己编程实现 Spring IoC 容器的其他功能，可以达到融会贯通和举一反三。

通过本章的学习，读者对 Spring 已经有了较多的认识，在下一章中，读者将学习到 Spring 核心提供的更多功能。

第 17 章　Spring 之进阶运用

在第 16 章中我们详细介绍了 Spring 控制反转的原理（IoC），并通过实例模拟了它的实现，通过上一章内容的学习，读者应对 Spring 的核心运行机制有了更深入的了解。

本章将在前面学习的基础上，介绍 Spring 开发中需要掌握的一些必备知识，并结合大量实例来辅助读者更好地理解。

本章我们会从了解 Bean 入手，讲解 Bean 标签的常用属性以及在 Spring 中对各种类型属性的配置方法。接着对 Spring 管理 Bean 的一系列相关问题进行深入细致的阐述，以期读者能够通过本章的学习，进一步加深对 Spring 框架的认识，逐步具备使用 Spring 来开发实际项目的能力。本章主要内容如下：

- 配置 Bean 的属性和依赖关系。
- 管理 Bean 的生命周期。
- 让 Bean 可以被 Spring 感知。
- Spring 的国际化。

17.1　配置 Bean 的属性和依赖关系

之前我们提到，控制反转和依赖注入是 Spring 框架的核心，贯穿始终。当 Spring 自动地为依赖对象提供协作时，使用的就是依赖注入。对于依赖注入容器而言，我们可以将 Bean 实例的所有属性都通过配置文件指定，这种方式提供了很好的解耦。但同时应该引起注意的是：物极必反，依赖注入的滥用反而会引起一些问题，如大大降低了程序的可读性等。通常的做法是：组件和组件之间的耦合，采用依赖注入管理；但是对于普通的 JavaBean 属性值，则直接在代码进行中设置。

Spring 对依赖注入的支持非常广泛并且超出了标准控制反转特性结合的范围。本节将讲解 Spring 依赖注入容器的相关知识，详细研究如何在 Spring 中配置依赖注入。

17.1.1　Bean 的配置

我们已经知道，Spring 的 IoC 容器负责管理所有的应用系统组件，并可以在协作组件间建立关联。

要完成 Bean 的配置，就需要告诉容器到底需要哪些 Bean 以及容器使用何种方式将它们装配在一起。Spring 的 IoC 容器支持两种格式的配置文件：Properties 文件格式和 XML 文件格式。XML 配置文件通过 XML 文件来注册并管理 Bean 之间的依赖关系，它是最常用、功能最完整的配置文件表达方式，本书也使用了 XML 文件的形式来完成 Bean 的配置。

1．定义Bean

Spring 的 IoC 容器管理一个或多个 Bean，这些 Bean 由容器根据 XML 文件中提供的 Bean 配置信息进行创建。

XML 配置文件的根元素是<beans>，<beans>包含了多个<bean>子元素，每个<bean>子元素定义了一个 Bean，并描述了该 Bean 如何被装配到 Spring 容器中。

一个 bean 通常包括 id、name 和 class3 个属性。

- id 属性：是一个 Bean 的唯一标识符，容器对 Bean 的配置、管理都通过该属性来完成。

  Bean 的 id 属性在 Spring 容器中应是唯一的，如果想给 Bean 添加别名或想使用一些不合法的 XML 字符，如“/”，则可以通过指定 Bean 的 name 属性进行设定。
- name 属性：可以在 name 属性中为 Bean 指定多个名称（别名），每个名称之间使用逗号或分号隔开。
- class 属性：该属性指定了 Bean 的具体实现类，它必须是一个完整的类名，使用类的全限定名。

注意：如果在 Bean 定义中未指定 id 和 name，则 Spring 会将 class 值当作 id 使用。

下面的代码定义了两个 Bean：

```
<!--Spring 配置文件的根元素-->
<beans>
    <!--定义 b1 Bean，其对应的实现类为 com.spring.B1-->
    <bean id="b1" class="com.spring.B1"/>
    <!--定义 b1 Bean，其对应的实现类为 com.spring.B2-->
    <bean id="b2" class="com.spring.B2"/>
</beans>
```

配置文件显示了 Bean 是如何加载到容器中去的，通过配置文件，Spring 便可以了解到要加载的类以及加载方式。

Bean 的依赖注入有以下两种表现方式：

- 属性：通过<property.../>元素配置，对应设置注入。
- 构造器参数：通过<constructor-arg.../>元素指定，对应构造注入。

17.1.2　设置普通属性值

<property>的 value 属性用于指定字符串类型或者基本类型的属性值，Spring 利用 JavaBeans PropertyEditors 将解析出来的 string 类型转换成需要的参数值类型。默认情况下，value 属性或者<value>标签不仅能读取 Java.lang.String 类型，还能将其转换成其他任何基本类型或者对应的包装类。

【例 17-1】 在本例中通过项目 Spring_17.1.1_InjectSimpleDemo 显示了一个允许被注入多种类型属性的 Bean。

（1）新建一个普通项目，名称为 Spring_17.1.1_InjectSimpleDemo，添加好 Spring 支持

及其依赖的 JAR 包。

（2）创建 ExampleBean 类，为简化，我们将测试方法也写在了这个类中（注意，实际开发中尽量不要这样做，推荐第 14 章的做法——新建一个测试文件夹，测试类与被测试的对象类置于同样的包名下）。代码如下：

```
package com.deciphering.examplebean;
import
org.springframework.context.support.ClassPathXmlApplicationContext;
//定义 ExampleBean 类
public class ExampleBean {
    //定义 ExampleBean 类的属性
    private String name;                          //姓名
    private int age;                              //年龄
    private float height;                         //身高
    private boolean isChinese;                    //是否是中国人
    //name 属性的 getter 和 setter 方法
    public String getName() {
        return name;
    }
    public void setName(String name) {
        this.name = name;
    }
    //age 属性的 getter 和 setter 方法
    public int getAge() {
        return age;
    }
    public void setAge(int age) {
        this.age = age;
    }
    //height 属性的 getter 和 setter 方法
    public float getHeight() {
        return height;
    }
    public void setHeight(float height) {
        this.height = height;
    }
    //isChinese 属性的 getter 和 setter 方法
    public boolean isChinese() {
        return isChinese;
    }
    public void setIsChinese(boolean isChinese) {
        this.isChinese = isChinese;
    }
    //覆盖 Object 类的 toString 方法
    public String toString(){
        return String.format("name: %s\n" +
                "age: %d\n" +
                "height: %g\n" +
                "isChinese: %b\n",
                name , age , height , isChinese);
    }
    //测试方法
    public static void main(String[] args){
        //创建 Spring 容器
        ClassPathXmlApplicationContext ctx = new ClassPathXmlApplication
        Context("beans.xml");
```

```
        //获取 ExampleBean 实例
        ExampleBean eb = (ExampleBean)ctx.getBean("exampleBean");
        System.out.println(eb);
    }
}
```

上面代码中除了各个属性的 setter 和 getter 方法外，ExampleBean 类中还定义了一个 main 方法，用于创建一个 ClassPathXmlApplicationContext 对象并从 Spring 中获取一个 ExampleBean 实例。然后将这个 Bean 的属性值都输出到屏幕。

（3）在 src 目录下新建 beans.xml 文件，其内容如下：

```
<?xml version="1.0" encoding="UTF-8"?>
<beans xmlns="http://www.springframework.org/schema/beans"
    xmlns:xsi="http://www.w3.org/2001/XMLSchema-instance"
    xmlns:p="http://www.springframework.org/schema/p"
    xmlns:aop="http://www.springframework.org/schema/aop"
    xsi:schemaLocation="http://www.springframework.org/schema/beans
        http://www.springframework.org/schema/beans/spring-beans-3.0.xsd
        http://www.springframework.org/schema/aop
        http://www.springframework.org/schema/aop/spring-aop-3.0.xsd">
<!--配置 exampleBean 实例，其实现类为 com.deciphering.examplebean.ExampleBean
-->
  <bean id="exampleBean" class="com.deciphering.examplebean.ExampleBean">
     <!--使用 property 元素配置需要依赖注入的属性-->
     <property name="name" value = "Arthur"></property>
     <property name="age" value = "30"></property>
     <property name="height" value = "175"></property>
     <property name="isChinese" value = "true"></property>
  </bean>
</beans>
```

此配置文件用以配置简单属性的值注入，从代码中可以看到，你可以在 Bean 上定义 String 值、基本类型值或者基本类型包装类值的属性，并通过 value 属性将这些值注入其中，只要在 Java 类中为该属性提供了对应的 setter 方法即可。

根据上面的配置文件，Spring 会为每个<bean>元素创建一个 Java 对象，即一个 Bean 实例。对代码中加粗的语句，Spring 将完成类似如下代码所作的工作：

```
//获取 com.deciphering.examplebean.ExampleBean 类的 Class 对象
Class targetClass=class.forName("com.deciphering.examplebean.Example
Bean");
//创建 com.deciphering.examplebean.ExampleBean 类的默认实例
Object bean=targetClass.newInstance();
```

当 bean 实例创建完以后，Spring 会遍历配置文件的<bean>元素中所有的<property>子元素。每发现一个<property>元素，就为该 bean 实例调用相应的 setter 方法。对配置文件中第一个出现的<property>子元素，Spring 将完成如下的工作：

```
//获取 name 属性对应的 setter 方法名
String _setName1="set"+"Name";
//获取 com.deciphering.examplebean.ExampleBean 类中的 setName()方法
Method setMethod1=targetClass.getMethod(setName, Arthur.getClass( ));
//调用 bean 实例的 setName()方法
setMethod1.invoke(bean, Arthur);
```

到此，Spring 就根据配置文件为 exampleBean 实例注入了 name 属性值。类似的，还可以注入其他的属性值。

事实上，我们还可以通过为 property 元素增加子元素 value，来完成依赖关系的设值注入：

```
<!--使用 value 元素直接指定属性值-->
 <property name="name">
    <!--指定 name 属性值为 Tom-->
    <value>Tom</value>
    </property>
```

两种配置方式的效果完全相同，但是使用 value 作为 property 元素属性的方式显得更为简洁，所以 Spring 推荐采用设置 value 属性的方式来配置普通属性值。

（4）运行项目，程序输出结果如图 17.1 所示。

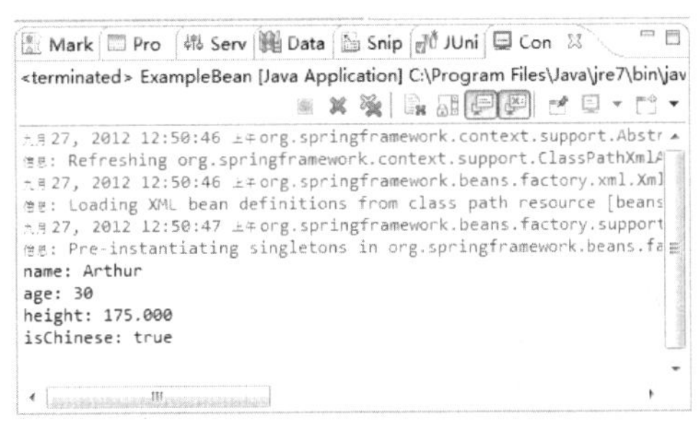

图 17.1　例 17-1 输出结果

17.1.3　配置合作者 Bean

如果需要为 Bean 设置的属性值是容器中的另一个 Bean 实例，则可以在 Spring 的配置文件中使用 property 元素的子元素 ref 将一个 Bean 注入到另一个 Bean 中。也可以使用 property 元素的 ref 属性来完成注入，两种方式的效果相同，只是使用 ref 属性的方式更为简洁。

配置合作者 Bean 时首先必须配置两个 bean：一个被注入的和一个注入的目标，然后，就可以简单地在目标上使用 ref 属性配置注入了。

这里我们使用第 16 章中的 16.2.2_Spring_Injection_Type 项目中的配置文件 beans.xml 进行举例说明，项目中接口和类的详细定义请参见例 16-2。

```
 <?xml version="1.0" encoding="UTF-8"?>
<!--Spring 配置文件的根元素-->
<beans xmlns="http://www.springframework.org/schema/beans"
    xmlns:xsi="http://www.w3.org/2001/XMLSchema-instance"
    xmlns:p="http://www.springframework.org/schema/p"
    xmlns:aop="http://www.springframework.org/schema/aop"
    xsi:schemaLocation="http://www.springframework.org/schema/beans
        http://www.springframework.org/schema/beans/spring-beans-3.0.xsd
        http://www.springframework.org/schema/aop
        http://www.springframework.org/schema/aop/spring-aop-3.0.xsd">
  <!--注册一个 UserDAOImpl，实例名称为 u-->
  <bean id="u" class="com.deciphering.dao.impl.UserDAOImpl">
  </bean>
  <!--注册一个 UserServiceImpl，实例名称为 userService-->
  <bean id="userService" class="com.deciphering.service.UserServiceImpl">
      <!--使用 property 元素的子元素 ref 来完成注入-->
      <property name="userDAO">
          <ref bean="u"/>
      </property>
  </bean>
</beans>
```

使用 property 元素的 ref 属性来完成注入的代码如下：

```
<bean id="userService" class="com.deciphering.service.UserServiceImpl">
     <!--使用 property 元素的 ref 属性来完成注入-->
     <property name="userDAO" ref bean="u"/>
     </property>
  </bean>
```

还需要说明的一点是，当采用构造注入方式时，则需在 constructor-arg 元素中添加 ref 属性，此时可以将一个 Bean 实例注入另一个 Bean 中。

```
<bean id="userService" class="com.deciphering.service.UserServiceImpl">
     <!--使用构造注入，在 constructor-arg 元素中添加 ref 属性-->
     <constructor-arg>
        <ref bean="u"/>
     </constructor-arg>
</bean>
```

需要注意的是：被注入的类型不一定要求完全与注入目标中定义的类型一样，只需要兼容就可以了。也就是说，如果在目标 Bean 上定义的是一个接口，那么注入的只要是实现了这个接口的类的实例就可以了。而如果声明的是一个类，那么注入的实例要么是这个类的实例，要么是这个类的子类的实例。

17.1.4　注入集合值

很多情况下，我们需要在 Bean 中配置一组对象的集合而不仅仅是单独的几个 Bean 或者基本类型值，因此，Spring 提供了直接向 Bean 注入一个对象的集合的方法。

注入集合值并不复杂：可以使用<list><map><set>或<props>元素来分别表示 List、Map、Set 或者 Properties 对象，然后，向其中传入任何可用于注入的其他类型的独立元素（就像给普通的<property>标签配置属性一样）。

【例 17-2】 本实例先定义一个包含了各种集合属性的 Java 类，再演示如何通过配置文件为集合属性注入属性值。

（1）新建一个普通 Java 项目，名称为 Spring_17.1.3_InjectCollections，添加好 Spring 支持及其依赖的 JAR 包。

（2）创建 InjectCollections 类，其中包含了 List、Map 和 Set 集合属性，代码如下：

```
package com.deciphering.InjectCollections;
import java.util.List;
import java.util.Map;
import java.util.Set;
import org.springframework.context.ApplicationContext;
import
org.springframework.context.support.ClassPathXmlApplicationContext;
//创建 InjectCollections 类
public class InjectCollections {
//在 InjectCollections 类中定义各种集合属性
    private Set<String> sets;                          //Set 集合属性
    private List<String> lists;                        //List 集合属性
    private Map<String , String> maps;                 //Map 集合属性
    //定义各个属性的 setter 和 getter 方法，setter 方法用来实现依赖注入
    public Set<String> getSets() {
        return sets;
    }
```

```
    public void setSets(Set<String> sets) {
        this.sets = sets;
    }
    public List<String> getLists() {
        return lists;
    }
    public void setLists(List<String> lists) {
        this.lists = lists;
    }
    public Map<String, String> getMaps() {
        return maps;
    }
    public void setMaps(Map<String, String> maps) {
        this.maps = maps;
    }
    //覆盖 Object 类的 toString 方法
    public String toString() {
        return "sets " + sets.toString() + "\nlists " + lists.toString() +
        "\nmaps " + maps.toString() ;
    }
    //main 方法用于测试
    public static void main(String[] args){
        //创建 Spring 容器
        ApplicationContext ctx = new ClassPathXmlApplicationContext
        ("beans.xml");
        //获取 InjectCollections 实例
        InjectCollections  ic= (InjectCollections)ctx.getBean("inject
        Collections");
        System.out.println(ic);
    }
}
```

在上面的 InjectCollections 类里，3 行粗体代码定义了 3 个我们最常用的集合属性。与例 17-1 一样，为简化我们将测试方法也写在了这个类里面。

（3）下面在 Spring 的配置文件中配置这些集合属性值：

```
<?xml version="1.0" encoding="UTF-8"?>
<!--Spring 配置文件的根元素-->
<beans xmlns="http://www.springframework.org/schema/beans"
    xmlns:xsi="http://www.w3.org/2001/XMLSchema-instance"
    xmlns:p="http://www.springframework.org/schema/p"
    xmlns:aop="http://www.springframework.org/schema/aop"
    xsi:schemaLocation="http://www.springframework.org/schema/beans
        http://www.springframework.org/schema/beans/spring-beans-3.0.xsd
        http://www.springframework.org/schema/aop
        http://www.springframework.org/schema/aop/spring-aop-3.0.xsd">
  <!--配置 injectCollection 实例,其实现类为 com.deciphering.InjectCollections
  .InjectCollections -->
  <bean id="injectCollections" class="com.deciphering.InjectCollections
  .InjectCollections">
    <property name="sets">
        <!--配置 Set 属性的属性值-->
        <set>
            <value>1</value>
            <value>2</value>
        </set>
    </property>
    <property name="lists">
<!--配置 List 属性的属性值-->
```

```
        <list>
            <value>1</value>
            <value>2</value>
            <value>3</value>
        </list>
    </property>
    <property name="maps">
        <!--配置 Map 属性的属性值-->
        <map>
            <entry key="1" value="1"></entry>
            <entry key="2" value="2"></entry>
            <entry key="3" value="3"></entry>
            <entry key="4" value="4"></entry>
        </map>
    </property>
  </bean>
</beans>
```

（4）运行项目，输出结果如图 17.2 所示。

通过例 17-2 我们可以了解到在 Spring 的配置文件中注入集合值的方法，下面做一详细说明。

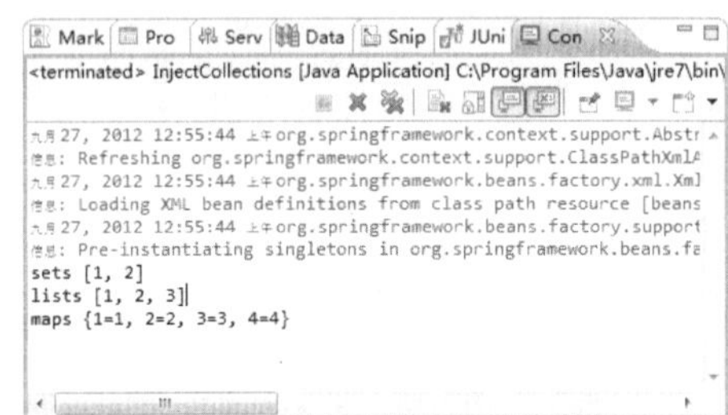

图 17.2　例 17-2 输出结果

对 List 类型和数组类型的属性，需要使用<list>元素来配置。在<list>元素中不仅可以使用<value>子元素，还可以使用其他任何有效的子元素，包括<ref>、<set>、<map>和另一个<list>。

如果需要保持集合中数据的唯一性，则需要使用 Set 集合。对于 Set 类型的属性，使用<set>元素进行配置。在<set>元素中不仅可以使用<value>子元素，还可以使用其他任何有效的子元素，包括<ref>、<list>、<map>和另一个<set>。

对 Map 类型的属性，使用<map>元素来配置。由于 Map 集合中的每项都是由一个键值对（key, value）构成的，因此，使用<map>元素的子元素<entry>来配置键值对，且每个子元素<entry>配置一个键值对。<entry>中键值对的 value 也可以包括<value>、<ref>、<list>、<set>或另一个<map>子元素。

对 Map 类型的属性，在例 17-2 中的配置文件中我们使用了<map>元素配置的简化表示，即将 key 和 value 都作为 entry 的属性。还可以将它们都作为<map>元素的子元素，或 key 作为属性，value 作为子元素，即下面这两种表示方式和我们上面使用的简化表示方式都是等效的。

key 和 value 都作为<map>元素的子元素：

```
<!--key 和 value 都作为 entry 的子元素-->
<map>
    <!--配置 Map 中的项，每项包含一个(key,value)对-->
    <entry>
        <!--配置 entry 中的 key 值->
        <key>
            <value>"key1"</value>
        </key>
        <!--配置 entry 中的 value 值->
        <value>aaa</value>
```

```
        <key>
            <value>"key2"</value>
        </key>
        <value>bbb</value>
    </entry>
 </map>
```

key 作为属性，value 作为子元素：

```
<!--key 作为 entry 的属性，value 作为 entry 的子元素-->
<map>
    <!--配置 Map 中的项，每项包含一个(key,value)对，key 作为 entry 的属性-->
    <entry key="key1">
        <value>aaa</value>
    </entry>
    <!--配置 Map 中的项，每项包含一个(key,value)对，key 作为 entry 的属性-->
    <entry key="key2">
        <value>bbb</value>
    </entry>
</map>
```

对于 Map 还有一点需要注意的是，在配置<entry>时，key 属性（或 key 子元素）的值只能是 String 类型。虽然 java.util.Map 类型中的主键 key 可以是任何类型（大部分情况下主键 key 的类型仍然是 String 类型），但在配置<entry>时，其类型只能为 String 类型。

Properties 集合也可以在 Spring 中进行配置，它需要使用<prop>元素来配置。Properties 类型较为特殊，其 key 和 value 值都只能是 String 类型，因此，在 Spring 中配置 Properties 类型的属性时只需要针对每个属性项给出其属性名和属性值就可以了。

```
<property name="">
    <props>
    <!--配置属性项的 key 值和 value 值-->
    <prop key="key1">aaa</prop>
    <prop key="key2">bbb</prop>
    </props>
</ property >
```

17.2　管理 Bean 的生命周期

Spring 可以管理 singleton 作用域 Bean 的生命周期，Spring 可以精确地知道该 Bean 何时被创建，何时初始化完成，以及何时被销毁。对于 prototype 作用域的 Bean，Spring 仅仅负责创建，当容器创建了 Bean 实例后，Bean 实例完全交给客户端代码管理，容器不再跟踪其生命周期。每次客户端请求 prototype 作用域的 Bean 时，Spring 会创建一个新的实例，Spring 容器并不管那些被配置成 prototype 作用域的 Bean 的生命周期。

管理 Bean 的生命周期重点在于在某个 Bean 生命周期的某些指定时刻接受通知。这样能够允许你的 Bean 在其存活期间的指定时刻完成一些相关操作。这样的时刻可能有许多，但一般而言，有两个生命周期时刻与 Bean 关系显得尤为重要：postinitiation（初始化后）和 predestruction（销毁前）。

Spring 为 Bean 提供两种机制来嵌入上述时间，并执行一些附加的基于接口或者基于方法的处理。Spring 广泛运用了基于接口的机制，这样编程人员就不需要每次都指定 Bean 的初始化和销毁。然而在需要不同处理的 Bean 中，使用基于方法的机制可能效果更好。总的来说：选择何种机制来接受生命周期的通知视程序的需求而定。如果你关注的是程序的可移植性，或者你制定一两个需要回调的特性类型 Bean，就使用基于方法的机制。如果不太关注可移植性或者定义了许多需要用到生命周期通知的同类型 Bean，使用基于接口的机制可以确保你的 Bean 总能接受到通知并且代码更为简洁。

Spring 中，Bean 的生命周期更加复杂，可以利用 Spring 提供的方法来定制 Bean 的创建过程。当一个 Bean 被加载到 Spring 容器中时，它就具有了生命。而 Spring 在保证一个 Bean 能够使用之前会预先做很多工作。图 17.3 显示了 Spring 容器中 Bean 实例完整的生命周期行为。

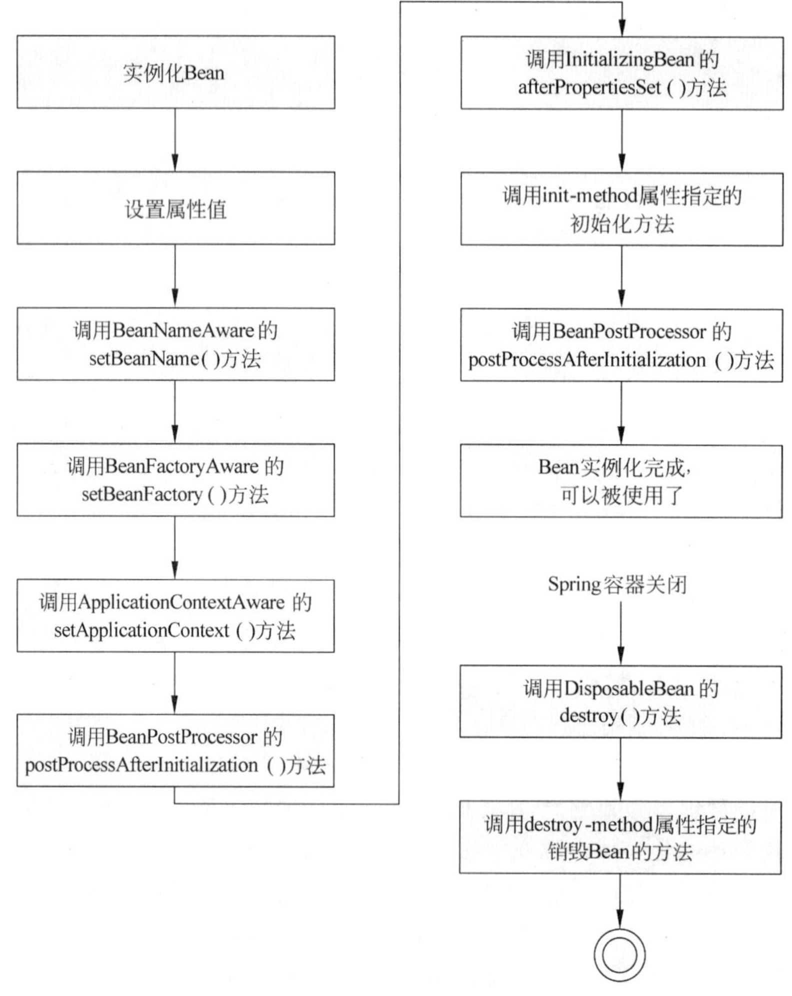

图 17.3　Bean 的生命周期图

由图 17.3 可以看到，Spring 容器在一个 Bean 能够正常使用之前替我们做了很多工作，下面详解每一步工作的内容：

（1）Spring 实例化 Bean。

（2）利用依赖注入来配置 Bean 中所有属性值。

（3）如果 Bean 实现了 BeanNameAware 接口，则 Spring 调用 Bean 的 setBeanName()方法传入当前 Bean 的 ID 值。

（4）如果 Bean 实现了 BeanFactoryAware 接口，则 Spring 调用 setBeanFactory()方法传入当前工厂实例的引用。

（5）如果 Bean 实现了 ApplicationContextAware 接口，则 Spring 调用 setApplicationContext()方法传入当前 ApplicationContext 实例的引用。

（6）如果 Bean 实现了 BeanPostProcessor 接口，则 Spring 会调用 postProcessBeforeInitialzation()方法。

（7）如果 Bean 实现了 InitializingBean 接口的，则 Spring 会调用 afterPropertiesSet()方法。

（8）如果在配置文件中通过 init-method 属性指定了初始化方法，则调用该初始化方法。

（9）如果 Bean 实现了 BeanPostProcessor 接口，则 Spring 会调用 postProcessAfterInitialization()方法。

（10）到此为止，Bean 就可以被使用了，它将一直存在于 Spring 容器中直到被销毁。

（11）如果 Bean 实现了 DisposableBean 接口，则 Spring 会调用 destroy()方法。

（12）如果在配置文件中通过 destroy-method 属性指定了销毁 Bean 的方法，则调用该方法。

17.2.1　Spring 容器中 Bean 的作用域

在讨论了 Bean 的生命周期之后，再来介绍 Spring 容器中 Bean 的作用域。在 Spring 容器初始化一个 Bean 实例时，可以同时为其指定特定的作用域。在 Spring 2.0 之前，Bean 只有两种作用域，分别是 singleton（单例）和 prototype（原型），Spring 2.0 以后的版本中，又增加了 session、request、global session 3 种专用于 Web 应用程序上下文的 Bean。现在的 Spring 3.0 中，仍然支持上述 5 种 Bean 作用域，同时，用户还可以根据自己的需要，增加新的 Bean 类型，以满足实际应用的需求。Spring 3.0 中支持的 5 种作用域如下所示。

- Singleton：单例模式，使用 singleton 定义的 Bean 在 Spring 容器中将只有一个实例，也就是说，无论多少个 Bean 引用到它，始终指向的是同一个对象。
- Prototype：原型模式，每次通过 Spring 容器获取 prototype 定义的 Bean 时，容器都将创建一个新的 Bean 实例。
- Request：针对每一次 HTTP 请求都会产生一个新的 Bean，而且该 Bean 仅在当前 HTTP request 内有效。
- Session：针对每一次 HTTP 请求都会产生一个新的 Bean，而且该 Bean 仅在当前 HTTP session 内有效。
- Global session：类似于标准的 HTTP Session 作用域，但是它仅仅在基于 portlet 的 Web 应用中有效。

上面 5 种作用域中 singleton 和 prototype 两种最为常用。

对于 singleton 作用域的 Bean，由容器来管理 Bean 的生命周期，容器可以精确地掌握该 Bean 何时被创建，何时初始化完成以及何时被销毁。当一个 Bean 的作用域被设置为 singleton 时，那么在 Spring 容器中就只存在一个共享的 Bean 实例，每次请求该 Bean 时，只要 id 与 Bean 定义相匹配，则都将获得同一个实例。换句话说，容器只为 singleton 作用域的 Bean 创建一个唯一实例。

对于 prototype 作用域的 Bean，每次请求一个 Bean 实例时容器都会返回一个新的、不同的实例，此时，容器仅仅负责创建 Bean 实例，且实例创建完成后，就将其完全交给客户端代码管理，容器不再跟踪其生命周期。

如果不指定 Bean 的作用域，Spring 默认使用 singleton 作用域。设置 Bean 的作用域，通过 scope 属性指定，scope 属性可以接受的取值为 singleton、prototype、session、request 和 global session，分别对应上面 5 种作用域。

下面代码中配置了一个 singleton 实例和一个 prototype 实例：

```
<!--配置一个 singleton Bean 实例-->
<bean id="a" class="com.deciphering.A" scope="singleton">
<!--配置一个 prototype Bean 实例-->
<bean id="b" class="com.deciphering.B" scope="prototype">
```

需要说明的是，上面代码中配置 a 实例时，也可以省略 scope 属性，此时仍表示 Bean a 是一个 singleton Bean。另外，要注意的是，对于 prototype Bean，每次使用 Bean 的名称调用 getBean()方法时都会获得一个该 Bean 的一个新实例。如果 Bean 使用了有限的资源，如数据库、网络连接等，则多个实例的创建会浪费有限的资源，对于这种情况，应该将 Bean 设置为 singleton Bean。

在一个 Bean 的生命周期中，有两个周期时间对 Bean 来说尤为重要，一个是初始化后（Postinitialization），一个是销毁前（Predestruction）。

17.2.2　Bean 的实例化

当一个 Bean 实例化时，往往需要执行一些初始化工作，然后才能使用该 Bean 实例。反之，当不再需要某个 Bean 实例时，则需要从容器中删除它，此时也要按顺序做一些清理工作。

Spring 提供了两种方法在 Bean 全部属性设置成功后执行指定行为：

- ❑ 使用 init-method 属性。
- ❑ 实现 initializingBean 接口。

1．指定初始化方法

如前所述，使用 init-method 属性指定某个初始化方法在 Bean 全部依赖关系设置完成后执行。这种回调机制在仅定义多个同类型 Bean 或者希望自己的应用程序和 Spring 解耦合时会十分有效。使用这种机制的另一个好处是：它能够让我们的 Spring 应用程序同之前创建的或者由第三方提供的 Bean 无缝完美地协同工作。下面通过示例来讲解 init-method 属性的用法。

【例 17-3】　使用 init-method 属性指定初始化方法。

（1）新建一个普通 Java 项目，命名为 Spring_17.2.2_lifecycle_init_method，接着添加 Spring 支持及其依赖的 JAR 包。

（2）创建 SimpleBean 类，其代码如下：

```
package com.deciphering.init;
```

```
import org.springframework.context.ApplicationContext;
import
org.springframework.context.support.ClassPathXmlApplicationContext;
//创建 SimpleBean 类
public class SimpleBean {
    //定义常量
    private static final String DEFAULT_NAME = "Mark";
    private static final int DEFAULT_AGE = 20;
    //定义类的属性
    private int age = 0;
    private String name;
    //构造方法
    public SimpleBean(){
        System.out.println("-----------------\n" +"Spring 实例化 bean...");
    }
    //定义 name 属性的 getter 和 setter 方法
    public String getName() {
        return name;
    }
    public void setName(String name) {
        System.out.println("Spring 执行依赖关系注入...");
        this.name = name;
        System.out.println("name = " + this.name);
    }
    //定义 age 属性的 getter 和 setter 方法
    public int getAge() {
        return age;
    }
    public void setAge(int age) {
        System.out.println("Spring 执行依赖关系注入...");
        this.age = age;
        System.out.println("age = " + this.age);
    }
    //初始化方法
    public void init(){
        System.out.println("初始化 bean 完成，调用 init()...");
        this.name = DEFAULT_NAME;
        this.age = DEFAULT_AGE;
        System.out.println(this);
    }
    //覆盖 Object 类的 toString 方法
    public String toString() {
        return  "name: "+ name +"\n"+
                "age: "+ age +"\n"+
                "------------------------\n";
    }
    //测试方法
    public static void main(String[] args){
        //创建 Spring 容器
        ApplicationContext ctx = new ClassPathXmlApplicationContext
        ("beans.xml");
        //获取 SimpleBean 实例
        for(int j=1;j<=3;j++){
            ctx.getBean("simpleBean"+j);
        }
    }
}
```

为简化项目，我们将测试方法也一并写在了 SimpleBean 类中。上面程序中第一段粗体代码定义了一个普通的 init()方法，实际上，这个方法的名称可以是任意的，Spring 不会对 init()方法进行任何特别的处理，除非在 Spring 的配置文件中使用 init-method 属性指定该方法是一个生命周期方法。

上面的 SimpleBean 类没有实现任何 Spring 专有的接口，只是增加了一个 init()方法，它依然是一个普通的 Java 类，没有与 Spring 紧密耦合。下面我们对程序做一点改进。

（3）在 src 目录下新建 beans.xml 文件，其内容如下：

```
<?xml version="1.0" encoding="UTF-8"?>
<beans xmlns="http://www.springframework.org/schema/beans"
    xmlns:xsi="http://www.w3.org/2001/XMLSchema-instance"
    xmlns:p="http://www.springframework.org/schema/p"
    xmlns:aop="http://www.springframework.org/schema/aop"
    xsi:schemaLocation="http://www.springframework.org/schema/beans
        http://www.springframework.org/schema/beans/spring-beans-3.0.xsd
        http://www.springframework.org/schema/aop
        http://www.springframework.org/schema/aop/spring-aop-3.0.xsd">
    <!--配置 simpleBean1，指定当该 Bean 所有属性设置完成后，自动执行 init 方法-->
    <bean id="simpleBean1" class="com.deciphering.init.SimpleBean" init-
    method="init">
        <!--使用 property 元素配置需要依赖注入的属性-->
        <property name="name" value="Bill"></property>
        <property name="age" value="19"></property>
    </bean>
    <!--配置 simpleBean2，指定当该 Bean 所有属性设置完成后，自动执行 init 方法-->
    <bean id="simpleBean2" class="com.deciphering.init.SimpleBean" init-
    method="init">
        <property name="age" value="20"></property>
    </bean>
    <!--配置 simpleBean3，指定当该 Bean 所有属性设置完成后，自动执行 init 方法-->
    <bean id="simpleBean3" class="com.deciphering.init.SimpleBean" init-
    method="init">
        <property name="name" value="Charles"></property>
    </bean>
</beans>
```

上面的配置文件中配置了 3 个 Simplebean 的实例，并使用 property 元素注入了不同的初始化参数。

（4）运行程序，结果如图 17.4 所示。

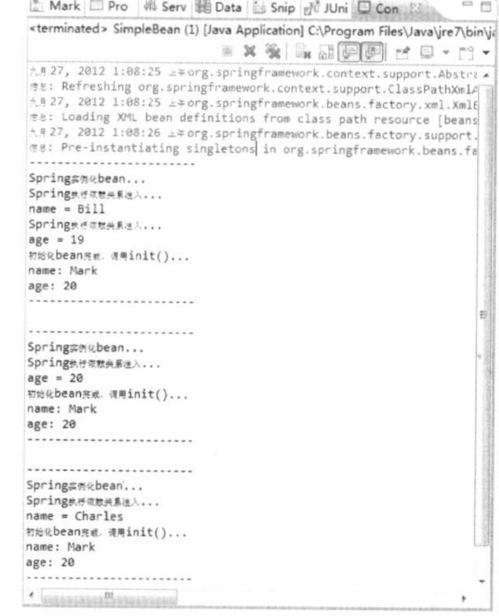

图 17.4　例 17-3 输出结果

通过执行结果可以看出：当 Spring 完成依赖注入后，系统会自动执行 init()方法。

程序执行流程为：先调用 Simplebean 类的构造方法创建 simplebean1 实例，接着 Spring 的 IoC 容器通过 setter 方法将 name 和 age 两个属性的值注入 simplebean1 实例，最后容器自动调用 init()方法完成初始化工作。类似的，simplebean2 实例和 simplebean3 实例的 init()方法也可以由容器自动调用。

由例 17-3 可知，使用 init-method 属性指定的方法应该在 Bean 的全部依赖关系设置结束之后自动执行，使用这种方法不需要将代码与 Spring 的接口耦合在一起。

2．实现InitializingBean接口

Spring 中的 org.springframework.beans.factory.InitializingBean 接口提供了定义初始化方法的一种方式。它允许容器在设置好 Bean 的所有必需属性后给 Bean 发通知，以执行初始化工作。一旦某个 Bean 实现了 InitializingBean 接口，那么这个 Bean 的代码就与 Spring 耦合到一起了。

InitializingBean 接口只定义了一个 afterPropertiesSet 方法，它的作用和第一种方法中的 init()相同，可以在该方法内部对 Bean 做一些初始化处理工作，如检查 Bean 配置以确保其有效等。凡是继承了 InitializingBean 接口的类，在初始化 Bean 的时候都会执行其 afterPropertiesSet 方法。

【例 17-4】 我们在例 17-3 的基础上对代码进行修改，以了解 InitializingBean 接口的使用方法。

（1）复制例 17-3 的整个项目并更改项目名称为 Spring_17.2.2_lifecycle_afterPropertiesSet。

（2）修改 SimpleBean 类，修改后代码如下：

```
package com.deciphering.init;
import org.springframework.beans.factory.InitializingBean;
import org.springframework.context.ApplicationContext;
import
org.springframework.context.support.ClassPathXmlApplicationContext;
//创建 SimpleBean 类，实现 InitializingBean 接口
public class SimpleBean implements InitializingBean{
    //定义常量
    private static final String DEFAULT_NAME = "Mark";
    private static final int DEFAULT_AGE = 20;
    //定义类的属性
    private int age = 0;
    private String name;
    //构造方法
    public SimpleBean(){
        System.out.println("-----------------\n" +"Spring 实例化 bean...");
    }
    //定义 name 属性的 getter 和 setter 方法
    public String getName() {
        return name;
    }
    public void setName(String name) {
        System.out.println("Spring 执行依赖关系注入...");
        this.name = name;
        System.out.println("name = " + this.name);
    }
    //定义 age 属性的 getter 和 setter 方法
    public int getAge() {
        return age;
    }
    public void setAge(int age) {
        System.out.println("Spring 执行依赖关系注入...");
        this.age = age;
        System.out.println("age = " + this.age);
    }
    /*
    public void init(){
```

```
        System.out.println("初始化 bean 完成，调用 init()...");
        this.name = DEFAULT_NAME;
        this.age = DEFAULT_AGE;
        System.out.println(this);
    }
    */
    //覆盖 Object 类的 toString 方法
    public String toString() {
        return  "name: "+ name +"\n"+
                "age: "+ age +"\n"+
                "-----------------------\n";
    }
    //测试方法
    public static void main(String[] args){
        //创建 Spring 容器
        ApplicationContext ctx = new ClassPathXmlApplicationContext
        ("beans.xml");
        //获取 SimpleBean 实例
        for(int j=1;j<=3;j++){
            ctx.getBean("simpleBean"+j);
        }
    }
    //实现 InitializingBean 接口的 afterPropertiesSet 方法
    public void afterPropertiesSet() throws Exception {
        System.out.println("初始化 bean 完成，调用 afterPropertiesSet()...");
        this.name = DEFAULT_NAME;
        this.age = DEFAULT_AGE;
        System.out.println(this);
    }
}
```

上面代码中创建了 SimpleBean 类，该类实现了 InitializingBean 接口。对于实现 InitializingBean 接口的 Bean，无须再使用 init-method 指定初始化方法，因此，我们将 init()方法注释掉，并且将其方法内容复制到 afterPropertiesSet()方法中并稍作修改。

SimpleBean 类实现了 InitializingBean 接口，则当其 Bean 的所有依赖关系被设置完成后，Spring 容器会自动调用该 Bean 实例的 afterPropertiesSet()方法。

（3）同样，我们需要修改 beans.xml 文件，将<bean>中的 init-method 属性去掉，修改后的内容如下：

```
<?xml version="1.0" encoding="UTF-8"?>
<beans xmlns="http://www.springframework.org/schema/beans"
    xmlns:xsi="http://www.w3.org/2001/XMLSchema-instance"
    xmlns:p="http://www.springframework.org/schema/p"
    xmlns:aop="http://www.springframework.org/schema/aop"
    xsi:schemaLocation="http://www.springframework.org/schema/beans
        http://www.springframework.org/schema/beans/spring-beans-3.0.xsd
        http://www.springframework.org/schema/aop
        http://www.springframework.org/schema/aop/spring-aop-3.0.xsd">
    <!--配置 simpleBean1-->
<bean id="simpleBean1" class="com.deciphering.init.SimpleBean">
        <property name="name" value="Bill"></property>
        <property name="age" value="19"></property>
    </bean>
    <!--配置 simpleBean2-->
    <bean id="simpleBean2" class="com.deciphering.init.SimpleBean">
        <property name="age" value="20"></property>
```

```
</bean>
    <!--配置 simpleBean3-->
<bean id="simpleBean3" class="com.deciphering.init.SimpleBean">
        <property name="name" value="Charles"></property>
</bean>
</beans>
```

（4）运行程序，结果如图 17.5 所示。

对于实现了 InitializingBean 接口的 Bean，配置该 Bean 实例与配置普通 Bean 实例完全相同。Spring 容器可以自动检测到 Bean 中是否实现了特定的生命周期接口，如果实现了某个生命周期接口，则需要执行其相应的生命周期方法。

但是，实现 InitializingBean 接口的方式将代码同 Spring 耦合起来，是侵入式设计，因此不推荐使用 InitializingBean 接口。对两种初始化 Bean 的方式进行总结如下：

（1）Spring 提供了两种初始化 Bean 的方式，一种方式是在配置文件中通过 init-method 属性来指定初始化方法，另一种方式是实现 InitializingBean 接口。

图 17.5　例 17-4 输出结果

注意：这两种方式可以同时使用，此时 Spring 先执行已实现的 InitializingBean 接口中的 afterPropertiesSet 方法，再执行 init-method 属性所指定的方法。

（2）init-method 指定的方法是通过反射调用的，而 afterPropertiesSet 方法是直接执行的，因此，从执行效率上来看，前者的效率要更高。

（3）使用配置 init-method 属性的方式能让应用程序与 Spring 解耦，但是必须为每一个需要的 Bean 添加初始化方法。使用实现 InitializingBean 接口的方式优势在于不需要配置就可以直接调用它的 afterPropertiesSet 方法，则 Spring 容器会自动检测到实现了 InitializingBean 接口的类。但同时，由于我们定义的 Bean 实现了 InitializingBean 接口，因此该 Bean 就与 Spring 的 API 耦合在一起了。

（4）为了减少代码的侵入性，一般推荐使用配置 init-method 属性的方式来完成 Bean 实例的初始化。但还应该根据程序本身的需求来选择恰当的初始化方式。如果程序需要考虑可移植性的问题，那么应该使用配置 init-method 属性的方式，而如果希望减少程序所需要的配置数量，降低配置出错的几率，则可以使用实现 InitializingBean 接口的方式。

17.2.3　Bean 的销毁

与初始化类似，Spring 也提供了两种方法在 Bean 实例销毁之前执行指定的动作：

- 使用 destroy-method 属性。
- 实现 DisposableBean 接口。

1. 使用关闭钩子（shutdown hook）

在介绍 Bean 的销毁前，我们先考虑一个问题：ApplicationContext 容器在什么时候关闭呢？

对于基于 Web 的 ApplicationContext 实现，已有相应的代码来保证关闭 Web 应用时恰当地关闭 Spring 容器。但如果正处于一个非 Web 应用环境下，希望容器优雅地关闭，并在关闭前调用 singleton Bean 上相应的析构回调方法，则需要在 JVM 中注册一个关闭钩子（shutdown hook）。这样做就可以保证 Spring 容器被恰当地关闭，同时所有由单例持有的资源都会被释放掉。当然，为自己的单例配置销毁回调，并正确实现销毁回调的方法，依然需要自己来完成。

为了注册关闭钩子，只需要调用在 AbstractApplicationContext 中提供的 registerShutdownHook( )方法即可。例如：

```
public static void main(String[] args){
    AbstractApplicationContext ctx = new ClassPathXmlApplicationContext
    ("beans.xml");
    for(int j=1;j<=3;j++){
        ctx.getBean("SimpleBean"+j);
    }
    //为 Spring 容器注册关闭钩子
    ctx.registerShutdownHook();
}
```

上面一段代码最后一行粗体字代码为 Spring 容器注册了一个关闭钩子，程序会在退出 JVM 之前关闭 Spring ApplicationContext 容器，并在关闭容器之前调用 singleton 作用域中 Bean 的析构回调方法。

2. Bean销毁时执行析构方法

如果希望一个 Bean 在销毁前能执行一些清理和释放工作，则可以在 Bean 中定义一个普通的析构方法，然后在 XML 配置文件中通过 destroy-method 属性指定其方法名。则 Spring 会在销毁单例前调用此方法。

【例 17-5】 使用 destroy-method 属性指定析构方法。

（1）复制 17.2.2 小节中例 17-3 的整个项目并更改项目名称为 Spring_17.2.3_lifecycle_destroy_method。

（2）修改 SimpleBean 类，修改后代码如下：

```
package com.deciphering.init;
import org.springframework.context.ApplicationContext;
import org.springframework.context.support.AbstractApplicationContext;
import
org.springframework.context.support.ClassPathXmlApplicationContext;
//创建 SimpleBean 类
public class SimpleBean {
    //定义常量
    private static final String DEFAULT_NAME = "Mark";
    private static final int DEFAULT_AGE = 20;
    //定义类的属性
    private int age = 0;
    private String name;
    //构造方法
    public SimpleBean(){
        System.out.println("Spring 实例化 bean...");
    }
```

```
    //定义name属性的getter和setter方法
    public String getName() {
        return name;
    }
    public void setName(String name) {
        System.out.println("Spring执行依赖关系注入...");
        this.name = name;
        System.out.println("name = " + this.name);
    }
    //定义age属性的getter和setter方法
    public int getAge() {
        return age;
    }
    public void setAge(int age) {
        System.out.println("Spring执行依赖关系注入...");
        this.age = age;
        System.out.println("age = " + this.age);
    }
    //完成清理与资源回收工作
    public void close(){
        System.out.println("调用close()...");
        System.out.println("此时可以用来执行销毁前的资源回收方法...");
    }
    //覆盖Object类的toString方法
    public String toString() {
        return  "name: "+ name +"\n"+
                "age: "+ age +"\n";
    }
    //测试方法
    public static void main(String[] args){
        //创建Spring容器
        AbstractApplicationContext ctx = new ClassPathXmlApplicationContext
        ("beans.xml");
        ctx.getBean("simpleBean");                    //获取SimpleBean实例
        ctx.registerShutdownHook();                   //为Spring容器注册关闭钩子
        System.out.println("关闭ApplicationContext!");
    }
}
```

上面代码中加粗的部分定义了一个 close()方法，它用来完成清理与资源回收的工作，方法名可以是任意的。现在，close()方法还只是一个普通的方法，Spring 并不会对它有任何特别的对待。如果希望在 Bean 实例销毁前由 Spring 来调用它则需要在配置文件中为 <bean>添加 destroy-method 属性。

注意：SimpleBean 类没有实现任何 Spring 特有的接口，只是在原有方法的基础上增加了一个 close()方法，因此它并没有与 Spring 紧密耦合。

（3）修改 beans.xml 文件，内容如下：

```
<?xml version="1.0" encoding="UTF-8"?>
<beans xmlns="http://www.springframework.org/schema/beans"
    xmlns:xsi="http://www.w3.org/2001/XMLSchema-instance"
    xmlns:p="http://www.springframework.org/schema/p"
    xmlns:aop="http://www.springframework.org/schema/aop"
    xsi:schemaLocation="http://www.springframework.org/schema/beans
        http://www.springframework.org/schema/beans/spring-beans-3.0.xsd
```

```
        http://www.springframework.org/schema/aop
        http://www.springframework.org/schema/aop/spring-aop-3.0.xsd">
    <!--配置 simpleBean，指定当该 Bean 实例被销毁前自动执行 close 方法-->
<bean id="simpleBean" class="com.deciphering.init.SimpleBean" destroy-method="close">
        <!--使用 property 元素配置需要依赖注入的属性-->
        <property name="name" value="Bill"></property>
        <property name="age" value="19"></property>
</bean>
</beans>
```

在 beans.xml 文件中加粗的语句为<bean>指定了 destroy-method 属性，其属性值正是我们在 SimpleBean 类中定义的 close 方法的方法名。这样配置后，Spring 就会在销毁 simpleBean 实例前自动调用 SimpleBean 类中的 close 方法。

（4）运行程序，结果如图 17.6 所示。

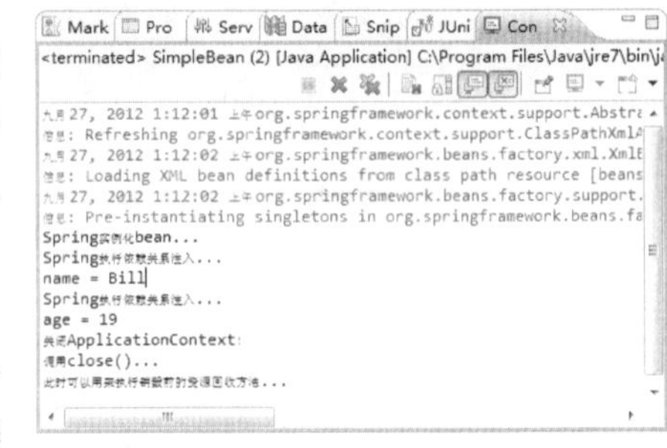

图 17.6　例 17-5 输出结果

destroy-method 属性指定的某个方法在 bean 销毁之前被自动执行。使用这种方法，不需要将程序逻辑代码与 Spring 的接口耦合在一起，代码污染小。

3．实现DisposableBean接口

与初始化回调的情形类似，Spring 提供了一个 org.springframework.beans.factory.DisposableBean 接口，实现了该接口的 Bean 实例可以在 Spring 容器销毁它之前获得一次回调。DisposableBean 接口只有一个方法：void destroy( ) throws Exceptions，该方法就是 Bean 实例要被销毁之前应该执行的方法。

【例 17-6】 使用 DisposableBean 接口完成析构方法。

（1）复制例 17-5 的整个项目并更改项目名称为 Spring_17.2.3_lifecycle_DisposableBean。

（2）修改 SimpleBean 类，修改后代码如下：

```
package com.deciphering.init;
import org.springframework.beans.factory.DisposableBean;
import org.springframework.context.ApplicationContext;
import org.springframework.context.support.AbstractApplicationContext;
import
org.springframework.context.support.ClassPathXmlApplicationContext;
//创建 SimpleBean 类
public class SimpleBean implements DisposableBean{
    //定义常量
    private static final String DEFAULT_NAME = "Mark";
    private static final int DEFAULT_AGE = 20;
    //定义类的属性
    private int age = 0;
    private String name;
    //构造方法
    public SimpleBean(){
        System.out.println("Spring 实例化 bean...");
    }
    //定义 name 属性的 getter 和 setter 方法
    public String getName() {
        return name;
```

```
    }
    public void setName(String name) {
        System.out.println("Spring 执行依赖关系注入...");
        this.name = name;
        System.out.println("name = " + this.name);
    }
    //定义 age 属性的 getter 和 setter 方法
    public int getAge() {
        return age;
    }
    public void setAge(int age) {
        System.out.println("Spring 执行依赖关系注入...");
        this.age = age;
        System.out.println("age = " + this.age);
    }
    /*
    public void close(){
        System.out.println("调用 close()...");
        System.out.println("此时可以用来执行销毁前的资源回收方法...");
    }
    */
    public String toString() {
        return  "name: "+ name +"\n"+
                "age: "+ age +"\n";
    }
    //测试方法
    public static void main(String[] args){
        //创建 Spring 容器
        AbstractApplicationContext ctx = new ClassPathXmlApplication
        Context("beans.xml");
        ctx.getBean("SimpleBean");                //获取 SimpleBean 实例
        ctx.registerShutdownHook();               //为 Spring 容器注册关闭钩子
        System.out.println("关闭 ApplicationContext! ");
    }
    //实现 DisposableBean 接口的 destroy 方法
    public void destroy() throws Exception {
        System.out.println("调用 close()...");
        System.out.println("此时可以用来执行销毁前的资源回收方法...");
    }
}
```

上面代码中的 Simplebean 类实现了 DisposableBean 接口，因此不必再使用 destroy-method 属性指定销毁回调方法，我们将 close()方法注释掉，并且将其方法内容复制到 destroy()方法中并稍作修改。

Spring 容器会自动检测到 Simplebean 类实现了 DisposableBean 接口，这样，在销毁该 Bean 的实例以前，Spring 会自动完成对 destroy()方法的调用。

（3）修改 beans.xml 文件，将原来<bean>中的 destroy-method 属性删除，内容如下：

```
<?xml version="1.0" encoding="UTF-8"?>
<beans xmlns="http://www.springframework.org/schema/beans"
    xmlns:xsi="http://www.w3.org/2001/XMLSchema-instance"
    xmlns:p="http://www.springframework.org/schema/p"
    xmlns:aop="http://www.springframework.org/schema/aop"
    xsi:schemaLocation="http://www.springframework.org/schema/beans
        http://www.springframework.org/schema/beans/spring-beans-3.0.xsd
        http://www.springframework.org/schema/aop
```

```
        http://www.springframework.org/schema/aop/spring-aop-3.0.xsd">
    <!--配置 simpleBean 实例-->
    <bean id="simpleBean" class="com.deciphering.init.SimpleBean">
        <!--使用 property 元素配置需要依赖注入的属性-->
        <property name="name" value="Bill"></property>
        <property name="age" value="19"></property>
    </bean>
</beans>
```

（4）运行程序，结果如图 17.7 所示。

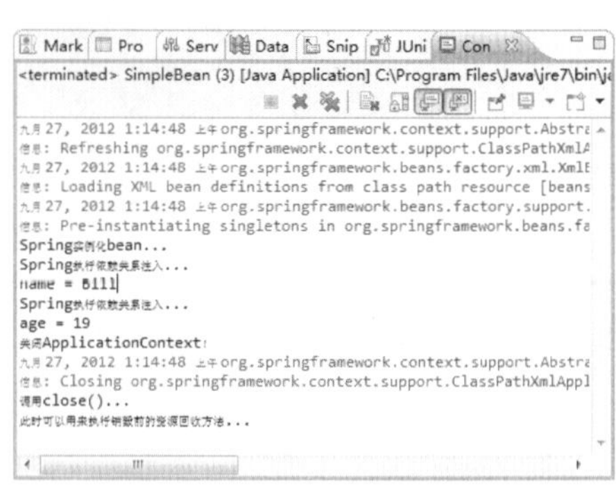

图 17.7　例 17-6 输出结果

程序的执行效果与采用 destroy-method 属性的方式完全相同，但是，实现 DisposableBean 接口将代码和 Spring 耦合起来了，是侵入式设计。

总之，销毁回调是一种能够确保应用程序优雅地结束并且资源处于关闭状态或者一致状态的理想机制。同样，我们应该遵循应用程序本身的需求：一般地，当应用程序存在可移植性问题时使用方法回调以解除与 Spring 的耦合；其他情况下建议使用 DisposableBean 接口以减少需要配置的数量和减少程序因配置不当造成的出错几率。

17.2.4　使用方法注入——协调作用域不同的 Bean

在 17.2.1 小节中我们讨论学习了 Bean 的作用域，得知 Bean 常见的作用域是 singleton 和 Prototype。现在我们一起来考虑当 Spring 容器中作用域不同的 Bean 相互依赖时，会产生什么问题。

在大多数情况下，容器中的 Bean 都是 singleton 类型的。如果一个 singleton Bean 依赖另一个 singleton Bean，或者一个 prototype Bean 依赖一个 singleton Bean，或者一个 prototype Bean 依赖另一个 prototype Bean 时，只需在<property>标签中定义这两个 Bean 的依赖关系就可以了。但如果一个 singleton Bean 依赖一个 prototype Bean 呢？简单地配置它们的依赖关系可以吗？

我们已经知道，singleton Bean 只会被容器创建一次，那么也只有一次机会来创建它的依赖关系，而它所依赖的 prototype Bean 则可以不断地产生新的 Bean 实例，这样就无法每次在需要的时候让容器为 singleton Bean 提供一个新的 prototype Bean 实例。singleton Bean 依赖的将一直是最开始的 Bean 实例，每次通过 singleton Bean 获取它所依赖的 Prototype Bean 实例时，容器总是返回最开始的那个 Prototype Bean 实例。显然，仅仅通过依赖关系的配置无法解决这个问题。

为了解决这个问题，Spring 从 1.1 版本时就引入了一个控制反转的新特性——方法注入（method injection），它为协作者之间的交互提供了更大的灵活性。方法注入一般使用的是 loopup 方法（查找方法）注入。

当一个 Bean 依赖另一个不同生命周期的 Bean 时，设值注入或者构造方法注入会导致 singleton Bean 去维护 non-singleton Bean 的单个实例，但是 lookup 方法注入允许 singleton Bean 声明一个它需要的 non-singleton 依赖，并在每次需要和其交互时返回一个 non-singleton Bean 的实例，同时无需实现任何 Spring 专有接口。

lookup 方法注入利用了 Spring 容器重写 Bean 中的抽象方法或具体方法的能力，从而返回指定名字的 Bean 实例，常用来获取一个 non-singleton 对象。

使用 lookup 方法注入时，需要为 Bean 声明一个查找方法，让它返回一个 non-singleton Bean 的实例。当在应用中获得一个 singleton 对象的引用时，实际上得到的是一个被动态创建的子类的引用，由 Spring 负责实现其查找方法。lookup 方法注入的一个典型的实现是在 Bean 中定义一个抽象的查找方法，因而 Bean 类变成了一个抽象类，这样可以避免因忘记配置方法注入而导致的各种奇怪的错误。下面通过示例来说明 loopup 方法的使用。

【例 17-7】 演示 lookup 方法注入的使用。

（1）新建一个 Java 项目 Spring_17.2.4_Method_Injection，添加好 Spring 框架支持和 Spring 依赖的其他 JAR 包。

注意：由于 Spring 方法注入需要用到 CGLIB 的动态代理功能，因此需要将 CGLIB 库的 JAR 包导入到项目中。

（2）新建一个 MyHelper 类，其代码如下：

```
package com.deciphering.bean;
//创建 MyHelper 类
public class MyHelper {
    public void doSomethingHelpful()    {
        //操作内容
    }
}
```

MyHelper 类仅有一个空方法，在 beans.xml 配置文件中它被设置成 prototype Bean，beans.xml 文件在步骤（6）中定义。

（3）新建一个 Java 接口，名称为 DemoBean。代码如下：

```
package com.deciphering.bean;
//定义接口
public interface DemoBean {
    MyHelper getHelper();
    void someOperation();
}
```

该接口有两个方法：getMyHelper()和 someOperation()。实际应用中使用 getMyHelper()方法取得 MyHelper 对象的引用。someOperation()方法只是一个执行业务的简单方法。

（4）新建一个 Java 类，名称为 StandardLookupDemo，它实现了 DemoBean 接口，在 beans.xml 配置文件中将其作用域设置为默认的 singleton，并且依赖于作用域是 prototype 的 MyHelper Bean 对象。代码如下：

```
package com.deciphering.bean;
//定义 StandardLookupDemo 类，实现了 DemoBean 接口
public class StandardLookupDemo implements DemoBean {
    private MyHelper myHelper;
    //myHelper 属性的 getter 和 setter 方法
    public MyHelper getMyHelper() {
        return myHelper;
    }
    public void setMyHelper(MyHelper myHelper) {
        this.myHelper = myHelper;
```

```
    }
    //实现 DemoBean 接口的 getHelper 方法
    public MyHelper getHelper() {
        return this.myHelper;
    }
    //实现 DemoBean 接口的 someOperation 方法
    public void someOperation() {
        myHelper.doSomethingHelpful();
    }
}
```

如果让 Spring 容器直接将 prototype Bean(MyHelper)注入 singleton Bean(StandardLookupDemo)，就会出现前文所述的问题，因此，下面我们再定义一个类，用来和 StandardLookupDemo 做对比。

（5）定义一个抽象类，名称为 AbstractLookupDemo，并将 getMyHelper()方法定义为抽象方法，该方法的返回值是被依赖的 Bean(MyHelper)。AbstractLookupDemo 类同样实现了 DemoBean 接口。代码如下：

```
package com.deciphering.bean;
//定义 AbstractLookupDemo 类，实现了 DemoBean 接口
public abstract class AbstractLookupDemo implements DemoBean {
    //定义抽象方法，该方法由 Spring 负责实现
    public abstract MyHelper getMyHelper();
    //实现 DemoBean 接口的 getHelper 方法
    public MyHelper getHelper(){
        return getMyHelper();
    }
    //实现 DemoBean 接口的 someOperation 方法
    public void someOperation() {
        getMyHelper().doSomethingHelpful();
    }
}
```

上面程序中加粗的代码定义了一个抽象的 getMyHelper()方法，程序不能直接调用这个方法，但在配置文件 beans.xml 中对该方法进行配置后，Spring 框架则会负责实现该方法，这样这个方法就变成具体方法了，程序也就可以调用它了。

（6）编写配置文件 beans.xml，内容如下：

```
<?xml version="1.0" encoding="UTF-8"?>
<beans xmlns="http://www.springframework.org/schema/beans"
    xmlns:xsi="http://www.w3.org/2001/XMLSchema-instance"
    xmlns:p="http://www.springframework.org/schema/p"
    xmlns:aop="http://www.springframework.org/schema/aop"
    xsi:schemaLocation="http://www.springframework.org/schema/beans
        http://www.springframework.org/schema/beans/spring-beans-3.0.xsd
        http://www.springframework.org/schema/aop
        http://www.springframework.org/schema/aop/spring-aop-3.0.xsd">
    <!--配置 helper 实例，并指定其作用域为 prototype -->
    <bean id="helper" class=" com.deciphering.bean. myHelper " scope=
    "prototype">
    </bean>
    <!--配置 standardLookupBean 实例 -->
    <bean id=" standardLookupBean" class=" com.deciphering.bean. Standard
    LookupDemo ">
        <property name="myHelper" ref=”helper”>
        </property>
    </bean>
```

```
    <!--配置 abstractLookupBean 实例，指定 getMyHelper 方法返回 helper 实例，
    每次调用 getMyHelper 方法都会返回新的 helper 实例 -->
    <bean id=" abstractLookupBean" class=" com.deciphering.bean. Abstract
    LookupDemo ">
        <lookup-method name="getMyHelper" bean="helper"/>
    </bean>
</beans>
```

在 beans.xml 中，StandardLookupDemo 与 myHelper 之间仍采用了普通的依赖注入方式，而 AbstractLookupDemo 与 myHelper 之间则采用了 lookup 方法注入。

设置方法注入时要使用 lookup-method 元素，该元素包含 name 和 bean 两个属性。其中，name 属性指定 Spring 替我们实现的方法名，这里为 getMyHelper 方法，而 bean 属性则表明该方法会返回指定名称的 Bean 实例，这里返回 helper 实例。

（7）新建一个 Java 类，名称为 LookupDemoTest，用于测试，代码如下：

```
package com.deciphering.bean;
import org.springframework.context.support.AbstractApplicationContext;
import
org.springframework.context.support.ClassPathXmlApplicationContext;
import org.springframework.util.StopWatch;
//测试用例
public class LookupDemoTest {
    public static void main(String[] args) {
        //创建 Spring 容器
        AbstractApplicationContext ctx = new ClassPathXmlApplication
        Context("beans.xml");
        stressTest(ctx, "abstractLookupBean");//传递 abstractLookupBean 实例名
        System.out.println("———————————————————");
        stressTest(ctx, " standardLookupBean");
                                        //传递 standardLookupBean 实例名
    }
    //两次获取 Bean 实例，并比较是否为同一实例
    private static void stressTest(AbstractApplicationContext ctx, String
    beanName){
        DemoBean bean = (DemoBean)ctx.getBean(beanName);
        MyHelper helper1 = bean.getHelper();
        MyHelper helper2 = bean.getHelper();
        System.out.println("测试 "+beanName);
        System.out.println("Helper 实例是否相同？: " + (helper1==helper2));

        StopWatch stopWatch = new StopWatch(); //初始化 StopWatch 类的新实例
        stopWatch.start("luupupDemo"); //开始或继续测量某个时间间隔的运行时间
        //循环获取 10000 次 Bean 实例，再调用 Bean 的 doSomethingHelpful 方法
        for(int i=0; i<10000; i++){
            MyHelper helper = bean.getHelper();
            helper.doSomethingHelpful();
        }
        stopWatch.stop();                               //结束当前时间间隔的测量
        //计算获取 10000 次 Bean 实例花费的执行时间
        System.out.println("获取 10000 次花费了 "+ stopWatch.getTotalTime
        Millis() + " 毫秒");

    }
}
```

测试代码中，先传入 abstractLookupBean 实例到 stressTest()方法中，然后两次调用其

getHelper()方法，而 getHelper()方法中调用的抽象方法 getMyHelper()是由 Spring 来实现的，因此可以保证两次调用 getHelper()方法（实际上调用了两次 getMyHelper()方法）时会返回不同的 helper 实例。

第二次传入 standardLookupBean 实例到 stressTest()方法中，同样调用其 getHelper()方法，虽然 MyHelp 类产生了两个 helper 实例，但由于 StandardLookupDemo 本身是 singleton Bean，因此其产生的 standardLookupBean 实例只有一个且其属性在初始化时就已经确定了，因此，当 MyHelp 类第二次产生新的 helper 实例时，standardLookupBean 实例内部的 myHelper 属性仍然是第一次被注入的 helper 实例。

StressTest()方法的最后一部分是一个简单的性能测试，来比较哪个 Bean 拿到 helper 对象耗时更少。显然 standardLookupBean 应该会快一些，因为它每次返回的都是同一个实例；另一个 abstractLookupBean 比 standardLookupBean 慢的原因是在于前者是一个 AbstractLookupDemo 类的 CGLIB 代理，代理拦截了所有 getHelper()方法的调用，并返回 helper bean，导致执行缓慢。

说明：StopWatch 类是 Spring 框架提供的一个可以控制任务执行时间的类，它提供了一组方法和属性，可用于准确地测量运行时间。StopWatch 实例可以测量一个时间间隔的运行时间，也可以测量多个时间间隔运行时间的综合。使用 Start 可以开始测量运行时间，使用 Stop 可以停止测量运行时间。

（8）运行程序，输出结果如图 17.8 所示。

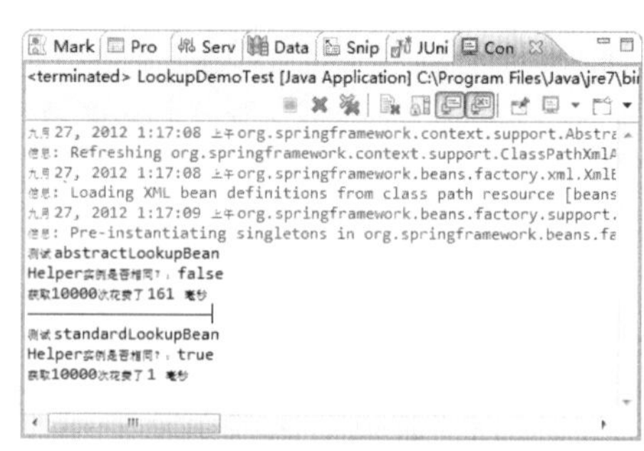

图 17.8　例 17-7 输出结果

从图 17.8 中可以看到，执行结果和我们前面的分析是一致的，当传入 abstractLookupBean 时，两次获得 helper 实例各不相同，而当传入 standardLookupBean 时，发现两次获得的 helper 实例实际上是同一个 helper 实例。这表明了 standardLookupBean 一直在使用初始化时得到的 helper 实例，显然不符合我们将 helper 实例的作用域定义为 Prototype 的初衷。而在使用 lookup 方法注入后，abstractLookupBean 则始终能得到最新的不同的 helper 实例。

17.3　让 Bean 可以感知 Spring 容器

通过实现感知接口，Bean 可以感知到 Spring IoC 容器的资源，而 Spring 可以通过定义在感知接口中的 setter 方法给 Bean 注入相应的资源。

在前面的章节中，我们写的示例程序都是通过 Bean id 主动来获取 Bean 实例，我们可能无法理解为什么还需要访问 Bean。但是对于一个真正的应用而言，一个 Bean 与一个 Bean 之间的关系往往是通过依赖注入管理的，常常不会通过调用容器的 getBean 方法来获取 Bean 实例。可能的情况是：应用程序中已经获得了 Bean 实例的引用，但程序无法知道配置该 Bean 时指定的 id 属性，而程序又需要获取配置该 Bean 时指定的 id 属性以方便自己做某些处理。

在某些情况下，你可能需要一个使用依赖注入来获取依赖关系的 Bean，它会因某些原因与容器进行交互。一个需要通过 BeanFactory 或 ApplicationContext 来自动配置一个关闭嵌入的 Bean 就是一个例子。此外，Bean 也可能希望知道自己的名字，以便能够基于此名字进行一些附加处理。

例如，我们发现让 Bean 能在运行时知道自己的名字对日志记录非常有用。试想有许多同类 Bean 的情况，但是其配置各不相同。在出现这个问题时，在日志记录中包含 Bean 的名字能帮助你区分开错误的 Bean 和工作良好的 Bean。

17.3.1　使用 BeanNameAware 接口

一个 Bean 能通过实现 BeanNameAware 接口来获取自己的名字，此接口只有一个方法：setBeanName(String name)，该方法的 name 参数是 Bean 的 id，实现了该方法的 Bean 类可以通过该方法来获得部署该 Bean 时所指定的 id。在 Bean 的属性设置完以后，在初始化回调方法执行之前，setBeanName 回调方法会先被调用。

说明： *初始化回调方法指 InitializingBean 的 afterPropertiesSet 方法以及 init-method 属性所指定的方法。*

大多数情况下，接口的 setBeanName()方法的具体实现只有一行代码，它将容器传入的值存储在一个字段上供将来使用。

【例 17-8】 本示例通过项目 Spring_17.3.1_BeanNameAware 演示 BeanNameAware 接口的用法。项目 Spring_17.3.1_BeanNameAware 定义了一个 Bean，它使用 BeanNameAware 接口获取名字，然后在输出日志消息时使用这个名字。

（1）复制 17.2.2 小节中的例 17-3 的项目 Spring_17.2.2_lifecycle_init_method，并更改项目名称为 Spring_17.3.1_BeanNameAware。

（2）修改 SimpleBean 类，该类实现了 InitializingBean 接口和 BeanNameAware 接口。SimpleBean 类代码如下：

```
package com.deciphering.init;
import org.springframework.beans.factory.BeanNameAware;
import org.springframework.beans.factory.InitializingBean;
import org.springframework.context.ApplicationContext;
import
org.springframework.context.support.ClassPathXmlApplicationContext;
// SimpleBean 类实现了 BeanNameAware 接口、InitializingBean 接口
public class SimpleBean implements InitializingBean, BeanNameAware{
    //SimpleBean 类的属性
    private String beanName;
    private int age = 0;
    private String name;
    //构造方法
    public SimpleBean(){
        System.out.println("---------------\n" +"Spring 实例化 bean...");
    }
```

```
    //name 属性的 getter 和 setter 方法
    public String getName() {
        return name;
    }
    public void setName(String name) {
        System.out.println("Spring 执行依赖关系注入...");
        this.name = name;
        System.out.println("name = " + this.name);
    }
    //age 属性的 getter 和 setter 方法
    public int getAge() {
        return age;
    }
    public void setAge(int age) {
        System.out.println("Spring 执行依赖关系注入...");
        this.age = age;
        System.out.println("age = " + this.age);
    }
    //覆盖 Object 类的 toString 方法
    public String toString() {
        return  "name: "+ name +"\n"+
                "age: "+ age +"\n"+
                "------------------------\n";
    }
    //测试用例
    public static void main(String[] args){
        //创建 Spring 容器
        ApplicationContext ctx = new ClassPathXmlApplicationContext
        ("beans.xml");
        //获取 SimpleBean 实例
        for(int j=1;j<=3;j++){
            ctx.getBean("SimpleBean"+j);
        }
    }
    //实现 InitializingBean 接口的 afterPropertiesSet 方法
    public void afterPropertiesSet() throws Exception {
      System.out.println(beanName+"初始化，调用 afterPropertiesSet()...");

    }
    //实现 BeanNameAware 接口的 setBeanName 方法
    public void setBeanName(String beanName) {
        this.beanName = beanName;
        System.out.println("回调 setBeanName 方法  获得 BeanName "+ beanName);
    }
}
```

SimpleBean 类实现了 BeanNameAware 接口，将从 setBeanName()方法中获得的 beanName 保存起来，并在初始化回调函数 afterPropertiesSet()中将其打印输出。

（3）本次改动中不需要修改 beans.xml 文件，beans.xml 文件具体请参见例 17-3。

（4）运行程序，结果如图 17.9 所示。

图 17.9　例 17-8 输出结果

根据运行结果可知，Spring 容器完成依赖关系设置之后，将回调 setBeanName()方法，通过回调该方法，应用程序可以获得当前 Bean 的 id 值。程序可将其作为一个字符串保存起来以便在程序中其他地方作为该 Bean 的标识信息来输出，例如打印日志等。

17.3.2 使用 BeanFactoryAware 接口、ApplicationContextAware 接口

Spring 容器本质上是一个高级工厂，负责生产 Bean 实例。容器中 Bean 处于容器管理下。通常无须访问容器，只需接受容器的注入管理即可。Bean 实例的依赖关系通常由容器动态注入，无须 Bean 实例主动请求。

我们已经知道，Spring 容器通常有两种表现形式，即 BeanFactory 和 ApplicationContext。使用 BeanFactoryAware，你的 Bean 就有可能取得管理它们的 BeanFactory 的引用。设计此接口的主要目的是为了让 Bean 能够以编程的方式使用 getBean( )访问其他的 Bean。然而，实际中应该避免这样的行为，这只会给 Bean 增加不必要的复杂度，并使得代码与 Spring 耦合到一起。因此，更好的方式是使用依赖注入为你的 Bean 提供其协作对象。

当然，BeanFactory 并不只是用来查找 Bean 的，它还能执行大量其他任务。BeanFactoryAware 接口只有一个方法：setBeanFactory(BeanFactory beanFactory)，该方法有一个参数 beanFactory，该参数指向创建它的 Bean。

【例 17-9】 通过项目 Spring_17.3.2_BeanFactoryAware 来了解 BeanFactoryAware 接口的使用方法。

（1）复制例 17-8 中的项目 Spring_17.3.1_BeanNameAware，并更改名称为 Spring_17.3.2_BeanFactoryAware。

（2）修改 SimpleBean 类，修改后代码如下：

```
package com.deciphering.init;
import org.springframework.beans.BeansException;
import org.springframework.beans.factory.BeanFactory;
import org.springframework.beans.factory.BeanFactoryAware;
import org.springframework.beans.factory.InitializingBean;
import org.springframework.context.ApplicationContext;
import
org.springframework.context.support.ClassPathXmlApplicationContext;
// SimpleBean 类实现了 BeanFactoryAware 接口、InitializingBean 接口
public class SimpleBean implements InitializingBean, BeanFactoryAware{
    //SimpleBean 类的属性
    private BeanFactory Factory;
    private int age = 0;
    private String name;
    //构造方法
    public SimpleBean(){
        System.out.println("-----------------\n" +"Spring 实例化 bean...");
    }
    //name 属性的 getter 和 setter 方法
    public String getName() {
        return name;
    }
    public void setName(String name) {
        System.out.println("Spring 执行依赖关系注入...");
        this.name = name;
        System.out.println("name = " + this.name);
    }
    //age 属性的 getter 和 setter 方法
```

```
    public int getAge() {
        return age;
    }
    public void setAge(int age) {
        System.out.println("Spring 执行依赖关系注入...");
        this.age = age;
        System.out.println("age = " + this.age);
    }
    //覆盖 Object 类的 toString 方法
    public String toString() {
        return  "name: "+ name +"\n"+
                "age: "+ age +"\n"+
                "------------------------\n";
    }
    //测试用例
    public static void main(String[] args){
        //创建 Spring 容器
        ApplicationContext ctx = new ClassPathXmlApplicationContext
        ("beans.xml");
        //获取 SimpleBean 实例
        for(int j=1;j<=3;j++){
            ctx.getBean("SimpleBean"+j);
        }
    }
    //实现 InitializingBean 接口的 afterPropertiesSet 方法
    public void afterPropertiesSet() throws Exception {
        System.out.println("初始化完成，调用 afterPropertiesSet()...");
    }
    //实现 BeanFactoryAware 接口的 setBeanFactory 方法
    public void setBeanFactory(BeanFactory beanFactory) throws Beans
    Exception {
        this.Factory = beanFactory;
        System.out.println("获得容器:  "+Factory);
    }
}
```

（3）beans.xml 文件具体请参见例 17-3。

（4）运行程序，结果如图 17.10 所示。

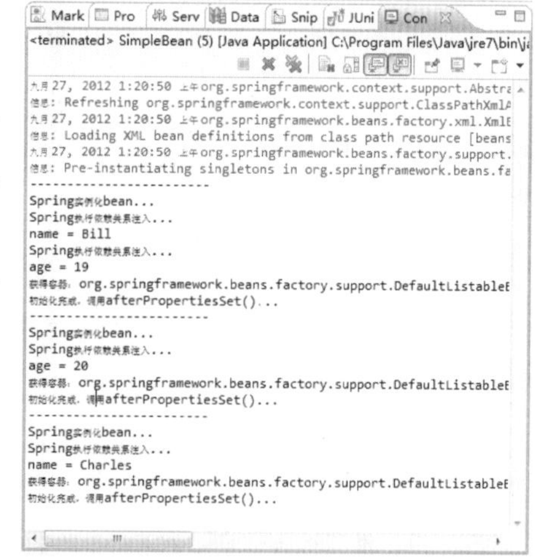

图 17.10　例 17-9 输出结果

注意： “获得容器...”输出结果，正如我们期待的一样，Spring 容器完成依赖关系设置之后，将回调 setBeanFactory()方法，回调该方法时，应用程序可以获得创建该 Bean 的 BeanFactory 的引用，程序可以保存该引用并利用其做一些处理。

实现 BeanFactoryAware 接口让 Bean 拥有了直接访问容器的能力，但这样的做法污染了代码，导致代码和 Spring 接口耦合在一起。因此，在不是必须使用此项方法的情况下，建议尽量不要直接访问 Spring 容器。

与 BeanFactoryAware 类似，还有一个 ApplicationContextAware 接口，顾名思义，这个

接口能够取得 ApplicationContext 容器的引用。

17.4 Spring 的国际化支持

Spring 中提供了对国际化的支持。通过使用 MessageSource 接口，应用程序可以访问 Spring 资源、调用消息并保存为不同语言种类。对于每一种想要支持的语言，需要维护一个跟其他语言中消息一致的消息列表。例如，如果要将“hello, welcome to China! ”显示成中文和英文两种语言，我们可以创建两条都以 msg 作为键值的消息，其中使用英文的会说“hello, welcome to China!”，而使用中文的会说“你好，欢迎来到中国！”。

ApplicationContext 实现了另一个名为 HierarchicalMessageSource 的接口，这使得多个 MessageSource 实例嵌套成为可能，并且这是 ApplicationContext 与消息资源协同工作方式的关键。

要使用 ApplicationContext 为 MessageSource 提供的支持，必须在配置中定义一个 MessageSource 类型的 Bean 并取名为 messageSource。ApplicationContext 获取到这个 MessageSource 并将其嵌入默认的 MessageSource 中，此时便允许使用 ApplicationContext 来访问消息。

下面是 MessageSource 接口定义的 3 个用于国际化的方法 getMessage()方法，如表 17.1 所示。

表 17.1 getMessage()的重载方法

方　法	说　明
getMessage(String, Object[], Locale)	此方法是标准的 getMessage()方法。字符串参数是与属性文件中的键相对应的消息键。参数 Locale 的作用是告诉 ResourceBundleMessageSource 当前正在查看哪一个属性文件。有时即使第一次和第二次调用 getMessage()方法时使用相同的键，它们也会返回不同的消息，这与传递给 getMessage()方法的 Locale 参数相关
getMessage(String, Object[], String Locale)	除了第二个参数不同之外，此重载方法与前一个 getMessage()方法的使用方式相同。第二个参数允许在应用键的消息不可用时传入一个默认值
getMessage(MessageSourceResolvable, Locale)	此重载方法是一个特例，实现了 MessageSourceResolvable 接口的对象可以用来代替一个键值和一组参数

ApplicationContext 正是通过这 3 个方法来完成国际化的，当程序创建 ApplicationContext 容器时，Spring 会自动在配置文件查找那个名为 MessageSource 的 Bean 实例，一旦找到这个 Bean 实例，上述 3 个方法的调用被委托给 MessageSource Bean。如果没有找到该 Bean，ApplicationContext 会查找其父定义中的 MessageSource Bean，如果找到，它被作为 messageSource Bean 使用。如果无法找到 messageSource Bean，系统会自动创建一个空的 StaticMessageSource Bean，该 Bean 能接受上述 3 个方法的调用。

【例 17-10】 通过项目 Spring_17.4_MessageSource 来了解 Spring 对国际化的支持。

（1）新建一个普通项目，名称叫做 Spring_17.4_MessageSource，添加好 Spring 支持及其依赖的 JAR 包。

（2）在 src 目录下新建 beans.xml，文件内容如下：

```
<?xml version="1.0" encoding="UTF-8"?>
<beans
    xmlns="http://www.springframework.org/schema/beans"
    xmlns:xsi="http://www.w3.org/2001/XMLSchema-instance"
    xmlns:p="http://www.springframework.org/schema/p"
    xmlns:aop="http://www.springframework.org/schema/aop"
    xsi:schemaLocation="http://www.springframework.org/schema/beans
        http://www.springframework.org/schema/beans/spring-beans-3.0.xsd
        http://www.springframework.org/schema/aop
        http://www.springframework.org/schema/aop/spring-aop-3.0.xsd">
    <!--配置 Bean-->
    <bean id="messageSource"
    class="org.springframework.context.support.ResourceBundleMessageSour
    ce">
        <property name="basenames" >
            <list>
                <value>message</value>
                <!-如果有多个资源文件，全部列举在此-->
            </list>
        </property>
    </bean>
</beans>
```

对上述代码的说明如下：

- 上面文件的粗体代码定义了一个名为 messageSource 的 ResourceBundleMessage-Source Bean，并用一组名称来形成基础的文件集合。ResourceBundleMessageSource 使用一个 Java ResourceBundle 在一组以基础名称为标识的属性文件上工作。当查找到一个特定的 Locale 的消息时，ResourceBundle 便会查找一个以文件名称是由基础名称和 Locale 名组合而成的文件。例如，如果基础名称是 message 并且我们正在查找一个 en_US Locale 的消息，ResourceBundle 就会查找一个名叫 message_en_US.properties 的文件。如果这个文件不存在，它就会去查找 message_en.properties，如果这个文件也不存在，它就会去加载 message.properties。
- 在配置文件中注册 ResourceBundleMessageSource Bean 时，其 id 属性值为 messageSource，这个值在配置 ResourceBundleMessageSource Bean 时是不变的，而且是必须的。这是因为 Spring 在初始化时会将 Spring 配置文件中 id 为 messageSource 的那个 Bean 注入到 ApplicationContext 中，这样我们才可以使用 ApplicationContext 所提供的国际化功能。

注意：为了使我们的示例更一般化，上例中并没有使用 basename 属性，而使用的是 basenames 属性。basename 属性只用于在 basenames 属性只有一个输入项的特殊情况中。

（3）创建两份资源文件，为简单起见，也放在 src 目录下。其中第一份是美国英语的资源文件，文件名为 message_en_US.properties，内容如下：

```
hello=welcome, {0}
now=now is : {0}
```

第二份为中文的资源文件，文件名为 message_zh_CN.properties，内容如下：

```
Hello 你好, {0}
now=现在时间是 : {0}
```

由于该资源文件中含有非西欧文字，因此应使用 native2ascii 工具将这份资源国际化。下面是已经转换好的资源文件：

```
hello=\u4F60\u597D, {0}
now=\u73B0\u5728\u65F6\u95F4\u662F : {0}
```

注意： 如果开发者使用的编程环境是 Eclipse，那么只要文件名符合规则，Eclipse 会直接将你在 message_zh_CN.properties 文件中写下的中文进行转换。

（4）创建测试类，代码如下：

```
package com.deciphering.MessageSource;
import java.util.Date;
import java.util.Locale;
import org.springframework.context.ApplicationContext;
import
org.springframework.context.support.ClassPathXmlApplicationContext;
//测试用例
public class SimpleBean {
    public static void main(String[ ] args){
        //实例化 ApplicationContext
        ApplicationContext ctx = new ClassPathXmlApplicationContext
        ("beans.xml");
        String [ ] a = {"读者"};
        //使用 getMessage 方法获得本地化信息
        //返回计算机环境默认的 Locale
        String hello = ctx.getMessage("hello", a, Locale.getDefault());
        Object[ ] b = { new Date() };
        String now = ctx.getMessage("now", b, Locale.getDefault());
        //将两条本地化信息打印出来
        System.out.println(hello);
        System.out.println(now);
        //设置成英文环境
        hello = ctx.getMessage("hello", a, Locale.US);
        now = ctx.getMessage("now", b, Locale.US);
        //将两条英文信息打印出来
        System.out.println(hello);
        System.out.println(now);
        //设置成中文环境
        hello = ctx.getMessage("hello", a, Locale.CHINA);
        now = ctx.getMessage("now", b, Locale.CHINA);
        //将两条中文信息打印出来
        System.out.println(hello);
        System.out.println(now);
    }
}
```

（5）运行项目，输出结果如图 17.11 所示。

当然，即使在英文环境下，“读者”这个词也无法变成英文，因为“读者”是写在程序代码中，而不是从资源文件中获取的。

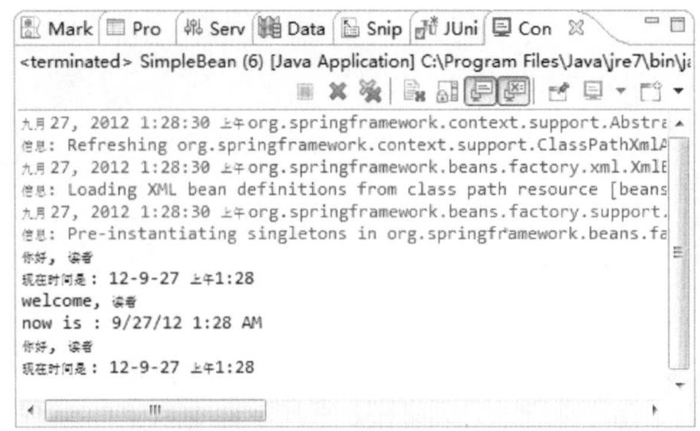

图 17.11　例 17-10 输出结果

17.5　本 章 小 结

本章详细介绍了 Spring 容器的大量特性。先介绍了 Spring 容器中的 Bean，然后介绍了 Bean 依赖的配置，并详细介绍了 Bean 的作用域、生命周期以及怎样使一个 Bean 能感知所在的 Spring 环境。接着通过实例演示了怎样使用方法注入来处理不同生命周期的 Bean 之间会产生的问题，最后我们简要介绍了 Spring 的国际化支持，这在实际项目开发中是需要经常使用到的功能。

本章在每部分的讲解过程中辅以大量的实例，通过这些实例，读者可以了解在实际开发中如何使用 Spring 框架，以及如何更好地利用 Eclipse 来开发 Spring 应用。

第 18 章　解密 Spring MVC 框架及标签库

本章将会介绍 Spring MVC 框架的基本思想和特点，并具体介绍分发器、控制器、处理器映射、试图解析器、文件上传，并详细介绍 Spring 的基础标签库和表单标签库。最后，通过两个综合实例使读者对使用 Spring MVC 开发形成一个整体的概念，并进一步加深对前面基本思想和基本概念的理解。本章具体内容如下：

- 解析 Spring MVC 技术。
- 解析 Spring 基础标签库。
- 解析 Spring 表单标签库。
- Spring MVC 综合实例。

18.1　解析 Spring MVC 技术

Spring MVC 是非常优秀的 MVC 框架，随着 Spring 3.0 版本的发布，现在已经有更多的开发团队选择使用 Spring MVC 框架了。

Spring MVC 的结构简单，但它强大且不失灵活，性能也很优秀。本节就对 Spring MVC 技术进行详细的阐述。

18.1.1　MVC 设计思想概述

在学习 Struts 时，我们已经介绍过 MVC 的设计思想了，因此这里只做一个简要的回顾。

1. MVC设计思想

MVC 指的是 Model-View-Controller，即把一个应用的输入、处理和输出流程按照 Model、View 和 Controller 的方式进行分离，这样一个应用就被分成三层——模型层、视图层和控制层。

一个 Web 应用可以有很多不同的视图（View）。视图代表了用户的交互界面，对于 Web 应用来说，可以是 HTML，也可以是 JSP、XML 等。在 MVC 模式中，对于视图的处理仅包含视图上数据的采集和处理，而不包括对视图上业务流程的处理。对业务流程的处理统一交由模型（Model）负责。

模型（Model）负责业务的处理以及业务规则的制定。模型接受视图请求的数据，并将最终处理结果返回。业务模型的设计是 MVC 思想最主要的核心。在 MVC 中没有提供模型的设计方法，它只是负责组织和管理这些模型，以便于模型的重构和提供其重用性。

控制（Controller）用于从用户接收请求，将模型和视图相匹配，以共同完成用户的请求。Controller 实际上是一个分发器，选择什么样的模型，选择什么样的视图以及可以完成什么样的用户请求都由它来确定。在控制层不做任何的数据处理。

下面对 Model 1 架构和 Model 2 架构做一简介。

2．Model 1和Model 2架构

Model 1 的基础是 JSP 文件，在 Model 1 模式下，一个 Web 应用几乎全部由 JSP 页面构成。这些 JSP 从 HTTP Request 中获取所需的数据，进行业务处理，然后通过 Response 将结果返回给前端的浏览器。

Model 1 的实现比较简单，可以加快系统的开发进度。但是它将表现层和业务逻辑混合在一起，使得 JSP 页面同时充当了 View 和 Controller 两种角色，不利于系统的维护和代码的重用，因此，Model 1 模式只适合小型系统的开发。

Model 2 在 Model 1 模式的基础上又引入了 Servlet，它遵循了 MVC 的设计理念。在 Model 2 模式中，Servlet 充当前端控制器，接受客户端发送的各种业务请求。调用相应的 JavaBean 模型完成对业务逻辑的处理，最后将处理结果转发到相应的 JSP 页面进行显示。Model 2 的工作流程图如图 18.1 所示。

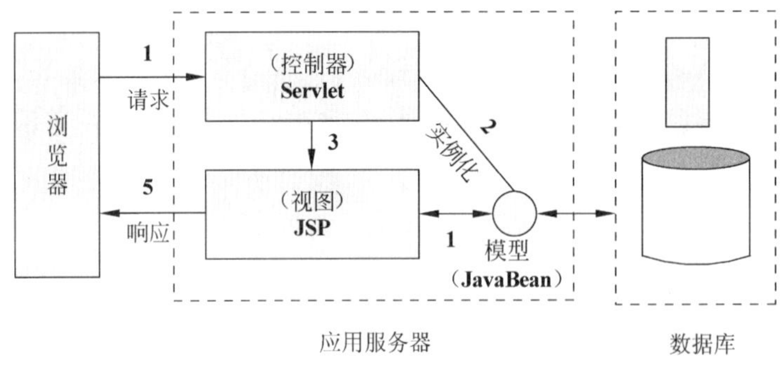

图 18.1　Model 2 工作流程图

Model 2 将模型层、视图层和控制层区分开，每层分别负责不同的功能，改变了 JSP 页面与业务逻辑紧密耦合的状态，提供了更好的代码重用性和扩展性。

18.1.2　Spring MVC 的基本思想

Spring MVC 是基于 Model 2 实现的技术框架。在 Spring MVC 中，Action 不叫 Action，而被称为 Controller。Controller 接受参数 request 和 response，并返回 ModelAndView。而对于其他的 Web 框架而言，其 Action 的返回值一般都只是一个视图名，Model 则需要通过其他的途径（如 Context 参数，request.attribute）将其传递上去。

Spring 的 Web 框架是围绕分发器（DispatcherServlet）设计的，DispatcherServlet 用来将请求分发到不同的处理器，框架还包括了可配置的处理器映射、视图解析、本地化、主题解析，同时支持文件上传。

Spring MVC 是结构很清晰的 MVC Model 2 实现。它的 Action 被称为 Controller，Controller 接收 request、response 参数，然后返回 ModelAndView。但在其他的 Web Framework 中，Action 返回值一般都只是一个 View Name；Model 则需要通过其他的途径传递上去。在 Spring MVC 处理请求的过程中，Spring MVC 框架的众多组件各负其责、通力合作，可以分为以下 6 个步骤，如图 18.2 所示。

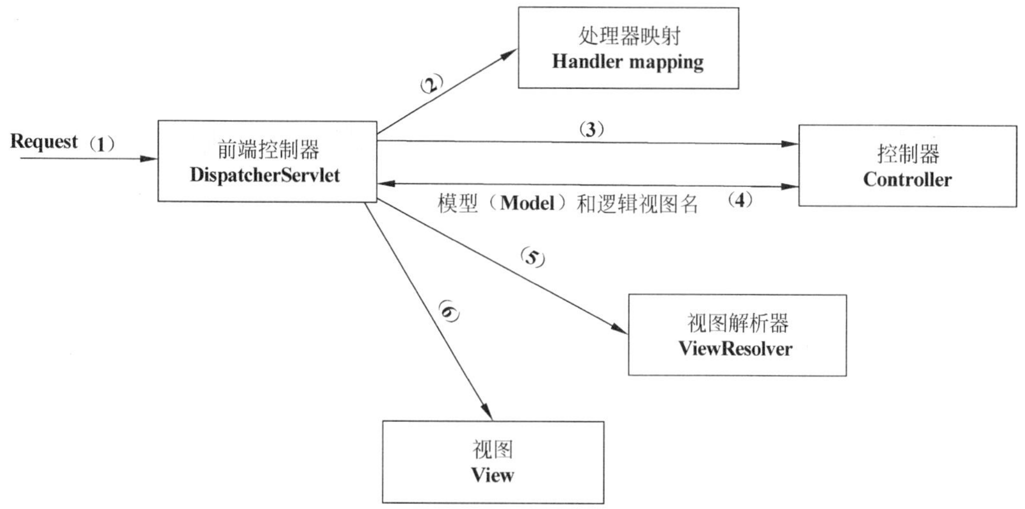

图 18.2　Spring Web MVC 的请求处理流程

（1）客户端向 Spring 容器发起一个 HTTP 请求。

（2）发起的请求被前端控制器（DispatcherServlet）所拦截，前端控制器会去寻找恰当的映射处理器来处理这次请求。

说明： 前端控制器是一种常见的网络应用模式，在该模式下一个 Servlet 负责将请求转发给不同的组件，并由这些组件进行实际的处理工作。Spring MVC 中所有发起的请求都会经过一个前端 Servlet 控制器，而 DispatcherServlet 就是这个前端控制器。

（3）DispatcherServlet 根据处理器映射（Handler Mapping）来选择并决定将请求发送给哪一个控制器。

DispatcherServlet 的作用是将请求发送到一个 Spring MVC 控制器。Spring 以一种抽象的方式实现了控制器概念，这样使得不同类型的控制器可以被创建。Spring 本身包含表单控制器、命令控制器、向导型控制器等多种多样的控制器。一个典型的应用常常会涉及到多个控制器，因此 DispatcherServlet 需要确定将请求转发给哪一个控制器，此时便需要一个或多个处理器的帮助。

（4）选定控制器后，DispatcherServlet 便将请求发送给它，在该控制器中处理所发送的请求，并以 ModelAndView（属性值和返回的页面）的形式返回给前端控制器 DispatcherServlet，典型情况下是以 JSP 页面的形式返回。

（5）返回给前端控制器的未必都是 JSP 页面，可能仅仅是一个逻辑视图名，通过该逻辑视图名可以查找到实际的视图。前端控制器正是通过查询 viewResolver 对象将从控制器返回的逻辑视图名解析为一个具体的视图实现。

（6）如果前端控制器找到对应的视图，则将视图返回给客户端，否则会抛出异常。

18.1.3　Spring MVC 框架的特点

Spring MVC 框架提供了构建 Web 应用程序的全功能 MVC 模块。Spring 框架是高度可配置的，而且包含多种视图技术，例如 JavaServer Pages（JSP）技术、Velocity、Tiles、iText 和 POI。

Spring MVC 分离了控制器、模型对象、分派器以及处理程序对象的角色，这种分离让它们更容易进行定制。总体而言，Spring MVC 框架具有以下特点：

（1）Spring MVC 框架的角色划分非常清晰。

在 Spring MVC 框架中， Model、View 和 Controller 的划分非常清晰。控制器（controller）、验证器（validator）、命令对象（command object）、表单对象（form object）、模型对象（model object）、Servlet 分发器（DispatcherServlet）、处理器映射（handler mapping）、视图解析器（view resolver）等角色都可以由一个专门的对象来实现。

（2）Spring MVC 框架具有强大而直接的配置方式。

Spring MVC 中框架类和应用程序类都可以作为 JavaBean 来配置，支持通过应用上下文配置中间层引用。

（3）Spring MVC 框架具有良好的可适应性，但不具有强制性。

Spring MVC 框架能够根据不同的应用情况，选用适合的控制器子类（simple 型、command 型、form 型、wizard 型、multi-action 型或自定义），而不是要求从单一控制器（Action/ActionForm）中继承。

（4）Spring MVC 框架具有可重用的业务代码。

Spring MVC 框架可以使用现有的业务对象作为命令对象或表单对象，而不需要在 ActionForm 的子类中重复它们的定义。

（5）Spring MVC 框架具有可定制的绑定（binding）和验证（validation）功能。

（6）Spring MVC 框架具有可定制的处理器映射（handler mapping）和视图解析（view resolution）功能。

Spring MVC 提供从简单的 URL 映射，到复杂、专用的定制策略。和某些 MVC 框架必须使用单一的技术相比，Spring MVC 显得更加灵活。

（7）Spring MVC 框架具有可定制的本地化和主题解析。

Spring MVC 支持在 JSP 中有选择性地使用 Spring 标签库，支持 JSTL 和 Velocity 等。

（8）Spring MVC 框架具有简单而强大的标签库。

这种方式能够尽可能地避免在 HTML 生成时的开销，提供了在标记方面的最大灵活性。

18.1.4　分发器（DispatcherServlet）

在 Spring 中，对 Web 框架的设计是围绕分发器（DispatcherServlet）来进行的，DispatcherServlet 是一个能将请求分发到控制器的 Servlet，这个 Servlet 同时也提供其他一些功能来辅助 Web 应用的开发。DispatcherServlet 和 Spring 的 IoC 完全集成，因此可通过它来使用 Spring 的很多功能。

DispatcherServlet 是 Spring MVC 的入口，它实际上是一个 Servlet。因此，DispatcherServlet 和其他 Servlet 一样，需要在 web.xml 文件中进行定义，且 DispatcherServlet 处理的请求必须在同一个 web.xml 文件里使用 url-mapping 定义映射，配置 DispatcherServlet 的示例如下：

```
<web-app>
...
<!--定义前端控制器 DispatcherServlet -->
<servlet>
        <!--设置 Servlet 的名称-->
        <servlet-name>dispatcherExample</servlet-name>
         <!--设置 Servlet 的类名-->
        <servlet-class>org.springframework.web.servlet.DispatcherServlet
        </servlet-class>
         <!--指定启动顺序，为 1 表示该 Servlet 会随 Servlet 容器一起启动-->
        <load-on-startup>1</load-on-startup>
</servlet>
<!--设置 Servlet 的访问方式-->
    <servlet-mapping>
        <servlet-name> dispatcherExample </servlet-name>
         <!--指定拦截所有.form 结尾的请求 -->
        <url-pattern>*.form</url-pattern>
    </servlet-mapping>
</web-app>
```

上例中，名为 dispatcherExample 的 DispatcherServlet 会处理以.form 结尾的请求，完成上面的配置以后，接下来还要配置 DispatcherServlet 和 Spring MVC 框架会用到的其他 Bean。

配置 DispatcherServlet 所需要的 Bean 都包含在 WebApplicationContext 中，WebApplicationContext 是一个拥有 Web 应用必要功能的普通应用上下文（ApplicationContext），被绑定在 ServletContext 上，可以使用 RequestContextUtils 找到 WebApplicationContext。

同时，Spring MVC 的 DispatcherServlet 具有一组特殊的 Bean，如表 18.1 所示。这些 Bean 能够用来处理请求和显示相应的视图，它们需要在 WebApplicationContext 中进行配置。

表 18.1　WebApplicationContext中特殊的Bean

名　称	解　释
处理器映射（handler mapping(s)）	预处理器、后处理器和控制器的列表，它们在符合某种条件下才被执行（例如符合控制器指定的 URL）
控制器（controller(s)）	作为 MVC 三层的一部分，提供具体功能（或者至少能够访问具体功能）的 Bean
视图解析器（view resolver）	能够解析视图名，在 DispatcherServlet 解析视图时使用
本地化信息解析器（locale resolver）	能够解析用户正在使用的本地化信息，以提供国际化视图
主题解析器（theme resolver）	能够解析 Web 应用所使用的主题，比如提供个性化的布局
分段文件解析器（multipart file resolver)）	提供 HTML 表单文件上传功能
处理器异常解析器（handlerexception resolver）	将异常对应到视图，或者实现某种复杂的异常处理代码

在配置好 DispatcherServlet 后，DispatcherServlet 将按照如下步骤处理请求：

（1）搜索 WebApplicationContext，并绑定到请求的一个属性上，绑定的缺省值为 DispatcherServlet.WEB_APPLICATION_CONTEXT_ATTRIBUTE。

（2）将本地化信息解析器绑定到请求上，使得处理器在处理请求时就能解析本地化信息。

（3）将主题解析器绑定到请求上，这样视图便可决定使用哪个主题。

（4）如果指定了分段文件解析器，Spring 会检查每个接受到的请求是否存在上传文件，若存在，则将该请求封装成 MultipartHttpServletRequest 以便被处理链中的其他处理器来使用。

（5）搜索合适的处理器，开始执行和这个处理器相关的执行链（预处理器、后处理器、控制器），以便为视图准备模型数据。

（6）如果模型数据被返还，则使用配置在 WebApplicationContext 中的视图解析器，并显示视图。反之，虽然请求能够提供必要的信息，但是视图也不会被显示了。

18.1.5　控制器

Spring MVC 框架的控制器的概念是 MVC 设计模式的一部分，它代表了 MVC 中的 C，用来建立视图层和模型层的联系。控制器定义了应用的行为，用于解释用户输入，并将其转换成合理的模型数据，从而可以进一步地由视图展示给用户。Spring 的控制器架构的基础是 org.springframework.mvc.Controller 接口，其实现代码如下：

```
public interface Controller {
    //处理请求并返回一个 ModelAndView 对象给 DispatcherServlet
    ModelAndView handleRequest(
        HttpServletRequest request,
        HttpServletResponse response)
    throws Exception;
}
```

读者可以看到，在上面的代码中定义了一个接口 Controller，该接口中只声明了一个 handleRequest 方法，该方法用来处理请求并返回恰当的模型和视图。

Controller 接口抽象出了每个控制器都必须提供的基本功能，那就是处理请求并返回一个模型和一个视图。Spring MVC 通过实现 Controller 接口并不断扩展子类，逐步丰富控制器的功能，形成了多种多样的控制器。Spring MVC 的控制器类型如表 18.2 所示。

表 18.2　Spring MVC的控制器类型

控制器类型	实　　现	说　　明
参数映射控制器	ParameterizableViewController	通过参数指定视图名，对于 URL 调用一个视图对象（对 JSP 文件）的功能，可以通过配置定义一个这样的控制器达到目的
文件名映射控制器	UrlFilenameViewController	该控制器直接将 URL 请求的文件名映射为视图对象
简单控制器	AbstractController	执行简单的请求，请求一般不包含或包含仅有的少数几个请求参数
命令控制器	AbstractCommandController	请求中包含若干个参数控制器将请求封装成命令对象，据此执行一些业务处理操作

续表

控制器类型	实　　现	说　　明
表单控制器	SimpleFormController	处理基于单一表单的请求
多动作控制器	MultiActionController	用户可以通过该控制器处理多个相似的请求，它相当于 Struts 的 DispatchAction
向导控制器	AbstractWizardFormController	当需要通过一个向导进行一系列的表单操作，在向导过程中可以前进或后退并最终提交，则可以使用这个控制器
一次性控制器	ThrowawayController	为每个请求创建一个新的 ThrowawayController 实例，状态不会发生线程安全问题，它可以通过自身属性绑定请求参数，同时具有控制器和模型对象两种角色

在使用 Spring MVC 编写控制器代码时常常会用到 ModelAndView 对象，下面对 ModelAndView 的常用构造方法做一介绍。

1. 构造ModelAndView对象

控制器处理完请求后，通常是将包含视图名称或视图对象及模型属性的 ModelAndView 对象返回给 DispatcherServlet。因此，在控制器中经常要进行对 ModelAndView 对象的构造。

ModelAndView 类为我们提供了几个重载的构造方法以及一些操作方法，在使用时可以根据实际需要来构造 ModelAndView 对象。下面给出 ModelAndView 的 3 个重载的构造方法：

- ModelAndView(String viewName)：该方法将视图的名称放入 ModelAndView 对象以返回。返回后 ModelAndView 对象携带的视图名称可以被视图解析器，即 org.springframework.web.servlet.View 接口的实例所解析。
- ModelAndView(String viewName, Map model)：当有多个模型（Model）对象要返回时，可以使用这个构造方法。该构造方法使用 Map 对象来收集要返回的模型对象，并据此构造 ModelAndView 对象，之后可以在视图中取出 Map 对象中设定好的 key 与 value 值。
- ModelAndView(String viewName, String modelName, Object modelObject)：如果只需要返回一个模型对象，则可以使用这个构造方法。通过参数 modelName 可以在视图中取出模型并显示。

18.1.6　处理器映射

在 Spring MVC 中，使用处理器映射（Handler Mapping）可以把 Web 请求映射到正确的处理器上。Spring 内置了很多映射处理器，而且我们也可以自定义映射处理器。

处理器映射提供的基本功能是把请求传递到处理器执行链（HandlerExecutionChain）上，而处理器执行链必须包含一个能处理该请求的处理器，或者该执行链也可以包含一系列用于拦截请求的拦截器。因此，当请求到达的时候，前端控制器 DispatcherServlet 首先将该请求转交给处理器映射，由它对请求进行检查并找到一条匹配的处理器执行链，然后

DispatcherServlet 就会执行在这条执行链中定义的处理器和拦截器。

最常用的处理器映射有两个：BeanNameUrlHandlerMapping 和 SimpleUrlHandlerMapping，这两个处理器映射都是继承自 AbstractHandlerMapping 类，因而它们同时继承了父类的属性。

1．BeanNameUrlHandlerMapping处理器映射

BeanNameUrlHandlerMapping 是一个简单同时又很强大的处理器映射，它能够将收到的 HTTP 请求映射到在 Web 应用上下文中定义的 Bean 的名字上。下面的代码使用了 BeanNameUrlHandlerMapping 将包含 URL http://samples.com/editaccount.form 的 HTTP 请求映射到 FormController 上，如下所示：

```
<beans>
    <!--指定使用 BeanNameUrlHandlerMapping 完成映射-->
    <bean id="urlHandlerMapping"
         class="org.springframework.web.servlet.handler.BeanNameUrl
         HandlerMapping"/>
    <!--将请求映射到Controller实例上,此处使用的是SimpleFormController 实例-->
    <bean name="/editaccount.form"
         class="org.springframework.web.servlet.mvc.SimpleForm
         Controller">
       <property name="formView"><value>account</value></property>
       <property name="successView"><value>account-created</value>
       </property>
       <property name="commandName"><value>Account</value></property>
       <property name="commandClass"><value>samples.Account</value>
       </property>
    </bean>
<beans>
```

事实上，DispatcherServlet 需要根据一个 Handler Mapping 对象，来确定请求应该由哪个 Controller 处理。默认情况下，DispatcherServlet 使用的是 BeanNameUrlHandlerMapping 来处理请求，BeanNameUrlHandlerMapping 根据 Bean 定义时指定的 name 属性和请求 URL 来决定具体使用哪个 Controller 实例。

注意： BeanNameUrlHandlerMapping 是默认的 Handler Mapping，如果在上下文中没有找到处理器映射，则 DispatcherServlet 就会创建一个 BeanNameUrlHandlerMapping。

在上面的代码中，所有/editaccount.form 的请求都会由上面的 FormController 处理，所以需要定义 web.xml 中的 servlet-mapping，以便接受所有以.form 结尾的请求，代码如下：

```
<web-app>
...
<!--定义前端控制器 DispatcherServlet -->
<servlet>
    <!--设置 Servlet 的名称-->
    <servlet-name>sample</servlet-name>
    <!--设置 Servlet 的类名-->
    <servlet-class>org.springframework.web.servlet.DispatcherServlet</se
    rvlet-class>
    <!--指定启动顺序，为 1 表示该 Servlet 会随 Servlet 容器一起启动-->
    <load-on-startup>1</load-on-startup>
</servlet>
<!-- 映射 sample 分发器到 /*.form -->
```

```
<servlet-mapping>
    <!--指定 Servlet 的名称-->
    <servlet-name>sample</servlet-name>
    <!--指定 Servlet 所对应的 URL-->
    <url-pattern>*.form</url-pattern>
</servlet-mapping>
    ...
</web-app>
```

2. SimpleUrlHandlerMapping处理器映射

相比较而言，SimpleUrlHandlerMapping 处理器映射的功能更为强大，它可以在应用上下文中进行配置，并且有 Ant 风格的路径匹配功能。

SimpleUrlHandlerMapping 具有如下特点：

- 它是最常用的处理器映射，能将请求 URL 映射到处理器。
- 由一系列分别代表 URL 和 Bean 名称的名值对（name-value）来定义映射。
- Bean 的名称中可以使用通配符，如/example*。

例如，我们在 applicationContext.xml 中配置了一个 SimpleUrlHandlerMapping 处理器映射，代码如下：

```
<beans>
<!--指定使用 SimpleUrlHandlerMapping 映射处理器-->
<bean id="simpleUrlHandleMapping"
      class="org.springframework.web.servlet.handler. SimpleUrlHandler
      Mapping">
    <property name="mappings">
      <!--配置 URL 映射-->
       <props>
          <prop key="/help.do">helpControl</prop>
       </props>
     </property>
</bean>
<!--创建 Bean 实例-->
 <bean id="helpControl" class="com.asm.HelpControl"/>
 </bean>
 <beans>
```

这个处理器映射将对所有目录中文件名为 help.do 的请求传递给名为 helpControl 的 Bean 进行处理。DispatcherServlet 将收到的请求转交给 SimpleUrlHandlerMapping。

18.1.7 视图解析器

所有 Web 应用的 MVC 框架都提供了处理视图的方式。Spring 提供了视图解析器以实现解析 ModelAndView 模型数据到特定的视图上的功能，这使得在浏览器中显示模型数据时并不需要局限于某一种具体的视图技术。

Spring 处理视图的两个重要的类是 ViewResolver 和 View。

ViewResolver 是通过视图名称来解析视图的，它提供了从视图名称到实际视图的映射。当具有视图名称，同时也拥有了显示所需要的 model 信息时，就需要用到 ViewResolver 了，它会告诉我们以何种形式来显示视图。假设得到的视图名称为 vi，通过 ViewResolver 可以把该视图映射到/WEB-INF/vi.jsp 的资源上，同样也可以把 vi 视图映射到 vi.pdf 的资源上，具体映射为何种资源是由 ViewResolver 决定的。但是具体如何来显示 vi.jsp 和 vi.pdf 则需要 View 来实现了。

View 处理请求的准备工作，并将该请求提交给某种具体的视图技术。

Spring 中内置很多类来实现 View，主要针对不同 View 技术提供的支持，如 JSP、JSTL、Freemarker 等，并且 Spring 中提供了多种视图解析器，如表 18.3 所示。

表 18.3　视图解析器

ViewResolver	描　　述
AbstractCachingViewResolver	抽象视图解析器，负责缓存视图。许多视图需要在使用前作准备，从它继承的视图解析器可以缓存视图
ResourceBundleViewResolver	使用 ResourceBundle 中的 bean 定义实现 ViewResolver，这个 Resource Bundle 由 bundle 的 basename 指定。这个 bundle 通常定义在一个位于 classpath 中的一个属性文件中
UrlBasedViewResolver	这个 ViewResolver 实现允许将符号视图名直接解析到 URL 上，而不需要显式的映射定义。如果你的视图名直接符合视图资源的名字而不需要任意的映射，就可以使用这个解析器
InternalResourceViewResolver	UrlBasedViewResolver 的子类，它很方便地支持 InternalResourceView（也就是 Servlet 和 JSP），以及 JstlView 和 TilesView 的子类。由这个解析器生成的视图的类都可以通过 setViewClass 指定。详细参考 UrlBasedViewResolver 的 javadocs
VelocityViewResolver	UrlBasedViewResolver 的子类，它能方便地支持 VelocityView（也就是 Velocity 模板）以及它的子类

当使用 JSP 作为视图层技术时，可以使用视图解析器 UrlBasedViewResolvers，该视图解析器可以将视图名解析为 URL，同时将请求传递给 RequestDispatcher 以显示视图。代码如下：

```
<bean id="viewResolver" class="org.springframework.web.servlet.view. Url
BasedViewResolver">
    <property name="prefix" value="/WEB-INF/pages/"/>
    <property name="suffix" value=".jsp"/>
</bean>
```

假设返回的视图名为 vi，则上面代码中的视图解析器会将请求传递给 RequestDispatcher，RequestDispatcher 再将请求传递给/WEB-INF/pages/vi.jsp。

18.1.8　异常处理

当控制器处理请求时，如果发生异常，则将发生的异常交由 HandlerExceptionResolverder 来处理，从而给框架的使用者一个集中处理异常的机会。Spring MVC 中提供了处理异常的解析器（HandlerExceptionResolver），能够帮助控制器处理所发生的异常。HandlerException-Resolverder 可以提供异常产生时控制器的运行状态。

实现 HandlerExceptionResolver 需要实现 resolveException(Exception, Handler)方法并返回 ModelAndView，除了使用 HandlerExceptionResolver，还可以使用 Spring 内置的解析器 SimpleMappingExceptionResolver，这个解析器能够获取任何抛出异常的类名，并将它映射

到视图名。

HandlerExceptionResolver 只有一个接口方法：

```
ModelAndView resolveException(HttpServletRequest request, HttpServlet
Response response, Object handler, Exception ex)
```

当发生异常时，Spring MVC 将调用 resolveException()方法，并转到相应视图，将异常报告页面反馈给用户。如需使用异常处理，需要在 Dispatcher 文件 Config.xml 中进行配置，exceptionResolver 的 Bean 示例如下：

```
<!--配置异常处理-->
<bean id="exceptionResolver"
class="org.springframework.web.servlet.handler.SimpleMappingExceptionRe
solver">                                                <!--指定类名-->
    <property name="defaultErrorView">                 <!--配置默认异常提示页面-->
        <value>failure</value>
    </property>
    <property name="exceptionMappings">            <!--指定可能抛出的异常-->
        <props>
            <prop key="java.sql.SQLException">DBerror</prop>
            <prop key="java.lang.RuntimeException">RuntimeError</prop>
        </props>
    </property>
</bean>
```

上面的代码中通过配置 defaultErrorView 属性为所有的异常指定了一个默认的异常提示页面，配置时仅指定了页面的主文件名，文件路径及后缀则在 viewResolver 中指定。此处配置的页面为 failure.jsp。

代码中还配置了 exceptionMappings 属性，该属性用于将不同的异常分别映射到不同的 JSP 页面。如果处理请求时所抛出的异常在 exceptionMappings 属性中没有对应的映射，则 Spring 将使用 defaultErrorView 属性中所指定的默认异常提示页面来显示异常信息。

18.2　解析 Spring 基础标签

在实际开发中应用 Spring 框架时，表现层可以选择使用 Spring 框架自带的标签库。Spring 的标签库可以与相关的组件结合，提供页面与窗体对象、错误信息的数据绑定功能等。与 Struts 所提供的丰富的标签库不同，Spring 提供的标签库本着够用就行的原则，它所提供的标签并非是无所不包的。

18.2.1　配置基础标签库

Spring 的基础标签库提供数据绑定和显示功能。在配置 Spring 的基础标签库时需要将 Spring 安装包中的 spring.tld 复制到项目的 WEB-INF 目录下，并在 web.xml 中配置该标签库。在 web.xml 文件中<jsp-config></jsp-config>标签内加入以下代码就可以将 Spring 标签库添加到项目中来：

```
<taglib>
    <taglib-uri>/spring</taglib-uri>
    <taglib-location>/WEB-INF/spring.tld</taglib-location>
</taglib>
```

并且，需要在 JSP 页面加入声明，需要注意的是，prefix="spring"中的 spring 为该标签库的引用别名，必须与 web.xml 中<taglib-uri>/声明的部分保持一致：

```
<%@ taglib uri="/spring" prefix="spring" %>
```

18.2.2　<spring:bind>标签

<spring:bind>标签常用来为某个 Bean 或 Bean 的属性赋值，经常与 form 共同使用，指定表单要提交到哪个类或哪个类的属性中。<spring:bind>标签与标签库处理类 org.springframework.web.servlet.tags.BindTag 相对应。

在 bind 标签中，需要设定 path 属性，用于说明需要转到的类的路径，代码示例如下：

```
<form method="post">
<!--定义表格-->
<table width="90%" bgcolor="f8f9ff" border="0" cellspacing="0" cellpadding=
"5">
<tr>
<!--定义表格单元，规定表格相对周围元素的对齐方式及表格宽度-->
<td alignment="right" width="20%">Increase (%):</td>
<!--指定 bind 标签的 path 属性-->
<spring:bind path="user.age">
<td width="20%">
<!--指定 input 元素的类型、名称和值-->
<input type="text" name="age" value="<c:out value="${status.value}"/>"
>
</td>
<td width="60%">
<!--定义字体-->
<font color="red">
<c:out value="${status.errorMessage}"/>
</font>
</td>
</spring:bind>
</tr>
</table>
<br>
…
</form>
```

对上述代码说明如下：

- 上面代码中加粗部分使用了<spring:bind>标签，表示将表单信息提交到 user 类的 age 属性中。
- <sping:bind>标签中的 path 属性指定了与表单中的哪个属性绑定，除了直接使用属性名以外，还可以使用${status.expression}的形式，${status.expression}就代表了被绑定的那个属性的名称。如果 path 属性值为“XXX.*”则表示与那个表单的所有属性绑定。status.value 显示了表单对象中存储的值，即被绑定的属性值。

- 需要注意的是，<input>标签中的 name 属性值必须与<spring:bind>标签中的 path 属性值相匹配，否则无法正确实现与表单中的指定属性绑定。例如下面的代码就无法实现绑定：

```
<!--bind 标签-->
<spring:bind path="user.age">
    <!--指定 input 元素的类型、名称和值-->
    <input type="text" name="theAge" value="${status.value}">
    <font color="red">${status.errorMessage}</font>
</spring:bind>
```

上面的代码中 path 属性值为 user.age，表示要与 user 类中的 age 属性实现绑定，而<input>标签中的 name 属性值为 theAge，显然不相匹配，因此无法实现绑定。

为了避免出现类似的错误，推荐使用${status.expression}的形式来实现绑定：

```
<!--bind 标签-->
<spring:bind path="user.age">
    <!--推荐使用${status.expression}的形式-->
    <input type="text" name="${status.expression}" value="${status.value}">
    <font color="red">${status.errorMessage}</font>
</spring:bind>
```

上面的代码中将一些错误的信息绑定至相关的属性上，这里是绑定到 age 属性上。如果同一个属性上还被绑定了错误信息，那么可以使用${status.errorMessage}将错误信息取出。

18.2.3　<spring:hasBindErrors>标签

<spring:hasBindErrors>标签是 Spring 的基础标签库中的常用标签，用于绑定对象的错误。利用这个标签可以在页面范围（page scope）内绑定一个 Errors 实例，并能够将对象的错误信息显示在页面上，与标签库处理类 org.springframework.web.servlet.tags.BindErrorsTag 对应。

需要注意的是，<spring:hasBindErrors>标签的使用是依赖于 bind 标签的，与<spring:bind>标签配合使用。在使用<spring:bind>标签后，便可以用<spring:hasBindErrors>标签来绑定对象本身或对象的属性，但不能用来表示对象的状态。代码示例如下：

```
<spring:hasBindErrors name=" errorCount ">
<b>Please repair all errors!</b>
</spring:hasBindErrors>
```

<spring:hasBindErrors>标签中的 name 属性是必须的，它表示了已绑定的待检查的 Bean 的名称，此处绑定的 Bean 为 errorCount。

18.2.4　<spring:message>标签

<spring:message>标签能够支持 Spring 国际化，通过 code 属性来获取消息资源，如果指定的 code 没有找到任何对应的消息资源，则使用 text 中定义的内容。<spring:message>标签与标签库处理类 org.springframework.web.servlet.tags.MessageTag 对应，其主要属性解释如下：

- code：查找消息资源时使用的关键字，如没有找到，则使用 text 中指定的内容。
- message：MessageSourceResolvable 类型。
- arguments：属性 message 的参数。
- text：默认替代文本，假如 code 不存在的话，默认是 text 输出。当 code 和 text 都没有设置的话，标签将输出 null。
- var：存放查找到的消息资源，用来绑定输出结果到 page、request、session 或 application scope。默认情况下输出到 JSP 中。
- htmlEscape：boolean 类型，用于设定 html escape 属性。
- javaScriptEscape：boolean 类型，用于设定 JavaScript escaping 属性。
- scope：若使用该属性，则必须设置 var 属性，它的值可以是 page、request、session 或 application。

下面来看看<spring:message>标签的使用方法。先在 Spring 的配置文件中进行如下配置：

```
<!--注册 Spring 自带的 org.springframework.context.support.ResourceBundle
MessageSource 类-->
<bean id="Resource"
    class="org.springframework.context.support.ResourceBundleMessageSource">
    <property name="messagename" value="messageInfo"/>
</bean>
```

上面的代码将 Spring 自带的 org.springframework.context.support.ResourceBundleMessage-Source 类注册到配置文件中，这个类的作用是获取资源文件的内容，将其在配置文件中注册是为了自动获取该类的实例。其中 messageInfo 是 properties 文件的通用名，针对不同的语言开发人员可以定义不同的资源文件，如此处可以有 messageInfo.properties 文件（英文资源文件）、messageInfo_zh_CN.properties 文件（简体中文资源文件）等。

定义 messageInfo.properties 文件，其代码如下：

```
speaking=hello!
```

下面代码中使用<spring:message>标签获取消息资源，其中 code 属性提供了查找消息时使用的关键字：

```
<spring:message tcode="speaking"/>
```

18.2.5　其他基础标签

除了前面介绍的几个基础标签以外，Spring 中还包含了<spring:transform>、<spring:htmlEscape>和<spring:theme>这 3 个基础标签，这几个标签的用法比较简单，因此本小节只对它们进行简要的介绍。有关 Spring 基础标签的用法，希望读者能通过多练习多实践以达到更好的掌握。

1．<spring:transform>标签

<spring:transform>标签用来转换表单中与 Bean 中的属性不一致的属性，通常和<spring:bind>标签配合使用，与标签库处理类 org.springframework.web.servlet.tags.Transform Tag 相对应，其主要属性如下：

- value：需要转换的实体类名，必须设置。应保证与当前＜spring:bind＞标记指向的 Bean 类相同。
- var：这个字符串被用来绑定输出结果到 page、request、session 或 application scope，默认输出到 JSP 中。
- scope：使用该属性的前提条件是 var 属性必须设置，其可能取值为 page、request、session 或 application。

2. <spring:htmlEscape>标签

<spring:htmlEscape>标签用来设置是否启用默认的 HTML 字符转换，默认为 false，与标签库处理类 org.springframework.web.servlet.tags.HtmlEscapeTag 相对应。代码示例如下：

```
<spring:htmlEscape defaultHtmlEscape="false">
```

3. <spring:theme>标签

<spring:theme>标签用来对 I18N 主题进行配置，与标签库处理类 org.springframework.web.servlet.tags.ThemeTag 相对应。代码示例如下：

```
<spring:theme code="styleSheet"/>
```

18.3　解析 Spring 表单标签

Spring 的表单标签库是与 Spring Web MVC 集成在一起的，在使用 JSP 和 Spring Web MVC 的时候，能够提供一套支持数据绑定的标签集合，用于处理表单元素。由于 Spring 表单标签所支持的属性集合和与其对应的 HTML 标签相同，且标签库生成的 HTML 页面符合 HTML 4.01/XHTML 1.0 标准，因此使得 Spring 表单标签更为直观，易于使用。同时，Spring 表单标签能够使用命令对象（command object）和控制器处理的参考数据（reference data），使得 JSP 的开发更方便、更利于阅读和维护。

Spring 的表单标签库的使用非常简单，只需要在使用 Spring MVC 中的标签之前在每个 JSP 文件头部引入标签支持<%@ taglib prefix="form" uri="http://www.springframework.org/tags/form" %>即可。下面将详细介绍 Spring 表单标签的具体使用。

18.3.1　配置表单标签库

Spring 的表单标签库包含在 spring.jar 中，描述符为 spring-form.tld。如需使用 Spring 的表单标签，只需在 JSP 页面的开头加入如下声明：

```
<%@ taglib prefix="form" uri="http://www.springframework.org/tags/form" %>
```

上面声明中的 form 是标签库所提供的所有标签的前缀名。该前缀名可以自由调整。在声明好标签引用后，就可以在一个 JSP 文件中使用所有 Spring MVC 提供的表单标签了。

配置好标签库后，下面我们逐个来研究每个标签的使用方法。

18.3.2　form 标签

Spring 的 form 标签可以生成一个 HTML 的 form 标签，同时为其内部包含的各个标签提供一个绑定路径。它通过将命令对象放入 PageContext 中，使得内部的标签都可以访问这个命令对象。

注意：表单标签库中其他的标签都要在 form 标签内部声明。

假设有一个用户 User 类，该类具有 userName 和 country 两个属性。下面是一个使用表单标签<form:from>的 JSP 文件片段，它最终会生成一个 HTML 的表单。

```
<!--Spring MVC 表单标签-->
<form:form>
    <table>
        <tr>
            <td>UserName:</td>
            <!--使用表单输入组件定义单行文本框-->
            <td><form:input path="userName" /></td>
        </tr>
        <tr>
            <td>Country:</td>
            <!--使用表单输入组件定义单行文本框-->
            <td><form:input path="country" /></td>
        </tr>
        <tr>
            <td colspan="2">
                <!--定义提交按钮，用于向服务器发送表单数据-->
                <input type="submit" value="Save" />
            </td>
        </tr>
    </table>
</form:form>
```

上面代码中的userName和country两个属性的值能够从页面控制器放置在PageContext中的命令对象中获取到。

表单中有一些用于接受输入值的组件，Spring 为它们提供了对应的表单标签，如<form:input>表示单行文本框，<form:textarea>表示多行文本框，<form:password>表示密码框。所有表单组件标签都通过 path 属性来绑定表单对象的属性值。

上面使用表单标签的页面所对应的 HTML 页面如下所示：

```
<form method="POST">
    <table>
      <tr>
          <td> UserName:</td>
          <!--定义 HTML input 标签的 name、type 和 value 属性-->
          <td><input name="userName" type="text" value="Jack"/></td>
      </tr>
      <tr>
          <td>Country:</td>
          <!--定义 HTML input 标签的 name、type 和 value 属性-->
          <td><input name="country" type="text" value="America"/></td>
      </tr>
```

```
        <tr>
            <td colspan="2">
                <!--定义提交按钮，用于向服务器发送表单数据-->
                <input type="submit" value="Save" />
            </td>
        </tr>
    </table>
</form>
```

可以看到，由 form 标签生成的 HTML 看起来和标准的 HTML form 并没有什么区别。

在上面的例子中，如果<form:form>中没有指定 method 属性，则 method 的默认值是 POST。由于 Spring 的表单标签库是与 Spring Web MVC 集成在一起的，因此默认情况下表单对象的变量名是 command，即表单控制器将表单对象以 command 为名放到 PageContext 中。如果想用其他名称来定义表单对象，则需要通过<form:form>标签中的 commandName 属性来显式地指定绑定的表单对象的名称。

下面示例中将 User 作为表单对象，user 作为表单对象名：

```
<!--使用 commandName 属性显式指定绑定的表单对象名称-->
<form:form commandName="user">
    <table>
        <tr>
            <td> UserName:</td>
            <!--使用表单输入组件定义单行文本框-->
            <td><form:input path="userName" /></td>
        </tr>
        <tr>
            <td>Country:</td>
            <!--使用表单输入组件定义单行文本框-->
            <td><form:input path="country" /></td>
        </tr>
        <tr>
            <td colspan="2">
                <!--定义提交按钮，用于向服务器发送表单数据-->
                <input type="submit" value="Save" />
            </td>
        </tr>
    </table>
</form:form>
```

除了 commandName 属性外，Spring 表单标签还可以设置多种属性，而这些属性大多与 HTML 表单标签属性相对应，如 tabindex、ondblclick、onclick 等。需要注意的是 Spring 表单标签的属性是小写的，而 HTML 标签的属性则没有限制。

表单标签还包含了一些特殊属性，如下所示：

- cssClass 属性：用来指定表单元素 CSS 样式名，相当于 HTML 元素的 class 属性，代码如下：

```
<form:input path="userName" cssClass="inputStyle"/>
```

- cssStyle 属性：用来指定样式，相当于 HTML 元素的 style 属性，代码如下：

```
<form:input path="userName" cssStyle="width:100px"/>
```

- cssErrorClass 属性：与 cssClass 属性相反，cssErrorClass 属性用来表示表单元素发生错误时对应的样式，代码如下：

```
<form:input path="userName" cssClass="sty1" cssErrorClass= "sty2"/>
```

18.3.3　input 标签

input 标签能够生成 text 类型的 HTML input 标签。其中，path 属性的值对应 HTML input 标签中 name 属性的值。下面是使用了 input 标签的 JSP 代码示例片段：

```
<!--Spring MVC 表单标签-->
<form:form>
<form:input path="userName" /> <br>                         <!--定义单行文本框-->
<form:password path="password" /><br>                       <!--定义密码框-->
<form:textarea path="desc" cols="20" rows="3"/><br><!--定义多行文本框-->
<form:hidden path="times"/>                                 <!--隐藏组件的值-->
<input type="submit" value="注册" name="testSubmit"/>   <!--定义提交按钮-->
<input type="reset" value="重置" />                         <!--定义重置按钮-->
</form:form>
```

在上例中，所有表单组件标签都通过 path 属性绑定表单对象的属性值。上面表单标签页面的对应 HTML 页面代码示例如下：

```
<form id="command" method="post" action="/baobaotao//registerUser.html">
<!--定义单行输入字段，用户可在此输入文本-->
<input id="userName" name="userName" type="text" value=""/><br>
<input id="password" name="password" type="password" value=""/><br>
                                                          <!--定义密码字段-->
<!--定义多行文本输入控件，rows 和 cols 属性用来规定 textarea 的尺寸-->
<textarea id="desc" name="desc" rows="3" cols="20"></textarea><br>
<input id="times" name="times" type="hidden" value="0"/><!--定义隐藏的输入
字段-->
<input type="submit" value="注册" name="testSubmit"/>   <!--定义提交按钮-->
<input type="reset" value="重置" />                       <!--定义重置按钮-->
</form>
```

18.3.4　checkbox 标签

checkbox 是复选框组件标签，使用它能够生成一个 checkbox 类型的 HTML input 标签。其对应的表单属性可以是 boolean、String[]、Collection、Enum 等类型。而针对不同的属性类型，复选框选中状态的判断条件也是不同的，如下所示：

- boolean 类型：当对应属性为 true 时，该复选框选中（一个属性仅对应一个复选框）。
- String[]、Collection 或 Enum 类型：当复选框对应的值出现在相应的属性列表中时，该复选框选中。
- 其他类型：当复选框对应的值可以转换为对应的属性值时，该复选框选中。

下面以 Message 类为例，解释选中状态的判断条件。

```
public class Message {
   private boolean receiveLetter;                    // boolean 类型属性
   private String[] letters;                         //String[]类型属性
   private String word;                              //String 类型属性
   public boolean isReceiveLetter() {
```

```
        return receiveLetter;
    }
    // receiveLetter 属性的 setter 方法
    public void setReceiveLetter(boolean receiveLetter) {
        this. receiveLetter = receiveLetter;
    }
    // letters 属性的 getter 和 setter 方法
    public String[] getLetters() {
        return letters;
    }
    public void setLetters (String[] letters) {
        this.letters = letters;
    }
    // word 属性的 getter 和 setter 方法
    public String getWord() {
        return word;
    }
    public void setWord(String word) {
        this.word = word;
    }
}
```

form.jsp 代码示例如下：

```
<form:form>
    <table>
        <tr>
            <td>Subscribe to a letter?:</td>
            <!--绑定的属性类型为 java.lang.Boolean -->
            <td><form:checkbox path="message.receiveLetter"/></td>
        </tr>
        <tr>
            <td>Letters:</td>
            <td>
                <!--绑定的属性类型为 java.util.Collection -->
                John: <form:checkbox path=" message.letters" value="John"/>
                Tom: <form:checkbox path=" message.letters" value="Tom"/>
                Susan: <form:checkbox path=" message.letters" value="Susan"/>
            </td>
        </tr>
        <tr>
            <td>Word:</td>
            <td>
                <!--绑定的属性类型为 java.lang.Object -->
                Story: <form:checkbox path=" message.word" value="Story"/>
            </td>
        </tr>
    </table>
</form:form>
```

与 form.jsp 对应的部分 HTML 片段如下：

```
<tr>
    <td> Letters:</td>
    <td>
        <!--定义复选框-->
        John: <input name=" message.letters " type="checkbox" value="John"/>
        <!--定义隐藏区域-->
        <input type="hidden" value="1" name="_ message.letters "/>
```

```
        Tom: <input name=" message.letters " type=" checkbox " value="Tom"/>
        <input type="hidden" value="1" name="_ message.letters "/>
        Susan: <input name=" message.letters " type="checkbox" value=
        "Susan"/>
        <input type="hidden" value="1" name="_ message.letters "/>
    </td>
</tr>
```

在上面 HTML 片段中，每个 checkbox 标签都有一个隐藏字段，当 HTML 页面中的 checkbox 没有被选中时，这个 checkbox 的值就不会在表单提交时作为 HTTP 请求参数被发送到服务器端。为此，通常在每个 checkbox 后面添加一个隐藏区域，且每个隐藏区域的命名都是在其对应的 checkbox 名字前加一个下划线“_”。采用这种方式可以告诉 Spring，表单中存在一个 checkbox，而表单对象中对应的属性应该和这个 checkbox 的状态保持一致。

18.3.5 checkboxes 标签

使用 checkboxes 标签可以生成多个 checkbox 类型的 HTML input 标签。

有时我们不希望在 JSP 页面列出所有的可能选项，而希望在运行时提供一个可用选项的清单，并将它传递给相应的标签，此时便可以使用 checkboxes 标签。其传递方式可以通过 Array、List、Map 来进行，并将可用选项包含在 items 属性中，显然，这个被绑定的属性应该是一个集合，这样才能保存用户选择的多个值。使用了 checkboxes 标签的 JSP 文件示例如下：

```
<form:form>
    <table>
        <tr>
            <td>Papers:</td>
            <td>
                <%--使用 checkboxes 标签绑定属性集合--%>
                <form:checkboxes path="preferences.papers" items="${paper
                List}"/>
            </td>
        </tr>
    </table>
</form:form>
```

在上例中，items 属性中包含了所有被用于选择的字符串的值。除了这种方法，还可以使用定制对象和 map 方法，如果使用定制对象，则需要提供 itemValue 属性来存放值，利用 itemLabel 属性存放文本标记，而使用 map 方法时，map 条目的键作为值，map 条目的值则作为显示的文本标记。

18.3.6 radiobutton 标签

radiobutton 标签是由两个同名的标签组件组成，当表单对象对应的属性值和 value 值相等时，单选框被选中。radiobutton 标签能够生成一个 radio 类型的 HTML input 标签，通常是把多个标签实例绑定到同一属性上，但它们具有不同的值，示例如下：

```
<tr>
```

```
    <td>Sex:</td>
    <!--定义单选按钮-->
    <td>Male: <form:radiobutton path="sex" value="M"/> <br/>
       Female: <form:radiobutton path="sex" value="F"/> </td>
</tr>
```

上面代码中所有的 radiobutton 标签都具有相同的 path 属性，但是它们的 value 属性值则各不相同。

18.3.7 radiobuttons 标签

radiobuttons 标签与 radiobutton 标签不同，它能够生成多个 radio 类型的 HTML input 标签。

正如 checkboxes 标签的引入目的一样，有时会希望传入一个运行时的变量作为可用的选项，此时便需要使用 radiobuttons 标签。其传递方式可以采用 Array、List、Map 的形式，然后将可用选项包含在 items 属性中。示例如下：

```
<tr>
   <td>Sex:</td>
   <td><form:radiobuttons path="sex" items="${sexOptions}"/></td>
</tr>
```

可以使用定制的对象和 map 方法，如果使用定制对象，则需要提供 itemValue 属性来存放值，利用 itemLabel 属性存放文本标记，而使用 map 时，map 条目的键作为值，map 条目的值则作为显示的文本标记。

18.3.8 password 标签

password 标签用于生成一个 password 类型的 HTML input 标签，并赋予绑定的值。示例如下：

```
<tr>
   <td>Password:</td>
   <td>
      <!--定义密码字段-->
      <form:password path="password" />
   </td>
</tr>
```

在默认情况下，密码的值不显示，但可以通过将 showPassword 属性值设置为 true 的方式以显示密码的值。

```
<tr>
   <td>Password:</td>
   <td>
       <!--定义密码字段，同时显示该字段的值-->
      <form:password path="password" value="^76525bvHGq" showPassword=
      "true" />
   </td>
</tr>
```

18.3.9　select 标签

select 标签是下拉框标签，用于生成一个 HTML select 元素。它包括两方面的数据：

- 对应表单对象的属性值，用 path 属性定义。
- 用于构造下拉框选项的数据，用 item 属性定义。

在下面的代码中，假设用户可以在各种食物中进行选择，则使用 select 标签的代码如下：

```
<tr>
    <td> foodList:</td>
    <!--定义下拉框-->
    <td><form:select path="food" items="${foodList}"/></td>
</tr>
```

select 标签中还可以使用嵌套的 option 和 options 标签。

如果用户在食物列表中选择了 bread，那么就会生成如下所示的 HTML 源代码：

```
<tr>
    <td> foodList:</td>
    <!--创建选项列表-->
    <td><select name=" foodList" multiple="true">
        <option value=" cookies">cookies</option>
        <option value="bread" selected="selected">bread</option>
        <option value="sandwich">sandwich</option></select>
    </td>
</tr>
```

下拉框又可以分为单选框和多选框两种形式，当表单对象的对应属性为 String[]、List、Set 等数组或集合类型时会生成多选框，反之生成单选框。

18.3.10　option 标签

option 标签生成一个 HTML 的 option，它用来定义下拉列表中的一个选项，根据绑定的值设置 selected 属性。下面的代码创建了包含 4 个选项的选择列表：

```
<tr>
    <td>House:</td>
    <td>
        <!--创建带有 4 个选项的选择列表-->
        <form:select path="work">
            <form:option value="engineer"/>
            <form:option value="teacher"/>
            <form:option value="author"/>
            <form:option value="doctor"/>
        </form:select>
    </td>
</tr>
```

option 标签的内容会作为 select 标签的菜单或是滚动列表中的一个元素来显示。要注意的是，该标签必须与 select 标签配合使用，否则该标签没有意义。

在上例中，若职业为 engineer，即该选项为选中状态，则此时对应的 HTML 源码如下所示：

```
<tr>
    <td> work:</td>
    <td>
        <!--选中 engineer 选项-->
        <select name=" work ">
            <option value="engineer" selected="selected">engineer</option>
            <option value="teacher">teacher</option>
            <option value="author">author</option>
            <option value="doctor">doctor</option>
        </select>
    </td>
</tr>
```

18.3.11　options 标签

options 标签能够生成一个 HTML 的 option 标签的列表，并根据绑定的值设置 selected 属性。要注意的是，被选中的选项应该和表单对象相应的属性值保持一致。使用 options 标签的代码示例如下：

```
<tr>
    <td>Country:</td>
    <td>
        <!--form:select 标签-->
        <form:select path="country">
        <form:option value="-" label="--Please Select"/>
        <form:options items="${countryList}" itemValue="code" itemLabel=
        "name"/>
        </form:select>
    </td>
</tr>
```

当在“国家”中选择了 United Kingdom 时，生成的 HTML 源代码如下：

```
<tr>
    <td>Country:</td>
    <td>
        <!--select 标签-->
        <select name="country">
            <!--option 标签-->
            <option value="-">--Please Select</option>
            <option value="AT">Austria</option>
            <option value="UK" selected="true">United Kingdom</option>
            <option value="US">United States</option>
        </select>
    </td>
</tr>
```

18.3.12　textarea 标签

textarea 标签能够生成一个 HTML 的 textarea，它用来定义一个多行的文本输入控件。它定义的文本区中可以容纳无限数量的文本，其中文本的默认字体是等宽字体。

可以通过 rows 和 cols 属性来指定 textarea 的尺寸。rows 规定了文本区内的可见行数，而 cols 则规定了文本区内的可见宽度。示例如下：

```
<tr>
    <td>Comments:</td>
    <!--定义文本区-->
    <td><form:textarea path="comments" rows="5" cols="26" /></td>
    <td><form:errors path="comments" /></td>
</tr>
```

18.3.13　hidden 标签

hidden 用来定义隐藏字段。隐藏字段对用户是不可见的，通常会存储一个默认值。

hidden 标签能够使用绑定的值生成类型为 hidden 的 HTML input 标签。在其生成的 HTML 代码中，input 标签的值和表单对象相应属性的值是一致的。

需要说明的是，如果要提交一个未绑定的值，则只能使用类型为 hidden 的 HTML input 标签。

示例如下：

```
<form:hidden path="country" />
```

当选择以隐藏形式提交 work 的值，HTML 代码如下：

```
<input name="work" type="hidden" value="America"/>
```

18.3.14　errors 标签

errors 标签用来显示表单验证过程中出现的错误信息。该标签提供了一种访问由控制器和与控制器关联的验证器产生的错误信息的途径。

假设在服务端通过以下代码对表单数据进行校验：

```
ValidationUtils.rejectIfEmptyOrWhitespace(errors, "userName","required
.username", "用户名必须填写");
ValidationUtils.rejectIfEmptyOrWhitespace(errors, "password","required
.password", "密码不能为空");
```

当提交的表单数据不合法引发校验错误时，提交的表单将被驳回，请求被重定向到表单输入页面，在该页面中通过 errors 标签就可以显示出校验的错误信息，如以下代码所示：

```
<!--Spring MVC 表单标签-->
<form:form>
<!--定义单行文本框-->
用户名：<form:input path="userName" cssClass="inputStyle" cssErrorClass=
"asdfe"/>
<font color="green">
    <form:errors path="userName" />
</font>
<br>
<!--定义密码字段-->
密 码：<form:password path="password" />
<font color="green">
```

```
    <form:errors path="password" />
</font>
<br>
</form:form>
```

通过 path 属性和表单对象特定属性的错误信息进行绑定，一个表单对象的属性可能包括一个或多个错误信息，也可以没有任何错误信息，而 errors 标签会根据错误信息的情况进行恰当的展示。

18.4　Spring MVC 综合实例

【例 18-1】 本例中演示了如何使用 Spring MVC 来开发一个简单的项目，运行该项目会在浏览器中显示“Spring 3 MVC Hello World”这几个单词。开发环境仍然是 Eclipse，搭配 Spring 3.1.1。

下面是该项目所需的 JAR 文件的清单。

- commons-logging-1.0.4.jar。
- org.springframework.asm - 3.1.1.RELEASE.jar。
- org.springframework.beans - 3.1.1.RELEASE.jar。
- org.springframework.context - 3.1.1.RELEASE.jar。
- org.springframework.core - 3.1.1.RELEASE.jar。
- org.springframework.expression - 3.1.1.RELEASE.jar。
- org.springframework.web.servlet - 3.1.1.RELEASE.jar。
- org.springframework.web - 3.1.1.RELEASE.jar。

需要注意的是，根据 Spring MVC 的当前版本，上述 JAR 文件的版本号可能会改变。

具体步骤如下：

（1）打开 Eclipse，选择菜单项 File|New|Project，然后选择 Dynamic Web Project，新建一个动态 Web 项目，项目名称为 Spring MVC。

（2）创建一个 Spring MVC 控制器类 Hello Controller，使用该类来处理请求，并显示 Hello World 消息。为此，我们创建包 com.spring3.controller，在这个包中将包含我们的控制器文件。

```
package com.spring.controller;
import org.springframework.stereotype.Controller;
import org.springframework.ui.ModelMap;
import org.springframework.web.bind.annotation.RequestMapping;
import org.springframework.web.bind.annotation.RequestMethod;
//将类声明为 Spring 容器中的 Bean，Spring 调用时对该类实例化
@Controller
@RequestMapping("/welcome")          //声明 Controller 处理的请求是什么
public class HelloController {
    @RequestMapping(method = RequestMethod.GET)//声明请求的方法，默认为 GET 方法
    //定义 printWelcome 方法，返回 String 类型对象
    public String printWelcome(ModelMap model) {
        model.addAttribute("message", "Hello World");
        return "hello";              //返回“hello”，交由 ViewResolver 解析
    }
}
```

对上面代码说明如下：

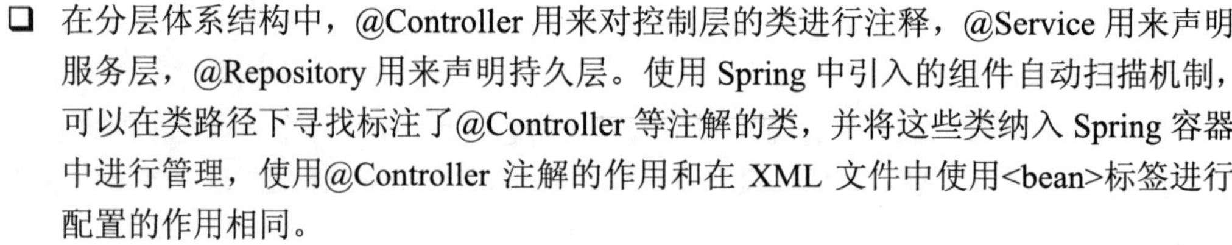

- 在分层体系结构中，@Controller 用来对控制层的类进行注释，@Service 用来声明服务层，@Repository 用来声明持久层。使用 Spring 中引入的组件自动扫描机制，可以在类路径下寻找标注了@Controller 等注解的类，并将这些类纳入 Spring 容器中进行管理，使用@Controller 注解的作用和在 XML 文件中使用<bean>标签进行配置的作用相同。
- @RequestMapping 注解会把 Web 请求映射到特定的处理器类和/或处理器方法上，它支持 Servlet 和 Portlet 环境。在 Servlet 环境中，一个 HTTP 路径需要唯一的映射到一个指定的处理器 Bean。
- @RequestMapping 的类型包含类级别和方法级别两种。类级别就是将@RequestMapping 注解定义在类定义的上面，而方法级别则是将@RequestMapping 注解定义在方法定义的上面。代码中@RequestMapping("/welcome")为类级别，而@RequestMapping(method = RequestMethod.GET)则为方法级别。
- 可以定义@RequestMapping 注解的属性。@RequestMapping(method = RequestMethod.GET)中使用了@RequestMapping 注解的 method 属性，该属性的作用是通过 HTTP 请求的方法来缩小映射的范围，可使用的方法有 GET、POST、HEAD、OPTIONS、PUT、DELETE 和 TRACE。该属性支持定义在类级别，也支持定义在方法级别。
- 使用@RequestMapping 注解的方法支持的返回类型有：ModelAndView、Model、Map、View 和 String 等。
- printWelcome 方法中返回的字符串“hello”表示视图名称，而 ModelMap 类型的参数则表示模型（model），也可以把参数定义为 Model 类型。
- 代码中使用了@RequestMapping 注解将请求地址/welcome 映射到 printWelcome 处理器上。
- ModelMap 是 Spring 提供的集合，用于传递数据到最终返回的 JSP 页面。
- model.addAttribute("message", "Hello World");是将字符串“Hello World”以名值对的形式存入 model（model 为 ModelMap 类型对象），在 hello.jsp 中使用 request 对象来接收。

（3）定义视图。要显示字符串，需要创建一个 JSP 文件。在 WEB-INF/jsp 文件夹下创建 hello.jsp 文件，代码如下：

```
<html>
<body>
    <h1>Spring 3 MVC : ${message}</h1>
</body>
</html>
```

上面的 JSP 中使用表达式${message}显示了一条字符串消息。

（4）定义 Spring 的配置文件，文件名为 mvc-dispatcher-servlet.xml，代码如下：

```
<beans xmlns="http://www.springframework.org/schema/beans"
    xmlns:context="http://www.springframework.org/schema/context"
    xmlns:xsi="http://www.w3.org/2001/XMLSchema-instance"
    xsi:schemaLocation="
       http://www.springframework.org/schema/beans
```

```
        http://www.springframework.org/schema/beans/spring-beans-3.0.xsd
        http://www.springframework.org/schema/context
        http://www.springframework.org/schema/context/spring-context-
        3.0.xsd">
    <!--指定注入 Bean 时 Spring 要查找的包-->
    <context:component-scan base-package="com.spring3.controller" />
    <!--配置视图解析器，使用 InternalResourceViewResolver 类作为视图解析器。
        Controller 回传 ModelAndView,DispatcherServlet 将其交给 ViewResolver 解析-->
    <bean
        class="org.springframework.web.servlet.view.InternalResource
        ViewResolver">
        <!--指定目录前缀-->
        <property name="prefix">
            <value>/WEB-INF/jsp/</value>
        </property>
        <!--指定文件后缀-->
        <property name="suffix">
            <value>.jsp</value>
        </property>
    </bean>
</beans>
```

视图解析器的 prefix 和 suffix 参数分别指定了表现层资源的前缀和后缀。当程序运行时，Spring 会为指定的表现层资源自动追加前缀和后缀，如此便可形成一个完整的资源路径。

上面对 InternalResourceViewResolver 的配置表示，将在 Controller 返回的 ModelAndView 的基础上，加上目录前缀/WEB-INF/pages/，加上文件名称后缀.jsp，由此返回的页面应为/WEB-INF/pages/hello.jsp。

（5）将 Spring 框架集成到 Web 应用中。只需要在 web.xml 文件中声明 ContextLoader Listener 和 DispatcherServlet 即可。web.xml 文件代码如下：

```
<?xml version="1.0" encoding="UTF-8"?>
<web-app xmlns:xsi="http://www.w3.org/2001/XMLSchema-instance" xmlns=
"http://java.sun.com/xml/ns/javaee"
xmlns:web="http://java.sun.com/xml/ns/javaee/web-app_2_5.xsd"
xsi:schemaLocation="http://java.sun.com/xml/ns/javaee http://java.sun.com/
xml/ns/javaee/web-app_3_0.xsd" id="WebApp_ID" version="3.0">
    <display-name>SpringMVC</display-name>
    <!--定义前端控制器 DispatcherServlet -->
    <servlet>
        <!--定义 Servlet 名称-->
        <servlet-name>mvc-dispatcher</servlet-name>
        <!--指定 Servlet 类-->
        <servlet-class>
            org.springframework.web.servlet.DispatcherServlet
        </servlet-class>
        <!--指定启动顺序，为 1 表示该 Servlet 会随 Servlet 容器一起启动-->
        <load-on-startup>1</load-on-startup>
    </servlet>
    <!--设置 Servlet 的访问方式-->
    <servlet-mapping>
        <servlet-name>mvc-dispatcher</servlet-name>
        <url-pattern>/</url-pattern>
    </servlet-mapping>
    <!--设置 Bean 定义文件的位置和名称-->
    <context-param>
        <param-name>contextConfigLocation</param-name>
```

```
        <param-value>/WEB-INF/mvc-dispatcher-servlet.xml</param-value>
    </context-param>
    <!--设置监听器-->
    <listener>
        <listener-class>
            org.springframework.web.context.ContextLoaderListener
        </listener-class>
    </listener>
</web-app>
```

- Spring MVC 中的前端控制器是 org.springframework.web.servlet.DispatcherServlet，它负责将请求分配给控制对象，因此要在 web.xml 文件中对它进行定义。
- contextConfigLocation 初始参数用来设置 Spring 配置文件的位置和名称，默认情况下使用“Servlet 名-servlet.xml”来命名，且该文件默认位于 WEB-INF 文件夹下，如此处的/WEB-INF/mvc-dispatcher-servlet.xml。

（6）运行项目，访问网址 http://localhost:8080/SpringMVC/welcome，结果如图 18.3 所示。

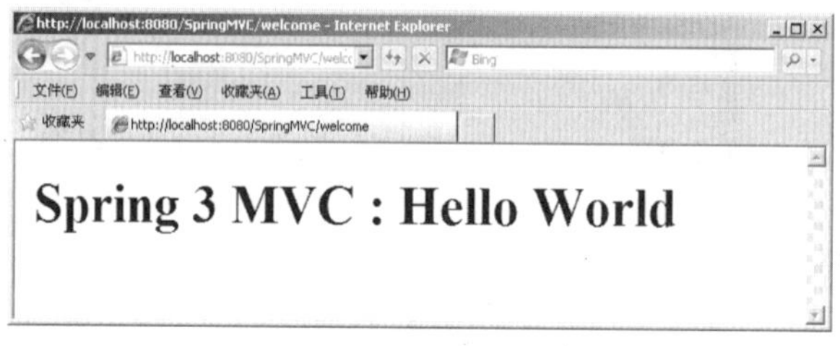

18.3　运行结果

18.5　本 章 小 结

本章介绍了 Spring MVC 框架的基本思想和特点，以及 Spring MVC 的分发器、控制器、处理器映射、视图解析器、文件上传等内容。通过这些内容的学习，使读者对 Spring MVC 有一个初步的了解。然后详细介绍了 Spring 的基础标签和表单标签。最后介绍了使用 Spring MVC 开发的一个综合实例。

下面对本章的一些重点知识进行回顾。

（1）Spring MVC 框架

Spring MVC 是基于 Model2 实现的技术框架，Spring 的 Web 框架是围绕分发器（DispatcherServlet）设计的，框架包括可配置的处理器映射、视图解析、本地化、主题解析，还支持文件上传等。

（2）Spring 的标签库

Spring 是一个轻量级的 J2EE 应用开发框架，Spring 的标签库分为基础标签库和表单标签库，当项目使用 Spring Framework 时，可以在表现层中选用 Spring 的标签库，标签库的使用非常简单，且易于开发和维护。

通过本章的学习，读者应该掌握 Spring MVC 的基本思想和基本概念，并能够使用 Spring MVC 进行实际项目的开发。

第 19 章　Spring 之数据库开发

在前面几章中已经介绍了 Spring 框架的核心技术的基本知识，本章开始介绍 Spring 在数据库开发中扮演的重要角色。几乎所有的应用程序都要有数据的存储和解析，如何简单方便地使用 Spring 访问数据库将是本章讨论的重点。具体内容如下：

- ❑ Spring 中 JDBC 的基本概念。
- ❑ Spring 数据库开发实例。

19.1　Spring JDBC 基本知识

Spring 的 JDBC 框架负责资源管理和错误处理，使得 JDBC 的代码更加简洁、干净，并使得开发人员从书写 statement 和查询语句来操作数据库的工作中解放出来。

Spring 对 JDBC 支持的核心主要是 JDBCTemplate 类，JDBCTemplate 类提供了所有对数据库操作功能的支持，我们可以使用它完成对数据库的增加、删除、查询、更新等操作。Spring 中对 JDBC 的支持将大大简化对数据库的操作步骤，这样可以让我们从烦琐的数据库操作中解脱出来，将更多的精力投入到业务逻辑当中。接下来就详细介绍 Spring 中 JDBCTemplate 的解析。

19.1.1　使用 JDBCTemplate 开发的优势

JDBC 虽然具有功能强大、应用灵活、使用简单等优点，但是在每次数据库操作中都有很多重复的工作要做，代码重用性较低。而 Spring 框架对 JDBC 的支持使得开发者对数据库的操作变得十分的简单。下面代码演示了 JDBC 是如何操纵数据库的：

```
//插入数据记录
public static void insertuser() {
    Connection conn = null;
    try {
        //建立数据库连接
        conn = DriverManager.getConnection("jdbc:mysql://localhost:3306/
        spring", "root", "admin");
        String sql = "insert into user(name, password) values ('Tom',
        '123456')" ; //插入数据的 sql 语句
        Statement st = (Statement) conn.createStatement();
                                //创建用于执行静态 sql 语句的 Statement 对象
        int count = st.executeUpdate(sql);
                                //执行插入操作的 sql 语句，并返回插入数据的个数
        conn.close();           //关闭数据库连接
        } catch (SQLException e) {
```

```
            System.out.println("插入数据失败" + e.getMessage());
        }
}
//更新记录
public static void updateuser() {
    Connection conn = null;
    try {
        //建立数据库连接
        conn = DriverManager.getConnection("jdbc:mysql://localhost:3306/
        spring", "root", "admin");
        String sql = "update user set name='jack'  where name = 'tom'";
                                            //更新数据的 sql 语句
        //创建用于执行静态 sql 语句的 Statement 对象，st 属于局部变量
        Statement st = (Statement) conn.createStatement();
        int count = st.executeUpdate(sql);
                                            //执行更新操作的 sql 语句，返回更新数据的个数
        System.out.println("user 表中更新 " + count + " 条数据");
                                            //输出更新操作的处理结果
        conn.close();                       //关闭数据库连接
    } catch (SQLException e) {
        System.out.println("更新数据失败");
    }
}
//查询数据
public static void queryuser() {
Connection conn = null;
    try {
        //建立数据库连接
        conn = DriverManager.getConnection("jdbc:mysql://localhost:3306/
        spring", "root", "admin");
        String sql = "select * from user";          //查询数据的 sql 语句
        Statement st = (Statement) conn.createStatement();
                                            //创建用于执行静态 sql 语句的 Statement 对象
        ResultSet rs = st.executeQuery(sql);
                                            //执行 sql 查询语句，返回查询数据的结果集
        System.out.println("最后的查询结果为：");
        while (rs.next()) {                 //判断是否还有下一个数据
            String name = rs.getString("name");     //根据字段名获取相应的值
            String password = rs.getString("password");
            System.out.println(name + " " + password);
                                            //输出查到的记录的各个字段的值
        }
        conn.close();                       //关闭数据库连接
    } catch (SQLException e) {
        System.out.println("查询数据失败");
    }
}
//删除记录
public static void delete() {
    Connection conn = null;
    try {
        //建立数据库连接
        conn = DriverManager.getConnection("jdbc:mysql://localhost:3306/
        spring", "root", "admin");
        String sql = "delete from user  where name = 'Tom'";//删除数据的 sql 语句
        Statement st = (Statement) conn.createStatement();
                                            //创建用于执行静态 sql 语句的 Statement 对象
```

```
        int count = st.executeUpdate(sql);//执行 sql 删除语句，返回删除数据的数量
        //输出删除操作的处理结果
        System.out.println("user 表中删除 " + count + " 条数据\n");
        conn.close();                                          //关闭数据库连接
    } catch (SQLException e) {
        System.out.println("删除数据失败");
    }
}
```

以上使用的是比较原始的 JDBC 数据库访问方式，与 Spring 框架的 JDBCTemplate 相比，JDBC 的代码量要多很多，每次操作时都要设置连接属性，用完后都要关闭连接。这样的话设置的用户名、密码就会散布在程序的各个角落，安全信息的隐蔽性就受到挑战。

另一方面，假如数据库的用户名和密码发生变动，上面的程序就要在四个地方发生变动，若是在实际项目中涉及整个程序，那么引起的变动是相当大的。而在 Spring 框架中只需要修改一处即可，这样带来的好处是显而易见的。另外 Spring 框架对事务的处理、异常的处理都可以进行统一的管理，极大地减少了重复性代码的编写。熟练掌握 Spring 框架的 JDBCTemplate 数据库操作，将会使我们的开发效率得到很大的提高。

19.1.2　Spring JDBCTemplate 的解析

为了解决 JDBC 在实际应用中面临的种种困难，Spring 框架提出了 JDBCTemplate 作为数据库访问类。JDBCTemplate 类是 Spring 框架数据抽象层的基础，其他更高层次的抽象类也是构建于 JDBCTemplate 类之上，所以掌握了 JDBCTemplate 类，就掌握了 Spring JDBC 数据库操作的核心。当我们使用 JDBC 对数据库进行操作时，主要有以下几个步骤：

（1）打开数据库连接。

（2）创建 Statement 语句。

（3）设置要求的 SQL 执行参数。

（4）执行 SQL 语句。

（5）处理返回的结果。

（6）处理异常。

（7）处理事务（判断是否提交，执行回滚或继续）。

（8）关闭连接（或将它返回连接池）。

虽然以上步骤都很简单明确，但是考虑我们每执行一次 SQL 语句都需要将上述操作重复编写一遍，而且我们在编程时所关注的只是创建 Statement 语句和 SQL 语句的执行，其他的工作都是重复的，所以，对上述过程进行封装就显得十分必要。

Spring 框架针对 JDBC 访问数据库存在的重复劳动问题，对 JDBC 进行了必要的封装处理，让一些编程人员并不关心的重复工作自动完成。这就大大减轻了编程的工作量，并且有利于代码的重用和代码的集中管理，更符合软件工程的思想。

Spring 框架对 JDBC 的封装采用的是模板设计模式，它通过不同类型的模板来执行相应的数据库操作，原始的 JDBC 中一些可以重复使用的代码都在模板中实现，这样可以极大地简化数据库的开发，并且可以避免我们在开发中常犯的错误。例如，当数据库的用户名和密码改变时，JDBC 需要到每一个 SQL 操作中去修改，而 Spring 进行一次修改就可以

了。另外，如果我们在执行完数据库操作后忘记关闭连接，没有进行资源的释放，就会造成资源的浪费，而在 Spring 中资源的创建和释放都是由它来完成的，不需要开发人员去操心，因此开发效率能得到很大的提升。

Spring 框架提供的 JDBC 支持由 4 个包组成，分别是 core（核心包）、object（对象包）、dataSource（数据源包）和 support（支持包）。org.springframework.jdbc.core.JdbcTemplate 类包含于核心包中。作为 Spring JDBC 的核心，JDBCTemplate 类中包含了所有数据库操作的基本方法。JdbcTemplate 类的继承关系十分简单，它继承自抽象类 JdbcAccessor，同时实现了 JdbcOperations 接口，如图 19.1 所示。

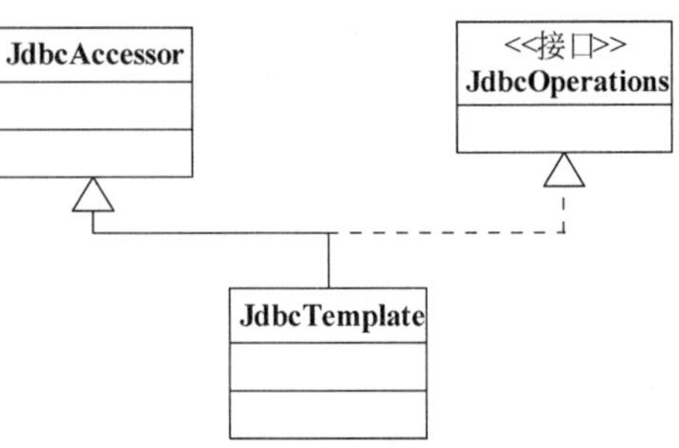

图 19.1　JdbcTemplat 的继承关系

JdbcTemplate 的直接父类是 org.springframework.jdbc.support.JdbcAccessor 类，该类为子类提供了一些访问数据库时使用的公共属性。列举如下：

- DataSource。为了从数据库中获得数据，首先需要获取到一个数据库连接，javax.sql.DataSource 正是来完成这个工作的。DataSource 作为 JDBC 的连接工厂（ConnectionFactory），其具体实现时还可以引入对数据库连接的缓冲池和分布式事务的支持，所以它可以作为访问数据库资源的标准接口。Spring 框架的数据访问层对数据库的访问，也都是建立在 DataSource 标准接口之上的。
- SQLExceptionTranslator。org.springframework.jdbc.support.SQLExceptionTranslator 接口负责对 SQLException 的转译工作。通过必要的设置或者获取 SQLExceptionTranslator 中的方法，可以使 JdbcTemplate 在需要处理 SQLException 时，委托 SQLExceptionTranslator 的实现类来完成相关的转译工作。

org.springframework.jdbc.core.JdbcOperation 接口定义了在 JdbcTemplate 中可以使用的操作集合，其中包括查询、修改、添加、删除等一切操作。下面我们通过简单的示例来了解 JDBCTemplate 类是如何实现对数据库的操作的。

【例 19-1】 使用 JDBCTemplate 类实现对数据库的操作。

在这个例子中，我们采用的是 mysql 数据库，所以要将 mysql 连接驱动的 JAR 包导入到我们的项目中，导入后会在 eclipse 工作区出现以下文件列表，如图 19.2 所示。

（1）首先需要在 mysql 中建立数据库，并添加相应的表。本例中建立的数据库名称为 spring，在 spring 中建立一个 user 表，其中包含 id、name、password 3 个字段。

（2）下面我们来演示一下如何查询 user 表中的数据。

mysql-connector-java-5.1.18-bin.jar
com.mysql.jdbc
com.mysql.jdbc.configs
com.mysql.jdbc.exceptions
com.mysql.jdbc.exceptions.jdbc4
com.mysql.jdbc.integration.c3p0
com.mysql.jdbc.integration.jboss
com.mysql.jdbc.interceptors
com.mysql.jdbc.jdbc2.optional
com.mysql.jdbc.jmx
com.mysql.jdbc.log
com.mysql.jdbc.profiler
com.mysql.jdbc.util
org.gjt.mm.mysql
META-INF

图 19.2　mysql 驱动文件列表

在 Eclipse 下建立一个 jave project，项目名称为 TestJDBCTemplate，并导入 Spring 的各个包和 mysql 驱动包，具体步骤读者可参看前面的章节，然后在 src 目录下创建一个 JdbcTemplateBean.xml 来配置 Spring 相关的设置。代码如下：

```
<?xml version="1.0" encoding="UTF-8"?>
<beans
```

```
    xmlns="http://www.springframework.org/schema/beans"
    xmlns:xsi="http://www.w3.org/2001/XMLSchema-instance"
    xmlns:p="http://www.springframework.org/schema/p"
    xmlns:aop="http://www.springframework.org/schema/aop"
    xsi:schemaLocation="http://www.springframework.org/schema/beans
        http://www.springframework.org/schema/beans/spring-beans-3.0.xsd
        http://www.springframework.org/schema/aop
        http://www.springframework.org/schema/aop/spring-aop-3.0.xsd">
    <!--配置 dataSource，其实现类为 org.springframework.jdbc.datasource
    .DriverManagerDataSource -->
    <bean id="dataSource" class="org.springframework.jdbc.datasource
    .DriverManagerDataSource">
        <!--指定连接数据库的驱动-->
        <property name="driverClassName">
            <value>com.mysql.jdbc.Driver</value>
        </property>
        <!--指定连接数据库的 URL-->
        <property name="url" value="jdbc:mysql://localhost/spring">
        </property>
        <!--指定连接数据库的用户名-->
        <property name="username" value="root" />
        <!--指定连接数据库的密码-->
        <property name="password" value="admin" />
    </bean>
    <!--配置 jdbcTemplate，其实现类为 org.springframework.jdbc.core
    .JdbcTemplate -->
    <bean id="jdbcTemplate" class="org.springframework.jdbc.core.Jdbc
    Template">
        <!--构造方法注入-->
        <constructor-arg><ref bean="dataSource"></ref></constructor-arg>
    </bean>
</beans>
```

上面 XML 文件中<bean></bean>之间的部分是我们需要关注的，其余部分一般采用默认的配置即可。在 XML 文件中我们定义了两个 bean：dataSource 和 jdbcTemplate，其中，dataSource 对应的是 org.springframework.jdbc.datasource.DriverManagerDataSource 类，用来对数据源进行配置；jdbcTemplate 对应的是 org.springframework.jdbc.core.JdbcTemplate 类，定义了 JdbcTemplate 类的相关配置。dataSource 中有几个属性是我们一定要注意的，它们分别是 driverClassName、url、username 和 password，这几个属性所代表的含义，如表 19.1 所示。

表 19.1　dataSource主要属性的含义

属 性 名	表 示 含 义
driverClassName	所使用的驱动名称，对应到驱动 JAR 包中的 Driver 类
url	数据源所在的地址。localhost 表示本地，spring 指数据库名称
username	访问数据库的用户名
password	访问数据库的密码

属性 url、username 和 password 的值，读者需要根据机器的配置进行相应的设置。如果数据库不在本地配置，则将 localhost 替换成相应的主机 IP 即可。本示例中 spring 数据库的用户名和密码分别是 root 和 admin。

定义 jdbcTemplate 时，需要将 dateSource 注入进去。<constructor-arg>表示采用构造方

法的方式进行注入。

（3）在完成 JdbcTemplate 的配置以后，下面我们写一个简单的程序测试配置是否正确，该测试程序的代码如下：

```
import java.util.List;
import org.springframework.context.ApplicationContext;
import
org.springframework.context.support.ClassPathXmlApplicationContext;
import org.springframework.jdbc.core.JdbcTemplate;
//测试用例
public class Test {
    public static void main(String[] args){
        String sql;
        //创建 Spring 容器
        ApplicationContext context = new ClassPathXmlApplicationContext
        ("JdbcTemplateBean.xml");
        //获取 jdbcTemplate 实例
        JdbcTemplate template = (JdbcTemplate)context.getBean("jdbc
        Template");
        sql = "select * from user";                    //SQL 语句
        List list = (List)template.queryForList(sql);//查询操作，返回结果集
        //循环打印结果集
        for(int i=0;i<list.size();i++)
          System.out.println(list.get(i).toString());
    }
}
```

程序功能很简单，就是将 user 表中的所有数据打印出来。ApplicationContext 是 Spring 框架的装配工厂，它负责按照相应的配置自动生成相应的类。ClassPathXml ApplicationContext 接收的参数是 XML 配置文件的名称，表示按路径查找 XML 文件。因为 XML 文件是可以拆分文件管理的，如将一个过于庞大的 XML 文件拆分成若干个较小的 XML 文件，所以 ClassPathXmlApplicationContext 接收的参数还可以是数组的形式，这对拆分文件的管理是非常便利的。

ApplicationContext 就像一个装配工厂，getBean 方法使我们可以从中取得任意定义好的产品。getBean 方法的参数表示产品的编号，如 getBean("jdbcTemplate")，就是返回 id 为 jdbcTemplate 的 Bean，并且该 Bean 已经将 dateSource 注入其中了，这样我们对数据库操作时，进行一次配置即可，不需要每次操作都输入用户名和密码。此外，当需要变更用户名和密码时也非常容易实现。程序的输出结果如图 19.3 所示。

```
{id=1, name=tom, password=123}
{id=2, name=jack, password=12345}
{id=3, name=mary, password=abc}
{id=4, name=lucy, password=234}
```

图 19.3　程序运行结果

例 19-1 中用简单的几行代码就完成了对数据库的操作，可见 Spring 框架为我们的编程带来了极大的便利。上面示例中用到了 JdbcTemplate 的 queryForList 方法进行查询操作，除此以外，JdbcTemplate 还提供了很多别的方法，这些方法使得我们可以完成几乎所有的数据库操作。下面就对 JdbcTemplate 中一些常用的方法进行介绍。

19.1.3　Spring JDBCTemplate 的常用方法

JdbcTemplate 类中提供了大量的查询方法以及一些更新数据库的方法，本小节分别对

这些方法进行讲述。

1．执行SQL语句

execute(String)方法能够完成执行 SQL 语句的功能。

以创建数据表的 SQL 语句为例，当我们创建完一个数据库时，可以在该数据库中创建所需要的各个表。在创建数据表时，当然可以在 MySQL 中直接进行操作，但假如想在 Java 程序中动态进行添加，则可以使用 JdbcTemplate 提供给我们的 execute 方法。

execute 方法能够执行创建表的 SQL 语句，替我们完成表的创建工作。下面这段程序演示了如何创建一个表，它同样使用了例 19-1 中的配置文件 JdbcTemplateBean.xml。

```
//创建 user 表
ApplicationContext context = new ClassPathXmlApplicationContext("JdbcTemplate
Bean.xml");
JdbcTemplate jdbcTemplate = (JdbcTemplate)context.getBean("jdbcTemplate");
String sql = "create table user(id integer, name varchar(40), password
varchar(40))";                                          //创建表的 SQL 语句
jdbcTemplate.execute(sql);                              //调用 execute 方法
```

使用上述代码便可完成 user 表的创建，创建好的 user 表中包含了 id、name 和 password 3 个字段，如图 19.4 所示。

图 19.4　创建 user 表

2．执行查询

Spring 中大量使用了模板方法（Template Method）模式来封装底层操作细节，除此以外，Spring 也大量使用了回调方式来回调相关的方法以为 JDBC 提供相关类别的功能。

JdbcTemplate 对 JDBC 的流程做了封装，JdbcTemplate 中提供了大量的查询方法用来处理各种对数据库表的查询操作。

（1）query 方法的回调接口。

JdbcTemplate 的 query 方法用来执行对数据库表的查询操作。当使用 query 方法时，会用到不同的回调接口，用于 query 方法的回调接口主要有以下 3 种：

- org.springframework.jdbc.core.ResultSetExtractor：该接口是在 JdbcTemplate 内部使用的回调接口，相对于下面要介绍的两个回调接口来说，ResultSetExtractor 拥有更多的控制权。在使用 ResultSetExtractor 时，需要自己来处理 ResultSet，在处理完 ResultSet 之后，则可以将处理后的结果以任何想要的形式包装后返回。

ResultSetExtractor 接口的定义如下：

```
public interface ResultSetExtractor
{
    Object extractData(ResultSet rs) throws SQLException, DataAccess
    Exception;
}
```

- org.springframework.jdbc.core.RowCallbackHandler：RowCallbackHandler 接口侧重于对单行结果的处理，处理后的结果可以根据需要存放到当前 RowCallbackHandler 对象中或者使用 JdbcTemplate 的程序上下文中。

RowCallbackHandler 接口的定义如下：

```
public interface RowCallbackHandler
{
    void processRow(ResultSet rs) throws SQLException;
}
```

- org.springframework.jdbc.core.RowMapper：RowMapper 接口是 ResultSetExtractor 的简化版，它的功能类似于 RowCallbackHandler，仍然只侧重于处理单行结果，但是处理后的结果会由 ResultSetExtractor 的实现类进行组合。

RowMapper 的接口定义如下：

```
public interface RowMapper
{
    Object mapRow(ResultSet rs, int rowNum) throws SQLException;
}
```

为了说明这 3 种回调接口的使用之间的区别，我们可以用如下示例进行说明。

【例 19-2】 假设数据库表 user 中存在多行记录，对该表查询后，需要将每一行的用户信息都映射到类 User 中，并以 java.util.List 的形式返回所有的查询结果。我们分别使用这 3 种回调接口对 user 表进行查询，以比较这 3 种接口使用方式的异同。

User 类的代码如下：

```
//创建 User 类
public class User {
    private String name;                                    //姓名
    private String password;                                //密码
    //name 属性的 getteer 和 setter 方法
    public String getName() {
        return name;
    }
    public void setName(String name) {
        this.name = name;
    }
    //password 属性的 getter 和 setter 方法
    public String getPassword() {
        return password;
    }
    public void setPassword(String password) {
        this.password = password;
    }
}
```

采用 ResultSeltExtractor 回调接口进行查询的代码如下：

```
//采用 ResultSeltExtractor 回调接口进行查询
List usersList = (List)jdbcTemplate.query("select * from user", new Result
SetExtractor(){
    //实现 ResultSeltExtractor 接口的 extractData 方法
    public Object extractData(ResultSet rs) throws SQLException,DataAccess
    Exception
    {
        List users = new ArrayList();
        //对 ResultSet 进行处理
        while(rs.next())
        {
            User user = new User();                     //新建 User 类的对象
            //为 user 对象设置属性
```

```
            user.setName(rs.getString("name"));
            user.setPassword(rs.getString("password"));
            users.add(user);                        //将每条记录添加到List中
        }
        return users;
    }});
```

采用 RowMapper 回调接口进行查询的代码如下：

```
//采用RowMapper回调接口进行查询
List userList = jdbcTemplate.query("select * from user", new RowMapper(){
    //实现RowMapper接口的mapRow方法
    public Object mapRow(ResultSet rs, int rowNumber)throws SQLException {
        User user = new User();                                     //新建User类的对象
        //为user对象设置属性
        user.setName(rs.getString("name"));
        user.setPassword(rs.getString("password"));
        return user;
    }});
```

采用 RowCallbackHandler 回调接口进行查询的代码如下：

```
//采用RowCallbackHandler回调接口进行查询
final List userList = new ArrayList();
jdbcTemplate.query("select * from user", new RowCallbackHandler(){
    //实现RowCallbackHandler接口的processRow方法
    public void processRow(ResultSet rs) throws SQLException {
        User user = new User();          //新建User类的对象
        //为user对象设置属性
        user.setName(rs.getString("name"));
        user.setPassword(rs.getString("password"));
        userList.add(user);                     //将每条记录添加到List中
    }});
```

通过以上 3 段程序，我们不难看出，使用 3 种回调接口作为参数的 query 方法的返回值是不同的。以 ResultSetExtractor 作为参数的 query 方法返回的结果类型为 Object，要使用查询结果，则先要对其进行强制类型转换，转换成我们所需要的类型。以 RowMapper 接口作为参数的 query 方法直接返回 List 型的结果。以 RowCallbackHandler 作为参数的 query 方法，其返回类型为 void。

使用 ResultSetExtractor 作为回调接口处理查询结果时，需要自己声明集合类，接着对 ResultSet 进行遍历，再根据每行数据装配 User 对象，最后将装配好的 User 对象添加到集合类中，方法 extractData 最终只负责返回组装完成的集合。

与 ResultSetExtractor 接口相比，使用 RowMapper 接口则更加方便，我们只要在 mapRow 方法中处理单行结果数据就可以了，即将单行结果组装后即可返回，而剩下的工作则由 JdbcTemplate 替我们完成。

在 RowCallbackHandler 接口的 processRow 方法中，除了处理单行结果数据以外，还需要将最终结果装配起来并负责对最终结果的获取，如上面代码中便使用了 userList 来获取最终的查询结果。

（2）query 方法的重载。

对于不同的输入参数和不同的返回类型，Spring 框架对 query 方法做了一系列的重载。这些重载方法的返回值类型为：Object 类型、List 类型或 void 类型。下面我们对 query 方法的各种重载形式做一介绍：

- Object query(String, ResultSetExtractor)：该方法中 String 类型的参数表示要执行查询操作的 SQL 语句，方法的返回值类型为 Object。由于该方法仅返回一个对象并且在 SQL 语句中不能使用参数，所以该方法适用于只返回一个值的情况。例如，SQL 查询语句 select count(*) from user。
- Object query(PreparedStatementCreator, PreparedStatementSetter, ResultSetExtractor)：该方法可以实现对 PreparedStatement 对象的控制，PreparedStatement 是调用 PreparedStatedmentCreator 类中的 createPreparedStatement 方法获得的返回值。可以使用 PreparedStatementSetter 接口的实现来设置 PreparedStatement 中所需的全部参数的值。最后，ResultSetExtractor 会获取到返回的 ResultSet 值，并返回给调用者。
- Object query(PreparedStatementCreator, ResultSetExtractor)：该方法中只包含两个参数，未使用 PreparedStatementSetter，也就是说在 PreparedStatement 中不能使用任何参数。在 SQL 语句执行时，JdbcTemplate 调用 ResultSetExtractor 的 extractData 方法来处理 ResultSet 并返回给调用者，返回值必须是单值（如 SQL 语句中使用 count、avg 等函数）。
- Object query(String, Object[], ResultSetExtractor)：该方法使用 Object[]的值来设置 SQL 语句中的参数值。

下面代码示例中使用了 Object query(String, Object[], ResultSetExtractor)方法来设置 SQL 语句中的参数值，User 类的定义同例 19-2。

```
//SQL 语句中带有参数的查询
Object[] obj={new String("jack")};
List userList = (List)jdbcTemplate.query("select * from user where name
= ?",obj,new ResultSetExtractor(){
    public Object extractData(ResultSet rs) throws SQLException,DataAccess
    Exception
    {
        List users = new ArrayList();
        while(rs.next())
        {
            User user = new User();                //新建 User 类的对象
            //为 user 对象设置属性
            user.setName(rs.getString("name"));
            user.setPassword(rs.getString("password"));
            users.add(user);                       //将每条记录添加到 List 中
        }
        return users;
    }});
Iterator<User> it = userList.iterator();
//迭代结果集
while (it.hasNext()) {
User user = (User) it.next();
    System.out.println("Name is:"+user.getName()+" password is:"+user.get
    Password());
}
```

上面代码加粗部分为 SQL 语句，通过 query 方法将 SQL 语句“？”的参数值设置为“jack”。

- Object query(String, Object[], int[], ResultSetExtractor)：该方法与 Object query(String,

Object[], ResultSetExtractor)方法的功能完全相同，但此方法需要在 int[]中指定 Object[]中数据的类型，所以二者的元素数量是一样的。int[]中的元素必须是 java.sql.Types 类的常量。之所以要重载此方法是为了解决 SQL 语句中可能出现的参数为 NULL 的情况。使用 Object query(String, Object[], ResultSetExtractor)方法时 SQL 语句中参数的类型是根据 Object[]中的元素类型判断的，但是当参数为 NULL 时，就无法判断元素的类型了，所以要在 int[]中进行指定。

- List query(PrepapedStatementCreator, RowMapper)：该方法采用了 RowMapper 回调函数，可以直接返回 List 类型的数据，不需要进行强制类型转换，并且允许 JdbcTemplat 从 PreparedStatementCreator 返回 PreparedStatement 对象。采用 RowMapper 函数可以将 ResultSet 封装到 List 中返回给调用者。
- List query(String, PreparedStatementCreator, RowMapper)：该方法根据 String 类型参数提供的 SQL 语句创建 PreparedStatemnet 对象。通过 RowMapper 将结果返回到 List 中。
- List query(String, Object[], RowMapper)：该方法与 Object query(String, Object[], ResultSetExtractor)功能类似，采用 RowMapper 回调方法，可以直接返回 List 类型的数据。
- List query(String, Object[], int[], RowMapper)：该方法也是为了解决 SQL 语句中可能出现的参数为 NULL 的情况，返回值类型为 List 类型。
- void query(String, RowCallbackHandler)：该方法先执行参数中的 SQL 语句，因为采用了 RowCallbackHandler 回调函数，所以不返回任何值。该方法适合没有返回值的情况。
- void query(PreparedStatementCreator, RowCallback)：该方法通过 PreparedStatementCreator 类返回 PreparedStatement 对象，然后执行 RowCallback.process(Resultset)方法，不返回任何值。
- void query(String, PreparedStatementCreator, RowCallback)：该方法使用参数中的 SQL 语句创建 PreparedStatemnet 对象，采用 RowCallback 回调方法不返回任何值。
- void query(String, Object[], RowCallback)：该方法通过 Object[]设置 SQL 语句中的参数，采用 RowCallback 回调方法，不返回任何值。
- void query(String, Object[], int[], RowCallback)：该方法通过 Object[]设置 SQL 语句中的参数，为了解决 SQL 语句中参数为 NULL 的情况，用 int[]设置参数类型。采用 RowCallback 回调方法，不返回任何值。

（3）query 方法的扩展方法。

前面我们详细介绍了 query 方法采用不同的回调接口、不同的参数而进行重载得到一系列方法。这些方法足以应付我们对数据库的查询操作。然而读者或许觉得对回调函数的使用会有些困难和繁琐，Spring 框架为了增强其易用性，对 query 方法做了一些扩展，如表 19.2 所示。

表 19-2　query方法的扩展方法

方　法	说　明
queryForInt	该方法执行结果仅包含一行和一列，其值被转换成 int 行返回

续表

方　法	说　明
queryForList	该方法可以返回多行数据结果，但必须是返回列表，elementType 参数返回的是 List 的元素类型
queryForLong	该方法与 queryForInt 方法类似，其值被转换成 Long 类型返回
queryForMap	该方法也只能返回一行，将列名作为 map 的键值，返回的列值作为 map 的值
queryForObject	该方法返回单行记录，并转换成一个 Object 类型返回
queryForRowSet	该方法可以返回多行数据，返回类型为 Rowset

有了这些扩展的方法，将会使我们的数据库查询操作变得非常的容易，例如我们需要 List 类型的数据，可以采用 queryForList(String)，即可将返回结果按 List 形式返回了。

3．更新数据库

介绍了 JdbcTemplate 提供的查询方法，下面介绍更新数据库的常用方法。在 JdbcTemplate 类中，update 方法可以帮我们完成插入、修改和查询的操作。与 query 方法一样，update 方法也存在着多个重载方法，下面列出了这些重载的 update 方法：

- int update(String)：该方法是最简单的 update 方法重载形式，它直接执行传入的 SQL 语句并返回受影响的行数。
- int update(PreparedStatementCreator)：该方法执行从 PreparedStatementCreator 返回的语句，然后返回受影响的行数。
- int update(PreparedStatementCreator, KeyHolder)：该方法执行从 PreparedStatementCreator 返回的语句，并且将生成的键值存到 KeyHolder 中，最后返回受影响的行数。
- int update(String, PreparedStatementSetter)：该方法通过 PreparedStatementSetter 设置 SQL 语句中的参数，并返回受影响的行数。
- int update(String, Object[])：该方法使用 Object[]设置 SQL 语句中的参数，要求参数不能为 NULL，并返回受影响的行数。
- int update(String, Object[], int[])：该方法使用 Object[]设置 SQL 语句中的参数，在 int[]中设置参数的类型，参数可以为 NULL，同时返回受影响的行数。

下面举例说明 update 方法的具体用法：

```
//采用不同的方法向 user 表中插入一条记录 {myname ，mypassword}
ApplicationContext context = new ClassPathXmlApplicationContext("Jdbc
TemplateBean.xml");
JdbcTemplate jdbcTemplate = (JdbcTemplate)context.getBean("jdbcTemplate");
final String name = "myname";
final String password = "mypassword";

//直接使用 sql 语句进行插入
jdbcTemplate.update("insert into user(name,password) values('"+name+"','
"+password+"')");
//重载 PreparedStatementCreator 的方式进行插入
jdbcTemplate.update(new PreparedStatementCreator(){
    public  PreparedStatement  createPreparedStatement(Connection  con)
    throws SQLException{
        String sql = "insert into user(name,password) values(?,?)";
        PreparedStatement ps = con.prepareStatement(sql);
        ps.setString(1, name);                      //设置 SQL 语句中的参数
```

```
            ps.setString(2, password);
            return ps;
        }
    });
    //重载 PreparedStatementSetter 的方式进行插入
    jdbcTemplate.update("insert  into  user(name,password)  values(?,?)",new
    PreparedStatementSetter(){
        public void setValues(PreparedStatement ps) throws SQLException{
            ps.setString(1, name);                //设置 SQL 语句中的参数
            ps.setString(2,password);
        }
    });
    //用 Object[]设置 SQL 语句参数
    String sql = "insert into user(name,password) values(?,?)";
    jdbcTemplate.update(sql,new Object[]{name,password});
```

更新和删除操作与插入操作类似，只不过是把 insert 语句换成 update 语句和 delete 语句而已。下面的代码示范了它们的用法：

```
//更新操作 将"myname"更新为"newname"
ApplicationContext context = new ClassPathXmlApplicationContext("Jdbc
TemplateBean.xml");
JdbcTemplate jdbcTemplate = (JdbcTemplate)context.getBean("jdbcTemplate");
final String oldname = "myname";
final String newname = "newname";
String sql = "update user set name=? where name=?";         //SQL 语句
jdbcTemplate.update(sql,new Object[]{newname, oldname});//调用 update 方法
//删除操作，删除 name 为"myname"的记录
ApplicationContext context = new ClassPathXmlApplicationContext("Jdbc
TemplateBean.xml");
JdbcTemplate jdbcTemplate = (JdbcTemplate)context.getBean("jdbcTemplate");
final String name = "myname";
String sql = "delete from user where name=?";            //SQL 语句
jdbcTemplate.update(sql, new Object[]{name});            //调用 update 方法
```

Spring 框架还提供了更为强大的批量更新方法 batchupdate，它能够一次执行多条语句，在插入多行数据时十分方便。下面举例说明 batchupdate 方法的用法：

```
//batchUpdate 方法的使用
ApplicationContext context = new ClassPathXmlApplicationContext("Jdbc
TemplateBean.xml");
JdbcTemplate jdbcTemplate = (JdbcTemplate)context.getBean("jdbcTemplate");
//同时执行多条 SQL 语句
String sql1 = "delete from user where name='jack'";
String sql2 = "delete from user where name='tom'";
jdbcTemplate.batchUpdate(new String[]{sql1,sql2});
//插入 20 行记录
final int count = 20;
final List<String> name = new ArrayList<String>(count);
final List<String> password = new ArrayList<String>(count);
for(int i = 0; i<count; i++){
    name.add("name"+i);                        //name 为 name0 ~ name19
    password.add("123456");                    //password 为 "123456"
}
String sql = "insert into user(name, password) values(?,?)";
jdbcTemplate.batchUpdate(sql, new BatchPreparedStatementSetter(){
    public void setValues(PreparedStatement ps, int i)throws SQLException{
        ps.setString(1, name.get(i));
```

```
            ps.setString(2, password.get(i));
        }
        public int getBatchSize(){                  //该方法必须重载
            return count;
        }
});
```

读者可自行将上面的程序补充完整，运行程序结果如图 19.5 所示。

name	password
name0	123456
name1	123456
name2	123456
name3	123456
name4	123456
name5	123456
name6	123456
name7	123456
name8	123456
name9	123456
name10	123456
name11	123456
name12	123456
name13	123456
name14	123456
name15	123456
name16	123456
name17	123456

图 19.5　运行结果

这样就可以向 user 表中批量插入 20 行记录，而不需要编写循环执行 20 次插入操作，给我们的数据库操作带来了极大的便利。

19.2　Spring 数据库开发实例

前面介绍了 JDBC 的基础知识，重点讲了 JDBCTemplate 类，以及如何使用它完成对数据库的增加、删除、查询、更新等操作。本节将分层讲述 Spring 中数据库的开发过程。

19.2.1　在 Eclipse 中配置开发环境

在 Eclipse 中新建一个 Java 项目，具体步骤是：选择 Eclipse 菜单项 File|New|Java Project，出现如图 19.6 所示的对话框。在该对话框中将项目名称设置为 SpringApp，单击 Finish 按钮，即可完成项目的创建。项目详细代码见光盘第 19 章\19-3\SpringApp。

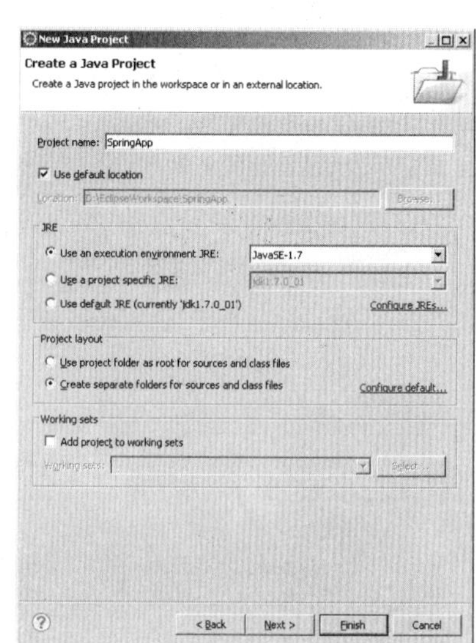

图 19.6　创建项目

创建完项目后，需要把 Spring 框架的系统库引入进来。Spring 框架提供了许多对其他框架的支持，比如 Struts、Hibernate、Ibatis 等，在 Spring 中都会有相应的包。Spring 框架提供的包很多，有些包在项目中可能不会被用到，但引进来也不会有影响，Java 程序可以根据自身需要去加载。为了能满足一般的需要我们先把 Spring 框架中 dist 目录下的所有包引入进来。具体引入步骤，读者可以参见第 15 章内容，这里不再赘述。

本项目中我们使用的是 MySQL 数据库，所以需要把 MySQL 的驱动包加载进来。首先我们要添加一个 mysql 库，然后单击 Add JARS 按钮，将 mysql 驱动包添加进来，如图 19.7 所示。本程序使用的 mysql 驱动版本是 mysql-connector-java-5.1.18，读者可以自行下载驱动包。

接下来创建 Spring 框架的配置文件，配置文件发挥着十分重要的作用。在项目中可以存在多个配置文件，不同的配置文件可以合并，大的配置文件也可以拆分，一般可以根据项目的复杂程度决定配置文件的数量。先创建第一个配置文件 ApplicationContext.xml，一般我们把配置文件放在 src 下。

在 Eclipse 工作区的 SpringApp 项目中找到 src 目录，然后在右键菜单中选择 new|Other，弹出如图 19.8 所示的对话框。

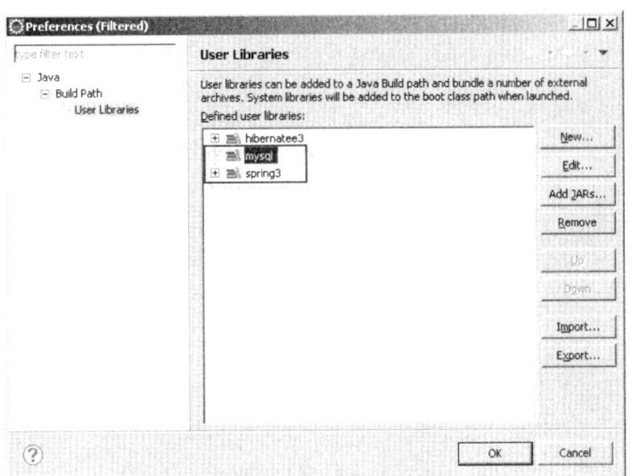

图 19.7　添加 mysql 驱动包

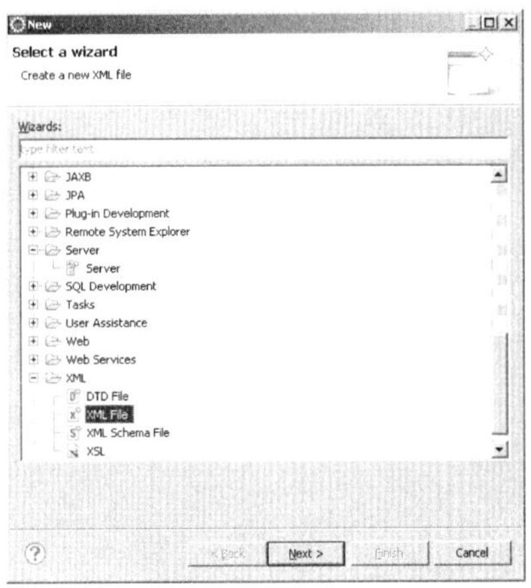

图 19.8　创建 XML 文件对话框

在对话框中选择 XML File 项，然后单击 Next 按钮。在文本框中输入文件名后，单击 Finish 按钮即可，如图 19.9 所示。

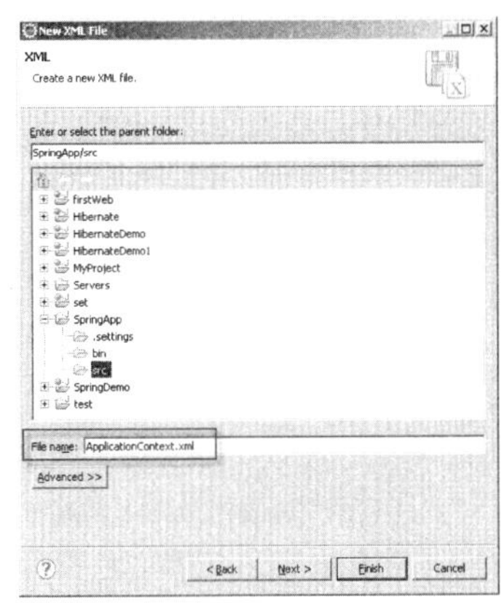

图 19.9　创建 XML 文件对话框

创建完 ApplicationContext.xml 文件以后，打开该文件，并进行一些基本配置。在<beans>标签中完成多个 Bean 对象的定义，同时可以把需要使用 Spring 框架进行注入的对象在<bean>标签中进行定义。

```
<?xml version="1.0" encoding="UTF-8"?>
<beans
    xmlns="http://www.springframework.org/sche
    ma/beans"
    xmlns:xsi="http://www.w3.org/2001/XMLSchem
    a-instance"
    xmlns:p="http://www.springframework.org/sc
    hema/p"
    xmlns:aop="http://www.springframework.org/
schema/aop"
    xsi:schemaLocation="http://www.springframework.org/schema/beans
        http://www.springframework.org/schema/beans/spring-beans-3.0.xsd
        http://www.springframework.org/schema/aop
```

```
        http://www.springframework.org/schema/aop/spring-aop-3.0.xsd">
    <!--各个 Bean 对象定义的标签-->
</beans>
```

为了实现相应的功能，常常需要编写不同层次的 java 类，例如 DAO 层的类、Service 层的类。为了便于管理不同的类，我们通常会建立一些包，把不同功能层次的类放在不同的包中。所有的包我们都放在 src 目录下。创建步骤是在项目的 scr 节点上单击右键，在弹出的快捷菜单中选择 New|Package 选项，如图 19.10 所示。

选择 Package 选项后会出现如图 19.11 所示的对话框，在该对话框中创建 com.spring.bean 包。

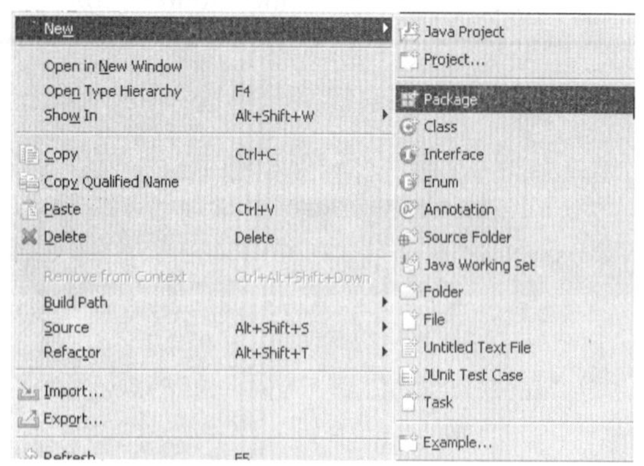

图 19.10　创建 Package

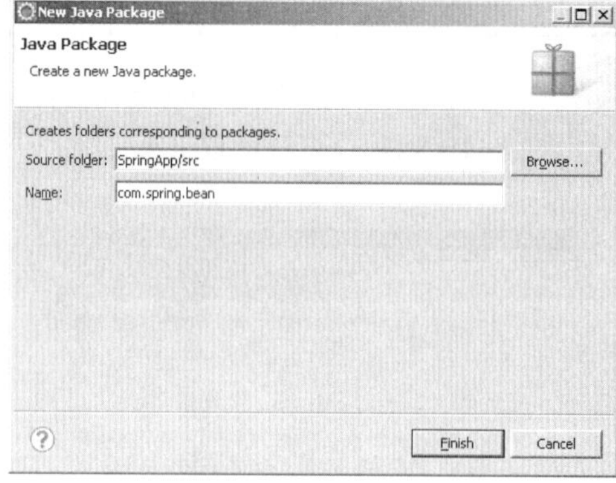

图 19.11　创建 bean 包

然后以同样的方式创建 com.spring.dao 包和 com.spring.service 包，以后相关的功能类就在相应的包中直接创建了。完成以上配置后，项目的框架就搭建完成了，如图 19.12 所示。

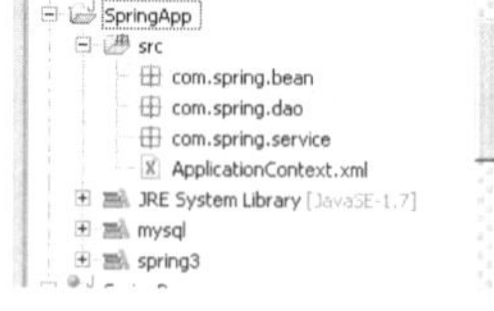

图 19.12　项目框架

19.2.2　在 applicationContext.xml 中配置数据源

要使用数据库，首先要在 applicationContext.xml 中配置我们的数据库。配置时要把数据源信息告诉 Spring 框架，而数据源信息中比较重要的有数据库驱动、数据源位置、访问数据库的用户名和密码，这些信息是必不可少的，缺少任何一项的配置，数据库都无法正常工作。下面是一个配置完成的 applicationContext.xml 文件的代码清单：

```
<?xml version="1.0" encoding="UTF-8"?>
<beans
    xmlns="http://www.springframework.org/schema/beans"
    xmlns:xsi="http://www.w3.org/2001/XMLSchema-instance"
    xmlns:p="http://www.springframework.org/schema/p"
    xmlns:aop="http://www.springframework.org/schema/aop"
    xsi:schemaLocation="http://www.springframework.org/schema/beans
        http://www.springframework.org/schema/beans/spring-beans-3.0.xsd
        http://www.springframework.org/schema/aop
        http://www.springframework.org/schema/aop/spring-aop-3.0.xsd">
    <!--配置 dataSource，其实现类为 org.springframework.jdbc.datasource
    .DriverManagerDataSource -->
    <bean id="dataSource" class="org.springframework.jdbc.datasource
    .DriverManagerDataSource">
```

```
        <!--指定连接数据库的驱动-->
        <property name="driverClassName">
            <value>com.mysql.jdbc.Driver</value>
        </property>
        <!--指定连接数据库的 URL-->
        <property name="url" value="jdbc:mysql://localhost/demo">
        </property>
        <!--指定连接数据库的用户名-->
        <property name="username" value="root" />
        <!--指定连接数据库的密码-->
        <property name="password" value="admin" />
    </bean>
    <!--将 dataSource 对象注入到 jdbcTemplate 中-->
    <bean id="jdbcTemplate" class="org.springframework.jdbc.core.Jdbc
    Template">
        <!--构造注入-->
        <constructor-arg><ref bean="dataSource"></ref></constructor-arg>
    </bean>
</beans>
```

用<bean>标签定义对象，有几个需要注意的地方：

- id 表示对象的唯一标识，所以需要提供一个不重复的标识，建议使用易于理解的名字。例如上面我们使用 dataSource 作为标识，当看到该标识时，就能知道该对象是配置数据源的对象。
- class 属性指定了该对象关联的类，这个属性值一定要配置正确，因为 Spring 框架需要通过 class 属性找到我们所关联的类，从而把相应的类为我们注入。
- 当把数据源对象注入到 jdbcTemplate 时，我们将 dataSource 这个 id 标识告诉 jdbcTemplate 类：

```
<constructor-arg><ref bean="dataSource"></ref></constructor-arg>
```

Spring 框架根据这个 id 在配置文件中进行查找，找到对应的 bean 对象：

```
<bean id="dataSource" class="org.springframework.jdbc.datasource.Driver
ManagerDataSource">
```

然后再根据 class 属性找到对象的 org.springframework.jdbc.datasource.DriverManangerDataSource 类进行注入。DriverManangerDataSource 类的父类是 AbstractDriverBasedDataSource 类。

- 在<bean>标签中使用<property>标签对属性值进行设置。<property>标签的 name 属性要对应到类中的属性，不能随意改变，value 属性是要设置的值，可根据实际情况进行设置。Property 属性值的注入采用的是 setter 方法，这就要求相应的类中需要有 setter 方法。例如，url、username 和 password 的 setter 方法都是在 AbstractDriverBasedDataSource 类中进行了定义：

```
private String url;
private String username;
private String password;
//设置 JDBC 的 URL
public void setUrl(String url) {
    Assert.hasText(url, "Property 'url' must not be empty");
    this.url = url.trim();
}
//设置 JDBC 的 username
```

```
public void setUsername(String username) {
    this.username = username;
}
//设置 JDBC 的 username
public void setPassword(String password) {
    this.password = password;
}
```

drivername 属性的 setter 方法在 DriverManangerDataSource 类中进行了定义：

```
//DriverManangerDataSource 类中提供的 drivername 属性的 setter 方法
public void setDriverClassName(String driverClassName) {
    Assert.hasText(driverClassName, "Property 'driverClassName' must not
    be empty");
    String driverClassNameToUse = driverClassName.trim();
    try {
        Class.forName(driverClassNameToUse, true, ClassUtils.getDefault
        ClassLoader());
    }
    catch (ClassNotFoundException ex) {
        throw new IllegalStateException("Could not load JDBC driver class
        [" + driverClassNameToUse + "]", ex);
    }
    if (logger.isInfoEnabled()) {
        logger.info("Loaded JDBC driver: " + driverClassNameToUse);
    }
}
```

19.2.3　开发 POJO 类 User.java

简单 Java 对象（Plain Ordinary Java Objects）是普通的 JavaBeans，使用 POJO 这个名称是为了避免与 EJB 相混淆。也有的文献中把 POJO 看作 Plain Old Java Objects 的缩写，但代表的含义都是一样的。POJO 是包含一些属性以及这些属性的 getter 和 setter 方法的类。它主要用来装载数据，作为一种数据存储的载体，其中不包含业务逻辑，因此不具备业务逻辑处理的能力。它不具有任何特殊角色，不需要继承或实现任何其他 Java 中的类或接口。

创建 user 类时，我们希望把它放在 com.spring.bean 包中，所以要在 src 目录上单击右键，在右键菜单中选择 New |Class，弹出新建 Java 类的对话框，如图 19.13 所示。在 Name 文本框中输入类名 User，单击 Finish 按钮即可完成类的创建。

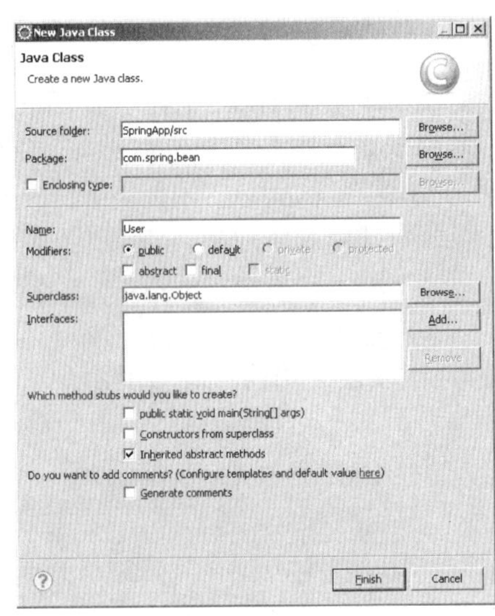

图 19.13　创建 User 类

定义 User 类的作用是使用它作为用户信息存储的载体，因此，User 类的属性在定义时要充分考虑实际使用中所需的用户信息。我们需要存储的用户信息主要有用户名、密码、性别、年龄、地址、电话号码等，在数据库的 user 表中也要建立相应的字段来存储这些信息，因此，User 类中的属性设置时也应该包含这些信息。一般情况下，User 类中的属性与数据表的各个字段相对应。User 类的代码如下：

```
public class User {
    //定义 User 类的属性
    private long id;                          //user 表中的主键 id
    private String username;                  //用户名
    private String password;                  //密码
    private String address;                   //地址
    private String phoneNum;                  //电话号码
    // id 属性的 getter 和 setter 方法
    public long getId() {
        return id;
    }
    public void setId(long id) {
        this.id = id;
    }
    // username 属性的 getter 和 setter 方法
    public String getUsername() {
        return username;
    }
    public void setUsername(String username) {
        this.username = username;
    }
    // password 属性的 getter 和 setter 方法
    public String getPassword() {
        return password;
    }
    public void setPassword(String password) {
        this.password = password;
    }
    // address 属性的 getter 和 setter 方法
    public String getAddress() {
        return address;
    }
    public void setAddress(String address) {
        this.address = address;
    }
    // phoneNum 属性的 getter 和 setter 方法
    public String getPhoneNum() {
        return phoneNum;
    }
    public void setPhoneNum(String phoneNum) {
        this.phoneNum = phoneNum;
    }
}
```

上面 User 类中的属性较多，在写其各个属性的 getter 和 setter 方法时会很费时，针对这个问题 Eclipse 提供了自动生成的方法，可以自动产生类中各个属性的 getter 和 setter 方法。

在 User 类中单击右键，在弹出的菜单中选择 Source|Generate Getters and Setters 选项，就会弹出自动创建类的 getter 和 setter 方法的对话框，如图 19.14 所示。

接着在需要生成 getter 和 setter 方法的属性前打勾即可，也可以根据需要选择只生成 getter 方法或只生成 setter 方法。设置好以后单击 OK 按钮，则所勾选属性的 getter 和 setter 方法就会出现在 User 类中。

19.2.4　开发 DAO 层 UserDAO.java

DAO（Data Access Object）指的是数据访问接口，它将所有对数据库的访问操作封装起来建立一个接口。引入 DAO 层的目的是为了将数据库访问操作和上层的业务逻辑分离开来。在 DAO 层中将数据的一系列访问操作都交给 DAO 对象来完成，这样使得底层的数据库操作对上层的业务逻辑是完全透明的，一旦数据库发生变化，受到影响的仅仅是 DAO 层，上层的业务逻辑并不受影响。显然，DAO 模式的使用增强了系统的可维护性和可复用性。

在 com.spring.dao 包下创建一个接口，将其命名为 UserDAO，在这个接口中要定义一些我们需要的数据库操作。UserDAO.java 的代码如下：

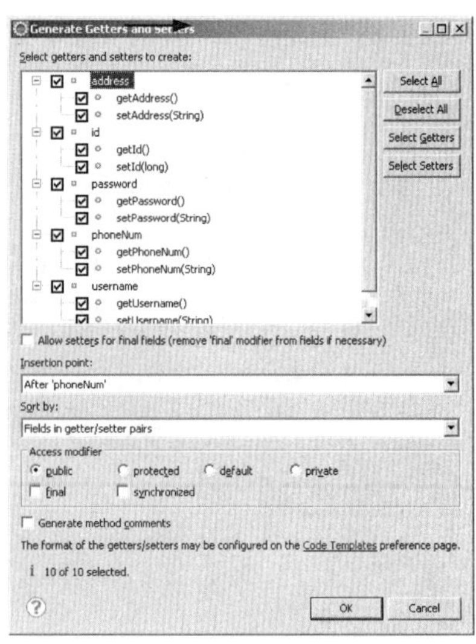

图 19.14　生成 getter 和 setter 方法

```
import java.util.List;
import com.spring.bean.User;
//定义 UserDAO 接口
public interface UserDAO {
    //根据 id 查找用户
    public User findUserById(int id);
    //查询所有用户
    public List<User> findUsers();
    //根据 id 删除用户
    public int delUserById(int id);
    //添加用户
    public int addUser(User user);
    //更新用户
    public int updateUser(User user);
}
```

从上面的代码可以看出 UserDAO 接口中定义了一系列数据库操作，包括查询用户、删除用户、添加用户和更新用户，但是这些方法的具体实现要在 UserService 类中完成。

19.2.5　开发 Service 层 UserService.java

在 Service 层实现 UserDAO 接口，首先在 com.spring.service 包下新建名为 UserService 的类，在该类中将 UserDAO 接口中定义的各个方法逐个进行实现。需要注意的是还要定义 JdbcTemplate 的 getter 和 setter 方法，以便 Spring 进行注入。UserService.java 的代码如下：

```
import java.sql.ResultSet;
import java.sql.SQLException;
import java.util.List;
import org.springframework.jdbc.core.JdbcTemplate;
import org.springframework.jdbc.core.RowCallbackHandler;
import com.spring.bean.User;
import com.spring.dao.UserDAO;
//创建 UserService 类实现 UserDAO 接口
```

```
public class UserService implements UserDAO {
    private JdbcTemplate jdbcTemplate;
    //实现添加用户的方法
    public int addUser(User user) {
        String sql = "insert into user (username, password, phoneNum, address)
values (?, ?, ?, ?,)";                                    //SQL 语句
        Object[] params = new Object[] {user.getUsername(), user
        .get Password(),user.getPhoneNum(), user.getAddress()};
                                                          //存放 SQL 语句中的参数
        int flag = jdbcTemplate.update(sql,params);
                                                          //调用 jdbcTemplate 的 update 方法
        return flag;
    }
    //实现删除用户的方法
    public int delUserById(int id) {
        String sql = "delete from user where id = ?";         //SQL 语句
        Object[] params = new Object[] {id};    //存放 SQL 语句中的参数
        int flag = jdbcTemplate.update(sql,params);
                                                          //调用 jdbcTemplate 的 update 方法
        return flag;
    }
    //实现根据 id 查询用户的方法
    public User findUserById(int id) {
          String sql = "select * from user where id = ?";        //SQL 语句
          final User user = new User();
          final Object[] params = new Object[] {id};//存放 SQL 语句中的参数
          // 调用 jdbcTemplate 的 query 方法
          jdbcTemplate.query(sql,params, new RowCallbackHandler(){
                          public void processRow(ResultSet rs) throws SQL
                          Exception {
                              //向 user 对象中添加各个属性值
                              user.setId(rs.getInt("id"));
                              user.setUsername(rs.getString("username"));
                              user.setPassword(rs.getString("password"));
                              user.setAddress(rs.getString("address"));
                              user.setPhoneNum(rs.getString("phoneNum"));
                          }
          });
        return user;
    }
    //实现获取所有用户的方法
    public List<User> findUsers() {
        String sql = "select * from user";                     //SQL 语句
        List list = jdbcTemplate.queryForList(sql);
                                              //调用 jdbcTemplate 的 queryForList 方法
        return list;
    }
    //实现更新用户的方法
    public int updateUser(User user) {
        String sql = "update user set username = ?, password = ?, phoneNum
        = ?, address  = ? where id = ?";                //SQL 语句
        //存放 SQL 语句中的参数
        Object[] params = new Object[] {user.getUsername(), user.get
        Password(), user.getPhoneNum(), user.getAddress(), user.getId()};
        int flag = jdbcTemplate.update(sql,params);//调用 jdbcTemplate 的 update
        方法
        return flag;
    }
```

```
    //定义 JdbcTemplate 的 getter 和 setter 方法
    public JdbcTemplate getJdbcTemplate() {
        return jdbcTemplate;
    }
    public void setJdbcTemplate(JdbcTemplate jdbcTemplate) {
        this.jdbcTemplate = jdbcTemplate;
    }
}
```

完成了各个类和接口的定义之后，接下来需要在 Spring 的配置文件 ApplicationContext.xml 中定义各个 Bean 和它们之间的依赖关系，以便 Spring 框架自动实现注入。ApplicationContext.xml 文件内容如下：

```
<?xml version="1.0" encoding="UTF-8"?>
<beans
    xmlns="http://www.springframework.org/schema/beans"
    xmlns:xsi="http://www.w3.org/2001/XMLSchema-instance"
    xmlns:p="http://www.springframework.org/schema/p"
    xmlns:aop="http://www.springframework.org/schema/aop"
    xsi:schemaLocation="http://www.springframework.org/schema/beans
        http://www.springframework.org/schema/beans/spring-beans-3.0.xsd
        http://www.springframework.org/schema/aop
        http://www.springframework.org/schema/aop/spring-aop-3.0.xsd">
    <!--配置 dataSource，其实现类为 org.springframework.jdbc.datasource
    .DriverManagerDataSource -->
    <bean id="dataSource" class="org.springframework.jdbc.datasource
    .DriverManagerDataSource">
        <!--指定连接数据库的驱动-->
        <property name="driverClassName" value="com.mysql.jdbc.Driver" />
        <!--指定连接数据库的 URL-->
        <property name="url" value="jdbc:mysql://localhost:3306/springapp" />
        <!--指定连接数据库的用户名-->
        <property name="username" value="root" />
        <!--指定连接数据库的密码-->
        <property name="password" value="root" />
    </bean>
    <!--将 dataSource 对象注入到 jdbcTemplate 中-->
    <bean id="jdbcTemplate" class="org.springframework.jdbc.core.Jdbc
    Template">
        <property name="dataSource" ref="dataSource" />
    </bean>
    <!--将 jdbcTemplate 对象注入到 userService 中-->
    <bean id="userService" class="com.spring.service.UserService">
        <property name="jdbcTemplate" ref="jdbcTemplate" />
    </bean>
</beans>
```

19.2.6　开发测试类 UserServiceTest.java

为了测试编写的代码是否正确，通常采用 Junit 进行测试。Junit 是一个开源的 Java 测试框架，用于编写和运行可重复的测试，在前面的项目中曾经多次用到。

在我们的项目中新建一个测试类，命名为 UserServiceTest，该类继承自 TestCase 类。UserServiceTest 类的代码如下：

```
import java.util.List;
import junit.framework.TestCase;
import
```

```
org.springframework.context.support.ClassPathXmlApplicationContext;
import com.spring.bean.User;
//测试用例
public class UserServiceTest extends TestCase {
    //测试添加用户的方法
    public void testAdd() throws Exception {
        //创建 Spring 容器
        ClassPathXmlApplicationContext ctx =
            new ClassPathXmlApplicationContext("ApplicationContext.xml");
        //获取 userService 实例
        UserService service = (UserService)ctx.getBean("userService");
        User user = new User();
        //向 user 对象中添加属性值
        user.setUsername("jack");
        user.setPassword("123456");
        user.setPhoneNum(" “” ");
        user.setAddress("天津");
        int flag = service.addUser(user);                //调用 addUser 方法
        System.out.println(flag);
        ctx.destroy();                                   //关闭 Spring 容器
    }
    //测试更新用户的方法
    public void testUpdate() throws Exception {
        //创建 Spring 容器
        ClassPathXmlApplicationContext ctx =
            new ClassPathXmlApplicationContext("ApplicationContext.xml");
        //获取 userService 实例
        UserService service = (UserService)ctx.getBean("userService");
        User user = service.findUserById(1);             //调用 findUserById 方法
        user.setUsername("jack");
        int flag = service.updateUser(user);             //调用 updateUser 方法
        System.out.println("更新的记录数" + flag);
        User user1 = service.findUserById(1);
        System.out.println(user1.getUsername());
        ctx.destroy();                                   //关闭 Spring 容器
    }
    //测试删除用户的方法
    public void testDelete() throws Exception {
        //创建 Spring 容器
        ClassPathXmlApplicationContext ctx =
            new ClassPathXmlApplicationContext("ApplicationContext.xml");
        //获取 userService 实例
        UserService service = (UserService)ctx.getBean("userService");
        int flag = service.delUserById(1);               //调用 delUserById 方法
        System.out.println(flag);
        ctx.destroy();                                   //关闭 Spring 容器
    }
    //测试查找用户的方法
    public void testFindUsers() throws Exception {
        //创建 Spring 容器
        ClassPathXmlApplicationContext ctx =
            new ClassPathXmlApplicationContext("ApplicationContext.xml");
        //获取 userService 实例
        UserService service = (UserService)ctx.getBean("userService");
        List<User> list = service.findUsers();           //调用 findUsers 方法
        System.out.println("用户数:" + list.size());
        ctx.destroy();                                   //关闭 Spring 容器
```

```
    }
}
```

可以使用 Junit 运行整个测试类，也可以只运行类中的一个方法。在工作区展开 UserServiceTest 的目录，可以看到其子目录中有已经定义好的各个测试方法。如果想运行整个测试类，则需要在 UserServiceTest 节点上右击，在弹出的快捷菜单项中选择 Run As|JUnit Test 选项即可。类似的，在某个方法上进行该操作，则只运行单个方法，如图 19.15 所示。

图 19.16 所示为只运行 testAdd 方法的结果，图中显示 Errors 为 0，说明该方法没有错误。

图 19.15　UserService 目录

图 19.16　运行 testAdd 方法

19.2.7　导出实例为 SpringMySQL.jar 压缩包

到此为止，程序的开发工作已经基本完成，最后可以将开发的实例导出为 JAR 压缩包。具体方法为：在项目目录上单击右键，在弹出的菜单中选择 Export 选项，之后会弹出如图 19.17 所示的 Export 对话框。

Export 对话框中提供了多种导出的形式，这里我们希望将项目导出为 JAR 压缩包，因此选择 Java 目录下的 JAR file 节点，然后单击 Next 按钮，此时会弹出 JAR 导出窗口，如图 19.18 所示。

图 19.17　Export 对话框

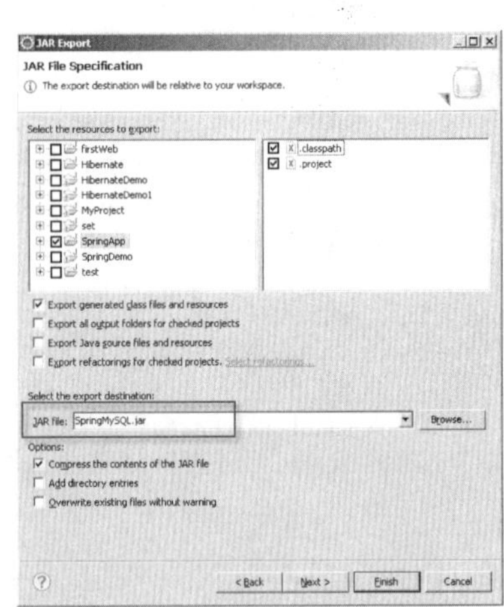

图 19.18　JAR 导出窗口

在 Select the resource to export 框中选择要导出的项目文件，这里选择整个项目，然后在 JAR file 文本框中输入导出为 JAR 压缩包后的文件名，此处为 SpringMySQL.jar，单击 Finish 按钮即可完成项目的导出。

19.3　本 章 小 结

本章介绍了在 Spring 框架中如何使用 JdbcTemplate 类进行数据操作，JdbcTemplate 能轻松完成各种我们需要的数据操作，它提供了很多方法的重载，并对一些方法进行了有用的扩展，方便我们的使用。与传统的 JDBC 方式相比，Spring 框架的 JDBC 有明显的优势，不仅大大减轻了我们的编程负担，还有效降低了代码维护的难度和代码发生错误的概率。

本章最后通过一个实例完整地介绍了使用 Spring 框架进行数据库开发的全过程，通过本章内容的学习，读者可以更深入地体会到使用 Spring 框架的优势和它给我们带来的便捷。

第5篇　SSH框架整合开发实战

第 20 章　Spring 集成 Struts、Hibernate

本书第 15～19 章介绍了业务层框架 Spring 技术的有关内容和知识，并通过项目实战练习了 Spring 的知识点及如何基于 Spring 框架进行项目开发。本章将讲述 SSH 框架（即 Spring、Struts 和 Hibernate 三大框架）集成的主要内容。一般地，在集成之前都要进行环境的部署和准备工作，因此在第一节主要介绍 Struts 、 Hibernate 的集成以及 Spring 开发环境的部署，然后在接下来的两节分别介绍 Spring、Hibernate 框架的集成和 Spring、Struts 框架的集成的相关内容。本章具体内容如下：

- Spring 开发环境的部署。
- Spring 和 Hibernate 的集成。
- Spring 和 Struts 的集成。

20.1　部署 Spring 开发环境

本节首先介绍 Struts 集成 Hibernate 的具体方法和可能遇到的问题，接着讲解了 SSH 框架下 Spring 集成环境部署的方法，为后面学习 SSH 框架集成做了充分的准备。

20.1.1　Struts 集成 Hibernate

对于一个 Web 应用系统来说，良好的系统架构能够加快系统整体的开发速度，方便系统未来的扩展和后期的维护工作。在这种情况下，针对 Web 开发的各种框架便应运而生了，Struts、Hibernate 框架就是如此。框架之间的集成能够将各个框架之间的优点进行结合，互补框架之间的不足，进而使得系统的开发更加便捷、周期更短，同时也使得后期的维护更加方便、简单，减少了开发的成本。因此，本小节介绍的主要内容就是如何在实际应用中集成 Struts、Hibernate 这两个当前的流行框架，并且对一些设计中可能会遇到的问题给出解决办法。

在介绍 Struts、Hibernate 这两个框架的集成之前，我们首先了解一下系统开发的相关背景知识。对于一个简单且需求明确的 Web 应用，在设计时可以不去考虑系统的整体框架，这样可以减小系统的开销并且缩短项目开发周期。但是，对于一个功能较为复杂，并且未来需要经常进行扩展的中小型系统来说，使用一个既灵活又规范的系统架构就是需要特别注意和重点考虑的事情了，因为系统整体架构的选择很大程度上决定了项目开发周期、维护成本以及扩展的难度。使用合理架构的系统可以使得开发层次清晰，并且各个层次之间耦合度较低、开发人员之间分工明确，并极大提高代码的复用性，减轻开发人员的负担。

Struts、Hibernate 等优秀的开发框架的出现使得规范的系统架构的实现成为可能。Struts 框架将表示层和业务层相分离，而 Hibernate 框架则提供了灵活的持久层支持。将 Struts 和 Hibernate 集成时，可以将一个 Web 应用清晰地划分为表示层、业务层和持久层 3 个层次。表示层负责视图展现及控制转向等，业务层负责业务逻辑的处理，持久层则负责封装访问数据库的一系列操作。在持久层中引入的泛型实现机制，还可以对代码进行复用，避免重复开发，节约开发成本。

显然，对系统分层后，各层功能更加明确，耦合度降低了，同一层次中代码的改变不影响或很少影响其他层次的代码。在系统投入使用后，如果需要对功能进行修改或扩展，只需在相关的层对相应功能进行修改或扩充，而不影响其他层次的使用，也避免了开发人员对系统的大量修改或重新开发。

鉴于上述框架集成的优点，结合 Struts、Hibernate 框架的特点，我们将 Struts 和 Hibernate 进行集成，集成后的系统分为 3 层：表示层、业务层、持久层。

先对 3 个层次的功能描述如下：

（1）表示层

表示层处于 Web 应用的最前端，它可以将一个数据视图通过浏览器呈现给用户，也可以接收用户表单在用户界面上的动作，还可以对页面上的数据进行简单的（与业务逻辑无关的）验证。

在表示层中使用 Struts 框架。为了建立一个易于维护和可扩展的系统，表示层应该遵守以下原则：

- 尽量使用标签，比如 Struts 标签，避免嵌入 Java 代码。这是因为在页面中直接嵌入 Java 代码对后期项目维护和扩展非常不利，会导致页面混乱，修改困难，降低代码的可读性。
- 避免在视图层处理对数据库的访问操作。与数据库相关的操作应该放在持久层中由 Hibernate 来负责完成，这样更利于代码的维护，同时降低代码的耦合性。

（2）业务层

业务层是位于表示层和持久层中间的一层，业务层完成项目各种业务逻辑的实现，表示层通过调用业务层中提供的方法来完成一系列展示工作，而业务层的业务逻辑方法需要通过与持久层的交互来实现。

业务逻辑实现的代码一般不在 Struts 框架的 Action 类中完成，而为其设置专门的业务逻辑实现类，这样可以降低代码的耦合性，同时常常通过定义接口来提高程序的可扩展性。这样，在 Struts 的 Action 类中就可以通过访问业务逻辑接口来调用相应的业务处理方法，而不需要直接与持久层框架进行交互，有助于降低上层 Web 应用和持久层之间的联系，使持久层的处理更加独立。

Struts 的 Action 类和业务层之间联系的示意图如图 20.1 所示。

（3）持久层

持久层的作用是将访问数据库的各种操作进行封装，提供给业务层使用。在持久化层的实现中，常常采用工厂模式和 DAO 模式来降低应用的业务逻辑和数据库的访问逻辑之间的关联。这两种模式可以把业务对象和 Hibernate 持久化框架相分离，当持久化的实现策略发生变化的时候，并不会影响业务对象的实现代码。

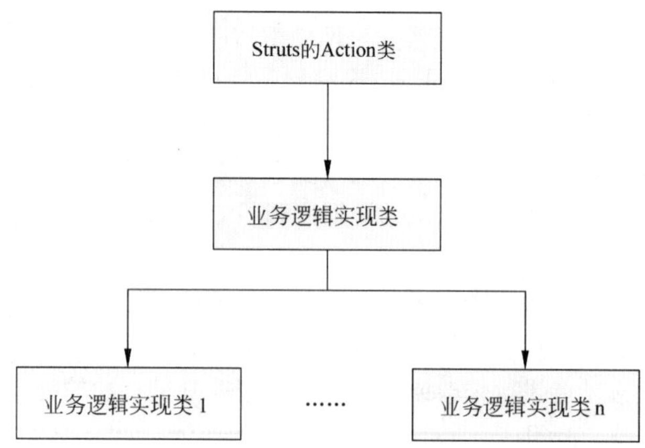

图 20.1　Struts 的 Action 类与业务层之间的联系

为了提高代码的可重用性和可维护性，在 DAO 模式的实现中采用了泛型机制，其具体实现方式如下：

① 建立通用的 DAO 接口类：public interface GenericDAO<T,ID extends Serializable>。在 DAO 接口中往往定义一些通用的方法，如对象的添加、修改、删除、根据主键查找及其他一些查找方法等。下面给出了 DAO 接口中的一个方法：T findById（ID id），该方法实现了按 id 值查找对象的功能。

② 建立通用的 DAO 接口的实现类：public abstract class GenericHibernateDAO<T,ID extends Serializable> implements GenericDAO< T,ID >，该类实现了 GenericDAO 接口中定义的各个方法。

③ 通过继承 GenericDAO 接口建立一个具体对象的 DAO 接口类，例如建立对象 Person 的 DAO 接口类（在数据库中存在一个 person 表，使用 Hibernate 完成对 person 表的映射）：public interface PersonDAO extends GenericDAO<Person, Integer>。

④ 通过继承 GenericHibernateDAO 并实现 PersonDAO 来建立一个具体对象的 DAO 实现类：public class PersonHibernateDAO extends GenericHibernateDAO<Person, Integer> implements PersonDAO，如果用户对该对象没有其他的操作（也就是使用 GenericHibernate-DAO 中没有的方法），则只需要实现它的构造方法就可以了。

PersonHibernateDAO 的构造方法代码如下：

```
public PersonHibernateDAO()
{
  Super(Person.class);
}
```

⑤ 建立工厂接口类：

```
public abstract class DAOFactory
{
  public static final DAOFactory HIBERNSTE=new HibernateDAOFactory();
  public abstract PersonDAO getPersonDAO();
}
```

⑥ 建立工厂实现类：

```
public class HibernateDAOFactory extends DAOFactory
```

```
{
 public PersonDAO getPersonDAO()
 {
    return new PersonHibernateDAO();
}
}
```

完成上面的步骤后，在业务代理的实现类中就可以通过下面的代码来调用持久层中提供的方法了。调用代码如下：

```
PersonDAO persondao=DAOFactory.HIBERNATE.getPersonDAO();
Person person=persondao.findById(personID);
```

使用工程模式和 DAO 模式以后，当持久层的实现机制发生变化的时候，我们只需要修改 GenericHibernateDAO 中的实现，业务层中的代码则无需改动。这种方法很大程度地增强了程序的可维护性和可扩展性。同时，由于不需要在每个具体的 DAO 实现类中实现公用的方法，也减轻了开发者的负担，增强了代码的通用性。

在使用 Struts 和 Hibernate 进行系统的集成开发的过程中，开发人员会遇到各种各样的实际问题。像中文编码、国际化等问题本身虽然不复杂，但是如果开发人员在项目开发的初期忽略了它们的存在，到后期再着手解决的话往往会带来很大的工作量。其实，针对中文编码的问题引入过滤器就可以解决了，而针对国际化的问题通过创建资源文件也可以获得解决。

下面就中文编码问题和国际化问题及它们的解决方法进行介绍。

基于 Web 的应用开发都会遇到编码问题，特别是中文编码，是开发人员常常要面对的问题之一。我们知道，计算机是按照英语的单字节字符所设计的，而现在很多的软件和系统默认采用的却是 ISO8859-1 编码，如果在同一项目中使用了不同的编码方式，在页面显示或传递数据过程中就可能出现乱码，这就是中文编码问题。

为了解决中文编码问题，可以在 Web 项目中将所有页面的编码统一设置为 UTF-8，同时，引入控制编码的过滤器 com.util.SetCharacterEncodingFilter，只要在 web.xml 文件中加入一些代码就可以完成这两项工作了。

文件 web.xml 中加入的代码如下：

```
<filter>
    <filter-name>Set Character Encoding</filter-name><!--filter 的名字-->
    <filter-class>com.util.SetCharacterEncodingFilter</filter-class><!--
    filter 的实现类-->
    <!--参数设置-->
    <init-param>
    <param-name>encoding</param-name><!--指定参数名-->
    <param-value>UTF-8</param-value><!--指定参数值-->
    </init-param>
</filter>
<!--定义 filter 拦截的 URL 地址-->
<filter-mapping>
    <filter-name>Set Character Encoding</filter-name><!--filter 的名字-->
    <url-pattern>/*</url-pattern><!--filter 负责拦截的 URL-->
</filter-mapping>
```

由于超链接中的文字字符还与使用的容器有关，此时为避免乱码问题就需要特别处理。如果使用的是 Tomcat 容器，则应该将 Tomcat 目录下 server.xml 文件中的 URIEncoding

项的值设置为 UTF-8。这样设置后，整个系统的编码就统一为 UTF-8 编码了，开发人员也就不需要再为编码的问题烦恼了。

开发过程中另外一个常见问题就是国际化问题。

国际化指的是在软件设计阶段，就应该使软件具有支持多种语言和国家地区的功能。具有这样的功能后，如果未来需要在项目中添加对某种新语言或新国家的支持时，就不需要重新修改程序代码，而降低了开发的复杂度。

在 Struts 中，用户访问服务器时，Struts 先根据用户浏览器使用的语言来寻找相应的资源文件，如果找不到，则使用默认的资源文件，该默认资源文件在 struts-config.xml 中指定。

比如在 struts-config.xml 文件中指定了如下的资源文件：

```
<meaasge-resources parameter="com.struts.ApplicationRcsources"/>
```

这表示，该资源文件为 ApplicationResource.properties。当找不到用户所需要的语言资源文件时，会统一使用这个文件来输出内容。

实际中，应该对不同的语言创建不同的资源文件，比如英文可以采用上面的默认资源文件 ApplicationResources.properties，简体中文可定义文件 ApplicationResources-zh-CN.properties。然后在页面中就可以利用 Struts 的标签将所需要的资源文件的内容引入了。

在本小节的最后，对 Struts + Hibernate 框架的集成做一总结。在中小型系统中，使用 Struts + Hibernate 框架的集成方式优点比较突出，原因如下：

- 能够满足系统开发的要求，减少了系统的开销，提高了系统的整体开发效率。
- 与结合了 Spring 框架的项目相比，Struts 和 Hibernate 的集成更易于理解和掌握，能够缩短开发周期。

由 Struts 和 Hibernate 框架之间的集成，我们可以发现框架之间的集成能充分利用各个框架的优点，优势互补，给开发者带来了很多便利和好处。如果在 Struts 和 Hibernate 框架集成的基础上再集成 Spring 框架会不会进一步提高开发的效率呢？下面我们就来讨论集成 Spring 框架的相关问题。

20.1.2　准备 Spring 集成环境

在企业级项目的应用开发过程中，由于其涉及的业务逻辑更加复杂，要求也更多更高，此时，再使用 Struts 和 Hibernate 的集成方式进行开发就显得力不从心了，因此开发人员常常选择使用 SSH 框架（也就是 Spring + Struts + Hibernate 三个框架）来进行比较复杂的项目开发。本小节将介绍 SSH 框架下 Spring 集成环境的部署工作。

对于企业级的复杂应用，由于其业务逻辑的复杂以及对事物处理的高要求，此时，开发者往往引入 Spring 框架，利用 Spring 框架完成业务层的设计任务。

这里我们需要搭建的 SSH 环境为 Struts 2.2.3.1+Hibernate 3.6.7+Spring 3.1.1，当然也可以使用其他版本来集成。

1. 配置Struts 2.2.3.1

（1）要使用 Struts 2 框架，先要导入相关的 JAR 包，使用 Struts 2.2.3.1 所需要的 JAR 包如下：

- commons-fileupload-1.2.2.jar。
- commons-io-2.0.1.jar。
- commons-logging-1.1.1.jar。
- freemarker-2.3.16.jar。
- ognl-3.0.1.jar。
- struts2-core-2.2.3.1.jar。
- struts2-spring-plugin-2.2.3.1.jar（struts+spring 插件）。
- xwork-core-2.2.3.1.jar。

这些是一些基本的 JAR 包，如果需要在 Web 项目中使用 Struts 2 的更多特性，则需要将相关的 JAR 包都导入项目中。大部分的 Web 应用并不需要使用 Struts 2 的所有特性，因此，只将项目中需要用到的那些 JAR 包导入即可。

（2）修改 web.xml 文件。

在介绍 Struts 2 的使用时曾经介绍过 web.xml 文件，这个文件是放在 Web 项目的 src 目录之下的。web.xml 是 Web 应用中用于加载 Servlet 信息的一个重要的配置文件，负责初始化 Servlet、Filter 等 Web 应用程序。

Struts 2 的核心控制是通过过滤器（Filter）来实现的，所以在 web.xml 文件中需要进行过滤器的配置以便加载 Struts 2 框架。

web.xml 文件的代码如下：

```
<!--配置 Struts 2 框架的核心 Filter-->
<filter>
    <!--指定核心 Filter 的名字-->
    <filter-name>
    struts2
    </filter-name>
    <!--指定核心 Filter 的实现类-->
    <filter-class>
    org.apache.struts2.dispatcher.ng.filter.StrutsPrepareAndExecuteFilter
    </filter-class>
</filter>
<!--配置 Filter 拦截的 URL -->
<filter-mapping>
    <filter-name>struts2</filter-name>
    <url-pattern>/*</url-pattern>
 </filter-mapping>
```

在 web.xml 文件中定义 Struts 2 的核心 Filter，并定义该 Filter 所拦截的 URL 模式。到此为止，该 Web 项目就具备了对 Struts 2 框架的支持。

需要注意的是，Struts 2 框架的标签库能否被自动加载和 Struts 2 的版本有关。如果 Web 容器使用的是 Servlet 2.4 及其以上规范，则无须在 web.xml 文件中手动加载 Struts 2 的标签库，因为 Servlet 2.4 及其以上规范会自动加载标签库定义文件。如果 Web 容器使用的是 Servlet 2.3 以前的版本（包括 Servlet 2.3），由于 Web 项目不会自动加载 Struts 2 框架的标签文件，因此开发人员需要手动在 web.xml 文件中配置以加载 Struts 2 的标签库。

文件 web.xml 加载标签库的配置代码如下：

```
<!--手动配置 Struts 2 的标签库-->
<taglib>
```

```
    <taglib-uri>/s</taglib-uri>          <!--配置 Struts 2 标签库的 URI-->
    <taglib-location>/WEB-INF/struts-tags.tld</taglib-location>
                                    <!--指定 Struts 2 标签库定义文件的路径-->
</taglib>
```

上面代码中使用标签<taglib-location>指定了 Struts 2 标签库配置文件的所在路径，本例中指定的位置为：/WEB-INF/struts-tags.tld，这个位置也可以根据不同的开发需求进行更改。在 web.xml 文件中指定路径后，开发人员还需要手动地将此标签库文件 struts-tags.tld 复制到 WEB-INF 目录下。struts-tag.tld 文件位于 Strut 2 的核心包 core 中，使用 WinRAR 打开 core 包，进入到其 META-INF 目录中即可找到 struts-tag.tld 文件。

（3）经过前面两个步骤的配置，已经为我们的 Web 项目增加了 Struts 2 的支持，但是还不能在项目中使用 Struts 2 的功能。为了使用 Struts 2 的功能，还需要添加 Struts 2 的配置文件 struts.xml 文件。

在 src 目录下添加 struts.xml 文件，同时加入 log4j.properties 文件，该文件用于输出项目的日志信息。struts.xml 文件的代码如下：

```
<? xml version="1.0" encoding="UTF-8" ?>
<!--指定 struts 2 配置文件的 DTD 信息-->
<! DOCTYPE struts PUBLIC "-//Apache Software Foundation//DTD Struts
Configuration 2.0//EN"
"http://struts.apache.org/dtds/struts-2.0.dtd">
<struts>
    <!--通过 constant 元素配置 Struts 2 的属性，该属性的默认值为 false-->
    <constant name="struts.enable.DynamicMethodInvocation" value="false" />
    <constant name="struts.devMode" value="true" />
                                    <!--设置 Struts 2 应用是否使用开发模式-->
            <constant name="struts.i18n.encoding" value="GBK"></constant>
            <!--指定 web 应用的默认编码集-->
            <include file="strutsConfig1.xml"/><!--通过 include 元素可导入其他配
            置文件-->
    <!--添加 package 元素，该元素是 Struts 配置文件的核心，但在配置文件中不是必须存在
    的 -->
    <package name="default" namespace="/" extends="struts-default">
    </package>
</struts>
```

我们可以看到 struts.xml 文件中有一个<package>标签，这个标签是关于包属性的一个标签。在 Struts 2 框架中是通过包来管理 action、result、interceptor、interceptor-stack 等配置信息的。

20.2　Spring 集成 Hibernate

上一节主要介绍了 Spring 开发环境的部署以及为后面的集成所做的准备工作。本节将基于 20.1.2 小节的准备工作进行 Spring 和 Hibernate 之间的集成工作。

20.2.1　在 Spring 中配置 SessionFactory

在 Spring 中集成 Hibernate 实际上就是将 Hibernate 中用到的数据源 DataSource、SessionFactory 实例以及事务管理器都交由 Spring 容器管理，由 Spring 向开发人员提供统

一的模板化操作。

在单独使用 Hibernate 时，需要使用 Hibernate 的配置文件，默认为 hibernate.cfg.xml，在 Hibernate 的配置文件中配置 dataSource 和映射文件。而使用 Spring 整合 Hibernate 时，则可以不再使用 hibernate.cfg.xml 文件，而使用 Spring 的 LocalSessionFactoryBean 来配置 Hibernate 的 sessionFactory。

在 Hibernate 相关章节的学习中，我们已经知道，Hibernate 的 SessionFactory 是一个非常重要的对象。一般来说，一个 Java Web 应用都对应一个数据库，同时也对应一个 SessionFactory 对象。在使用 Hibernate 访问数据库时，应用程序需要先创建 SessionFactory 实例，而使用 Spring 集成了 Hibernate 以后，则可以直接在 Spring 的配置文件中通过声明的方式来管理 SessionFactory 实例。同时，还可以利用 Spring 的 IoC 容器在配置 SessionFactory 时为其注入数据源的引用。

首先在 Spring 的配置文件 applicationContext.xml 中配置数据源，代码如下：

```
<?xml version="1.0" encoding="UTF-8"?>
<beans
    xmlns="http://www.springframework.org/schema/beans"
    xmlns:xsi="http://www.w3.org/2001/XMLSchema-instance"
    xmlns:p="http://www.springframework.org/schema/p"
    xmlns:aop="http://www.springframework.org/schema/aop"
    xsi:schemaLocation="http://www.springframework.org/schema/beans
        http://www.springframework.org/schema/beans/spring-beans-3.0.xsd
        http://www.springframework.org/schema/aop
        http://www.springframework.org/schema/aop">
    <!--定义数据源-->
    <bean id ="dataSource"
    Class ="org.springframework.jdbc.datasource.DriverManagerDataSource">
    <!--指定连接数据库的驱动-->
    <property name="driverClassName">
    <value>com.mysql.jdbc.Driver </value>
    </property>
    <!--指定连接数据库的 URL-->
    <property name="url">
    <value> jdbc:mysql://localhost/spring </ value>
    </property>
    <!--指定数据库连接的用户名-->
    <property name="username">
    <value>sa</value>
    </property>
    <!--指定连接数据库的密码-->
    <property name="password">
    <value>123456</value>
    </property>
    </bean>
</beans>
```

配置好数据源后，接下来来配置 sessionFactory，并为其注入数据源的引用。下面代码显示了如何在 Spring 的配置文件 applicationContext.xml 中配置 sessionFactory：

```
<!--定义 Hibernate 的 sessionFactory-->
<bean id="sessionFactory"
    class="org.springframework.orm.hibernate3.LocalSessionFactoryBean">
    <!--依赖注入已配置好的数据源 dataSource-->
    <property name="dataSource">
```

```
    <ref local="dataSource"/>
    </property>
    <!--指定 Hibernate 所有映射文件的路径-->
    <property name="mappingResources">
    <list>
    <value>com/entity/product.hbm.xml</value>
        …
    </list>
    </property>
    <!--设置 Hibernate 的属性-->
    <property name="hibernateProperties">
    <props>
        <!--配置 Hibernate 的数据库方言-->
    <prop key="hibernate.dialect">
        org.hibernate.dialect.MySQLDialect
        </prop>
        <!--设置是否在控制台输出由 Hibernate 生成的 SQL 语句-->
        <prop key="show_sql">true</prop>
        </props>
        </property>
</bean>
```

在 Spring 集成 Hibernate 的过程中主要是配置 dataSource 和 sessionFacotyr 。其中，dataSource 主要是配置数据库的连接属性，而 sessionFactory 主要是用来管理 Hibernate 的配置。在 Spring 的配置文件中完成对 SessionFactory 的配置后，便可以将 SessionFactory Bean 注入其他 Bean 中，如注入 DAO 组件中。当 DAO 组件获得 SessionFactory Bean 的引用后，就可以实现对数据库的访问。

Spring 和 Hibernate 的集成比较简单，通过上面的配置，就可以完成了。

20.2.2　使用 HibernateTemplate 进行数据库访问

在 Spring 中配置好 SessionFactory 以后，就可以使用 HibernateTemplate 来进行数据库访问了。HibernateTemplate 将持久层访问模板化，在创建 HibernateTemplate 的实例后，只需向其中注入一个 SessionFactory 的引用，就可以执行持久化操作了。SessionFactory 对象可以通过构造参数传入，也可以通过设值方式传入。

HibernateTemplate 中提供了 3 个构造方法，分别是：

- HibernateTemplate()：无参构造方法，使用它可以构造一个默认的 HibernateTemplate 实例。在使用创建好的 HibernateTemplate 实例之前，需要先调用方法 setSessionFactory(SessionFactory sessionFactory) 为 HibernateTemplate 传入 SessionFactory 的引用。
- HibernateTemplate(org.hibernate.SessionFactory sessionFactory)：该方法包含了一个 sessionFactory 参数，表明在构造 HibernateTemplate 实例时已经传入了 SessionFactory 对象，HibernateTemplate 实例创建后便可直接执行持久化操作了。
- HibernateTemplate(org.hibernate.SessionFactory sessionFactory, boolean allowCreate)：该方法中的 allowCreate 参数表明如果在当前线程中不存在一个非事务性的 Session，是否需要创建一个非事务性 Session。

在 Web 应用中，SessionFactory 和 DAO 对象都由 Spring 进行管理，因此不需要在代码中显示设置，在配置文件中设置它们的依赖关系即可。

下面程序使用 HibernateTemplate 实现了一个 DAO 组件，由 Spring 为该 DAO 注入 SessionFactory。该 DAO 的实现类为 UserDaoImpl。

```
public class UserDaoImpl implements UserDao {
    private SessionFactory sessionFactory;
                                    //定义持久化操作所需要的 SessionFactory
    HibernateTemplate hibernatetemplate;//定义一个 HibernateTemplate 对象
    //完成依赖注入 SessionFactory 所需的 setter 方法
    public void setSessionFactory(SessionFactory sessionFactory)
    {
        this.sessionFactory = sessionFactory;
    }
    //获取 HibernateTemplate 实例
    private HibernateTemplate getHibernateTemplate()
    {
        if(hibernatetemplate==null)
                hibernatetemplate=new HibernateTemplate(sessionFactory);
        return hibernatetemplate;
    }
    //保存 User 对象
    public void save(User user)
    {
        getHibernateTemplate().save(user);
    }
    //获取 User 对象，id 是 User 对象的主键值
    public User getUser(int id)
    {
        return (User)getHibernateTemplate().get(User.class, new Integer(id));
    }
    //修改 User 实例
    public void update(User user)
    {
        getHibernateTemplate().update(user);
    }
    //删除 User 实例
    public void delete(User user)
    {
        getHibernateTemplate().delete(user);
    }
    //按照用户名查找 User
    public List<User> findByName(String name)
    {
        String queryString="from User u where u.name like ?";
        return (List<User>)getHibernateTemplate().find(queryString,name);
    }
}
```

上面的代码中首先定义了一个 HibernateTemplate 对象，并使用 HibernateTemplate 的带参数构造方法传入了一个 SessionFactory 对象，如粗体字代码所示。接着就可以使用创建好的 HibernateTemplate 对象了，通过调用 HibernateTemplate 中提供的方法可以完成对 User 对象的各种持久化操作。

HibernateTemplate 中针对数据库的增、删、查、改等操作提供了一系列方法，通过这些方法可以完成大部分数据库的操作。HibernateTemplate 中常用的方法如下：

- void delete(Object entity)：删除指定的持久化实例。
- void deleteAll(Collection entities)：删除集合内的全部持久化实例。
- List find(String queryString)：根据 HQL 查询字符串返回实例集合。该方法还包括其他重载的 find 方法。
- List findByNameQuery(String queryName)：根据命名查询返回实例的集合。
- Object get(Class entityClass, Serializable id)：根据主键加载特定持久化类的实例，若指定的记录不存在则返回 NULL。
- Object load(Class entityClass, Serializable id)：根据主键加载特定持久化类的实例，若指定的记录不存在则抛出异常。
- Serializable save(Object entity)：保存新实例。
- void saveOrUpdate(Object entity)：根据实例的状态，选择对实例进行保存或更新操作。
- void saveOrUpdateAll(Collection entities)：根据集合中实例的状态，选择对所有实例进行保存或更新操作。
- void setMaxResults(int maxResults)：用于分页查询时设置每页的记录数。
- void update(Object entity)：更新实例的状态。

UserDaoImpl 中创建 HibernateTemplate 实例时要为其提供一个 SessionFactory 对象，该对象是利用 Spring 的依赖注入来实现的，需要在 Spring 的配置文件中配置 UserDaoImpl。在配置文件中配置好 SessionFactory 和数据源后，还需要添加如下代码：

```
<bean id="UserDao" class="com.Spring.UserDaoImpl">
    <!--依赖注入 SessionFactory-->
    <property name="sessionFactory">
    <ref local="sessionFactory"/>
    </property>
</bean>
```

有了 HibernateTemplate，开发人员便可以专注于事务处理，而把对事务的控制，如打开 Session、开始事务、处理异常、提交事务以及最后关闭 Session 这一系列的工作交给 HibernateTemplate 来完成，并通过声明式的配置来实现这些功能。

20.2.3　使用 HibernateCallback 回调接口

HibernateTemplate 中还提供了另一种操作数据库的方式，需要使用如下的两个方法：

- Object execute(HibernateCallback action)。
- List executeFind(HibernateCallback action)。

这两个方法中都用到了 HibernateCallback 的实例。通过 HibernateCallback，开发人员可以使用 Hibernate 的操作方式来访问数据库。HibernateCallback 是一个接口，在这个接口中只包含一个方法 doInHibernate(org.hibernate.Session session)，且这个方法只有一个参数 session。通过实现 HibernateCallback 接口的 doInHibernate 方法来实现一系列的持久化操作，doInHibernate 的方法是根据需要自己来编写的。

对 UserDaoImpl 类的代码进行修改，在其中添加 execute 方法的代码如下：

```
public class UserDaoImpl implements UserDao {
    private SessionFactory sessionFactory;
                                        //定义持久化操作所需要的 SessionFactory
    HibernateTemplate hibernatetemplate;//定义一个 HibernateTemplate 对象
    //完成依赖注入 SessionFactory 所需的 setter 方法
    public void setSessionFactory(SessionFactory sessionFactory)
    {
        this.sessionFactory = sessionFactory;
    }
    //获取 HibernateTemplate 实例
    private HibernateTemplate getHibernateTemplate()
    {
        if(hibernatetemplate==null)
             hibernatetemplate=new HibernateTemplate(sessionFactory);
        return hibernatetemplate;
    }
    //按照用户名查找 User
    public List<User> findByName(final String name)
    {
        return (List<User>) getHibernateTemplate.execute(
                    //创建匿名内部类
                    new HibernateCallback()
        {
            public Object doInHibernate(Session session) throws Hibernate
            Exception
            {
                    //使用条件查询的方法返回
                    List result = session.createCriteria(User.class)
                         .add(Restrictions.like("name", name+"%") .list();
                    return result;
                    }
            })
    }
}
```

上面的代码中实现了 HibernateCallback 的匿名内部类,并创建了该匿名内部类的实例,在方法 doInHibernate 中定义了 Spring 执行的持久化操作，此处实现了按姓名查找用户的功能。

由 doInHibernate 方法的实现可知，在方法 doInHibernate 内部可以访问 Session。在该方法内部执行的持久化操作与不使用 Spring 时所进行的持久化操作完全相同，因此，即使对于复杂的持久化操作，仍然可以使用我们已经熟悉的 Hibernate 的访问方式。

20.3　Spring 集成 Struts

上一节主要介绍了 Spring 框架和 Hibernate 之间的集成。实际应用中，还有 Spring 和 Struts 框架之间的集成。本节将就这两个框架之间的集成进行介绍。

与 Struts 类似，Spring 也可以作为一个 MVC 实现。这两种框架各自具有自己的优缺点，但由于 Spring 的 MVC 使用比较繁琐，而且大多数开发者对 Struts 更加熟悉和认可，因此，很多项目开发人员更愿意选择使用 Spring 来整合 Struts 2 框架，而不愿使用 Spring MVC。Spring 框架允许将 Struts 作为 Web 框架无缝连接到基于 Spring 开发的业务层和持久层，它们的集成是必要的而且是可行的。

20.3.1　将 Struts Action 处理器交至 Spring 托管

本节主要介绍 Spring 和 Struts 的集成，Spring 和 Struts 的集成相比 Spring 和 Hibernate 的集成要稍微复杂一点。Spring 集成 Struts 主要有两种上下文装载方式和 3 种整合方法。同样，在介绍如何将 Struts Action 处理器交至 Spring 托管前，我们先对这两种上下文装载方式和 3 种整合方法分别进行简单的介绍：

1．Spring的上下文装载方式

（1）在 Struts 1 中常常通过插件的方式装载 Spring 上下文，这种方式在 Struts 2 中已经不再使用，因此此处不多做介绍。

（2）在 web.xml 文件中装载 Spring 上下文。

这种方式是常见的创建 Spring 容器的方法，为了使 Spring 容器能够随着 Web 应用的启动而自动启动，可以利用下面两种配置方式来实现：

- 使用 ServletContextListener 配置。
- 使用 load-on-startup Servlet 配置。

① 使用 ServletContextListener 配置。

采用这种方法实际上使用的是 ServletContextListener 的一个实现类 ContextLoaderListener 来完成配置的。ContextLoaderListener 类可以作为一个监听器 Listener 使用，使用它完成配置的代码如下：

```
<context-param>
    <!--参数名为 contextConfigLocation -->
    <param-name>contextConfigLocation</param-name>
    <!--指定配置文件 -->
    <param-value> /WEB-INF/abContext.xml </param-value>
</context-param>
<!--监听器-->
<listener>
<!--使用 ContextLoaderListener 初始化 Spring 容器-->
<listener-class>org.springframework.web.context.ContextLoaderListener</
listener-class>
</listener>
```

上面的代码说明如下：

- ContextLoaderListener 是由 Spring 提供的一个监听器类，它在创建时会自动查找位于 WEB-INF/路径下的 applicationContext.xml 文件。这样，当只有一个配置文件，且文件名为 applicationContext.xml 时，则只需在 web.xml 文件中配置 listener 元素即可创建 Spring 容器。即上面代码中的配置简化为下面的代码：

```
<listener>
    <listener-class>org.springframework.web.context.ContextLoaderListene
    r</listener-class>
</listener>
```

- 使用 context-param 元素来指定配置文件的文件名。当 ContextLoaderListener 加载

时，会自动查找名为 contextConfigLocation 的初始化参数，并使用该参数所指定的配置文件，此处为 abContext.xml 文件。如果未使用 contextConfigLocation 来指定配置文件，则 Spring 会自动查找 applicationContext.xml 文件。如果 Spring 未找到合适的配置文件，则 Spring 将无法正常启动。

- ❑ context-param 元素中还可以指定多个配置文件的文件名。因此，如果有多个配置文件需要装载，则只能使用 context-param 元素进行配置，多个配置文件之间使用“,”进行间隔。装载多个配置文件的示例如下：

```
<context-param>
    <param-name>contextConfigLocation</param-name>
                                <!--参数名为 contextConfigLocation -->
    <param-value> /WEB-INF/aContext.xml, /WEB-INF/bContext.xml
    </param-value>              <!--指定配置文件 -->
</context-param>
```

② 使用 load-on-startup Servlet 配置

Spring 中还提供了一个 Servlet 类 ContxtLoaderServlet。ContxtLoaderServlet 是一个特殊的 Servlet，它启动时会自动去查找位于 WEB-INF/路径下的 applicationContext.xml 文件。

应该将 ContxtLoaderServlet 设置为 load-on-startup 的 Servlet，这样可保证其随应用启动而启动。同时，load-on-startup 的值应设置得稍小些，这样 Spring 容器可以更快地完成初始化。下面是使用 ContxtLoaderServlet 类完成配置的代码：

```
<servlet>
    <!--配置 ContextLoaderServlet 类 -->
    <servlet-name>SpringContextServlet</servlet-name>
    <servlet-class>org.springframework.web.context.ContextLoaderServlet<
    /servlet-class>
    <load-on-startup>1</load-on-startup>
</servlet>
```

需要注意的是：

- ❑ 当使用 ContxtLoaderServlet 配置时，它自动查找的是 WEB-INF/路径下的 applicationContext.xml 文件，而不是其他名称的 Spring 配置文件。
- ❑ 如果需要装载的 Spring 配置文件名称不是 applicationContext.xml，则只能使用第①种配置方式中的 context-param 元素来设置。
- ❑ 如果有多个需要装载的 Spring 配置文件，同样需要使用 context-param 元素来进行设置。

2. Spring集成Struts 2

Spring 集成 Struts 2 的目的是将 Struts 2 中的 Action 的实例化工作交由 Spring 容器统一管理，同时使得 Struts 2 中的 Action 实例能够访问 Spring 提供的业务逻辑组件资源。而 Spring 容器自身所具有的依赖注入的优势也可以充分发挥出来。

由于 Struts 2 采用了基于插件的扩展机制，因此使得它与其他框架或组件的集成变得灵活方便。Struts 2 与 Spring 集成时要用到 Spring 的插件包，这个包是随着 Struts 2 一起发布的。

Spring 插件包是通过覆盖 Struts 2 中的 ObjectFactory 来增强其核心框架中对象的创建

的。当创建一个新对象时，Spring 插件先使用 Struts 2 配置文件中的 class 属性与 Spring 配置文件中的 id 属性进行关联，如果能找到对应的关系则由 Spring 负责创建对象，否则仍由 Struts 2 框架自身负责创建对象，创建后再由 Spring 进行装配。

Spring 插件提供的功能如下：

- 允许 Spring 创建 Action、Interceptror 和 Result。
- 使用 Struts 2 创建的对象可以由 Spring 完成装配。
- 针对未使用 Spring ObjectFactory 的情况，提供了两个拦截器来自动装配 action。

Spring 与 Struts 2 集成的基本步骤如下：

（1）将 Spring 3 框架所依赖的 JAR 包复制到 WEB-INF 的 lib 文件夹下。

（2）将以下 Struts 2 类包添加到类路径下：

- struts2-core-2.2.3.1.jar。
- xwork-core-2.2.3.1.jar。
- ognl-3.0.1.jar。
- struts2-spring-plugin-2.2.3.1.jar。
- freemarker-2.3.16.jar。

其中 struts2-spring-plugin-2.2.3.1.jar 就是 Struts 2 提供的用于集成到 Spring 中的类包，其中包含了一个 struts-plugin.xml 配置文件。在 struts-plugin.xml 配置文件中定义了一个名为 spring 的 Bean，该 Bean 的实现类为 org.apache.struts2.spring.StrutsSpringObjectFactory，定义这个 Bean 的目的就是方便将 Struts 2 中 Action 类的管理工作委托给 Spring 容器进行处理。换句话说，配置了 StrutsSpringObjectFactory 以后，Struts 2 的配置文件就可以直接引用 Spring 容器中的 Bean 了。

在继续下面的步骤以前，先对 struts-plugin.xml 配置文件做一讲解。struts-plugin.xml 配置文件代码如下：

```
<struts>
<!--定义 Spring 的 ObjectFactory。
   Bean 名称为 spring，实现类为 org.apache.struts2.spring.StrutsSpringObject
   Factory -->
<bean type="com.opensymphony.xwork2.ObjectFactory" name="spring"
    class="org.apache.struts2.spring.StrutsSpringObjectFactory" />
<!--将 Struts 2 默认的 objectFactory 设置为 Spring 的 ObjectFactory-->
<constant name="struts.objectFactory" value="spring" />
<!--定义 spring-default 包-->
<package name="spring-default">
<!--配置拦截器列表-->
<interceptors>
    <interceptor name="autowiring"
        class="com.opensymphony.xwork2.spring.interceptor.ActionAu
        towiringInterceptor"/>
    <interceptor name="sessionAutowiring"
        class="org.apache.struts2.spring.interceptor.SessionContext
        AutowiringInterceptor"/>
</interceptors>
</package>
</struts>
```

上面的代码说明如下：

- 代码中先定义了一个名为 spring 的 Bean，然后使用 Spring 的 ObjectFactory 在常量设置中将 Struts 2 的常量 struts.objectFactory 覆盖了。constant 元素中的 value 属性值“spring”与 Bean 配置中的 name 属性值“spring”是相对应的。
- 默认情况下，所有由 Struts 2 框架创建的对象都是由 ObjectFactory 实例化的，ObjectFactory 提供了与其他 IoC 容器如 Spring 的集成方法。要实现对 ObjectFactory 类的覆盖就必须继承该类或它的子类，还要实现一个不带参数的构造方法。在上面的 struts-plugin.xml 配置文件中，使用了 org.apache.struts2.spring.StrutsSpringObjectFactory 类代替了 Struts 2 中默认使用的 ObjectFactory 类。
- 如果 action 不是使用 Spring 提供的 ObjectFactory 创建的话，struts2-spring-plugin-2.2.3.1.jar 类包还提供了两个拦截器来自动装配 action，这两个拦截器也在 struts-plugin.xml 文件中配置。其他可选的装配策略有 type、auto 和 constructor，可以通过常量 struts.objectFactory.spring.autoWire 进行设置。
- 如果不对插件做开发的话，不需要改写 struts-plugin.xml 文件。

（3）编写 Struts 2 配置文件 struts.xml，在其中进行常量配置，将 ObjectFactory 设置为 spring。代码如下：

```
<?xml version="1.0" encoding="UTF-8" ?>
<!DOCTYPE struts PUBLIC
    "-//Apache Software Foundation//DTD Struts Configuration 2.0//EN"
    "http://struts.apache.org/dtds/struts-2.0.dtd">
<!--struts 根标签-->
<struts>
    <!--将 Struts 2 默认的 objectFactory 设置为 spring-->
    <constant name="struts.objectFactory" value="spring" />
    …
</struts>
```

（4）配置 web.xml 文件，让 Web 应用启动时能够自动加载 Spring 容器。代码如下：

```
<?xml version="1.0" encoding="UTF-8"?>
<web-app xmlns:xsi="http://www.w3.org/2001/XMLSchema-instance" xmlns=
"http://java.sun.com/xml/ns/javaee"
xmlns:web="http://java.sun.com/xml/ns/javaee/web-app_2_5.xsd"
xsi:schemaLocation="http://java.sun.com/xml/ns/javaee
http://java.sun.com/xml/ns/javaee/web-app_3_0.xsd" id="WebApp_ID" version
="3.0">
<context-param>
    <param-name>contextConfigLocation</param-name>
                        <!--参数名为 contextConfigLocation -->
    <param-value>/WEB-INF/applicationContext.xml</param-value>
                        <!--指定配置文件 -->
</context-param>
<!--使用 ContextLoaderListener 初始化 Spring 容器-->
<listener>
    <listener-class>org.springframework.web.context.ContextLoaderListene
r</listener-class>
</listener>
<!--配置 Struts 2 的过滤器-->
<filter>
    <filter-name>struts2</filter-name>
    <!--指定 Filter 的实现类，此处使用的是 Struts 2 提供的拦截器类-->
    <filter-class> org.apache.struts2.dispatcher.ng.filter.StrutsPrepare
```

```
        AndExecuteFilter </filter-class>
</filter>
<!--定义 Filter 所拦截的 URL 地址-->
<filter-mapping>
    <!--Filter 的名字，该名字必须是 filter 元素中已声明过的过滤器名字-->
    <filter-name>struts2</filter-name>
    <url-pattern>/*</url-pattern>        <!--定义 Filter 负责拦截的 URL 地址-->
</filter-mapping>
</web-app>
```

经过上述 4 个步骤，已经基本完成了 Struts 2 与 Spring 3 的集成。但对于 Spring 如何配置 Struts 中的 Action 以及 Struts 如何引用在 Spring 中配置完的 Action 还需要通过实例来进行具体的说明。

20.3.2　Spring 集成 Struts 实例

【例 20-1】 通过“hello world”的示例来演示如何集成 struts 2 和 Spring。

（1）打开 Eclipse，选择菜单项 File|New|Project，然后选择 Dynamic Web Project，新建一个动态 Web 项目，项目名称为 StrutsSpringDemo1。

（2）新建包 com.integration，在其中定义 HelloWorld 类，它是一个 Action，在其 execute()方法中仅返回 SUCCESS 字符串，并使用设值注入来设置其 message 属性值。代码如下：

```
package com.integration;
public class HelloWorld {
    private String message;                    //message 属性
    //message 属性的 getter 和 setter 方法
    public String getMessage() {
        return message;
    }
    public void setMessage(String message) {
        this.message = message;
    }
    //execute()方法
    public String execute() {
       return "SUCCESS";                       //返回处理结果字符串
    }
}
```

（3）编写好 Struts 2 的 Action 后，接下来的工作就是在 Spring 容器中配置这个 Action，以便使用 Spring 容器提供给我们的各种功能。

在 Spring 的配置文件 applicationContext.xml 中配置 Struts 2 的 Action 实例，代码如下：

```
<beans>
    <!--在 Spring 容器中注册 Bean-->
    <bean id="helloWorldBean" class="com.integration.HelloWorld" >
    <!--设值注入-->
    <property name="message" value="Hello World!" />
   </bean>
</beans>
```

在上面的配置文件中我们注册了 HelloWorld 类并且利用设值注入的方式将“Hello World”注入到 Bean 的 message 属性中。

（4）在 Spring 中配置好 Struts 2 的 Action 后，下面来看看在 Struts 2 的配置文件中如何来引用 Spring 中的 Bean。

在 Struts 2 的配置文件 struts.xml 中配置所有 Struts 2 中的 Action。注意，配置 Action 时，其 class 属性不再使用类全名，而使用上一步在 Spring 配置文件中定义的相应的 Bean 实例名。具体代码如下：

```
<?xml version="1.0" encoding="UTF-8" ?>
<!DOCTYPE struts PUBLIC
    "-//Apache Software Foundation//DTD Struts Configuration 2.0//EN"
    "http://struts.apache.org/dtds/struts-2.0.dtd">
<!--struts 根标签-->
<struts>
    <constant name="struts.objectFactory" value="spring" />
    <!--定义包-->
    <package name="default" extends="struts-default">
        <!--配置 Action-->
        <action name="helloWorld" class="helloWorldBean">
            <result name="SUCCESS">/success.jsp</result><!--返回 success.jsp -->
        </action>
    </package>
</struts>
```

在正常使用 Struts 2 的情况下，上面代码中加粗的部分应该是指定 Action 的实现类，通过 class 属性来配置，代码如下：

```
<action name="helloWorld" class=" com.integration.HelloWorld ">
```

但“helloWorldBean”并不是一个类名，它正是 Spring 容器中的 Bean 名称。通过这种配置方式，Struts 2 就和 Spring 集成在一起了。

（5）编写 web.xml 文件，使用 ContextLoaderListener 初始化 Spring 容器，代码如下：

```
<?xml version="1.0" encoding="UTF-8"?>
<web-app xmlns:xsi="http://www.w3.org/2001/XMLSchema-instance" xmlns="http://
java.sun.com/xml/ns/javaee"
xmlns:web="http://java.sun.com/xml/ns/javaee/web-app_2_5.xsd"
xsi:schemaLocation="http://java.sun.com/xml/ns/javaee
http://java.sun.com/xml/ns/javaee/web-app_3_0.xsd" id="WebApp_ID" version=
"3.0">
<display-name>StrutsSpringDemo1</display-name>
<!--配置 Struts 2 的过滤器-->
<filter>
    <filter-name>struts2</filter-name>
    <!--指定 Filter 的实现类，此处使用的是 Struts 2 提供的拦截器类-->
    <filter-class> org.apache.struts2.dispatcher.ng.filter.StrutsPrepare
    AndExecuteFilter </filter-class>
</filter>
<!--使用 ContextLoaderListener 初始化 Spring 容器-->
<listener>
    <listener-class>org.springframework.web.context.ContextLoaderListene
    r</listener-class>
</listener>
<!--定义 Filter 所拦截的 URL 地址-->
<filter-mapping>
    <filter-name>struts2</filter-name> <!--Filter 的名字，该名字必须是 filter
```

```
    元素中已声明过的过滤器名字-->
    <url-pattern>/*</url-pattern>        <!--定义 Filter 负责拦截的 URL 地址-->
</filter-mapping>
<welcome-file-list>
        <welcome-file>index.jsp</welcome-file>
</welcome-file-list>
</web-app>
```

（6）编写 success.jsp 文件和 index.jsp 文件，调用 execute()方法后会返回 success.jsp 页面。

success.jsp 文件如下：

```
<%@ page language="java" contentType="text/html; charset=UTF-8"%>
<!DOCTYPE html PUBLIC "-//W3C//DTD HTML 4.01 Transitional//EN"
"http://www.w3.org/TR/html4/loose.dtd">
<html>
<head>
<title>Hello World</title>
</head>
<body>
${message}
</body>
</html>
```

（7）运行程序，结果如图 20.2 所示。

图 20.2　运行结果

例 20-1 虽然简单，但是它反映了 Struts 2 与 Spring 集成的全过程。下面再通过一个示例来加深理解。

【例 20-2】 通过本示例加深对 Struts 2 与 Spring 集成方式的理解。

（1）打开 Eclipse，选择菜单项 File|New|Project，然后选择 Dynamic Web Project，新建一个动态 Web 项目，项目名称为 StrutsSpringDemo2。

（2）新建包 com.integration，在其中新建一个接口，名为 User，该接口中包含一个 printUser 方法。代码如下：

```
package com.integration;
//定义接口 User
public interface User{
    //声明 printUser 方法，用于打印用户信息
    public void printUser();
}
```

（3）新建一个 User 接口的实现类 UserImpl，代码如下：

```
package com.integration.impl;
import com.integration.User;
//定义 User 的实现类 UserImpl
public class UserImpl implements User{
    //实现 User 接口的 printUser 方法
    public void printUser(){
        System.out.println("Print user message!");
```

```
    }
}
```

（4）定义 UserSpringAction 类，它是一个 Action，在其 execute()方法中仅返回“success”字符串，并使用设值注入来设置其 user 属性值。代码如下：

```
package com.integration.action;
import com.integration.User;
//定义 UserSpringAction 类
public class UserSpringAction{
    User user;              //定义 User 型的属性
    //user 属性的 getter 和 setter 方法
    public User getUser() {
        return user;
    }
    public void setUser(User user) {
        this.user = user;
    }
    //execute 方法
    public String execute() throws Exception {
        user.printUser();
        return "success";
    }
}
```

（5）在 Spring 配置文件 applicationContext.xml 中注册所有 Bean，代码如下：

```
<?xml version="1.0" encoding="UTF-8"?>
<beans xmlns="http://www.springframework.org/schema/beans"
    xmlns:xsi="http://www.w3.org/2001/XMLSchema-instance"
    xmlns:p="http://www.springframework.org/schema/p"
    xmlns:aop="http://www.springframework.org/schema/aop"
    xsi:schemaLocation="http://www.springframework.org/schema/beans
        http://www.springframework.org/schema/beans/spring-beans-3.0.xsd
        http://www.springframework.org/schema/aop
        http://www.springframework.org/schema/aop/spring-aop-3.0.xsd">
    <!--注册一个 UserImpl，实例名称为 userBean-->
    <bean id="userBean" class="com.integration.impl.UserImpl" />
    <!--注册一个 UserSpringAction，实例名称为 userSpringAction -->
    <bean id="userSpringAction" class="com.integration.action.UserSpring
    Action">
        <!--将 userBean 实例注入 userSpringAction 实例的 user 属性-->
        <property name="user" ref="userBean" />
    </bean>
</beans>
```

（6）在 Struts 2 的配置文件 struts.xml 中配置所有 Struts 2 中的 Action，代码如下：

```
<?xml version="1.0" encoding="UTF-8" ?>
<!DOCTYPE struts PUBLIC
"-//Apache Software Foundation//DTD Struts Configuration 2.0//EN"
"http://struts.apache.org/dtds/struts-2.0.dtd">
 <!--struts 根标签-->
<struts>
    <constant name="struts.devMode" value="true" />    <!--打开开发模式-->
    <constant name="struts.objectFactory" value="spring" />
    <!--定义包-->
    <package name="default" namespace="/" extends="struts-default">
```

```
        <!--配置 Action-->
        <action name="userAction"
            class="com.integration.action.UserAction" >
            <result name="success">jsp/user.jsp</result>
        </action>
        <!--"userSpringAction"为 Spring 中的 Bean 名称-->
        <action name="userSpringAction"
            class="userSpringAction" >
            <result name="success">jsp/user.jsp</result>
        </action>
    </package>
</struts>
```

（7）编写 web.xml 文件，使用 ContextLoaderListener 初始化 Spring 容器，代码如下：

```
<?xml version="1.0" encoding="UTF-8"?>
<web-app          xmlns:xsi="http://www.w3.org/2001/XMLSchema-instance"
xmlns="http://java.sun.com/xml/ns/javaee"
xmlns:web="http://java.sun.com/xml/ns/javaee/web-app_2_5.xsd"
xsi:schemaLocation="http://java.sun.com/xml/ns/javaee http://java.sun
.com/xml/ns/javaee/web-app_3_0.xsd" id="WebApp_ID" version="3.0">
<!--使用 ContextLoaderListener 初始化 Spring 容器-->
<display-name>StrutsSpringDemo2</display-name>
<!--配置 Struts 2 的过滤器-->
<filter>
    <filter-name>struts2</filter-name>
    <!--指定 Filter 的实现类，此处使用的是 Struts 2 提供的拦截器类-->
    <filter-class> org.apache.struts2.dispatcher.ng.filter.Struts
    PrepareAndExecuteFilter </filter-class>
</filter>
<!--定义 Filter 所拦截的 URL 地址-->
<filter-mapping>
    <filter-name>struts2</filter-name> <!--Filter 的名字，该名字必须是 filter
    元素中已声明过的过滤器名字-->
    <url-pattern>/*</url-pattern>       <!--定义 Filter 负责拦截的 URL 地址-->
</filter-mapping>
<!--使用 ContextLoaderListener 初始化 Spring 容器-->
<listener>
    <listener-class>org.springframework.web.context.ContextLoaderListene
    r</listener-class>
</listener>
</web-app>
```

（8）编写 user.jsp 文件，user.jsp 代码如下：

```
<%@ taglib prefix="s" uri="/struts-tags" %>
<html>
<head>
    <title>user message</title>
</head>
<body>
<h1>Struts Spring integration demo</h1>
<s:property value="user"/>
</body>
</html>
```

（9）运行项目，返回 user.jsp 页面，结果如图 20.3 所示，同时在控制台上会打印出字符串“Print user message!”。

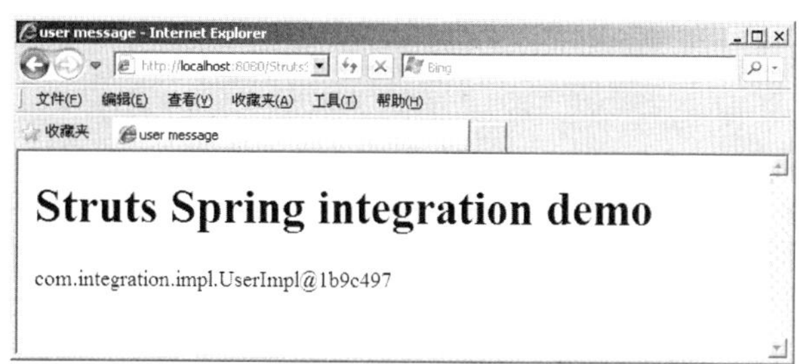

图 20.3　运行结果

20.4　本章小结

本章主要介绍了 SSH 框架（即 Spring、Struts、Hibernate 三大框架）集成。首先介绍了 Spring 集成环境的部署以及为后面的集成所做的准备工作。部署好集成环境后，接着就是三大框架的集成了。在 20.2 节中，我们主要介绍了 Spring 和 Hibernate 框架之间的集成，这两个框架的集成比较简单。在 20.3 节中我们主要介绍了 Spring 和 Struts 框架之间的集成。下一章我们将使用 SSH 框架来完成几个实际项目的开发，便于读者掌握综合应用三大框架进行实际系统开发的方法和过程。

第 21 章　SSH 整合开发实例

在学习本章内容之前，相信读者已经对三大框架的开发过程有了深入的体会和了解。在第 20 章又介绍了 SSH 框架（即 Spring + Struts + Hibernate 三大框架）集成的相关内容以及 SSH 框架集成的主要步骤。在此基础上，本章重点介绍两个 SSH 整合开发的实例：用户管理系统和酒店预订系统。通过对这两个系统的开发过程的讲解，读者可以详细地了解到使用 SSH 整合开发的基本流程，为独立进行项目开发做好充分的准备。本章具体内容如下：

- 用户管理系统。
- 酒店预订系统。

21.1　用户管理系统

本节将整合 Struts 2 框架、Hibernate 3 框架以及 Spring 3 框架来开发用户管理系统，该系统可以实现对注册用户的信息进行管理。

用户管理系统可以实现 4 个功能，分别是用户的添加、用户的删除、用户信息的更新以及查询指定用户信息。

系统结构可划分为如下几层：

- 表现层：由多个 JSP 页面组成。
- MVC 层：使用 Struts 2 框架技术。
- 业务逻辑层：使用业务逻辑组件构成。
- DAO 层：由 DAO 组件构成。
- Hibernate 持久层：使用 Hibernate 3 框架。
- 数据库层：使用 MySQL 数据库来存储系统数据。

在 Eclipse 中新建项目，命名为 UserManagement，下面来分层介绍用户管理系统的详细开发过程。

21.1.1　数据库层实现

用户管理系统只负责维护用户信息，因此在该系统中涉及的表只有一张用户表。

本小节给出用户表在 MySQL 数据库中的表结构。用户表在 MySQL 数据库中存储为 USER 表，其包含的字段共有 4 个，分别是用户标识、用户名、密码以及类型，具体字段名及类型如表 21.1 所示。

表 21.1　USER表结构

字段名	字段含义	数据类型	是否主键
ID	用户标识	Int	是
NAME	用户姓名	Varchar(100)	否
PASSWORD	用户密码	Varchar(100)	否
TYPE	用户类型	Varchar(500)	否

21.1.2　Hibernate 持久层设计

Hibernate 持久层设计包含两部分内容，一是定义系统中用到的持久化类；二是编写各个持久化类对应的映射文件。

1．创建持久化类

创建 User 类，该类中包含 4 个属性，分别与数据库中的 USER 表的 4 个字段相对应。User.java 类代码如下：

```
package com.integration.entity;
public class User{
    private int id;                     //用户标识
    private String name;                //用户名
    private String password;            //密码
    private String type;                //类型
    //默认构造方法
    public User() {
    }
    //包含全部属性的构造方法
    public User(int id, String name, String password, String type) {
        this.id = id;
        this.name = name;
        this.password = password;
        this.type = type;
    }
    // 各个属性的getter和setter方法
    public int getId() {
        return this.id;
    }
    public void setId(int id) {
        this.id = id;
    }
    public String getName() {
        return this.name;
    }
    public void setName(String name) {
        this.name = name;
    }
    public String getPassword() {
        return this.password;
    }
    public void setPassword(String password) {
        this.password = password;
    }
    public String getType() {
```

```
        return this.type;
    }
    public void setType(String type) {
        this.type = type;
    }
}
```

2. 创建映射文件

映射文件用来映射持久化类和数据表。User 类的映射文件 User.hbm.xml 如下：

```
<?xml version="1.0" encoding="utf-8"?>
<!DOCTYPE hibernate-mapping PUBLIC "-//Hibernate/Hibernate Mapping DTD
3.0//EN"
"http://hibernate.sourceforge.net/hibernate-mapping-3.0.dtd">
<hibernate-mapping>
    <class name="com.integration.entity.User" table="USER">
        <id name="id" type="java.lang.Integer">          <!--映射 id 属性-->
            <column name="ID" precision="22" scale="0" />
            <generator class="identity" />   <!--主键生成策略为 identity-->
        </id>
        <property name="name" type="java.lang.String"><!--映射 name 属性-->
            <column name="NAME" length="100" not-null="false">
                <comment>用户名</comment>
            </column>
        </property>
        <property name="password" type="java.lang.String">
                                              <!--映射 password 属性-->
            <column name="PASSWORD" length="100" not-null="false">
                <comment>密码</comment>
            </column>
        </property>
        <property name="type" type="java.lang.String"><!--映射 type 属性-->
            <column name="TYPE" length="500" not-null="false">
                <comment>类型</comment>
            </column>
        </property>
    </class>
</hibernate-mapping>
```

21.1.3　DAO 层设计

DAO 层设计主要包含 SesssionFactory 的配置、DAO 接口的创建以及 DAO 接口的实现类。由于与 Spring 框架进行了整合，因此 Hibernate 中的 SessionFactory 可交由 Spring 进行管理。

1. Spring管理SessionFactory

新建 applicationContext.xml 文件，在该文件中定义数据源，并完成对 SessionFactory 的配置和管理。代码如下：

```
<!-- 配置 SessionFactory -->
<bean id="sessionFactory" class="org.springframework.orm.hibernate3
.LocalSessionFactoryBean">
```

```
    <property name="dataSource" >
        <ref local="dataSource"/>
    </property>
    <!-- 配置 Hibernate 的属性 -->
    <property name="hibernateProperties">
        <props>
            <!-- 配置数据库方言 -->
            <prop key="hibernate.dialect">org.hibernate.dialect
            .MySQLDialect</prop>
            <!--输出运行时生成的 SQL 语句 -->
            <prop key="hibernate.show_sql">true</prop>
        </props>
    </property>
    <!-- 指定 HIbernate 映射文件的路径 -->
    <property name="mappingResources">
        <list>
            <value>com/integration/entity/User.hbm.xml</value>
        </list>
    </property>
</bean>
<!-- 配置 dataSource-->
<bean id="dataSource" class="org.springframework.jdbc.datasource
.DriverManagerDataSource">
    <!-- 配置数据库 JDBC 驱动-->
    <property name="driverClassName">
        <value>com.mysql.jdbc.Driver</value>
    </property>
    <!-- 配置数据库连接 URL-->
    <property name="url">
        <value>jdbc:mysql://localhost:3306/mysqldb</value>
    </property>
    <!-- 配置数据库用户名-->
    <property name="username">
        <value>root</value>
    </property>
    <!-- 配置数据库密码-->
    <property name="password">
        <value>root</value>
    </property>
</bean>
```

2. 创建DAO接口

创建 UserDAO 接口，在该接口中定义了 6 个方法，可以实现添加用户、删除用户、更新用户、查找全部用户、按用户名及按 ID 来查询相应用户的操作。

```
package com.integration.dao;
import java.util.List;
import com.integration.entity.User;
public interface UserDAO {
    void save(User user);                       //添加用户
    User getUser(String name);                  //按用户名查找用户
    void delete(int id);                        //删除用户
    void update(User user);                     //更新用户
    User findById(int id);                      //按 id 查找用户
    List<User> findAll();                       //查找全部用户
}
```

3. 创建DAO实现类

定义 UserDAOImpl 类，该类实现了 UserDAO 接口，其代码如下：

```
package com.integration.dao;
import java.util.List;
import com.integration.entity.User;
import org.hibernate.Query;
import org.springframework.orm.hibernate3.support.HibernateDaoSupport;
public class UserDAOImpl extends HibernateDaoSupport implements UserDAO{
    //添加用户
    public void save(User user) {
        this.getHibernateTemplate().save(user);
    }
    //按用户名查找用户
    public User getUser(String name)
    {
        String hsql="from User u where u.name='"+name+"'";
        User result=(User)((Query) this.getHibernateTemplate().find
        (hsql)).uniqueResult();
        return result;
    }
    //删除用户
    public void delete(int id) {
            this.getHibernateTemplate().delete(findById(id));
    }
    //更新用户
    public void update(User user){
            this.getHibernateTemplate().update(user);
    }
    //按 id 查找用户
    public User findById(int id) {
            User user=(User)this.getHibernateTemplate().get(User.class, id);
            return user;
    }
    //查找全部用户
    public List<User> findAll() {
            String queryString = "from User";
            List<User> list =this.getHibernateTemplate().find(queryString);
            return list;
    }
}
```

21.1.4　业务逻辑层设计

业务逻辑层的设计包含两部分，一是创建业务逻辑组件接口；二是创建业务逻辑组件的实现类。

1. 创建业务逻辑组件接口

创建 UserService 接口，在该接口中定义了添加用户、删除用户、更新用户、按用户名查找用户、按 id 查找用户和查找全部用户 6 个方法。代码如下所示：

```
package com.integration.service;
import java.util.List;
```

```
import com.integration.entity.User;
public interface UserService {
    void saveUser(User user);                  //添加用户
    User getUser(String name);                 //按用户名查找用户
    void deleteUser(int id);                   //删除用户
    void updateUser(User user);                //更新用户
    User findUserById(int id);                 //按 id 查找用户
    List<User> findAll();                      //查找全部用户
}
```

2. 创建业务逻辑组件实现类

创建 UserServiceImpl 类，该类实现了 UserService 接口。UserServiceImpl 类中通过调用 DAO 组件来实现业务逻辑操作。代码如下：

```
package com.integration.service;
import java.util.List;
import com.integration.dao.UserDAO;
import com.integration.entity.User;
public class UserServiceImpl implements UserService {
    private UserDAO userDAO;
    //提供 UserDAO 对象的注入通道
    public void setUserDAO(UserDAO userDAO){
        this.userDAO=userDAO;
    }
    //添加用户
    public void saveUser(User user) {
        if(userDAO.findById(user.getId())==null)
            userDAO.save(user);            //调用 DAO 组件保存 user 对象
    }
    //按用户名查找用户
    public User getUser(String name) {
        return userDAO.getUser(name);  //调用 DAO 组件查询
    }
    //删除用户
    public void deleteUser(int id) {
        if(userDAO.findById(id)!=null)
            userDAO.delete(id);            //调用 DAO 组件删除 user 对象
    }
    //更新用户
    public void updateUser(User user) {
        if(userDAO.findById(user.getId())!=null)
            userDAO.update(user);          //调用 DAO 组件更新
    }
    //按 id 查找用户
    public User findUserById(int id) {
        return userDAO.findById(id);    //调用 DAO 组件查询
    }
    //查找全部用户
    public List<User> findAll(){
        return userDAO.findAll();       //调用 DAO 组件查询
    }
}
```

在 Spring 配置文件 applicationContext.xml 中进行配置，如下所示。

```
<bean id="userService" class="com.integration.service.UserServiceImpl">
```

```
        <property name="userDAO" ref="userDAO"></property><!--注入 DAO 组件-->
</bean>
```

21.1.5　完成用户登录设计

该部分包含用户登录 Action 的设计和用户登录页面的设计两部分，当然 web.xml 的配置也必不可少。

1．整合Struts 2和Spring

先为项目添加 Spring 所需要的 JAR 文件，然后修改 web.xml 文件。通过 Listener 的配置，使得 Web 应用启动时能够自动查找位于 WEB-INF 下的 applicationContext.xml 文件，并根据该文件创建 Spring 容器。web.xml 文件代码如下：

```
<?xml version="1.0" encoding="UTF-8"?>
<web-app version="2.5"
    xmlns="http://java.sun.com/xml/ns/javaee"
    xmlns:xsi="http://www.w3.org/2001/XMLSchema-instance"
    xsi:schemaLocation="http://java.sun.com/xml/ns/javaee
    http://java.sun.com/xml/ns/javaee/web-app_2_5.xsd">
  <welcome-file-list>
    <welcome-file>login.jsp</welcome-file>
  </welcome-file-list>
  <!--定义核心 Filter-->
  <filter>
  <filter-name>struts2</filter-name>          <!--定义核心 Filter 名称-->
  <filter-class>org.apache.struts2.dispatcher.FilterDispatcher
  </filter-class>                             <!--定义核心 Filter 的实现类-->
 </filter>
 <filter-mapping>
  <filter-name>struts2</filter-name>          <!--核心 Filter 名称-->
  <url-pattern>/*</url-pattern>               <!--配置路径-->
 </filter-mapping>
 <!--配置 Listener-->
 <listener>
  <listener-class>org.springframework.web.context.ContextLoaderListener
  </listener-class>
 </listener>
 <context-param>
    <param-name>contextConfigLocation </param-name>
    <param-value>/WEB-INF/classes/applicationContext.xml </param-value>
</context-param>
</web-app>
```

2．创建用户登录Action

创建用户登录 Action，名称为 LoginAction，该 Action 负责检查用户信息，如果数据库中存在该用户信息，则允许登录，返回成功页面，否则登录失败。

```
package com.integration.action;
import java.util.Iterator;
import java.util.List;
import com.integration.service.UserService;
import com.integration.entity.User;
```

```
import com.opensymphony.xwork2.ActionSupport;
public class LoginAction extends ActionSupport {
    String username;                                            //用户名
    String password;                                            //密码
    String usertype;                                            //用户类型
    public String getUsertype() {
        return usertype;
    }
    public void setUsertype(String usertype) {
        this.usertype = usertype;
    }
    public String getUsername() {
        return username;
    }
    public void setUsername(String username) {
        this.username = username;
    }
    public String getPassword() {
        return password;
    }
    public void setPassword(String password) {
        this.password = password;
    }
    private UserService userService;                            //定义业务逻辑组件
    //设置业务逻辑组件
    public void setUserService(UserService userService) {
        this.userService = userService;
    }
    public String execute(){
        List<User> list = (List<User>) userService.findAll();
                                                                //调用 findAll 方法
        User u = new User();
        Iterator<User> it=list.iterator();
        //检查用户信息是否已存在于数据库中
        while(it.hasNext()){
             u = (User)it.next();
             if(username.trim().equals(u.getName())&&password.trim()
            .equals(u.getPassword())&&
usertype.trim().equals(u.getType()))
                 return "success";
             else return "failer";
        }
         String page = "failer";
           return page;
}
}
```

3. 用户登录页面

创建用户登录页面 login.jsp，其中包含一个表单，代码如下：

```
<%@ page language="java" import="java.util.*" pageEncoding="utf-8"%>
<%@ taglib prefix="s" uri="/struts-tags"%>
<!DOCTYPE HTML PUBLIC "-//W3C//DTD HTML 4.01 Transitional//EN">
<html>
    <head>
        <title>用户登录</title>                          <!--定义页面标题-->
    </head>
    <body>
```

```
        <s:form action="login" method="post">  <!--定义表单-->
            <s:textfield name="username" label="用户名"></s:textfield>
                                                <!--定义文本域-->
            <s:password name="password" label="密码"></s:password>
                                                <!--定义密码输入框-->
            <s:textfield name="usertype" label="类型"></s:textfield>
            <s:submit value="提交"></s:submit>  <!--定义提交按钮-->
        </s:form>
    </body>
</html>
```

4．配置控制器

在 applicationContext.xml 中配置控制器 LoginAction，并注入业务逻辑组件，代码如下：

```
<!--创建 loginAction 实例-->
<bean id="loginAction" class="com.integration.action.LoginAction">
        <property name="userService" ref="userService"></property>
</bean>
```

在 struts.xml 文件中配置 loginAction，并定义处理结果与视图资源的关系，代码如下：

```
<action name="login" class="com.integration.action.LoginAction">
    <!--配置处理结果与视图资源的关系->
    <result name="success">/success.jsp</result>
    <result name="failer">/error.jsp</result>
</action>
```

5．测试用户登录

在浏览器中输入 http://localhost:8080/UserManagement/，出现用户登录页面，如图 21.1 所示。

在用户登录页面中输入用户名、密码和用户类型，如果当前数据库中存在该用户的信息，则单击“提交”按钮后会提示登录成功，否则会提示新用户进行注册。

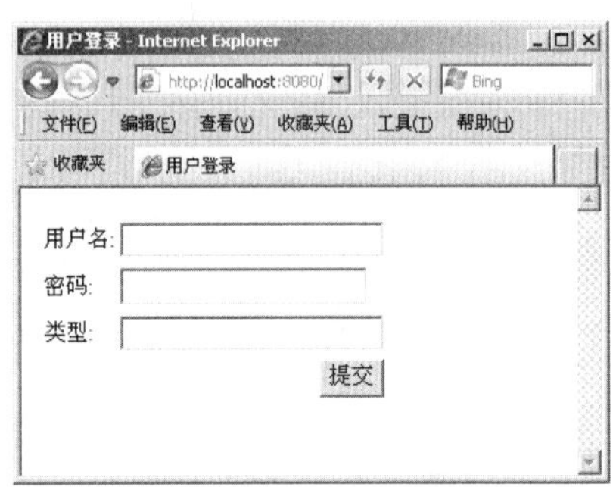

图 21.1　用户登录页面

21.1.6　查询所有用户信息

该部分包含两个主要的文件，一个是查询用户信息控制器 UserQueryAction.java；另外一个就是显示全部用户信息的页面 query.jsp。下面分别对这两个文件进行说明。

1．查询用户信息控制器

新建控制器 UserQueryAction，它负责获取当前 USER 表中所有的用户信息，并将所有用户存储在 request 范围中。

```
package com.integration.action;
import java.util.List;
import org.apache.struts2.ServletActionContext;
```

```
import com.integration.entity.User;
import com.integration.service.UserService;
import com.opensymphony.xwork2.ActionSupport;
//创建控制器 UserQueryAction
public class UserQueryAction extends ActionSupport {
    private UserService userService;                        //业务逻辑组件
    //设置业务逻辑组件
    public void setUserService(UserService userService) {
        this.userService = userService;
    }
    public String execute(){
            List<User> userlist=userService.findAll(); //获取当前所有用户
            //将所有用户存放在 request 范围内
            ServletActionContext.getRequest().setAttribute("userlist",
            userlist);
            return SUCCESS;
    }
}
```

2．创建显示全部用户信息的页面

创建 JSP 页面 query.jsp，在该页面中显示全部用户的详细信息，query.jsp 的代码如下：

```
<%@ page language="java" import="java.util.*" pageEncoding="UTF-8"%>
<%@ taglib prefix="s" uri="/struts-tags" %>
<!DOCTYPE HTML PUBLIC "-//W3C//DTD HTML 4.01 Transitional//EN">
<html>
<head>
    <title>显示用户信息</title>              <!--定义页面标题-->
    </head>
<body>
<center>                                    <!--对包含的内容进行居中处理-->
    <h1>用户信息</h1>
  <table border="1" width="400">           <!--定义表格-->
   <tr>                                     <!--定义表格行-->
    <th>用户 ID</th>                        <!--定义表头单元格-->
    <th>用户名</th>
    <th>密码</th>
    <th>用户类型</th>
    <th>是否删除</th>
    <th>是否修改</th>
   </tr>
   <s:iterator value="#request.userlist" id="st"><!--对集合元素进行迭代-->
   <tr>
   <td align="center"><s:property value="#st.id"/> </td><!--定义单元格-->
   <td align="center"><s:property value="#st.name"/> </td>
   <td align="center"><s:property value="#st.password"/> </td>
   <td align="center"><s:property value="#st.type"/> </td>
   <td><a href="userdelete.action?id=<s:property value='#st.id'/>">删除</a>
   </td>   <!--定义超链接-->
    <td><a href="update.jsp?id=<s:property value='#st.id'/>">更新</a>
    </td>
   </tr>
   </s:iterator>
   </table>
   <br>
      <a href="save.jsp">添加用户</a>            <!--定义超链接-->
```

```
</center>
</body>
</html>
```

3．配置控制器

在 applicationContext.xml 中配置控制器 UserQueryAction，并注入业务逻辑组件，代码如下：

```
<!--创建 userQueryAction 实例-->
<bean                                              id="userQueryAction"
class="com.integration.action.UserQueryAction">
        <property name="userService" ref="userService"></property>
</bean>
```

在 struts.xml 文件中配置 userQueryAction，并定义处理结果与视图资源的关系，代码如下：

```
<action name="userquery" class="com.integration.action.UserQueryAction">
    <result name="success">/query.jsp</result> <!--配置处理结果与视图资源的
    关系->
</action>
```

4．测试显示用户信息页面

在浏览器中输入 http://localhost:8080/UserManagement/userquery，显示页面如图 21.2 所示。

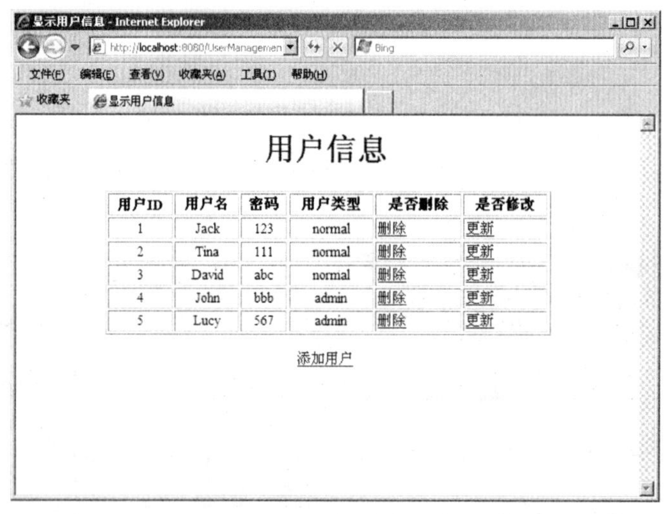

图 21.2　用户信息页面

21.1.7　添加用户信息

该部分包含两个主要的文件，一个是添加用户信息控制器 UserAction.java；另外一个就是添加用户页面 save.jsp。下面分别对这两个文件进行说明。

1. 添加用户信息控制器

新建控制器 UserAction，它负责接收所提交的用户信息并保存。代码如下：

```
package com.integration.action;
import com.integration.entity.User;
import com.integration.service.UserService;
import com.opensymphony.xwork2.ActionSupport;
//创建控制器 UserAction
public class UserAction extends ActionSupport {
    private UserService userService;        //业务逻辑组件
    //设置业务逻辑组件
    public void setUserService(UserService userService) {
        this.userService = userService;
    }
    private User user;
    public String execute(){
        User u=new User();
        //将接收到的参数设置到 User 实例 u 中
        u.setName(user.getName());
        u.setPassword(user.getPassword());
        u.setType(user.getType());
        userService.saveUser(u);        //保存接收到的参数到数据库中
        return SUCCESS;
    }
    public User getUser() {
        return user;
    }
    public void setUser(User user) {
        this.user = user;
    }
}
```

2. 创建添加用户页面

新建添加用户页面 save.jsp，该页面中包含了一个表单，用来输入用户的信息，代码如下：

```
<%@ page language="java" import="java.util.*" pageEncoding="UTF-8"%>
<%@ taglib prefix="s" uri="/struts-tags" %>
<!DOCTYPE HTML PUBLIC "-//W3C//DTD HTML 4.01 Transitional//EN">
<html>
  <head>
    <title>添加用户</title>                                <!--定义页面标题-->
  </head>
  <body>
   <center>
    <s:form action="user" method="post" >                 <!--定义表单-->
    <tr>
      <td colspan="2" align="center">
        <h1><s:text name="欢迎注册"/></h1><br/>          <!--格式化文本数据-->
        <s:property value="exception.message"/>
      </td>
    </tr>
    <s:textfield name="user.name" key="用户名"           <!--定义文本域-->
      tooltip="Enter your name!" required="true"></s:textfield>
    <s:textfield name="user.password" key="密码"         <!--定义文本域-->
      tooltip="Enter your password!" required="true"></s:textfield>
    <s:textfield name="user.type" key="类型"                <!--定义文本域-->
```

```
    tooltip="Enter your type!" required="true"></s:textfield>
  <s:submit value="提交"/>                                    <!--提交按钮-->
  <s:set/>
  </s:form>
 </center>
</body>
</html>
```

3. 配置控制器

在 applicationContext.xml 中配置控制器 UserAction，并注入业务逻辑组件，代码如下：

```
<!--创建 userAction 实例-->
<bean id="userAction" class="com.integration.action.UserAction">
       <property name="userService" ref="userService"></property>
</bean>
```

在 struts.xml 文件中配置 userAction，并定义处理结果与视图资源的关系，代码如下：

```
<action name="user" class="com.integration.action.UserAction">
   <result  name="success"  type="redirect">/userquery.action</result>
   <!--配置处理结果与视图资源的关系->
</action>
```

4. 测试添加用户

在用户信息页面中，单击“添加用户”超链接，跳转到添加用户页面，如图 21.3 所示。在页面中输入用户信息，单击“提交”按钮进行添加，如图 21.4 所示。

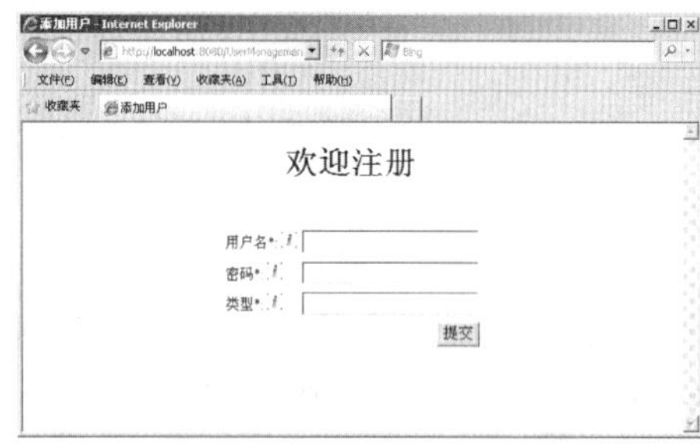

图 21.3　添加用户页面

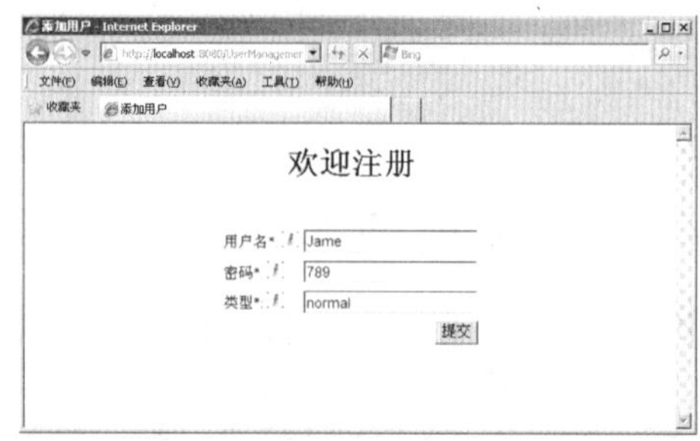

图 21.4　填写用户信息

用户添加完毕后，页面将自动转到用户信息页面，如图 21.5 所示。从该页上可以看到，新增的用户信息已添加成功。

用户信息

用户ID	用户名	密码	用户类型	是否删除	是否修改
1	Jack	123	normal	删除	更新
2	Tina	111	normal	删除	更新
3	David	abc	normal	删除	更新
4	John	bbb	admin	删除	更新
5	Lucy	567	admin	删除	更新
6	Jame	789	normal	删除	更新

添加用户

图 21.5　用户信息页面

21.1.8　删除用户信息

要实现删除用户信息功能需要定义一个删除用户控制器，该控制器中接收用户 ID，并调用业务逻辑中的删除用户方法以实现删除特定 ID 的用户。

1. 创建删除用户控制器

新建控制器 UserDeleteAction，它负责接收添加用户页面所提交的用户 ID，并通过调用业务逻辑组件中的 deleteUser 方法以删除指定 ID 的用户，其代码如下：

```
package com.integration.action;
import com.integration.service.UserService;
import com.opensymphony.xwork2.ActionSupport;
//创建控制器 UserDeleteAction
public class UserDeleteAction extends ActionSupport {
    private UserService userService;          //业务逻辑组件
    //设置业务逻辑组件
    public void setUserService(UserService userService) {
        this.userService = userService;
    }
    public String execute(){
        userService.deleteUser(id);
        return SUCCESS;
    }
    private int id;
    public int getId(){
        return id;
    }
    public void setId(int id){
        this.id=id;
    }
}
```

2. 配置控制器

在 applicationContext.xml 中配置控制器 UserDeleteAction，并注入业务逻辑组件，代码如下：

```
<!--创建 userDeleteAction 实例-->
<bean                                                    id="userDeleteAction"
class="com.integration.action.UserDeleteAction">
        <property name="userService" ref="userService"></property>
</bean>
```

在 struts.xml 文件中配置 userDeleteAction，并定义处理结果与视图资源的关系，代码如下：

```
<action name="userdelete" class="com.integration.action.UserDeleteAction">
    <result  name="success"  type="redirect">/userquery.action</result>
    <!--配置处理结果与视图资源的关系->
</action>
```

3．测试删除用户

在用户信息页面中，单击要删除用户中的“删除”超链接就可以完成指定用户的删除操作，如图 21.6 所示，在该图中所示的是删除了用户名为 Lucy 和 Jame 的两条用户记录后的显示结果。

图 21.6　删除指定用户

21.1.9　更新用户信息

要实现用户信息的更新需要编写更新用户控制器和修改用户信息页面。与添加用户功能不同的是，更新用户信息时必须知道用户的 ID。下面具体介绍更新用户信息时需要用到的文件和相关配置。

1．创建更新用户控制器

新建控制器 UserUpdateAction，它负责接收修改用户信息页面所提交的用户信息，并通过调用业务逻辑组件来完成用户信息的修改，其代码如下：

```
package com.integration.action;
import com.integration.entity.User;
import com.integration.service.UserService;
import com.opensymphony.xwork2.ActionSupport;
//创建控制器 UserUpdateAction
public class UserUpdateAction extends ActionSupport {
    private UserService userService;    //业务逻辑组件
    //设置业务逻辑组件
    public void setUserService(UserService userService) {
        this.userService = userService;
    }
    public String execute(){
        if(userService.findUserById(user.getId())!=null)
                                              //调用业务逻辑组件的 findUserById 方法
        {
            setUser(user);
            userService.updateUser(user);
            return SUCCESS;
        }
        addActionMessage(getText("error.message.not.exist"));
        return INPUT;
    }
    private User user;
    //user 实例的 getter 和 setter 方法
    public User getUser() {
        return user;
    }
    public void setUser(User user) {
        this.user = user;
    }
}
```

2．修改用户信息页面

新建修改用户信息页面 update.jsp，该页面中包含一个表单，用来输入用户信息，该页面代码如下：

```
<%@ page language="java" import="java.util.*" pageEncoding="UTF-8"%>
<%@ taglib prefix="s" uri="/struts-tags" %>
<!DOCTYPE HTML PUBLIC "-//W3C//DTD HTML 4.01 Transitional//EN">
<html>
  <head>
    <title>修改用户信息</title>
  </head>
  <body>
   <center>
     <s:form action="userupdate" method="post">     <!--定义表单-->
     <tr>
       <td colspan="2" align="center">
         <h1><s:text name="修改用户信息"/></h1><br/>  <!--格式化文本数据-->
         <s:actionerror/>
       </td>
     </tr>
     <s:textfield name="user.id" key="用户 ID" required="true"></s:text
     field>       <!--定义文本域-->
     <s:textfield name="user.name" key="用户名" required="true"></s:
     textfield>
     <s:password name="user.password" key="密码" ></s:password>
     <!--定义密码输入框-->
     <s:textfield name="user.type" key="类型"></s:textfield>
     <s:submit value="提交"/>                          <!--定义提交按钮-->
     <s:reset value="重置"/>                           <!--定义重置按钮-->
     <s:set/>
     </s:form>
   </center>
  </body>
</html>
```

3．配置控制器

在 applicationContext.xml 中配置控制器 UserUpdateAction，并注入业务逻辑组件，代码如下：

```
<!--创建 userUpdateAction 实例-->
<bean id="userUpdateAction" class="com.integration.action.UserUpdateAction">
        <property name="userService" ref="userService"></property>
</bean>
```

在 struts.xml 文件中配置 userUpdateAction，并定义处理结果与视图资源的关系，代码如下：

```
<action name="userupdate" class="com.integration.action.UserUpdate
Action">
    <!--配置处理结果与视图资源的关系->
    <result name="success" type="redirect">/userquery.action</result>
    <result name="input">/update.jsp</result>
</action>
```

4．测试更新用户

在用户信息页面中，单击要修改用户中的“更新”超链接就可以完成对指定用户的信息修改。假设要对图 21.6 中用户名为 John 的用户信息进行修改，则单击其对应的“更新”超链接，进入图 21.7 所示的页面。

在图 21.7 所示的页面中，修改用户名为 John 的用户信息，如图 21.8 所示。

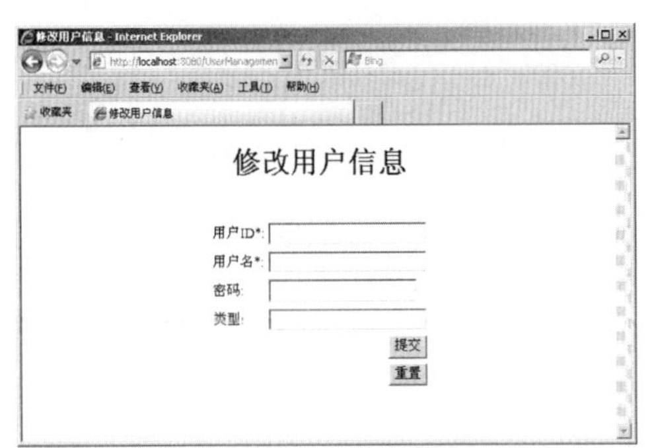

图 21.7　修改用户信息页面

图 21.8　修改用户信息

用户信息修改后单击“提交”按钮，页面再次返回到用户信息页面，此时，页面中用户名为 John 的用户其用户类型变为 normal 了，如图 21.9 所示。

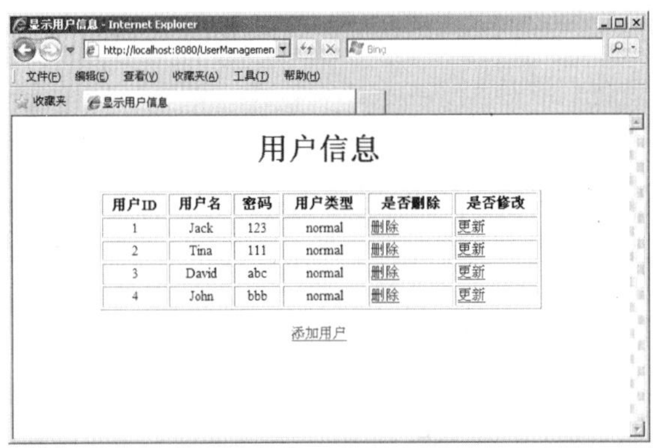

图 21.9　用户信息页面

21.2　酒店预订系统

酒店预订系统包括管理员管理、房间管理、订单管理、客户管理 4 项功能。

- 管理员管理：系统中设计了管理员管理菜单，在该菜单中可以直接跳转到房间管理、订单管理、客户管理的相应页面，并完成对房间、订单和客户信息的增加、删除和修改。
- 房间管理：实现按房间号查询指定房间以及添加、删除和修改房间信息的功能。
- 订单管理：实现按订单号查询、按客户编号及房间号查询指定订单、修改预订订单、取消预订订单等功能。
- 客户管理：实现客户信息录入、查询、修改以及删除的功能。

下面我们分层介绍酒店预订系统的开发流程。

21.2.1　Hibernate 持久层设计

本小节主要介绍如何使用 Hibernate 技术进行持久层开发的过程。使用 Hibernate 进行持久层设计主要包含两部分内容，一是设计持久化类；二是编写映射文件。

在进行 Hibernate 的开发前，首先需要导入 Hibernate 开发所需要的 JAR 包。接着设计系统中需要的持久化类，每个持久化类都对应一个映射文件，映射文件可以将持久化类中的属性映射到数据库表中的字段。

1．创建持久化类

系统中共包含 4 个持久化类，分别是 Admin、Room、Order 和 User。其中 Admin 类用来描述酒店管理员的信息，Room 类用来描述酒店中各个房间的信息，Order 类用来描述客户预订房间的订单信息，而 User 类则用来描述客户的信息。此处给出 Admin 类和 Room 类的代码。

Admin.java 类代码如下：

```
package com.integration.entity;
public class Admin {
    private int adminid;                //管理员标识
    private String username;            //管理员用户名
    private String password;            //管理员密码
    //各个属性的 getter 和 setter 方法
    public int getAdminid() {
        return adminid;
    }
    public void setAdminid(int adminid) {
        this.adminid = adminid;
    }
    public String getUsername() {
        return username;
    }
    public void setUsername(String username) {
        this.username = username;
    }
    public String getPassword() {
        return password;
    }
    public void setPassword(String password) {
        this.password = password;
    }
}
```

Room.java 类代码如下：

```
package com.integration.entity;
public class Room{
    private int roomid;            //房间号
    private String name;           //房间名称
    private double price;          //房间价格
    private String category;       //房间类别
```

```
    private int status;     //房间状态
    //各个属性的getter和setter方法
    public int getStatus() {
        return status;
    }
    public void setStatus(int status) {
        this.status = status;
    }
    public int getRoomid() {
        return roomid;
    }
    public void setRoomid(int roomid) {
        this.roomid = roomid;
    }
    public String getName() {
        return name;
    }
    public void setName(String name) {
        this.name = name;
    }
    public double getPrice() {
        return price;
    }
    public void setPrice(double price) {
        this.price = price;
    }
    public String getCategory() {
        return category;
    }
    public void setCategory(String category) {
        this.category = category;
    }
}
```

2. 创建映射文件

持久化类创建完之后，下面编写映射文件，系统中共有 Order.hbm.xml、Admin.hbm.xml、Room.hbm.xml 及 User.hbm.xml 这 4 个映射文件，这 4 个映射文件的内容分别如下。

Order.hbm.xml 映射文件如下：

```
<?xml version="1.0"?>
<!DOCTYPE hibernate-mapping
PUBLIC "-//Hibernate/Hibernate Mapping DTD 3.0//EN"
"http://hibernate.sourceforge.net/hibernate-mapping-3.0.dtd">
<hibernate-mapping>
    <!--映射持久化类-->
    <class name=" com.integration.entity.Order" table="order">
        <id name="orderid" column="orderid" type="int"><!--映射id属性-->
            <generator class="identity">            <!--指定主键生成策略-->
            </generator>
        </id>
        <!--映射普通属性-->
        <property name="userid" column="userid" type="int"></property>
        <property name="roomid" column="roomid" type="int"></property>
    </class>
</hibernate-mapping>
```

Admin.hbm.xml 映射文件如下：

```
<?xml version="1.0"?>
<!DOCTYPE hibernate-mapping
PUBLIC "-//Hibernate/Hibernate Mapping DTD 3.0//EN"
"http://hibernate.sourceforge.net/hibernate-mapping-3.0.dtd">
<hibernate-mapping>
    <!--映射持久化类-->
    <class name=" com.integration.entity.Admin" table="admin">
        <id name="adminid" column="adminid" type="int"><!--映射 id 属性-->
            <generator class="identity">          <!--指定主键生成策略-->
            </generator>
        </id>
        <!--映射普通属性-->
        <property name="username" column="username" type="string">
        </property>
        <property name="password" column="password" type="string">
        </property>
    </class>
</hibernate-mapping>
```

Room.hbm.xml 映射文件如下：

```
<?xml version="1.0"?>
<!DOCTYPE hibernate-mapping
PUBLIC "-//Hibernate/Hibernate Mapping DTD 3.0//EN"
"http://hibernate.sourceforge.net/hibernate-mapping-3.0.dtd">
<hibernate-mapping>
    <!--映射持久化类-->
    <class name=" com.integration.entity.Room" table="room">
        <id name="roomid" column="roomid" type="int"> <!--映射 id 属性-->
            <generator class="identity">          <!--指定主键生成策略-->
            </generator>
        </id>
        <!--映射普通属性-->
        <property name="name" column="name" type="string"></property>
        <property name="price" column="price" type="double"></property>
        <property name="category" column="category" type="string">
        </property>
        <property name="status" column="status" type="int"></property>
    </class>
</hibernate-mapping>
```

User.hbm.xml 映射文件如下：

```
<?xml version="1.0"?>
<!DOCTYPE hibernate-mapping
PUBLIC "-//Hibernate/Hibernate Mapping DTD 3.0//EN"
"http://hibernate.sourceforge.net/hibernate-mapping-3.0.dtd">
<hibernate-mapping>
    <!--映射普通属性-->
    <class name=" com.integration.entity.User" table="user">
        <id name="userid" column="userid" type="int"> <!--映射 id 属性-->
            <generator class="identity">          <!--指定主键生成策略-->
            </generator>
        </id>
        <!--映射普通属性-->
        <property name="username" column="username" type="string">
        </property>
        <property name="password" column="password" type="string">
        </property>
```

```
        <property name="mobile" column="mobile" type="string"></property>
        <property name="email" column="email" type="string"></property>
    </class>
</hibernate-mapping>
```

21.2.2　DAO 层设计

进行了 Hibernate 的 O/R 映射的配置后，在本小节我们进行 DAO 层程序的开发。在本书的 Hibernate 部分已经对 DAO 层开发过程进行了详细的介绍，因此，此处不再重复介绍。

DAO 层设计的主要任务是创建 DAO 接口以及创建 DAO 接口的实现类。

本系统中共定义了 4 个 DAO 接口，分别是 AdminDAO、RoomDAO、OrderDAO 和 UserDAO。下面分别给出它们的代码。

文件 AdminDAO.java 的代码如下：

```
//定义 AdminDAO
public interface AdminDAO {
    // AdminDAO 中声明的各个方法
    public void saveAdmin(Admin admin);                //保存管理员信息
    public List<Admin> findAllAdmin();                 //查找所有管理员信息
    public void removeAdmin(Admin admin);              //删除管理员信息
    public void updateAdmin(Admin admin);              //更新管理员信息
    public Admin findAdminById(Integer id);            //按 id 查找指定管理员
    public Admin loginAdmin(Admin admin);              //管理员登录
}
```

文件 RoomDAO.java 的代码如下：

```
//定义 RoomDAO
public interface RoomDAO {
    // RoomDAO 中声明的各个方法
    public void saveRoom (Room room);                  //保存房间信息
    public List<Room> findAllRoom();                   //查找所有房间
    public void removeRoom (Room room);                //删除房间信息
    public void updateRoom (Room room);                //更新房间信息
    public Room findRoomById(Integer id);              //按 id 查找指定房间
}
```

文件 OrderDAO.java 的代码如下：

```
//定义 OrderDAO
public interface OrderDAO {
    // OrderDAO 中声明的各个方法
    public void saveOrder(Order order);                //保存预订房间信息
    public List<Order> findAllOrder();                 //查询所有预订订单
    public void removeOrder(Order order);              //取消预订订单
    public void updateOrder(Order order);              //修改预订订单
    public Order findOrderById(Integer id);            //按 id 查找指定预订订单
    public List<Order> getUserOrder(User user);        //查找指定用户的订单
    public Order findOrderByUseridAndRoomid(int userid, int roomid);
                                                   //按用户标识和房间号查找订单
}
```

文件 UserDAO.java 的代码如下：

```
//定义 UserDAO
public interface UserDAO {
// UserDAO 中声明的各个方法
    public void saveUser(User user);                    //保存客户信息
    public List<User> findAllUsers();                   //查找所有客户
    public void removeUser(User user);                  //删除客户信息
    public void updateUser(User user);                  //修改客户信息
    public User findUserById(Integer id);               //按 id 值查找指定客户
    public User loginUser(User user);                   //客户登录
}
```

DAO 接口实现类也有 4 个，分别实现了 AdminDAO、HotelDAO、OrderDAO 和 UserDAO 这 4 个接口。

21.2.3　业务逻辑层设计

在 DAO 层开发完毕后，本小节进行 Service 层的开发。在本系统的 Service 层设计中包含业务逻辑组件接口的创建以及各个业务逻辑组件接口实现类的创建。

本系统中共定义了 4 个 Service 接口，分别是 AdminService、RoomService、OrderService 及 UserService。

文件 AdminService.java 内容如下：

```
public interface AdminService {
    public void saveAdmin(Admin admin);                 //保存管理员信息
    public List<Admin> findAllAdmin();                  //查找所有管理员信息
    public void removeAdmin(Admin admin);               //删除管理员信息
    public void updateAdmin(Admin admin);               //更新管理员信息
    public Admin findUserById(Integer id);              //按 id 查找指定管理员
    public Admin loginAdmin(Admin admin);               //管理员登录
}
```

文件 RoomService.java 的内容如下：

```
public interface RoomService {
    public void saveRoom(Room room);                    //保存房间信息
    public List<Room> findAllRoom();                    //查找所有房间
    public void removeRoom(Room room);                  //删除房间信息
    public void updateRoom(Room room);                  //更新房间信息
    public Room findRoomById(Integer id);               //按 id 查找指定房间
}
```

文件 OrderService.java 的内容如下：

```
public interface OrderService {
    public void saveOrder(Order order);                 //保存预订房间信息
    public List<Order> findAllOrder();                  //查询所有预订订单
    public void removeOrder(Order order);               //取消预订订单
    public void updateOrder(Order order);               //修改预订订单
    public Order findOrderById(Integer id);             //按 id 查找预订订单
    public List<Order> getUserOrder(User user);//查找指定用户的订单
```

```
    public Order findOrderByUseridAndRoomid(int userid, int roomid);
                                                //按用户标识和房间号查找订单
}
```

文件 UserService.java 的内容如下：

```
public interface UserService {
    public void save(User user);                //保存客户信息
    public List<User> findAll();                //查找所有客户
    public void delete(User user);              //删除客户信息
    public void update(User user);              //修改客户信息
    public User findById(Integer id);           //按 id 值查找指定客户
    public User loginUser(User user);           //客户登录
}
```

Service 层各个接口的实现类也有 4 个，分别实现了 AdminService、HotelService、OrderService 以及 UserService 这 4 个接口。

21.2.4　使用 Struts 技术开发表现层程序

使用 Struts 2 开发表现层程序前应该先导入 Struts 2 的相关 JAR 包。表现层开发主要包含两部分内容，一是各个显示页面的开发，二是业务控制器 Action 的开发。

1. 开发前台展示页面*.jsp程序

房间预订功能的表示层 JSP 页面共包括以下 4 个：

- 增加预订房间页面文件 add.jsp。
- 房间预订列表页面文件 list.jsp。
- 更新预订房间的页面文件 update.jsp。
- 查看预订信息页面文件 result.jsp。

增加预订房间的页面文件 add.jsp 的内容如下：

```
<%@ page language="java" import="java.util.*" pageEncoding="utf-8"%>
<%@ taglib uri="/struts-tags" prefix="s"%>
<%  String path = request.getContextPath();%>
<!DOCTYPE HTML PUBLIC "-//W3C//DTD HTML 4.01 Transitional//EN">
<html>
    <head>
        <title>增加房间</title>                              <!--网页标题-->
    </head>
    <body>
        <%@include file="/info/adminInfo.jsp"%><!--使用 include 指令包含 JSP
        文件-->
        <h1> <font color="red">增加房间</font></h1>         <!--指定文本颜色-->
        <s:form action="saveRoom">                          <!--定义表单-->
            <s:textfield name="room.name" label="房间名称"></s:textfield>
                                                            <!--定义文本域-->
            <s:textfield name="room.price" label="房间价格"></s:textfield>
            <s:textfield name="room.category" label="房间类型"></s:textfield>
            <tr>
                <td class="tdLabel">   房间状态:</td>      <!--定义单元格-->
                <td><select name="room.status">             <!--定义选择列表-->
```

```
                    <option value="0" selected="selected">空闲</option>
                    <option value="1">已入住</option></select></td>
            </tr>
            <s:submit value="增 加"></s:submit>          <!--提交按钮-->
        </s:form>
    </body>
</html>
```

房间预订列表页面文件 list.jsp 的主要代码如下：

```
<html>
    <head>
        <title>房间列表</title>                                  <!--网页标题-->
        <!--弹出对话框询问是否删除房间信息-->
        <script type="text/javascript">
function del() {
    if (confirm("确定删除房间信息吗?")) {
        return true;
    }
    return false;
}
</script>
    </head>
    <body>
        <%@include file="/info/adminInfo.jsp"%><!--使用include指令包含JSP文件-->
        <h1>    <font color="red"><center>房间列表  </center> </font></h1>
        <!--指定文本颜色-->
        <s:a href="/hotel/room/add.jsp">增加房间</s:a>  <!--形成超链接-->
        <table border="1" width="80%" align="center"> <!--定义表格-->
            <tr>                                          <!--定义行-->
                <td>    房间序号 </td>                    <!--定义单元格-->
                <td>    房间名称</td>
                <td>    房间价格 </td>
                <td>    房间型号</td>
                <td>    房间状态</td>
                <td>    删除</td>
                <td>    更新 </td>
            </tr>
            <s:iterator value="#request.list" id="room"><!--对集合数据进行迭代-->
                <!--输出对象的各个属性值-->
                <tr>
                    <td><s:property value="#room.roomid" />
                    </td>
                    <td><s:property value="#room.name" />
                    </td>
                    <td><s:property value="#room.price" />
                    </td>
                    <td><s:property value="#room.category" />
                    </td>
                    <td><s:if test="#room.status == 0">空闲</s:if>
                        <s:else>已入住</s:else>
                    </td>
                    <td><s:a href="deleteRoom.action?room.roomid=%
                    {#room.roomid}"
                            onclick="return del();">delete</s:a>
                    </td>
                    <td><s:a href="updateRoom.action?room.roomid=%
                    {#room.roomid}">update</s:a>
```

```
                </td>
            </tr>
        </s:iterator>
    </table>
  </body>
</html>
```

更新预订房间的页面文件 update.jsp 的主要代码如下：

```
<html>
    <head>
        <title>修改房间信息</title>                              <!--网页标题-->
    </head>
    <body>
        <%@include file="/info/adminInfo.jsp"%><!--使用 include 指令包含 JSP 文件-->
        <h1> <font color="red"><center>修改房间</center> </font></h1>
        <!--指定文本颜色-->
        <s:form action="updateRoom">                        <!--产生 HTML 表单-->
            <!--定义表格-->
            <table>
                <tr>
                    <!--创建隐藏表单元素-->
                    <td><s:hidden name="room.roomid" value="%{room.roomid}">
                    </s:hidden>
                    </td> </tr>
                <tr>
                    <!--定义文本框-->
                    <td><s:textfield name="room.name" value="%{room.name}"
                    label="房间名称"
                        readonly="true"></s:textfield> </td>   </tr>
                <tr>
                    <td> <s:textfield name="room.price" value="%{room
                    .price}"
                        label="房间价格"></s:textfield> </td>   </tr>
                <tr>
                    <td><s:textfield name="room.category" value="%{room.
                    category}"
                            label="房间类型"></s:textfield> </td></tr>
                <tr>
                    <td><tr><td class="tdLabel">房间状态</td>
                            <s:if test="room.status == 0">
                                <td> <select name="room.status">
                                                <!--定义选择列表-->
                                        <option value="0" selected="selected">
                                        空闲</option>
                                        <option value="1">已入住</option>
                                    </select>
                                </td>
                            </s:if>
                            <s:else>
                                <td><select name="room.status"><option
                                value="0">空闲</option>
                                        <option value="1" selected=
                                        "selected">已入住</option>
                                    </select>
                                </td>
                            </s:else>
                        </tr> </td> </tr>
```

```
                <tr><td> <s:submit value="修改"></s:submit></td>
                </tr><!--提交按钮-->
            </table>
        </s:form>
    </body>
</html>
```

管理员管理功能的表示层 JSP 页面共包括 3 个：

- 添加管理员的页面文件 add.jsp。
- 管理员列表的页面文件 list.jsp。
- 更新管理员的页面文件 update.jsp。

添加管理员的页面文件 add.jsp 的主要代码如下：

```
<html>
    <head>
        <title>添加管理员</title>                    <!--网页标题-->
    </head>
    <body>
        <%@include file="/info/adminInfo.jsp"%><!--使用include指令包含JSP文件-->
        <h1>
            <font color="red">添加管理员</font>      <!--指定文本颜色-->
        </h1>
        <s:form action="saveAdmin">                 <!--定义表单-->
            <s:textfield name="admin.username" label="用户名"></s:
            textfield>  <!--定义文本域-->
            <s:password name="admin.password" label="密码"></s:password>
                                                    <!--定义密码输入框-->
            <s:submit value="添 加"></s:submit>     <!--提交按钮-->
        </s:form>
    </body>
</html>
```

管理员列表的页面文件 list.jsp 的主要代码如下：

```
<html>
    <head>
        <title>用户列表</title>                       <!--网页标题-->
        <!--弹出对话框询问是否删除房间信息-->
        <script type="text/javascript">
function del() {
    if (confirm("确定要删除该客户吗?")) {
        return true;
    }
    return false;
}
</script>
    </head>
    <body>
        <%@include file="/info/adminInfo.jsp"%><!--使用include指令包含JSP文件-->
        <h1><font color="red"><center>客户列表  </center> </font></h1>
    <!--指定文本颜色-->
        <!--定义表格--
        <table border="1" width="80%" align="center">
            <tr>
                <td> 序号</td>
                <td> 姓名</td>
```

```
                <td> 电话</td>
                <td> 邮箱</td>
                <td> 删除</td>
                <td> 更新</td>
            </tr>
            <!--对集合数据进行迭代->
            <s:iterator value="#request.list" id="us">
                <tr>
                    <!--输出对象的各个属性值-->
                    <td> <s:property value="#us.userid" /></td>
                    <td><s:property value="#us.username" />    </td>
                    <td> <s:property value="#us.mobile" /></td>
                    <td><s:property value="#us.email" /></td>
                    <td> <s:a href="deleteUser.action?user.userid=%
                    {#us.userid}"
                            onclick="return del();">delete</s:a>   </td>
                    <td>
                        <s:a href="updatePUser.action?user.userid=%{#us
                        .userid}">update</s:a>
                    </td>
                </tr>
            </s:iterator>
        </table>
    </body>
</html>
```

更新管理员的页面文件 update.jsp 的主要代码如下：

```
<html>
    <head>
        <title>修改用户资料</title>                        <!--网页标题-->
    </head>
    <body>
        <%@include file="/info/adminInfo.jsp"%><!--使用include指令包含JSP文件-->
        <h1> <font color="red"><center>修改用户 </center> </font></h1>
                                                          <!--指定文本颜色-->
        <s:form action="updateUser">                      <!--定义表单-->
            <table>                                       <!--定义表格-->
                <!--创建隐藏表单元素-->
                <tr><td><s:hidden name="user.userid" value="%{user.userid}">
                </s:hidden></td></tr>
                <!--定义文本域-->
                <tr><td><s:textfield name="user.username" value="%{user.
                username}"
                            label="用户名"></s:textfield></td></tr>
                <tr><td>
                <!--定义密码输入框-->
                <s:password name="user.password" value="%{user.password}"
                            label="密码"></s:password></td></tr>
                <tr><td><s:textfield name="user.mobile" value="%{user
                .mobile}"
                            label="手机号码"></s:textfield></td></tr>
                <tr><td><s:textfield name="user.email" value="%{user
                .email}"
                            label="邮箱地址"></s:textfield></td></tr>
                <tr><td><s:submit value="修改"></s:submit></td></tr>
                                                              <!--定义提交按钮-->
            </table>
```

```
        </s:form>
    </body>
</html>
```

除了展现房间预订和管理员功能的页面文件外，系统中还包括了一些其他功能的页面，比如增加房间的入住信息页面、用户预订房间列表页面、查看或者修改房间状态（房间是否住人、是否已经预订等）页面及用户注册页面、用户列表页面、用户资料修改等页面的开发。由于篇幅的限制，不再详细一一列出。开发者也可以根据实际应用的需要自己增加或者删除某些功能，以更好地契合实际的开发和使用。

2．后台业务控制器Action的开发

在完成 JSP 前台展示界面的开发后，需要创建业务控制器 Action。针对系统中提供的管理员管理功能、房间信息管理功能、房间预订功能和客户管理功能，分别进行相关业务控制器的开发。

由于业务控制器涉及的文件较多，本小节仅给出实现房间预订功能的全部业务控制器，实现其他功能的文件不再详述。实现房间预订功能需要 3 个 Action：

- 预订房间列表文件 ListOrderAction.java。
- 预订房间服务文件 OrderServiceAction.java。
- 保存预订信息的文件 SaveOrderAction.java。

预订房间列表文件 ListOrderAction.java 的核心代码如下：

```
public class ListOrderAction extends ActionSupport {
…
    public String execute() throws Exception {
        List<Order> orders = this.orderService.findAllOrder();
                                                  //获取所有用户的订单
        //将所有用户预订房间信息存入 rooms
        List<Room> rooms = new ArrayList<Room>();
        if (orders.size() > 0) {
            for (Order order : orders) {
                rooms.add((Room) this.roomService.findRoomById(order.get
                Roomid()));
            }
        }
        //将 rooms 保存到 listAllRoom 中，rooms 中存放所有用户预订房间的信息
        Map requestList = (Map) ActionContext.getContext().get("request");
        requestList.put("listAllRoom", rooms);
        return SUCCESS; }
}
```

预订房间服务包括获取用户预订房间信息以及退订当前房间两项主要功能。

预订房间服务文件 OrderServiceAction.java 的核心代码如下：

```
public class OrderServiceAction extends ActionSupport {
…
    //获取用户所预订的房间
    public String execute() throws Exception {
        HttpServletRequest request = ServletActionContext.getRequest();
        HttpSession session = request.getSession();
        User user = (User) session.getAttribute("user");   //获取当前用户
        List<Order> orders = this.orderService.getUserOrder(user);
                                          //得到当前用户订单，存放在 orders 中
```

```
        //获取当前用户所预订的房间并存入 rooms 中
        List<Room> rooms = new ArrayList<Room>();
        if (orders.size() > 0) {
            for (Order order : orders) {
                rooms.add((Room) this.roomService.findRoomById(order.get
                Roomid()));
            }
        }
        //将当前用户预订房间信息保存到 listUserRoom 中，rooms 中存放当前用户预订房
        间信息
        Map requestList = (Map) ActionContext.getContext().get("request");
        requestList.put("listUserRoom", rooms);
        return SUCCESS;
    }
    // 退订
    public String delete() {
        HttpServletRequest request = ServletActionContext.getRequest();
        HttpSession session = request.getSession();
        User user = (User) session.getAttribute("user");   //获取当前用户
        //删除订单
        Order order = this.orderService.findOrderByUseridAndRoomid(user
                .getUserid(), room.getRoomid());
        this.orderService.removeOrder(order);
        //将房间设置为空闲状态
        Room roomUser = this.roomService.findRoomById(room.getRoomid());
        roomUser.setStatus(0);
        this.roomService.updateroom(roomUser);
        message = "退订房间成功。";
        return "delSuc";    }
}
```

保存预订信息的文件 SaveOrderAction.java 的核心代码如下：

```
public class SaveOrderAction extends ActionSupport {
…
    public String execute() throws Exception {
        Map request = (Map) ActionContext.getContext().get("request");
        request.put("listRoom", this.roomService.findAllRoom());
        return SUCCESS; }
    public String add() {
        //判断房间是否空闲
        Room roomUser = this.roomService.findRoomById(room.getRoomid());
        if (roomUser.getStatus() == 0) {
            HttpServletRequest request = ServletActionContext.getRequest();
            HttpSession session = request.getSession();
            User user = (User) session.getAttribute("user");//获取当前用户
            order.setUserid(user.getUserid());
            //预订房间
            this.orderService.saveOrder(order);     //保存订单
            roomUser.setStatus(1);                  //设置房间状态为已入住
            this.roomService.updateRoom(roomUser); //更新房间信息
            return "addSuc";
        } else {
            message = "该房间已经有客人入住了。";
            return "addFail";         }
    }
}
```

3. 在struts.xml 中配置全部订单管理控制器

在 struts.xml 文件中配置实现订单管理功能的全部控制器，并定义处理结果与视图资源之间的关系，配置代码如下：

```
<!--配置保存预订信息 Action-->
<action name="saveOrder" class="saveOrderAction">
    <!--配置处理结果与视图资源的关系-->
    <result name="success" type="dispatcher">/order/add.jsp</result>
    <result name="addSuc" type="redirect">orderService</result>
    <result name="addFail" type="dispatcher">/info/result.jsp
    </result>
</action>
<!--配置预订房间服务 Action-->
<action name="orderService" class="orderServiceAction">
    <result name="success" type="dispatcher">/info/orderInfo.jsp
    </result>
    <result name="delSuc" type="dispatcher">/info/result.jsp
    </result>
</action>
<!--配置预订房间列表 Action-->
<action name="listOrder" class="listOrderAction">
    <result name="success" type="dispatcher">/order/list.jsp
    </result>
</action>
```

21.2.5 使用 Spring 技术集成 Struts 与 Hibernate

使用 Spring 和 Hibernate 以及 Struts 进行集成已经在第 20 章进行了详细的介绍，本小节使用 Spring 将 Struts 和 Hibernate 集成到一起。

1. Spring集成Hibernate

Spring 集成 Hibernate 是通过 applicationContext.xml 文件完成的。

新建 applicationContext.xml 文件，在该文件中定义数据源，并完成对 SessionFactory 的配置和管理。代码如下：

```
<!-- 配置 SessionFactory -->
<bean id="sessionFactory" class="org.springframework.orm.hibernate3
.LocalSessionFactoryBean">
    <property name="dataSource" >
        <ref local="dataSource"/>
    </property>
    <!-- 配置 Hibernate 的属性 -->
    <property name="hibernateProperties">
        <props>
            <!-- 配置数据库方言 -->
            <prop key="hibernate.dialect">org.hibernate.dialect.MySQL
            Dialect</prop>
            <!--输出运行时生成的 SQL 语句 -->
            <prop key="hibernate.show_sql">true</prop>
        </props>
    </property>
```

```
    <!-- 指定 Hibernate 映射文件的路径 -->
    <property name="mappingResources">
        <list>
            <value>com/test/bean/Order.hbm.xml</value>
            <value>com/test/bean/Admin.hbm.xml</value>
            <value>com/test/bean/Hotel.hbm.xml</value>
            <value>com/test/bean/User.hbm.xml</value>
        </list>
    </property>
</bean>
<!-- 配置 dataSource-->
<bean id="dataSource" class="org.springframework.jdbc.datasource
.DriverManagerDataSource">
    <!-- 配置数据库 JDBC 驱动-->
    <property name="driverClassName">
        <value>com.mysql.jdbc.Driver</value>
    </property>
    <!-- 配置数据库连接 URL-->
    <property name="url">
        <value>jdbc:mysql://localhost:3306/hotel</value>
    </property>
    <!-- 配置数据库用户名-->
    <property name="username">
        <value>root</value>
    </property>
    <!-- 配置数据库密码-->
    <property name="password">
        <value>root</value>
    </property>
</bean>
            <prop key="hibernate.show_sql">true</prop>
        </props>
    </property>
</bean>
```

2. 整合Struts 2和Spring

先为项目添加 Spring 所需要的 JAR 文件，然后修改 web.xml 文件。通过 Listener 的配置，使得 Web 应用启动时能够自动查找位于 WEB-INF 下的 applicationContext.xml 文件，并根据该文件创建 Spring 容器。接着在配置文件 ApplicationContext.xml 中完成对各个 Bean 的配置，该配置文件的作用是使得 Spring 能够自动完成依赖注入。

web.xml 文件代码如下：

```
<?xml version="1.0" encoding="UTF-8"?>
<web-app version="2.5" xmlns="http://java.sun.com/xml/ns/javaee"
    xmlns:xsi="http://www.w3.org/2001/XMLSchema-instance"
    xsi:schemaLocation="http://java.sun.com/xml/ns/javaee
    http://java.sun.com/xml/ns/javaee/web-app_2_5.xsd">
    <!--定义核心 Filter-->
    <filter>
        <filter-name>struts2</filter-name> <!--定义核心 Filter 名称-->
        <filter-class>                     <!--定义核心 Filter 的实现类-->
            org.apache.struts2.dispatcher.ng.filter.StrutsPrepareAnd
            ExecuteFilter
        </filter-class>
    </filter>
    <filter-mapping>
```

```
        <filter-name>struts2</filter-name>           <!--核心 Filter 名称-->
        <url-pattern>/*</url-pattern>                <!--配置路径-->
    </filter-mapping>
    <!--配置 Listener-->
    <listener>

    <listener-class>org.springframework.web.context.ContextLoaderListene
    r</listener-class>
    </listener>
</web-app>
```

21.2.6　运行酒店预订系统

酒店预订系统的开发完成后，下面进行部署并运行该系统。本小节列出了部分的显示页面。

运行系统后首先进入用户登录界面，如图 21.10 所示。由该页面可以链接到管理员登录页面，也可以链接到新用户注册页面，如图 21.11 所示。如果是已注册过的用户，则可以直接输入用户名和密码进行登录。

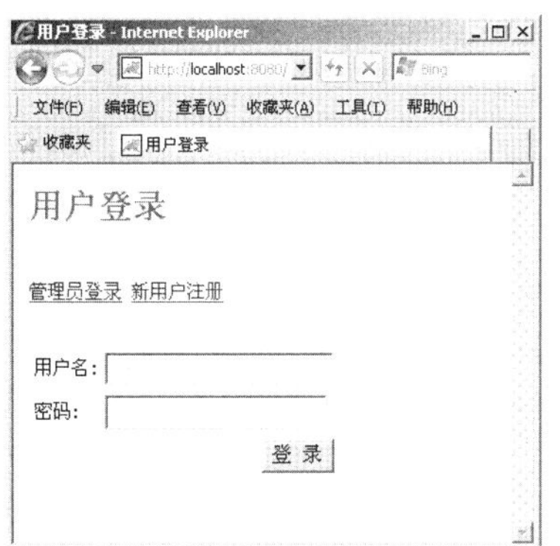

图 21.10　登录（包括管理员登录和用户登录）页面

图 21.11　新用户注册页面

图 21.12 是管理员增加入住信息的页面，在该页面中管理员可以进行房间状态的修改、查看预订信息等操作。

图 21.12　增加房间入住信息的页面运行结果

图 21.13 是已入住客户信息列表页面，在该页面中能够显示出酒店所有已入住的客户

详细信息，还可以增加新客户，并通过链接到指定页面实现对客户、房间和订单进行相应的管理操作。

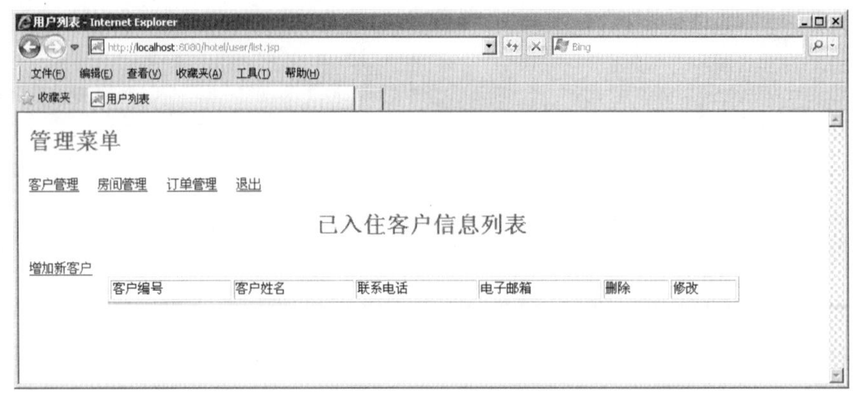

图 21.13　客户列表页面运行结果

21.3　本 章 小 结

本章以用户管理系统和酒店预订系统为例详细地介绍了基于 SSH 框架（即 Spring + Struts + Hibernate）进行项目开发的主要步骤。通过对这两个综合实例的讲解，希望读者能将全书的知识融会贯通，做到举一反三，深刻理解三大框架在项目开发过程中各自所肩负的职责，以及如何相辅相成地配合工作。